기 / 출 / 문 / 제 / 집

철도교통 안전관리자

황승순

박영사

머리말 「10일 완성」을 편집하면서 …

철도산업의 전문가로서 철도경영에 관련한 도서가 미흡함을 깨닫게 되었다. 이미 출간된 책들에 대한 SNS의 평가는 냉혹하다. 수험생들의 목마름을 채우기에 턱없이 미흡하고 부실하다는 평가다.

오랜기간 자료의 수집과 다년간의 기출문제를 모았다. 아울러 이미 취득한 수험생의 의견수렴 과정을 거쳤다. 자격시험의 특성인 문제은행식 출제에 맞춤형 책을 완성하였다.

제2판 출간임에도 수험생들의 호응에 힘입어 중판을 거듭하는 인기를 누렸다.

개정판에서는 암기해야 할 핵심이론을 각 장마다 앞부분에 수록하였다. 문항의 해설을 모아 체계적인 이론정립이 가능토록 하였다. 수험생들의 간절한 희망을 담았다.

아무쪼록 수험생들이 짧은 시간의 투자로 합격의 소망을 채우는 데 부족함이 없도록 하였다. 시험에 대한 추가 정보 및 저자와의 소통은 카페<QR코드>의 활용을 기대한다.

2025. 2. 1.

저자   황 승 순

카페   cafe.daum.net/RAIL

철도취업 · 자격정보

철도교통 안전관리자 시험 합격률 통계

	2018	2019	2020	2021	2022	누계
응시자 수	2,120	1,745	1,650	3,097	3,571	12,183
합격자 수	1,315	1,103	982	1,597	1,916	6,913
합격률(%)	62.0	63.2	59.5	51.6	53.7	56.7

❶ **체계적인 이론을 정립하였다.**
기본적인 필수 이론을 정리하여 주제의 총괄파악이 가능토록 하였다.

❷ **핵심내용을 한줄 표기로 이해하기 쉽게 하였다.**
최대한 기억하기 쉽고, 쉬운 용어로 키워드만 정리하였다.

❸ **핵심이론을 기출문제와 연계하여 출제가능한 내용만 엄선하였다.**
군더더기 없는 필수사항을 뽑아 노트정리식으로 편집하였다.

❹ **한번 학습에 3회독이 가능토록 하였다.**
기본이론＋기출문제＋해설의 순서로 반복학습이 가능토록 하였다.

❺ **최근 기출문제를 완벽하게 복원하는 데 주력하였다.**
CBT의 특성을 감안하여 다수의 수험자가 제시한 문제만을 엄선하였다.

❻ **문제와 함께 핵심내용을 해설로 붙여 완벽한 이해를 도왔다.**
문제의 지문에 나올 만한 문장만을 짧게 재정리하였다.

❼ **난이도가 높은 문항은 문제를 반복 수록하여 이해를 도왔다.**
출제빈도가 높고 다소 어려운 문제는 변형된 문제를 추가하였다.

❽ **관련법령이나 추가자료를 찾지 않도록 충분한 내용을 정리하였다.**
한 권으로 마스터할 수 있게 관련자료를 모두 정리하였다.

❾ **법·시행령·시행규칙을 통합 정리하여 알기 쉽게 하였다.**
법률, 대통령령, 국토교통부령을 따로 찾아보지 않도록 하였다.

❿ **계산문제의 기본공식과 풀이를 함께 정리하여 단번에 이해할 수 있다.**
풀이과정을 상세히 기술하여 초보자도 쉽게 이해할 수 있게 하였다.

2025년도 철도교통 안전관리자 시험 안내

■ 2025년도 시험일정

시험일자	권 역	시험장소	원서접수기간	합격자발표
2.24(월)~2.28(금) 4.21(월)~4.25(금) 6.23(월)~6.27(금) 8.25(월)~8.29(금) 10.27(월)~10.31(금) 12.22(월)~12.26(금)	충청·전라 제주권	대전, 청주, 전주 광주, 제주	2025.1.24. 09:00부터 각 시험일 7일 전 18:00까지 상시접수	시험종료 직후
	수도권 북부	서울구로, 인천		
	강원, 경상권	춘천, 대구, 울산 창원, 부산		
	수도권 남부	수원, 화성		

- 인터넷접수: TS국가자격시험 홈페이지(https://lic.kotsa.or.kr)
- 방문접수: 응시하고자 하는 공단 시험장
- 하반기의 수정된 접수일정은 7월 중 홈페이지에 안내할 예정입니다.

■ 시험과목 및 시간

시험과목	구분	오전 시험자	오후 시험자	문항수 (배점)	비고
① 교통법규	1교시	09:20~10:10 (50분)	13:20~14:10 (50분)	50문항 (2점)	• 교통안전법 : 10문제 • 철도안전법 : 35문제 • 철도산업법 : 5문제
쉬는 시간	휴식	10:10~10:30 (20분)	14:10~14:30 (20분)		
② 교통안전관리론 ③ 철도공학 ④ 열차운전	2교시	10:30~11:45 (75분)	14:30~15:45 (75분)	75문항 (과목당 25문항) (4점)	과목당 25분

- 시험당일 준비물: 신분증, 사진(원서접수 시 미제출한 자)
  (공학용계산기 지참 가능하나 초기화 or 메모리 제거)
- 교통법규의 출제문항수는 법규 간 1~3개 문항의 범위 내에서 변경될 수 있음(총 50문항)
- 교통법규는 법·시행령·시행규칙 모두 포함
- 법규과목의 시험범위는 시험시행일 기준으로 시행되는 법령에서 출제됨

■ 원서접수

- 시험수수료: 2만원

인터넷접수

- TS국가자격시험 통합홈페이지: https://lic.kotsa.or.kr
- 자격증에 의한 일부 면제자인 경우 인터넷 접수 시 자격증 정보를 반드시 입력하여야 하고, 추가 서류 제출자는 파일을 첨부하여야 함
- 자격취득사항확인서, 경력증명서, 고용보험가입증명서, 자동차관리사업등록증, 학위 및 성적증명서 제출자는 인터넷 접수 시 해당 서류 스캔파일을 첨부하여야 함
- 현장 방문접수 시에는 응시인원 마감 등으로 시험접수가 불가할 수도 있사오니 가급적 인터넷으로 시험 접수현황을 확인하시고 방문하시기 바람
- 인터넷 접수의 경우 사진은 10M 이하의 jpg 파일로 등록

방문접수

- 방문장소: 응시하고자 하는 공단 시험장
  - ▶ 토요일 및 법정 공휴일 제외하고 평일 09:00~18:00에만 접수가능
- 방문접수자는 응시하고자 하는 지역으로 방문
  - ▶ 방문접수자는 접수한 권역에서만 시험응시 가능
- 응시원서(사진 2매 부착): 최근 6개월 이내 촬영한 상반신(3.5×4.5㎝)
- 제출서류는 원서접수일 기준으로 6개월 이내 발행분에 한함
- 일부과목 면제자
  - ▶ 자격증 원본 및 사본 지참: 공단 접수처에 제출
  - ▶ 자격취득사항확인서(해당자만): 한국산업인력공단 발급(인터넷 발급 가능)
  - ▶ 경력증명서(해당자만): 한국교통안전공단에서 지정한 서식 사용
- 자격증별 경력 인정기준은 해당 분야 실무 3년 이상 경력이 있는 경우 인정
  - ▶ 고용보험가입증명서(해당자만): 근로복지공단 또는 고용산재보험 인터넷 발급
  - ▶ 자동차관리사업등록증(해당자만): 업체 소재지 지자체에서 발급
  - ▶ 학위 및 성적증명서(해당자만): 대학 또는 대학원 발행 원본 제출
- 환불기준
  - ▶ 접수기간 내: 응시수수료 전액(* 본인 응시일자 기준 7일 전까지)
  - ▶ 환불불가: 접수마감일 18:00 이후~시험시행일

▪ 응시자격 및 결격사유
- 응시자격: 제한 없음
- 결격사유
  - ▶ 피성년후견인 또는 피한정후견인
  - ▶ 금고 이상의 실형을 선고받고 그 집행이 종료(집행이 종료된 것으로 보는 경우를 포함한다) 되거나 집행이 면제된 날부터 2년이 경과되지 아니한 자
  - ▶ 금고 이상의 형의 집행유예 선고를 받고 그 유예기간 중에 있는 자
  - ▶ 철도교통안전관리자 자격의 취소처분을 받은 날부터 2년이 경과되지 아니한 자

▪ 합격자 결정 및 자격증 교부
- 응시과목마다 40% 이상을 얻고, 총점의 60% 이상을 얻은 자
- 자격증 신청·교부
  - ▶ 인터넷 : 국가자격시험 홈페이지(https://lic.kotsa.or.kr)
  - ▶ 방 문 : 한국교통안전공단 전국 시험장, 7개 검사소 방문 신청(공휴일·토요일 제외)
    * 7개 검사소 : 홍성, 포항, 안동, 목포, 강릉, 충주, 진주
  - ▶ 준비물 : 신분증, 교통안전관리자 자격증명서 교부신청서 1부, 후견등기사항부존재증명서(1개월 이내) 1부, 수수료(20,000원)
    * 후견등기사항부존재증명서 발급방법 : 전자후견등기시스템(egdrs.scourt.go.kr)에서 무료 발급 또는 가정법원(가정법원 없는 지역은 지방법원)에서 유료발급 가능

▪ 시험장소

시험장소	주 소	안내전화
서울본부(구로)	서울 구로구 경인로 113(오류동) 구로검사소 내 3층	02-372-5347
경기남부본부	경기 수원시 권선구 수인로 24(서둔동)	031-297-9123
대전충남본부	대전 대덕구 대덕대로 1417번길 31(문평동)	042-933-4328
대구경북본부	대구 수성구 노변로 33(노변동)	053-794-3816
부산본부	부산 사상구 학장로 256(주례3동)	051-315-1421
광주전남본부	광주 남구 송암로 96(송하동)	062-606-7631
인천본부	인천 남동구 백범로 357(간석동) 한국교직원공제회관 3층	032-830-5930
강원본부	강원 춘천시 동내로 10(석사동)	033-240-0101
충북본부	충북 청주시 흥덕구 사운로 386번길 21(신봉동)	043-266-5400
전북본부	전북 전주시 덕진구 신행로 44(팔복동)	063-212-4743
경남본부	경남 창원시 의창구 차룡로48번길 44, 창원스마트타워 2층	055-270-0550
울산본부	울산 남구 번영로 90-1(달동) 항사랑 병원 빌딩 8층	052-256-9373
제주본부	제주 제주시 삼봉로 79(도련2동)	064-723-3111
화성드론자격시험센터	경기 화성시 송산면 삼존로 200(삼존리)	031-645-2100

■ 일부면제 대상자격과 면제되는 시험과목

관련법	자 격 명		제출서류	면제과목
	변경 후(현재)	변경(통합) 전		
국 가 기 술 자 격 법	1) 철도차량정비기능장	철도차량정비기능장	• 자격증 원본 및 사본 1부	• 철도공학 • 선택과목
	2) 철도차량기사	철도차량기사		
	3) 철도차량산업기사	철도차량산업기사	• 자격증 원본 및 사본 1부 • 자격취득사항확인서	
		객화차정비산업기사	• 자격증 원본 및 사본 1부 • 경력증명서(공단서식 사용) 1부 • 고용보험가입증명서 • 자격취득사항확인서	• 선택과목
		철도동력차기관정비산업기사		
		철도동력차전기정비산업기사		
	4) 철도토목기사	철도보선기사	• 자격증 원본 및 사본 1부 • 경력증명서(공단서식 사용) 1부 • 고용보험가입증명서 　(근로복지공단) 1부	• 철도공학 • 선택과목
	5) 철도토목산업기사	철도보선산업기사		
	6) 철도차량기술사	철도차량기술사	• 자격증 원본 및 사본 1부	• 선택과목 (열차운전)
	7) 철도신호기술사	철도신호기술사	• 자격증 원본 및 사본 1부 • 경력증명서(공단서식 사용) 1부 • 고용보험가입증명서	
	8) 철도신호기사	철도신호기사		
	9) 철도신호산업기사	철도신호산업기사		
	10) 철도전기신호기능사	철도신호기능사		
		전기철도기능사		
	11) 철도운송산업기사	열차조작산업기사		
	12) 현재 폐지	철도운송기능사		
	13) 철도토목기능사	보선기능사		
	14) 철도차량정비기능사	철도동력차기관정비기능사	• 자격증 원본 및 사본 1부 • 경력증명서(공단서식 사용) 1부 • 고용보험가입증명서	
		철도동력차전기정비기능사		
		객화차정비기능사		
	15) 산업안전기사	산업안전기사		
	16) 산업안전산업기사	산업안전산업기사		
철 도 안 전 법	17) 고속철도차량운전면허		• 자격증 원본 및 사본 1부	
	18) 디젤차량운전면허			
	19) 제1종전기차량운전면허			
	20) 제2종전기차량운전면허			
	21) 철도장비운전면허			

* 국가자격 시험과목 중 "철도차량공학"은 "철도공학"과 같은 과목으로 간주

교통안전관리자 자격 개요

■ **교통안전관리자 자격시험이란?**

교통안전에 관한 전문적인 지식과 기술을 가진 자에게 자격을 부여하여 운영기관에서 교통안전업무를 전담케 함으로써 교통사고를 미연에 방지하고 국민의 생명과 재산 보호에 기여토록 하기 위해 교통안전관리자 자격시험 시행

■ **교통안전관리자의 직무**
- 교통안전관리규정의 시행 및 그 기록의 작성·보존
- 교통수단의 운행·운항 또는 항행과 관련된 안전점검의 지도 및 감독
- 도로조건, 선로조건, 항로조건 및 기상조건에 따른 안전운행에 필요한 조치
- 교통수단 차량을 운전하는 자 등의 운행 중 근무상태 파악 및 교통안전 교육·훈련의 실시
- 교통사고 원인조사·분석 및 기록 유지
- 교통수단의 운행상황 또는 교통사고상황이 기록된 운행기록지 또는 기억장치 등의 점검 및 관리

■ **문제출제방법 안내**
- 문제은행방식이란?
  다량의 문항분석 카드를 체계적으로 분류·정리·보관해 놓은 뒤 랜덤하게 출제하는 방식
- 시험문제 공개여부(비공개)
  문제은행방식으로 운영되기 때문에 시험문제를 공개할 경우, 반복 출제되는 문제들을 선택하여 단순 암기 위주의 시험 준비로 변할 우려가 있으므로 공개하지 않음

■ **시험시행방법**
- 컴퓨터에 의한 시험 시행
- 시험 시작시간 이후에 시험장에 도착한 사람은 응시 불가
  부정행위 시험감독의 지시에 따르지 않으면 퇴장 및 무효처리 하며, 향후 2년간 응시자격 정지

■ **합격자발표**
- 합격판정 응시과목마다 40% 이상을 얻고, 총점의 60% 이상을 얻은 자
  시험 종료 후 즉시 시험 컴퓨터에서 결과 확인
- 응시 및 채점 방법
  CBT 방식 문제가 랜덤하게 개인별 컴퓨터로 전송되어 프로그램상에서 정답을 체크하여 응시하고, 컴퓨터 프로그램에서 자동적으로 정확하게 채점하여 결과를 표출

■ 자격취득절차

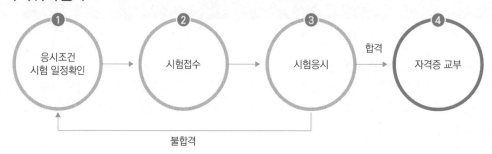

• 응시조건 및 시험일정 확인

- ▶ 자격제한 없음
- ▶ 단, 교통안전법 제53조(교통안전 관리자의 고용 등)의 결격사유 해당자는 응시할 수 없다.
- ▶ 연간 시험일정 확인(접수시간 및 시험일)

• 시험접수

- ▶ 인터넷·방문접수: 모든 응시자
- ▶ 현장 방문접수 시에는 응시인원 마감 등으로 시험 접수가 불가할 수도 있사오니 가급적 인터넷으로 시험 접수현황을 확인하고 방문해야 한다.
- ▶ 시험응시 수수료: 20,000원

• 시험응시

- ▶ 각 지역본부 시험장(시험시작 30분 전까지 입실)
- ▶ 교시별 시험과목
  1교시: 오전 09:20~10:10 / 오후 13:20~14:10 (50분)
  → 교통법규(50문항 / 문항당 2점)
  2교시: 오전 10:30~11:45 / 오후 14:30~15:45 (75분)
  → 교통안전관리론, 철도공학, 선택과목(각 25문항 / 문항당 4점)

• 자격증 교부

- ▶ 시험종료 즉시 합격여부 결과확인
- ▶ 신청대상: 응시과목마다 40% 이상을 얻고, 총점의 60% 이상을 획득한 자
- ▶ 자격증 신청 방법: 인터넷·방문신청
- ▶ 자격증 교부 수수료: 20,000원(인터넷의 경우 우편료 포함하여 온라인 결제)
- ▶ 자격증 인터넷 신청: 신청일로부터 5~10일 이내 수령가능(토·일요일, 공휴일 제외)
- ▶ 자격증 방문 발급: 한국 교통안전공단 전국 14개 지역별 접수·교부장소
- ▶ 준비물: 신분증(모바일 운전면허증 제외), 수수료

10일 완성 마스터 플랜

일차	학 습 단 원	예정일	학습일	비고
1일차	<교통법규> 제1장 총칙·안전관리체계			
	<교통법규> 제2장 철도종사원의 안전관리			
2일차	<교통법규> 제3장 철도시설 및 철도차량의 안전관리			
	<교통법규> 제4장 철도차량 운행안전 및 철도보호			
3일차	<교통법규> 제5장 철도기반구축·벌칙			
	<교통법규> 제6장 교통안전법			
4일차	<교통법규> 제7장 철도산업발전기본법			
	<안전관리> 제1장 교통안전 이론			
5일차	<안전관리> 제2장 교통사고 발생 원인			
	<안전관리> 제3장 교통사고 방지 대책			
6일차	<안전관리> 제4장 교통안전 관리 조직			
	<안전관리> 제5장 교통안전 환경			
7일차	<철도공학> 제1장 철도 총론			
	<철도공학> 제2장 철도 선로			
8일차	<철도공학> 제3장 철도 전기·신호			
	<철도공학> 제4장 철도 차량			
9일차	<열차운전> 제1장 철도차량운전규칙			
	<열차운전> 제2장 도시철도운전규칙			
10일차	<열차운전> 제3장 운전이론 (Ⅰ)			
	<열차운전> 제4장 운전이론 (Ⅱ)			

차례

철도교통안전관리자
10일 완성

철도공기업 채용시 가산점 부여 확대_필수자격
핵심정리와 기출예상문제를 한 권으로 해결~!

제 **1** 편

교통법규

제1장

[철도안전법]
총칙 · 안전관리체계

제1절 | 철도안전법의 제정목적 및 근거

1. 철도안전법 제정 근거
   1) 법률로 제정: 법률 제7245호
   2) 제정일자: 2004. 10. 22.
   3) 시행일자: 2005. 1. 1.
2. 철도안전법 제정 목적
   1) 철도안전을 확보하기 위하여 필요한 사항을 규정하고
   2) 철도안전 관리체계를 확립함으로써
   3) 공공복리의 증진에 이바지함을 목적으로 한다.

제2절 | 용어의 정의

1. 열차: 선로를 운행할 목적으로 철도운영자가 편성하여 열차번호를 부여한 철도차량
2. 철도종사자
   1) 철도차량의 운전업무에 종사하는 사람("운전업무종사자")
   2) 철도차량의 운행을 집중 제어 · 통제 · 감시하는 업무("관제업무")에 종사하는 사람
   3) 여객에게 승무(乘務) 서비스를 제공하는 사람("여객승무원")
   4) 여객에게 역무(驛務) 서비스를 제공하는 사람("여객역무원")
   5) 철도차량의 운행선로 또는 그 인근에서 철도시설의 건설 또는 관리와 관련한 작업의 협의 · 지휘 · 감독 · 안전관리 등의 업무에 종사하도록 철도운영자 또는 철도시설관리자가 지정한 사람("작업책임자")
   6) 철도차량의 운행선로 또는 그 인근에서 철도시설의 건설 또는 관리와 관련한 작업의 일정을 조정하고 해당 선로를 운행하는 열차의 운행일정을 조정하는 사람("철도운행안전관리자")
   7) 그 밖에 철도운영 및 철도시설관리와 관련하여 철도차량의 안전운행 및 질서유지와 철도차량 및 철도시설의 점검 · 정비 등에 관한 업무에 종사하는 사람으로서 <u>대통령령</u>으로 정하는 사람

〈대통령령으로 정하는 안전운행 또는 질서유지 철도종사자〉

　ⓐ 철도사고, 철도준사고 및 운행장애("철도사고등")가 발생한 현장에서 조사·수습·복구 등의 업무를 수행하는 사람

　ⓑ 철도차량의 운행선로 또는 그 인근에서 철도시설의 건설 또는 관리와 관련된 작업의 현장감독업무를 수행하는 사람

　ⓒ 철도시설 또는 철도차량을 보호하기 위한 순회점검업무 또는 경비업무를 수행하는 사람

　ⓓ 정거장에서 철도신호기·선로전환기 또는 조작판 등을 취급하거나 열차의 조성업무를 수행하는 사람

　ⓔ 철도에 공급되는 전력의 원격제어장치를 운영하는 사람

　ⓕ 「사법경찰관리의 직무를 수행할 자와 그 직무범위에 관한 법률」에 따른 철도경찰 사무에 종사하는 국가공무원

　ⓖ 철도차량 및 철도시설의 점검·정비 업무에 종사하는 사람

3. 철도사고: 철도운영 또는 철도시설관리와 관련하여 사람이 죽거나 다치거나 물건이 파손되는 사고로 <u>국토교통부령</u>으로 정하는 것

〈국토교통부령으로 정하는 철도사고의 범위〉

　1) 철도교통사고: 철도차량의 운행과 관련된 사고로서 다음에 해당하는 사고

　　ⓐ 충돌사고: 철도차량이 다른 철도차량 또는 장애물(동물 및 조류는 제외)과 충돌하거나 접촉한 사고

　　ⓑ 탈선사고: 철도차량이 궤도를 이탈하는 사고

　　ⓒ 열차화재사고: 철도차량에서 화재가 발생하는 사고

　　ⓓ 기타철도교통사고: 충돌사고, 탈선사고, 열차화재사고에 해당하지 않는 사고로서 철도차량의 운행과 관련된 사고

　2) 철도안전사고: 철도시설 관리와 관련된 사고로서 다음에 해당하는 사고.
　　　단, 「재난 및 안전관리 기본법」에 따른 자연재난으로 인한 사고는 제외

　　ⓐ 철도화재사고: 철도역사, 기계실 등 철도시설에서 화재가 발생하는 사고

　　ⓑ 철도시설파손사고: 교량·터널·선로, 신호·전기·통신 설비 등의 철도시설이 파손되는 사고

　　ⓒ 기타철도안전사고: 철도화재사고 및 철도시설파손사고에 해당하지 않는 사고로서 철도시설 관리와 관련된 사고

4. 철도준사고: 철도안전에 중대한 위해를 끼쳐 철도사고로 이어질 수 있었던 것으로 <u>국토교통부령</u>으로 정하는 것

〈국토교통부령으로 정하는 철도준사고의 범위〉

　1) 운행허가를 받지 않은 구간으로 열차가 주행하는 경우

　2) 열차가 운행하려는 선로에 장애가 있음에도 진행을 지시하는 신호가 표시되는 경우. 단, 복구 및 유지 보수를 위한 경우로서 관제 승인을 받은 경우에는 제외

　3) 열차 또는 철도차량이 승인 없이 정지신호를 지난 경우

　4) 열차 또는 철도차량이 역과 역 사이로 미끄러진 경우

5) 열차운행을 중지하고 공사 또는 보수작업을 시행하는 구간으로 열차가 주행한 경우

6) 안전운행에 지장을 주는 레일 파손이나 유지보수 허용범위를 벗어난 선로 뒤틀림이 발생한 경우

7) 안전운행에 지장을 주는 철도차량의 차륜, 차축, 차축베어링에 균열 등의 고장이 발생한 경우

8) 철도차량에서 화약류 등 「철도안전법 시행령」에 따른 위험물 또는 위해물품이 누출된 경우

9) 철도준사고에 준하는 것으로서 철도사고로 이어질 수 있는 것

5. 운행장애: 철도사고 및 철도준사고 외에 철도차량의 운행에 지장을 주는 것으로서 <u>국토교통부령</u>으로 정하는 것

〈국토교통부령으로 정하는 운행장애의 범위〉

1) 관제의 사전승인 없는 정차역 통과

2) 다음에 따른 운행 지연. 단, 다른 철도사고 또는 운행장애로 인한 운행 지연은 <u>제외</u>.

㉮ 고속열차 및 전동열차: 20분 이상

㉯ 일반여객열차: 30분 이상

㉰ 화물열차 및 기타열차: 60분 이상

6. 전용철도: 「철도사업법」에 따른 전용철도

* "전용철도"란 다른 사람의 수요에 따른 영업을 목적으로 하지 아니하고 자신의 수요에 따라 특수 목적을 수행하기 위하여 설치하거나 운영하는 철도를 말한다.

7. 선로: 철도차량을 운행하기 위한 궤도와 이를 받치는 노반 또는 인공구조물로 구성된 시설

8. 정거장

1) 여객의 승하차(여객 이용시설 및 편의시설을 포함)

2) 화물의 적하

3) 열차의 조성(철도차량을 연결하거나 분리하는 작업)

4) 열차의 교차통행 또는 대피를 목적으로 사용되는 장소

9. 선로전환기: 철도차량의 운행선로를 변경시키는 기기

10. 철도차량정비기술자: 철도차량정비에 관한 자격, 경력 및 학력 등을 갖추어 국토교통부장관의 인정을 받은 사람

제 3 절 철도안전 종합계획

1. 철도안전 종합계획의 수립

1) 수립의무자: 국토교통부장관

2) 수립주기: <u>5년</u>마다

3) 철도안전 종합계획에는 포함되어야 할 사항

① 철도안전 종합계획의 추진 목표 및 방향

② 철도안전에 관한 시설의 확충, 개량 및 점검 등에 관한 사항

③ 철도차량의 정비 및 점검 등에 관한 사항

④ 철도안전 관계 법령의 정비 등 제도개선에 관한 사항

⑤ 철도안전 관련 전문 인력의 양성 및 수급관리에 관한 사항

⑥ 철도종사자의 안전 및 근무환경 향상에 관한 사항

⑦ 철도안전 관련 교육훈련에 관한 사항

⑧ 철도안전 관련 연구 및 기술개발에 관한 사항

⑨ 그 밖에 철도안전에 관한 사항으로서 국토교통부장관이 필요하다고 인정하는 사항

4) 수립 및 변경절차

① 협의: 미리 관계 중앙행정기관의 장 및 철도운영자등과 협의한 후

② 심의: 철도산업발전기본법에 따른 철도산업위원회의 심의를 거쳐야 한다

   * 수립된 철도안전 종합계획의 경미한 사항 변경(**대통령령**으로 정함)은 변경절차인 협의·심의를 거치지 않을 수 있다

〈철도안전종합계획의 경미한 변경: 대통령령〉

   ⓐ 철도안전 종합계획에서 정한 총사업비를 원래 계획의 100분의 10 이내에서의 변경

   ⓑ 철도안전 종합계획에서 정한 시행기한 내에 단위사업의 시행시기의 변경

   ⓒ 법령의 개정, 행정구역의 변경 등과 관련하여 철도안전 종합계획을 변경하는 등 당초 수립된 철도안전 종합계획의 기본방향에 영향을 미치지 아니하는 사항의 변경

5) 수립·변경시 고시: 관보에 고시

국토교통부장관은 철도안전 종합계획을 수립하거나 변경하였을 때에는 이를 관보에 고시하여야 한다

2. 연차별 시행계획

1) 수립의무자: 국토교통부장관, 시·도지사 및 철도운영자등

2) 시행계획의 수립 및 시행절차 등: 필요한 사항은 **대통령령**으로 정한다

3) 시행계획 수립절차 등

① 다음 년도 시행계획 제출

시·도지사 및 철도운영자등은 매년 10월 말까지 국토교통부장관에게 제출

② 전년도 시행계획의 추진실적 제출

시·도지사 및 철도운영자등은 매년 2월 말까지 국토교통부장관에게 제출

③ 국토교통부장관의 시행계획 수정 요청

국토교통부장관은 다음 연도의 시행계획이

   ㉮ 철도안전 종합계획에 위반되거나

   ㉯ 철도안전 종합계획을 원활하게 추진하기 위하여 보완이 필요하다고 인정될 때에는

   ㉰ 시·도지사 및 철도운영자등에게 시행계획의 수정을 요청할 수 있다. 수정요청을 받은 경우에는 특별한 사유가 없는 한 이를 시행계획에 반영하여야 한다.

1. 공시 의무
　1) 공시의무자: 철도운영자
　2) 공시내용: 철도차량의 교체, 철도시설의 개량 등 철도안전 분야에 투자하는 예산 규모
　3) 공시주기: 매년 공시
2. 철도안전투자의 예산 규모를 공시하는 기준
　1) 예산 규모에는 다음의 예산이 모두 포함되도록 할 것
　　① 철도차량 교체에 관한 예산　　② 철도시설 개량에 관한 예산
　　③ 안전설비의 설치에 관한 예산　　④ 철도안전 교육훈련에 관한 예산
　　⑤ 철도안전 연구개발에 관한 예산　　⑥ 철도안전 홍보에 관한 예산
　　⑦ 그 밖에 철도안전에 관련된 예산으로서 국토교통부장관이 정해 고시하는 사항
　2) 다음의 사항이 모두 포함된 예산 규모를 공시할 것
　　① 과거 3년간 철도안전투자의 예산 및 그 집행 실적
　　② 해당 년도 철도안전투자의 예산
　　③ 향후 2년간 철도안전투자의 예산
　3) 국가의 보조금, 지방자치단체의 보조금 및 철도운영자의 자금 등 철도안전투자 예산의 재원을 구분해 공시할 것
　4) 그 밖에 철도안전투자와 관련된 예산으로서 국토교통부장관이 정해 고시하는 예산을 포함해 공시할 것
3. 공시기한: 철도운영자는 철도안전투자의 예산 규모를 매년 5월 말까지 공시해야 한다.

1. 안전관리체계의 정의
　철도운영을 하거나 철도시설을 관리하려는 경우에 필요한 인력, 시설, 차량, 장비, 운영절차, 교육훈련 및 비상대응계획 등 철도 및 철도시설의 안전관리에 관한 유기적 체계
2. 안전관리체계의 승인 의무
　1) 승인권자: 국토교통부장관
　2) 안전관리체계를 갖추어 승인을 받아야 하는 자: 철도운영자등(철도운영자, 철도시설관리자)
　3) 승인대상
　　① 신규로 안전관리체계를 갖추었을 때
　　② 승인 받은 안전관리체계를 변경하려는 경우
　　　* 단, 국토교통부령으로 정하는 경미한 사항을 변경(조직부서명의 변경)하려는 경우에는 국토교통부장관에게 신고만 하면 된다.

③ 안전관리기준의 변경에 따라 안전관리체계를 변경하려는 경우
3. 안전관리체계의 승인을 받지 않아도 되는 자: 전용철도의 운영자
   전용철도의 운영자는 자체적으로 안전관리체계를 갖추고 지속적으로 유지하여야 한다.
4. 국토교통부장관은 안전관리체계의 승인 또는 변경승인의 신청을 받은 경우에는 해당 안전관리체계가 안전관리기준에 적합한지를 검사한 후 승인 여부를 결정하여야 한다.
   1) 안전관리체계의 승인 또는 변경승인을 위한 검사는 서류검사와 현장검사로 구분하여 실시한다. 단, 서류검사만으로 안전관리에 필요한 기술기준("안전관리기준")에 적합 여부를 판단할 수 있는 경우에는 현장검사를 생략할 수 있다.
      ① 서류검사: 철도운영자등이 제출한 서류가 안전관리기준에 적합한지 검사
      ② 현장검사: 안전관리체계의 이행가능성 및 실효성을 현장에서 확인하기 위한 검사
   2) 국토교통부장관은 도시철도에 대하여 안전관리체계의 승인 또는 변경승인을 위한 검사를 하는 경우에는 해당 도시철도의 관할 시·도지사와 협의할 수 있다.
      * 협의 요청을 받은 시·도지사는 협의를 요청받은 날부터 20일 이내에 의견을 제출하여야 하며, 그 기간 내에 의견을 제출하지 아니하면 의견이 없는 것으로 본다.
5. 국토교통부장관은 안전관리기준을 정하여 고시
   국토교통부장관은 철도안전경영, 위험관리, 사고 조사 및 보고, 내부점검, 비상대응계획, 비상대응훈련, 교육훈련, 안전정보관리, 운행안전관리, 차량·시설의 유지관리(차량의 기대수명에 관한 사항 포함) 등 철도운영 및 철도시설의 안전관리에 필요한 기술기준을 정하여 고시하여야 한다.
   1) 안전관리기준을 정할 때 전문기술적인 사항에 대하여는 철도기술심의위원회의 심의를 거칠 수 있다.
   2) 고시: 안전관리기준을 정한 경우에는 관보에 고시해야 한다.
6. 안전관리체계 승인 신청 절차
   1) 철도운영자등이 안전관리체계를 승인받으려는 경우
      철도운용 또는 철도시설 관리 개시 예정일 90일 전까지 철도안전관리체계 승인신청서에 다음의 서류를 첨부하여 국토교통부장관에게 제출하여야 한다.
      ① 「철도사업법」 또는 「도시철도법」에 따른 철도사업면허증 사본
      ② 조직·인력의 구성, 업무 분장 및 책임에 관한 서류
      ③ 다음의 사항을 적시한 철도안전관리시스템에 관한 서류

      | ㉮ 철도안전관리시스템 개요 | ㉯ 철도안전경영 |
      | ㉰ 문서화 | ㉱ 위험관리 |
      | ㉲ 요구사항 준수 | ㉳ 철도사고 조사 및 보고 |
      | ㉴ 내부 점검 | ㉵ 비상대응 |
      | ㉶ 교육훈련 | ㉷ 안전정보 |
      | ㉸ 안전문화 | |

④ 다음의 사항을 적시한 열차운행체계에 관한 서류
   ㉮ 철도운영 개요   ㉯ 철도사업면허
   ㉰ 열차운행 조직 및 인력   ㉱ 열차운행 방법 및 절차
   ㉲ 열차 운행계획   ㉳ 승무 및 역무
   ㉴ 철도관제업무   ㉵ 철도보호 및 질서유지
   ㉶ 열차운영 기록관리
   ㉷ 위탁 계약자 감독 등 위탁업무 관리에 관한 사항
⑤ 다음의 사항을 적시한 유지관리체계에 관한 서류
   ㉮ 유지관리 개요   ㉯ 유지관리 조직 및 인력
   ㉰ <u>유지관리 방법 및 절차</u>(종합시험운행 실시 결과(완료된 결과를 말한다)를 반영한 유지관리 방법을 포함한다)
   ㉱ 유지관리 이행계획   ㉲ 유지관리 기록
   ㉳ 유지관리 설비 및 장비   ㉴ 유지관리 부품
   ㉵ 철도차량 제작 감독
   ㉶ 위탁 계약자 감독 등 위탁업무 관리에 관한 사항
⑥ <u>종합시험운행 실시 결과 보고서</u>

2) 철도운영자등이 승인받은 안전관리체계를 변경하려는 경우

변경된 철도운용 또는 철도시설 관리 개시 예정일 <u>30일</u> 전(철도노선의 신설 또는 개량으로 인한 변경사항의 경우에는 <u>90일</u> 전)까지 철도안전관리체계 변경승인신청서에 다음의 서류를 첨부하여 국토교통부장관에게 제출하여야 한다.

1) 안전관리체계의 변경내용과 증빙서류
2) 변경 전후의 대비표 및 해설서

3) 철도운영자등이 안전관리체계의 승인 또는 변경승인을 신청하는 경우 다음의 서류는 철도운용 또는 철도시설 관리 개시 예정일 <u>14일</u> 전까지 제출할 수 있다.

1) 유지관리 방법 및 절차(종합시험운행 실시 결과를 반영한 유지관리 방법을 포함한다)
2) 종합시험운행 실시 결과 보고서

4) 국토교통부장관은 안전관리체계의 승인 또는 변경승인 신청을 받은 경우에는 <u>15일</u> 이내에 승인 또는 변경승인에 필요한 검사 등의 계획서를 작성하여 신청인에게 통보하여야 한다.

7. 안전관리체계의 유지

1) 철도운영자등은 철도운영을 하거나 철도시설을 관리하는 경우에는 승인받은 안전관리체계를 지속적으로 유지하여야 한다.

2) 국토교통부장관은 안전관리체계 위반 여부 확인 및 철도사고 예방 등을 위하여 철도운영자등이 안전관리체계를 지속적으로 유지하는지 다음의 검사를 통해 국토교통부령으로 정하는 바에 따라 점검·확인할 수 있다.

① 정기검사: 철도운영자등이 국토교통부장관으로부터 승인 또는 변경승인 받은 안전관리체계를 지속적으로 유지하는지를 점검·확인하기 위하여 정기적으로 실시하는 검사

ⓐ 국토교통부장관은 정기검사를 1년마다 1회 실시해야 한다.

ⓑ 국토교통부장관은 정기검사 또는 수시검사를 시행하려는 경우에는 검사 시행일 7일 전까지 검사계획을 검사 대상 철도운영자등에게 통보해야 한다.

② 수시검사: 철도운영자등이 철도사고 및 운행장애 등을 발생시키거나 발생시킬 우려가 있는 경우에 안전관리체계 위반사항 확인 및 안전관리체계 위해요인 사전예방을 위해 수행하는 검사

3) 정기검사 시기의 유예 또는 변경요청 사유

국토교통부장관은 다음 사유로 철도운영자등이 안전관리체계 정기검사의 유예를 요청한 경우에 검사 시기를 유예하거나 변경할 수 있다.

① 검사대상 철도운영자등이 사법기관 및 중앙행정기관의 조사 및 감사를 받고 있는 경우

②「항공·철도 사고조사에 관한 법률」에 따른 항공·철도사고조사위원회가 철도사고에 대한 조사를 하고 있는 경우

③ 대형 철도사고의 발생, 천재지변, 그 밖의 부득이한 사유가 있는 경우

4) 국토교통부장관은 검사 결과 안전관리체계가 지속적으로 유지되지 아니하거나 그 밖에 철도안전을 위하여 긴급히 필요하다고 인정하는 경우에는 국토교통부령으로 정하는 바에 따라 시정조치를 명할 수 있다.

* 철도운영자등이 시정조치명령을 받은 경우에 <u>14일</u> 이내에 시정조치계획서를 작성하여 국토교통부장관에게 제출하여야 하고, 시정조치를 완료한 경우에는 지체없이 그 시정내용을 국토교통부장관에게 통보하여야 한다.

8. 안전관리체계 승인의 취소

1) 안전관리체계의 승인취소권자: 국토교통부장관

2) 안전관리체계의 승인을 취소해야 하는 경우(절대적 취소)

① 거짓이나 그 밖의 부정한 방법으로 승인을 받은 경우

3) 안전관리체계의 승인을 취소하거나 6개월 이내의 기간을 정하여 업무의 제한이나 정지를 명할 수 있는 경우(필요적 취소, 상대적 취소)

① 안전관리체계 변경승인을 받지 아니하거나 변경신고를 하지 아니하고 안전관리체계를 변경한 경우

② 안전관리체계를 지속적으로 유지하지 아니하여 철도운영이나 철도시설의 관리에 중대한 지장을 초래한 경우

③ 시정조치명령을 정당한 사유 없이 이행하지 아니한 경우

9. 과징금 부과

1) 부과대상

① 국토교통부장관은 철도운영자등에 대하여 업무의 제한이나 정지를 명하여야 하는 경우로서

② 그 업무의 제한이나 정지가 철도 이용자 등에게 심한 불편을 주거나 그 밖에 공익을 해할 우려가 있는 경우

2) 과징금 상한금액

업무의 제한이나 정지를 갈음하여 <u>30억 원</u> 이하의 과징금을 부과할 수 있다.

3) 과징금을 부과하는 위반행위의 종류, 과징금의 부과기준 및 징수방법, 그 밖에 필요한 사항은 대통령령으로 정한다.

4) 안전관리체계를 지속적으로 유지하지 않아 철도사고가 발생한 경우 과징금 부과기준

　① 철도사고로 사망자수 10명 이상인 경우: 21억 6천만원

　② 철도사고로 중상자수가 100명 이상인 경우: 21억 6천만원

　③ 철도사고로 중상자수가 30명 이상 ~ 50명 미만인 경우: 7억 2천만원

　④ 철도사고 또는 운행장애로 재산피해액 20억원 이상인 경우: 7억 2천만원

5) 과징금의 부과 및 납부

　① 국토교통부장관은 과징금을 부과할 때에는 그 위반행위의 종류와 해당 과징금의 금액을 명시하여 이를 납부할 것을 서면으로 통지하여야 한다.

　② 통지를 받은 자는 통지를 받은 날부터 <u>20일</u> 이내에 국토교통부장관이 정하는 수납기관에 과징금을 내야 한다.

제6절　철도운영자등에 대한 안전관리 수준평가의 대상 및 기준

1. 안전관리수준 평가자: 국토교통부장관
2. 철도운영자등의 안전관리 수준평가 대상 및 기준
　1) 사고 분야
　　① 철도교통사고 건수　　　　　② 철도안전사고 건수
　　③ 운행장애 건수　　　　　　　④ 사상자 수
　2) 철도안전투자 분야: 철도안전투자의 예산 규모 및 집행 실적(철도시설관리자는 평가에서 제외)
　3) 안전관리 분야: ① 안전성숙도 수준　　② 정기검사 이행실적
　4) 그 밖에 안전관리 수준평가에 필요한 사항으로서 국토교통부장관이 정해 고시하는 사항
3. 안전관리수준 평가시기: 매년 <u>3월</u> 말까지
4. 안전관리수준 평가방법
　1) 안전관리 수준평가는 서면평가의 방법으로 실시한다.
　2) 단, 국토교통부장관이 필요하다고 인정하는 경우에는 현장평가를 실시할 수 있다.

제7절　철도안전 우수운영자 지정

1. 우수운영자 지정권자: 국토교통부장관
2. 지정근거: 안전관리 수준평가 결과를 활용하여 지정

1) 지정대상: 안전관리 수준평가 결과가 최상위 등급인 철도운영자등

　　2) 지정의 유효기간: 지정받은 날부터 <u>1년</u>

3. 우수운영자 지정의 취소

　　1) 절대적 취소(반드시 취소하여야 한다)

　　　㉮ 거짓이나 그 밖의 부정한 방법으로 철도안전 우수운영자 지정을 받은 경우

　　　㉯ 안전관리체계의 승인이 취소된 경우

　　2) 재량적 취소(필요적취소·상대적취소: 취소할 수 있다)

　　　지정기준에 부적합하게 되는 등 **국토교통부령**으로 정하는 사유가 발생한 경우

　　　㉮ 계산 착오, 자료의 오류 등으로 안전관리 수준평가 결과가 최상위 등급이 아닌 것으로
　　　　확인된 경우

　　　㉯ 국토교통부장관이 정해 고시하는 표시가 아닌 다른 표시를 사용한 경우

[총칙 · 안전관리체계]
기출예상문제

01 철도안전법의 제정일 및 시행일이 맞게 짝지어진 것은?

① 제정일: 2004. 10. 22. − 시행일: 2005. 01. 01.
② 제정일: 2005. 01. 01. − 시행일: 2004. 10. 22.
③ 제정일: 2003. 10. 22. − 시행일: 2005. 01. 01.
④ 제정일: 2002. 10. 22. − 시행일: 2004. 10. 22.

> **해설** 철도안전법 부칙 〈법률 제7245호, 2004. 10. 22.〉
> 제1조(시행일) 이 법은 2005년 1월 1일부터 시행한다.

02 철도안전법의 제정근거는?

① 법률로 제정되었다.   ② 대통령령으로 제정되었다.
③ 국토교통부령으로 제정되었다.   ④ 국무총리령으로 제정되었다.

> **해설** 철도안전법 부칙 〈법률 제7245호, 2004. 10. 22.〉

03 철도안전법의 제정목적으로 틀린 것은?

① 철도안전을 확보하기 위하여 필요한 사항을 규정
② 효율적인 철도사업관리
③ 철도안전 관리체계의 확립
④ 공공복리의 증진

> **해설** 철도안전법 제1조(목적)
> 이 법은 철도안전을 확보하기 위하여 필요한 사항을 규정하고 철도안전 관리체계를 확립함으로써 공공복리의 증진에 이바지함을 목적으로 한다.

정답 1 ①   2 ①   3 ②

04 철도안전법에서 정한 "열차"의 정의는?

① 선로를 운행할 목적으로 철도운영자가 편성하여 열차번호를 부여한 철도차량
② 선로를 운행할 목적으로 시도지사가 편성하여 열차번호를 부여한 철도차량
③ 선로를 운행할 목적으로 철도운영자가 편성하여 차량번호를 부여한 철도차량
④ 선로를 운행할 목적으로 시도지사가 편성하여 차량번호를 부여한 철도차량

해설 철도안전법 제2조(정의)
6. "열차"란 선로를 운행할 목적으로 철도운영자가 편성하여 열차번호를 부여한 철도차량을 말한다.

05 철도안전법에서 "철도종사자"에 포함되지 않는 것은?

① 여객역무원
② 관제업무종사자
③ 철도운행안전관리자
④ 철도안전전문기술자

해설 철도안전법 제2조(정의)
10. "철도종사자"란 다음에 해당하는 사람을 말한다.
  1) 철도차량의 운전업무에 종사하는 사람("운전업무종사자")
  2) 철도차량의 운행을 집중 제어·통제·감시하는 업무("관제업무")에 종사하는 사람
  3) 여객에게 승무(乘務) 서비스를 제공하는 사람("여객승무원")
  4) 여객에게 역무(驛務) 서비스를 제공하는 사람("여객역무원")
  5) 철도차량의 운행선로 또는 그 인근에서 철도시설의 건설 또는 관리와 관련한 작업의 협의·지휘·감독·안전관리 등의 업무에 종사하도록 철도운영자 또는 철도시설관리자가 지정한 사람("작업책임자")
  6) 철도차량의 운행선로 또는 그 인근에서 철도시설의 건설 또는 관리와 관련한 작업의 일정을 조정하고 해당 선로를 운행하는 열차의 운행일정을 조정하는 사람("철도운행안전관리자")
  7) 그 밖에 철도운영 및 철도시설관리와 관련하여 철도차량의 안전운행 및 질서유지와 철도차량 및 철도시설의 점검·정비 등에 관한 업무에 종사하는 사람으로서 대통령령으로 정하는 사람

06 철도안전법에서 "철도종사자"에 속하는 사람은?

① 철도용품을 생산하는 사람
② 철도시설을 운영 및 관리하는 사람
③ 철도차량제작자 승인을 받은 사람
④ 작업책임자

해설 철도안전법 제2조(정의)

정답 4 ① 5 ④ 6 ④

07 "대통령령으로 정한 안전운행 또는 질서유지 철도종사자"가 아닌 사람은?

① 철도사고등이 발생한 현장에서 조사, 수습, 복구 등의 업무를 수행하는 사람
② 철도시설 또는 철도차량을 보호하기 위한 순회점검업무를 수행하는 사람
③ 정거장에서 철도신호기·선로전환기 또는 조작판 등을 취급하는 사람
④ 철도시설의 건설과 관련된 작업을 하는 사람

해설 철도안전법시행령 제3조(안전운행 또는 질서유지 철도종사자)

1. 철도사고, 철도준사고 및 운행장애("철도사고등")가 발생한 현장에서 조사·수습·복구 등의 업무를 수행하는 사람
2. 철도차량의 운행선로 또는 그 인근에서 철도시설의 건설 또는 관리와 관련된 작업의 현장감독업무를 수행하는 사람
3. 철도시설 또는 철도차량을 보호하기 위한 순회점검업무 또는 경비업무를 수행하는 사람
4. 정거장에서 철도신호기·선로전환기 또는 조작판 등을 취급하거나 열차의 조성업무를 수행하는 사람
5. 철도에 공급되는 전력의 원격제어장치를 운영하는 사람
6. 「사법경찰관리의 직무를 수행할 자와 그 직무범위에 관한 법률」에 따른 철도경찰 사무에 종사하는 국가공무원
7. 철도차량 및 철도시설의 점검·정비 업무에 종사하는 사람

08 "안전운행 또는 질서유지 철도종사자"가 아닌 것은?

① 철도차량의 운행선로 또는 그 인근에서 철도시설의 건설 또는 관리와 관련된 작업의 협의·감독·안전관리 등의 업무에 종사하도록 철도운영자가 지정한 사람
② 철도차량 및 철도시설의 점검·정비 업무에 종사하는 사람
③ 철도에 공급되는 전력의 원격제어장치를 공급하는 사람
④ 정거장에서 열차의 조성업무를 수행하는 사람

해설 철도안전법시행령 제3조(안전운행 또는 질서유지 철도종사자)

09 "대통령령으로 정한 안전운행 또는 질서유지 철도종사자"가 아닌 사람은?

① 정거장에서 열차의 조성업무를 수행하는 사람
② 철도시설 또는 철도차량을 보호하기 위한 순회점검업무 또는 경비업무를 수행하는 철도종사자
③ 철도경찰 사무에 종사하는 국가공무원
④ 철도 시설을 운영 및 관리하는 철도종사자

해설 철도안전법시행령 제3조(안전운행 또는 질서유지 철도종사자)

정답 7 ④ 8 ① · ③ 9 ④

10 다음 중 "철도사고"가 아닌 것은?

① 철도차량이 궤도를 이탈하는 사고
② 관제의 사전승인 없는 정차역 통과
③ 철도차량에서 화재가 발생하는 사고
④ 철도역사, 기계실 등 철도시설에서 화재가 발생하는 사고

해설 철도안전법 제2조(정의), 철도안전법시행규칙 제1조의2(철도사고의 범위)

11. "철도사고"란 철도운영 또는 철도시설관리와 관련하여 사람이 죽거나 다치거나 물건이 파손되는 사고로 국토교통부령으로 정하는 것을 말한다.

＊ 국토교통부령으로 정하는 철도사고의 범위
  1) 철도교통사고: 철도차량의 운행과 관련된 사고로서 다음에 해당하는 사고
    가. 충돌사고: 철도차량이 다른 철도차량 또는 장애물(동물 및 조류는 제외한다)과 충돌하거나 접촉한 사고
    나. 탈선사고: 철도차량이 궤도를 이탈하는 사고
    다. 열차화재사고: 철도차량에서 화재가 발생하는 사고
    라. 기타철도교통사고: 충돌사고, 탈선사고, 열차화재사고에 해당하지 않는 사고로서 철도차량의 운행과 관련된 사고
  2) 철도안전사고: 철도시설 관리와 관련된 사고로서 다음에 해당하는 사고. 다만, 「재난 및 안전관리 기본법」에 따른 자연재난으로 인한 사고는 제외한다.
    가. 철도화재사고: 철도역사, 기계실 등 철도시설에서 화재가 발생하는 사고
    나. 철도시설파손사고: 교량·터널·선로, 신호·전기·통신 설비 등의 철도시설이 파손되는 사고
    다. 기타철도안전사고: 철도화재사고 및 철도시설파손사고에 해당하지 않는 사고로서 철도시설 관리와 관련된 사고

11 철도안전법에서 열차 운행중 사람이 사망을 하면 어떤 사고인가?

① 철도교통사고   ② 철도준사고   ③ 운행장애   ④ 철도안전사고

해설 철도안전법시행규칙 제1조의2(철도사고의 범위)

12 다음 중 "철도교통사고"가 아닌 것은?

① 탈선사고   ② 건널목사고   ③ 충돌사고   ④ 기타철도교통사고

해설 철도안전법시행규칙 제1조의2(철도사고의 범위)

정답 10 ② 11 ① 12 ②

13 다음 중 "철도안전사고"에 포함되는 것은?

① 열차화재사고   ② 철도시설화재사고

③ 철도차량화재사고   ④ 철도시설파손사고

> **해설** 철도안전법시행규칙 제1조의2(철도사고의 범위)

14 다음 중 "철도준사고"에 해당하지 않는 것은?

① 운행허가를 받지 않은 구간으로 열차가 주행하는 경우

② 열차 또는 철도차량이 역과 역사이로 미끄러진 경우

③ 열차가 운행하려는 선로에 장애가 있음에도 진행을 지시하는 신호가 표시되는 경우

④ 안전운행에 지장을 주는 철도차량의 차륜의 균열로 철도차량이 궤도를 이탈하는 사고

> **해설** 철도안전법 제2조(정의), 철도안전법시행규칙 제1조의3(철도준사고의 범위)
>
> 1. "철도준사고"란 철도안전에 중대한 위해를 끼쳐 철도사고로 이어질 수 있었던 것으로 국토교통부령으로 정하는 것을 말한다.
>
> * 국토교통부령으로 정하는 철도준사고의 범위
>   1) 운행허가를 받지 않은 구간으로 열차가 주행하는 경우
>   2) 열차가 운행하려는 선로에 장애가 있음에도 진행을 지시하는 신호가 표시되는 경우
>   단, 복구 및 유지 보수를 위한 경우로서 관제 승인을 받은 경우에는 제외한다.
>   3) 열차 또는 철도차량이 승인 없이 정지신호를 지난 경우
>   4) 열차 또는 철도차량이 역과 역사이로 미끄러진 경우
>   5) 열차운행을 중지하고 공사 또는 보수작업을 시행하는 구간으로 열차가 주행한 경우
>   6) 안전운행에 지장을 주는 레일 파손이나 유지보수 허용범위를 벗어난 선로 뒤틀림이 발생한 경우
>   7) 안전운행에 지장을 주는 철도차량의 차륜, 차축, 차축베어링에 균열 등의 고장이 발생한 경우
>   8) 철도차량에서 화약류 등 「철도안전법 시행령」에 따른 위험물 또는 위해물품이 누출된 경우
>   9) 철도준사고에 준하는 것으로서 철도사고로 이어질 수 있는 것

15 다음 중 "철도준사고"에 해당하는 것은?

① 철도차량에서 화재가 발생하는 사고

② 철도차량이 다른 철도차량 또는 장애물과 충돌하거나 접촉한 사고

③ 고속열차의 20분 이상 운행 지연

④ 운행허가를 받지 않은 구간으로 열차가 주행하는 경우

> **해설** 철도안전법 제2조(정의), 철도안전법시행규칙 제1조의3(철도준사고의 범위)

정답 13 ④   14 ④   15 ④

16 다음 중 "운행장애"에 해당하지 않는 것은?

① 철도사고로 인한 전동열차의 20분 이상 운행 지연
② 운행장애로 인한 일반여객열차의 30분 이상 운행 지연
③ 철도사고로 인한 화물열차 및 기타열차의 60분 이상 운행 지연
④ 역장의 사전승인 없는 정차역 통과

해설 철도안전법 제2조(정의), 철도안전법시행규칙 제1조의4(운행장애의 범위)

13. "운행장애"란 철도사고 및 철도준사고 외에 철도차량의 운행에 지장을 주는 것으로서 국토교통부령으로 정하는 것을 말한다.
* 국토교통부령으로 정하는 운행장애의 범위
  1) 관제의 사전승인 없는 정차역 통과
  2) 다음에 따른 운행 지연. 다만, 다른 철도사고 또는 운행장애로 인한 운행 지연은 제외한다.
     ⓐ 고속열차 및 전동열차: 20분 이상
     ⓑ 일반여객열차: 30분 이상
     ⓒ 화물열차 및 기타열차: 60분 이상

17 철도사고 및 철도준사고 외에 철도차량의 운행에 지장을 주는 것으로서 국토교통부령으로 정하는 것을 무엇이라고 하는가?

① 충돌사고　　　② 철도안전사고　　③ 철도시설파손사고　④ 운행장애

해설 철도안전법시행규칙 제1조의4(운행장애의 범위)

18 다음의 빈칸에 들어갈 단어는?

> "운행장애"란 철도사고 및 (　　　　) 외에 철도차량의 운행에 지장을 주는 것으로서 국토교통부령으로 정하는 것을 말한다.

① 철도안전사고　　② 철도준사고　　　③ 운행장애　　　④ 철도교통사고

해설 철도안전법 제2조(정의)

19 다음 중 "열차지연"의 설명으로 바르지 않은 것은?

① 고속열차 및 전동열차의 20분 이상 운행 지연
② 일반여객열차의 30분 이상 운행 지연
③ 화물열차 및 기타열차의 60분 이상 운행 지연
④ 관제의 사전승인 없는 정차역 통과

> **해설** 철도안전법시행규칙 제1조의4(운행장애의 범위)

20 철도안전법에서 용어의 정의로 틀린 것은?

① 선로: 철도차량을 운행하기 위한 궤도와 이를 받치는 노반 또는 인공구조물로 구성된 시설
② 전용철도: 다른 사람의 수요에 따른 영업을 목적으로 하지 아니하고 자신의 수요에 따라 특수 목적을 수행하기 위하여 설치하거나 운영하는 철도
③ 운행장애: 철도사고 또는 운행장애로 일반여객열차의 30분이 지연
④ 철도차량: 선로를 운행할 목적으로 제작된 동력차·객차·화차 및 특수차를 말한다

> **해설** 철도안전법 제2조(정의)
> 1. "전용철도"란 「철도사업법」에 따른 전용철도를 말한다.
>   * "전용철도"란 다른 사람의 수요에 따른 영업을 목적으로 하지 아니하고 자신의 수요에 따라 특수 목적을 수행하기 위하여 설치하거나 운영하는 철도를 말한다.
> 2. "철도차량"이란 철도산업발전기본법에 따른 철도차량을 말한다.
>   * "철도차량"이라 함은 선로를 운행할 목적으로 제작된 동력차·객차·화차 및 특수차를 말한다.
> 3. "선로"란 철도차량을 운행하기 위한 궤도와 이를 받치는 노반 또는 인공구조물로 구성된 시설을 말한다.

21 다음 중 "정거장"의 정의에 포함되지 않는 것은?

① 철도의 신호기 취급을 목적으로 사용되는 장소
② 화물의 적하를 목적으로 사용되는 장소
③ 열차의 조성을 목적으로 사용되는 장소
④ 열차의 교차통행 또는 대피를 목적으로 사용되는 장소

> **해설** 철도안전법시행령 제2조(정의)
> 1. "정거장"이란 ⓐ 여객의 승하차(여객 이용시설 및 편의시설을 포함한다), ⓑ 화물의 적하, ⓒ 열차의 조성(철도차량을 연결하거나 분리하는 작업을 말한다), ⓓ 열차의 교차통행 또는 대피를 목적으로 사용되는 장소를 말한다.
> 2. "선로전환기"란 철도차량의 운행선로를 변경시키는 기기를 말한다.

정답 19 ④ 20 ③ 21 ①

22 철도차량의 운행선로를 변경시키는 기기를 무엇이라고 하는가?

① 선로전환기   ② 철도신호기   ③ 폐장장치   ④ 신호장치

> **해설** 철도안전법시행령 제2조(정의)

23 다음 중 "철도차량정비기술자"에 대한 정의로 옳은 것은?

① 철도차량정비에 관한 자격, 경력 등을 갖추어 국토교통부장관의 인정을 받은 사람
② 철도차량정비에 관한 자격, 경력 및 학력 등을 갖추어 국토교통부장관의 인정을 받은 사람
③ 철도차량정비에 관한 자격, 경력 및 학력 등을 갖추어 철도운영자의 인정을 받은 사람
④ 철도차량정비에 관한 자격, 경력 및 학력 등을 갖추어 철도시설관리자의 인정을 받은 사람

> **해설** 철도안전법 제2조(정의)
>
> 15. "철도차량정비기술자"란 철도차량정비에 관한 자격, 경력 및 학력 등을 갖추어 국토교통부장관의 인정을 받은 사람을 말한다.

24 대통령령으로 정하는 것이 아닌 것은?

① 철도안전종합계획 시행계획의 수립 및 시행절차 등에 필요한 사항
② 과징금을 부과하는 위반행위의 종류, 과징금의 부과기준 및 징수방법, 그 밖에 필요한 사항
③ 철도차량 운전면허의 종류
④ 철도안전투자의 공시 기준, 항목, 절차 등에 필요한 사항

> **해설** 철도안전법 제6조~제10조
>
> 제6조(시행계획) ② 시행계획의 수립 및 시행절차 등에 관하여 필요한 사항은 대통령령으로 정한다.
> 제9조의2(과징금) ② 과징금을 부과하는 위반행위의 종류, 과징금의 부과기준 및 징수방법, 그 밖에 필요한 사항은 대통령령으로 정한다.
> 제10조(철도차량 운전면허) ③ 철도차량 운전면허는 대통령령으로 정하는 바에 따라 철도차량의 종류별로 받아야 한다.
> 제6조의2(철도안전투자의 공시) ② 철도안전투자의 공시 기준, 항목, 절차 등에 필요한 사항은 국토교통부령으로 정한다.

정답 22 ① 23 ② 24 ④

25 철도안전종합계획의 수립의무자와 수립주기가 바르게 짝지어진 것은?

① 국토교통부장관 – 3년마다   ② 철도시설관리자 – 3년마다
③ 철도운영자등 – 5년마다   ④ 국토교통부장관 – 5년마다

> **해설** 철도안전법 제5조(철도안전 종합계획)
> ① 국토교통부장관은 5년마다 철도안전에 관한 종합계획을 수립하여야 한다.

26 철도안전 종합계획에 포함되어야 할 내용으로 틀린 것은?

① 노후화 된 철도차량의 개량에 관한 사항
② 철도종사자의 안전 및 근무환경 향상에 관한 사항
③ 철도안전에 관한 시설의 확충, 개량 및 점검 등에 관한 사항
④ 철도안전 관련 연구 및 기술개발에 관한 사항

> **해설** 철도안전법 제5조(철도안전 종합계획)
> ② 철도안전 종합계획에는 다음 사항이 포함되어야 한다.
>   1. 철도안전 종합계획의 추진 목표 및 방향
>   2. 철도안전에 관한 시설의 확충, 개량 및 점검 등에 관한 사항
>   3. 철도차량의 정비 및 점검 등에 관한 사항
>   4. 철도안전 관계 법령의 정비 등 제도개선에 관한 사항
>   5. 철도안전 관련 전문인력의 양성 및 수급관리에 관한 사항
>   6. 철도종사자의 안전 및 근무환경 향상에 관한 사항
>   7. 철도안전 관련 교육훈련에 관한 사항
>   8. 철도안전 관련 연구 및 기술개발에 관한 사항
>   9. 그 밖에 철도안전에 관한 사항으로서 국토교통부장관이 필요하다고 인정하는 사항

27 철도안전종합계획의 경미한 사항의 변경에 해당하는 것은?

① 철도안전 종합계획에서 정한 총사업비를 원래 계획의 100분의 5 이내에서의 변경
② 철도안전 종합계획에서 정한 총사업비를 원래 계획의 100분의 10 이내에서의 변경
③ 철도안전 종합계획에서 정한 총사업비를 원래 계획의 100분의 20 이내에서의 변경
④ 철도안전 종합계획에서 정한 총사업비를 원래 계획의 100분의 30 이내에서의 변경

> **해설** 철도안전법시행령 제4조(철도안전 종합계획의 경미한 변경)
> 철도안전종합계획의 "대통령령으로 정하는 경미한 사항의 변경"이란 다음의 변경을 말한다.
> 1. 철도안전 종합계획에서 정한 총사업비를 원래 계획의 100분의 10 이내에서의 변경
> 2. 철도안전 종합계획에서 정한 시행기한 내에 단위사업의 시행시기의 변경
> 3. 법령의 개정, 행정구역의 변경 등과 관련하여 철도안전 종합계획을 변경하는 등 당초 수립된 철도안전 종합계획의 기본방향에 영향을 미치지 아니하는 사항의 변경

정답 25 ④   26 ①   27 ②

28 다음 중 철도안전종합계획의 경미한 사항의 변경이 아닌 것은?

① 철도안전 종합계획에서 정한 총사업비를 원래 계획의 100분의 10 이내에서의 변경
② 철도안전 종합계획에서 정한 시행기한 내에 단위사업의 시행시기의 변경
③ 행정구역의 변경과 관련하여 철도안전 종합계획의 기본방향에 영향을 미치지 아니하는 사항의 변경
④ 당초 수립된 철도안전종합계획의 기본방향에 영향을 미치는 변경

> **해설** 철도안전법시행령 제4조(철도안전 종합계획의 경미한 변경)

29 국토교통부장관이 철도안전 종합계획을 수립하거나 변경하였을 때 고시하는 곳은?

① 일간신문   ② 관보   ③ 국토교통부령   ④ 국토교통부 게시판

> **해설** 철도안전법 제5조(철도안전 종합계획)
> ⑤ 국토교통부장관은 철도안전 종합계획을 수립하거나 변경하였을 때에는 이를 관보에 고시하여야 한다.

30 철도안전종합계획의 시행계획 수립절차 등의 설명으로 옳은 것은?

① 시·도지사와 철도운영자등은 다음 연도의 시행계획을 매년 2월 말까지 국토교통부장관에게 제출하여야 한다.
② 시·도지사 및 철도운영자등은 전년도 시행계획의 추진실적을 매년 11월 말까지 국토교통부장관에게 제출하여야 한다.
③ 시·도지사와 철도운영자등은 다음 연도의 시행계획을 매년 10월 말까지 국토교통부장관에게 제출하여야 한다.
④ 시·도지사 및 철도운영자등은 전년도 시행계획의 추진실적을 매년 6월 말까지 국토교통부장관에게 제출하여야 한다.

> **해설** 철도안전법시행령 제5조(시행계획 수립절차 등)
> 1. 특별시장·광역시장·특별자치시장·도지사 또는 특별자치도지사("시·도지사")와 철도운영자 및 철도시설관리자("철도운영자등")는 다음 연도의 시행계획을 매년 10월 말까지 국토교통부장관에게 제출하여야 한다.
> 2. 시·도지사 및 철도운영자등은 전년도 시행계획의 추진실적을 매년 2월 말까지 국토교통부장관에게 제출하여야 한다.
> 3. 국토교통부장관은 시·도지사 및 철도운영자등이 제출한 다음 연도의 시행계획이 철도안전 종합계획에 위반되거나 철도안전 종합계획을 원활하게 추진하기 위하여 보완이 필요하다고 인정될 때에는 시·도지사 및 철도운영자등에게 시행계획의 수정을 요청할 수 있다.
> 4. 수정 요청을 받은 시·도지사 및 철도운영자등은 특별한 사유가 없는 한 이를 시행계획에 반영하여야 한다.

정답   28 ④   29 ②   30 ③

31 시 · 도지사와 철도운영자등이 다음 연도 철도안전종합계획의 시행계획을 국토교통부장관에게 제출하여야 하는 기한은?

① 매년 10월 말까지 ② 매년 2월 말까지 ③ 매년 11월 말까지 ④ 매년 1월 말까지

해설 철도안전법시행령 제5조(시행계획 수립절차 등)

32 시 · 도지사와 철도운영자등이 전년도 철도안전종합계획 시행계획의 추진실적을 국토교통부장관에게 제출하여야 하는 기한은?

① 매년 10월 말까지 ② 매년 2월 말까지 ③ 매년 11월 말까지 ④ 매년 1월 말까지

해설 철도안전법시행령 제5조(시행계획 수립절차 등)

33 철도안전법상 안전투자공시 중 예산규모에 포함되는 것으로 틀린 것은?

① 노후차량 교체에 관한 예산　　　　② 안전설비의 설치에 관한 예산
③ 철도안전 교육훈련에 관한 예산　　④ 철도시설 개량에 관한 예산

해설 철도안전법시행규칙 제1조의5(철도안전투자의 공시 기준 등)
① 철도운영자는 철도안전투자의 예산 규모를 공시하는 경우에는 다음의 기준에 따라야 한다.
　1. 예산 규모에는 다음의 예산이 모두 포함되도록 할 것
　　1) 철도차량 교체에 관한 예산　　　　2) 철도시설 개량에 관한 예산
　　3) 안전설비의 설치에 관한 예산　　　4) 철도안전 교육훈련에 관한 예산
　　5) 철도안전 연구개발에 관한 예산　　6) 철도안전 홍보에 관한 예산
　　7) 그 밖에 철도안전에 관련된 예산으로서 국토교통부장관이 정해 고시하는 사항
　2. 다음의 사항이 모두 포함된 예산 규모를 공시할 것
　　1) 과거 3년간 철도안전투자의 예산 및 그 집행 실적
　　2) 해당 년도 철도안전투자의 예산
　　3) 향후 2년간 철도안전투자의 예산
　3. 국가의 보조금, 지방자치단체의 보조금 및 철도운영자의 자금 등 철도안전투자 예산의 재원을 구분해 공시할 것
　4. 그 밖에 철도안전투자와 관련된 예산으로서 국토교통부장관이 정해 고시하는 예산을 포함해 공시할 것
② 철도운영자는 철도안전투자의 예산 규모를 매년 5월 말까지 공시해야 한다.

정답 31 ① 32 ② 33 ①

34 철도안전법상 철도운영자가 철도안전투자의 예산규모를 공시해야 하는 시기는?

① 매년 1월 말까지 ② 매년 3월 말까지 ③ 매년 5월 말까지 ④ 매년 11월 말까지

해설 철도안전법시행규칙 제1조의5(철도안전투자의 공시 기준 등)

35 안전관리체계의 승인에 관한 설명으로 틀린 것은?

① 철도운영자등(전용철도의 운영자를 포함한다)은 철도운영을 하거나 철도시설을 관리하려는 경우에는 안전관리체계를 갖추어 국토교통부장관의 승인을 받아야 한다.
② 철도운영자등은 승인받은 안전관리체계를 변경하려는 경우에는 국토교통부장관의 변경 승인을 받아야 한다.
③ 국토교통부장관은 안전관리체계의 승인 또는 변경승인의 신청을 받은 경우에는 해당 안전관리체계가 안전관리기준에 적합한지를 검사한 후 승인 여부를 결정하여야 한다.
④ 국토교통부장관은 철도운영 및 철도시설의 안전관리에 필요한 기술기준을 정하여 고시하여야 한다.

해설 철도안전법 제7조(안전관리체계의 승인)
1. 철도운영자등(전용철도의 운영자를 제외한다.)은 철도운영을 하거나 철도시설을 관리하려는 경우에는 인력, 시설, 차량, 장비, 운영절차, 교육훈련 및 비상대응계획 등 철도 및 철도시설의 안전관리에 관한 유기적 체계("안전관리체계")를 갖추어 국토교통부장관의 승인을 받아야 한다.
2. 전용철도의 운영자는 자체적으로 안전관리체계를 갖추고 지속적으로 유지하여야 한다.
3. 철도운영자등은 승인받은 안전관리체계를 변경(안전관리기준의 변경에 따른 안전관리체계의 변경을 포함한다.)하려는 경우에는 국토교통부장관의 변경승인을 받아야 한다. 다만, 국토교통부령으로 정하는 경미한 사항을 변경하려는 경우에는 국토교통부장관에게 신고하여야 한다.
4. 국토교통부장관은 안전관리체계의 승인 또는 변경승인의 신청을 받은 경우에는 해당 안전관리체계가 안전관리기준에 적합한지를 검사한 후 승인 여부를 결정하여야 한다.
5. 국토교통부장관은 철도안전경영, 위험관리, 사고 조사 및 보고, 내부점검, 비상대응계획, 비상대응훈련, 교육훈련, 안전정보관리, 운행안전관리, 차량·시설의 유지관리(차량의 기대수명에 관한 사항을 포함한다) 등 철도운영 및 철도시설의 안전관리에 필요한 기술기준을 정하여 고시하여야 한다.
6. 안전관리체계의 승인절차, 승인방법, 검사기준, 검사방법, 신고절차 및 고시방법 등에 관하여 필요한 사항은 국토교통부령으로 정한다.

36 안전관리체계의 작성 기준인 철도운영 및 철도시설의 안전관리에 필요한 기술기준을 심의하는 곳과 기술기준을 정하여 고시하여야 하는 자가 바르게 짝지어진 것은?

① 철도기술심의위원회 – 국토교통부장관   ② 철도기술심의위원회 – 대통령
③ 철도산업위원회 – 국토교통부장관   ④ 철도산업위원회 – 대통령

정답 34 ③ 35 ① 36 ①

철도안전법 제7조(안전관리체계의 승인), 철도안전법시행규칙 제5조(안전관리기준 고시)

1. 국토교통부장관은 철도안전경영, 위험관리, 사고 조사 및 보고, 내부점검, 비상대응계획, 비상대응훈련, 교육훈련, 안전정보관리, 운행안전관리, 차량·시설의 유지관리(차량의 기대수명에 관한 사항을 포함한다) 등 철도운영 및 철도시설의 안전관리에 필요한 기술기준을 정하여 고시하여야 한다.
2. 국토교통부장관은 안전관리체계의 안전관리기준을 정할 때 전문기술적인 사항에 대해 철도기술심의위원회의 심의를 거칠 수 있다.

37 빈칸에 알맞은 것은?

> 철도운영자등은 (   )을 하거나 철도시설을 관리하려는 경우에는 인력, 시설, 차량, 장비, (   ), 교육훈련 및 비상대응계획 등 철도 및 철도시설의 안전관리에 관한 유기적 체계(안전관리체계)를 갖추어 국토교통부장관의 승인을 받아야 한다.

① 철도운영, 운전절차　　　　　　　　② 철도시설, 교육훈련
③ 철도운영, 운영절차　　　　　　　　④ 철도시설, 운영절차

해설　철도안전법 제7조(안전관리체계의 승인)

38 철도운영자등이 안전관리체계를 승인받으려는 경우에는 철도운용 또는 철도시설 관리 개시 예정일부터 철도안전관리체계 승인신청서 제출기한은?

① 30일　　　　　② 60일　　　　　③ 90일　　　　　④ 120일

해설　철도안전법시행규칙 제2조(안전관리체계 승인 신청 절차 등)
① 철도운영자 및 철도시설관리자("철도운영자등")가 안전관리체계를 승인받으려는 경우에는 철도운용 또는 철도시설 관리 개시 예정일 90일 전까지 철도안전관리체계 승인신청서에 다음의 서류를 첨부하여 국토교통부장관에게 제출하여야 한다.
1. 「철도사업법」 또는 「도시철도법」에 따른 철도사업면허증 사본
2. 조직·인력의 구성, 업무 분장 및 책임에 관한 서류
3. 다음의 사항을 적시한 철도안전관리시스템에 관한 서류
　　가. 철도안전관리시스템 개요　나. 철도안전경영　　　　다. 문서화
　　라. 위험관리　　　　　　　　마. 요구사항 준수　　　　바. 철도사고 조사 및 보고
　　사. 내부 점검　　　　　　　　아. 비상대응　　　　　　자. 교육훈련
　　차. 안전정보
　　카. 안전문화
4. 다음의 사항을 적시한 열차운행체계에 관한 서류
　　가. 철도운영 개요　　　　　　나. 철도사업면허　　　　다. 열차운행 조직 및 인력
　　라. 열차운행 방법 및 절차　　마. 열차 운행계획　　　　바. 승무 및 역무
　　사. 철도관제업무　　　　　　아. 철도보호 및 질서유지
　　자. 열차운영 기록관리　　　　차. 위탁 계약자 감독 등 위탁업무 관리에 관한 사항

정답　37 ③　38 ③

5. 다음의 사항을 적시한 유지관리체계에 관한 서류
　　가. 유지관리 개요　　　　　나. 유지관리 조직 및 인력
　　다. <u>유지관리 방법 및 절차</u>(종합시험운행 실시 결과(완료된 결과를 말한다)를 반영한 유지관리 방법을 포함한다)
　　라. 유지관리 이행계획　　　마. 유지관리 기록
　　바. 유지관리 설비 및 장비　사. 유지관리 부품
　　아. 철도차량 제작 감독　　　자. 위탁 계약자 감독 등 위탁업무 관리에 관한 사항
　6. <u>종합시험운행 실시 결과 보고서</u>

② 철도운영자등이 승인받은 안전관리체계를 변경하려는 경우에는 변경된 철도운용 또는 철도시설 관리 개시 예정일 30일 전(철도노선의 신설 또는 개량으로 인한 변경사항의 경우에는 90일 전)까지 철도안전관리체계 변경승인신청서에 다음의 서류를 첨부하여 국토교통부장관에게 제출하여야 한다.
　1. 안전관리체계의 변경내용과 증빙서류
　2. 변경 전후의 대비표 및 해설서

③ 철도운영자등이 안전관리체계의 승인 또는 변경승인을 신청하는 경우 다음의 서류는 철도운용 또는 철도시설 관리 개시 예정일 14일 전까지 제출할 수 있다.
　1. 유지관리 방법 및 절차(종합시험운행 실시 결과(완료된 결과를 말한다)를 반영한 유지관리 방법을 포함한다)
　2. 종합시험운행 실시 결과 보고서

④ 국토교통부장관은 안전관리체계의 승인 또는 변경승인 신청을 받은 경우에는 15일 이내에 승인 또는 변경승인에 필요한 검사 등의 계획서를 작성하여 신청인에게 통보하여야 한다.

39 안전관리체계를 승인받으려는 경우에 국토교통부 장관에게 제출할 서류로 틀린 것은?

① 철도사업면허증 사본
② 조직·인력의 구성, 업무 분장 및 책임에 관한 서류
③ 비상대응, 내부점검 사항을 적시한 열차운행체계에 관한 서류
④ 종합시험운행 실시 결과 보고서

　해설　철도안전법시행규칙 제2조(안전관리체계 승인 신청 절차 등)
* "③ 비상대응, 내부점검"사항은 철도안전관리시스템에 관한 서류임.

40 안전관리체계 승인신청서에 첨부하는 철도안전관리시스템에 관한 서류에 적시하는 내용이 아닌 것은?

① 내부 점검　　　② 비상대응　　　③ 철도관제업무　　　④ 교육훈련

　해설　철도안전법시행규칙 제2조(안전관리체계 승인 신청 절차 등)
* "③ 철도관제업무"는 열차운행체계에 관한 서류임.

정답　39 ③　40 ③

41 안전관리체계 승인신청서에 첨부하는 열차운행체계에 관련한 것은?

① 철도안전경영   ② 철도보호 및 질서유지

③ 철도차량 제작 감독   ④ 유지관리 이행계획

해설   철도안전법시행규칙 제2조(안전관리체계 승인 신청 절차 등)

* "① 철도안전경영"은 철도안전관리시스템에 관한 서류임.
* "③ 철도차량 제작 감독, ④ 유지관리 이행계획"은 유지관리체계에 관한 서류임.

42 철도안전관리체계 승인신청서에 첨부하는 서류 중 열차운행체계에 관한 서류에 포함되지 않는 것은?

① 철도운영 개요   ② 철도안전경영

③ 열차 운행조직 및 인력   ④ 열차 운행계획

해설   철도안전법시행규칙 제2조(안전관리체계 승인 신청 절차 등)

* "② 철도안전경영"은 철도안전관시스템에 관한 서류임.

43 철도운영자등이 승인받은 안전관리체계를 변경하려는 경우에는 변경된 철도운용 또는 철도시설 관리 개시 예정일 몇일 전까지 철도안전관리체계 변경승인신청서를 제출하여야 하는지?

① 90일   ② 60일   ③ 30일   ④ 15일

해설   철도안전법시행규칙 제2조(안전관리체계 승인 신청 절차 등)

44 철도운영자등이 승인받은 안전관리체계를 변경하려고 할 때 "철도노선의 신설 또는 개량"의 경우에는 변경된 철도운용 또는 철도시설 관리 개시 예정일 몇일 전까지 철도안전관리체계 변경승인신청서를 제출하여야 하는지?

① 90일   ② 60일   ③ 30일   ④ 15일

해설   철도안전법시행규칙 제2조(안전관리체계 승인 신청 절차 등)

45 안전관리체계 승인신청서에 첨부하여 제출하는 서류 중 "유지관리방법 및 절차, 종합시험운행 실시결과 보고서"는 철도운용 또는 철도시설 관리 개시예정일 몇일 전까지 제출할 수 있는지?

① 90일   ② 14일   ③ 30일   ④ 7일

해설   철도안전법시행규칙 제2조(안전관리체계 승인 신청 절차 등)

정답   41 ②   42 ②   43 ③   44 ①   45 ②

46 국토교통부장관은 안전관리체계의 승인 또는 변경승인 신청을 받은 경우에 몇일 이내에 승인 또는 변경승인에 필요한 검사 등의 계획서를 작성하여 신청인에게 통보하여야 하는지?

① 90일　　　　② 14일　　　　③ 15일　　　　④ 30일

해설　철도안전법시행규칙 제2조(안전관리체계 승인 신청 절차 등)

47 안전관리체계 변경시 국토교통부장관에게 신고하는 경미한 사항의 변경으로 맞는 것은?

① 조직 부서명의 변경　　　　　② 열차운행 또는 유지관리 인력의 감소
③ 철도노선의 신설 또는 개량　　④ 사업의 합병 또는 양도·양수

해설　철도안전법시행규칙 제3조(안전관리체계의 경미한 사항 변경)
① "국토교통부령으로 정하는 경미한 사항"이란 다음 사항을 <u>제외한</u> 변경사항을 말한다.
　　1. 안전 업무를 수행하는 전담조직의 변경(<u>조직 부서명의 변경은 제외한다</u>)
　　2. 열차운행 또는 유지관리 인력의 감소
　　3. 철도차량 또는 다음 각 목의 어느 하나에 해당하는 철도시설의 증가
　　　　1) 교량, 터널, 옹벽　　　　　　　2) 선로(레일)
　　　　3) 역사, 기지, 승강장안전문　　　4) 전차선로, 변전설비, 수전실, 수·배전선로
　　　　5) 연동장치, 열차제어장치, 신호기장치, 선로전환기장치, 궤도회로장치, 건널목보안장치
　　　　6) 통신선로설비, 열차무선설비, 전송설비
　　4. <u>철도노선의 신설 또는 개량</u>
　　5. 사업의 합병 또는 양도·양수
　　6. 유지관리 항목의 축소 또는 유지관리 주기의 증가
　　7. 위탁 계약자의 변경에 따른 열차운행체계 또는 유지관리체계의 변경

48 안전관리체계 승인 검사 중 "안전관리체계의 이행가능성 및 실효성을 현장에서 확인하기 위한 검사"는 무엇인가?

① 서류검사　　　② 현장검사　　　③ 적합성검사　　　④ 실효성검사

해설　철도안전법시행규칙 제4조(안전관리체계의 승인 방법 및 증명서 발급 등)
① 안전관리체계의 승인 또는 변경승인을 위한 검사는 다음에 따른 서류검사와 현장검사로 구분하여 실시한다. 다만, 서류검사만으로 안전관리에 필요한 기술기준("안전관리기준")에 적합 여부를 판단할 수 있는 경우에는 현장검사를 생략할 수 있다.
　　1. 서류검사: 철도운영자등이 제출한 서류가 안전관리기준에 적합한지 검사
　　2. 현장검사: 안전관리체계의 이행가능성 및 실효성을 현장에서 확인하기 위한 검사

정답　46 ③　47 ①　48 ②

49 국토교통부장관이 도시철도의 안전관리체계 승인검사시 시·도지사에게 협의요청을 할 경우 몇 일 이내에 의견을 제출하여야 하는지?

① 7일   ② 14일   ③ 20일   ④ 30일

해설 철도안전법시행규칙 제4조(안전관리체계의 승인 방법 및 증명서 발급 등)
1. 국토교통부장관은 「도시철도법」에 따른 도시철도·도시철도건설사업·도시철도운송사업을 위탁받은 법인이 건설·운영하는 도시철도에 대하여 안전관리체계의 승인 또는 변경승인을 위한 검사를 하는 경우에는 해당 도시철도의 관할 시·도지사와 협의할 수 있다.
2. 협의 요청을 받은 시·도지사는 협의를 요청받은 날부터 20일 이내에 의견을 제출하여야 하며, 그 기간내에 의견을 제출하지 아니하면 의견이 없는 것으로 본다.

50 "철도운영자등이 국토교통부장관으로부터 승인 또는 변경승인 받은 안전관리체계를 지속적으로 유지하는지를 점검·확인하기 위하여 정기적으로 실시하는 검사"는 무엇인가?

① 정기검사   ② 수시검사   ③ 특별검사   ④ 확인검사

해설 철도안전법 제8조(안전관리체계의 유지 등)
1. 철도운영자등은 철도운영을 하거나 철도시설을 관리하는 경우에는 승인받은 안전관리체계를 지속적으로 유지하여야 한다.
2. 국토교통부장관은 안전관리체계 위반 여부 확인 및 철도사고 예방 등을 위하여 철도운영자등이 안전관리체계를 지속적으로 유지하는지 다음의 검사를 통해 국토교통부령으로 정하는 바에 따라 점검·확인할 수 있다.
   1) 정기검사: 철도운영자등이 국토교통부장관으로부터 승인 또는 변경승인 받은 안전관리체계를 지속적으로 유지하는지를 점검·확인하기 위하여 정기적으로 실시하는 검사
   2) 수시검사: 철도운영자등이 철도사고 및 운행장애 등을 발생시키거나 발생시킬 우려가 있는 경우에 안전관리체계 위반사항 확인 및 안전관리체계 위해요인 사전예방을 위해 수행하는 검사
3. 국토교통부장관은 검사 결과 안전관리체계가 지속적으로 유지되지 아니하거나 그 밖에 철도안전을 위하여 긴급히 필요하다고 인정하는 경우에는 국토교통부령으로 정하는 바에 따라 시정조치를 명할 수 있다.

51 다음 ( )에 들어갈 내용은?

> 국토교통부장관은 안전관리체계를 지속적으로 유지하는지 정기검사 또는 수시검사를 시행하려는 경우에는 검사 시행일 (   )일 전까지 검사계획을 검사 대상 철도운영자등에게 통보해야 한다.

① 5   ② 7   ③ 14   ④ 21

해설 철도안전법시행규칙 제6조(안전관리체계의 유지·검사 등)
1. 국토교통부장관은 정기검사를 1년마다 1회 실시해야 한다.
2. 국토교통부장관은 정기검사 또는 수시검사를 시행하려는 경우에는 검사 시행일 7일 전까지 다음 내용이 포함된 검사계획을 검사 대상 철도운영자등에게 통보해야 한다.

정답 49 ③ 50 ① 51 ②

      1) 검사반의 구성   2) 검사 일정 및 장소
      3) 검사 수행 분야 및 검사 항목   4) 중점 검사 사항
      5) 그 밖에 검사에 필요한 사항

3. 단, 철도사고, 철도준사고 및 운행장애("철도사고등")의 발생 등으로 긴급히 수시검사를 실시하는 경우에는 사전 통보를 하지 않을 수 있고, 검사 시작 이후 검사계획을 변경할 사유가 발생한 경우에는 철도운영자등과 협의하여 검사계획을 조정할 수 있다.

4. 국토교통부장관은 정기검사 또는 수시검사를 마친 경우에는 다음 사항이 포함된 검사 결과보고서를 작성하여야 한다.
      1) 안전관리체계의 검사 개요 및 현황   2) 안전관리체계의 검사 과정 및 내용
      3) 시정조치 사항   4) 시정조치계획서에 따른 시정조치명령의 이행 정도
      5) 철도사고에 따른 사망자·중상자의 수 및 철도사고등에 따른 재산피해액

5. 국토교통부장관은 철도운영자등에게 시정조치를 명하는 경우에는 시정에 필요한 적정한 기간을 주어야 한다.

52 안전관리체계의 정기검사 주기는?

① 1년마다 1회 실시해야 한다.   ② 2년마다 1회 실시해야 한다.
③ 1년마다 2회 실시해야 한다.   ④ 분기마다 1회 실시한다.

해설   철도안전법시행규칙 제6조(안전관리체계의 유지·검사 등)

53 국토교통부장관이 안전관리체계 정기검사 또는 수시검사의 검사계획에 포함하여 철도운영자등에게 통보해야 할 것으로 틀린 것은?

① 검사반의 구성   ② 검사 일정 및 장소
③ 시정조치 내용   ④ 중점 검사 사항

해설   철도안전법시행규칙 제6조(안전관리체계의 유지·검사 등)

54 철도운영자등이 안전관리체계 정기검사의 유예를 요청한 경우에 검사 시기를 유예하거나 변경할 수 있는 경우가 아닌 것은?

① 철도안전감독자의 점검을 받고 있는 경우
② 항공철도사고조사위원회가 철도사고에 대한 조사를 하고 있는 경우
③ 사법기관 및 중앙행정기관의 조사 및 감사를 받고 있는 경우
④ 대형 철도사고의 발생, 천재지변, 그 밖의 부득이한 사유가 있는 경우

정답 52 ① 53 ③ 54 ①

철도안전법시행규칙 제6조(안전관리체계의 유지·검사 등)

③ 국토교통부장관은 다음 사유로 철도운영자등이 안전관리체계 정기검사의 유예를 요청한 경우에 검사 시기를 유예하거나 변경할 수 있다.

    1. 검사대상 철도운영자등이 사법기관 및 중앙행정기관의 조사 및 감사를 받고 있는 경우
    2. 「항공·철도 사고조사에 관한 법률」에 따른 항공·철도사고조사위원회가 철도사고에 대한 조사를 하고 있는 경우
    3. 대형 철도사고의 발생, 천재지변, 그 밖의 부득이한 사유가 있는 경우

55 안전관리체계가 지속적으로 유지되지 않아 시정조치 명령을 받은 경우에 시정조치계획서를 제출하여야 하는 기한은?

① 2일 이내　　　② 14일 이내　　　③ 30일 이내　　　④ 3개월 이내

철도안전법시행규칙 제6조(안전관리체계의 유지·검사 등)

⑥ 철도운영자등이 시정조치명령을 받은 경우에 14일 이내에 시정조치계획서를 작성하여 국토교통부장관에게 제출하여야 하고, 시정조치를 완료한 경우에는 지체없이 그 시정내용을 국토교통부장관에게 통보하여야 한다.

56 안전관리체계 승인을 취소하거나 6개월 이내 업무의 제한이나 정지를 명할 수 있는 경우로 틀린 것은?

① 안전관리체계를 지속적으로 유지하지 아니하여 철도운영이나 철도시설의 관리에 중대한 지장을 초래한 경우
② 변경신고를 하지 아니하고 안전관리체계를 변경한 경우
③ 변경승인을 받지 아니하고 안전관리체계를 변경한 경우
④ 시정조치명령을 정당한 사유로 이행하지 아니한 경우

철도안전법 제9조(승인의 취소 등)

1. 안전관리체계의 승인취소권자: 국토교통부장관
2. 안전관리체계의 승인을 취소해야 하는 경우(절대적 취소)
    1) 거짓이나 그 밖의 부정한 방법으로 승인을 받은 경우
3. 안전관리체계의 승인을 취소하거나 6개월 이내의 기간을 정하여 업무의 제한이나 정지를 명할 수 있는 경우(필요적 취소, 상대적 취소)
    1) 안전관리체계 변경승인을 받지 아니하거나 변경신고를 하지 아니하고 안전관리체계를 변경한 경우
    2) 안전관리체계를 지속적으로 유지하지 아니하여 철도운영이나 철도시설의 관리에 중대한 지장을 초래한 경우
    3) 시정조치명령을 정당한 사유 없이 이행하지 아니한 경우
4. 승인 취소, 업무의 제한 또는 정지의 기준 및 절차 등에 관하여 필요한 사항은 국토교통부령으로 정한다.

정답　55 ②　56 ④

57 철도안전관리체계를 6개월 이내의 기간을 정하여 업무의 정지를 명할 수 있는 경우가 아닌 것은?

① 거짓이나 그 밖의 부정한 방법으로 승인을 받은 경우
② 변경승인을 받지 아니하고 안전관리체계를 변경한 경우
③ 안전관리체계를 지속적으로 유지하지 아니하여 철도운영이나 철도시설의 관리에 중대한 지장을 초래한 경우
④ 시정조치명령을 정당한 사유 없이 이행하지 아니한 경우

해설 철도안전법 제9조(승인의 취소 등) 제①항

58 철도운영자등에게 6개월 이내의 기간을 정하여 업무의 정지를 명할 수 있는 경우만 짝지어진 것은?

> ㄱ. 거짓이나 그 밖의 부정한 방법으로 안전관리체계를 승인을 받은 경우
> ㄴ. 안전관리체계의 변경승인을 받지 아니하거나 변경신고를 하지 아니하고 안전관리체계를 변경한 경우
> ㄷ. 안전관리체계를 지속적으로 유지하고 철도운영이나 철도시설의 관리에 중대한 지장을 초래한 경우
> ㄹ. 안전관리체계 검사결과 시정조치명령을 정당한 사유 없이 이행하지 아니한 경우

① ㄱ   ② ㄱ, ㄴ, ㄷ   ③ ㄴ, ㄷ   ④ ㄴ, ㄹ

해설 철도안전법 제9조(승인의 취소 등) 제①항
1. 절대적 취소: 거짓이나 그 밖의 부정한 방법으로 안전관리체계를 승인을 받은 경우
2. 필요적(재량적) 취소: ㄴ, ㄷ, ㄹ 항목(ㄷ은 "지속적으로 유지하지 아니하고"로 수정)

59 안전관리체계의 승인을 취소하거나 6개월 이내의 기간을 정하여 업무의 제한 또는 정지를 명할 수 있는 경우가 아닌 것은?

① 거짓이나 그 밖의 부정한 방법으로 안전관리체계를 승인을 받은 경우
② 안전관리체계의 변경승인을 받지 아니하거나 변경신고를 하지 아니하고 안전관리체계를 변경한 경우
③ 안전관리체계를 지속적으로 유지하지 아니하여 철도운영이나 철도시설의 관리에 중대한 지장을 초래한 경우
④ 안전관리체계 검사결과 시정조치명령을 정당한 사유 없이 이행하지 아니한 경우

해설 철도안전법 제9조(승인의 취소 등) 제①항

정답 57 ① 58 ④ 59 ①

60 철도안전법에서 철도운영자등에게 과징금의 부과권자는?

① 시·도지사　　　　② 대통령　　　　③ 국토교통부장관　　④ 철도운영기관

> **해설**　철도안전법 제9조의2(과징금) 제①항
> 1. 국토교통부장관은 철도운영자등에 대하여 업무의 제한이나 정지를 명하여야 하는 경우로서 그 업무의 제한이나 정지가 철도 이용자 등에게 심한 불편을 주거나 그 밖에 공익을 해할 우려가 있는 경우에는 업무의 제한이나 정지를 갈음하여 <u>30억 원 이하의 과징금</u>을 부과할 수 있다.
> 2. 과징금을 부과하는 위반행위의 종류, 과징금의 부과기준 및 징수방법, 그 밖에 필요한 사항은 대통령령으로 정한다.
> 3. 국토교통부장관은 과징금을 내야 할 자가 납부기한까지 과징금을 내지 아니하는 경우에는 국세 체납처분의 예에 따라 징수한다.

61 다음의 (　) 안에 들어갈 것으로 맞는 것은?

> 과징금을 부과하는 위반행위의 종류, 과징금의 부과기준 및 징수방법, 그 밖에 필요한 사항은 (　　　　)으로 정한다.

① 법률　　　　② 대통령령　　　　③ 국토교통부령　　④ 국무총리령

> **해설**　철도안전법 제9조의2(과징금) 제②항

62 철도안전관리체계를 지속적으로 유지하지 않아 철도사고로 10명 이상의 사망자가 발생한 경우의 과징금액은?

① 3억 6천만 원　　② 7억 2천만 원　　③ 14억 4천만 원　　④ 21억 6천만 원

> **해설**　철도안전법시행령 제6조(안전관리체계 관련 과징금의 부과기준)
> 과징금을 부과하는 위반행위의 종류와 과징금의 금액은 별표 1과 같다.

〈별표 1〉 안전관리체계 관련 과징금의 부과기준

위반행위	근거법조문	과징금 금액
가. 법 제7조 제3항을 위반하여 변경승인을 받지 않고 안전관리체계를 변경한 경우		
1) 1차 위반	법 제9조 제1항 제2호	120
2) 2차 위반		240
3) 3차 위반		480
4) 4차 이상 위반		960

나. 법 제7조 제3항을 위반하여 변경신고를 하지 않고 안전관리체계를 변경한 경우	법 제9조 제1항 제2호	경고
1) 1차 위반		
2) 2차 위반		120
3) 3차 이상 위반		240
다. 법 제8조 제1항을 위반하여 안전관리체계를 지속적으로 유지하지 않아 철도운영이나 철도시설의 관리에 중대한 지장을 초래한 경우		
1) 철도사고로 인한 사망자 수		
가) 1명 이상 3명 미만		360
나) 3명 이상 5명 미만		720
다) 5명 이상 10명 미만		1,440
라) 10명 이상		2,160
2) 철도사고로 인한 중상자 수	법 제9조 제1항 제3호	
가) 5명 이상 10명 미만		180
나) 10명 이상 30명 미만		360
다) 30명 이상 50명 미만		720
라) 50명 이상 100명 미만		1,440
마) 100명 이상		2,160
3) 철도사고 또는 운행장애로 인한 재산피해액		
가) 5억원 이상 10억원 미만		180
나) 10억원 이상 20억원 미만		360
다) 20억원 이상		720

비고

1. "사망자"란 철도사고가 발생한 날부터 30일 이내에 그 사고로 사망한 사람을 말한다.
2. "중상자"란 철도사고로 인해 부상을 입은 날부터 7일 이내 실시된 의사의 최초 진단결과 24시간 이상 입원 치료가 필요한 상해를 입은 사람(의식불명, 시력상실을 포함)을 말한다.
3. "재산피해액"이란 시설피해액(인건비와 자재비등 포함), 차량피해액(인건비와 자재비등 포함), 운임환불 등을 포함한 직접손실액을 말한다.

63 철도안전관리체계를 지속적으로 유지하지 않아 철도사고로 5명 이상 10명 미만의 사망자가 발생한 경우의 과징금액은?

① 3억 6천만 원   ② 7억 2천만 원   ③ 14억 4천만 원   ④ 21억 6천만 원

해설   철도안전법시행령 제6조(안전관리체계 관련 과징금의 부과기준)

64 철도안전관리체계를 지속적으로 유지하지 않아 철도사고로 중상자가 30명 이상 50명 미만 발생한 경우의 과징금액은?

① 3억 6천만 원   ② 7억 2천만 원   ③ 14억 4천만 원   ④ 21억 6천만 원

해설   철도안전법시행령 제6조(안전관리체계 관련 과징금의 부과기준)

정답   63 ③   64 ②

65 철도안전법에서 과징금 부과기준의 사망자는 철도사고가 발생한 날부터 몇일 이내에 사망한 경우인가?

① 30일 　　　　② 60일 　　　　③ 90일 　　　　④ 120일

해설 철도안전법시행령 제6조(안전관리체계 관련 과징금의 부과기준)

66 철도안전법에서 과징금 부과 및 납부에 관한 설명 중 틀린 것은?

① 국토교통부장관은 과징금을 부과할 때에는 그 위반행위의 종류와 해당 과징금의 금액을 명시하여 이를 납부할 것을 서면으로 통지하여야 한다.
② 과징금을 받은 수납기관은 그 과징금을 낸 자에게 영수증을 내주어야 한다.
③ 과징금의 수납기관은 과징금을 받으면 지체없이 그 사실을 국토교통부장관에게 통보하여야 한다.
④ 과징금의 부과 통지를 받은 자는 통지를 받은 날부터 14일 이내에 국토교통부장관이 정하는 수납기관에 과징금을 내야 한다.

해설 철도안전법시행령 제7조(과징금의 부과 및 납부)
1. 국토교통부장관은 과징금을 부과할 때에는 그 위반행위의 종류와 해당 과징금의 금액을 명시하여 이를 납부할 것을 서면으로 통지하여야 한다.
2. 통지를 받은 자는 통지를 받은 날부터 20일 이내에 국토교통부장관이 정하는 수납기관에 과징금을 내야 한다.
3. 과징금을 받은 수납기관은 그 과징금을 낸 자에게 영수증을 내주어야 한다.
4. 과징금의 수납기관은 과징금을 받으면 지체없이 그 사실을 국토교통부장관에게 통보하여야 한다.

67 철도안전법에서 과징금을 통지 받은 자는 받은 날부터 몇일 이내에 납부해야 하는가?

① 1주일 이내 　　② 10일 이내 　　③ 20일 이내 　　④ 1개월 이내

해설 철도안전법시행령 제7조(과징금의 부과 및 납부)

68 철도안전법에서 철도운영자등에 대한 안전관리 수준평가 대상이 아닌 것은?

① 수시검사 이행실적 　　　　　② 안전성숙도 수준
③ 철도안전투자의 집행 실적 　　④ 철도안전사고 건수

정답 　65 ① 　66 ④ 　67 ③ 　68 ①

해설 철도안전법시행규칙 제8조(철도운영자등에 대한 안전관리 수준평가의 대상 및 기준 등)

① 철도운영자등의 안전관리 수준에 대한 평가("안전관리 수준평가")의 대상 및 기준은 다음과 같다. 다만, 철도시설관리자에 대해서 안전관리 수준평가를 하는 경우 제2호를 제외하고 실시할 수 있다.

    1. 사고 분야

      가. 철도교통사고 건수   나. 철도안전사고 건수

      다. 운행장애 건수   라. 사상자 수

    2. 철도안전투자 분야: 철도안전투자의 예산 규모 및 집행 실적(철도시설관리자는 평가제외)

    3. 안전관리 분야

      가. 안전성숙도 수준   나. 정기검사 이행실적

    4. 그 밖에 안전관리 수준평가에 필요한 사항으로서 국토교통부장관이 정해 고시하는 사항

② 국토교통부장관은 매년 3월 말까지 안전관리 수준평가를 실시한다.

③ 안전관리 수준평가는 서면평가의 방법으로 실시한다. 다만, 국토교통부장관이 필요하다고 인정하는 경우에는 현장평가를 실시할 수 있다.

69 철도운영자등에 대한 안전관리 수준평가 시행시기는?

① 매년 3월 말까지   ② 매년 5월 말까지   ③ 매년 6월 말까지   ④ 매년 1월 말까지

해설 철도안전법시행규칙 제8조(철도운영자등에 대한 안전관리수준평가의 대상 및 기준 등) 제②항

70 철도안전 우수운영자 지정의 유효기간은?

① 지정받은 날부터 1년   ② 지정받은 날부터 3년

③ 지정받은 날부터 5년   ④ 지정받은 날부터 10년

해설 철도안전법시행규칙 제9조(철도안전 우수운영자 지정 대상 등)

1. 국토교통부장관은 안전관리 수준평가 결과가 최상위 등급인 철도운영자등을 철도안전 우수운영자로 지정하여 철도안전 우수운영자로 지정되었음을 나타내는 표시를 사용하게 할 수 있다.
2. 철도안전 우수운영자 지정의 유효기간은 지정받은 날부터 1년으로 한다.
3. 철도안전 우수운영자는 철도안전 우수운영자로 지정되었음을 나타내는 표시를 하려면 국토교통부장관이 정해 고시하는 표시를 사용해야 한다.
4. 국토교통부장관은 철도안전 우수운영자에게 포상 등의 지원을 할 수 있다.

71 철도안전 우수운영자를 지정할 수 있는 자는?

① 국토교통부장관   ② 철도운영자

③ 철도시설관리자   ④ 한국교통안전공단이사장

해설 철도안전법시행규칙 제9조(철도안전 우수운영자 지정 대상 등)

정답   69 ①   70 ①   71 ①

72 다음 중 철도안전 우수운영자 지정을 취소하거나 취소할 수 있는 사유가 아닌 것은?

① 거짓이나 그 밖의 부정한 방법으로 철도안전 우수운영자 지정을 받은 경우
② 안전관리체계의 승인이 취소된 경우
③ 계산 착오, 자료의 오류 등으로 안전관리 수준평가 결과가 최상위 등급이 아닌 것으로 확인된 경우
④ 안전관리체계를 지속적으로 유지중 사고가 발생한 경우

해설 철도안전법 제9조의5(우수운영자 지정의 취소), 시행규칙 제9조의2(철도안전 우수운영자 지정의 취소)
1. 국토교통부장관은 철도안전 우수운영자 지정을 받은 자가 다음에 해당하는 경우에는 그 지정을 취소할 수 있다. 다만, 제1호 또는 제2호에 해당하는 경우에는 지정을 취소하여야 한다.
   1) 거짓이나 그 밖의 부정한 방법으로 철도안전 우수운영자 지정을 받은 경우
   2) 안전관리체계의 승인이 취소된 경우
   3) 우수운영자 지정기준에 부적합하게 되는 등 그 밖에 <u>국토교통부령으로 정하는 사유</u>가 발생한 경우
2. 국토교통부령으로 정하는 철도안전 우수운영자 지정의 취소
   1) 계산 착오, 자료의 오류 등으로 안전관리 수준평가 결과가 최상위 등급이 아닌 것으로 확인된 경우
   2) 국토교통부장관이 정해 고시하는 표시가 아닌 다른 표시를 사용한 경우

정답 72 ④

제2장

[철도안전법]
철도종사자의 안전관리

제1절 | 철도차량 운전면허

1. 철도차량 운전면허를 받아야 할 의무
   1) 철도차량을 운전하려는 사람은 국토교통부장관으로부터 철도차량 운전면허를 받아야 한다. 다만, 교육훈련 또는 운전면허시험을 위하여 철도차량을 운전하는 경우 등 대통령령으로 정하는 경우에는 운전면허 없이 운전할 수 있다.
   2) 「도시철도법」에 따른 노면전차를 운전하려는 사람은 철도차량 운전면허 외에 「도로교통법」에 따른 운전면허를 받아야 한다.
   3) 철도차량 운전면허는 대통령령으로 정하는 바에 따라 철도차량의 종류별로 받아야 한다.
2. 철도차량 운전면허 없이 운전할 수 있는 경우
   1) 철도차량 운전에 관한 전문 교육훈련기관("운전교육훈련기관")에서 실시하는 운전교육훈련을 받기 위하여 철도차량을 운전하는 경우
   2) 운전면허시험을 치르기 위하여 철도차량을 운전하는 경우
   3) 철도차량을 제작·조립·정비하기 위한 공장 안의 선로에서 철도차량을 운전하여 이동하는 경우
   4) 철도사고등을 복구하기 위하여 열차운행이 중지된 선로에서 사고복구용 특수차량을 운전하여 이동하는 경우
3. 철도차량 운전면허 종류
   1) 고속철도차량 운전면허
   2) 제1종 전기차량 운전면허
   3) 제2종 전기차량 운전면허
   4) 디젤차량 운전면허
   5) 철도장비 운전면허
   6) 노면전차 운전면허
4. 운전면허의 결격사유(운전면허를 받을 수 없는 사람)
   1) 19세 미만인 사람
   2) 철도차량 운전상의 위험과 장해를 일으킬 수 있는 정신질환자 또는 뇌전증환자로서 대통령령으로 정하는 사람
   3) 철도차량 운전상의 위험과 장해를 일으킬 수 있는 약물(「마약류 관리에 관한 법률」에 따른 마약류 및 「화학물질관리법」에 따른 환각물질을 말한다.) 또는 알코올 중독자로서 대통령령으로 정하는 사람
   4) 두 귀의 청력 또는 두 눈의 시력을 완전히 상실한 사람

5) 운전면허가 취소된 날부터 2년이 지나지 아니하였거나 운전면허의 효력정지기간 중인 사람

5. 운전 적성검사
  1) 운전적성검사 개념
    ① 운전면허를 받으려는 사람은 철도차량 운전에 적합한 적성을 갖추고 있는지를 판정받기 위하여 국토교통부장관이 실시하는 적성검사("운전적성검사")에 합격하여야 한다.
    ② 운전적성검사에 불합격한 사람 또는 운전적성검사 과정에서 부정행위를 한 사람은 다음 기간 동안 운전적성검사를 받을 수 없다.
      ⓐ 운전적성검사에 불합격한 사람: 검사일부터 3개월
      ⓑ 운전적성검사 과정에서 부정행위를 한 사람: 검사일부터 1년
    ③ 운전적성검사의 합격기준, 검사의 방법 및 절차 등에 관하여 필요한 사항은 국토교통부령으로 정한다.
    ④ 국토교통부장관은 운전적성검사에 관한 전문기관("운전적성검사기관")을 지정하여 운전적성검사를 하게 할 수 있다.
    ⑤ 운전적성검사기관의 지정기준, 지정절차 등에 관하여 필요한 사항은 대통령령으로 정한다.
    ⑥ 운전적성검사기관은 정당한 사유 없이 운전적성검사 업무를 거부하여서는 아니 되고, 거짓이나 그 밖의 부정한 방법으로 운전적성검사 판정서를 발급하여서는 아니 된다.
  2) 운전적성검사의 항목 및 합격기준

| 검사대상 | 검사항목 | | 불합격기준 |
	문답형 검사	반응형 검사	
1. 고속철도차량 제1종전기차량 제2종전기차량 디젤차량 노면전차 철도장비 운전업무종사자 철도차량 운전면허 시험 응시자	• 인성 −일반성격 −안전성향	• 주의력 −복합기능 −선택주의 −지속주의 • 인식 및 기억력 −시각변별 −공간지각 • 판단 및 행동력 −추론 −민첩성	• 문답형 검사항목 중 안전성향 검사에서 부적합으로 판정된 사람 • 반응형 검사 평가점수가 30점 미만인 사람
2. 철도교통관제사 자격증명 응시자	• 인성 −일반성격 −안전성향	• 주의력 −복합기능 −선택주의 • 인식 및 기억력 −시각변별 −공간지각 −작업기억 • 판단 및 행동력 −추론 −민첩성	• 문답형 검사항목 중 안전성향 검사에서 부적합으로 판정된 사람 • 반응형 검사 평가점수가 30점 미만인 사람

1) 문답형 검사 판정은 적합 또는 부적합으로 한다.
2) 반응형 검사 점수 합계는 70점으로 한다.
3) 안전성향검사는 전문의(정신건강의학) 진단결과로 대체 할 수 있으며, 부적합 판정을 받은 자에 대해서는 당일 1회에 한하여 재검사를 실시하고 그 재검사 결과를 최종적인 검사결과로 할 수 있다.

3) 운전적성검사기관 지정기준
    ① 운전적성검사 업무의 통일성을 유지하고 운전적성검사 업무를 원활히 수행하는데 필요한 상설 전담조직을 갖출 것
    ② 운전적성검사 업무를 수행할 수 있는 전문검사인력을 3명 이상 확보할 것
    ③ 운전적성검사 시행에 필요한 사무실, 검사장과 검사 장비를 갖출 것
    ④ 운전적성검사기관의 운영 등에 관한 업무규정을 갖출 것
4) 국토교통부장관은 운전적성검사기관 또는 관제적성검사기관이 지정기준에 적합한 지의 여부를 2년마다 심사하여야 한다.

6. 운전 교육훈련
1) 운전교육훈련 개념
    ① 운전면허를 받으려는 사람은 철도차량의 안전한 운행을 위하여 국토교통부장관이 실시하는 운전에 필요한 지식과 능력을 습득할 수 있는 교육훈련(운전교육훈련)을 받아야 한다.
    ② 운전교육훈련의 기간, 방법 등에 관하여 필요한 사항은 국토교통부령으로 정한다.
    ③ 국토교통부장관은 철도차량 운전에 관한 전문 교육훈련기관(운전교육훈련기관)을 지정하여 운전교육훈련을 실시하게 할 수 있다.
    ④ 운전교육기관의 지정기준, 지정절차 등에 관하여 필요한 사항은 대통령령으로 정한다.
2) 운전교육훈련기관 지정기준
    ① 운전교육훈련기관 지정기준
        ⓐ 운전교육훈련 업무 수행에 필요한 상설 전담조직을 갖출 것
        ⓑ 운전면허의 종류별로 운전교육훈련 업무를 수행할 수 있는 전문인력을 확보할 것
        ⓒ 운전교육훈련 시행에 필요한 사무실·교육장과 교육장비를 갖출 것
        ⓓ 운전교육훈련기관의 운영 등에 관한 업무규정을 갖출 것
    ② 운전교육훈련기관 교수의 학력 및 경력기준(책임·선임교수 제외)
        ⓐ 학사학위 소지자로서 철도차량 운전업무수행자에 대한 지도교육 경력이 2년 이상 있는 사람
        ⓑ 전문학사 소지자로서 철도차량 운전업무수행자에 대한 지도교육 경력이 3년 이상 있는 사람
        ⓒ 고등학교 졸업자로서 철도차량 운전업무수행자에 대한 지도교육 경력이 5년 이상 있는 사람
        ⓓ 철도차량 운전과 관련된 교육기관에서 강의 경력이 1년 이상 있는 사람

3) 운전교육훈련의 과목과 교육훈련시간

교육과정	이론교육	기능교육
가. 디젤차량 운전면허 (810)	• 철도관련법(50) • 철도시스템 일반(60) • 디젤차량의 구조 및 기능(170) • 운전이론 일반(30) • 비상시 조치(인적오류 예방 포함) 등(30)	• 현장실습교육 • 운전실무 및 모의운행 훈련 • 비상시 조치 등
	340시간	470시간
나. 제1종 전기차량 운전면허 (810)	• 철도관련법(50) • 철도시스템 일반(60) • 전기기관차의 구조 및 기능(170) • 운전이론 일반(30) • 비상시 조치(인적오류 예방 포함) 등(30)	• 현장실습교육 • 운전실무 및 모의운행 훈련 • 비상시 조치 등
	340시간	470시간
다. 제2종 전기차량 운전면허 (680)	• 철도관련법(40) • 도시철도시스템 일반(45) • 전기동차의 구조 및 기능(100) • 운전이론 일반(25) • 비상시 조치 등(30) (인적오류 예방 포함)	• 현장실습교육 • 운전실무 및 모의운행 훈련 • 비상시 조치 등
	240시간	440시간

7. 철도차량 운전면허시험
  1) 운전면허시험 개념
    ① 운전면허를 받으려는 사람은 국토교통부장관이 실시하는 철도차량 운전면허시험에 합격하여야 한다.
    ② 운전면허시험에 응시하려는 사람은 신체검사 및 운전적성검사에 합격한 후 운전교육훈련을 받아야 한다.
    ③ 운전면허시험의 과목, 절차 등에 관하여 필요한 사항은 국토교통부령으로 정한다.
  2) 철도차량운전면허시험 시행계획의 공고
    ① 다음해의 운전면허시험 계획 공고
      한국교통안전공단은 운전면허시험을 실시하려는 때에는 매년 11월 30일까지 필기시험 및 기능시험의 일정·응시과목 등을 포함한 다음 해의 운전면허시험 시행계획을 인터넷 홈페이지 등에 공고하여야 한다.
    ② 한국교통안전공단은 운전면허시험의 응시 수요 등을 고려하여 필요한 경우에는 공고한 시행계획을 변경할 수 있다.
      ⓐ 공고한 시행계획을 변경하려는 경우 미리 국토교통부장관의 승인을 받아야 한다.
      ⓑ 변경되기 전의 필기시험일 또는 기능시험일의 7일 전까지 그 변경사항을 인터넷 홈페이지 등에 공고하여야 한다.

③ 시험시행 공고

한국교통안전공단은 시험을 시행하려면 시험 시행일 <u>90일</u> 전까지 시험일정과 응시과목 등 시험의 시행에 필요한 사항을 보급지역을 전국으로 하여 등록한 일간신문 및 한국교통안전공단 인터넷 홈페이지에 공고하여야 한다.

8. 운전면허의 갱신
1) 운전면허의 유효기간은 <u>10년</u>으로 한다.
2) 운전면허 취득자로서 유효기간 이후에도 그 운전면허의 효력을 유지하려는 사람은 운전면허의 유효기간 만료 전에 국토교통부령으로 정하는 바에 따라 운전면허의 갱신을 받아야 한다.
3) 국토교통부장관은 운전면허의 갱신을 신청한 사람이 다음에 해당하는 경우에는 운전면허증을 갱신하여 발급하여야 한다.
   ① 운전면허의 갱신을 신청하는 날 전 10년 이내에 국토교통부령으로 정하는 철도차량의 운전업무에 종사한 경력(6개월 이상)이 있거나 국토교통부령으로 정하는 바에 따라 이와 같은 수준 이상의 경력(2년 이상)이 있다고 인정되는 경우
   ② 국토교통부령으로 정하는 교육훈련을 받은 경우(20시간 이상)
4) 운전면허 취득자가 운전면허의 갱신을 받지 아니하면 그 운전면허의 유효기간이 만료되는 날의 다음 날부터 그 운전면허의 효력이 정지된다.
5) 운전면허의 효력이 정지된 사람이 <u>6개월</u>의 범위에서 대통령령으로 정하는 기간(6개월) 내에 운전면허의 갱신을 신청하여 운전면허의 갱신을 받지 아니하면 그 기간이 만료되는 날의 다음 날부터 그 운전면허는 효력을 잃는다.

9. 운전면허의 취소·정지
1) 운전면허 취소권자: 국토교통부장관
2) 운전면허를 취소하여야 하는 경우(절대적 취소)
   ① 거짓이나 그 밖의 부정한 방법으로 운전면허를 받았을 때
   ② 운전면허의 결격사유 중 다음에 해당하게 되었을 때
      ⓐ 철도차량 운전상의 위험과 장해를 일으킬 수 있는 정신질환자 또는 뇌전증환자로서 대통령령으로 정하는 사람
      ⓑ 철도차량 운전상의 위험과 장해를 일으킬 수 있는 약물 또는 알코올 중독자로서 대통령령으로 정하는 사람
      ⓒ 두 귀의 청력 또는 두 눈의 시력을 완전히 상실한 사람
   ③ 운전면허의 효력정지기간 중 철도차량을 운전하였을 때
   ④ 운전면허증을 다른 사람에게 빌려주었을 때
3) 운전면허를 취소하거나 1년 이내의 기간을 정하여 운전면허의 효력을 정지시킬 수 있는 경우
   ① 철도차량을 운전 중 고의 또는 중과실로 철도사고를 일으켰을 때
   ② 철도종사자의 준수사항 중 다음 내용을 위반하였을 때

     ⓐ 운전업무종사자의 준수사항

     ⓑ 철도사고등이 발생하는 경우 운전업무종사자의 이행사항

  ③ 술을 마시거나 약물을 사용한 상태에서 철도차량을 운전하였을 때

  ④ 술을 마시거나 약물을 사용한 상태에서 업무를 하였다고 인정할 만한 상당한 이유가 있음에도 불구하고 국토교통부장관 또는 시·도지사의 확인 또는 검사를 거부하였을 때

  ⑤ 철도안전법 또는 이 법에 따라 철도의 안전 및 보호와 질서유지를 위하여 한 명령·처분을 위반하였을 때

4) 운전면허취소·효력정지 처분의 세부기준

처분대상		처분기준			
		1차위반	2차위반	3차위반	4차위반
1. 철도차량을 운전중 고의 또는 중과실로 철도사고를 일으킨 경우	사망자가 발생한 경우	면허취소	–	–	–
	부상자가 발생한 경우	효력정지 3개월	면허취소	–	–
	1천만 원 이상 물적 피해가 발생한 경우	효력정지 2개월	효력정지 3개월	면허취소	–
2. 술에 만취한 상태(혈중 알코올농도 0.1% 이상)에서 운전한 경우		면허취소	–	–	–
3. 술을 마신 상태의 기준(혈중 알코올농도 0.02% 이상)을 넘어서 운전을 하다가 철도사고를 일으킨 경우		면허취소	–	–	–
4. 술을 마신 상태(혈중 알코올농도 0.02% 이상 0.1% 미만)에서 운전한 경우		효력정지 3개월	면허취소	–	–
5. 철도차량 운전규칙을 위반하여 운전을 하다가 열차 운행에 중대한 차질을 초래한 경우		효력정지 1개월	효력정지 2개월	효력정지 3개월	면허취소

10. 실무수습·교육의 세부기준(실무수습 이수경력이 없는 사람 기준)

면허종별	교육항목	실무수습·교육시간 또는 거리
제1종 전기차량 운전면허	• 선로·신호 등 시스템	400시간 이상 또는 8,000km 이상
디젤차량운전면허	• 운전취급 관련 규정	400시간 이상 또는 8,000km 이상
제2종 전기차량 운전면허	• 제동기 취급	400시간 이상 또는 6,000km 이상 (단, 무인운전 구간의 경우 200시간 이상 또는 3,000km 이상)
철도장비 운전면허	• 제동기 외의 기기취급 • 속도관측	300시간 이상 또는 3,000km 이상 (입환(入換)작업을 위해 원격제어가 가능한 장치를 설치하여 25km/h 이하로 동력차를 운전할 경우 150시간 이상)
노면전차운전면허	• 비상시 조치 등	300시간 이상 또는 3,000km 이상

1. 철도교통관제사 자격증명("관제자격증명")은 다음과 같이 관제업무의 종류별로 받아야 한다.

   1) 도시철도 관제자격증명: 「도시철도법」에 따른 도시철도 차량에 관한 관제업무
   2) 철도 관제자격증명: 철도차량에 관한 관제업무(도시철도 차량에 관한 관제업무 포함)

2. 관제교육훈련기관의 심사

   국토교통부장관은 관제교육훈련기관이 지정기준에 적합한 지의 여부를 2년마다 심사하여야 한다.

3. 관제교육훈련의 과목 및 교육훈련시간

관제자격증명 종류	관제교육훈련 과목	교육훈련시간
가. 철도 관제자격증명	• 열차운행계획 및 실습 • 철도관제(노면전차 관제를 포함한다) 시스템 운용 및 실습 • 열차운행선 관리 및 실습 • 비상 시 조치 등	360시간
나. 도시철도 관제자격증명	• 열차운행계획 및 실습 • 도시철도관제(노면전차 관제를 포함한다) 시스템 운용 및 실습 • 열차운행선 관리 및 실습 • 비상 시 조치 등	280시간

* 관제교육훈련의 일부 면제
  1) 「고등교육법」에 따른 학교에서 국토교통부령으로 정하는 관제업무 관련 교과목을 이수한 사람
  2) 철도차량의 운전업무 또는 철도신호기·선로전환기·조작판의 취급업무에 5년 이상의 경력을 취득한 사람에 대한 철도 관제자격증명 또는 도시철도 관제자격증명의 교육훈련시간은 105시간으로 한다. 이 경우 교육훈련을 면제받으려는 사람은 해당 경력을 증명할 수 있는 서류를 관제교육훈련기관에 제출하여야 한다.
  3) 도시철도 관제자격증명을 취득한 사람에 대한 철도 관제자격증명의 교육훈련시간은 80시간으로 한다. 이 경우 교육훈련을 면제받으려는 사람은 도시철도 관제자격증명서 사본을 관제교육훈련기관에 제출해야 한다.

4. 관제자격증명시험 응시원서 제출시 첨부해야 할 서류

   관제자격증명시험에 응시하려는 사람은 관제자격증명시험 응시원서에 다음의 서류를 첨부하여 한국교통안전공단에 제출해야 한다.

   1) 신체검사의료기관이 발급한 신체검사 판정서(관제자격증명시험 응시원서 접수일 이전 2년 이내인 것에 한정한다)
   2) 관제적성검사기관이 발급한 관제적성검사 판정서(관제자격증명시험 응시원서 접수일 이전 10년 이내인 것에 한정한다)
   3) 관제교육훈련기관이 발급한 관제교육훈련 수료증명서
   4) 철도차량 운전면허증의 사본(철도차량 운전면허 소지자만 제출한다)
   5) 도시철도 관제자격증명서의 사본(도시철도 관제자격증명 취득자만 제출한다)

5. 관제자격증명 갱신에 필요한 경력

   1) 관제자격증명의 유효기간 내에 6개월 이상 관제업무에 종사한 경력
   2) 다음 해당하는 업무에 2년 이상 종사한 경력

① 관제교육훈련기관에서의 관제교육훈련업무에 2년 이상 종사한 경력

② 철도운영자등에게 소속되어 관제업무종사자를 지도·교육·관리하거나 감독하는 업무에 2년 이상 종사한 경력

3) 관제교육훈련기관이나 철도운영자등이 실시한 관제업무에 필요한 교육훈련을 관제자격증명 갱신 신청일 전까지 40시간 이상 받은 경우

6. 관제업무 실무수습

1) 실무수습 시행자: 철도운영자등

2) 관제업무에 종사하려는 사람은 다음의 관제업무 실무수습을 모두 이수하여야 한다.

① 관제업무를 수행할 구간의 철도차량 운행의 통제·조정 등에 관한 관제업무 실무수습

② 관제업무 수행에 필요한 기기 취급방법 및 비상 시 조치방법 등에 대한 관제업무 실무수습

3) 실무수습 계획수립 및 실무수습 시간

① 철도운영자등은 관제업무 실무수습의 항목 및 교육시간 등에 관한 실무수습 계획을 수립하여 시행하여야 한다.

② 총 실무수습 시간은 100시간 이상으로 하여야 한다.

제 3 절 운전업무종사자 등의 관리

1. 정기적으로 신체검사와 적성검사를 받아야 하는 철도종사자(운전업무종사자등)

1) 운전업무종사자

2) 관제업무종사자

3) 정거장에서 철도신호기·선로전환기 및 조작판 등을 취급하는 업무를 수행하는 사람

2. 운전업무종사자등에 대한 적성검사

1) 철도종사자에 대한 적성검사는 다음과 같이 구분하여 실시한다.

① 최초검사: 해당 업무를 수행하기 전에 실시하는 적성검사

② 정기검사: 최초검사를 받은 후 10년(50세 이상인 경우에는 5년)마다 실시하는 적성검사

③ 특별검사: 철도종사자가 철도사고등을 일으키거나 질병 등의 사유로 해당 업무를 적절히 수행하기 어렵다고 철도운영자등이 인정하는 경우에 실시하는 적성검사

2) 운전업무종사자 또는 관제업무종사자는 운전적성검사 또는 관제적성검사를 받은 날에 최초검사를 받은 것으로 본다.

* 다만, 해당 운전적성검사 또는 관제적성검사를 받은 날부터 10년(50세 이상인 경우에는 5년) 이상이 지난 후에 운전업무나 관제업무에 종사하는 사람은 최초검사를 받아야 한다.

3) 정기검사는 최초검사나 정기검사를 받은 날부터 10년(50세 이상인 경우에는 5년)이 되는 날("적성검사 유효기간 만료일") 전 12개월 이내에 실시한다.

4) 정기검사의 유효기간은 적성검사 유효기간 만료일의 다음날부터 기산한다.

5) 운전업무종사자의 적성검사 항목 및 불합격기준

검사 대상	검사 주기	검사항목		불합격기준
		문답형검사	반응형 검사	
운전업무 종사자	정기 검사	• 인성 －일반성격 －안전성향 －스트레스	• 주의력 －복합기능　－선택주의 －지속주의 • 인식 및 기억력 －시각변별　－공간지각 • 판단 및 행동력: 민첩성	• 문답형 검사항목 중 안전성향 검사에서 부적합으로 판정된 사람 • 반응형 검사 항목 중 부적합(E등급)이 2개 이상인 사람

1) 문답형 검사 판정은 적합 또는 부적합으로 한다.
2) 반응형 검사 점수 합계는 70점으로 한다.

3. 운전업무종사자등에 대한 신체검사
   1) 철도종사자에 대한 신체검사는 다음과 같이 구분하여 실시한다.
      ① 최초검사: 해당 업무를 수행하기 전에 실시하는 신체검사
      ② 정기검사: 최초검사를 받은 후 2년마다 실시하는 신체검사
      ③ 특별검사: 철도종사자가 철도사고등을 일으키거나 질병 등의 사유로 해당 업무를 적절히 수행하기가 어렵다고 철도운영자등이 인정하는 경우에 실시하는 신체검사
   2) 운전업무종사자 또는 관제업무종사자는 운전면허의 신체검사 또는 관제자격증명의 신체검사를 받은 날에 최초검사를 받은 것으로 본다.
      * 다만, 해당 신체검사를 받은 날부터 2년 이상이 지난 후에 운전업무나 관제업무에 종사하는 사람은 최초검사를 받아야 한다.
   3) 정기검사는 최초검사나 정기검사를 받은 날부터 2년이 되는 날("신체검사 유효기간 만료일") 전 3개월 이내에 실시한다.
   4) 정기검사의 유효기간은 신체검사 유효기간 만료일의 다음날부터 기산한다.

제4절　철도종사자에 대한 정기적인 안전교육 및 직무교육

1. 철도안전에 관한 교육(철도안전교육)
   1) 철도안전교육을 실시하여야 하는 자
      ① 철도운영자등
      ② 철도운영자등과 계약에 따라 철도운영이나 철도시설 등의 업무에 종사하는 사업주
   2) 철도안전교육 실시 대상 철도종사자
      ① 철도차량의 운전업무에 종사하는 사람("운전업무종사자")
      ② 철도차량의 운행을 집중 제어·통제·감시하는 업무("관제업무")에 종사하는 사람
      ③ 여객에게 승무(乘務) 서비스를 제공하는 사람("여객승무원")

④ 여객에게 역무(驛務) 서비스를 제공하는 사람("여객역무원")

⑤ 철도차량의 운행선로 또는 그 인근에서 철도시설의 건설 또는 관리와 관련된 작업의 현장감독업무를 수행하는 사람

⑥ 철도시설 또는 철도차량을 보호하기 위한 순회점검업무 또는 경비업무를 수행하는 사람

⑦ 정거장에서 철도신호기·선로전환기 또는 조작판 등을 취급하거나 열차의 조성업무를 수행하는 사람

⑧ 철도에 공급되는 전력의 원격제어장치를 운영하는 사람

⑨ 철도차량 및 철도시설의 점검·정비 업무에 종사하는 사람

2. 직무교육

1) 직무교육을 실시하여야 하는 자: 철도운영자등

2) 직무교육 실시 대상 철도종사자

① 철도차량의 운전업무에 종사하는 사람("운전업무종사자")

② 철도차량의 운행을 집중 제어·통제·감시하는 업무("관제업무")에 종사하는 사람

③ 여객에게 승무(乘務) 서비스를 제공하는 사람("여객승무원")

④ 정거장에서 철도신호기·선로전환기 또는 조작판 등을 취급하거나 열차의 조성업무를 수행하는 사람

⑤ 철도에 공급되는 전력의 원격제어장치를 운영하는 사람

⑥ 철도차량 및 철도시설의 점검·정비 업무에 종사하는 사람

3) 직무교육 대상자별 교육시간

① 5년마다 35시간 이상 교육대상자

㉮ 운전업무종사자　　　　　　　㉯ 관제업무종사자

㉰ 여객승무원　　　　　　　　　㉱ 철도차량 점검, 정비업무 종사자

② 5년마다 21시간 이상 교육대상자

㉮ 정거장에서 철도신호기·선로전환기 또는 조작판 등 취급자

㉯ 열차의 조성업무를 수행하는 사람

㉰ 철도에 공급되는 전력의 원격제어장치를 운영하는 사람

㉱ 철도시설의 점검·정비 업무에 종사하는 사람

〈철도종사자에 대한 정기적인 안전교육 및 직무교육 대상자〉

No.	철도종사자의 종류	안전교육	직무교육
1	운전업무종사자	○	○
2	관제업무종사자	○	○
3	여객승무원	○	○
4	여객역무원	○	×
5	작업책임자	×	×
6	철도운행안전관리자	×	×
7	철도사고, 철도준사고 및 운행장애("철도사고등")가 발생한 현장에서 조사·수습·복구 등의 업무를 수행하는 사람	×	×

8	철도차량의 운행선로 또는 그 인근에서 철도시설의 건설 또는 관리와 관련된 작업의 현장감독업무를 수행하는 사람	○	×
9	철도시설 또는 철도차량을 보호하기 위한 순회점검업무 또는 경비업무를 수행하는 사람	○	×
10	정거장에서 철도신호기 · 선로전환기 또는 조작판 등을 취급하거나 열차의 조성 업무를 수행하는 사람	○	○
11	철도에 공급되는 전력의 원격제어장치를 운영하는 사람	○	○
12	「사법경찰관리의 직무를 수행할 자와 그 직무범위에 관한 법률」에 따른 철도경찰 사무에 종사하는 국가공무원	×	×
13	철도차량 및 철도시설의 점검 · 정비 업무에 종사하는 사람	○	○

제5절 철도차량정비기술자의 인정

1. 철도차량정비기술자의 인정권자: 국토교통부장관
2. 철도차량정비기술자의 인정 기준: 자격, 경력, 학력
   1) 철도차량정비기술자 등급별 세부기준

등급구분	역량지수	등급구분	역량지수
1등급 철도차량정비기술자	80점 이상	3등급 철도차량정비기술자	40점 이상 60점 미만
2등급 철도차량정비기술자	60점 이상 80점 미만	4등급 철도차량정비기술자	10점 이상 40점 미만

   2) 역량지수의 계산식은 다음과 같다.

   > 역량지수 = 자격별 경력점수 + 학력점수

   ① 자격별 경력점수

국가기술자격 구분	점수	국가기술자격 구분	점수
기술사 및 기능장	10점 / 년	기능사	6점 / 년
기사	8점 / 년	국가기술자격증이 없는 경우	3점 / 년
산업기사	7점 / 년	–	–

   ② 학력점수

학력구분	점수		학력구분	점수	
	철도차량정비 관련학과	철도차량정비 관련 학과 외의 학과		철도차량정비 관련학과	철도차량정비 관련 학과 외의 학과
석사이상	25점	10점	전문학사 (2년제)	10점	7점
학사	20점	9점	고등학교 졸업	5점	
전문학사 (3년제)	15점	8점	–	–	–

3. 철도차량정비기술자의 명의 대여금지 등
    1) 철도차량정비기술자는 자기의 성명을 사용하여 다른 사람에게 철도차량정비 업무를 수행하게 하거나 철도차량정비경력증을 빌려 주어서는 아니 된다.
    2) 누구든지 다른 사람의 성명을 사용하여 철도차량정비 업무를 수행하거나 다른 사람의 철도차량정비경력증을 빌려서는 아니 된다.
    3) 누구든지 위 1)이나 2)에서 금지된 행위를 알선해서는 아니 된다.
4. 정비교육훈련의 실시기준
    1) 교육내용 및 교육방법
       철도차량정비에 관한 법령, 기술기준 및 정비기술 등 실무에 관한 이론 및 실습 교육
    2) 교육시간: 철도차량정비업무의 수행기간 5년마다 35시간 이상
5. 정비교육훈련기관의 지정기준
    1) 정비교육훈련 업무 수행에 필요한 상설 전담조직을 갖출 것
    2) 정비교육훈련 업무를 수행할 수 있는 전문인력을 확보할 것
    3) 정비교육훈련에 필요한 사무실, 교육장 및 교육장비를 갖출 것
    4) 정비교육훈련기관의 운영 등에 관한 업무규정을 갖출 것
6. 철도차량정비기술자 인정의 취소
    1) 철도차량정비기술자 인정 취소권자: 국토교통부장관
    2) 철도차량정비기술자 인정을 취소하여야 하는 경우(절대적 취소)
       ① 거짓이나 그 밖의 부정한 방법으로 철도차량정비기술자로 인정받은 경우
       ② 철도차량정비기술자의 인정기준에 따른 자격기준에 해당하지 아니하게 된 경우
       ③ 철도차량정비 업무 수행 중 고의로 철도사고의 원인을 제공한 경우
    3) 1년의 범위에서 인정을 정지시킬 수 있는 경우(재량적 취소)
       ① 다른 사람에게 철도차량정비경력증을 빌려 준 경우
       ② 철도차량정비 업무수행중 중과실로 철도사고의 원인을 제공한 경우

제 **2** 장 **[철도종사자의 안전관리]**
기출예상문제

01 철도차량 운전면허와 관련된 설명으로 틀린 것은?

① 운전면허는 국토교통부령으로 정하는 바에 따라 철도차량의 종류별로 받아야 한다.
② 노면전차를 운전하려는 사람은 철도차량운전면허 외에 「도로교통법」에 따른 운전면허를 받아야 한다.
③ 철도차량을 운전하려는 사람은 국토교통부장관으로부터 철도차량 운전면허를 받아야 한다.
④ 운전교육훈련 또는 운전면허시험을 위하여 철도차량을 운전하는 경우에는 철도차량운전면허 없이 운전할 수 있다.

> **해설** 철도안전법 제10조(철도차량 운전면허)
> 1. 철도차량을 운전하려는 사람은 국토교통부장관으로부터 철도차량 운전면허를 받아야 한다. 다만, 교육훈련 또는 운전면허시험을 위하여 철도차량을 운전하는 경우 등 대통령령으로 정하는 경우에는 그러하지 아니하다.
> 2. 「도시철도법」에 따른 노면전차를 운전하려는 사람은 철도차량 운전면허 외에 「도로교통법」에 따른 운전면허를 받아야 한다.
> 3. 철도차량 운전면허는 대통령령으로 정하는 바에 따라 철도차량의 종류별로 받아야 한다.

02 철도차량 운전면허 없이 운전할 수 있는 경우로 틀린 것은?

① 운전면허시험을 치르기 위하여 철도차량을 운전하는 경우
② 정거장 및 정거장 외 본선에서 운전하는 경우
③ 철도차량을 제작·조립·정비하기 위한 공장 안의 선로에서 철도차량을 운전하여 이동하는 경우
④ 운전교육훈련기관에서 실시하는 운전교육훈련을 받기 위하여 철도차량을 운전하는 경우

> **해설** 철도안전법시행령 제10조(운전면허 없이 운전할 수 있는 경우)
> 1. 철도차량 운전에 관한 전문 교육훈련기관("운전교육훈련기관")에서 실시하는 운전교육훈련을 받기 위하여 철도차량을 운전하는 경우
> 2. 운전면허시험을 치르기 위하여 철도차량을 운전하는 경우
> 3. 철도차량을 제작·조립·정비하기 위한 공장 안의 선로에서 철도차량을 운전하여 이동하는 경우
> 4. 철도사고등을 복구하기 위하여 열차운행이 중지된 선로에서 사고복구용 특수차량을 운전하여 이동하는 경우

정답 1 ① 2 ②

03 철도차량 운전면허의 종류로 틀린 것은?

① 디젤차량 운전면허
② 철도장비 운전면허
③ 전기동차 운전면허
④ 노면전차 운전면허

> **해설** 철도안전법시행령 제11조(운전면허 종류)
> ① 철도차량의 종류별 운전면허는 다음과 같다.
>   1. 고속철도차량 운전면허   2. 제1종 전기차량 운전면허
>   3. 제2종 전기차량 운전면허   4. 디젤차량 운전면허
>   5. 철도장비 운전면허   6. 노면전차 운전면허

04 철도차량 운전면허의 종류로 틀린 것은?

① 제1종 전차선차량 운전면허
② 고속철도차량 운전면허
③ 디젤차량 운전면허
④ 철도장비 운전면허

> **해설** 철도안전법시행령 제11조(운전면허 종류)

05 철도차량 운전면허의 결격사유가 아닌 것은?

① 19세 이상인 사람
② 철도차량 운전상의 위험과 장해를 일으킬 수 있는 뇌전증환자로서 대통령령으로 정하는 사람
③ 두 귀의 청력 또는 두 눈의 시력을 완전히 상실한 사람
④ 운전면허가 취소된 날부터 2년이 지나지 아니하였거나 운전면허의 효력정지기간 중인 사람

> **해설** 철도안전법 제11조(운전면허의 결격사유)
> 다음에 해당하는 사람은 운전면허를 받을 수 없다.
> 1. 19세 미만인 사람
> 2. 철도차량 운전상의 위험과 장해를 일으킬 수 있는 정신질환자 또는 뇌전증환자로서 대통령령으로 정하는 사람
> 3. 철도차량 운전상의 위험과 장해를 일으킬 수 있는 약물(「마약류 관리에 관한 법률」에 따른 마약류 및 「화학물질관리법」에 따른 환각물질을 말한다.) 또는 알코올 중독자로서 대통령령으로 정하는 사람
> 4. 두 귀의 청력 또는 두 눈의 시력을 완전히 상실한 사람
> 5. 운전면허가 취소된 날부터 2년이 지나지 아니하였거나 운전면허의 효력정지기간 중인 사람

정답 3 ③   4 ①   5 ①

06 철도안전법에서 철도차량 운전면허에 관한 설명으로 가장 거리가 먼 것은?

① 한귀의 청력을 완전히 상실한 사람은 운전면허를 받을 수 없다.
② 운전면허의 효력이 정지된 경우에는 철도차량 운전을 할 수 없다.
③ 철도차량을 운전하려는 사람은 국토교통부장관으로부터 철도차량 운전면허를 받아야 한다.
④ 철도차량 운전면허는 대통령령으로 정하는 바에 따라 철도차량의 종류별로 받아야 한다.

> **해설** 철도안전법 제10조(철도차량 운전면허), 철도안전법 제11조(운전면허의 결격사유)

07 철도차량 운전면허의 결격사유로 맞는 것은?

① 19세 이상인 사람
② 철도차량 운전상의 위험과 장해를 일으킬 수 있는 정신질환자
③ 운전면허가 취소된 날부터 1년이 지나지 아니한 사람
④ 운전면허의 효력정지기간 중인 사람

> **해설** 철도안전법 제11조(운전면허의 결격사유)
> ② 철도차량 운전상의 위험과 장해를 일으킬 수 있는 정신질환자로서 <u>대통령령으로 정하는 사람</u> (정신질환자 또는 뇌전증환자의 모두가 운전면허의 결격사유가 아님)
> * 대통령령: 해당분야 전문의가 정상적인 운전을 할 수 없다고 인정하는 사람

08 철도안전법에서 운전적성검사에 관한 설명으로 적합한 것은?

① 운전적성검사의 합격기준, 검사의 방법 및 절차 등에 관하여 필요한 사항은 대통령령으로 정한다.
② 철도운영자등은 운전적성검사에 관한 전문기관을 지정하여 운전적성검사를 하게 할 수 있다.
③ 운전적성검사기관의 지정기준, 지정절차 등에 관하여 필요한 사항은 국토교통부령으로 정한다.
④ 운전적성검사기관은 정당한 사유 없이 운전적성검사 업무를 거부하여서는 아니 되고, 거짓이나 그 밖의 부정한 방법으로 운전적성검사 판정서를 발급하여서는 아니 된다.

철도안전법 제15조(운전적성검사)

1. 운전면허를 받으려는 사람은 철도차량 운전에 적합한 적성을 갖추고 있는지를 판정받기 위하여 국토교통부장관이 실시하는 적성검사("운전적성검사")에 합격하여야 한다.
2. 운전적성검사에 불합격한 사람 또는 운전적성검사 과정에서 부정행위를 한 사람은 다음 기간 동안 운전적성검사를 받을 수 없다.
   1) 운전적성검사에 불합격한 사람: 검사일부터 3개월
   2) 운전적성검사 과정에서 부정행위를 한 사람: 검사일부터 1년
3. 운전적성검사의 합격기준, 검사의 방법 및 절차 등에 관하여 필요한 사항은 국토교통부령으로 정한다.
4. 국토교통부장관은 운전적성검사에 관한 전문기관("운전적성검사기관")을 지정하여 운전적성검사를 하게 할 수 있다.
5. 운전적성검사기관의 지정기준, 지정절차 등에 관하여 필요한 사항은 대통령령으로 정한다.
6. 운전적성검사기관은 정당한 사유 없이 운전적성검사 업무를 거부하여서는 아니 되고, 거짓이나 그 밖의 부정한 방법으로 운전적성검사 판정서를 발급하여서는 아니 된다.

09 철도안전법에서 ⓐ 운전적성검사에 불합격한 사람과 ⓑ 운전적성검사 과정에서 부정행위를 한 사람이 검사일부터 운전적성검사를 받을 수 없는 기간으로 바르게 짝지어진 것은?

① ⓐ 1개월, ⓑ 1년 　　　　　　　 ② ⓐ 3개월, ⓑ 1년
③ ⓐ 6개월, ⓑ 3개월 　　　　　　 ④ ⓐ 1년, 　ⓑ 3개월

철도안전법 제15조(운전적성검사)

10 운전적성검사기관의 지정기준, 지정절차 등에 관하여 필요한 사항을 정하는 곳은?

① 법률 　　　　　 ② 대통령령 　　　　　 ③ 국무총리령 　　　　　 ④ 국토교통부령

철도안전법 제15조(운전적성검사)

11 운전적성검사 항목 및 합격기준으로 옳지 않은 것은?

① 문답형 검사는 적합, 부적합으로 판정한다.
② 문답형 검사에는 인성검사, 주의력·민첩성 검사가 있다.
③ 반응형 검사 점수 합계는 70점으로 한다.
④ 반응형 검사 평가점수가 30점 미만인 사람은 불합격이다.

철도안전법시행규칙 제16조(적성검사 방법·절차 및 합격기준 등)

1. 운전적성검사 또는 관제적성검사를 받으려는 사람은 적성검사 판정서에 성명·주민등록번호 등 본인의 기록사항을 작성하여 운전적성검사기관 또는 관제적성검사기관에 제출하여야 한다.
2. 적성검사의 항목 및 합격기준은 다음과 같다.

정답 9 ② 10 ② 11 ②

검사대상	검사항목		불합격기준
	문답형 검사	반응형 검사	

1. 고속철도차량
  제1종전기차량
  제2종전기차량
  디젤차량
  노면전차
  철도장비
  운전업무종사자
  철도차량 운전면허
  시험 응시자
	• 인성
	 −일반성격
	 −안전성향
		• 주의력
		 −복합기능 −선택주의
		 −지속주의
		• 인식 및 기억력
		 −시각변별 −공간지각
		• 판단 및 행동력
		 −추론 −민첩성
			• 문답형 검사항목 중 안전
			성향 검사에서 부적합으
			로 판정된 사람
			
			• 반응형 검사 평가점수가
			30점 미만인 사람

2. 철도교통관제사 자격증명 응시자	• 인성 −일반성격 −안전성향	• 주의력 −복합기능 −선택주의 • 인식 및 기억력 −시각변별 −공간지각 −작업기억 • 판단 및 행동력 −추론 −민첩성	• 문답형 검사항목 중 안전 성향 검사에서 부적합으 로 판정된 사람 • 반응형 검사 평가점수가 30점 미만인 사람

1) 문답형 검사 판정은 적합 또는 부적합으로 한다. * (틀린 답−문답형 검사판정은 예 또는 아니오로 한다)
2) 반응형 검사 점수 합계는 70점으로 한다.
3) 안전성향검사는 전문의(정신건강의학) 진단결과로 대체 할 수 있으며, 부적합 판정을 받은 자에 대해서는 당일 1회에 한하여 재검사를 실시하고 그 재검사 결과를 최종적인 검사결과로 할 수 있다.

12 운전적성검사기관의 지정기준으로 틀린 것은?

① 운전적성검사 시행에 필요한 사무실, 검사장과 검사 장비를 갖출 것
② 운전적성검사 업무를 수행할 수 있는 전문검사인력을 확보할 것
③ 운전적성검사기관의 운영 등에 관한 업무규정을 갖출 것
④ 운전적성검사 업무의 통일성을 유지하고 운전적성검사 업무를 원활히 수행하는데 필요한 상설 전담조직을 갖출 것

해설 철도안전법시행령 제14조(운전적성검사기관 지정기준)
1. 운전적성검사기관의 지정기준은 다음과 같다.
  1) 운전적성검사 업무의 통일성을 유지하고 운전적성검사 업무를 원활히 수행하는데 필요한 상설 전담조직을 갖출 것
  2) 운전적성검사 업무를 수행할 수 있는 전문검사인력을 3명 이상 확보할 것
  3) 운전적성검사 시행에 필요한 사무실, 검사장과 검사 장비를 갖출 것
  4) 운전적성검사기관의 운영 등에 관한 업무규정을 갖출 것
2. 운전적성검사기관 지정기준에 관한 세부적인 사항은 국토교통부령으로 정한다.

정답 12 ②

13 운전적성검사기관의 지정기준으로 옳지 않은 것?

① 적성검사 업무의 통일성 유지와 원활한 적성검사 업무 수행을 위한 상설 전담조직을 갖출것
② 적성검사 업무를 수행할 수 있는 전문검사 인력을 3인 이상 확보할 것
③ 적성검사 시행에 필요한 사무실과 검사장을 갖출 것
④ 적성검사기관의 운영 등에 관한 업무규정을 갖출 것

> **해설** 철도안전법시행령 제14조(운전적성검사기관 지정기준)

14 운전적성검사기관이 지정기준에 적합한 지의 여부를 몇 년마다 심사하는지?

① 1년마다   ② 2년마다   ③ 3년마다   ④ 5년마다

> **해설** 철도안전법시행규칙 제18조(운전적성검사기관 및 관제적성검사기관의 세부 지정기준 등)
> ② 국토교통부장관은 운전적성검사기관 또는 관제적성검사기관이 지정기준에 적합한 지의 여부를 2년마다 심사하여야 한다.

15 운전교육훈련기관을 지정하는 자와 운전교육훈련기관의 지정기준·지정절차 등에 필요한 사항은 무엇으로 정하는지 바르게 짝어진 것은?

① 지정자: 국토교통부장관   지정기준 등: 대통령령
② 지정자: 철도운영자   지정기준 등: 대통령령
③ 지정자: 국토교통부장관   지정기준 등: 국토교통부령
④ 지정자: 철도시설관리자   지정기준 등: 국토교통부령

> **해설** 철도안전법 제16조(운전교육훈련)
> 1. 운전면허를 받으려는 사람은 철도차량의 안전한 운행을 위하여 국토교통부장관이 실시하는 운전에 필요한 지식과 능력을 습득할 수 있는 교육훈련(운전교육훈련)을 받아야 한다.
> 2. 운전교육훈련의 기간, 방법 등에 관하여 필요한 사항은 국토교통부령으로 정한다.
> 3. 국토교통부장관은 철도차량 운전에 관한 전문 교육훈련기관(운전교육훈련기관)을 지정하여 운전교육훈련을 실시하게 할 수 있다.
> 4. 운전교육기관의 지정기준, 지정절차 등에 관하여 필요한 사항은 대통령령으로 정한다.

정답 13 ③ 14 ② 15 ①

16 운전교육훈련기관 지정기준으로 맞는 것은?

① 운전교육훈련 시행에 필요한 사무실·휴게실을 갖출 것
② 운전면허의 종류별로 운전교육훈련 업무를 수행할 수 있는 전문인력을 3명 이상 확보할 것
③ 운전교육훈련기관의 운영 등에 관한 운영규정을 갖출 것
④ 운전교육훈련 업무 수행에 필요한 상설 전담조직을 갖출 것

해설 철도안전법시행령 제17조(운전교육훈련기관 지정기준)
1. 운전교육훈련기관 지정기준은 다음과 같다.
   1) 운전교육훈련 업무 수행에 필요한 상설 전담조직을 갖출 것
   2) 운전면허의 종류별로 운전교육훈련 업무를 수행할 수 있는 전문인력을 확보할 것
   3) 운전교육훈련 시행에 필요한 사무실·교육장과 교육장비를 갖출 것
   4) 운전교육훈련기관의 운영 등에 관한 업무규정을 갖출 것
2. 운전교육훈련기관 지정기준에 관한 세부적인 사항은 국토교통부령으로 정한다.

17 철도안전법에서 운전교육훈련기관의 교수 자격기준으로 올바른 것은?

① 학사학위 소지자로서 철도차량 운전업무수행자에 대한 지도교육 경력이 1년 이상 있는 사람
② 전문학사 소지자로서 철도차량 운전업무수행자에 대한 지도교육 경력이 2년 이상 있는 사람
③ 고등학교 졸업자로서 철도차량 운전업무수행자에 대한 지도교육 경력이 5년 이상 있는 사람
④ 철도차량 운전과 관련된 교육기관에서 강의 경력이 2년 이상 있는 사람

해설 철도안전법시행규칙 제22조(운전교육훈련기관의 세부 지정기준)
〈교수 등급의 학력 및 경력기준〉
1) 학사학위 소지자로서 철도차량 운전업무수행자에 대한 지도교육 경력이 2년 이상 있는 사람
2) 전문학사 소지자로서 철도차량 운전업무수행자에 대한 지도교육 경력이 3년 이상 있는 사람
3) 고등학교 졸업자로서 철도차량 운전업무수행자에 대한 지도교육 경력이 5년 이상 있는 사람
4) 철도차량 운전과 관련된 교육기관에서 강의 경력이 1년 이상 있는 사람

18 제2종 전기차량 운전면허의 기능교육 과목으로 맞는 것은?

ㄱ. 현장실습교육	ㄴ. 운전실무 및 모의운행 훈련	ㄷ. 비상시 조치 등

① ㄱ   ② ㄱ, ㄴ   ③ ㄱ, ㄴ, ㄷ   ④ ㄴ, ㄷ

정답 16 ④   17 ③   18 ③

철도안전법시행규칙 제20조(운전교육훈련의 기간 및 방법 등)

1. 운전교육훈련은 운전면허 종류별로 실제 차량이나 모의운전연습기를 활용하여 실시한다.
2. 운전교육훈련의 과목과 교육훈련시간은 다음과 같다.

교육과정	이론교육	기능교육
가. 디젤차량 운전면허 (810)	• 철도관련법(50) • 철도시스템 일반(60) • 디젤 차량의 구조 및 기능(170) • 운전이론 일반(30) • 비상시 조치(인적오류 예방 포함) 등(30)	• 현장실습교육 • 운전실무 및 모의운행 훈련 • 비상시 조치 등
	340시간	470시간
나. 제1종 전기차량 운전면허 (810)	• 철도관련법(50) • 철도시스템 일반(60) • 전기기관차의 구조 및 기능(170) • 운전이론 일반(30) • 비상시 조치(인적오류 예방 포함) 등(30)	• 현장실습교육 • 운전실무 및 모의운행 훈련 • 비상시 조치 등
	340시간	470시간
다. 제2종 전기차량 운전면허 (680)	• 철도관련법(40) • 도시철도시스템 일반(45) • 전기동차의 구조 및 기능(100) • 운전이론 일반(25) • 비상시 조치 등(30) (인적오류 예방 포함)	• 현장실습교육 • 운전실무 및 모의운행 훈련 • 비상시 조치 등
	240시간	440시간

* 일반응시자의 기능교육 과목은 운전면허 종류에 관계없이 동일합니다.
  1. 현장실습교육
  2. 운전실무 및 모의운행 훈련
  3. 비상시 조치 등

19 일반응시자의 디젤차량 운전면허와 제1종 전기차량 운전면허의 이론교육 시간과 기능교육 시간이 바르게 짝지어진 것은?

① 270시간 – 410시간 ② 340시간 – 470시간
③ 410시간 – 270시간 ④ 470시간 – 470시간

철도안전법시행규칙 제20조(운전교육훈련의 기간 및 방법 등)

20 일반응시자의 제2종 전기차량의 이론교육 시간과 기능교육 시간이 바르게 짝지어진 것은?

① 240시간 – 440시간 ② 340시간 – 470시간
③ 410시간 – 270시간 ④ 470시간 – 470시간

철도안전법시행규칙 제20조(운전교육훈련의 기간 및 방법 등)

정답 19 ② 20 ①

21 철도차량 운전면허시험에 응시하려는 사람이 먼저 갖추어야 할 조건이 아닌 것은?

① 신체검사 합격   ② 운전교육훈련 수료

③ 운전 실무수습   ④ 적성검사 합격

> **해설** 철도안전법 제17조(운전면허시험)
> 1. 운전면허를 받으려는 사람은 국토교통부장관이 실시하는 철도차량 운전면허시험에 합격하여야 한다.
> 2. 운전면허시험에 응시하려는 사람은 신체검사 및 운전적성검사에 합격한 후 운전교육훈련을 받아야 한다.
> 3. 운전면허시험의 과목, 절차 등에 관하여 필요한 사항은 국토교통부령으로 정한다.

22 철도차량 운전면허시험의 과목, 절차 등에 관하여 필요한 사항을 정하는 곳은?

① 대통령령   ② 국토교통부령   ③ 국무총리령   ④ 철도운영자등

> **해설** 철도안전법 제17조(운전면허시험)

23 철도차량 운전면허시험 시행계획의 공고시기 및 공고장소가 옳은 것은?

① 매년 11월 30일까지 – 홈페이지   ② 7일 전까지 – 홈페이지

③ 90일 전까지 – 일간신문   ④ 15일 전까지 – 일간신문

> **해설** 철도안전법시행규칙 제25조(철도차량운전면허시험 시행계획의 공고)
> 1. 한국교통안전공단은 운전면허시험을 실시하려는 때에는 매년 11월 30일까지 필기시험 및 기능시험의 일정·응시과목 등을 포함한 다음 해의 운전면허시험 시행계획을 인터넷 홈페이지 등에 공고하여야 한다.
> 2. 한국교통안전공단은 운전면허시험의 응시 수요 등을 고려하여 필요한 경우에는 공고한 시행계획을 변경할 수 있다. 이 경우 미리 국토교통부장관의 승인을 받아야 하며 변경되기 전의 필기시험일 또는 기능시험일(필기시험일 또는 기능시험일이 앞당겨진 경우에는 변경된 필기시험일 또는 기능시험일을 말한다)의 7일 전까지 그 변경사항을 인터넷 홈페이지 등에 공고하여야 한다.

24 철도차량 운전면허의 유효기간은?

① 3년   ② 5년   ③ 7년   ④ 10년

> **해설** 철도안전법 제19조(운전면허의 갱신)
> 1. 운전면허의 유효기간은 10년으로 한다.
> 2. 운전면허 취득자로서 유효기간 이후에도 그 운전면허의 효력을 유지하려는 사람은 운전면허의 유효기간 만료 전에 국토교통부령으로 정하는 바에 따라 운전면허의 갱신을 받아야 한다.
> 3. 국토교통부장관은 운전면허의 갱신을 신청한 사람이 다음에 해당하는 경우에는 운전면허증을 갱신하여 발급하여야 한다.

정답   21 ③   22 ②   23 ①   24 ④

1) 운전면허의 갱신을 신청하는 날 전 10년 이내에 국토교통부령으로 정하는 철도차량의 운전업무에 종사한 경력이 있거나 국토교통부령으로 정하는 바에 따라 이와 같은 수준 이상의 경력이 있다고 인정되는 경우
2) 국토교통부령으로 정하는 교육훈련을 받은 경우
4. 운전면허 취득자가 운전면허의 갱신을 받지 아니하면 그 운전면허의 유효기간이 만료되는 날의 다음 날부터 그 운전면허의 효력이 정지된다.
5. 운전면허의 효력이 정지된 사람이 6개월의 범위에서 대통령령으로 정하는 기간내에 운전면허의 갱신을 신청하여 운전면허의 갱신을 받지 아니하면 그 기간이 만료되는 날의 다음 날부터 그 운전면허는 효력을 잃는다.
6. 국토교통부장관은 운전면허 취득자에게 그 운전면허의 유효기간이 만료되기 전에 국토교통부령으로 정하는 바에 따라 운전면허의 갱신에 관한 내용을 통지하여야 한다.
7. 국토교통부장관은 운전면허의 효력이 실효된 사람이 운전면허를 다시 받으려는 경우 대통령령으로 정하는 바에 따라 그 절차의 일부를 면제할 수 있다.

25 철도차량 운전면허의 효력이 정지된 사람이 운전면허의 갱신을 신청하여 운전면허의 갱신을 받지 아니하면 그 기간이 만료되는 날의 다음 날부터 그 운전면허의 효력을 잃는 기간은?

① 3개월 이내　　　② 6개월 이내　　　③ 1년 이내　　　④ 2년 이내

해설　철도안전법 제19조(운전면허의 갱신) 제⑤항

26 철도차량 운전면허의 효력을 유지하려는 사람은 유효기간 만료 전에 국토교통부령에 정하는 기간내에 운전면허의 갱신을 신청하여야 한다. 국토교통부령으로 정한 기간은?

① 3개월 이내　　　② 6개월 이내　　　③ 1년 이내　　　④ 2년 이내

해설　철도안전법시행규칙 제31조(운전면허의 갱신절차)
1. 철도차량운전면허를 갱신하려는 사람은 운전면허의 유효기간 만료일 전 6개월 이내에 철도차량 운전면허 갱신신청서에 다음의 서류를 첨부하여 한국교통안전공단에 제출하여야 한다.
　1) 철도차량 운전면허증
　2) 갱신조건의 경력, 교육훈련을 증명하는 서류
2. 갱신 받은 운전면허의 유효기간은 종전 운전면허 유효기간의 만료일 다음 날부터 기산한다.

27 철도차량 운전면허를 취소하여야 하는 경우가 아닌 것은?

① 두 눈의 시력을 완전히 상실한 사람
② 운전면허의 효력정지기간 중 철도차량을 운전하였을 때
③ 운전면허증을 다른 사람에게 빌려주었을 때
④ 철도차량 운전상의 위험과 장해를 일으킬 수 있는 정신질환자

정답　25 ②　26 ②　27 ④

철도안전법 제20조(운전면허의 취소·정지 등)

1. 운전면허 취소권자: 국토교통부장관
2. 운전면허를 취소하여야 하는 경우(절대적 취소)
   1) 거짓이나 그 밖의 부정한 방법으로 운전면허를 받았을 때
   2) 운전면허의 결격사유중 다음에 해당하게 되었을 때
      ⓐ 철도차량 운전상의 위험과 장해를 일으킬 수 있는 정신질환자 또는 뇌전증환자로서 대통령령으로 정하는 사람
      ⓑ 철도차량 운전상의 위험과 장해를 일으킬 수 있는 약물(「마약류 관리에 관한 법률」에 따른 마약류 및 「화학물질관리법」에 따른 환각물질을 말한다) 또는 알코올 중독자로서 대통령령으로 정하는 사람
      ⓒ 두 귀의 청력 또는 두 눈의 시력을 완전히 상실한 사람
   3) 운전면허의 효력정지기간 중 철도차량을 운전하였을 때
   4) 운전면허증을 다른 사람에게 빌려주었을 때
3. 운전면허를 취소하거나 1년 이내의 기간을 정하여 운전면허의 효력을 정지시킬 수 있는 경우
   1) 철도차량을 운전 중 고의 또는 중과실로 철도사고를 일으켰을 때
   2) 철도종사자의 준수사항 중 다음 내용을 위반하였을 때
      ⓐ 운전업무종사자의 준수사항
      ⓑ 철도사고등이 발생하는 경우 운전업무종사자의 이행사항
   3) 술을 마시거나 약물을 사용한 상태에서 철도차량을 운전하였을 때
   4) 술을 마시거나 약물을 사용한 상태에서 업무를 하였다고 인정할 만한 상당한 이유가 있음에도 불구하고 국토교통부장관 또는 시·도지사의 확인 또는 검사를 거부하였을 때
   5) 철도안전법 또는 이 법에 따라 철도의 안전 및 보호와 질서유지를 위하여 한 명령·처분을 위반하였을 때

28 철도차량 운전면허를 취소하여야 하는 경우가 아닌 것은?

① 한 귀의 청력을 완전히 상실한 사람
② 혈중 알코올농도 0.02% 이상 0.1% 미만의 음주로 1회위반 후 1년 이내 또다시 위반한 사람
③ 술을 마시고 업무를 하였다고 인정할 만한 상당한 사유가 있음에도 확인이나 검사 요구에 불응한 경우
④ 철도차량운전규칙을 위반하여 운전을 하다가 열차운행에 중대한 차질을 초래한 경우로 4차위반한 경우

철도안전법시행규칙 제35조(운전면허취소·효력정지 처분의 세부기준)

28 ①

처분대상		근거 법조문	처분기준			
			1차위반	2차위반	3차위반	4차위반
1. 철도차량을 운전중 고의 또는 중과실로 철도 사고를 일으킨 경우	사망자가 발생한 경우	법 제20조 제1항 제5호	면허취소	–	–	–
	부상자가 발생한 경우		효력정지 3개월	면허취소	–	–
	1천만 원 이상 물적 피해가 발생한 경우		효력정지 2개월	효력정지 3개월	면허취소	–
2. 술에 만취한 상태(혈중 알코올농도 0.1% 이상)에서 운전한 경우		법 제20조 제1항 제6호	면허취소	–	–	–
3. 술을 마신 상태의 기준(혈중 알코올농도 0.02% 이상)을 넘어서 운전을 하다가 철도사고를 일으킨 경우		위와 같음	면허취소	–	–	–
4. 술을 마신 상태(혈중 알코올농도 0.02% 이상 0.1% 미만)에서 운전한 경우		위와 같음	효력정지 3개월	면허취소	–	–
5. 철도차량 운전규칙을 위반하여 운전을 하다가 열차운행에 중대한 차질을 초래한 경우		법 제20조 제1항 제8호	효력정지 1개월	효력정지 2개월	효력정지 3개월	면허취소

29 철도차량 운전면허 실무수습 이수경력이 없는 경우 디젤차량 운전면허 소지자의 실무수습 교육시간 및 거리는?

① 400시간 이상 또는 8,000킬로미터 이상
② 300시간 이상 또는 3,000킬로미터 이상
③ 200시간 이상 또는 3,000킬로미터 이상
④ 400시간 이상 또는 6,000킬로미터 이상

해설 철도안전법시행규칙 제37조 [별표 11]

〈실무수습·교육의 세부기준〉
1. 철도차량 운전면허 실무수습 이수경력이 없는 사람

면허종별	교육항목	실무수습·교육시간 또는 거리
제1종 전기차량 운전면허	• 선로·신호 등 시스템 • 운전취급 관련 규정 • 제동기 취급 • 제동기 외의 기기취급 • 속도관측 • 비상시 조치 등	400시간 이상 또는 8,000km 이상
디젤차량운전면허		400시간 이상 또는 8,000km 이상
제2종 전기차량 운전면허		400시간 이상 또는 6,000km 이상 (단, 무인운전 구간의 경우 200시간 이상 또는 3,000km 이상)
철도장비 운전면허		300시간 이상 또는 3,000km 이상 (입환(入換)작업을 위해 원격제어가 가능한 장치를 설치하여 25km/h 이하로 동력차를 운전할 경우 150시간 이상)
노면전차운전면허		300시간 이상 또는 3,000km 이상

정답 29 ①

30 제2종 철도차량 운전면허 실무수습 이수경력이 없는 사람의 실무수습 교육시간 또는 거리기준은?

① 400시간 이상 또는 8,000킬로미터 이상
② 300시간 이상 또는 3,000킬로미터 이상
③ 200시간 이상 또는 3,000킬로미터 이상
④ 400시간 이상 또는 6,000킬로미터 이상

해설 철도안전법시행규칙 제37조 [별표 11]

31 관제자격증명의 종류에 해당하는 것은?

① 일반철도 관제자격증명　　　　② 고속철도 관제자격증명
③ 도시철도 관제자격증명　　　　④ 광역철도 관제자격증명

해설 철도안전법시행령 제20조의2(관제자격증명의 종류)
철도교통관제사 자격증명("관제자격증명")은 다음과 같이 관제업무의 종류별로 받아야 한다.
1. 「도시철도법」에 따른 도시철도 차량에 관한 관제업무: 도시철도 관제자격증명
2. 철도차량에 관한 관제업무(도시철도 차량에 관한 관제업무 포함): 철도 관제자격증명

32 국토교통부장관이 관제교육훈련기관의 지정기준에 적합한 지의 여부 심사 주기는?

① 1년마다　　　② 2년마다　　　③ 3년마다　　　④ 5년마다

해설 철도안전법시행규칙 제38조의5(관제교육훈련기관의 세부 지정기준 등)
② 국토교통부장관은 관제교육훈련기관이 지정기준에 적합한 지의 여부를 2년마다 심사하여야 한다.

33 관제교육훈련 시간에 관한 설명으로 틀린 것은?

① 철도 관제자격증명은 360시간, 도시철도 관제자격증명은 280시간이다.
② 철도차량 운전업무에 5년 이상의 경력을 취득한 사람은 105시간이다.
③ 도시철도 관제자격증명을 취득한 사람이 철도 관제자격증명 취득할 때는 80시간이다.
④ 철도신호기·선로전환기·조작판의 취급업무에 5년 이상의 경력을 취득한 사람은 80시간이다.

해설 철도안전법시행규칙 별표11의2
1. 관제교육훈련의 과목 및 교육훈련시간

관제자격증명 종류	관제교육훈련 과목	교육훈련시간
가. 철도 관제자격증명	• 열차운행계획 및 실습 • 철도관제(노면전차 관제를 포함한다) 시스템 운용 및 실습 • 열차운행선 관리 및 실습 • 비상 시 조치 등	360시간
나. 도시철도 관제자격증명	• 열차운행계획 및 실습 • 도시철도관제(노면전차 관제를 포함한다) 시스템 운용 및 실습 • 열차운행선 관리 및 실습 • 비상 시 조치 등	280시간

2. 관제교육훈련의 일부 면제
   1) 철도차량의 운전업무 또는 철도신호기·선로전환기·조작판의 취급업무에 5년 이상의 경력을 취득한 사람에 대한 철도 관제자격증명 또는 도시철도 관제자격증명의 교육훈련시간은 105시간으로 한다. 이 경우 교육훈련을 면제받으려는 사람은 해당 경력을 증명할 수 있는 서류를 관제교육훈련기관에 제출하여야 한다.
   2) 도시철도 관제자격증명을 취득한 사람에 대한 철도 관제자격증명의 교육훈련시간은 80시간으로 한다. 이 경우 교육훈련을 면제받으려는 사람은 도시철도 관제자격증명서 사본을 관제교육훈련기관에 제출해야 한다.

34 관제자격증명시험 응시원서 제출시 첨부해야 할 서류로 옳지 않은 것은?

① 신체검사의료기관이 발급한 신체검사 판정서(관제자격증명시험 응시원서 접수일 이전 10년 이내인 것에 한정한다)
② 관제교육훈련기관이 발급한 관제교육훈련 수료증명서
③ 철도차량 운전면허증의 사본(철도차량 운전면허 소지자만 제출한다)
④ 도시철도 관제자격증명서의 사본(도시철도 관제자격증명 취득자만 제출한다)

해설 철도안전법시행규칙 38조의10(관제자격증명시험 응시원서의 제출 등)
① 관제자격증명시험에 응시하려는 사람은 관제자격증명시험 응시원서에 다음의 서류를 첨부하여 한국교통안전공단에 제출해야 한다.
   1. 신체검사의료기관이 발급한 신체검사 판정서(관제자격증명시험 응시원서 접수일 이전 2년 이내인 것에 한정한다)
   2. 관제적성검사기관이 발급한 관제적성검사 판정서(관제자격증명시험 응시원서 접수일 이전 10년 이내인 것에 한정한다)
   3. 관제교육훈련기관이 발급한 관제교육훈련 수료증명서
   4. 철도차량 운전면허증의 사본(철도차량 운전면허 소지자만 제출한다)
   5. 도시철도 관제자격증명서의 사본(도시철도 관제자격증명 취득자만 제출한다)

정답 34 ①

35 관제자격증명의 갱신에 필요한 조건(경력 등)으로 틀린 것은?

① 6개월 이상 관제업무에 종사한 경력
② 관제자격증명의 유효기간 내에 관제교육훈련기관에서의 관제교육훈련업무에 2년 이상 종사한 경력
③ 관제교육훈련기관이 실시한 관제업무에 필요한 교육훈련을 관제자격증명 갱신 신청일 전까지 40시간 이상 받은 경우
④ 관제자격증명의 유효기간 내에 철도운영자등에게 소속되어 관제업무종사자를 지도·교육·관리하거나 감독하는 업무에 2년 이상 종사한 경력

해설 철도안전법시행규칙 제38조의15(관제자격증명 갱신에 필요한 경력 등)
1. "국토교통부령으로 정하는 관제업무에 종사한 경력"이란 관제자격증명의 유효기간 내에 6개월 이상 관제업무에 종사한 경력을 말한다.
2. "이와 같은 수준 이상의 경력"이란 다음에 해당하는 업무에 2년 이상 종사한 경력을 말한다.
   1) 관제교육훈련기관에서의 관제교육훈련업무
   2) 철도운영자등에게 소속되어 관제업무종사자를 지도·교육·관리하거나 감독하는 업무
3. "국토교통부령으로 정하는 교육훈련을 받은 경우"란 관제교육훈련기관이나 철도운영자등이 실시한 관제업무에 필요한 교육훈련을 관제자격증명 갱신 신청일 전까지 40시간 이상 받은 경우를 말한다.
4. 경력의 인정, 교육훈련의 내용 등 관제자격증명 갱신에 필요한 세부사항은 국토교통부장관이 정하여 고시한다.
* 3호의 교유훈련시간이 관제자격증명은 40시간, 운전면허는 20시간이다.

36 철도운영자등이 관제업무 실무수습 계획에 반영하는 총 실무수습 시간은?

① 100시간　　② 200시간　　③ 300시간　　④ 400시간

해설 철도안전법시행규칙 39조(관제업무 실무수습)
1. 관제업무에 종사하려는 사람은 다음의 관제업무 실무수습을 모두 이수하여야 한다.
   1) 관제업무를 수행할 구간의 철도차량 운행의 통제·조정 등에 관한 관제업무 실무수습
   2) 관제업무 수행에 필요한 기기 취급방법 및 비상 시 조치방법 등에 대한 관제업무 실무수습
2. 철도운영자등은 관제업무 실무수습의 항목 및 교육시간 등에 관한 실무수습 계획을 수립하여 시행하여야 한다. 이 경우 총 실무수습 시간은 100시간 이상으로 하여야 한다.

37 정기적으로 신체검사 및 적성검사를 받아야 하는 철도종사자가 아닌 것은?

① 운전업무종사자
② 관제업무종사자
③ 여객승무원 및 여객역무원
④ 정거장에서 철도신호기·선로전환기 및 조작판 등을 취급하는 업무를 수행하는 사람

정답　35 ①　36 ①　37 ③

1. 정기적으로 신체검사와 적성검사를 받아야 하는 철도종사자
   1) 운전업무종사자
   2) 관제업무종사자
   3) 정거장에서 철도신호기·선로전환기 및 조작판 등을 취급하는 업무를 수행하는 사람

38 운전업무종사자 등에 대한 신체검사의 종류가 아닌 것은?

① 최초검사   ② 수시검사   ③ 정기검사   ④ 특별검사

1. 철도종사자에 대한 신체검사는 다음과 같이 구분하여 실시한다.
   1) 최초검사: 해당 업무를 수행하기 전에 실시하는 신체검사
   2) 정기검사: 최초검사를 받은 후 2년마다 실시하는 신체검사
   3) 특별검사: 철도종사자가 철도사고등을 일으키거나 질병 등의 사유로 해당 업무를 적절히 수행하기
      가 어렵다고 철도운영자등이 인정하는 경우에 실시하는 신체검사
2. 운전업무종사자 또는 관제업무종사자는 운전면허의 신체검사 또는 관제자격증명의 신체검사를 받은
   날에 최초검사를 받은 것으로 본다.
3. 단, 해당 신체검사를 받은 날부터 2년 이상이 지난 후에 운전업무나 관제업무에 종사하는 사람은 최
   초검사를 받아야 한다.
4. 정기검사는 최초검사나 정기검사를 받은 날부터 2년이 되는 날("신체검사 유효기간 만료일") 전 3개
   월 이내에 실시한다.
5. 정기검사의 유효기간은 신체검사 유효기간 만료일의 다음날부터 기산한다.

39 운전업무종사자 등에 대한 신체검사 기준의 설명으로 틀린 것은?

① 정기검사는 최초검사를 받은 후 2년마다 실시하는 신체검사이다.
② 관제업무종사자는 관제자격증명의 신체검사를 받은 날에 최초검사를 받은 것으로 본다.
③ 정기검사는 신체검사 유효기간 만료일 전 3개월 이내에 실시한다.
④ 특별검사는 최초검사를 받은 후 2년마다 실시하는 신체검사이다.

40 운전업무 종사자의 적성검사 항목 및 합격기준으로 옳지 않은 것은?

① 문답형 검사는 적합 또는 부적합으로 한다.
② 반응형 검사 평가점수가 30점 미만인 사람은 불합격이다.
③ 반응형 검사 항목 중 부적합(E등급)이 2개 이상인 사람은 불합격이다.
④ 문답형 검사항목 중 운전성향 검사에서 부적합으로 판정되면 불합격이다.

정답 38 ② 39 ④ 40 ④

철도안전법시행규칙 제41조(운전업무종사자 등에 대한 적성검사)

〈운전업무종사자의 적성검사 항목 및 불합격기준〉

검사 대상	검사 주기	검사항목		불합격기준
		문답형검사	반응형 검사	
운전 업무 종사자	정기 검사	• 인성 　－일반성격 　－안전성향 　－스트레스	• 주의력 　－복합기능　－선택주의 　－지속주의 • 인식 및 기억력 　－시각변별　－공간지각 • 판단 및 행동력: 민첩성	• 문답형 검사항목 중 안전성향 검사에서 부적합으로 판정된 사람 • 반응형 검사 항목 중 부적합(E등급)이 2개 이상인 사람

1. 문답형 검사 판정은 적합 또는 부적합으로 한다.
2. 반응형 검사 점수 합계는 70점으로 한다.

41 운전업무종사자 등에 대한 적성검사 기준의 설명으로 맞는 것은?

① 정기검사는 특별검사를 받은 후 10년(50세 이상인 경우에는 5년)마다 실시하는 적성검사이다.
② 정기검사는 적성검사 유효기간 만료일 전 12개월 이내에 실시한다.
③ 관제적성검사를 받은 날부터 10년(50세 이상인 경우에는 5년) 이상이 지난 후에 관제업무에 종사하는 사람은 정기검사를 받아야 한다.
④ 운전업무종사자는 관제적성검사를 받은 날에 최초검사를 받은 것으로 본다.

철도안전법시행규칙 제41조(운전업무종사자 등에 대한 적성검사)
1. 철도종사자에 대한 적성검사는 다음과 같이 구분하여 실시한다.
　1) 최초검사: 해당 업무를 수행하기 전에 실시하는 적성검사
　2) 정기검사: 최초검사를 받은 후 10년(50세 이상인 경우에는 5년)마다 실시하는 적성검사
　3) 특별검사: 철도종사자가 철도사고등을 일으키거나 질병 등의 사유로 해당 업무를 적절히 수행하기 어렵다고 철도운영자등이 인정하는 경우에 실시하는 적성검사
2. 운전업무종사자 또는 관제업무종사자는 운전적성검사 또는 관제적성검사를 받은 날에 최초검사를 받은 것으로 본다.
3. 단, 해당 운전적성검사 또는 관제적성검사를 받은 날부터 10년(50세 이상인 경우에는 5년) 이상이 지난 후에 운전업무나 관제업무에 종사하는 사람은 최초검사를 받아야 한다.
4. 정기검사는 최초검사나 정기검사를 받은 날부터 10년(50세 이상인 경우에는 5년)이 되는 날("적성검사 유효기간 만료일") 전 12개월 이내에 실시한다.
5. 정기검사의 유효기간은 적성검사 유효기간 만료일의 다음날부터 기산한다.

42 1978년 1월 1일생의 적성검사의 정기검사 주기는?

① 1년　　　　　② 3년　　　　　③ 5년　　　　　④ 10년

41 ② 　 42 ④

철도안전법시행규칙 제41조(운전업무종사자 등에 대한 적성검사)

① 철도종사자에 대한 적성검사는 다음과 같이 구분하여 실시한다.
   2. 정기검사: 최초검사를 받은 후 10년(50세 이상인 경우에는 5년)마다 실시하는 적성검사
      * 1978년생은 47세로 50세 미만이므로 정기검사 주기는 10년이다.

43 철도안전법에서 운전업무종사자의 적성검사 중 정기검사의 시행 주기는?

① 최초검사를 받은 후 10년(50세 이상인 경우에는 5년)마다
② 최초검사를 받은 후 5년(50세 이상인 경우에는 10년)마다
③ 정기검사를 받은 후 5년(50세 이상인 경우에는 10년)마다
④ 특별검사를 받은 후 10년(50세 이상인 경우에는 5년)마다

철도안전법시행규칙 제41조(운전업무종사자 등에 대한 적성검사)

44 철도종사자에 대한 안전교육 실시 대상자인 사람은?

① 철도시설의 건설 또는 관리와 관련된 작업의 현장업무를 수행하는 사람
② 원격제어장치로 전력공급을 하는 사람
③ 정거장에서 철도신호기·선로전환기 또는 조작판 등을 취급하거나 열차의 조성업무를 수행하는 사람
④ 철도사고등이 발생한 현장에서 조사·수습·복구 등의 업무를 수행하는 사람

철도안전법시행규칙 제41조의2(철도종사자의 안전교육 대상 등)

1. 철도운영자등 및 철도운영자등과 계약에 따라 철도운영이나 철도시설 등의 업무에 종사하는 사업주("사업주")가 철도안전에 관한 교육("철도안전교육")을 실시하여야 하는 대상
   1) 철도차량의 운전업무에 종사하는 사람("운전업무종사자")
   2) 철도차량의 운행을 집중 제어·통제·감시하는 업무("관제업무")에 종사하는 사람
   3) 여객에게 승무(乘務) 서비스를 제공하는 사람("여객승무원")
   4) 여객에게 역무(驛務) 서비스를 제공하는 사람("여객역무원")
   5) 철도차량의 운행선로 또는 그 인근에서 철도시설의 건설 또는 관리와 관련된 작업의 현장감독업무를 수행하는 사람
   6) 철도시설 또는 철도차량을 보호하기 위한 순회점검업무 또는 경비업무를 수행하는 사람
   7) 정거장에서 철도신호기·선로전환기 또는 조작판 등을 취급하거나 열차의 조성업무를 수행하는 사람
   8) 철도에 공급되는 전력의 원격제어장치를 운영하는 사람
   9) 철도차량 및 철도시설의 점검·정비 업무에 종사하는 사람

* 안전교육 실시 대상이 아닌 철도종사자
  1) 작업책임자
  2) 철도운행안전관리자
  3) 철도사고, 철도준사고 및 운행장애("철도사고등")가 발생한 현장에서 조사·수습·복구 등의 업무를 수행하는 사람

43 ① 44 ③

4) 「사법경찰관리의 직무를 수행할 자와 그 직무범위에 관한 법률」에 따른 철도경찰 사무에 종사하는 국가공무원

45 철도종사자에 대한 안전교육 실시 대상자가 아닌 사람을 모두 고르시오.

① 관제업무종사자
② 철도차량을 보호하기 위한 경비업무를 수행하는 사람
③ 철도사고등이 발생한 현장에서 조사·수습·복구 등의 업무를 수행하는 사람
④ 철도운행안전관리자

해설 철도안전법시행규칙 제41조의2(철도종사자의 안전교육 대상 등)

46 철도종사자의 안전교육에 관한 설명으로 틀린 것은?

① 강의 및 실습의 방법으로 매 분기마다 5시간 이상 실시하여야 한다.
② 여객승무원과 여객역무원은 안전교육 실시 대상이다.
③ 철도차량의 운행선로 인근에서 철도시설의 건설과 관련된 작업의 현장감독업무를 수행하는 사람은 안전교육 대상이다.
④ 운전업무종사자는 안전교육 실시 대상이다.

해설 철도안전법시행규칙 제41조의2(철도종사자의 안전교육 대상 등)
② 철도운영자등 및 사업주는 철도안전교육을 강의 및 실습의 방법으로 매 분기마다 6시간 이상 실시하여야 한다.

47 직무교육을 받아야 하는 철도종사자가 아닌 것은?

① 여객역무원
② 정거장에서 열차의 조성업무를 수행하는 사람
③ 운전업무종사자
④ 철도차량 및 철도시설의 점검·정비 업무에 종사하는 사람

해설 철도안전법시행규칙 제41조의3(철도종사자의 직무교육 등)
① 철도운영자등이 실시하는 철도 직무교육을 받아야하는 사람
   (철도운영자등이 철도직무교육 담당자로 지정한 사람은 제외한다)
   1. 철도차량의 운전업무에 종사하는 사람("운전업무종사자")
   2. 철도차량의 운행을 집중 제어·통제·감시하는 업무("관제업무")에 종사하는 사람
   3. 여객에게 승무(乘務) 서비스를 제공하는 사람("여객승무원")
   4. 정거장에서 철도신호기·선로전환기 또는 조작판 등을 취급하거나 열차의 조성업무를 수행하는 사람

정답 45 ③·④ 46 ① 47 ①

5. 철도에 공급되는 전력의 원격제어장치를 운영하는 사람
6. 철도차량 및 철도시설의 점검·정비 업무에 종사하는 사람

* 직무교육 실시 대상이 아닌 철도종사자
  1) 여객역무원
  2) 작업책임자
  3) 철도운행안전관리자
  4) 철도사고, 철도준사고 및 운행장애("철도사고등")가 발생한 현장에서 조사·수습·복구 등의 업무를 수행하는 사람
  5) 철도차량의 운행선로 또는 그 인근에서 철도시설의 건설 또는 관리와 관련된 작업의 현장감독업무를 수행하는 사람
  6) 철도시설 또는 철도차량을 보호하기 위한 순회점검업무 또는 경비업무를 수행하는 사람
  7) 「사법경찰관리의 직무를 수행할 자와 그 직무범위에 관한 법률」에 따른 철도경찰 사무에 종사하는 국가공무원

48 철도종사자 중 운전업무종사자에 대한 직무교육 시간은?

① 5년마다 35시간 이상   ② 5년마다 21시간 이상
③ 5년마다 30시간 이상   ④ 5년마다 25시간 이상

해설 철도안전법시행규칙 제41조의3(철도종사자의 직무교육 등)
〈직무교육 대상자별 교육시간〉
1) 5년마다 35시간 이상 교육대상자
   ⓐ 운전업무종사자   ⓑ 관제업무종사자
   ⓒ 여객승무원   ⓓ 철도차량 점검, 정비업무 종사자
2) 5년마다 21시간 이상 교육대상자
   ⓐ 정거장에서 철도신호기·선로전환기 또는 조작판 등 취급자
   ⓑ 열차의 조성업무를 수행하는 사람
   ⓒ 철도에 공급되는 전력의 원격제어장치를 운영하는 사람
   ⓓ 철도시설의 점검·정비 업무에 종사하는 사람

49 철도종사자 중 철도차량 점검·정비업무 종사자에 대한 직무교육 시간은?

① 5년마다 35시간 이상   ② 5년마다 21시간 이상
③ 5년마다 30시간 이상   ④ 5년마다 25시간 이상

해설 철도안전법시행규칙 제41조의3(철도종사자의 직무교육 등)
〈직무교육 대상자별 교육시간〉

정답   48 ①   49 ①

50 철도종사자에 대한 안전교육 및 직무교육을 받지 않아도 되는 사람?

① 철도사고등이 발생한 현장에서 조사·수습·복구 등의 업무를 수행하는 사람
② 정거장에서 철도신호기·선로전환기 또는 조작판 등을 취급하는 사람
③ 여객승무원
④ 철도에 공급되는 전력의 원격제어장치를 운영하는 사람

> **해설** 철도안전법시행규칙 제41조의2~제41조의3
> * 안전교육 및 직무교육 모두 실시 대상이 아닌 철도종사자
> 1. 작업책임자
> 2. 철도운행안전관리자
> 3. 철도사고, 철도준사고 및 운행장애("철도사고등")가 발생한 현장에서 조사·수습·복구 등의 업무를 수행하는 사람
> 4. 「사법경찰관리의 직무를 수행할 자와 그 직무범위에 관한 법률」에 따른 철도경찰 사무에 종사하는 국가공무원

51 철도안전법에서 철도차량정비기술자를 인정하여 주는 사람은?

① 국토교통부장관   ② 대통령   ③ 철도운영자   ④ 철도시설관리자

> **해설** 철도안전법 제24조의2(철도차량정비기술자의 인정 등)
> 1. 철도차량정비기술자로 인정을 받으려는 사람은 국토교통부장관에게 자격 인정을 신청하여야 한다.
> 2. 국토교통부장관은 신청인이 대통령령으로 정하는 자격, 경력 및 학력 등 철도차량정비기술자의 인정기준에 해당하는 경우에는 철도차량정비기술자로 인정하여야 한다.
> 3. 국토교통부장관은 신청인을 철도차량정비기술자로 인정하면 철도차량정비기술자로서의 등급 및 경력 등에 관한 증명서("철도차량정비경력증")를 그 철도차량정비기술자에게 발급하여야 한다.
> 4. 철도차량정비기술자로 인정의 신청, 철도차량정비경력증의 발급 및 관리 등에 필요한 사항은 국토교통부령으로 정한다.
> * 철도차량정비경력증의 발급(or 재발급)은 한국교통안전공단에서 한다.

52 철도차량정비기술자가 갖추어야 할 요건이 아닌 것은?

① 자격   ② 경력   ③ 이력   ④ 학력

> **해설** 철도안전법 제24조의2(철도차량정비기술자의 인정 등)

정답 50 ① 51 ① 52 ③

53 철도차량정비기술자의 인정에 대한 설명으로 알맞지 않은 것은?

① 국토교통부장관은 철도차량정비기술자로 인정하면 철도차량정비경력증을 발급하여야 한다.
② 철도차량정비기술자 인정의 신청, 철도차량정비경력증의 발급 및 관리 등에 필요한 사항은 국토교통부령으로 정한다.
③ 누구든지 다른 사람의 성명을 사용하여 철도차량정비 업무를 수행하거나 다른 사람의 철도차량정비경력증을 빌려서는 아니 된다.
④ 1급 철도차량정비기술자는 역량지수 60점 이상인 사람에게 인정한다.

> **해설** 철도안전법 제24조의2(철도차량정비기술자의 인정 등), 제24조의3(철도차량정비기술자의 명의 대여금지 등)

〈철도차량정비기술자의 인정 기준〉
1) 철도차량정비기술자는 자격, 경력 및 학력에 따라 등급별로 구분하여 인정하되, 등급별 세부기준은 다음 표와 같다.

등급구분	역량지수	등급구분	역량지수
1등급 철도차량정비기술자	80점 이상	3등급 철도차량정비기술자	40점 이상 60점 미만
2등급 철도차량정비기술자	60점 이상 80점 미만	4등급 철도차량정비기술자	10점 이상 40점 미만

2) 역량지수의 계산식은 다음과 같다.

$$역량지수 = 자격별\ 경력점수 + 학력점수$$

ⓐ 자격별 경력점수

국가기술자격 구분	점수	국가기술자격 구분	점수
기술사 및 기능장	10점 / 년	기능사	6점 / 년
기사	8점 / 년	국가기술자격증이 없는 경우	3점 / 년
산업기사	7점 / 년	–	–

ⓑ 학력점수

학력구분	점수		학력구분	점수	
	철도차량정비 관련학과	철도차량정비 관련 학과 외의 학과		철도차량정비 관련학과	철도차량정비 관련 학과 외의 학과
석사이상	25점	10점	전문학사 (2년제)	10점	7점
학사	20점	9점	고등학교 졸업	5점	
전문학사 (3년제)	15점	8점	–	–	–

〈철도차량정비기술자의 명의 대여금지 등〉
1) 철도차량정비기술자는 자기의 성명을 사용하여 다른 사람에게 철도차량정비 업무를 수행하게 하거나 철도차량정비경력증을 빌려 주어서는 아니 된다.
2) 누구든지 다른 사람의 성명을 사용하여 철도차량정비 업무를 수행하거나 다른 사람의 철도차량정비경력증을 빌려서는 아니 된다.
3) 누구든지 위 1)이나 2)에서 금지된 행위를 알선해서는 아니 된다.

54 철도차량정비기술자가 철도차량정비업무의 수행기간 동안 받아야 할 정비교육훈련 시간은?

① 3년마다 25시간 이상　　　② 3년마다 35시간 이상
③ 5년마다 20시간 이상　　　④ 5년마다 35시간 이상

> **해설**　철도안전법시행령 제21조의3(정비교육훈련 실시기준)
> ① 정비교육훈련의 실시기준은 다음과 같다.
> 　　1. 교육내용 및 교육방법: 철도차량정비에 관한 법령, 기술기준 및 정비기술 등 실무에 관한 이론 및
> 　　　　실습 교육
> 　　2. 교육시간: 철도차량정비업무의 수행기간 5년마다 35시간 이상

55 철도차량 정비교육훈련기관의 지정기준으로 틀린 것은?

① 정비교육훈련 업무를 수행할 수 있는 전문인력을 확보할 것
② 정비교육훈련기관의 정비 등에 관한 정비규정을 갖출 것
③ 정비교육훈련 업무 수행에 필요한 상설 전담조직을 갖출 것
④ 정비교육훈련에 필요한 사무실, 교육장 및 교육장비를 갖출 것

> **해설**　철도안전법시행령 제21조의4(정비교육훈련기관 지정기준 및 절차)
> ① 정비교육훈련기관의 지정기준은 다음과 같다.
> 　　1. 정비교육훈련 업무 수행에 필요한 상설 전담조직을 갖출 것
> 　　2. 정비교육훈련 업무를 수행할 수 있는 전문인력을 확보할 것
> 　　3. 정비교육훈련에 필요한 사무실, 교육장 및 교육장비를 갖출 것
> 　　4. 정비교육훈련기관의 운영 등에 관한 업무규정을 갖출 것

56 철도차량정비기술자의 인정취소권자는?

① 국토교통부장관　　② 대통령　　　③ 철도운영자　　　④ 철도시설관리자

> **해설**　철도안전법 제24조의5(철도차량정비기술자의 인정취소 등)
> 1. 국토교통부장관은 철도차량정비기술자가 다음에 해당하는 경우 그 인정을 취소하여야 한다.
> 　　1) 거짓이나 그 밖의 부정한 방법으로 철도차량정비기술자로 인정받은 경우
> 　　2) 철도차량정비기술자의 인정기준에 따른 자격기준에 해당하지 아니하게 된 경우
> 　　3) 철도차량정비 업무 수행 중 고의로 철도사고의 원인을 제공한 경우
> 2. 국토교통부장관은 철도차량정비기술자가 다음에 해당하는 경우 1년의 범위에서 철도차량정비기술자의
> 　　인정을 정지시킬 수 있다.
> 　　1) 다른 사람에게 철도차량정비경력증을 빌려 준 경우
> 　　2) 철도차량정비 업무수행중 중과실로 철도사고의 원인을 제공한 경우

[철도안전법]
철도시설 및 철도차량의 안전관리

제1절　철도차량 형식승인

1. 형식승인권자 및 신고수리권자: 국토교통부장관
2. 형식승인 및 신고
   1) 형식승인을 받아야 하는 자
      ① 국내에서 운행하는 철도차량을 제작하려는 자
      ② 국내에서 운행하는 철도차량을 수입하려는 자
   2) 변경승인을 받아야 하는 자
      형식승인을 받은 자가 승인받은 사항을 변경하려는 경우
   3) 변경신고를 하여야 하는 경우
      <u>국토교통부령</u>으로 정하는 경미한 사항을 변경하려는 경우

   〈국토교통부령으로 정하는 경미한 사항의 변경〉
      ㉠ 철도차량의 구조안전 및 성능에 영향을 미치지 아니하는 차체 형상의 변경
      ㉡ 철도차량의 안전에 영향을 미치지 아니하는 설비의 변경
      ㉢ 중량분포에 영향을 미치지 아니하는 장치 또는 부품의 배치 변경
      ㉣ 동일 성능으로 입증할 수 있는 부품의 규격 변경
      ㉤ 그 밖에 철도차량의 안전 및 성능에 영향을 미치지 아니한다고 국토교통부장관이 인정하는
         사항의 변경

3. 형식승인검사 시행
   1) 국토교통부장관은 형식승인 또는 변경승인을 하는 경우에는 해당 철도차량이 국토교통부장관
      이 정하여 고시하는 철도차량의 기술기준에 적합한지에 대하여 형식승인검사를 하여야 한다.
   2) 형식승인검사의 전부 또는 일부를 면제할 수 있는 경우
      ① 시험·연구·개발 목적으로 제작 또는 수입되는 철도차량으로서 대통령령으로 정하는
         철도차량에 해당하는 경우
         * 대통령령: 여객 및 화물 운송에 사용되지 아니하는 철도차량
      ② 수출 목적으로 제작 또는 수입되는 철도차량으로서 대통령령으로 정하는 철도차량에
         해당하는 경우
         * 대통령령: 국내에서 철도운영에 사용되지 아니하는 철도차량

③ 대한민국이 체결한 협정 또는 대한민국이 가입한 협약에 따라 형식승인검사가 면제되는 철도차량의 경우

④ 그 밖에 철도시설의 유지·보수 또는 철도차량의 사고복구 등 특수한 목적을 위하여 제작 또는 수입되는 철도차량으로서 국토교통부장관이 정하여 고시하는 경우

3) 형식승인검사를 면제할 수 있는 범위

① 전부 면제의 경우

ⓐ 시험·연구·개발 목적으로 제작 또는 수입되는 철도차량으로서 대통령령으로 정하는 철도차량에 해당하는 경우

ⓑ 수출 목적으로 제작 또는 수입되는 철도차량으로서 대통령령으로 정하는 철도차량에 해당하는 경우

② 대한민국이 체결한 협정 또는 대한민국이 가입한 협약에서 정한 면제의 범위에서 면제

ⓐ 대한민국이 체결한 협정 또는 대한민국이 가입한 협약에 따라 형식승인검사가 면제되는 철도차량의 경우

③ 형식승인검사 중 철도차량의 시운전단계에서 실시하는 검사를 제외한 검사로서 국토교통부령으로 정하는 검사의 면제

ⓐ 철도시설의 유지·보수 또는 철도차량의 사고복구 등 특수한 목적을 위하여 제작 또는 수입되는 철도차량으로서 국토교통부장관이 정하여 고시하는 경우

4. 철도차량 형식승인검사 방법

1) 설계적합성 검사: 철도차량의 설계가 철도차량기술기준에 적합한지 여부에 대한 검사

2) 합치성 검사: 철도차량이 부품단계, 구성품단계, 완성차단계에서 설계적합성 검사에 따른 설계와 합치하게 제작되었는지 여부에 대한 검사

3) 차량형식 시험: 철도차량이 부품단계, 구성품단계, 완성차단계, 시운전단계에서 철도차량 기술기준에 적합한지 여부에 대한 시험

제 2 절　철도차량 제작자승인

1. 제작자승인권자 및 신고수리권자: 국토교통부장관

2. 제작자승인 및 신고

1) 형식승인을 받아야 하는 자

① 형식승인을 받은 철도차량을 제작하려는 자

② 외국에서 대한민국에 수출할 목적으로 제작하는 경우

2) 변경승인을 받아야 하는 자

제작자승인을 받은 자가 철도차량 품질관리체계를 변경하려는 경우

3) 변경신고를 하여야 하는 경우

국토교통부령으로 정하는 경미한 사항을 변경하려는 경우

〈국토교통부령으로 정하는 경미한 사항의 변경〉
　ⓐ 철도차량 제작자의 조직변경에 따른 품질관리조직 또는 품질관리책임자에 관한 사항의 변경
　ⓑ 법령 또는 행정구역의 변경 등으로 인한 품질관리규정의 세부내용 변경
　ⓒ 서류간 불일치 사항 및 품질관리규정의 기본방향에 영향을 미치지 아니하는 사항으로서 그 변경
　　근거가 분명한 사항의 변경
　＊ 경미한 사항을 변경하려는 경우에 철도차량 제작자승인변경신고서에 첨부하여 제출하는 서류
　　a. 해당 철도차량의 철도차량 제작자승인증명서
　　b. 경미한 변경에 해당함을 증명하는 서류
　　c. 변경 전후의 대비표 및 해설서
　　d. 변경 후의 철도차량 품질관리체계
　　e. 철도차량제작자승인기준에 대한 적합성 입증자료

3. 철도차량 제작자승인검사 방법
　1) 품질관리체계 적합성검사: 해당 철도차량의 품질관리체계가 철도차량제작자승인기준에 적
　　　　　　　　　　　　합한지 여부에 대한 검사
　2) 제작검사: 해당 철도차량에 대한 품질관리체계의 적용 및 유지 여부 등을 확인하는 검사
4. 철도 관계 법령의 범위
　철도차량제작자 승인의 결격사유에서 "대통령령으로 정하는 철도 관계 법령"에 해당하는 법령
　1)「건널목 개량촉진법」　　　　　　　　2)「도시철도법」
　3)「철도의 건설 및 철도시설 유지관리에 관한 법률」
　4)「철도사업법」　　　　　　　　　　5)「철도산업발전 기본법」
　6)「한국철도공사법」　　　　　　　　7)「국가철도공단법」
　8)「항공·철도 사고조사에 관한 법률」
5. 철도차량 완성검사 방법(철도차량제작자승인 받은 자기 판매하기 전 검사)
　1) 완성차량검사: 안전과 직결된 주요 부품의 안전성 확보 등 철도차량이 철도차량기술기준
　　　　　　　　　에 적합하고 형식승인 받은 설계대로 제작되었는지를 확인하는 검사
　2) 주행시험: 철도차량이 형식승인 받은 대로 성능과 안전성을 확보하였는지 운행선로 시운
　　　　　　　전 등을 통하여 최종 확인하는 검사
6. 철도차량 부품의 공급 기간
　1) 공급자: 철도차량 완성검사를 받아 해당 철도차량을 판매한 자
　2) 공급기간: 철도차량의 완성검사를 받은 날부터 20년 이상 부품을 철도차량을 구매한 자에
　　　　　　　게 공급해야 한다.

제 3 절 　철도용품 형식승인

1. 형식승인권자 및 신고수리권자: 국토교통부장관
2. 형식승인 및 신고
   1) 형식승인을 받아야 하는 자
      ① 국내에서 운행하는 철도차량을 제작하려는 자
      ② 국내에서 운행하는 철도차량을 수입하려는 자
   2) 변경승인을 받아야 하는 자
      형식승인을 받은 자가 승인받은 사항을 변경하려는 경우
   3) 변경신고를 하여야 하는 경우
      <u>국토교통부령</u>으로 정하는 경미한 사항을 변경하려는 경우

      〈국토교통부령으로 정하는 경미한 사항의 변경〉
      ㉮ 철도용품의 안전 및 성능에 영향을 미치지 아니하는 형상 변경
      ㉯ 철도용품의 안전에 영향을 미치지 아니하는 설비의 변경
      ㉰ 중량분포 및 크기에 영향을 미치지 아니하는 장치 또는 부품의 배치 변경
      ㉱ 동일 성능으로 입증할 수 있는 부품의 규격 변경
      ㉲ 그 밖에 철도용품의 안전 및 성능에 영향을 미치지 아니한다고 국토교통부장관이 인정하는 사항의 변경

3. 철도용품 형식승인검사 방법
   1) 설계적합성 검사: 철도용품의 설계가 철도용품기술기준에 적합한지 여부에 대한 검사
   2) 합치성 검사: 철도용품이 부품단계, 구성품단계, 완성품단계에서 제1호에 따른 설계와 합치하게 제작되었는지 여부에 대한 검사
   3) 용품형식 시험: 철도용품이 부품단계, 구성품단계, 완성품단계, 시운전단계에서 철도용품기술기준에 적합한지 여부에 대한 시험

제 4 절 　철도표준규격의 제정

1. 철도표준규격의 제정·개정·폐지권자: 국토교통부장관
   국토교통부장관은 철도의 안전과 호환성의 확보 등을 위하여 철도차량 및 철도용품의 표준규격을 정하여 철도운영자등 또는 철도차량을 제작·조립 또는 수입하려는 자 등("차량제작자등")에게 권고할 수 있다.

2. 철도표준규격의 제정·개정·폐지 절차

  1) 철도표준규격을 제정·개정하거나 폐지하려는 경우에는 기술위원회의 심의를 거쳐야 한다.
     (절차적 의무)

  2) 국토교통부장관은 철도표준규격을 제정·개정하거나 폐지하는 경우에 필요한 경우에는 공
     청회 등을 개최하여 이해관계인의 의견을 들을 수 있다. (재량)

제 5 절   종합시험운행

1. 종합시험운행 실시자: 철도운영자등(철도시설관리자, 철도운영자)
2. 종합시험운행의 시기

  1) 종합시험운행 목적
     철도노선을 새로 건설하거나 기존노선을 개량하여 운영하려는 경우
  2) 종합시험운행 시기: 정상운행을 하기 전(철도노선의 영업을 개시하기 전)
  3) 결과보고: 종합시험운행을 실시한 후 그 결과를 국토교통부장관에게 보고

3. 종합시험운행 방법

  1) 종합시험운행은 철도운영자와 합동으로 실시한다.
  2) 철도운영자는 종합시험운행의 원활한 실시를 위하여 철도시설관리자로부터 철도차량, 소
     요인력 등의 지원 요청이 있는 경우 특별한 사유가 없는 한 이에 응하여야 한다.

4. 종합시험운행계획 수립

  1) 종합시험운행계획 수립자: 철도시설관리자(철도운영자와 협의)
  2) 종합시험운행계획 수립시기: 종합시험운행을 실시하기 전
  3) 종합시험운행계획에 포함되어야 할 사항

     ① 종합시험운행의 방법 및 절차
     ② 평가항목 및 평가기준 등
     ③ 종합시험운행의 일정
     ④ 종합시험운행의 실시 조직 및 소요인원
     ⑤ 종합시험운행에 사용되는 시험기기 및 장비
     ⑥ 종합시험운행을 실시하는 사람에 대한 교육훈련계획
     ⑦ 안전관리조직 및 안전관리계획
     ⑧ 비상대응계획
     ⑨ 그 밖에 종합시험운행의 효율적인 실시와 안전확보를 위하여 필요한 사항

5. 종합시험운행의 절차(다음의 절차로 구분하여 순서대로 실시)
   1) 시설물 검증시험
      해당 철도노선에서 허용되는 최고속도까지 단계적으로 철도차량의 속도를 증가시키면서
      철도시설의 안전상태, 철도차량의 운행적합성이나 철도시설물과의 연계성(Interface), 철도
      시설물의 정상 작동 여부 등을 확인·점검하는 시험
   2) 영업시운전
      시설물검증시험이 끝난 후 영업 개시에 대비하기 위하여 열차운행계획에 따른 실제 영업
      상태를 가정하고 열차운행체계 및 철도종사자의 업무숙달 등을 점검하는 시험
6. 종합시험운행의 조정
   1) 조정할 수 있는 경우
      기존 노선을 개량한 철도노선에 대한 종합시험운행을 실시하는 경우
   2) 일정 조정 또는 절차의 일부 생략
      철도운영자와 협의하여 종합시험운행 일정을 조정하거나 그 절차의 일부를 생략할 수 있다.

제 6 절 │ 철도차량의 개조

1. 개조차량 임의운행 금지: 철도차량을 소유하거나 운영하는 자("소유자등")는 철도차량 최초 제
   작 당시와 다르게 구조, 부품, 장치 또는 차량성능 등에 대한 개량
   및 변경 등("개조")을 임의로 하고 운행하여서는 아니 된다.
2. 개조 승인: 소유자등이 철도차량을 개조하여 운행하려면 철도차량의 기술기준에 적합한지에 대
   하여 국토교통부령으로 정하는 바에 따라 국토교통부장관의 승인을 받아야 한다.
3. 개조 신고: 국토교통부령으로 정하는 경미한 사항을 개조하는 경우에는 국토교통부장관에게
   신고하여야 한다.

〈국토교통부령으로 정하는 경미한 사항의 개조〉
   ㉮ 차체구조 등 철도차량 구조체의 개조로 인하여 해당 철도차량의 허용 적재하중 등 철도차량의
      강도가 100분의 5 미만으로 변동되는 경우
   ㉯ 설비의 변경 또는 교체에 따라 해당 철도차량의 중량 및 중량분포가 다음 기준 이하로 변동되는 경우
      ⓐ 고속철도차량 및 일반철도차량의 동력차(기관차): 100분의 2
      ⓑ 고속철도차량 및 일반철도차량의 객차·화차·전기동차·디젤동차: 100분의 4
      ⓒ 도시철도차량: 100분의 5
   ㉰ 다음에 해당하지 아니하는 장치 또는 부품의 개조 또는 변경(경미한 것이 아닌 개조–승인사항)
      ⓐ 주행장치 중 주행장치틀, 차륜 및 차축   ⓑ 제동장치 중 제동제어장치 및 제어기
      ⓒ 추진장치 중 인버터 및 컨버터   ⓓ 보조전원장치
      ⓔ 차상신호장치   ⓕ 차상통신장치
      ⓖ 종합제어장치

ⓑ 철도차량기술기준에 따른 화재시험 대상인 부품 또는 장치. 다만, 「화재예방, 소방시설 설치·유지 및 안전관리에 관한 법률」에 따른 화재안전기준을 충족하는 부품 또는 장치는 제외한다.

ⓔ 국토교통부장관으로부터 철도용품 형식승인을 받은 용품으로 변경하는 경우

ⓜ 철도차량 제작자와 철도차량 구매자의 계약에 따른 하자보증 또는 성능개선 등을 위한 장치 또는 부품의 변경

ⓗ 철도차량 개조의 타당성 및 적합성 등에 관한 검토·시험을 위한 대표편성 철도차량의 개조에 대하여 「과학기술분야 정부출연연구기관 등의 설립·운영 및 육성에 관한 법률」에 따른 한국철도기술연구원의 승인을 받은 경우

ⓢ 철도차량의 장치 또는 부품을 개조한 이후 개조 전의 장치 또는 부품과 비교하여 철도차량의 고장 또는 운행장애가 증가하여 개조 전의 장치 또는 부품으로 긴급히 교체하는 경우

ⓞ 그밖에 철도차량의 안전, 성능 등에 미치는 영향이 미미하다고 국토교통부장관으로부터 인정을 받은 경우

4. 개조승인 검사
   1) 개조적합성 검사: 철도차량의 개조가 철도차량기술기준에 적합한지 여부에 대한 기술문서 검사
   2) 개조합치성 검사: 해당 철도차량의 대표편성에 대한 개조작업이 제1호에 따른 기술문서와 합치하게 시행되었는지 여부에 대한 검사
   3) 개조형식시험: 철도차량의 개조가 부품단계, 구성품단계, 완성차단계, 시운전단계에서 철도차량기술기준에 적합한지 여부에 대한 시험

5. 철도차량의 운행제한
   1) 운행제한을 명할 수 있는 경우
      ① 소유자등이 개조승인을 받지 아니하고 임의로 철도차량을 개조하여 운행하는 경우
      ② 철도차량이 철도차량의 기술기준에 적합하지 아니한 경우
   2) 운행제한을 명할 경우에 통보사항
      국토교통부장관은 운행제한을 명하는 경우 사전에 ① 목적, ② 기간, ③ 지역, ④ 제한내용 및 ⑤ 대상 철도차량의 종류와 그 밖에 필요한 사항을 해당 소유자등에게 통보하여야 한다.

제 7 절 철도차량 정비조직의 인증 취소

1. 인증 취소권자: 국토교통부장관
2. 인증을 취소해야 하는 경우(절대적 취소)
   1) 거짓이나 그 밖의 부정한 방법으로 인증을 받은 경우
   2) 고의로 국토교통부령으로 정하는 철도사고 및 중대한 운행장애를 발생시킨 경우
      ① 철도사고로 사망자가 발생한 경우
      ② 철도사고 또는 운행장애로 5억원 이상의 재산피해가 발생한 경우

3) 인증정비조직의 결격사유 중 다음에 해당하게 된 경우
   ① 피성년후견인 및 피한정후견인
   ② 파산선고를 받은 자로서 복권되지 아니한 자
3. 인증을 취소하거나 6개월 이내의 기간을 정하여 업무의 제한이나 정지를 명할 수 있는 경우 (재량적 취소)
   1) 중대한 과실로 국토교통부령으로 정하는 철도사고 및 중대한 운행장애를 발생시킨 경우
      ① 철도사고로 사망자가 발생한 경우
      ② 철도사고 또는 운행장애로 5억원 이상의 재산피해가 발생한 경우
   2) 변경인증을 받지 아니하거나 변경신고를 하지 아니하고 인증받은 사항을 변경한 경우
   3) 철도차량 인증정비조직의 준수사항을 위반한 경우

   〈철도차량 인증정비조직의 준수사항〉
      ㉮ 철도차량정비기술기준을 준수할 것
      ㉯ 정비조직인증기준에 적합하도록 유지할 것
      ㉰ 정비조직운영기준을 지속적으로 유지할 것
      ㉱ 중고 부품을 사용하여 철도차량정비를 할 경우 그 적정성 및 이상 여부를 확인할 것
      ㉲ 철도차량정비가 완료되지 않은 철도차량은 운행할 수 없도록 관리할 것

제 8 절   철도차량 정밀안전진단

1. 정밀안전진단을 받아야 하는 자: 소유자등(철도차량을 소유 or 운영하는 자)
2. 최초 정밀안전진단
   1) 소유자등은 다음의 구분에 따른 기간이 경과하기 전에 해당 철도차량의 물리적 사용가능 여부 및 안전성능 등에 대한 최초 정밀안전진단을 받아야 한다.
      ① 2014년 3월 19일 이후 구매계약을 체결한 철도차량: 철도차량 완성검사증명서를 발급 받은 날부터 20년
      ② 2014년 3월 18일까지 구매계약을 체결한 철도차량: 영업시운전을 시작한 날부터 20년
   2) 단, 잦은 고장·화재·충돌 등으로 위의 구분에 따른 기간이 도래하기 이전에 정밀안전진 단을 받은 경우에는 그 정밀안전진단을 최초 정밀안전진단으로 본다.
3. 정기 정밀안전진단
   1) 소유자등은 정밀안전진단 결과 계속 사용할 수 있다고 인정을 받은 철도차량에 대하여 최 초 정밀안전진단 기간을 기준으로 5년마다 해당 철도차량의 물리적 사용가능 여부 및 안 전성능 등에 대하여 정기 정밀안전진단을 받아야 한다.
   2) 정기 정밀안전진단 결과 계속 사용할 수 있다고 인정을 받은 경우에도 5년마다 정기 정밀 안전진단을 받아야 한다.

4. 정밀안전진단기관의 지정
   1) 국토교통부장관은 원활한 정밀안전진단 업무 수행을 위하여 철도차량 정밀안전진단기관을 지정하여야 한다.
   2) 정밀안전진단기관의 지정기준, 지정절차 등에 필요한 사항은 국토교통부령으로 정한다.
   * 철도차량 정밀안전진단기관의 지정기준을 제외한 운전적성검사기관, 운전교육훈련기관, 관제적성검사기관, 관제교육훈련기관, 안전전문기관의 지정기준, 지정절차 등에 필요한 사항은 대통령령으로 정한다.
5. 정밀안전진단기관의 업무범위
   1) 해당 업무분야의 철도차량에 대한 정밀안전진단 시행
   2) 정밀안전진단의 항목 및 기준에 대한 조사·검토
   3) 정밀안전진단의 항목 및 기준에 대한 제정·개정 요청
   4) 정밀안전진단의 기록 보존 및 보호에 관한 업무
   5) 그 밖에 국토교통부장관이 필요하다고 인정하는 업무

제3장

[철도시설 및 철도차량의 안전관리]
기출예상문제

01 다음의 (   )에 들어갈 단어가 바르게 짝지어진 것은?

> 1. 철도차량 형식승인을 받은 자가 승인받은 사항을 변경하려는 경우에는 국토교통부장관의 (   )을 받아야 한다.
> 2. 다만, 국토교통부령으로 정하는 경미한 사항을 변경하려는 경우에는 국토교통부장관에게 (   )하여야 한다.

① 변경승인, 신고
② 승인, 변경승인
③ 변경승인, 변경승인
④ 신고, 변경승인

해설 철도안전법 제26조(철도차량 형식승인)
1. 국내에서 운행하는 철도차량을 제작하거나 수입하려는 자는 국토교통부령으로 정하는 바에 따라 해당 철도차량의 설계에 관하여 국토교통부장관의 형식승인을 받아야 한다.
2. 형식승인을 받은 자가 승인받은 사항을 변경하려는 경우에는 국토교통부장관의 변경승인을 받아야 한다. 다만, 국토교통부령으로 정하는 경미한 사항을 변경하려는 경우에는 국토교통부장관에게 신고하여야 한다.
3. 국토교통부장관은 형식승인 또는 변경승인을 하는 경우에는 해당 철도차량이 국토교통부장관이 정하여 고시하는 철도차량의 기술기준에 적합한지에 대하여 형식승인검사를 하여야 한다.

02 철도차량 형식승인검사의 전부 또는 일부를 면제할 수 있는 경우가 아닌 것은?

① 대한민국이 체결한 협정 또는 대한민국이 가입한 협약에 따라 형식승인검사가 면제되는 철도차량의 경우
② 수출 목적으로 제작 또는 수입되는 철도차량으로서 국내에서 철도운영에 사용되지 아니하는 철도차량에 해당하는 경우
③ 철도시설의 유지·보수 또는 철도차량의 사고복구 등 특수한 목적을 위하여 제작 또는 수입되는 철도차량으로서 철도운영자등이 정하여 고시하는 경우
④ 시험·연구·개발 목적으로 제작 또는 수입되는 철도차량으로서 여객 및 화물운송에 사용되지 아니하는 철도차량에 해당하는 경우

정답 1 ① 2 ③

철도안전법 제26조(철도차량 형식승인)

④ 국토교통부장관은 다음의 경우에는 형식승인검사의 전부 또는 일부를 면제할 수 있다.

    1. 시험·연구·개발 목적으로 제작 또는 수입되는 철도차량으로서 대통령령으로 정하는 철도차량에 해당하는 경우

       * 대통령령: 여객 및 화물 운송에 사용되지 아니하는 철도차량을 말한다.

    2. 수출 목적으로 제작 또는 수입되는 철도차량으로서 대통령령으로 정하는 철도차량에 해당하는 경우

       * 대통령령: 국내에서 철도운영에 사용되지 아니하는 철도차량을 말한다.

    3. 대한민국이 체결한 협정 또는 대한민국이 가입한 협약에 따라 형식승인검사가 면제되는 철도차량의 경우

    4. 그 밖에 철도시설의 유지·보수 또는 철도차량의 사고복구 등 특수한 목적을 위하여 제작 또는 수입되는 철도차량으로서 국토교통부장관이 정하여 고시하는 경우

03 철도차량 형식승인에 관한 내용으로 틀린 것은?

① 국토교통부장관은 형식승인을 하는 경우에는 해당 철도차량이 국토교통부장관이 정하여 고시하는 철도차량의 기술기준에 적합한지에 대하여 형식승인검사를 하여야 한다.

② 시험·연구·개발 목적으로 제작 또는 수입되는 철도차량으로서 여객 및 화물운송에 사용되지 아니하는 철도차량에 해당하는 경우에는 형식승인검사의 전부를 면제할 수 있다.

③ 누구든지 형식승인을 받지 아니한 철도차량을 운행하여서는 아니 된다.

④ 국내에서 운행하는 철도차량을 제작하거나 수입하려는 자는 국토교통부령으로 정하는 바에 따라 해당 철도차량의 설계에 관하여 국토교통부장관에게 신고하여야 한다.

철도안전법 제26조(철도차량 형식승인), 철도안전법시행령 제22조(형식승인검사를 면제할 수 있는 철도차량 등)

〈철도차량별로 형식승인검사를 면제할 수 있는 범위〉

1. 형식승인검사 전부 면제의 경우

   1) 시험·연구·개발 목적으로 제작 또는 수입되는 철도차량으로서 대통령령으로 정하는 철도차량에 해당하는 경우

   2) 수출 목적으로 제작 또는 수입되는 철도차량으로서 대통령령으로 정하는 철도차량에 해당하는 경우

2. 대한민국이 체결한 협정 또는 대한민국이 가입한 협약에 따라 형식승인검사가 면제되는 철도차량의 경우: 대한민국이 체결한 협정 또는 대한민국이 가입한 협약에서 정한 면제의 범위에서 면제

3. 그 밖에 철도시설의 유지·보수 또는 철도차량의 사고복구 등 특수한 목적을 위하여 제작 또는 수입되는 철도차량으로서 국토교통부장관이 정하여 고시하는 경우: 형식승인검사 중 철도차량의 시운전단계에서 실시하는 검사를 제외한 검사로서 국토교통부령으로 정하는 검사의 면제

3 ④

04 철도차량 형식 승인에 있어 국토교통부장관에게 신고할 수 있는 경미한 사항 변경의 경우가 아닌 것은?

① 철도차량의 구조안전 및 성능에 영향을 미치지 아니하는 차체 형상의 변경
② 철도차량의 안전에 영향을 미치지 아니하는 설비의 변경
③ 중량분포에 영향을 미치지 아니하는 장치 또는 부품의 배치변경
④ 동일 성능으로 입증할 수 없는 부품의 규격 변경

> **해설** 철도안전법시행규칙 제47조(철도차량 형식승인의 경미한 사항 변경)
> ① 국토교통부장관에게 신고할 수 있는 "국토교통부령으로 정하는 경미한 사항을 변경하려는 경우"란 다음에 해당하는 변경을 말한다.
> 　1. 철도차량의 구조안전 및 성능에 영향을 미치지 아니하는 차체 형상의 변경
> 　2. 철도차량의 안전에 영향을 미치지 아니하는 설비의 변경
> 　3. 중량분포에 영향을 미치지 아니하는 장치 또는 부품의 배치 변경
> 　4. 동일 성능으로 입증할 수 있는 부품의 규격 변경
> 　5. 그 밖에 철도차량의 안전 및 성능에 영향을 미치지 아니한다고 국토교통부장관이 인정하는 사항의 변경

05 철도차량 형식승인검사의 방법이 아닌 것은?

① 설계적합성 검사　② 합치성 검사　　③ 차량형식 시험　　④ 주행 시험

> **해설** 철도안전법시행규칙 제48조(철도차량 형식승인검사의 방법 및 증명서 발급 등)
> ① 철도차량 형식승인검사는 다음의 구분에 따라 실시한다.
> 　1. 설계적합성 검사: 철도차량의 설계가 철도차량기술기준에 적합한지 여부에 대한 검사
> 　2. 합치성 검사: 철도차량이 부품단계, 구성품단계, 완성차단계에서 설계적합성 검사에 따른 설계와 합치하게 제작되었는지 여부에 대한 검사
> 　3. 차량형식 시험: 철도차량이 부품단계, 구성품단계, 완성차단계, 시운전단계에서 철도차량기술기준에 적합한지 여부에 대한 시험

06 철도차량 형식승인검사 중 설계적합성 감사에 대한 설명으로 맞는 것은?

① 철도차량이 부품단계, 구성품단계, 완성차단계에서 설계와 합치하게 제작되었는지 여부에 대한 검사
② 철도차량이 부품단계, 구성품단계, 완성차단계, 시운전단계에서 철도차량기술기준에 적합한지 여부에 대한 검사
③ 철도차량의 품질관리체계가 철도차량제작자승인기준에 적합한지 여부에 대한 검사
④ 철도차량의 설계가 철도차량기술기준에 적합한지 여부에 대한 검사

> **해설** 철도안전법시행규칙 제48조(철도차량 형식승인검사의 방법 및 증명서 발급 등)

정답　4 ④　5 ④　6 ④

07 철도차량이 부품단계, 구성품단계, 완성차단계에서 설계와 합치하게 제작되었는지 여부에 대한 검사를 무엇이라고 하는가?

① 설계적합성 검사 ② 합치성 검사 ③ 차량형식 시험 ④ 완성차 시험

해설 철도안전법시행규칙 제48조(철도차량 형식승인검사의 방법 및 증명서 발급 등)

08 철도차량이 부품단계, 구성품단계, 완성차단계, 시운전단계에서 철도차량기술기준에 적합한지 여부에 대한 시험을 하는 것을 무엇이라고 하는가?

① 설계적합성 검사 ② 합치성 검사 ③ 차량형식 시험 ④ 완성차 시험

해설 철도안전법시행규칙 제48조(철도차량 형식승인검사의 방법 및 증명서 발급 등)

09 철도차량 제작자승인검사의 방법으로 해당 철도차량에 대한 품질관리체계의 적용 및 유지 여부 등을 확인하는 검사는?

① 제작검사 ② 합치성 검사
③ 품질관리체계 적합성검사 ④ 완성차 시험

해설 철도안전법시행규칙 제53조(철도차량 제작자승인검사의 방법 및 증명서 발급 등)
① 철도차량 제작자승인검사는 다음의 구분에 따라 실시한다.
　1. 품질관리체계 적합성검사: 해당 철도차량의 품질관리체계가 철도차량제작자승인기준에 적합한지 여부에 대한 검사
　2. 제작검사: 해당 철도차량에 대한 품질관리체계의 적용 및 유지 여부 등을 확인하는 검사

10 철도차량제작자 승인을 받을 수 없는 결격사유로 대통령령으로 정하는 철도관계법령의 위반으로 처분을 받은 경우가 있다. 여기서 대통령령으로 정하는 철도관계법령이 아닌 것은?

① 철도사업법 ② 교통안전법 ③ 도시철도법 ④ 건널목 개량촉진법

해설 철도안전법시행령 제24조(철도 관계 법령의 범위)
철도차량제작자 승인의 결격사유에서 "대통령령으로 정하는 철도 관계 법령"이란 다음에 해당하는 법령을 말한다.
　1. 「건널목 개량촉진법」 　　　　　　2. 「도시철도법」
　3. 「철도의 건설 및 철도시설 유지관리에 관한 법률」
　4. 「철도사업법」 　　　　　　　　　5. 「철도산업발전 기본법」
　6. 「한국철도공사법」 　　　　　　　7. 「국가철도공단법」
　8. 「항공·철도 사고조사에 관한 법률」

정답 7 ② 8 ③ 9 ① 10 ②

11 철도차량제작자 승인의 경미한 사항 변경시 제출서류로 틀린 것은?

① 해당 철도차량의 철도차량 제작자승인증명서
② 변경 전후의 대비표 및 해설서
③ 변경 후의 철도차량 품질관리체계
④ 철도차량제작자승인기준에 대한 적합성 승인자료

> **해설** 철도안전법시행규칙 제52조(철도차량 제작자승인의 경미한 사항 변경)
> 1. "국토교통부령으로 정하는 경미한 사항을 변경하려는 경우"란 다음에 해당하는 변경을 말한다.
>   1) 철도차량 제작자의 조직변경에 따른 품질관리조직 또는 품질관리책임자에 관한 사항의 변경
>   2) 법령 또는 행정구역의 변경 등으로 인한 품질관리규정의 세부내용 변경
>   3) 서류간 불일치 사항 및 품질관리규정의 기본방향에 영향을 미치지 아니하는 사항으로서 그 변경근거가 분명한 사항의 변경
> 2. 경미한 사항을 변경하려는 경우에는 철도차량 제작자승인변경신고서에 다음 서류를 첨부하여 국토교통부장관에게 제출하여야 한다.
>   1) 해당 철도차량의 철도차량 제작자승인증명서
>   2) 경미한 변경에 해당함을 증명하는 서류
>   3) 변경 전후의 대비표 및 해설서
>   4) 변경 후의 철도차량 품질관리체계
>   5) 철도차량제작자승인기준에 대한 적합성 입증자료(변경되는 부분 및 그와 연관되는 부분에 한정한다)

12 철도차량 완성검사의 방법 중 철도차량이 형식승인 받은 대로 성능과 안전성을 확보하였는지 운행선로 시운전 등을 통하여 최종 확인하는 검사는?

① 완성차량검사   ② 주행시험   ③ 제작검사   ④ 차량형식 시험

> **해설** 철도안전법시행규칙 제57조(철도차량 완성검사의 방법 및 검사증명서 발급 등)
> ① 철도차량 완성검사는 다음 구분에 따라 실시한다.
>   1. 완성차량검사: 안전과 직결된 주요 부품의 안전성 확보 등 철도차량이 철도차량기술기준에 적합하고 형식승인 받은 설계대로 제작되었는지를 확인하는 검사
>   2. 주행시험: 철도차량이 형식승인 받은 대로 성능과 안전성을 확보하였는지 운행선로 시운전 등을 통하여 최종 확인하는 검사

13 철도용품 형식승인의 변경에서 국토교통부장관에게 신고하는 경미한 사항의 변경으로 틀린 것은?

① 중량분포 및 크기에 영향을 미치지 아니하는 장치 또는 부품의 배치 변경
② 동일 성능으로 입증할 수 없는 부품의 규격 변경
③ 철도용품의 안전 및 성능에 영향을 미치지 아니하는 형상 변경
④ 철도용품의 안전에 영향을 미치지 아니하는 설비의 변경

> **정답** 11 ④ 12 ② 13 ②

① "국토교통부령으로 정하는 경미한 사항을 변경하려는 경우"란 다음에 해당하는 변경을 말한다.
   1. 철도용품의 안전 및 성능에 영향을 미치지 아니하는 형상 변경
   2. 철도용품의 안전에 영향을 미치지 아니하는 설비의 변경
   3. 중량분포 및 크기에 영향을 미치지 아니하는 장치 또는 부품의 배치 변경
   4. 동일 성능으로 입증할 수 있는 부품의 규격 변경
   5. 그 밖에 철도용품의 안전 및 성능에 영향을 미치지 아니한다고 국토교통부장관이 인정하는 사항
     의 변경

14 철도용품 형식승인검사 방법으로 틀린 것은?

  ① 설계적합성 검사 ② 합치성검사   ③ 용품형식 시험   ④ 차량형식 시험

해설 철도안전법시행규칙 제62조(철도용품 형식승인검사의 방법 및 증명서 발급 등)
① 철도용품 형식승인검사는 다음 구분에 따라 실시한다.
   1. 설계적합성 검사: 철도용품의 설계가 철도용품기술기준에 적합한지 여부에 대한 검사
   2. 합치성 검사: 철도용품이 부품단계, 구성품단계, 완성품단계에서 제1호에 따른 설계와 합치하게 제
     작되었는지 여부에 대한 검사
   3. 용품형식 시험: 철도용품이 부품단계, 구성품단계, 완성품단계, 시운전단계에서 철도용품기술기준에
     적합한지 여부에 대한 시험
* 철도차량 형식승인 검사의 종류: ⓐ 설계적합성 검사 ⓑ 합치성 검사 ⓒ 차량형식 시험

15 철도용품 형식승인검사에서 철도용품의 설계가 철도용품기술기준에 적합한지에 대한 검사는?

  ① 설계적합성 검사 ② 합치성검사   ③ 용품형식 시험   ④ 차량형식 시험

해설 철도안전법시행규칙 제62조(철도용품 형식승인검사의 방법 및 증명서 발급 등)

16 철도용품 형식승인검사에 철도용품이 부품단계, 구성품단계, 완성품단계, 시운전단계에서 철도
용품기술기준에 적합한지 여부에 대한 시험은 무엇인가?

  ① 설계적합성 검사 ② 합치성검사   ③ 용품형식 시험   ④ 차량형식 시험

해설 철도안전법시행규칙 제62조(철도용품 형식승인검사의 방법 및 증명서 발급 등)

정답 14 ④ 15 ① 16 ③

17 철도차량 완성검사를 받은 철도차량판매자는 철도차량구매자에게 몇 년간 주요 부품을 공급해야 하는가?

① 완성검사를 받은 날부터 10년 이상   ② 영업시운전한 날부터 10년 이상
③ 완성검사를 받은 날부터 20년 이상   ④ 영업시운전한 날부터 20년 이상

> **해설**　철도안전법시행규칙 제72조의2(철도차량 부품의 안정적 공급 등)
>
> 철도차량 완성검사를 받아 해당 철도차량을 판매한 자는 그 철도차량의 완성검사를 받은 날부터 20년이상 다음의 부품을 해당 철도차량을 구매한 자에게 공급해야 한다.
> 1) 「철도안전법」에 따라 국토교통부장관이 형식승인 대상으로 고시하는 철도용품
> 2) 철도차량의 동력전달장치(엔진, 변속기, 감속기, 견인전동기 등), 주행·제동장치 또는 제어장치 등이 고장난 경우 해당 철도차량 자력으로 계속 운행이 불가능하여 다른 철도차량의 견인을 받아야 운행할 수 있는 부품
> 3) 그 밖에 철도차량 판매자와 철도차량 구매자의 계약에 따라 공급하기로 약정한 부품

18 철도표준규격을 제정·개정하거나 폐지는 누가 하는가?

① 대통령　　　② 시·도지사　　　③ 국토교통부장관　　④ 한국표준협회

> **해설**　철도안전법 제34조(표준화), 철도안전법시행규칙 제74조(철도표준규격의 제정 등)
>
> 1. 국토교통부장관은 철도의 안전과 호환성의 확보 등을 위하여 철도차량 및 철도용품의 표준규격을 정하여 철도운영자등 또는 철도차량을 제작·조립 또는 수입하려는 자 등("차량제작자등")에게 권고할수 있다.
> 2. 단, 「산업표준화법」에 따른 한국산업표준이 제정되어 있는 사항에 대하여는 그 표준에 따른다.
> 3. 국토교통부장관은 철도차량이나 철도용품의 표준규격("철도표준규격")을 제정·개정하거나 폐지하려는 경우에는 기술위원회의 심의를 거쳐야 한다.
> 4. 국토교통부장관은 철도표준규격을 제정·개정하거나 폐지하는 경우에 필요한 경우에는 공청회 등을 개최하여 이해관계인의 의견을 들을 수 있다.

19 철도운영자등은 철도노선을 새로 건설하거나 기존노선을 개량하여 운영하려는 경우에 종합시험운행을 실시하는 시기는?

① 정상운행을 하기 전　　　　　② 시설물검증시험을 마친 후
③ 영업시운전을 하기 전　　　　④ 철도운영자와 협의 후

> **해설**　철도안전법 제38조(종합시험운행), 철도안전법시행규칙 제75조(종합시험운행의 시기·절차 등)
>
> 1. 철도운영자등은 철도노선을 새로 건설하거나 기존노선을 개량하여 운영하려는 경우에는 정상운행을 하기 전에 종합시험운행을 실시한 후 그 결과를 국토교통부장관에게 보고하여야 한다.
> 2. 철도운영자등이 실시하는 종합시험운행은 해당 철도노선의 영업을 개시하기 전에 실시한다.
>   * "정상운행을 하기 전" 또는 "영업을 개시하기 전"은 같은 의미이다.

정답　17 ③　18 ③　19 ①

20 철도시설관리자가 철도운영자와 협의하여 수립하는 종합시험운행계획에 포함되지 않는 것은?

① 종합시험운행의 방법 및 절차　　　② 평가항목 및 평가기준 등
③ 안전관리조직 및 안전관리계획　　④ 종합시험운행실시 결과를 반영할 방법

해설　철도안전법시행규칙 제75조(종합시험운행의 시기·절차 등)

1. 철도운영자등이 실시하는 종합시험운행은 해당 철도노선의 영업을 개시하기 전에 실시한다.
2. 종합시험운행은 철도운영자와 합동으로 실시한다. 이 경우 철도운영자는 종합시험운행의 원활한 실시를 위하여 철도시설관리자로부터 철도차량, 소요인력 등의 지원 요청이 있는 경우 특별한 사유가 없는 한 이에 응하여야 한다.
3. 철도시설관리자는 종합시험운행을 실시하기 전에 철도운영자와 협의하여 다음 사항이 포함된 종합시험운행계획을 수립하여야 한다.
   1) 종합시험운행의 방법 및 절차　　　2) 평가항목 및 평가기준 등
   3) 종합시험운행의 일정　　　　　　　4) 종합시험운행의 실시 조직 및 소요인원
   5) 종합시험운행에 사용되는 시험기기 및 장비
   6) 종합시험운행을 실시하는 사람에 대한 교육훈련계획
   7) 안전관리조직 및 안전관리계획　　　8) 비상대응계획
   9) 그 밖에 종합시험운행의 효율적인 실시와 안전확보를 위하여 필요한 사항

21 영업 개시에 대비하기 위하여 열차운행계획에 따른 실제 영업상태를 가정하고 열차운행체계 및 철도종사자의 업무숙달 등을 점검하는 시험을 무엇이라고 하는지?

① 영업시운전　　② 시설물 검증시험　　③ 완성차량검사　　④ 주행시험

해설　철도안전법시행규칙 제75조(종합시험운행의 시기·절차 등)

⑤ 종합시험운행은 다음의 절차로 구분하여 순서대로 실시한다.
   1. 시설물 검증시험
      해당 철도노선에서 허용되는 최고속도까지 단계적으로 철도차량의 속도를 증가시키면서 철도시설의 안전상태, 철도차량의 운행적합성이나 철도시설물과의 연계성(Interface), 철도시설물의 정상 작동 여부 등을 확인·점검하는 시험
   2. 영업시운전
      시설물검증시험이 끝난 후 영업 개시에 대비하기 위하여 열차운행계획에 따른 실제 영업상태를 가정하고 열차운행체계 및 철도종사자의 업무숙달 등을 점검하는 시험

정답　20 ④　21 ①

22 다음은 종합시험운행의 방법 중 무엇을 설명한 것인가?

> 해당 철도노선에서 허용되는 최고속도까지 단계적으로 철도차량의 속도를 증가시키면서 철도시설의 안전상태, 철도차량의 운행적합성이나 철도시설물과의 연계성(Interface), 철도시설물의 정상 작동 여부 등을 확인·점검하는 시험

① 영업시운전 　② 시설물 검증시험 ③ 차량형식 시험 　④ 주행시험

[해설] 철도안전법시행규칙 제75조(종합시험운행의 시기·절차 등)

23 종합시험운행 계획은 누가 수립하는가?

① 철도운영자 　② 국토교통부장관 ③ 철도시설관리자 ④ 철도운영자등

[해설] 철도안전법시행규칙 제75조(종합시험운행의 시기·절차 등)

24 종합시험운행에 관한 설명으로 틀린 것은?

① 종합시험운행은 철도시설관리자가 철도운영자와 합동으로 실시한다.
② 종합시험운행은 시설물검증시험과 영업시운전으로 구분하여 순서대로 실시한다.
③ 시설물검증시험은 열차운행체계 및 철도종사자의 업무숙달 등을 점검하는 시험이다.
④ 철도운영자등이 실시하는 종합시험운행은 해당 철도노선의 영업을 개시하기 전에 실시한다.

[해설] 철도안전법시행규칙 제75조(종합시험운행의 시기·절차 등)

25 종합시험운행에 관한 설명으로 틀린 것은?

① 철도운영자는 종합시험운행을 실시하기 전에 철도시설관리자와 협의하여 종합시험운행 계획을 수립하여야 한다.

② 시설물검증시험은 해당 철도노선에서 허용되는 최고속도까지 단계적으로 철도차량의 속도를 증가시키면서 철도시설의 안전상태, 철도차량의 운행적합성이나 철도시설물과의 연계성, 철도시설물의 정상 작동 여부 등을 확인·점검하는 시험이다.

③ 철도시설관리자는 기존 노선을 개량한 철도노선에 대한 종합시험운행을 실시하는 경우에는 철도운영자와 협의하여 종합시험운행 일정을 조정하거나 그 절차의 일부를 생략할 수 있다.

④ 철도운영자등은 철도노선을 새로 건설하거나 기존노선을 개량하여 운영하려는 경우에는 정상운행을 하기 전에 종합시험운행을 실시한 후 그 결과를 국토교통부장관에게 보고하여야 한다.

> **해설** 철도안전법 제38조(종합시험운행), 철도안전법시행규칙 제75조(종합시험운행의 시기·절차 등)
> 1. 철도시설관리자는 기존 노선을 개량한 철도노선에 대한 종합시험운행을 실시하는 경우에는 철도운영자와 협의하여 종합시험운행 일정을 조정하거나 그 절차의 일부를 생략할 수 있다.

26 종합시험운행에서 안전관리책임자의 수행 업무로 틀린 것은?

① 「산업안전보건법」 등 관련 법령에서 정한 안전조치사항의 점검·확인
② 비상대응계획 수립
③ 종합시험운행에 사용되는 안전장비의 점검·확인
④ 종합시험운행 참여자에 대한 안전교육

> **해설** 철도안전법시행규칙 제75조(종합시험운행의 시기·절차 등)
> ⑨ 철도운영자등이 종합시험운행을 실시하는 때에는 안전관리책임자를 지정하여 다음의 업무를 수행하도록 하여야 한다.
> 1. 「산업안전보건법」 등 관련 법령에서 정한 안전조치사항의 점검·확인
> 2. 종합시험운행을 실시하기 전의 안전점검 및 종합시험운행 중 안전관리 감독
> 3. 종합시험운행에 사용되는 철도차량에 대한 안전 통제
> 4. 종합시험운행에 사용되는 안전장비의 점검·확인
> 5. 종합시험운행 참여자에 대한 안전교육

정답 25 ① 26 ②

27 철도차량 개조승인과 관련한 설명 중 틀린 것은?

① 국토교통부장관은 철도차량의 개조승인을 하려는 경우에는 철도차량의 기술기준에 적합한지에 대하여 개조승인검사를 하여야 한다.

② 국토교통부령으로 정하는 경미한 사항을 개조하는 경우에는 국토교통부장관에게 신고하여야 한다.

③ 철도차량의 개조승인을 받으려는 경우에는 철도운영자의 장이 적정 개조능력이 있다고 인정되는 자에게 개조 작업을 수행하도록 하여야 한다.

④ 철도차량 개조승인절차, 개조신고절차, 승인방법, 검사기준, 검사방법 등에 대하여 필요한 사항은 국토교통부령으로 정한다.

해설 철도안전법 제38조의2(철도차량의 개조 등)

1. 개조차량 임의운행 금지: 철도차량을 소유하거나 운영하는 자("소유자등")는 철도차량 최초 제작 당시와 다르게 구조, 부품, 장치 또는 차량성능 등에 대한 개량 및 변경 등("개조")을 임의로 하고 운행하여서는 아니 된다.
2. 개조 승인: 소유자등이 철도차량을 개조하여 운행하려면 철도차량의 기술기준에 적합한지에 대하여 국토교통부령으로 정하는 바에 따라 국토교통부장관의 승인("개조승인")을 받아야 한다.
3. 개조 신고: 국토교통부령으로 정하는 경미한 사항을 개조하는 경우에는 국토교통부장관에게 신고("개조신고")하여야 한다.
4. 소유자등이 철도차량을 개조하여 개조승인을 받으려는 경우에는 국토교통부령으로 정하는 바에 따라 적정 개조능력이 있다고 인정되는 자가 개조 작업을 수행하도록 하여야 한다.
5. 국토교통부장관은 개조승인을 하려는 경우에는 해당 철도차량이 철도차량의 기술기준에 적합한지에 대하여 개조승인검사를 하여야 한다.
6. 개조승인절차, 개조신고절차, 승인방법, 검사기준, 검사방법 등에 대하여 필요한 사항은 국토교통부령으로 정한다.

28 철도차량의 개조승인권자는?

① 철도시설관리자   ② 철도운영자   ③ 국토교통부장관   ④ 철도운영자등

해설 철도안전법 제38조의2(철도차량의 개조 등)

29 철도안전법에서 국토교통부장관에게 신고할 수 있는 철도차량의 경미한 개조로 옳지 않은 것은?

① 철도차량 구조체의 개조로 인하여 해당 철도차량의 허용 적재하중 등 철도차량의 강도가 100분의 5 미만으로 변동되는 경우

② 일반철도차량 기관차의 설비교체로 중량 및 중량분포가 100분의 2 이하 변동되는 경우

③ 추진장치 중 인버터 및 컨버터의 개조 또는 변경

④ 철도차량 제작자와 철도차량 구매자의 계약에 따른 하자보증을 위한 부품의 변경

> **해설** 철도안전법시행규칙 제75조의4(철도차량의 경미한 개조)
>
> ① 국토교통부장관에게 신고하고 개조할 수 있는 "국토교통부령으로 정하는 경미한 사항을 개조하는 경우"란 다음에 해당하는 경우를 말한다.
> 1. 차체구조 등 철도차량 구조체의 개조로 인하여 해당 철도차량의 허용 적재하중 등 철도차량의 강도가 100분의 5 미만으로 변동되는 경우
> 2. 설비의 변경 또는 교체에 따라 해당 철도차량의 중량 및 중량분포가 다음 기준 이하로 변동되는 경우
>   1) 고속철도차량 및 일반철도차량의 동력차(기관차): 100분의 2
>   2) 고속철도차량 및 일반철도차량의 객차·화차·전기동차·디젤동차: 100분의 4
>   3) 도시철도차량: 100분의 5
> 3. 다음에 해당하지 아니하는 장치 또는 부품의 개조 또는 변경
>   1) 주행장치 중 주행장치틀, 차륜 및 차축   2) 제동장치 중 제동제어장치 및 제어기
>   3) 추진장치 중 인버터 및 컨버터   4) 보조전원장치
>   5) 차상신호장치   6) 차상통신장치
>   7) 종합제어장치
>   8) 철도차량기술기준에 따른 화재시험 대상인 부품 또는 장치. 다만, 「화재예방, 소방시설 설치·유지 및 안전관리에 관한 법률」에 따른 화재안전기준을 충족하는 부품 또는 장치는 제외한다.
> 4. 국토교통부장관으로부터 철도용품 형식승인을 받은 용품으로 변경하는 경우
> 5. 철도차량 제작자와 철도차량 구매자의 계약에 따른 하자보증 또는 성능개선 등을 위한 장치 또는 부품의 변경
> 6. 철도차량 개조의 타당성 및 적합성 등에 관한 검토·시험을 위한 대표편성 철도차량의 개조에 대하여 「과학기술분야 정부출연연구기관 등의 설립·운영 및 육성에 관한 법률」에 따른 한국철도기술연구원의 승인을 받은 경우
> 7. 철도차량의 장치 또는 부품을 개조한 이후 개조 전의 장치 또는 부품과 비교하여 철도차량의 고장 또는 운행장애가 증가하여 개조 전의 장치 또는 부품으로 긴급히 교체하는 경우

30 철도차량의 개조가 부품단계, 구성품단계, 완성차단계, 시운전단계에서 철도차량기술기준에 적합한지 여부에 대한 시험은 무엇인가?

① 개조적합성 검사   ② 개조합치성 검사   ③ 개조형식 시험   ④ 차량형식 시험

철도안전법시행규칙 제75조의6(개조승인 검사 등)

① 개조승인 검사는 다음의 구분에 따라 실시한다.
  1. 개조적합성 검사
    철도차량의 개조가 철도차량기술기준에 적합한지 여부에 대한 기술문서 검사
  2. 개조합치성 검사
    해당 철도차량의 대표편성에 대한 개조작업이 제1호에 따른 기술문서와 합치하게 시행되었는지 여부에 대한 검사
  3. 개조형식시험
    철도차량의 개조가 부품단계, 구성품단계, 완성차단계, 시운전단계에서 철도차량기술기준에 적합한지 여부에 대한 시험

31 철도차량을 운행제한하였을 경우 소유자등에게 통보하여야 사항이 아닌 것은?

① 제한하는 목표   ② 제한하는 대상 철도차량의 종류
③ 제한하는 기간   ④ 제한하는 목적

철도안전법 제38조의3(철도차량의 운행제한)

1. 국토교통부장관은 다음 사유가 있다고 인정되면 소유자등에게 철도차량의 운행제한을 명할 수 있다.
   1) 소유자등이 개조승인을 받지 아니하고 임의로 철도차량을 개조하여 운행하는 경우
   2) 철도차량이 철도차량의 기술기준에 적합하지 아니한 경우
2. 국토교통부장관은 운행제한을 명하는 경우 사전에 그 목적, 기간, 지역, 제한내용 및 대상 철도차량의 종류와 그 밖에 필요한 사항을 해당 소유자등에게 통보하여야 한다.

32 철도차량 정비조직의 인증을 받으려는 자는 철도차량 정비업무 개시예정일 몇일 전까지 철도차량 정비조직인증 신청서를 제출해야 하는지?

① 60일 전   ② 30일 전   ③ 90일 전   ④ 15일 전

철도안전법시행규칙 제75조의9(정비조직인증의 신청 등)

② 철도차량 정비조직의 인증을 받으려는 자는 철도차량 정비업무 개시예정일 60일 전까지 철도차량 정비조직인증 신청서에 정비조직인증기준을 갖추었음을 증명하는 자료를 첨부하여 국토교통부장관에게 제출해야 한다.

33 철도차량 정비조직인증을 취소하여야 하는 경우가 아닌 것은?

① 거짓이나 그 밖의 부정한 방법으로 인증을 받은 경우
② 고의로 사망자가 발생하는 철도사고를 발생시킨 경우
③ 변경인증을 받지 아니하거나 변경신고를 하지 아니하고 인증받은 사항을 변경한 경우
④ 정비조직 인증의 결격사유 중 피한정후견인에 해당하게 된 경우

정답 31 ① 32 ① 33 ③

철도안전법 제38조의10(인증정비조직의 인증 취소 등)

1. 인증 취소권자: 국토교통부장관
2. 인증을 취소해야 하는 경우
   1) 거짓이나 그 밖의 부정한 방법으로 인증을 받은 경우
   2) <u>고의로</u> 국토교통부령으로 정하는 철도사고 및 중대한 운행장애를 발생시킨 경우
      ⓐ 철도사고로 사망자가 발생한 경우
      ⓑ 철도사고 또는 운행장애로 5억원 이상의 재산피해가 발생한 경우
   3) 인증정비조직의 결격사유 중 다음에 해당하게 된 경우
      ⓐ 피성년후견인 및 피한정후견인
      ⓑ 파산선고를 받은 자로서 복권되지 아니한 자
3. 인증을 취소하거나 6개월 이내의 기간을 정하여 업무의 제한이나 정지를 명할 수 있는 경우
   1) <u>중대한 과실로</u> 국토교통부령으로 정하는 철도사고 및 중대한 운행장애를 발생시킨 경우
      ⓐ 철도사고로 사망자가 발생한 경우
      ⓑ 철도사고 또는 운행장애로 5억원 이상의 재산피해가 발생한 경우
   2) 변경인증을 받지 아니하거나 변경신고를 하지 아니하고 인증받은 사항을 변경한 경우
   3) 인증정비조직의 준수사항을 위반한 경우

34 철도차량의 정밀안전관리진단을 받아야 하는 자는?

① 소유자등(철도차량을 소유하거나 운영하는 자)
② 철도운영자
③ 철도시설관리자
④ 국토교통부장관

철도안전법 제38조의12(철도차량 정밀안전진단)

① 소유자등은 철도차량이 제작된 시점(완성검사필증을 발급받은 날부터 기산한다)부터 국토교통부령으로 정하는 일정기간 또는 일정주행거리가 경과하여 노후된 철도차량을 운행하려는 경우 일정기간마다 물리적 사용가능 여부 및 안전성능 등에 대한 진단("정밀안전진단")을 받아야 한다.

35 2014년 3월 19일 이후 구매계약을 체결한 철도차량의 최초 정밀안전진단 시기는?

① 주행시험을 한 날부터 5년
② 영업시운전을 시작한 날부터 10년
③ 철도차량 완성검사증명서를 발급받은 날부터 20년
④ 완성차량검사를 시작한 날부터 40년

철도안전법시행규칙 제75조의13(정밀안전진단의 시행시기)

1. 소유자등은 다음의 구분에 따른 기간이 경과하기 전에 해당 철도차량의 물리적 사용가능 여부 및 안전성능 등에 대한 <u>최초 정밀안전진단</u>을 받아야 한다.
1) 2014년 3월 19일 이후 구매계약을 체결한 철도차량: 철도차량 완성검사증명서를 발급받은 날부터 20년

2) 2014년 3월 18일까지 구매계약을 체결한 철도차량: 영업시운전을 시작한 날부터 20년
2. 단, 잦은 고장·화재·충돌 등으로 위의 구분에 따른 기간이 도래하기 이전에 정밀안전진단을 받은 경우에는 그 정밀안전진단을 최초 정밀안전진단으로 본다.

36 정밀안전진단 결과 계속 사용할 수 있다고 인정을 받은 철도차량에 대하여 물리적 사용가능 여부 및 안전성능 등에 대하여 정기 정밀안전진단을 받아야 하는 주기는?

① 5년마다　　　② 10년마다　　　③ 20년마다　　　④ 30년마다

해설　철도안전법시행규칙 제75조의13(정밀안전진단의 시행시기)
1. 소유자등은 정밀안전진단 결과 계속 사용할 수 있다고 인정을 받은 철도차량에 대하여 최초 정밀안전진단 기간을 기준으로 5년마다 해당 철도차량의 물리적 사용가능 여부 및 안전성능 등에 대하여 정기 정밀안전진단을 받아야 한다.
2. 정기 정밀안전진단 결과 계속 사용할 수 있다고 인정을 받은 경우에도 5년마다 정기 정밀안전진단을 받아야 한다.

37 정밀안전진단기관의 지정기준, 지정절차 등에 필요한 사항은 무엇으로 정하는가?

① 국토교통부령　　② 국무총리령　　③ 대통령령　　④ 법률

해설　철도안전법 제38조의13(정밀안전진단기관의 지정 등)
1. 국토교통부장관은 원활한 정밀안전진단 업무 수행을 위하여 철도차량 정밀안전진단기관을 지정하여야 한다.
2. 정밀안전진단기관의 지정기준, 지정절차 등에 필요한 사항은 국토교통부령으로 정한다.
* 정밀안전진단기관을 제외한 운전적성검사기관, 운전교육훈련기관, 관제적성검사기관, 관제교육훈련기관, 안전전문기관의 지정기준, 지정절차 등에 필요한 사항은 대통령령으로 정한다.

38 정밀안전진단기관의 업무로 틀린 것은?

① 해당 업무분야의 철도차량에 대한 정밀안전진단 시행
② 정밀안전진단의 항목 및 기준에 대한 제정·개정 요청
③ 정밀안전진단의 기록 보존 및 보호에 관한 업무
④ 정밀안전진단의 기록 보존 및 보호에 대한 조사·검토

해설　철도안전법시행규칙 제75조의18(정밀안전진단기관의 업무범위)
1. 해당 업무분야의 철도차량에 대한 정밀안전진단 시행
2. 정밀안전진단의 항목 및 기준에 대한 조사·검토
3. 정밀안전진단의 항목 및 기준에 대한 제정·개정 요청
4. 정밀안전진단의 기록 보존 및 보호에 관한 업무
5. 그 밖에 국토교통부장관이 필요하다고 인정하는 업무

정답　36 ①　37 ①　38 ④

제4장 [철도안전법]
철도차량의 운행안전 및 철도보호

제1절 철도교통관제

1. 국토교통부장관이 행하는 관제업무의 내용
    1) 철도차량의 운행에 대한 집중 제어·통제 및 감시
    2) 철도시설의 운용상태 등 철도차량의 운행과 관련된 조언과 정보의 제공 업무
    3) 철도보호지구에서 신고대상 행위를 할 경우 열차운행 통제 업무
    4) 철도사고등의 발생 시 사고복구, 긴급구조·구호 지시 및 관계 기관에 대한 상황 보고·전파 업무
    5) 그 밖에 국토교통부장관이 철도차량의 안전운행 등을 위하여 지시한 사항
2. 관제업무의 대상에서 제외하는 경우
    1) 정상운행을 하기 전의 신설선 또는 개량선에서 철도차량을 운행하는 경우
    2) 「철도산업발전기본법」에 따른 철도차량을 보수·정비하기 위한 차량정비기지 및 차량유치시설에서 철도차량을 운행하는 경우

제2절 영상기록장치의 설치·운영

1. 영상기록장치 설치의무자: 철도운영자등(철도시설관리자, 철도운영자)
2. 설치목적: 철도차량의 운행상황 기록, 교통사고 상황 파악, 안전사고 방지, 범죄 예방
3. 영상기록장치를 설치·운영하여야 하는 철도차량 또는 철도시설
    1) 철도차량 중 대통령령으로 정하는 동력차 및 객차
    2) 승강장 등 대통령령으로 정하는 안전사고의 우려가 있는 역 구내
    3) 대통령령으로 정하는 차량정비기지
    4) 변전소 등 대통령령으로 정하는 안전확보가 필요한 철도시설
    5) 「건널목 개량촉진법」에 따라 철도와 도로가 평면 교차되는 건널목으로서 대통령령으로 정하는 안전확보가 필요한 건널목
    * 영상기록장치의 설치 기준, 방법 등은 대통령령으로 정한다.

4. 영상기록장치의 설치 기준 및 방법

  1) 다음의 상황을 촬영할 수 있는 영상기록장치를 모두 설치할 것

    ① 여객의 대기·승하차 및 이동 상황

    ② 철도차량의 진출입 및 운행 상황

    ③ 철도시설의 운영 및 현장 상황

  2) 철도차량 또는 철도시설이 충격을 받거나 화재가 발생한 경우 등 정상적이지 않은 환경에서도 영상기록장치가 최대한 보호될 수 있을 것

5. 영상기록의 보관기준 및 보관기간

  1) 철도운영자등은 영상기록장치에 기록된 영상기록을 영상기록장치 운영·관리 지침에서 정하는 보관기간 동안 보관하여야 한다.

    * 이 경우 보관기간은 <u>3일</u> 이상의 기간이어야 한다.

  2) 철도운영자등은 보관기간이 지난 영상기록을 삭제하여야 한다.

    * 단, 보관기간 내에 <아래 6.>에 해당하여 영상기록에 대한 제공을 요청받은 경우에는 해당 영상기록을 제공하기 전까지는 영상기록을 삭제해서는 아니 된다.

6. 영상기록을 이용하거나 다른 자에게 제공할 수 있는 경우

  1) 교통사고 상황 파악을 위하여 필요한 경우

  2) 범죄의 수사와 공소의 제기 및 유지에 필요한 경우

  3) 법원의 재판업무수행을 위하여 필요한 경우

7. 영상기록장치의 운영·관리 지침

  1) 영상기록장치의 운영·관리 지침 작성자: 철도운영자등

  2) 영상기록장치 운영·관리 지침에 포함되어야 할 사항

    ① 영상기록장치의 설치 근거 및 설치 목적

    ② 영상기록장치의 설치 대수, 설치 위치 및 촬영 범위

    ③ 관리책임자, 담당 부서 및 영상기록에 대한 접근 권한이 있는 사람

    ④ 영상기록의 촬영 시간, 보관기간, 보관장소 및 처리방법

    ⑤ 철도운영자등의 영상기록 확인 방법 및 장소

    ⑥ 정보주체의 영상기록 열람 등 요구에 대한 조치

    ⑦ 영상기록에 대한 접근 통제 및 접근 권한의 제한 조치

    ⑧ 영상기록을 안전하게 저장·전송할 수 있는 암호화 기술의 적용 또는 이에 상응하는 조치

    ⑨ 영상기록 침해사고 발생에 대응하기 위한 접속기록의 보관 및 위조·변조 방지를 위한 조치

    ⑩ 영상기록에 대한 보안프로그램의 설치 및 갱신

    ⑪ 영상기록의 안전한 보관을 위한 보관시설의 마련 또는 잠금장치의 설치 등 물리적 조치

    ⑫ 그 밖에 영상기록장치의 설치·운영 및 관리에 필요한 사항

제3절   열차운행의 일시중지

1. 일시 중지할 수 있는 자: 철도운영자
2. 일시 중지할 수 있는 경우
    1) 지진, 태풍, 폭우, 폭설 등 천재지변 또는 악천후로 인하여 재해가 발생하였거나 재해가 발생할 것으로 예상되는 경우
    2) 그 밖에 열차운행에 중대한 장애가 발생하였거나 발생할 것으로 예상되는 경우

제4절   철도종사자의 준수사항

1. 운전업무종사자 준수사항
    1) 철도차량 출발 전 국토교통부령으로 정하는 조치 사항을 이행할 것
    2) 국토교통부령으로 정하는 철도차량 운행에 관한 안전 수칙을 준수할 것
        ① 철도신호에 따라 철도차량을 운행할 것
        ② 철도차량의 운행 중에 휴대전화 등 전자기기를 사용하지 아니할 것
        ③ 철도운영자가 정하는 구간별 제한속도에 따라 운행할 것
        ④ 열차를 후진하지 아니할 것.
        ⑤ 정거장 외에는 정차를 하지 아니할 것
        ⑥ 운행구간의 이상이 발견된 경우 관제업무종사자에게 즉시 보고할 것
        ⑦ 관제업무종사자의 지시를 따를 것
2. 관제업무종사자 준수사항
    1) 국토교통부령으로 정하는 바에 따라 운전업무종사자 등에게 열차 운행에 관한 정보를 제공할 것
        * 정보를 제공하여야 할 대상자
            ⓐ 운전업무종사자, ⓑ 여객승무원, ⓒ 정거장에서 철도신호기, 선로전환기 또는 조작판 등을 취급하거나 열차의 조성업무를 수행하는 사람
    2) 철도사고, 철도준사고 및 운행장애(철도사고등) 발생 시 국토교통부령으로 정하는 조치 사항을 이행할 것
3. 작업책임자 준수사항
    1) 국토교통부령으로 정하는 바에 따라 작업 수행 전에 작업원을 대상으로 안전교육을 실시할 것
    2) 국토교통부령으로 정하는 작업안전에 관한 조치 사항을 이행할 것
        ① 철도운행안전관리자의 조정 내용에 따라 작업계획 등의 조정·보완
        ② 작업 수행 전 다음 사항의 조치
            ㉮ 작업원의 안전장비 착용상태 점검

   ⒰ 작업에 필요한 안전장비·안전시설의 점검

   ㉓ 그 밖에 작업 수행 전에 필요한 조치로서 국토교통부장관이 정해 고시하는 조치

  ③ 작업시간 내 작업현장 이탈 금지

  ④ 작업 중 비상상황 발생 시 열차방호 등의 조치

  ⑤ 해당 작업으로 인해 열차운행에 지장이 있는지 여부 확인

  ⑥ 작업완료 시 상급자에게 보고

4. 철도운행안전관리자 준수사항

 1) 작업일정 및 열차의 운행일정을 작업수행 전에 조정할 것

 2) 작업일정 및 열차의 운행일정을 작업과 관련하여 관할 역의 관리책임자 및 관제업무종사자와 협의하여 조정할 것

 3) 국토교통부령으로 정하는 열차운행 및 작업안전에 관한 조치 사항을 이행할 것

제5절   철도종사자의 음주 등 제한

1. 철도종사자(실무수습 중인 사람 포함) 중 음주 또는 약물사용 금지 대상자

 1) 운전업무종사자   2) 관제업무종사자   3) 여객승무원

 4) 작업책임자   5) 철도운행안전관리자

 6) 정거장에서 철도신호기·선로전환기 및 조작판 등을 취급하거나 열차의 조성(철도차량을 연결하거나 분리하는 작업을 말한다)업무를 수행하는 사람

 7) 철도차량 및 철도시설의 점검·정비 업무에 종사하는 사람

> * 철도안전법에서 음주·약물 사용의 제한이 없는 철도종사원
>
> ⓐ 여객역무원
>
> ⓑ 철도사고, 철도준사고 및 운행장애가 발생한 현장에서 조사·수습·복구 등의 업무를 수행하는 사람
>
> ⓒ 철도차량의 운행선로 또는 그 인근에서 철도시설의 건설 또는 관리와 관련된 작업의 현장감독업무를 수행하는 사람
>
> ⓓ 철도시설 또는 철도차량을 보호하기 위한 순회점검업무 또는 경비업무를 수행하는 사람
>
> ⓓ 철도에 공급되는 전력의 원격제어장치를 운영하는 사람
>
> ⓔ 「사법경찰관리의 직무를 수행할 자와 그 직무범위에 관한 법률」 제5조 제11호에 따른 철도경찰 사무에 종사하는 국가공무원

2. 술을 마시거나 약물을 사용하였다고 판단하는 기준

 1) 술

  ① 혈중 알코올농도가 0.02% 이상인 경우에 술을 마셨다고 보는 철도종사원

   ㉮ 운전업무종사자   ㉯ 관제업무종사자

ⓓ 여객승무원　　　　ⓔ 철도차량 및 철도시설의 점검·정비 업무에 종사하는 사람
　② 혈중 알코올농도가 0.03% 이상인 경우에 술을 마셨다고 보는 철도종사원
　　ⓐ 작업책임자
　　ⓑ 철도운행안전관리자
　　ⓒ 정거장에서 철도신호기·선로전환기 및 조작판 등을 취급하거나 열차의 조성(철도
　　　차량을 연결하거나 분리하는 작업을 말한다)업무를 수행하는 사람
　2) 약물: 양성으로 판정된 경우

> * **철도종사자의 흡연 금지**
> 철도종사자(운전업무 실무수습을 하는 사람 포함)는 업무에 종사하는 동안에는 열차 내에서 흡연을 하여서는 아니 된다.

제 6 절　열차에 위해물품 휴대·적재 금지

1. 위해물품의 휴대·적재금지
　공중이나 여객에게 위해를 끼치거나 끼칠 우려가 있는 물건 또는 물질을 열차에서 휴대하거나 적재할 수 없다.
2. 위해물품을 휴대·적재 가능한 경우
　1) 휴대조건: 국토교통부장관 또는 시·도지사의 허가를 받아야 한다.
　2) 특정한 직무를 수행하기 위해 휴대 가능한 사람
　　① 「사법경찰관리의 직무를 수행할 자와 그 직무범위에 관한 법률」에 따른 철도경찰 사무에 종사하는 국가공무원(철도특별사법경찰관리)
　　② 「경찰관직무집행법」의 경찰관 직무를 수행하는 사람
　　③ 「경비업법」에 따른 경비원
　　④ 위험물품을 운송하는 군용열차를 호송하는 군인
3. 위해물품의 종류
　1) 화약류: 「총포·도검·화약류 등의 안전관리에 관한 법률」에 따른 화약·폭약·화공품과 그 밖에 폭발성이 있는 물질
　2) 고압가스
　　① 섭씨 50도 미만의 임계온도를 가진 물질
　　② 섭씨 50도에서 300킬로 파스칼을 초과하는 절대압력(진공을 0으로 하는 압력을 말한다)을 가진 물질
　　③ 섭씨 21.1도에서 280킬로 파스칼을 초과하거나 섭씨 54.4도에서 730킬로 파스칼을 초과하는 절대압력을 가진 물질
　　④ 섭씨 37.8도에서 280킬로 파스칼을 초과하는 절대가스압력(진공을 0으로 하는 가스압력을 말한다)을 가진 액체상태의 인화성 물질

3) 인화성 액체
   ① 밀폐식 인화점 측정법에 따른 인화점이 섭씨 60.5도 이하인 액체
   ② 개방식 인화점 측정법에 따른 인화점이 섭씨 65.6도 이하인 액체
4) 가연성 물질류
   ① 가연성고체: 화기 등에 의하여 용이하게 점화되며 화재를 조장할 수 있는 가연성 고체
   ② 자연발화성 물질: 통상적인 운송상태에서 마찰·습기흡수·화학변화 등으로 인하여 자연발열하거나 자연발화하기 쉬운 물질
   ③ 그 밖의 가연성물질: 물과 작용하여 인화성 가스를 발생하는 물질
5) 산화성 물질류
   ① 산화성 물질: 다른 물질을 산화시키는 성질을 가진 물질로서 유기과산화물 외의 것
   ② 유기과산화물: 다른 물질을 산화시키는 성질을 가진 유기물질
6) 독물류
   ① 독물: 사람이 흡입·접촉하거나 체내에 섭취한 경우에 강력한 독작용이나 자극을 일으키는 물질
   ② 병독을 옮기기 쉬운 물질: 살아 있는 병원체 및 살아 있는 병원체를 함유하거나 병원체가 부착되어 있다고 인정되는 물질
7) 방사성 물질: 「원자력안전법」에 따른 핵물질 및 방사성물질이나 이로 인하여 오염된 물질로서 방사능의 농도가 킬로그램당 74킬로 베크렐(그램당 0.002마이크로큐리) 이상인 것
8) 부식성 물질: 생물체의 조직에 접촉한 경우 화학반응에 의하여 조직에 심한 위해를 주는 물질이나 열차의 차체·적하물 등에 접촉한 경우 물질적 손상을 주는 물질
9) 마취성 물질: 객실승무원이 정상근무를 할 수 없도록 극도의 고통이나 불편함을 발생시키는 마취성이 있는 물질이나 그와 유사한 성질을 가진 물질
10) 총포·도검류 등: 「총포·도검·화약류등 단속법」에 따른 총포·도검 및 이에 준하는 흉기류

제7절 | 위험물 운송

1. 위험물의 운송위탁 및 운송 금지
   1) 운송위탁 및 운송 금지 위험물
      ① 점화 또는 점폭약류를 붙인 폭약   ② 니트로글리세린
      ③ 건조한 기폭약   ④ 뇌홍질화연에 속하는 것
      ⑤ 그 밖에 사람에게 위해를 주거나 물건에 손상을 줄 수 있는 물질로서 국토교통부장관이 정하여 고시하는 위험물
   2) 지정 위험물을 누구든지 운송을 위탁할 수 없으며 철도운영자는 철도로 운송할 수 없다.

2. 운송취급주의 위험물의 운송
   1) 운송취급주의 위험물
      ① 철도운송 중 폭발할 우려가 있는 것
      ② 마찰·충격·흡습 등 주위의 상황으로 인하여 발화할 우려가 있는 것
      ③ 인화성·산화성 등이 강하여 그 물질 자체의 성질에 따라 발화할 우려가 있는 것
      ④ 용기가 파손될 경우 내용물이 누출되어 철도차량·레일·기구 또는 다른 화물 등을 부식시키거나 침해할 우려가 있는 것
      ⑤ 유독성 가스를 발생시킬 우려가 있는 것
      ⑥ 그 밖에 화물의 성질상 철도시설·철도차량·철도종사자·여객 등에 위해나 손상을 끼칠 우려가 있는 것
   2) 운송방법
      ① 대통령령으로 정하는 위험물("위험물")의 운송을 위탁하여 철도로 운송하려는 자와 이를 운송하는 철도운영자("위험물취급자")는 국토교통부령으로 정하는 바에 따라 철도운행상의 위험 방지 및 인명(人命) 보호를 위하여 위험물을 안전하게 포장·적재·관리·운송("위험물취급")하여야 한다.
      ② 위험물의 운송을 위탁하여 철도로 운송하려는 자는 위험물을 안전하게 운송하기 위하여 철도운영자의 안전조치 등에 따라야 한다.

제 8 절 철도보호지구에서의 행위제한

1. 철도보호지구의 정의
   1) 철도경계선으로부터 30m 이내의 지역
      * 철도경계선이란: 가장 바깥쪽 궤도의 끝선을 말한다.
   2) 「도시철도법」에 따른 도시철도 중 노면전차의 경우에는 철도경계선으로부터 10m 이내의 지역
2. 철도보호지구에서 신고해야 하는 행위
   1) 신고 접수자: 국토교통부장관 or 시·도지사
   2) 신고해야 할 행위
      ① 토지의 형질변경 및 굴착(掘鑿)
      ② 토석, 자갈 및 모래의 채취
      ③ 건축물의 신축·개축(改築)·증축 또는 인공구조물의 설치
      ④ 나무의 식재(대통령령으로 정하는 경우만 해당한다)
         〈대통령령으로 정하는 나무의 식재〉
         ㉮ 철도차량 운전자의 전방 시야 확보에 지장을 주는 경우
         ㉯ 나뭇가지가 전차선이나 신호기 등을 침범하거나 침범할 우려가 있는 경우

　　　　 ⑭ 호우나 태풍 등으로 나무가 쓰러져 철도시설물을 훼손시키거나 열차의 운행에 지장을 줄
　　　　　 우려가 있는 경우

　　 ⑤ 그 밖에 철도시설을 파손하거나 철도차량의 안전운행을 방해할 우려가 있는 행위로서
　　　 <u>대통령령</u>으로 정하는 행위

　　　 〈대통령령으로 정하는 철도차량의 안전운행을 방해할 우려가 있는 행위〉
　　　　　 ㉮ 폭발물이나 인화물질 등 위험물을 제조·저장하거나 전시하는 행위
　　　　　 ㉯ 철도차량 운전자 등이 선로나 신호기를 확인하는 데 지장을 주거나 줄 우려가 있는 시설
　　　　　　 이나 설비를 설치하는 행위
　　　　　 ㉰ 철도신호등으로 오인할 우려가 있는 시설물이나 조명 설비를 설치하는 행위
　　　　　 ㉱ 전차선로에 의하여 감전될 우려가 있는 시설이나 설비를 설치하는 행위
　　　　　 ㉲ 시설 또는 설비가 선로의 위나 밑으로 횡단하거나 선로와 나란히 되도록 설치하는 행위
　　　　　 ㉳ 그 밖에 열차의 안전운행과 철도 보호를 위하여 필요하다고 인정하여 국토교통부장관이
　　　　　　 정하여 고시하는 행위

3. 노면전차의 안전운행 저해행위
　 1) 노면전차의 안전운행 저해구역
　　　 노면전차 철도보호지구의 바깥쪽 경계선으로부터 20미터 이내의 지역
　 2) 철도차량의 안전운행을 방해할 우려가 있는 행위
　　 ① 깊이 10미터 이상의 굴착
　　 ② 다음에 해당하는 것을 설치하는 행위
　　　　 ㉮ 「건설기계관리법」에 따른 건설기계 중 최대높이가 10미터 이상인 건설기계
　　　　 ㉯ 높이가 10미터 이상인 인공구조물
　　 ③ 「위험물안전관리법」에 따른 위험물을 지정수량 이상 제조·저장하거나 전시하는 행위

제 9 절　철도지역에서의 금지행위

1. 여객열차에서 여객의 금지행위(무임승차자 포함)
　 1) 정당한 사유 없이 <u>국토교통부령</u>으로 정하는 여객출입 금지장소에 출입하는 행위

　　　 〈국토교통부령으로 정하는 여객출입 금지장소〉
　　　 ① 운전실　　② 기관실　　③ 발전실　　④ 방송실

　 2) 정당한 사유 없이 운행 중에 비상정지버튼을 누르거나 철도차량의 옆면에 있는 승강용 출
　　　 입문을 여는 등 철도차량의 장치 또는 기구 등을 조작하는 행위
　 3) 여객열차 밖에 있는 사람을 위험하게 할 우려가 있는 물건을 여객열차 밖으로 던지는 행위
　 4) 흡연하는 행위
　 5) 철도종사자와 여객 등에게 성적(性的) 수치심을 일으키는 행위

6) 술을 마시거나 약물을 복용하고 다른 사람에게 위해를 주는 행위

7) 그 밖에 공중이나 여객에게 위해를 끼치는 행위로서 국토교통부령으로 정하는 행위

8) 여객은 여객열차에서 다른 사람을 폭행하여 열차운행에 지장을 초래하여서는 아니 된다.

2. 철도 보호 및 질서유지를 위한 금지행위

1) 철도시설 또는 철도차량을 파손하여 철도차량 운행에 위험을 발생하게 하는 행위

2) 철도차량을 향하여 돌이나 그 밖의 위험한 물건을 던져 철도차량 운행에 위험을 발생하게 하는 행위

3) 궤도의 중심으로부터 양측으로 폭 3미터 이내의 장소에 철도차량의 안전 운행에 지장을 주는 물건을 방치하는 행위

4) 철도교량 등 국토교통부령으로 정하는 시설 또는 구역에 국토교통부령으로 정하는 폭발물 또는 인화성이 높은 물건 등을 쌓아 놓는 행위

〈국토교통부령으로 정하는 폭발물 등 적치금지 구역〉

① 정거장 및 선로   ② 철도 역사   ③ 철도 교량   ④ 철도 터널

5) 선로(철도와 교차된 도로는 제외한다) 또는 국토교통부령으로 정하는 철도시설에 철도운영자 등의 승낙 없이 출입하거나 통행하는 행위

〈국토교통부령으로 정하는 출입금지 철도시설〉

① 위험물을 적하하거나 보관하는 장소

② 신호·통신기기 설치장소 및 전력기기·관제설비 설치장소

③ 철도운전용 급유시설물이 있는 장소

④ 철도차량 정비시설

6) 역시설 등 공중이 이용하는 철도시설 또는 철도차량에서 폭언 또는 고성방가 등 소란을 피우는 행위

7) 철도시설에 국토교통부령으로 정하는 유해물 또는 열차운행에 지장을 줄 수 있는 오물을 버리는 행위

〈국토교통부령으로 정하는 유해물〉

철도시설이나 철도차량을 훼손하거나 정상적인 기능·작동을 방해하여 열차운행에 지장을 줄 수 있는 산업폐기물·생활폐기물

8) 역시설 또는 철도차량에서 노숙(露宿)하는 행위

9) 열차운행 중에 타고 내리거나 정당한 사유 없이 승강용 출입문의 개폐를 방해하여 열차운행에 지장을 주는 행위

10) 정당한 사유 없이 열차 승강장의 비상정지버튼을 작동시켜 열차운행에 지장을 주는 행위

11) 그 밖에 철도시설 또는 철도차량에서 공중의 안전을 위하여 질서유지가 필요하다고 인정되어 국토교통부령으로 정하는 금지행위

제 10 절 철도특별사법경찰관리의 보안검색

1. 보안검색장비의 종류
    1) 위해물품을 검색·탐지·분석하기 위한 장비
        ① 엑스선 검색장비 ② 금속탐지장비(문형 금속탐지장비와 휴대용 금속탐지장비 포함)
        ③ 폭발물 탐지장비 ④ 폭발물흔적탐지장비 ⑤ 액체폭발물탐지장비 등
    2) 보안검색 시 안전을 위하여 착용·휴대하는 장비: ① 방검복 ② 방탄복 ③ 방폭 담요 등
2. 보안검색 실시범위(종류)
    1) 전부검색
        국가의 중요 행사 기간이거나 국가 정보기관으로부터 테러 위험 등의 정보를 통보받은
        경우 등 국토교통부장관이 보안검색을 강화하여야 할 필요가 있다고 판단하는 경우에 국
        토교통부장관이 지정한 보안검색 대상 역에서 보안검색 대상 전부에 대하여 실시
    2) 일부검색
        휴대·적재 금지 위해물품을 휴대·적재하였다고 판단되는 사람과 물건에 대하여 실시하
        거나 전부검색으로 시행하는 것이 부적합하다고 판단되는 경우에 실시
3. 여객의 동의를 받아 직접 신체나 물건을 검색하거나 특정 장소로 이동하여 검색을 할 수 있
    는 경우
    1) 보안검색장비의 경보음이 울리는 경우
    2) 위해물품을 휴대하거나 숨기고 있다고 의심되는 경우
    3) 보안검색장비를 통한 검색 결과 그 내용물을 판독할 수 없는 경우
    4) 보안검색장비의 오류 등으로 제대로 작동하지 아니하는 경우
    5) 보안의 위협과 관련한 정보의 입수에 따라 필요하다고 인정되는 경우
4. 보안검색 실시방법
    1) 위해물품을 탐지하기 위한 보안검색 방법: 보안검색장비를 사용하여 검색
    2) 보안검색 실시계획 통보
        국토교통부장관은 보안검색을 실시하게 하려는 경우에 사전에 철도운영자등에게 보안검
        색 실시계획을 통보하여야 한다. 단, 범죄가 이미 발생하였거나 발생할 우려가 있는 경우
        등 긴급한 보안검색이 필요한 경우에는 사전 통보를 하지 아니할 수 있다.
    3) 보안검색 실시계획의 안내문 게시
        보안검색 실시계획을 통보받은 철도운영자등은 여객이 해당 실시계획을 알 수 있도록 보
        안검색 일정·장소·대상 및 방법 등을 안내문에 게시
    4) 보안검색 목적·이유의 사전 설명
        철도특별사법경찰관리가 보안검색을 실시하는 경우에는 검색 대상자에게 자신의 신분증
        을 제시하면서 소속과 성명을 밝히고 그 목적과 이유를 설명하여야 한다.

* 보안검색 목적·이유를 사전 설명 없이 검색할 수 있는 경우

    ㉮ 보안검색 장소의 안내문 등을 통하여 사전에 보안검색 실시계획을 안내한 경우

    ㉯ 의심물체 또는 장시간 방치된 수하물로 신고된 물건에 대하여 검색하는 경우

5. 직무장비의 휴대 및 사용

  1) 직무장비의 종류

    ① 수갑   ② 포승   ③ 가스분사기   ④ 가스발사총(고무탄 발사 겸용인 것 포함)

    ⑤ 전자충격기   ⑥ 경비봉

  2) 사전에 안전교육과 안전검사를 받은 후 사용할 수 있는 직무장비

    사람의 생명이나 신체에 위해를 끼칠 수 있는 가스분사기, 가스발사총, 전자충격기

6. 직무장비의 사용기준

  1) 가스분사기·가스발사총(고무탄 발사겸용인 것을 포함)의 경우

    ① 범인의 체포 또는 도주방지, 타인 또는 철도특별사법경찰관리의 생명·신체에 대한 방호, 공무집행에 대한 항거의 억제를 위해 필요한 경우에 최소한의 범위에서 사용하되, 1미터 이내의 거리에서 상대방의 얼굴을 향해 발사하지 말 것

    ② 가스발사총으로 고무탄을 발사하는 경우에는 1m를 초과하는 거리에서도 상대방의 얼굴을 향해 발사해서는 안 된다

  2) 전자충격기의 경우

    14세 미만의 사람이나 임산부에게 사용해서는 안 되며, 전극침(電極針) 발사장치가 있는 전자충격기를 사용하는 경우에는 상대방의 얼굴을 향해 전극침을 발사하지 말 것

  3) 경비봉의 경우

    타인 또는 철도특별사법경찰관리의 생명·신체의 위해와 공공시설·재산의 위험을 방지하기 위해 필요한 경우에 최소한의 범위에서 사용할 수 있으며, 인명 또는 신체에 대한 위해를 최소화하도록 할 것

  4) 수갑·포승의 경우

    체포영장·구속영장의 집행, 신체의 자유를 제한하는 판결 또는 처분을 받은 사람을 법률에서 정한 절차에 따라 호송·수용하거나, 범인, 술에 취한 사람, 정신착란자의 자살 또는 자해를 방지하기 위해 필요한 경우에 최소한의 범위에서 사용할 것

7. 직무장비의 안전교육 및 안전검사

  1) 안전교육 종류 및 주기

    ① 최초 안전교육: 해당 직무장비를 사용하는 부서에 발령된 직후 실시

    ② 정기 안전교육: 직전 안전교육을 받은 날부터 반기마다 실시

  2) 안전검사 주기: 반기마다

제 11 절 사람과 물건에 대한 퇴거조치

1. 퇴거 또는 철거조치를 할 수 있는 자: 철도종사자
2. 사람 또는 물건을 열차 밖이나 대통령령으로 정하는 지역 밖으로 퇴거시키거나 철거할 수 있는 경우
   1) 여객열차에서 위해물품을 휴대한 사람 및 그 위해물품
   2) 운송 금지 위험물을 운송위탁하거나 운송하는 자 및 그 위험물
   3) 철도보호지구에서의 행위 금지·제한 또는 조치 명령에 따르지 아니하는 사람 및 그 물건
   4) 여객열차에서 금지행위를 한 사람 및 그 물건
   5) 철도 보호 및 질서유지를 위한 금지행위를 한 사람 및 그 물건
   6) 보안검색에 따르지 아니한 사람
   7) 철도종사자의 직무상 지시를 따르지 아니하거나 직무집행을 방해하는 사람

   〈대통령령으로 정하는 퇴거지역의 범위〉
   ㉮ 열차 밖
   ㉯ 대통령령으로 정하는 지역 밖
      ⓐ 정거장
      ⓑ 철도신호기·철도차량정비소·통신기기·전력설비 등의 설비가 설치되어 있는 장소의 담장이나 경계선 안의 지역
      ⓒ 화물을 적하하는 장소의 담장이나 경계선 안의 지역

제 12 절 철도사고등 의무보고

1. 보고방법: 철도운영자등이 국토교통부장관에게 보고
2. 철도사고등의 즉시보고
   1) 즉시보고 해야 할 철도사고
      ① 열차의 충돌이나 탈선사고
      ② 철도차량이나 열차에서 화재가 발생하여 운행을 중지시킨 사고
      ③ 철도차량이나 열차의 운행과 관련하여 3명 이상 사상자가 발생한 사고
      ④ 철도차량이나 열차의 운행과 관련하여 5천만 원 이상의 재산피해가 발생한 사고
   2) 즉시 보고할 경우에 보고내용
      ① 사고 발생 일시 및 장소   ② 사상자 등 피해사항
      ③ 사고 발생 경위   ④ 사고 수습 및 복구 계획 등
3. 즉시보고 외의 사고보고
   1) 보고방법: 철도운영자등이 사고 내용을 조사하여 그 결과를 국토교통부장관에게 보고

2) 보고내용

   ① 초기보고: 사고발생현황 등

   ② 중간보고: 사고수습·복구상황 등

   ③ 종결보고: 사고수습·복구결과 등

제13절 철도안전 자율보고

1. 자율보고 대상자

  1) 철도안전을 해치거나 해칠 우려가 있는 사건·상황·상태 등(철도안전위험요인)을 발생시킨 사람

  2) 철도안전위험요인이 발생한 것을 안 사람

  3) 철도안전위험요인이 발생할 것이 예상된다고 판단하는 사람

2. 보고방법

  1) 철도안전 자율보고서를 한국교통안전공단 이사장에게 제출

  2) 국토교통부장관이 정하여 고시하는 방법으로 한국교통안전공단 이사장에게 보고

제 4 장

[철도차량의 운행안전 및 철도보호]
기출예상문제

01 철도교통관제업무 대상에서 제외되는 업무가 아닌 것은?

① 정상운행을 하기 전의 신설선 또는 개량선에서 철도차량을 운행하는 경우
② 철도차량을 보수·정비하기 위한 차량정비기지에서 철도차량을 운행하는 경우
③ 철도차량의 운행에 대한 집중 제어·통제 및 감시
④ 철도차량을 보수·정비하기 위한 차량유치시설에서 철도차량을 운행하는 경우

> **해설** 철도안전법시행규칙 제76조(철도교통관제업무의 대상 및 내용 등)
> 1. 국토교통부장관이 행하는 관제업무의 내용
>   1) 철도차량의 운행에 대한 집중 제어·통제 및 감시
>   2) 철도시설의 운용상태 등 철도차량의 운행과 관련된 조언과 정보의 제공 업무
>   3) 철도보호지구에서 신고대상 행위를 할 경우 열차운행 통제 업무
>   4) 철도사고등의 발생 시 사고복구, 긴급구조·구호 지시 및 관계 기관에 대한 상황 보고·전파 업무
>   5) 그 밖에 국토교통부장관이 철도차량의 안전운행 등을 위하여 지시한 사항
> 2. 국토교통부장관이 행하는 철도교통관제업무의 대상에서 제외하는 경우
>   1) 정상운행을 하기 전의 신설선 또는 개량선에서 철도차량을 운행하는 경우
>   2) 「철도산업발전기본법」에 따른 철도차량을 보수·정비하기 위한 차량정비기지 및 차량유치시설에서 철도차량을 운행하는 경우

02 다음 중 철도교통관제업무가 아닌 것은?

① 정상운행을 하기 전의 신설선 또는 개량선에서 철도차량을 운행하는 경우
② 철도차량의 운행에 대한 집중 제어·통제 및 감시
③ 철도시설의 운용상태 등 철도차량의 운행과 관련된 조언과 정보의 제공 업무
④ 철도보호지구에서 토지의 형질변경 및 굴착 행위를 할 경우 열차운행 통제 업무

> **해설** 철도안전법시행규칙 제76조(철도교통관제업무의 대상 및 내용 등)

정답 1 ③ 2 ①

03 영상기록장치를 설치하여야 하는 철도차량 또는 철도시설이 아닌 것은?

① 철도차량 중 대통령령으로 정하는 동력차 및 객차
② 승강장 등 대통령령으로 정하는 안전사고의 우려가 있는 역 구내
③ 철도와 도로가 평면 교차되는 건널목으로서 대통령령으로 정하는 안전확보가 필요한 건널목
④ 변전소 등 대통령령으로 정하는 안전확보가 필요한 철도차량

> **해설** 철도안전법 제39조의3(영상기록장치의 설치·운영 등)
> 1. 철도운영자등은 철도차량의 운행상황 기록, 교통사고 상황 파악, 안전사고 방지, 범죄 예방 등을 위하여 다음의 철도차량 또는 철도시설에 영상기록장치를 설치·운영하여야 한다.
>   1) 철도차량 중 대통령령으로 정하는 동력차 및 객차
>   2) 승강장 등 대통령령으로 정하는 안전사고의 우려가 있는 역 구내
>   3) 대통령령으로 정하는 차량정비기지
>   4) 변전소 등 대통령령으로 정하는 안전확보가 필요한 철도시설
>   5) 「건널목 개량촉진법」에 따라 철도와 도로가 평면 교차되는 건널목으로서 대통령령으로 정하는 안전확보가 필요한 건널목
> 2. 영상기록장치의 설치 기준, 방법 등은 대통령령으로 정한다.

04 영상기록장치로 촬영할 수 있는 것을 모두 고른 것은?

ㄱ. 여객의 대기·승하차 및 이동 상황
ㄴ. 철도차량의 진출입 및 운행 상황
ㄷ. 철도시설의 운영 및 현장 상황

① ㄱ   ② ㄱ, ㄴ   ③ ㄴ, ㄷ   ④ ㄱ, ㄴ, ㄷ

> **해설** 철도안전법시행령 제30조의2(영상기록장치의 설치 기준 및 방법) 별표
> 〈영상기록장치를 설치해야 하는 시설〉
> 1. 다음의 상황을 촬영할 수 있는 영상기록장치를 모두 설치할 것
>   1) 여객의 대기·승하차 및 이동 상황
>   2) 철도차량의 진출입 및 운행 상황
>   3) 철도시설의 운영 및 현장 상황
> 2. 철도차량 또는 철도시설이 충격을 받거나 화재가 발생한 경우 등 정상적이지 않은 환경에서도 영상기록장치가 최대한 보호될 수 있을 것

정답 3 ④ 4 ④

05 영상기록의 보관기준 및 보관기간에 대한 설명으로 틀린 것은?

① 철도운영자등은 영상기록장치에 기록된 영상기록을 영상기록장치 운영·관리 지침에서 정하는 보관기간 동안 보관하여야 한다.
② 영상기록장치에 기록된 영상기록의 보관기간은 7일 이상의 기간이어야 한다.
③ 철도운영자등은 보관기간이 지난 영상기록을 삭제하여야 한다.
④ 교통사고 상황 파악을 위하여 영상기록에 대한 제공을 요청받은 경우에는 해당 영상기록을 제공하기 전까지는 영상기록을 삭제해서는 아니 된다.

> **해설** 철도안전법시행규칙 제76조의3(영상기록의 보관기준 및 보관기간)
> 1. 철도운영자등은 영상기록장치에 기록된 영상기록을 영상기록장치 운영·관리 지침에서 정하는 보관기간 동안 보관하여야 한다.
>   * 이 경우 보관기간은 3일 이상의 기간이어야 한다.
> 2. 철도운영자등은 보관기간이 지난 영상기록을 삭제하여야 한다.
>   * 단, 보관기간 내에 다음에 해당하여 영상기록에 대한 제공을 요청받은 경우에는 해당 영상기록을 제공하기 전까지는 영상기록을 삭제해서는 아니 된다.
>   〈영상기록을 이용하거나 다른 자에게 제공할 수 있는 경우〉
>   ⓐ 교통사고 상황 파악을 위하여 필요한 경우
>   ⓑ 범죄의 수사와 공소의 제기 및 유지에 필요한 경우
>   ⓒ 법원의 재판업무수행을 위하여 필요한 경우

06 영상기록장치 운영·관리 지침에 포함되지 않는 것은?

① 영상기록의 촬영 시간, 보관기간, 보관장소 및 처리방법
② 영상기록장치의 설치 근거 및 설치 목적
③ 정보주체의 영상기록 공개방법 및 절차
④ 영상기록에 대한 보안프로그램의 설치 및 갱신

> **해설** 철도안전법시행령 제32조(영상기록장치의 운영·관리 지침)
> 철도운영자등은 영상기록장치에 기록된 영상이 분실·도난·유출·변조 또는 훼손되지 않도록 다음 사항이 포함된 영상기록장치 운영·관리 지침을 마련해야 한다.
> 1. 영상기록장치의 설치 근거 및 설치 목적
> 2. 영상기록장치의 설치 대수, 설치 위치 및 촬영 범위
> 3. 관리책임자, 담당 부서 및 영상기록에 대한 접근 권한이 있는 사람
> 4. 영상기록의 촬영 시간, 보관기간, 보관장소 및 처리방법
> 5. 철도운영자등의 영상기록 확인 방법 및 장소
> 6. 정보주체의 영상기록 열람 등 요구에 대한 조치
> 7. 영상기록에 대한 접근 통제 및 접근 권한의 제한 조치
> 8. 영상기록을 안전하게 저장·전송할 수 있는 암호화 기술의 적용 또는 이에 상응하는 조치
> 9. 영상기록 침해사고 발생에 대응하기 위한 접속기록의 보관 및 위조·변조 방지를 위한 조치

정답 5 ② 6 ③

10. 영상기록에 대한 보안프로그램의 설치 및 갱신
11. 영상기록의 안전한 보관을 위한 보관시설의 마련 또는 잠금장치의 설치 등 물리적 조치
12. 그 밖에 영상기록장치의 설치·운영 및 관리에 필요한 사항

07 철도운영자가 열차운행을 일시중지할 수 있는 경우는?

① 지진, 태풍, 폭우, 폭설 등 천재지변 또는 악천후로 인하여 재해가 발생하였거나 재해가 발생할 것으로 예상되는 경우
② 인접선로에 작업중일 경우
③ 철도파업으로 열차운행의 지연이 예상될 경우
④ 철도운영자가 열차안전운행을 위하여 필요하다고 인정할 경우

> **해설** 철도안전법 제40조(열차운행의 일시 중지)
> ① 철도운영자는 다음에 해당하는 경우로서 열차의 안전운행에 지장이 있다고 인정하는 경우에는 열차운행을 일시 중지할 수 있다.
>   1. 지진, 태풍, 폭우, 폭설 등 천재지변 또는 악천후로 인하여 재해가 발생하였거나 재해가 발생할 것으로 예상되는 경우
>   2. 그 밖에 열차운행에 중대한 장애가 발생하였거나 발생할 것으로 예상되는 경우

08 작업책임자의 준수사항 중 국토교통부령으로 정하는 작업안전에 관한 조치사항으로 틀린 것은?

① 작업 수행 전 작업원의 안전장비 착용상태 점검
② 작업시간 내 작업현장 이탈 금지
③ 작업 수행 전 작업에 필요한 안전장비·안전시설의 점검
④ 작업이 지연되거나 작업중 비상상황 발생시 작업일정 및 열차의 운행일정 재조정 등에 관한 조치

> **해설** 철도안전법시행규칙 제76조의6(작업책임자의 준수사항)
> 1. 작업책임자는 작업수행 전에 작업원을 대상으로 다음 사항이 포함된 안전교육을 실시해야 한다.
>   1) 해당 작업일의 작업계획(작업량, 작업일정, 작업순서, 작업방법, 작업원별 임무 및 작업장 이동방법 등을 포함한다)
>   2) 안전장비 착용 등 작업원 보호에 관한 사항
>   3) 작업특성 및 현장여건에 따른 위험요인에 대한 안전조치 방법
>   4) 작업책임자와 작업원의 의사소통 방법, 작업통제 방법 및 그 준수에 관한 사항
>   5) 건설기계 등 장비를 사용하는 작업의 경우에는 철도사고 예방에 관한 사항
>   6) 그 밖에 안전사고 예방을 위해 필요한 사항으로서 국토교통부장관이 정해 고시하는 사항
> 2. 국토교통부령으로 정하는 다음의 작업안전에 관한 조치 사항을 이행하여야 한다
>   1) 철도운행안전관리자의 작업일정 및 열차의 운행일정 조정 내용에 따라 작업계획 등의 조정·보완
>   2) 작업 수행 전 다음의 조치

정답 7 ① 8 ④

ⓐ 작업원의 안전장비 착용상태 점검
　　ⓑ 작업에 필요한 안전장비·안전시설의 점검
　　ⓒ 그 밖에 작업 수행 전에 필요한 조치로서 국토교통부장관이 정해 고시하는 조치
　3) 작업시간 내 작업현장 이탈 금지
　4) 작업 중 비상상황 발생 시 열차방호 등의 조치
　5) 해당 작업으로 인해 열차운행에 지장이 있는지 여부 확인
　6) 작업완료 시 상급자에게 보고
　7) 그 밖에 작업안전에 필요한 사항으로서 국토교통부장관이 정해 고시하는 사항
* ④항은 철도운행안전관리자의 준수수항이다.

09 혈중 알코올농도 0.03% 이상인 경우 술을 마신 것으로 판단하는 철도종사원으로 묶인 것은?

> ㄱ. 운전업무종사자
> ㄴ. 관제업무종사자
> ㄷ. 여객승무원
> ㄹ. 작업책임자
> ㅁ. 철도운행안전관리자
> ㅂ. 정거장에서 철도신호기·선로전환기 및 조작판 등을 취급하거나 열차의 조성업무를 수행하는 사람
> ㅅ. 철도차량 및 철도시설의 점검·정비 업무에 종사하는 사람

① ㄱ, ㄴ, ㅁ, ㅂ 　② ㄹ, ㅁ, ㅂ, ㅅ 　③ ㄹ, ㅁ, ㅂ 　④ 모두

해설 철도안전법 제41조(철도종사자의 음주 제한 등)
1. 다음에 해당하는 철도종사자(실무수습 중인 사람을 포함한다)는 술(「주세법」에 따른 주류를 말한다)을 마시거나 약물을 사용한 상태에서 업무를 하여서는 아니 된다.
　1) 운전업무종사자　　　　　　　　　2) 관제업무종사자
　3) 여객승무원　　　　　　　　　　　4) 작업책임자
　5) 철도운행안전관리자
　6) 정거장에서 철도신호기·선로전환기 및 조작판 등을 취급하거나 열차의 조성(철도차량을 연결하거나 분리하는 작업을 말한다)업무를 수행하는 사람
　7) 철도차량 및 철도시설의 점검·정비 업무에 종사하는 사람
2. 국토교통부장관 또는 시·도지사(「도시철도법」에 따른 도시철도 및 지방자치단체로부터 도시철도의 건설과 운영의 위탁을 받은 법인이 건설·운영하는 도시철도만 해당한다)는 철도안전과 위험방지를 위하여 필요하다고 인정하거나 철도종사자가 술을 마시거나 약물을 사용한 상태에서 업무를 하였다고 인정할 만한 상당한 이유가 있을 때에는 철도종사자에 대하여 술을 마셨거나 약물을 사용하였는지 확인 또는 검사할 수 있다. 이 경우 그 철도종사자는 국토교통부장관 또는 시·도지사의 확인 또는 검사를 거부하여서는 아니 된다.
3. 확인 또는 검사 결과 철도종사자가 술을 마시거나 약물을 사용하였다고 판단하는 기준은 다음과 같다.
　1) 술

정답 9 ③

ⓐ 혈중 알코올농도가 0.02퍼센트 이상인 경우에 술을 마셨다고 보는 철도종사원
　㉮ 운전업무종사자　　㉯ 관제업무종사자
　㉰ 여객승무원　　　　㉱ 철도차량 및 철도시설의 점검·정비 업무에 종사하는 사람
ⓑ 혈중 알코올농도가 0.03퍼센트 이상인 경우에 술을 마셨다고 보는 철도종사원
　㉮ 작업책임자
　㉯ 철도운행안전관리자
　㉰ 정거장에서 철도신호기·선로전환기 및 조작판 등을 취급하거나 열차의 조성(철도차량을 연결하거나 분리하는 작업을 말한다)업무를 수행하는 사람
2) 약물: 양성으로 판정된 경우

10 술을 마셨다고 판단하는 기준이 다른 철도종사원은?

① 운전업무종사자　　② 관제업무종사자　　③ 철도운행안전관리자　　④ 여객승무원

해설　철도안전법 제41조(철도종사자의 음주 제한 등)

11 술을 마셨다고 판단하는 기준이 다른 철도종사원은?

① 철도차량 및 철도시설의 점검·정비 업무에 종사하는 사람
② 철도운행안전관리자
③ 정거장에서 열차의 조성업무를 수행하는 사람
④ 작업책임자

해설　철도안전법 제41조(철도종사자의 음주 제한 등)

12 혈중 알코올농도 0.02% 이상인 경우 술을 마신 것으로 판단하는 철도종사원이 아닌 것은?

① 운전업무종사자
② 정거장에서 철도신호기·선로전환기 및 조작판 등을 취급하는 사람
③ 여객승무원
④ 철도차량 및 철도시설의 점검·정비 업무에 종사하는 사람

해설　철도안전법 제41조(철도종사자의 음주 제한 등)

13 운전업무종사자의 술을 마셨다고 판단하는 혈중 알코올농도는?

① 0.02퍼센트 이상　② 0.03퍼센트 이상　③ 0.04퍼센트 이상　④ 0.05퍼센트 이상

해설　철도안전법 제41조(철도종사자의 음주 제한 등)

정답　10 ③　11 ①　12 ②　13 ①

14 술을 마시거나 약물을 사용한 상태에서 업무를 하면 안 되는 철도종사원이 아닌 것은?

① 운전업무종사자 ② 관제업무종사자 ③ 여객역무원 ④ 여객승무원

> **해설** 철도안전법 제41조(철도종사자의 음주 제한 등)
>
> * 철도안전법에서 음주·약물 사용의 제한이 없는 철도종사원
> 1) 여객역무원
> 2) 철도사고, 철도준사고 및 운행장애가 발생한 현장에서 조사·수습·복구 등의 업무를 수행하는 사람
> 3) 철도차량의 운행선로 또는 그 인근에서 철도시설의 건설 또는 관리와 관련된 작업의 현장감독업무를 수행하는 사람
> 4) 철도시설 또는 철도차량을 보호하기 위한 순회점검업무 또는 경비업무를 수행하는 사람
> 5) 철도에 공급되는 전력의 원격제어장치를 운영하는 사람
> 6) 「사법경찰관리의 직무를 수행할 자와 그 직무범위에 관한 법률」 제5조 제11호에 따른 철도경찰 사무에 종사하는 국가공무원

15 허가를 받고 위해물품을 열차에서 휴대하거나 적재할 수 있는 사람이 아닌 것은?

① 철도경찰 사무에 종사하는 국가공무원
② 여객승무원
③ 위험물품을 운송하는 군용열차를 호송하는 군인
④ 경비원

> **해설** 철도안전법시행규칙 제77조(위해물품 휴대금지 예외)
>
> 국토교통부장관 또는 시·도지사의 허가를 받고 위해물품을 휴대 가능한 "국토교통부령으로 정하는 특정한 직무를 수행하기 위한 경우"란 다음 직무를 수행하기 위하여 위해물품을 휴대·적재하는 경우를 말한다.
> 1. 「사법경찰관리의 직무를 수행할 자와 그 직무범위에 관한 법률」에 따른 철도경찰 사무에 종사하는 국가공무원
> 2. 「경찰관직무집행법」의 경찰관 직무를 수행하는 사람
> 3. 「경비업법」에 따른 경비원
> 4. 위험물품을 운송하는 군용열차를 호송하는 군인

16 열차에서 휴대하거나 적재할 수 없는 위해물품의 종류가 아닌 것은?

① 「총포·도검·화약류 등의 안전관리에 관한 법률」에 따른 화약·폭약·화공품
② 섭씨 50도 미만의 임계온도를 가진 물질
③ 개방식 인화점 측정법에 따른 인화점이 섭씨 70도 이상인 액체
④ 다른 물질을 산화시키는 성질을 가진 유기물질

철도안전법시행규칙 제78조(위해물품의 종류 등)

1. 화약류: 「총포·도검·화약류 등의 안전관리에 관한 법률」에 따른 화약·폭약·화공품과 그 밖에 폭발성이 있는 물질
2. 고압가스
    1) 섭씨 50도 미만의 임계온도를 가진 물질
    2) 섭씨 50도에서 300킬로 파스칼을 초과하는 절대압력(진공을 0으로 하는 압력을 말한다)을 가진 물질
    3) 섭씨 21.1도에서 280킬로 파스칼을 초과하거나 섭씨 54.4도에서 730킬로 파스칼을 초과하는 절대압력을 가진 물질
    4) 섭씨 37.8도에서 280킬로 파스칼을 초과하는 절대가스압력(진공을 0으로 하는 가스압력을 말한다)을 가진 액체상태의 인화성 물질
3. 인화성 액체
    1) 밀폐식 인화점 측정법에 따른 인화점이 섭씨 60.5도 이하인 액체
    2) 개방식 인화점 측정법에 따른 인화점이 섭씨 65.6도 이하인 액체
4. 가연성 물질류
    1) 가연성고체: 화기 등에 의하여 용이하게 점화되며 화재를 조장할 수 있는 가연성 고체
    2) 자연발화성 물질: 통상적인 운송상태에서 마찰·습기흡수·화학변화 등으로 인하여 자연발열하거나 자연발화하기 쉬운 물질
    3) 그 밖의 가연성물질: 물과 작용하여 인화성 가스를 발생하는 물질
5. 산화성 물질류
    1) 산화성 물질: 다른 물질을 산화시키는 성질을 가진 물질로서 유기과산화물 외의 것
    2) 유기과산화물: 다른 물질을 산화시키는 성질을 가진 유기물질
6. 독물류
    1) 독물: 사람이 흡입·접촉하거나 체내에 섭취한 경우에 강력한 독작용이나 자극을 일으키는 물질
    2) 병독을 옮기기 쉬운 물질: 살아 있는 병원체 및 살아 있는 병원체를 함유하거나 병원체가 부착되어 있다고 인정되는 물질
7. 방사성 물질: 「원자력안전법」 제2조에 따른 핵물질 및 방사성물질이나 이로 인하여 오염된 물질로서 방사능의 농도가 킬로그램당 74킬로 베크렐(그램당 0.002마이크로큐리) 이상인 것
8. 부식성 물질: 생물체의 조직에 접촉한 경우 화학반응에 의하여 조직에 심한 위해를 주는 물질이나 열차의 차체·적하물 등에 접촉한 경우 물질적 손상을 주는 물질
9. 마취성 물질: 객실승무원이 정상근무를 할 수 없도록 극도의 고통이나 불편함을 발생시키는 마취성이 있는 물질이나 그와 유사한 성질을 가진 물질
10. 총포·도검류 등: 「총포·도검·화약류등 단속법」에 따른 총포·도검 및 이에 준하는 흉기류
11. 그 밖의 유해물질: 제1호부터 제10호까지 외의 것으로서 화학변화 등에 의하여 사람에게 위해를 주거나 열차 안에 적재된 물건에 물질적인 손상을 줄 수 있는 물질

17 열차에서 휴대하거나 적재할 수 없는 위해물품의 종류가 아닌 것은?

① 뇌홍질화연   ② 자연발화성 물질   ③ 부식성 물질   ④ 유기과산화물

철도안전법시행규칙 제78조(위해물품의 종류 등)

18 운송위탁 및 운송금지 위험물에 포함되는 것은?

① 마취성 물질　　　　　　　　　② 가연성고체
③ 뇌홍질화연에 속하는 것　　　　④ 방사성 물질

> **해설** 철도안전법 제43조(위험물의 운송위탁 및 운송 금지)
> 1. 누구든지 점화류 또는 점폭약류를 붙인 폭약, 니트로글리세린, 건조한 기폭약, 뇌홍질화연에 속하는 것 등 대통령령으로 정하는 위험물의 운송을 위탁할 수 없다.
> 2. 철도운영자는 이를 철도로 운송할 수 없다.
> * 대통령령으로 정하는 운송위탁 및 운송 금지 위험물 등
>   1) 점화 또는 점폭약류를 붙인 폭약　　2) 니트로글리세린
>   3) 건조한 기폭약　　　　　　　　　　4) 뇌홍질화연에 속하는 것
>   5) 그 밖에 사람에게 위해를 주거나 물건에 손상을 줄 수 있는 물질로서 국토교통부장관이 정하여 고시하는 위험물

19 대통령령으로 정한 운송위탁 및 운송 금지 위험물이 아닌 것은?

① 니트로글리세린　　　　　　　　② 건조한 기폭약
③ 인화성 액체　　　　　　　　　　④ 점화 또는 점폭약류를 붙인 폭약

> **해설** 철도안전법시행령 제44조(운송위탁 및 운송 금지 위험물 등)

20 운송취급주의 위험물이 아닌 것은?

① 마찰·충격·흡습 등 주위의 상황으로 인하여 발화할 우려가 있는 것
② 뇌홍질화연에 속하는 것
③ 유독성 가스를 발생시킬 우려가 있는 것
④ 철도운송 중 폭발할 우려가 있는 것

> **해설** 철도안전법 제44조(위험물의 운송 등)
> 1. 대통령령으로 정하는 위험물("위험물")의 운송을 위탁하여 철도로 운송하려는 자와 이를 운송하는 철도운영자("위험물취급자")는 국토교통부령으로 정하는 바에 따라 철도운행상의 위험 방지 및 인명(人命) 보호를 위하여 위험물을 안전하게 포장·적재·관리·운송("위험물취급")하여야 한다.
> 2. 위험물의 운송을 위탁하여 철도로 운송하려는 자는 위험물을 안전하게 운송하기 위하여 철도운영자의 안전조치 등에 따라야 한다.
> * 대통령령으로 정하는 운송취급주의 위험물
>   1) 철도운송 중 폭발할 우려가 있는 것
>   2) 마찰·충격·흡습 등 주위의 상황으로 인하여 발화할 우려가 있는 것
>   3) 인화성·산화성 등이 강하여 그 물질 자체의 성질에 따라 발화할 우려가 있는 것

정답 18 ③　19 ③　20 ②

4) 용기가 파손될 경우 내용물이 누출되어 철도차량·레일·기구 또는 다른 화물 등을 부식시키거나 침해할 우려가 있는 것
5) 유독성 가스를 발생시킬 우려가 있는 것
6) 그 밖에 화물의 성질상 철도시설·철도차량·철도종사자·여객 등에 위해나 손상을 끼칠 우려가 있는 것

21 철도경계선으로부터 30m 이내에서 대통령령으로 정하는 바에 따라 국토교통부장관 또는 시·도지사에게 신고해야 하는 행위 중 옳지 않은 것은?

① 토지의 형질변경 및 굴착
② 토석, 자갈 및 모래의 채취
③ 나무의 식재(국토교통부령으로 정한 경우만 해당한다)
④ 건축물의 신축·개축·증축 또는 인공구조물의 설치

해설 철도안전법 제45조(철도보호지구에서의 행위제한 등)
1. 철도보호지구의 의미
  1) 철도경계선으로부터 30미터 이내의 지역
    * 철도경계선이란: 가장 바깥쪽 궤도의 끝선을 말한다.
  2) 「도시철도법」에 따른 도시철도 중 노면전차의 경우에는 철도경계선으로부터 10미터 이내의 지역
2. 철도보호지구에서 다음에 해당하는 행위를 하려는 자는 대통령령으로 정하는 바에 따라 국토교통부장관 또는 시·도지사에게 신고하여야 한다.
  1) 토지의 형질변경 및 굴착(掘鑿)
  2) 토석, 자갈 및 모래의 채취
  3) 건축물의 신축·개축(改築)·증축 또는 인공구조물의 설치
  4) 나무의 식재(<u>대통령령</u>으로 정하는 경우만 해당한다)
    * 대통령령으로 정하는 나무의 식재
      ⓐ 철도차량 운전자의 전방 시야 확보에 지장을 주는 경우
      ⓑ 나뭇가지가 전차선이나 신호기 등을 침범하거나 침범할 우려가 있는 경우
      ⓒ 호우나 태풍 등으로 나무가 쓰러져 철도시설물을 훼손시키거나 열차의 운행에 지장을 줄 우려가 있는 경우
  5) 그 밖에 철도시설을 파손하거나 철도차량의 안전운행을 방해할 우려가 있는 행위로서 <u>대통령령</u>으로 정하는 행위
    * 대통령령으로 정하는 철도차량의 안전운행을 방해할 우려가 있는 행위
      ⓐ 폭발물이나 인화물질 등 위험물을 제조·저장하거나 전시하는 행위
      ⓑ 철도차량 운전자 등이 선로나 신호기를 확인하는 데 지장을 주거나 줄 우려가 있는 시설이나 설비를 설치하는 행위
      ⓒ 철도신호등으로 오인할 우려가 있는 시설물이나 조명 설비를 설치하는 행위
      ⓓ 전차선로에 의하여 감전될 우려가 있는 시설이나 설비를 설치하는 행위
      ⓔ 시설 또는 설비가 선로의 위나 밑으로 횡단하거나 선로와 나란히 되도록 설치하는 행위
      ⓕ 그 밖에 열차의 안전운행과 철도 보호를 위하여 필요하다고 인정하여 국토교통부장관이 정하여 고시하는 행위

정답 21 ③

22 철도보호지구의 정의는?

① 철도경계선(가장 안쪽 궤도의 끝선을 말한다)으로부터 30미터 이내
② 철도경계선(가장 안쪽 궤도의 끝선을 말한다)으로부터 50미터 이내
③ 철도경계선(가장 바깥쪽 궤도의 끝선을 말한다)으로부터 50미터 이내
④ 철도경계선(가장 바깥쪽 궤도의 끝선을 말한다)으로부터 30미터 이내

해설 철도안전법 제45조(철도보호지구에서의 행위제한 등)

23 노면전차의 철도보호지구는 철도경계선으로부터 몇 미터 이내인지?

① 10m   ② 20m   ③ 30m   ④ 40m

해설 철도안전법 제45조(철도보호지구에서의 행위제한 등)

24 철도보호지구에서 대통령령으로 정하는 바에 따라 국토교통부장관 또는 시·도지사에게 신고해야 하는 행위가 아닌 것은?

① 토지의 명의변경
② 토석, 자갈 및 모래의 채취
③ 나무의 식재(대통령령으로 정한 경우만 해당한다)
④ 건축물의 신축·개축·증축 또는 인공구조물의 설치

해설 철도안전법 제45조(철도보호지구에서의 행위제한 등)

25 철도보호지구에서 신고하여야 하는 철도시설을 파손하거나 철도차량의 안전운행을 방해할 우려가 있는 대통령령으로 정하는 행위로 옳지 않은 것은?

① 철도차량 운전자의 전방 시야 확보에 지장을 주는 경우
② 철도신호등으로 오인할 우려가 있는 시설물이나 조명 설비를 설치하는 행위
③ 전차선로에 의하여 감전될 우려가 있는 시설이나 설비를 설치하는 행위
④ 시설 또는 설비가 선로의 위나 밑으로 횡단하거나 선로와 나란히 되도록 설치하는 행위

해설 철도안전법 제45조(철도보호지구에서의 행위제한 등)

정답 22 ④ 23 ① 24 ① 25 ①

26 철도보호지구의 바깥쪽 경계선으로부터 20m 이내 지역에서 신고하여야 하는 노면전차의 안전운행 저해행위 등이 아닌 것은?

① 건설기계 중 최대높이가 10미터 이상인 건설기계를 설치하는 행위
② 깊이 10미터 이상의 굴착
③ 위험물을 지정수량 이상 제조·저장하거나 전시하는 행위
④ 높이가 5미터 이상인 인공구조물을 설치하는 행위

> **해설** 철도안전법 제45조(철도보호지구에서의 행위제한 등), 시행령 제48조의2(노면전차의 안전운행 저해행위 등)
>
> 1. 노면전차 철도보호지구의 바깥쪽 경계선으로부터 20미터 이내의 지역에서 굴착, 인공구조물의 설치 등 철도시설을 파손하거나 철도차량의 안전운행을 방해할 우려가 있는 행위로서 <u>대통령령</u>으로 정하는 행위를 하려는 자는 대통령령으로 정하는 바에 따라 국토교통부장관 또는 시·도지사에게 신고하여야 한다.
>
> * 대통령령으로 정하는 철도차량의 안전운행을 방해할 우려가 있는 행위
> 1) 깊이 10미터 이상의 굴착
> 2) 다음에 해당하는 것을 설치하는 행위
>   ⓐ 「건설기계관리법」에 따른 건설기계 중 최대높이가 10미터 이상인 건설기계
>   ⓑ 높이가 10미터 이상인 인공구조물
> 3) 「위험물안전관리법」에 따른 위험물을 지정수량 이상 제조·저장하거나 전시하는 행위

27 여객열차에서의 금지행위가 아닌 것은?

① 흡연하는 행위
② 철도종사자와 여객 등에게 성적 수치심을 일으키는 행위
③ 철도시설 또는 철도차량을 파손하여 철도차량 운행에 위험을 발생하게 하는 행위
④ 술을 마시거나 약물을 복용하고 다른 사람에게 위해를 주는 행위
⑤ 다른 사람을 폭행하여 열차운행에 지장을 초래하는 행위

> **해설** 철도안전법 제47조(여객열차에서의 금지행위)
> ① 여객(무임승차자를 포함)은 여객열차에서 다음에 해당하는 행위를 하여서는 아니 된다.
> 1. 정당한 사유 없이 <u>국토교통부령</u>으로 정하는 여객출입 금지장소에 출입하는 행위
>
>   * 국토교통부령으로 정하는 여객출입 금지장소
>   ⓐ 운전실 ⓑ 기관실 ⓒ 발전실 ⓓ 방송실
> 2. 정당한 사유 없이 운행중에 비상정지버튼을 누르거나 철도차량의 옆면에 있는 승강용 출입문을 여는 등 철도차량의 장치 또는 기구 등을 조작하는 행위
> 3. 여객열차 밖에 있는 사람을 위험하게 할 우려가 있는 물건을 여객열차 밖으로 던지는 행위
> 4. 흡연하는 행위
> 5. 철도종사자와 여객 등에게 성적(性的) 수치심을 일으키는 행위

정답 26 ④ 27 ③

6. 술을 마시거나 약물을 복용하고 다른 사람에게 위해를 주는 행위

7. 그 밖에 공중이나 여객에게 위해를 끼치는 행위로서 국토교통부령으로 정하는 행위

② 여객은 여객열차에서 다른 사람을 폭행하여 열차운행에 지장을 초래하여서는 안 된다.

* ③번은 철도 보호 및 질서유지를 위한 금지행위이다.

28 정당한 사유 없이 국토교통부령으로 정하는 여객 출입금지장소로 틀린 것은?

① 운전실   ② 여객승무원실   ③ 기관실   ④ 방송실

해설 철도안전법 제47조(여객열차에서의 금지행위)

29 여객열차에서의 여객 출입금지장소는 무엇으로 정하는가?

① 대통령령   ② 국무총리령   ③ 교통안전법   ④ 국토교통부령

해설 철도안전법시행규칙 제79조(여객출입 금지장소)

30 철도보호 및 질서유지를 위한 금지행위가 아닌 것은?

① 철도시설 또는 철도차량을 파손하여 철도차량 운행에 위험을 발생하게 하는 행위

② 여객열차 밖에 있는 사람을 위험하게 할 우려가 있는 물건을 여객열차 밖으로 던지는 행위

③ 역시설 또는 철도차량에서 노숙하는 행위

④ 궤도의 중심으로부터 양측으로 폭 3미터 이내의 장소에 철도차량의 안전 운행에 지장을 주는 물건을 방치하는 행위

해설 철도안전법 제48조(철도 보호 및 질서유지를 위한 금지행위)

누구든지 정당한 사유 없이 철도 보호 및 질서유지를 해치는 다음에 해당하는 행위를 하여서는 아니 된다.

1. 철도시설 또는 철도차량을 파손하여 철도차량 운행에 위험을 발생하게 하는 행위

2. 철도차량을 향하여 돌이나 그 밖의 위험한 물건을 던져 철도차량 운행에 위험을 발생하게 하는 행위

3. 궤도의 중심으로부터 양측으로 폭 3미터 이내의 장소에 철도차량의 안전 운행에 지장을 주는 물건을 방치하는 행위

4. 철도교량 등 국토교통부령으로 정하는 시설 또는 구역에 국토교통부령으로 정하는 폭발물 또는 인화성이 높은 물건 등을 쌓아 놓는 행위

  * 국토교통부령으로 정하는 폭발물 등 적치금지 구역

    1) 정거장 및 선로(정거장 또는 선로를 지지하는 구조물 및 그 주변지역을 포함한다)

    2) 철도 역사   3) 철도 교량   4) 철도 터널

5. 선로(철도와 교차된 도로는 제외한다) 또는 국토교통부령으로 정하는 철도시설에 철도운영자등의 승낙 없이 출입하거나 통행하는 행위

정답 28 ② 29 ④ 30 ②

* 국토교통부령으로 정하는 출입금지 철도시설
  1) 위험물을 적하하거나 보관하는 장소
  2) 신호·통신기기 설치장소 및 전력기기·관제설비 설치장소
  3) 철도운전용 급유시설물이 있는 장소
  4) 철도차량 정비시설
6. 역시설 등 공중이 이용하는 철도시설 또는 철도차량에서 폭언 또는 고성방가 등 소란을 피우는 행위
7. 철도시설에 국토교통부령으로 정하는 유해물 또는 열차운행에 지장을 줄 수 있는 오물을 버리는 행위
  * 국토교통부령으로 정하는 유해물
    철도시설이나 철도차량을 훼손하거나 정상적인 기능·작동을 방해하여 열차운행에 지장을 줄 수 있는 산업폐기물·생활폐기물을 말한다.
8. 역시설 또는 철도차량에서 노숙(露宿)하는 행위
9. 열차운행 중에 타고 내리거나 정당한 사유 없이 승강용 출입문의 개폐를 방해하여 열차운행에 지장을 주는 행위
10. 정당한 사유 없이 열차 승강장의 비상정지버튼을 작동시켜 열차운행에 지장을 주는 행위
11. 그 밖에 철도시설 또는 철도차량에서 공중의 안전을 위하여 질서유지가 필요하다고 인정되어 국토교통부령으로 정하는 금지행위
* ②번은 여객열차에서의 금지행위이다.

31 국토교통부령으로 정하는 폭발물 등 적치금지 구역이 아닌 것은?

① 철도역사
② 철도교량
③ 철도터널
④ 정거장 및 선로(정거장 또는 선로를 지지하는 구조물 및 그 주변지역을 포함하지 않는다)

> **해설** 철도안전법시행규칙 제81조(폭발물 등 적치금지 구역)

32 국토교통부령으로 정하는 출입금지 철도시설은?

① 발전실   ② 철도교량
③ 철도운전용 급유시설물이 있는 장소   ④ 철도역사

> **해설** 철도안전법시행규칙 제83(출입금지 철도시설)

33 철도운영자의 승낙 없이 출입하거나 통행이 가능한 곳은?

① 위험물을 보관하는 장소   ② 관제설비 설치장소
③ 철도차량 정비시설   ④ 도로 위 건널목

> **해설** 철도안전법 제48조(철도 보호 및 질서유지를 위한 금지행위)

정답   31 ④   32 ③   33 ④

34 철도안전법에서 철도시설이나 철도차량을 훼손하거나 정상적인 기능·작동을 방해하여 열차운행에 지장을 줄 수 있는 산업폐기물·생활폐기물을 무엇이라고 하는지?

① 적치금지 폭발물
② 산업쓰레기
③ 출입금지 철도시설
④ 유해물

> **해설** 철도안전법시행규칙 제84조(열차운행에 지장을 줄 수 있는 유해물)

35 철도차량의 안전운행에 지장을 주는 물건을 방치하는 행위를 금지하는 장소 범위는?

① 궤도 맨 바깥 측부터 양측으로 폭 3미터 이내
② 궤도의 안쪽부터 양측으로 폭 3미터 이내
③ 궤도의 중심으로부터 양측으로 폭 3미터 이내
④ 궤도의 중심으로부터 양측으로 폭 5미터 이내

> **해설** 철도안전법 제48조(철도 보호 및 질서유지를 위한 금지행위)

36 보안검색의 실시방법 및 절차 등에 관한 설명으로 틀린 것은?

① 보안검색의 실시 방법은 전부검색과 일부검색으로 구분한다.
② 보안검색장비의 오류 등으로 제대로 작동하지 아니하는 경우 여객의 동의를 받아 직접 신체나 물건을 검색하거나 특정 장소로 이동하여 검색을 할 수 있다.
③ 보안검색을 실시하는 경우에는 검색 대상자에게 자신의 신분증을 제시하면서 소속과 성명을 밝히고 그 목적과 이유를 설명하여야 한다.
④ 장시간 방치된 수하물로 신고된 물건에 대하여 검색하는 경우 보안검색의 목적과 이유를 사전에 설명하여야 한다.

> **해설** 철도안전법시행규칙 제85조의2(보안검색의 실시 방법 및 절차 등)
> 1. 보안검색 실시 범위는 다음의 구분에 따른다.
>   1) 전부검색: 국가의 중요 행사 기간이거나 국가 정보기관으로부터 테러 위험 등의 정보를 통보받은 경우 등 국토교통부장관이 보안검색을 강화하여야 할 필요가 있다고 판단하는 경우에 국토교통부장관이 지정한 보안검색 대상 역에서 보안검색 대상 전부에 대하여 실시
>   2) 일부검색: 휴대·적재 금지 위해물품을 휴대·적재하였다고 판단되는 사람과 물건에 대하여 실시하거나 전부검색으로 시행하는 것이 부적합하다고 판단되는 경우에 실시
> 2. 위해물품을 탐지하기 위한 보안검색 방법: 보안검색장비를 사용하여 검색한다.
> 3. 여객의 동의를 받아 직접 신체나 물건을 검색하거나 특정 장소로 이동하여 검색을 할 수 있는 경우
>   1) 보안검색장비의 경보음이 울리는 경우
>   2) 위해물품을 휴대하거나 숨기고 있다고 의심되는 경우

정답 34 ④ 35 ③ 36 ④

3) 보안검색장비를 통한 검색 결과 그 내용물을 판독할 수 없는 경우
4) 보안검색장비의 오류 등으로 제대로 작동하지 아니하는 경우
5) 보안의 위협과 관련한 정보의 입수에 따라 필요하다고 인정되는 경우
4. 국토교통부장관은 보안검색을 실시하게 하려는 경우에 사전에 철도운영자등에게 보안검색 실시계획을 통보하여야 한다. 단, 범죄가 이미 발생하였거나 발생할 우려가 있는 경우 등 긴급한 보안검색이 필요한 경우에는 사전 통보를 하지 아니할 수 있다.
5. 보안검색 실시계획을 통보받은 철도운영자등은 여객이 해당 실시계획을 알 수 있도록 보안검색 일정·장소·대상 및 방법 등을 안내문에 게시하여야 한다.
6. 보안검색 실시방법: 철도특별사법경찰관리가 보안검색을 실시하는 경우에는 검색 대상자에게 자신의 신분증을 제시하면서 소속과 성명을 밝히고 그 <u>목적과 이유를 설명</u>하여야 한다.
* 보안검색 목적·이유를 사전 설명 없이 검색할 수 있는 경우
  ⓐ 보안검색 장소의 안내문 등을 통하여 사전에 보안검색 실시계획을 안내한 경우
  ⓑ 의심물체 또는 장시간 방치된 수하물로 신고된 물건에 대하여 검색하는 경우

37 보안검색을 실시하는 경우에 사전설명 없이 검색할 수 있는 경우로 틀린 것은?

① 의심물체로 신고된 물건에 대하여 검색하는 경우
② 장시간 방치된 수하물로 신고된 물건에 대하여 검색하는 경우
③ 위해물품을 휴대하거나 숨기고 있다고 의심되는 경우
④ 보안검색 장소의 안내문 등을 통하여 사전에 보안검색 실시계획을 안내한 경우

해설 철도안전법시행규칙 제85조의2(보안검색의 실시 방법 및 절차 등) 제⑤항

38 철도특별사법경찰관리의 직무장비의 종류가 아닌 것은?

① 권총　　　　② 포승　　　　③ 가스분사기　　　　④ 전자충격기
⑤ 가스발사총(고무탄 발사겸용인 것을 포함한다)

해설 철도안전법 제48조의5(직무장비의 휴대 및 사용 등)
1. "직무장비"란 철도특별사법경찰관리가 휴대하여 범인검거와 피의자 호송 등의 직무수행에 사용하는 수갑, 포승, 가스분사기, 가스발사총(고무탄 발사겸용인 것을 포함한다),전자충격기, 경비봉을 말한다.
2. 철도특별사법경찰관리가 직무수행 중 직무장비를 사용할 때 사람의 생명이나 신체에 위해를 끼칠 수 있는 직무장비(가스분사기, 가스발사총 및 전자충격기를 말한다)를 사용하는 경우에는 사전에 필요한 안전교육과 안전검사를 받은 후 사용하여야 한다.

정답　37 ③　38 ①

39 철도특별사법경찰관리의 직무장비 휴대 및 사용방법으로 맞는 것은?

① 가스분사기는 3미터 이내의 거리에서 상대방의 얼굴을 향해 발사하지 말아야 한다.

② 방폭담요는 범인검거 및 피의자 호송을 위하여 휴대하는 직무장비이다.

③ 보안검색장비의 성능인증과 관한 사항은 항공법에 따른다.

④ 법죄가 발생할 우려가 있는 경우 등 긴급한 보안검색이 필요한 경우에는 철도운영자등에게 보안검색 실시계획을 사전 통보를 하지 아니할 수 있다.

⑤ 가스발사총으로 고무탄을 발사하는 경우에는 3미터 이내의 거리에서 상대방의 얼굴을 향해 발사해서는 안 된다.

> **해설** 철도안전법시행규칙 제85조의10(직무장비의 사용기준), 제48조의3(보안검색장비의 성능인증)
>
> 1. 보안검색장비의 성능인증
>   1) 보안검색을 하는 경우에는 국토교통부장관으로부터 성능인증을 받은 보안검색장비를 사용하여야 한다.
>   2) 성능인증을 위한 기준·방법·절차 등 운영에 필요한 사항은 국토교통부령으로 정한다.
> 2. 직무장비의 사용기준
>   1) 가스분사기·가스발사총(고무탄은 제외한다)의 경우
>   범인의 체포 또는 도주방지, 타인 또는 철도특별사법경찰관리의 생명·신체에 대한 방호, 공무집행에 대한 항거의 억제를 위해 필요한 경우에 최소한의 범위에서 사용하되, 1미터 이내의 거리에서 상대방의 얼굴을 향해 발사하지 말 것. 다만, 가스발사총으로 고무탄을 발사하는 경우에는 1미터를 초과하는 거리에서도 상대방의 얼굴을 향해 발사해서는 안 된다.
>   2) 전자충격기의 경우
>   14세 미만의 사람이나 임산부에게 사용해서는 안 되며, 전극침(電極針) 발사장치가 있는 전자충격기를 사용하는 경우에는 상대방의 얼굴을 향해 전극침을 발사하지 말 것
>   3) 경비봉의 경우
>   타인 또는 철도특별사법경찰관리의 생명·신체의 위해와 공공시설·재산의 위험을 방지하기 위해 필요한 경우에 최소한의 범위에서 사용할 수 있으며, 인명 또는 신체에 대한 위해를 최소화하도록 할 것
>   4) 수갑·포승의 경우
>   체포영장·구속영장의 집행, 신체의 자유를 제한하는 판결 또는 처분을 받은 사람을 법률에서 정한 절차에 따라 호송·수용하거나, 범인, 술에 취한 사람, 정신착란자의 자살 또는 자해를 방지하기 위해 필요한 경우에 최소한의 범위에서 사용할 것

40 여객열차에서 위해물품을 휴대한 사람의 퇴거조치를 할 수 있는 자는?

① 철도종사자　　② 국토교통부장관　　③ 철도시설관리자　　④ 철도사법경찰

> **해설** 철도안전법 제50조(사람 또는 물건에 대한 퇴거 조치 등), 철도안전법시행령 제52조(퇴거지역의 범위)
>
> 1. 퇴거 또는 철거조치를 할 수 있는자: 철도종사자
> 2. 사람 또는 물건을 열차 밖이나 대통령령으로 정하는 지역 밖으로 퇴거시키거나 철거할 수 있는 경우
>   1) 여객열차에서 위해물품을 휴대한 사람 및 그 위해물품

정답　39 ④　40 ①

2) 운송 금지 위험물을 운송위탁하거나 운송하는 자 및 그 위험물
3) 철도보호지구에서의 행위 금지·제한 또는 조치 명령에 따르지 아니하는 사람 및 그 물건
4) 여객열차에서 금지행위를 한 사람 및 그 물건
5) 철도 보호 및 질서유지를 위한 금지행위를 한 사람 및 그 물건
6) 보안검색에 따르지 아니한 사람
7) 철도종사자의 직무상 지시를 따르지 아니하거나 직무집행을 방해하는 사람

* 대통령령으로 정하는 퇴거지역의 범위
1) 열차 밖
2) 대통령령으로 정하는 지역 밖
ⓐ 정거장
ⓑ 철도신호기·철도차량정비소·통신기기·전력설비 등의 설비가 설치되어 있는 장소의 담장이나 경계선 안의 지역
ⓒ 화물을 적하하는 장소의 담장이나 경계선 안의 지역

41 보안검색에 따르지 않는 사람 등에 대한 퇴거지역의 범위가 아닌 것은?

① 정거장 밖
② 전력설비가 설치되어 있는 장소의 담장이나 경계선 안의 지역 밖
③ 화물을 적하하는 장소의 담장이나 경계선 안의 지역 밖
④ 철도신호소가 설치되어 있는 장소의 담장이나 경계선 안의 지역 밖

해설 철도안전법시행령 제52조(퇴거지역의 범위)

42 국토교통부장관에게 즉시 보고 하여야 하는 철도사고를 모두 고르시오.

ㄱ. 열차의 충돌이나 탈선사고
ㄴ. 철도차량이나 열차에서 화재가 발생하여 운행을 중지시킨 사고
ㄷ. 철도차량이나 열차의 운행과 관련하여 1명 이상 사상자가 발생한 사고
ㄹ. 철도차량이나 열차의 운행과 관련하여 5천만 원 이상의 재산피해가 발생한 사고

① ㄴ, ㄷ, ㄹ   ② ㄱ, ㄴ, ㄷ   ③ ㄱ, ㄴ, ㄹ   ④ 모두

해설 철도안전법 제61조(철도사고등 의무보고)
1. 철도운영자등은 사상자가 많은 사고 등 대통령령으로 정하는 철도사고등이 발생하였을 때에는 국토교통부령으로 정하는 바에 따라 즉시 국토교통부장관에게 보고하여야 한다.
2. 철도운영자등은 즉시보고 철도사고등을 제외한 철도사고등이 발생하였을 때에는 국토교통부령으로 정하는 바에 따라 사고 내용을 조사하여 그 결과를 국토교통부장관에게 보고하여야 한다.
   * 대통령령으로 정하는 국토교통부장관에게 즉시 보고하여야 하는 철도사고등
   1) 열차의 충돌이나 탈선사고

정답 41 ④ 42 ③

2) 철도차량이나 열차에서 화재가 발생하여 운행을 중지시킨 사고
3) 철도차량이나 열차의 운행과 관련하여 3명 이상 사상자가 발생한 사고
4) 철도차량이나 열차의 운행과 관련하여 5천만 원 이상의 재산피해가 발생한 사고

43 열차 사고로 즉시 보고해야할 상황인 경우 보고해야 할 내용으로 틀린 것은?

① 사상자 등 피해상황　　　　　　　② 사고발생 경위
③ 사고조사 결과　　　　　　　　　　④ 사고발생 일시 및 장소

해설　철도안전법시행규칙 제86조(철도사고등의 의무보고)
① 철도운영자등은 즉시보고 대상 철도사고등이 발생한 때에는 다음 사항을 국토교통부장관에게 즉시 보고하여야 한다.
　　1. 사고 발생 일시 및 장소　　　　　2. 사상자 등 피해사항
　　3. 사고 발생 경위　　　　　　　　　4. 사고 수습 및 복구 계획 등
② 철도운영자등은 즉시보고 대상을 제외한 철도사고등이 발생한 때에는 다음 구분에 따라 국토교통부장관에게 이를 보고하여야 한다.
　　1. 초기보고: 사고발생현황 등
　　2. 중간보고: 사고수습·복구상황 등
　　3. 종결보고: 사고수습·복구결과 등

44 즉시보고하지 않아도 되는 철도사고등이 발행할 때에 사고조사 보고의 구분이 아닌 것은?

① 초기보고　　　　② 조사보고　　　　③ 중간보고　　　　④ 종결보고

해설　철도안전법시행규칙 제86조(철도사고등의 의무보고)

45 철도안전 자율보고서는 누구에게 제출해야 하는가?

① 한국교통안전공단 이사장　　　　　② 한국철도기술연구원장
③ 국가철도공단 이사장　　　　　　　④ 철도운영자

해설　철도안전법 제61조의3(철도안전 자율보고)
① 철도안전을 해치거나 해칠 우려가 있는 사건·상황·상태 등("철도안전위험요인")을 발생시켰거나 철도안전위험요인이 발생한 것을 안 사람 또는 철도안전위험요인이 발생할 것이 예상된다고 판단하는 사람은 국토교통부장관에게 그 사실을 보고할 수 있다.
철도안전법시행규칙 제88조(철도안전 자율보고의 절차 등)
① 철도안전 자율보고를 하려는 자는 철도안전 자율보고서를 한국교통안전공단 이사장에게 제출하거나 국토교통부장관이 정하여 고시하는 방법으로 한국교통안전공단 이사장에게 보고해야 한다.

정답　43 ③　44 ②　45 ①

제5장

[철도안전법]
철도안전기반 구축 · 벌칙

제1절　철도안전 전문기관

1. 철도안전 전문기관 운영
   1) 국토교통부장관은 철도안전에 관한 전문기관 또는 단체를 지도·육성하여야 한다.
   2) 안전전문기관의 지정기준, 지정절차 등에 관하여 필요한 사항은 <u>대통령령</u>으로 정한다.
2. 철도안전전문기관의 구분
   1) 철도운행안전 분야　　　2) 전기철도 분야　　　　　3) 철도신호 분야
   4) 철도궤도 분야　　　　　5) 철도차량 분야
3. 철도안전전문기관의 지정기준
   1) 업무수행에 필요한 상설 전담조직을 갖출 것
   2) 분야별 교육훈련을 수행할 수 있는 전문인력을 확보할 것
   3) 교육훈련 시행에 필요한 사무실·교육시설과 필요한 장비를 갖출 것
   4) 안전전문기관 운영 등에 관한 업무규정을 갖출 것

제2절　철도안전 전문인력

1. 철도안전 전문인력의 분야별 자격기준, 자격부여 절차 및 자격을 받기 위한 안전교육훈련 등에 관하여 필요한 사항은 <u>대통령령</u>으로 정한다.
2. 철도안전 전문인력의 구분
   1) 철도운행안전관리자
   2) 철도안전전문기술자
      ① 전기철도 분야 철도안전전문기술자　　② 철도신호 분야 철도안전전문기술자
      ③ 철도궤도 분야 철도안전전문기술자　　④ 철도차량 분야 철도안전전문기술자
3. 철도안전 전문인력의 업무
   1) 철도운행안전관리자의 업무
      ① 철도차량의 운행선로나 그 인근에서 철도시설의 건설 또는 관리와 관련한 작업을 수행하는 경우에 작업일정의 조정 또는 작업에 필요한 안전장비·안전시설 등의 점검

② 작업이 수행되는 선로를 운행하는 열차가 있는 경우 해당 열차의 운행일정 조정

③ 열차접근경보시설이나 열차접근감시인의 배치에 관한 계획 수립·시행과 확인

④ 철도차량 운전자나 관제업무종사자와 연락체계 구축 등

2) 철도안전전문기술자의 업무

① 전기철도·철도신호·철도궤도 분야 철도안전전문기술자

해당 철도시설의 건설이나 관리와 관련된 설계·시공·감리·안전점검 업무나 레일용접 등의 업무

② 철도차량분야 철도안전전문기술자

철도차량의 설계·제작·개조·시험검사·정밀안전진단·안전점검 등에 관한 품질관리 및 감리 등의 업무

4. 철도안전 전문인력의 교육

1) 철도안전 전문인력으로 인정받으려는 경우의 교육훈련

대상자	교육시간	교육내용
철도운행안전관리자	120시간(3주) －직무관련: 100시간 －교양교육: 20시간	• 열차운행의 통제와 조정 • 안전관리 일반 • 관계법령 • 비상 시 조치 등
철도안전전문기술자 (초급)	120시간(3주) －직무관련: 100시간 －교양교육: 20시간	• 기초전문 직무교육 • 안전관리 일반 • 관계법령 • 실무실습

2) 철도안전 전문인력의 정기교육

① 정기교육 주기: 3년

② 정기교육 시간: 15시간 이상

③ 정기교육 시기

정기교육은 철도안전 전문인력의 분야별 자격을 취득한 날 또는 종전의 정기교육 유효기간 만료일부터 3년이 되는 날 전 1년 이내에 받아야 한다.

제 3 절　철도기술심의위원회

1. 철도기술심의위원회 설치자: 국토교통부장관

2. 철도기술심의위원회의 심의사항

1) 안전관리체계, 철도차량 형식승인, 철도차량 제작자승인, 철도용품 형식승인, 철도용품 제작자승에 따른 기술기준의 제정·개정 또는 폐지

2) 형식승인 대상 철도용품의 선정·변경 및 취소

3) 철도차량·철도용품 표준규격의 제정·개정 또는 폐지

4) 철도안전에 관한 전문기관이나 단체의 지정

　　5) 그 밖에 국토교통부장관이 필요로 하는 사항

3. 철도기술심의위원회의 구성·운영

　　1) 기술위원회는 위원장을 포함한 15인 이내의 위원으로 구성하며 위원장은 위원 중에서 호선한다.

　　2) 기술위원회에 상정할 안건을 미리 검토하고 기술위원회가 위임한 안건을 심의하기 위하여 기술위원회에 기술분과별 전문위원회를 둘 수 있다.

　　3) 이 규칙에서 정한 것 외에 기술위원회 및 전문위원회의 구성·운영 등에 관하여 필요한 사항은 국토교통부장관이 정한다.

제4절　보칙

1. 정부에서 재정지원을 할 수 있는 기관·단체

　　1) 운전적성검사기관, 관제적성검사기관 또는 정밀안전진단기관

　　2) 운전교육훈련기관, 관제교육훈련기관 또는 정비교육훈련기관

　　3) 인증기관, 시험기관, 안전전문기관 및 철도안전에 관한 단체

　　4) 업무를 위탁받은 기관 또는 단체

　　　① 한국교통안전공단　　　　　　② 한국철도기술연구원

　　　③ 국가철도공단　　　　　　　　④ 철도안전에 관한 전문기관이나 단체

　　* 재정지원을 할 수 없는 곳: 신체검사기관

2. 수수료

　　1) 대행기관 또는 수탁기관이 수수료에 대한 기준을 정하려는 경우에는 해당 기관의 인터넷 홈페이지에 20일간 그 내용을 게시하여 이해관계인의 의견을 수렴하여야 한다.

　　2) 다만, 긴급하다고 인정하는 경우에는 인터넷 홈페이지에 그 사유를 소명하고 10일간 게시할 수 있다.

3. 청문

　　국토교통부장관은 다음의 처분을 하는 경우에는 청문을 하여야 한다.

　　1) 안전관리체계의 승인 취소　　　　2) 운전적성검사기관의 지정취소

　　3) 운전면허의 취소 및 효력정지　　　4) 관제자격증명의 취소 또는 효력정지

　　5) 철도차량정비기술자의 인정 취소　6) 철도차량·철도용품의 형식승인 취소

　　7) 철도차량·철도용품 제작자승인 취소　8) 인증정비조직의 인증 취소

　　9) 정밀안전진단기관의 지정 취소

　　10) 위험물 포장·용기검사기관의 지정 취소 또는 업무정지

　　11) 위험물취급전문교육기관의 지정 취소 또는 업무정지

　　12) 보안검색장비 시험기관의 지정 취소　13) 철도운행안전관리자의 자격 취소

14) 철도안전전문기술자의 자격 취소
4. 벌칙 적용에서 공무원 의제
「형법」의 규정을 적용할 때에 공무원으로 보는 사람
   1) 운전적성검사 업무에 종사하는 운전적성검사기관의 임직원 또는 관제적성검사 업무에 종사하는 관제적성검사기관의 임직원
   2) 운전교육훈련 업무에 종사하는 운전교육훈련기관의 임직원 또는 관제교육훈련 업무에 종사하는 관제교육훈련기관의 임직원
   3) 정비교육훈련 업무에 종사하는 정비교육훈련기관의 임직원
   4) 정밀안전진단 업무에 종사하는 정밀안전진단기관의 임직원
   5) 위탁받은 검사 업무에 종사하는 기관 또는 단체의 임직원
   6) 성능시험 업무에 종사하는 시험기관의 임직원 및 성능인증·점검 업무에 종사하는 인증기관의 임직원
   7) 철도안전 전문인력의 양성 및 자격관리 업무에 종사하는 안전전문기관의 임직원
   8) 위탁업무에 종사하는 철도안전 관련 기관 또는 단체의 임직원
5. 국토교통부장관의 업무 중 한국교통안전공단에 위탁한 업무
   1) 안전관리기준에 대한 적합 여부 검사
   2) 기술기준의 제정 또는 개정을 위한 연구·개발
   3) 안전관리체계에 대한 정기검사 또는 수시검사
   4) 철도운영자등에 대한 안전관리 수준평가
   5) 운전면허·관제자격증명 시험의 실시
   6) 운전면허증 또는 관제자격증명서의 발급과 운전면허증 또는 관제자격증명서의 재발급이나 기재사항의 변경
   7) 철도차량정비기술자의 인정 및 철도차량정비경력증의 발급·관리
   8) 종합시험운행 결과의 검토
   9) 철도안전 자율보고의 접수
   * 국가철도공단에 위탁한 업무: 철도보호지구 업무, 손실보상에 관한 업무
6. 규제의 재검토
   국토교통부장관은 다음을 기준으로 3년마다 그 타당성을 검토하여 개선 등의 조치를 하여야 한다.
   1) 운송위탁 및 운송 금지 위험물 등
   2) 철도안전 전문인력의 자격기준
   3) 신체검사 방법·절차·합격기준 등
   4) 적성검사 방법·절차 및 합격기준 등
   5) 위해물품의 종류 등
   6) 안전전문기관의 세부 지정기준 등

제 5 절	벌칙

1. 중대한 범죄

위반내용	위반자 (고의성)	과실로 죄를 지은 사람	업무상 과실이나 중대한 과실	미수범
① 사람이 탑승하여 운행 중인 철도차량에 불을 놓아 소훼한 사람 ② 사람이 탑승하여 운행 중인 철도차량을 탈선 또는 충돌하게 하거나 파괴한 사람	무기징역 또는 5년 이상의 징역	1년 이하의 징역 또는 1천만 원 이하의 벌금	3년 이하의 징역 또는 3천만 원 이하의 벌금	처벌
위 ①, ②의 죄를 지어 사람을 사망에 이르게 한 자	사형, 무기징역, 7년 이상의 징역			
철도보호 및 질서유지를 위한 금지행위를 위반하여 철도시설 또는 철도차량을 파손하여 철도차량 운행에 위험을 발생하게 한 사람	10년 이하의 징역 또는 1억 원 이하의 벌금	1천만 원 이하의 벌금	2년 이하의 징역 또는 2천만 원 이하의 벌금	

2. 5년 이하의 징역 또는 5천만 원 이하의 벌금
   1) 폭행·협박으로 철도종사원의 직무집행을 방해한 자
3. 3년 이하의 징역 또는 3천만 원 이하의 벌금
   1) 술을 마시거나 약물을 사용한 상태에서 업무를 한 사람
   2) 운송 금지 위험물의 운송을 위탁하거나 그 위험물을 운송한 자
   3) 여객열차에서 다른 사람을 폭행하여 열차운행에 지장을 초래한 자
   4) 다음의 철도보호 및 질서유지를 위한 금지행위를 위반한 자
      ㉮ 철도차량을 향하여 돌이나 그 밖의 위험한 물건을 던져 철도차량 운행에 위험을 발생하게 하는 행위
      ㉯ 궤도의 중심으로부터 양측으로 폭 3m 이내의 장소에 철도차량의 안전 운행에 지장을 주는 물건을 방치하는 행위
      ㉰ 철도교량 등 국토교통부령으로 정하는 시설 또는 구역에 국토교통부령으로 정하는 폭발물 또는 인화성이 높은 물건 등을 쌓아 놓는 행위
4. 2년 이하의 징역 또는 2천만 원 이하의 벌금
   1) 거짓이나 그 밖의 부정한 방법으로 안전관리체계의 승인을 받은 자
   2) 승인받은 안전관리체계를 지속적으로 유지하지 않아 철도운영이나 철도시설의 관리에 중대하고 명백한 지장을 초래한 자
   3) 음주, 약물사용의 확인 또는 검사에 불응한 자
   4) 정당한 사유 없이 위해물품을 휴대하거나 적재한 사람
   5) 철도보호지구에서 행위 신고를 하지 아니하거나 행위금지 또는 제한 명령에 따르지 아니한 자
   6) 열차에서 운행 중 비상정지버튼을 누르거나 승강용 출입문을 여는 행위를 한 사람

5. 1년 이하의 징역 또는 1천만 원 이하의 벌금

   1) 운전면허를 받지 아니하고(운전면허가 취소되거나 그 효력이 정지된 경우를 포함) 철도차량을 운전한 사람

   2) 거짓이나 그 밖의 부정한 방법으로 운전면허를 받은 사람

   3) 거짓이나 그 밖의 부정한 방법으로 관제자격증명을 받은 사람

   4) 운전면허증을 다른 사람에게 빌려주거나 빌리거나 이를 알선한 사람

   5) 실무수습을 이수하지 아니하고 철도차량의 운전업무에 종사한 사람

6. 500만 원 이하의 벌금

   철도종사자와 여객에게 성적 수치심을 일으키는 행위를 한 자

7. 1천만원 이하의 과태료

   1) 안전관리체계의 변경승인을 받지 아니하고 안전관리체계를 변경한 자

   2) 철도안전 우수운영자로 지정을 받지 아니한 자가 우수운영자로 지정되었음을 표시하여 해당 표시를 제거하게 하는 등 필요한 시정조치 명령을 따르지 아니한 자

   3) 영상기록장치를 설치·운영하지 아니한 자

   4) 철도종사자의 직무상 지시에 따르지 아니한 사람

   5) 철도사고의 의무보고, 철도차량 등에 발생한 고장 등의 보고를 하지 아니하거나 거짓으로 보고한 자

8. 500만원 이하의 과태료

   1) 철도종사자에 대한 안전교육을 실시하지 아니한 자 또는 정기적인 직무교육을 실시하지 아니한 자

   2) 철도종사자의 준수사항을 위반한 자

   3) 여객열차에서 여객출입 금지장소에 출입하거나 물건을 여객열차 밖으로 던지는 행위를 한 사람

   4) 여객열차에서의 금지행위에 관한 사항을 안내하지 아니한 자

   5) 철도시설(선로는 제외)에 철도운영자등의 승낙 없이 출입하거나 통행한 사람

9. 300만원 이하의 과태료

   1) 철도안전 우수운영자 지정 표시를 위반하여 운수운영자로 지정되었음을 나타내는 표시를 하거나 이와 유사한 표시를 한 자

   2) 운전면허, 관제자격증명의 취소 또는 효력정지시 운전면허증(관제자격증명)을 반납하지 아니한 사람

10. 100만원 이하의 과태료

    1) 철도종사원(운전업무 실무수습하는 사람 포함)이 업무에 종사하는 동안에 열차 내에서 흡연을 한 사람

    2) 여객열차에서 흡연을 한 사람

    3) 선로에 철도운영자등의 승낙없이 출입하거나 통행한 사람

    4) 역시설 등 공중이 이용하는 철도시설 또는 철도차량에서 폭언 또는 고성방가 등 소란을 피우는 행위를 한 사람

11. 50만원 이하의 과태료

  1) 철도보호지구에서 시설등 소유자가 장애물 제거, 방지시설 설치 등의 조치명령을 따르지 아니한 자

  2) 공중이나 여객에게 위해를 끼치는 행위로서 국토교통부령으로 정하는 행위

    ① 여객에게 위해를 끼칠 우려가 있는 동식물을 안전조치 없이 여객열차에 동승하거나 휴대하는 행위

    ② 타인에게 전염의 우려가 있는 법정 감염병자가 철도종사자의 허락 없이 여객열차에 타는 행위

    ③ 철도종사자의 허락 없이 여객에게 기부를 부탁하거나 물품을 판매·배부하거나 연설·권유 등을 하여 여객에게 불편을 끼치는 행위

12. 과태료 세부 부과기준(대통령령)

  1) 위반 횟수별 과태료 부과체계: 상한액의 30%, 60%, 90%로 정함

  2) 위반행위별 과태료 금액

위반행위	과태료금액(단위:만원)		
	1회위반	2회위반	3회이상위반
1. 안전관리체계의 변경승인을 받지 않고 안전관리체계를 변경한 경우	300	600	900
2. 안전관리체계의 변경신고를 하지 않고 안전관리체계를 변경한 경우	150	300	450
3. 우수운영자로 지정되었음을 나타내는 표시를 하거나 이와 유사한 표시를 한 경우	90	180	270
4. 운전면허 취소 또는 효력정지시 운전면허증을 반납하지 않은 경우	90	180	270
5. 철도운영자등이 자신이 고용하는 철도종사자에 대하여 정기적으로 안전교육을 실시하지 않거나 직무교육을 실시하지 않은 경우	150	300	450
6. 철도운영자등이 사업주의 안전교육 실시 여부를 확인하지 않거나 안전교육을 실시하도록 조치하지 않은 경우	150	300	450
7. 영상기록장치를 설치·운영하지 않은 경우	300	600	900
8. 철도종사자의 준수사항을 위반한 경우	150	300	450
9. 정당한 사유 없이 국토교통부령으로 정하는 여객출입 금지장소에 출입하는 행위 <여객출입 금지장소 ㉮ 운전실 ㉯ 기관실 ㉰ 발전실 ㉱ 방송실> 10. 여객열차 밖에 있는 사람을 위험하게 할 우려가 있는 물건을 여객열차 밖으로 던지는 행위	150	300	450
11. 여객이 여객열차에서 흡연을 한 경우 12. 철도종사자가 업무에 종사하는 동안에 열차 내에서 흡연을 한 경우	30	60	90

13. 여객열차에서 공중이나 여객에게 위해를 끼치는 행위를 한 경우 　ⓐ 여객에게 위해를 끼칠 우려가 있는 동식물을 안전조치 없이 여객 　　열차에 동승하거나 휴대하는 행위 　ⓑ 타인에게 전염의 우려가 있는 법정 감염병자가 철도종사자의 허 　　락없이 여객열차에 타는 행위 　ⓒ 철도종사자의 허락없이 여객에게 기부를 부탁하거나 물품을 판매· 　　배부하거나 연설·권유 등을 하여 여객에게 불편을 끼치는 행위	15	30	45
14. 여객열차에서의 금지행위에 관한 사항을 안내하지 않은 경우	150	300	450
15. 철도시설(선로는 제외한다)에 승낙 없이 출입하거나 통행한 경우	150	300	450
16. 선로에 승낙 없이 출입하거나 통행한 경우 17. 역시설 등 공중이 이용하는 철도시설 또는 철도차량에서 폭언 또는 　고성방가 등 소란을 피우는 행위를 한 사람	30	60	90
18. 철도시설에 유해물 또는 오물을 버리거나 열차운행에 지장을 준 경우	150	300	450
19. 철도종사자의 직무상 지시에 따르지 않은 경우	300	600	900

제5장 [철도안전기반 구축·벌칙]
기출예상문제

01 철도안전에 관한 전문기관 또는 단체를 지도·육성하여야 하는 자는?

① 철도운영자   ② 국토교통부장관

③ 철도시설관리자   ④ 분야별 안전전문기관

> **해설**   철도안전법 제69조(철도안전 전문기관 등의 육성)
>
> 1. 국토교통부장관은 철도안전에 관한 전문기관 또는 단체를 지도·육성하여야 한다.
> 2. 국토교통부장관은 철도시설의 건설, 운영 및 관리와 관련된 안전점검업무 등 대통령령으로 정하는 철도안전업무에 종사하는 전문인력("철도안전 전문인력")을 원활하게 확보할 수 있도록 시책을 마련하여 추진하여야 한다.
> 3. 국토교통부장관은 철도안전 전문인력의 분야별 자격을 다음과 같이 구분하여 부여할 수 있다.
>   1) 철도운행안전관리자
>   2) 철도안전전문기술자
> 4. 철도안전 전문인력의 분야별 자격기준, 자격부여 절차 및 자격을 받기 위한 안전교육훈련 등에 관하여 필요한 사항은 대통령령으로 정한다.
> 5. 안전전문기관의 지정기준, 지정절차 등에 관하여 필요한 사항은 대통령령으로 정한다.

02 철도안전 전문인력의 분야별 자격기준, 자격부여 절차 및 자격을 받기 위한 안전교육훈련 등에 관하여 필요한 사항은 무엇으로 정하는가?

① 국토교통부령   ② 대통령령   ③ 국무총리령   ④ 법률

> **해설**   철도안전법 제69조(철도안전 전문기관 등의 육성)

03 철도안전에 관한 전문기관이나 단체의 지정을 위해 심의하는 곳과 지정자가 바르게 짝지어진 것은?

① 철도기술심의위원회 – 국토교통부장관   ② 철도기술심의위원회 – 대통령

③ 철도산업위원회 – 국토교통부장관   ④ 철도산업위원회 – 대통령

정답   1 ②   2 ②   3 ①

해설 철도안전법시행규칙 제44조(철도기술심의위원회의 설치), 제45조(철도기술심의위원회의 구성·운영 등)

1. 철도기술심의위원회 설치자: 국토교통부장관
2. 철도기술심의위원회의 심의사항
   1) 안전관리체계, 철도차량 형식승인, 철도차량 제작자승인, 철도용품 형식승인, 철도용품 제작자승인에 따른 기술기준의 제정·개정 또는 폐지
   2) 형식승인 대상 철도용품의 선정·변경 및 취소
   3) 철도차량·철도용품 표준규격의 제정·개정 또는 폐지
   4) <u>철도안전에 관한 전문기관이나 단체의 지정</u>
   5) 그 밖에 국토교통부장관이 필요로 하는 사항
3. 철도기술심의위원회의 구성·운영 등
   1) 기술위원회는 위원장을 포함한 15인 이내의 위원으로 구성하며 위원장은 위원 중에서 호선한다.
   2) 기술위원회에 상정할 안건을 미리 검토하고 기술위원회가 위임한 안건을 심의하기 위하여 기술위원회에 기술분과별 전문위원회를 둘 수 있다.
   3) 이 규칙에서 정한 것 외에 기술위원회 및 전문위원회의 구성·운영 등에 관하여 필요한 사항은 국토교통부장관이 정한다.

04 철도기술심의위원회의의 심의사항이 아닌 것은?

① 기술기준의 제정·개정 또는 폐지
② 형식승인 대상 철도차량의 선정·변경 및 취소
③ 철도안전에 관한 전문기관이나 단체의 지정
④ 철도차량·철도용품 표준규격의 제정·개정 또는 폐지

해설 철도안전법시행규칙 제44조(철도기술심의위원회의 설치)

05 철도안전법에서 철도안전전문기술자가 아닌 자는?

① 철도운행안전관리자
② 전기철도분야 철도안전전문기술자
③ 철도궤도분야 철도안전전문기술자
④ 철도신호분야 철도안전전문기술자

해설 철도안전법시행령 제59조(철도안전 전문인력의 구분)
① 대통령령으로 정하는 철도안전업무에 종사하는 전문인력의 구분
   1. 철도운행안전관리자
   2. 철도안전전문기술자
      1) 전기철도 분야 철도안전전문기술자
      2) 철도신호 분야 철도안전전문기술자
      3) 철도궤도 분야 철도안전전문기술자
      4) 철도차량 분야 철도안전전문기술자

정답 4 ② 5 ①

06 철도안전 전문인력으로 맞는 것은?

① 철도선로분야 철도안전전문기술자 ② 철도운행안전관리자
③ 철도시설분야 철도안전전문기술자 ④ 철도토목분야 철도안전전문기술자

> **해설** 철도안전법시행령 제59조(철도안전 전문인력의 구분)

07 철도운행안전관리자의 업무가 아닌 것은?

① 작업특성 및 현장여건에 따른 위험요인에 대한 안전조치 방법 강구
② 열차접근경보시설이나 열차접근감시인의 배치에 관한 계획 수립·시행과 확인
③ 철도차량 운전자나 관제업무종사자와 연락체계 구축 등
④ 철도차량의 운행선로나 그 인근에서 철도시설의 건설 또는 관리와 관련한 작업을 수행하는 경우에 작업일정의 조정 또는 작업에 필요한 안전장비·안전시설 등의 점검

> **해설** 철도안전법시행령 제59조(철도안전 전문인력의 구분)
> ② 철도안전 전문인력의 업무 범위는 다음과 같다.
>   1. 철도운행안전관리자의 업무
>   1) 철도차량의 운행선로나 그 인근에서 철도시설의 건설 또는 관리와 관련한 작업을 수행하는 경우에 작업일정의 조정 또는 작업에 필요한 안전장비·안전시설 등의 점검
>   2) 작업이 수행되는 선로를 운행하는 열차가 있는 경우 해당 열차의 운행일정 조정
>   3) 열차접근경보시설이나 열차접근감시인의 배치에 관한 계획 수립·시행과 확인
>   4) 철도차량 운전자나 관제업무종사자와 연락체계 구축 등
> * ①항은 작업책임자의 준수사항이다.

08 전기철도 분야 철도안전전문기술자의 업무는?

① 해당 철도시설의 건설이나 관리와 관련된 설계·시공·감리·안전점검 업무나 레일용접 등의 업무
② 철도차량의 설계·제작·개조·시험검사·정밀안전진단·안전점검 등에 관한 품질관리 및 감리 등의 업무
③ 작업이 수행되는 선로를 운행하는 열차가 있는 경우 해당 열차의 운행일정 조정
④ 열차접근경보시설이나 열차접근감시인의 배치에 관한 계획 수립·시행과 확인

> **해설** 철도안전법시행령 제59조(철도안전 전문인력의 구분)
> ② 철도안전 전문인력의 업무 범위는 다음과 같다.

정답 6 ② 7 ① 8 ①

2. 철도안전전문기술자의 업무
   1) 전기철도·철도신호·철도궤도 분야 철도안전전문기술자: 해당 철도시설의 건설이나 관리와 관련된 설계·시공·감리·안전점검 업무나 레일 용접 등의 업무
   2) 철도차량분야 철도안전전문기술자: 철도차량의 설계·제작·개조·시험검사·정밀안전진단·안전점검 등에 관한 품질관리 및 감리 등의 업무

09 철도안전법에서 분야별 안전전문기관 아닌 것은?

① 전기철도 분야   ② 철도신호 분야   ③ 철도궤도 분야   ④ 철도시설 분야

해설 철도안전법시행규칙 제92조의2(분야별 안전전문기관 지정)
국토교통부장관은 분야별로 구분하여 전문기관을 지정할 수 있다.
1. 철도운행안전 분야   2. 전기철도 분야   3. 철도신호 분야
4. 철도궤도 분야   5. 철도차량 분야

10 철도안전법에서 분야별 안전전문기관이 아닌 것은?

① 철도운행안전 분야   ② 전기철도 분야
③ 철도신호 분야   ④ 철도토목 분야

해설 철도안전법시행규칙 제92조의2(분야별 안전전문기관 지정)

11 철도안전법에서 철도안전 전문인력의 정기교육의 주기 및 시간은?

① 3년-15시간 이상 ② 5년-15시간 이상 ③ 5년-30시간 이상 ④ 3년-30시간 이상

해설 철도안전법 제69조의3(철도안전 전문인력의 정기교육)
1. 제철도안전 전문인력의 분야별 자격을 부여받은 사람은 직무 수행의 적정성 등을 유지할 수 있도록 정기적으로 교육을 받아야 한다.
2. 철도안전 전문인력의 정기교육은 안전전문기관에서 실시한다.
3. 철도안전 전문인력의 정기교육
   1) 정기교육 주기: 3년
   2) 정기교육 시간: 15시간 이상
4. 정기교육의 유효기간
   1) 정기교육은 철도안전 전문인력의 분야별 자격을 취득한 날 또는 종전의 정기교육 유효기간 만료일부터 3년이 되는 날 전 1년 이내에 받아야 한다.
   2) 철도안전 전문인력이 유효기간이 지난 후에 정기교육을 받은 경우 그 정기교육의 유효기간은 정기교육을 받은 날부터 기산한다.

정답 9 ④ 10 ④ 11 ①

12 철도안전 전문기술자(초급)로 인정받으려는 경우의 교육훈련 시간은?

① 100시간(3주): 직무관련 50시간＋교양교육 50시간
② 120시간(3주): 직무관련 100시간＋교양교육 20시간
③ 150시간(3주): 직무관련 100시간＋교양교육 50시간
④ 200시간(3주): 직무관련 150시간＋교양교육 50시간

해설 철도안전법시행규칙 제91조(철도안전 전문인력의 교육훈련)

대상자	교육시간	교육내용	교육시기
철도운행 안전관리자	120시간(3주) －직무관련: 100시간 －교양교육: 20시간	• 열차운행의 통제와 조정 • 안전관리 일반 • 관계법령 • 비상 시 조치 등	철도운행안전관리자로 인정받으려는 경우
철도안전 전문기술자 (초급)	120시간(3주) －직무관련: 100시간 －교양교육: 20시간	• 기초전문 직무교육 • 안전관리 일반 • 관계법령 • 실무실습	철도안전전문 초급기술자로 인정받으려는 경우

13 철도운행안전관리자로 인정받으려는 경우의 교육내용이 아닌 것은?

① 관계법령
② 비상 시 조치 등
③ 기초전문 직무교육
④ 안전관리 일반

해설 철도안전법시행규칙 제91조(철도안전 전문인력의 교육훈련)

14 철도안전전문기술자(초급)로 인정받으려는 경우의 교육내용이 아닌 것은?

① 열차운행의 통제와 조정
② 실무실습
③ 기초전문 직무교육
④ 안전관리 일반

해설 철도안전법시행규칙 제91조(철도안전 전문인력의 교육훈련)

15 정부의 재정적 지원을 할 수 있는 기관 또는 단체는?

① 운전적성훈련기관
② 관제적성훈련기관
③ 정밀안전진단기관
④ 관제신체검사기관

정답 12 ② 13 ③ 14 ① 15 ③

철도안전법 제72조(재정지원)

정부는 다음의 기관 또는 단체에 보조 등 재정적 지원을 할 수 있다.
1. 운전적성검사기관, 관제적성검사기관 또는 정밀안전진단기관
2. 운전교육훈련기관, 관제교육훈련기관 또는 정비교육훈련기관
3. 인증기관, 시험기관, 안전전문기관 및 철도안전에 관한 단체
4. 업무를 위탁받은 기관 또는 단체
   (한국교통안전공단, 한국철도기술연구원, 국가철도공단, 철도안전에 관한 전문기관이나 단체)

16 철도안전법에서 정부의 재정적 지원을 할 수 없는 기관 또는 단체는?

① 운전신체검사기관   ② 관제적성검사기관
③ 시험기관   ④ 정비교육훈련기관

철도안전법 제72조(재정지원)

17 철도안전법에서 대통령령으로 정하는 바에 따라 정부의 재정적 지원을 받을 수 있는 기관 또는 단체로 틀린 것은?

① 한국철도공사   ② 국가철도공단
③ 한국철도기술연구원   ④ 한국교통안전공단

철도안전법 제72조(재정지원), 제77조(권한의 위임·위탁), 철도안전법시행령 제63조(업무의 위탁)
1. 위탁자: 국토교통부장관
2. 위탁기관
   1) 한국교통안전공단   2) 한국철도기술연구원
   3) 국가철도공단   4) 철도안전에 관한 전문기관이나 단체

18 철도안전법에서 수수료에 대한 기준을 정하려는 경우에 이해관계인의 의견을 수렴하는 기간은?

① 7일   ② 14일   ③ 10일   ④ 20일

철도안전법시행규칙 제94조(수수료의 결정절차)
① 대행기관 또는 수탁기관이 수수료에 대한 기준을 정하려는 경우에는 해당 기관의 인터넷 홈페이지에 20일간 그 내용을 게시하여 이해관계인의 의견을 수렴하여야 한다. 다만, 긴급하다고 인정하는 경우에는 인터넷 홈페이지에 그 사유를 소명하고 10일간 게시할 수 있다.
② 대행기관 또는 수탁기관이 수수료에 대한 기준을 정하여 국토교통부장관의 승인을 얻은 경우에는 해당 기관의 인터넷 홈페이지에 그 수수료 및 산정내용을 공개하여야 한다.

정답   16 ①   17 ①   18 ④

19 국토교통부장관이 청문을 하여야 하는 처분으로 틀린 것은?

① 철도운행안전관리자의 자격 취소　　　② 안전관리체계의 승인 취소

③ 철도안전전문기술자의 자격 취소　　　④ 과태료 부과시

국토교통부장관은 다음의 처분을 하는 경우에는 청문을 하여야 한다.
1. 안전관리체계의 승인 취소　　　　　　2. 운전적성검사기관의 지정취소(준용하는 경우 포함)
3. 운전면허의 취소 및 효력정지　　　　　4. 관제자격증명의 취소 또는 효력정지
5. 철도차량정비기술자의 인정 취소　　　6. 철도차량·철도용품의 형식승인의 취소
7. 철도차량·철도용품의 제작자승인의 취소　8. 인증정비조직의 인증 취소
8의2. 위험물 포장·용기검사기관의 지정 취소 또는 업무정지
8의3. 위험물취급전문교육기관의 지정 취소 또는 업무정지
9. 정밀안전진단기관의 지정 취소　　　　10. 보안검색장비 시험기관의 지정 취소
11. 철도운행안전관리자의 자격 취소　　　12. 철도안전전문기술자의 자격 취소

20 국토교통부장관이 철도차량 운전면허의 취소를 하려는 경우 반드시 거쳐야 하는 절차는?

① 의견수렴　　　　② 조회　　　　③ 청문　　　　④ 권한의 위임

21 국토교통부장관은 철도운행안전관리자의 자격을 취소하려면 (　　)을 해야 한다. (　　)에 들어갈 절차는?

① 의견수렴　　　　② 조회　　　　③ 청문　　　　④ 권한의 위임

22 철도안전법에서 「형법」의 규정을 적용할 때에 공무원으로 보는 사람이 아닌 것은?

① 관제적성검사기관의 임직원　　　　　　② 정비교육훈련기관의 임직원

③ 철도안전 관련 기관 또는 단체의 임직원　④ 철도기술심의위원회 위원

「형법」의 규정을 적용할 때에 공무원으로 보는 사람
1. 운전적성검사 업무에 종사하는 운전적성검사기관의 임직원 또는 관제적성검사 업무에 종사하는 관제
   적성검사기관의 임직원
2. 운전교육훈련 업무에 종사하는 운전교육훈련기관의 임직원 또는 관제교육훈련 업무에 종사하는 관제
   교육훈련기관의 임직원

정답 19 ④　20 ③　21 ③　22 ④

3. 정비교육훈련 업무에 종사하는 정비교육훈련기관의 임직원
4. 정밀안전진단 업무에 종사하는 정밀안전진단기관의 임직원
5. 위탁받은 검사 업무에 종사하는 기관 또는 단체의 임직원
6. 성능시험 업무에 종사하는 시험기관의 임직원 및 성능인증·점검 업무에 종사하는 인증기관의 임직원
7. 철도안전 전문인력의 양성 및 자격관리 업무에 종사하는 안전전문기관의 임직원
8. 위탁업무에 종사하는 철도안전 관련 기관 또는 단체의 임직원

23 국토교통부장관이 한국교통안전공단에 위탁 가능한 업무가 아닌 것은?

① 종합시험운행 결과의 검토
② 안전관리체계에 대한 정기검사 또는 수시검사
③ 기술기준의 제정 또는 개정
④ 안전관리기준에 대한 적합 여부 검사

해설 철도안전법시행령 제63조(업무의 위탁)
국토교통부장관은 다음의 업무를 한국교통안전공단에 위탁한다.
1. 안전관리기준에 대한 적합 여부 검사
2. 기술기준의 제정 또는 개정을 위한 연구·개발
3. 안전관리체계에 대한 정기검사 또는 수시검사
4. 철도운영자등에 대한 안전관리 수준평가
5. 운전면허시험·관제자격증명시험의 실시
6. 운전면허증 또는 관제자격증명서의 발급과 운전면허증 또는 관제자격증명서의 재발급이나 기재사항의
   변경
7. 철도차량정비기술자의 인정 및 철도차량정비경력증의 발급·관리
8. 종합시험운행 결과의 검토
9. 철도안전 자율보고의 접수
* 국가철도공단에 위탁한 업무: 철도보호지구 관련업무, 손실보상에 관한 업무

24 철도안전법에서 운송위탁 및 운송금지 위험물 규제의 타당성 재검토 주기는?

① 1년   ② 2년   ③ 3년   ④ 5년

해설 철도안전법시행령 제63조의3(규제의 재검토)
국토교통부장관은 다음의 기준일을 기준으로 3년마다(매 3년이 되는 해의 기준일과 같은 날 전까지를
말한다) 그 타당성을 검토하여 개선 등의 조치를 하여야 한다.
1. 운송위탁 및 운송 금지 위험물 등: 2017년 1월 1일
2. 철도안전 전문인력의 자격기준   : 2017년 1월 1일

정답 23 ③ 24 ③

25 철도안전법에서 안전전문기관의 세부 지정기준 규제의 재검토 주기는?

① 1년　　　　　　② 2년　　　　　　③ 3년　　　　　　④ 5년

해설 철도안전법시행규칙 제96조(규제의 재검토)

국토교통부장관은 다음에 대하여 2020년 1월 1일을 기준으로 3년마다(매 3년이 되는 해의 1월 1일 전까지를 말한다) 그 타당성을 검토하여 개선 등의 조치를 하여야 한다.
1. 운전면허의 신체검사 방법·절차·합격기준 등　　2. 운전면허의 적성검사 방법·절차 및 합격기준 등
3. 위해물품의 종류 등　　　　　　　　　　　　　4. 안전전문기관의 세부 지정기준 등

26 사람이 탑승하여 운행 중인 철도차량에 불을 놓아 소훼하여 사망자 발생 시 벌칙이 아닌 것은?

① 5년 이상의 징역　　② 무기징역　　　　③ 7년 이상의 징역　　④ 사형

해설 철도안전법 제78조(벌칙)

위반내용	위반자 (고의성)	과실로 죄를 지은 사람	업무상 과실이나 중대한 과실	미수범
① 사람이 탑승하여 운행 중인 철도 차량에 불을 놓아 소훼한 사람 ② 사람이 탑승하여 운행 중인 철도차량을 탈선 또는 충돌하게 하거나 파괴한 사람	무기징역 또는 5년 이상의 징역	1년 이하의 징역 또는 1천만 원 이하의 벌금	3년 이하의 징역 또는 3천만 원 이하의 벌금	처벌
위 ①, ②의 죄를 지어 사람을 사망에 이르게 한 자	사형, 무기징역, 7년 이상의 징역			
철도보호 및 질서유지를 위한 금지행위를 위반하여 철도시설 또는 철도차량을 파손하여 철도차량 운행에 위험을 발생하게 한 사람	10년 이하의 징역 또는 1억 원 이하의 벌금	1천만 원 이하의 벌금	2년 이하의 징역 또는 2천만 원 이하의 벌금	

* 위 ①, ②의 죄를 지어 사람을 사망에 이르게 한 자는 가중처벌한다.

27 업무상 과실이나 중대한 과실로 철도보호 및 질서유지를 위한 금지행위를 위반하여 철도시설 또는 철도차량을 파손하여 철도차량 운행에 위험을 발생하게 한 사람의 벌칙은?

① 5년 이하의 징역 또는 5천만 원 이하의 벌금
② 3년 이하의 징역 또는 3천만 원 이하의 벌금
③ 2년 이하의 징역 또는 2천만 원 이하의 벌금
④ 1년 이하의 징역 또는 1천만 원 이하의 벌금

해설 철도안전법 제78조(벌칙)

정답 25 ③　26 ①　27 ③

28 폭행·협박으로 철도종사원의 직무집행을 방해한 자의 벌칙은?

① 5년 이하의 징역 또는 5천만 원 이하의 벌금
② 3년 이하의 징역 또는 3천만 원 이하의 벌금
③ 2년 이하의 징역 또는 2천만 원 이하의 벌금
④ 1년 이하의 징역 또는 1천만 원 이하의 벌금

해설 철도안전법 제79조(벌칙)
① 폭행·협박으로 철도종사자의 직무집행을 방해한 자는 5년 이하의 징역 또는 5천만 원 이하의 벌금에 처한다.
* 다음과 같이 변형된 질문으로 출제될 수 있음: 정답은 같음.
  열차 안에서 소란을 피우는 여객을 승무원이 제지하였으나, 오히려 승무원에게 폭언과 협박을 하며 직무를 방해한 경우의 벌칙으로 맞는 것은?

29 3년 이하의 징역 또는 3천만 원 이하의 벌금에 해당하는 자로 틀린 것은?

① 술을 마시거나 약물을 사용한 상태에서 업무를 한 사람
② 철도교량 등 국토교통부령으로 정하는 시설 또는 구역에 국토교통부령으로 정하는 폭발물 또는 인화성이 높은 물건 등을 쌓아 놓는 행위를 한 사람
③ 운송 금지 위험물의 운송을 위탁하거나 그 위험물을 운송한 자
④ 음주, 약물사용의 확인 또는 검사에 불응한 자
⑤ 여객열차에서 다른 사람을 폭행하여 열차운행에 지장을 초래한 자

해설 3년 이하의 징역 또는 3천만 원 이하의 벌금
1. 안전관리체계의 승인을 받지 아니하고 철도운영을 하거나 철도시설을 관리한 자
2. 철도차량 제작자승인을 받지 아니하고 철도차량을 제작한 자
3. 국토교통부장관의 운행제한 명령을 따르지 아니하고 철도차량을 운행한 자
4. 술을 마시거나 약물을 사용한 상태에서 업무를 한 사람
5. 운송 금지 위험물의 운송을 위탁하거나 그 위험물을 운송한 자
6. 위험물을 안전하게 포장·적재 운송을 위반하여 위험물을 운송한 자
7. 여객열차에서 다른 사람을 폭행하여 열차운행에 지장을 초래한 자
8. 다음의 철도보호 및 질서유지를 위한 금지행위를 위반한 자
   ㉮ 철도차량을 향하여 돌이나 그 밖의 위험한 물건을 던져 철도차량 운행에 위험을 발생하게 하는 행위
   ㉯ 궤도의 중심으로부터 양측으로 폭 3m 이내의 장소에 철도차량의 안전 운행에 지장을 주는 물건을 방치하는 행위
   ㉰ 철도교량 등 국토교통부령으로 정하는 시설 또는 구역에 국토교통부령으로 정하는 폭발물 또는 인화성이 높은 물건 등을 쌓아 놓는 행위

정답 28 ① 29 ④

30 열차에서의 금지행위인 운행 중 비상정지버튼을 누르거나 승강용 출입문을 여는 행위를 한 사람의 벌칙은?

① 3년 이하의 징역 또는 3천만 원 이하의 벌금　　② 2천만 원 이하의 벌금

③ 2년 이하의 징역 또는 2천만 원 이하의 벌금　　④ 300만 원 이하의 벌금

해설 2년 이하의 징역 또는 2천만 원 이하의 벌금

* 거짓이나 그 밖의 부정한 방법으로 승인·지정·인증 등을 받은 경우가 대부분 이 벌칙에 해당한다.
1. 거짓이나 그 밖의 부정한 방법으로 안전관리체계의 승인을 받은 자
2. 승인받은 안전관리체계를 지속적으로 유지하지 않아 철도운영이나 철도시설의 관리에 중대하고 명백한 지장을 초래한 자
3. 거짓이나 그 밖의 부정한 방법으로 지정을 받은 자
　　㉮ 운전적성검사기관　　　㉯ 운전교육훈련기관　　　㉰ 관제적성검사기관
　　㉱ 관제교육훈련기관　　　㉲ 정비교육훈련기관　　　㉳ 정밀안전진단기관
　　㉴ 안전전문기관
4. 업무정지 기간 중에 해당 업무를 한 자
　　㉮ 운전적성검사기관　　　㉯ 운전교육훈련기관　　　㉰ 관제적성검사기관
　　㉱ 관제교육훈련기관　　　㉲ 정비교육훈련기관　　　㉳ 안전전문기관
5. 형식승인을 받지 아니한 철도차량을 운행한 자
6. 거짓이나 그 밖의 부정한 방법으로 철도차량, 철도용품 제작자승인을 받은 자
7. 완성검사를 받지 아니하고 철도차량을 판매한자
8. 거짓이나 그 밖의 부정한 방법으로 철도차량 정비조직의 인증을 받은 자
9. 관제업무종사자가 특별한 사유 없이 열차운행을 중지하지 아니한 자
10. 열차운행의 중지를 요청한 철도종사자에게 불이익한 조치를 한 자
11. 음주, 약물사용의 확인 또는 검사에 불응한 자
12. 정당한 사유 없이 위해물품을 휴대하거나 적재한 사람
13. 철도보호지구에서 행위 신고를 하지 아니하거나 행위금지 또는 제한 명령에 따르지 아니한 자
14. 열차에서의 금지행위인 운행 중 비상정지버튼을 누르거나 승강용 출입문을 여는 행위를 한 사람
15. 철도안전 자율보고를 한 사람에게 불이익한 조치를 한 자

31 거짓이나 그 밖의 부정한 방법으로 안전관리체계의 승인을 받은 자의 벌칙은?

① 3년 이하의 징역 또는 3천만 원 이하의 벌금
② 2년 이하의 징역 또는 2천만 원 이하의 벌금
③ 1년 이하의 징역 또는 1천만 원 이하의 벌금
④ 1천만 원 이하의 과태료

해설 2년 이하의 징역 또는 2천만 원 이하의 벌금

정답 30 ③　31 ②

32 운전면허를 받지 아니하고(운전면허가 취소되거나 그 효력이 정지된 경우를 포함) 철도차량을 운전한 사람의 벌칙은?

① 1년 이하의 징역 또는 1천만 원 이하의 벌금
② 2년 이하의 징역 또는 2천만 원 이하의 벌금
③ 3년 이하의 징역 또는 3천만 원 이하의 벌금
④ 5년 이하의 징역 또는 5천만 원 이하의 벌금

해설 1년 이하의 징역 또는 1천만 원 이하의 벌금

* 거짓이나 그 밖의 부정한 **방법**으로 운전면허·관제자격증명·철도차량정비기술자 인정·철도운행안전관리자 자격 인정 등을 받은 경우의 대부분 이 벌칙에 해당한다
* 자격 등을 빌려주거나 빌리거나 알선한 경우에 이 벌칙에 해당한다
1. 운전면허를 받지 아니하고(운전면허가 취소되거나 그 효력이 정지된 경우를 포함) 철도차량을 운전한 사람
2. 거짓이나 그 밖의 부정한 방법으로 운전면허·관제자격증명·철도차량정비기술자로 인정을 받은 사람
3. 운전면허증을 다른 사람에게 빌려주거나 빌리거나 이를 알선한 사람
4. 실무수습을 이수하지 아니하고 철도차량의 운전업무에 종사한 사람
5. 운전면허·관제자격증명을 받지 아니하거나(운전면허가 취소되거나 그 효력이 정지된 경우 포함) 실무수습을 이수하지 아니한 사람을 철도차량의 운전업무에 종사하게 한 철도운영자등
6. 관제자격증명서를 다른 사람에게 빌려주거나 빌리거나 이를 알선한 사람
7. 실무수습을 이수하지 아니하고 관제업무에 종사한 사람
8. 관제자격증명을 받지 아니하거나(관제자격증명이 취소되거나 그 효력이 정지된 경우 포함) 실무수습을 이수하지 아니한 사람을 관제업무에 종사하게 한 철도운영자등
9. 운전업무종사자 등 철도종사자가 신체검사와 적성검사를 받지 아니하거나 신체검사와 적성검사에 합격하지 아니하고 업무를 한 사람 및 그로 하여금 그 업무에 종사하게 한 자
10. 종합시험운행 결과를 허위로 보고한 자
11. 철도차량 운행하는 자가 국토교통부장관이 지시하는 이동·출발·정지 등의 지시를 따르지 아니한 자
12. 설치 목적과 다른 목적으로 영상기록장치를 임의로 조작하거나 다른 곳을 비춘 자 또는 운행기간 외에 영상기록을 한 자
13. 영상기록을 목적 외의 용도로 이용하거나 다른 자에게 제공한 자
14. 술을 마시거나 약물을 복용하고 다른 사람에게 위해를 주는 행위를 한 사람
15. 거짓이나 부정한 방법으로 철도운행안전관리자 자격을 받은 사람
16. 철도운행안전관리자를 배치하지 아니하고 철도시설의 건설 또는 관리와 관련한 작업을 시행한 철도운영자
17. 철도안전 전문인력의 정기교육을 받지 아니하고 업무를 한 사람 및 그로 하여금 그 업무에 종사하게 한 자
18. 철도안전 전문인력의 분야별 자격을 다른 사람에게 빌려주거나 빌리거나 이를 알선한 사람

정답 32 ①

33 철도종사자와 여객에게 성적 수치심을 일으키는 행위를 한 자의 벌칙은?

① 500만 원 이하의 벌금
② 1년 이하의 징역 또는 1천만 원 이하의 벌금
③ 2년 이하의 징역 또는 2천만 원 이하의 벌금
④ 3년 이하의 징역 또는 3천만 원 이하의 벌금

해설 500만 원 이하의 벌금

34 철도안전법에서 과태료 부과·징수권자는?

① 국토교통부장관, 시·도지사
② 국토교통부장관
③ 철도운영자, 시·도지사
④ 철도시설관리자

해설 철도안전법 제82조(과태료)
⑥ 과태료는 대통령령으로 정하는 바에 따라 국토교통부장관 또는 시·도지사가 부과·징수한다.

35 철도안전법에서 과태료의 부과기준을 정한 곳은?

① 국토교통부령
② 대통령령
③ 국무총리령
④ 철도표준약관

해설 철도안전법 제82조(과태료)

36 영상기록장치를 설치·운영하지 아니한 자의 벌칙은?

① 1,000만 원 이하의 과태료
② 500만 원 이하의 과태료
③ 300만 원 이하의 과태료
④ 100만 원 이하의 과태료

해설 1천만 원 이하의 과태료
1. 안전관리체계의 변경승인을 받지 아니하고 안전관리체계를 변경한 자
2. 철도안전 우수운영자로 지정을 받지 아니한 자가 우수운영자로 지정되었음을 표시하여 해당 표시를 제거하게 하는 등 필요한 시정조치 명령을 따르지 아니한 자
3. 종합시험운행 결과의 개선·시정 명령을 따르지 아니한 자
4. 영상기록장치를 설치·운영하지 아니한 자
5. 철도종사자의 직무상 지시에 따르지 아니한 사람

정답 33 ① 34 ① 35 ② 36 ①

37 철도종사자의 직무상 지시에 따르지 아니한 자의 벌칙은?

① 1,000만 원 이하의 과태료　　② 500만 원 이하의 과태료
③ 300만 원 이하의 과태료　　④ 100만 원 이하의 과태료

> **해설**　1천만 원 이하의 과태료

38 철도안전법에서 500만원 이하의 과태료에 해당하는 벌칙이 아닌 것은?

① 여객열차에서의 금지행위에 관한 사항을 안내하지 아니한 자
② 철도시설(선로는 제외)에 철도운영자등의 승낙 없이 출입하거나 통행한 사람
③ 철도종사자에 대한 안전교육을 실시하지 아니한 자 또는 정기적인 직무교육을 실시하지 아니한 자
④ 철도종사자(운전업무 실무수습을 하는 사람 포함)가 업무에 종사하는 동안에 열차 내에서 흡연을 한 사람

> **해설**　500만 원 이하의 과태료
> 1. 철도종사자에 대한 안전교육을 실시하지 아니한 자 또는 정기적인 직무교육을 실시하지 아니한 자
> 2. 철도종사자의 정기적인 안전교육 실시 여부를 확인하지 아니하거나 안전교육을 실시하도록 조치하지 아니한 철도운영자등
> 3. 철도종사자의 준수사항을 위반한 자
> 4. 여객열차에서 여객출입 금지장소에 출입하거나 물건을 여객열차 밖으로 던지는 행위를 한 사람
> 5. 여객열차에서의 금지행위에 관한 사항을 안내하지 아니한 자
> 6. 철도시설(선로는 제외)에 철도운영자등의 승낙 없이 출입하거나 통행한 사람
>   * 출입금지 철도시설: ① 위험물을 적하하거나 보관하는 장소 ② 신호·통신기기 설치장소 및 전력기기·관제설비 설치장소 ③ 철도운전용 급유시설물이 있는 장소 ④ 철도차량 정비시설
> 7. 철도시설에 유해물 또는 오물을 버리거나, 열차운행 중 타고 내리거나 정당한 사유 없이 승강용출입문의 개폐를 방해, 정당한 사유 없이 열차 승강장의 비상정지버튼을 작동시켜 열차운행에 지장을 준 사람

39 여객열차에서의 흡연을 한 사람의 벌칙은?

① 1,000만 원 이하의 과태료　　② 500만 원 이하의 과태료
③ 300만 원 이하의 과태료　　④ 100만 원 이하의 과태료

> **해설**　300만 원 이하의 과태료
> 1. 철도안전 우수운영자 지정 표시를 위반하여 운수운영자로 지정되었음을 나타내는 표시를 하거나 이와 유사한 표시를 한 자

정답　37 ①　38 ④　39 ④

2. 운전면허, 관제자격증명의 취소 또는 효력정지 시 운전면허증(관제자격증명)을 반납하지 아니한 사람

〈100만원 이하의 과태료〉

1. 철도종사자(운전업무 실무수습을 하는 사람 포함)가 업무에 종사하는 동안에 열차 내에서 흡연을 한 사람
2. 여객이 여객열차에서 흡연을 한 사람
3. 선로에 철도운영자등의 승낙없이 출입하거나 통행한 사람
4. 역시설 등 공중이 이용하는 철도시설 또는 철도차량에서 폭언 또는 고성방가 등 소란을 피우는 행위를 한 사람

〈50만원 이하의 과태료〉

1. 철도보호지구에서 시설등 소유자가 장애물 제거, 방지시설 설치 등의 조치명령을 따르지 아니한 자
2. 공중이나 여객에게 위해를 끼치는 행위로서 국토교통부령으로 정하는 행위
    1) 여객에게 위해를 끼칠 우려가 있는 동식물을 안전조치 없이 여객열차에 동승하거나 휴대하는 행위
    2) 타인에게 전염의 우려가 있는 법정 감염병자가 철도종사자의 허락 없이 여객열차에 타는 행위
    3) 철도종사자의 허락 없이 여객에게 기부를 부탁하거나 물품을 판매·배부하거나 연설·권유 등을 하여 여객에게 불편을 끼치는 행위

40 철도안전법에서 정한 벌칙 내용이 틀린 것은?

① 선로에 철도운영자등의 승낙없이 출입하거나 통행한 사람은 100만 원 이하의 과태료를 부과한다
② 철도종사자(운전업무 실무수습을 하는 사람 포함)가 업무에 종사하는 동안에 열차 내에서 흡연을 한 사람은 100만 원 이하의 과태료를 부과한다
③ 철도시설(선로는 제외)에 철도운영자등의 승낙 없이 출입하거나 통행한 사람은 500만 원 이하의 과태료를 부과한다
④ 여객열차에서 여객출입 금지장소에 출입하거나 물건을 여객열차 밖으로 던지는 행위를 한 사람은 100만 원 이하의 과태료를 부과한다

해설 500만 원 이하의 과태료, 100만 원 이하의 과태료

41 철도도종사자 중 운전업무종사자의 준수사항을 4회 위반한 경우의 과태료는?

① 150만 원 ② 300만 원 ③ 450만 원 ④ 500만 원

해설 과태료 부과기준 (철도안전법시행령 제64조의 별표)
1. 위반 횟수별 과태료 부과체계: 상한액의 30%, 60%, 90%로 정함
2. 위반행위별 과태료 금액

위반행위	과태료금액(단위: 만원)		
	1회위반	2회위반	3회이상위반
8. 철도종사자의 준수사항을 위반한 경우	150	300	450

정답 40 ④ 41 ③

42 철도도종사자의 직무상 지시에 따르지 아니한 사람의 1차 위반시 과태료는?

① 150만 원   ② 300만 원   ③ 600만 원   ④ 1,000만 원

해설   과태료 부과기준(철도안전법시행령 제64조의 별표)

제6장 교통안전법

제1절 총칙

1. 용어의 정의
   1) 교통수단

      사람이 이동하거나 화물을 운송하는데 이용되는 것으로서 다음에 해당하는 운송수단
      ① 육상교통용으로 사용되는 모든 운송수단(차량)
         ⓐ 「도로교통법」에 의한 차마 또는 노면전차
         ⓑ 「철도산업발전 기본법」에 의한 철도차량(도시철도를 포함한다)
         ⓒ 「궤도운송법」에 따른 궤도에 의하여 교통용으로 사용되는 용구
      ② 「해사안전법」에 의한 선박 등 수상 또는 수중의 항행에 사용되는 모든 운송수단(선박)
      ③ 「항공안전기본법」에 의한 항공기 등 항공교통에 사용되는 모든 운송수단(항공기)
   2) 교통체계

      사람 또는 화물의 이동·운송과 관련된 활동을 수행하기 위하여 개별적으로 또는 서로 유기적으로 연계되어 있는 교통수단 및 교통시설의 이용·관리·운영체계 또는 이와 관련된 산업 및 제도 등
   3) 교통사업자

      교통수단·교통시설 또는 교통체계를 운행·운항·설치·관리 또는 운영 등을 하는 자로서 다음에 해당하는 자
      ① 여객자동차운수사업자, 화물자동차운수사업자, 철도사업자, 항공운송사업자, 해운업자 등 교통수단을 이용하여 운송 관련 사업을 영위하는 자("교통수단운영자")
      ② 교통시설을 설치·관리 또는 운영하는 자("교통시설설치·관리자")
      ③ 교통수단운영자 및 교통시설설치·관리자 외에 교통수단 제조사업자, 교통관련 교육·연구·조사기관 등 교통수단·교통시설 또는 교통체계와 관련된 영리적·비영리적 활동을 수행하는 자
   4) 지정행정기관

      교통수단·교통시설 또는 교통체계의 운행·운항·설치 또는 운영 등에 관하여 지도·감독을 행하거나 관련 법령·제도를 관장하는 「정부조직법」에 의한 중앙행정기관으로서 <u>대통령령</u>으로 정하는 행정기관

〈대통령령으로 정하는 중앙행정기관〉
    ① 기획재정부   ② 교육부   ③ 법무부
    ④ 행정안전부   ⑤ 문화체육관광부   ⑥ 농림축산식품부
    ⑦ 산업통상자원부   ⑧ 보건복지부   ⑨ 환경부
    ⑩ 고용노동부   ⑪ 여성가족부   ⑫ 국토교통부
    ⑬ 해양수산부   ⑭ 경찰청
    ⑮ 국무총리가 교통안전정책상 특히 필요하다고 인정하여 지정하는 중앙행정기관

  5) 교통행정기관

법령에 의하여 교통수단·교통시설 또는 교통체계의 운행·운항·설치 또는 운영 등에 관하여 교통사업자에 대한 지도·감독을 행하는 지정행정기관의 장, 특별시장·광역시장·도지사·특별자치도지사("시·도지사") 또는 시장·군수·구청장(자치구의 구청장)

2. 교통관계자의 의무

  1) 시설설치·관리자의 의무

교통시설설치·관리자는 해당 교통시설을 설치 또는 관리하는 경우 교통안전표지 그 밖의 교통안전시설을 확충·정비하는 등 교통안전을 확보하기 위한 필요한 조치를 강구하여야 한다.

  2) 교통수단 제조사업자의 의무

교통수단 제조사업자는 법령에서 정하는 바에 따라 그가 제조하는 교통수단의 구조·설비 및 장치의 안전성이 향상되도록 노력하여야 한다.

  3) 교통수단운영자의 의무

교통수단운영자는 법령에서 정하는 바에 따라 그가 운영하는 교통수단의 안전한 운행·항행·운항 등을 확보하기 위하여 필요한 노력을 하여야 한다.

  4) 차량 운전자 등의 의무

차량을 운전하는 자 등은 법령에서 정하는 바에 따라 해당 차량이 안전운행에 지장이 없는지를 점검하고 보행자와 자전거이용자에게 위험과 피해를 주지 아니하도록 안전하게 운전하여야 한다.

  5) 보행자의 의무

보행자는 도로를 통행할 때 법령을 준수하여야 하고, 육상교통에 위험과 피해를 주지 아니하도록 노력하여야 한다.

3. 정부가 국회에 대한 보고(제출)해야 할 내용

  1) 제출시기: 정부는 매년 정기국회 개회 전까지

  2) 제출내용

    ① 교통사고 상황
    ② 국가교통안전기본계획
    ③ 국가교통안전시행계획의 추진 상황 등에 관한 보고서

1. 수립절차
   1) 국가교통안전 기본계획: 5년 단위로 수립
      ① (국토교통부장관) 국가교통안전기본계획의 수립 또는 변경을 위한 지침 작성
         → 계획년도 시작 전전년도 6월 말까지 지정행정기관의 장에게 통보
      ② (지정행정기관의 장) 소관별 교통안전계획에 관한 계획안을 작성
         → 계획년도 시작 전년도 2월 말까지 국토교통부장관제출
      ③ (국토교통부장관) 소관별 교통안전계획안을 종합·조정
         → 계획년도 시작 전년도 6월 말까지 국가교통위원회의 심의를 거쳐 국가교통안전기
           본계획을 확정
      ④ (국토교통부장관) 국가교통안전기본계획을 확정한 경우
         → 확정한 날부터 20일 이내 지정행정기관과 시·도지사에 통보
   2) 국가교통안전 시행계획: 매년 수립
      ① (지정행정기관의 장) 다음연도의 소관별 교통안전시행계획 수립
         → 매년 10월 말까지 국토교통부장관에게 제출
      ② (국토교통부장관) 소관별 교통안전시행계획안을 종합·조정
         → 계획년도 시작 전년도 12월 말까지 국가교통위원회의 심의를 거쳐 국가교통안전시
           행계획을 확정
      ③ (국토교통부장관) 국가교통안전시행계획을 확정한 경우
         → 지정행정기관과 시·도지사에 통보
      * (지정행정기관의 장) 전년도의 소관별 국가교통안전시행계획 추진실적을 매년 3월 말까
        지 국토교통부장관에게 제출
   3) 지역교통안전 기본계획: 5년 단위로 수립
      * 지역교통안전기본계획＝시·도교통안전기본계획 or 시·군·구교통안전기본계획
      ① (시·도지사, 시장·군수·구청장) 계획연도 시작 전년도 10월 말까지 지역교통안전기본계
        획을 지방교통위원회의 심의를 거쳐 확정
      ② 확정된 지역교통안전기본계획을 확정한 날부터 20일 이내애
         ⓐ 시·도지사는 국토교통부장관에게 제출
         ⓑ 시장·군수·구청장은 시·도지사에게 제출
   4) 지역교통안전 시행계획: 매년 수립
      ① (시·도지사, 시장·군수·구청장) 다음 연도의 지역교통안전시행계획을 12월 말까지 수립
      ② (시장·군수·구청장) 시·군·구교통안전시행계획＋전년도 시·군·구교통안전시행계획 추
        진실적을 매년 1월 말까지 시·도지사에게 제출
      ③ (시·도지사) 시·도교통안전시행계획＋전년도 시·도교통안전시행계획 추진실적을 매년
        2월 말까지 국토교통부장관에게 제출

2. 국가교통안전 기본계획

  1) 수립자: 국토교통부장관

  2) 수립주기: <u>5년</u> 단위로 수립

  3) 국가교통안전기본계획에 포함되어야 할 내용

    ① 교통안전에 관한 중·장기 종합정책방향

    ② 육상교통·해상교통·항공교통 등 부문별 교통사고의 발생현황과 원인의 분석

    ③ 교통수단·교통시설별 교통사고 감소목표

    ④ 교통안전지식의 보급 및 교통문화 향상목표

    ⑤ 교통안전정책의 추진성과에 대한 분석·평가

    ⑥ 교통안전정책의 목표달성을 위한 부문별 추진전략

    ⑦ 고령자, 어린이 등 교통약자의 교통사고 예방에 관한 사항

    ⑧ 부문별·기관별·연차별 세부 추진계획 및 투자계획

    ⑨ 교통안전표지·교통관제시설·항행안전시설 등 교통안전시설의 정비·확충에 관한 계획

    ⑩ 교통안전 전문인력의 양성

    ⑪ 교통안전과 관련된 투자사업계획 및 우선순위

    ⑫ 지정행정기관별 교통안전대책에 대한 연계와 집행력 보완방안

    ⑬ 그 밖에 교통안전수준의 향상을 위한 교통안전시책에 관한 사항

  4) 수립절차를 거치지 않아도 되는 경미한 사항의 변경(대통령령)

    ① 국가교통안전기본계획 또는 국가교통안전시행계획에서 정한 부문별 사업규모를 100분의 10 이내의 범위에서 변경하는 경우

    ② 국가교통안전기본계획 또는 국가교통안전시행계획에서 정한 시행기한의 범위에서 단위 사업의 시행시기를 변경하는 경우

    ③ 계산 착오, 오기, 누락, 그 밖에 국가교통안전기본계획 또는 국가교통안전시행계획의 기본방향에 영향을 미치지 아니하는 사항으로서 그 변경 근거가 분명한 사항을 변경하는 경우

  5) 국가교통위원회의 구성

    ① 국가교통위원회는 위원장 1명과 부위원장 1명을 포함한 <u>30명</u> 이내의 위원으로 구성한다.

    ② 국가교통위원회의 위원장은 국토교통부장관이 되고, 부위원장은 국토교통부 제2차관이 된다.

    ③ 국가교통위원회의 위원은 다음과 같이 구성하며, 위촉직 위원의 임기는 <u>2년</u>으로 한다.

      ⓐ 당연직 위원: 대통령령으로 정하는 관계 행정기관의 차관(차관급 공무원을 포함)

      ⓑ 위촉직 위원: 교통 관련 분야에 관한 전문지식 및 경험이 풍부한 사람 중에서 위원장이 위촉하는 사람

1. 교통안전관리규정 제정자: 교통시설설치 · 관리자등
   * 교통시설설치 · 관리자등 = 교통시설설치 · 관리자 및 교통수단운영자
2. 교통안전관리규정에 포함해야 할 내용
   1) 교통안전의 경영지침에 관한 사항
   2) 교통안전목표 수립에 관한 사항
   3) 교통안전 관련 조직에 관한 사항
   4) 교통안전담당자 지정에 관한 사항
   5) 안전관리대책의 수립 및 추진에 관한 사항
   6) 그 밖에 교통안전에 관한 중요 사항으로서 <u>대통령령</u>으로 정하는 사항

   〈대통령령으로 정하는 교통안전에 관한 중요 사항〉
   ① 교통안전과 관련된 자료 · 통계 및 정보의 보관 · 관리에 관한 사항
   ② 교통시설의 안전성 평가에 관한 사항
   ③ 사업장에 있는 교통안전 관련 시설 및 장비에 관한 사항
   ④ 교통수단의 관리에 관한 사항
   ⑤ 교통업무에 종사하는 자의 관리에 관한 사항
   ⑥ 교통안전의 교육 · 훈련에 관한 사항
   ⑦ 교통사고 원인의 조사 · 보고 및 처리에 관한 사항

3. 교통안전관리규정을 관할교통행정기관에 제출하여야 하는 시기
   1) 교통시설설치 · 관리자: <u>6개월</u> 이내
   2) 교통수단운영자: <u>1년</u>의 범위에서 국토교통부령으로 정하는 기간 이내
   ① 「여객자동차 운수사업법」에 따라 여객자동차운송사업의 면허를 받거나 등록을 한 자, 여객자동차운수사업의 관리를 위탁받은 자 또는 자동차대여사업의 등록을 한 자("여객자동차운송사업자등")로서 200대 이상의 자동차를 보유한 자: <u>6개월</u> 이내
   ② 여객자동차운송사업자등으로서 100대 이상 200대 미만의 자동차를 보유한 자 및 「궤도운송법」에 따라 궤도사업의 허가를 받은 자 및 전용궤도의 승인을 받은 자: <u>9개월</u> 이내
   ③ 여객자동차운송사업자등으로서 100대 미만의 자동차를 보유한 자, 「화물자동차 운수사업법」에 따라 일반화물자동차운송사업의 허가를 받은 자: <u>1년</u> 이내
   3) 교통시설설치 · 관리자등은 교통안전관리규정을 변경한 경우에는 변경한 날부터 <u>3개월</u> 이내에 변경된 교통안전관리규정을 관할 교통행정기관에 제출하여야 한다.
4. 교통안전관리규정 준수 여부의 확인 · 평가
   교통안전관리규정 준수 여부의 확인 · 평가는 교통안전관리규정을 제출한 날을 기준으로 매 <u>5년</u>이 지난날의 전후 100일 이내에 실시한다.

5. 교통안전관리규정이 적정하게 작성되었는지 검토
   1) 검토자: 교통행정기관
   2) 검토결과의 구분
      ① 적합: 교통안전에 필요한 조치가 구체적이고 명료하게 규정되어 있어 교통시설 또는
         교통수단의 안전성이 충분히 확보되어 있다고 인정되는 경우
      ② 조건부 적합: 교통안전의 확보에 중대한 문제가 있지는 아니하지만 부분적으로 보완이
         필요하다고 인정되는 경우
      ③ 부적합: 교통안전의 확보에 중대한 문제가 있거나 교통안전관리규정 자체에 근본적인
         결함이 있다고 인정되는 경우

제 4 절　교통안전 체험시설의 설치

1. 설치자: 국가 및 시·도지사등
2. 설치목적: 어린이, 노인 및 장애인("어린이등")의 교통안전 체험을 위한 교육시설("교통안전 체
   험시설")을 설치
3. 설치 기준 및 방법
   1) 어린이등이 교통사고 예방법을 습득할 수 있도록 교통의 위험상황을 재현할 수 있는 영상
      장치 등 시설·장비를 갖출 것
   2) 어린이등이 자전거를 운전할 때 안전한 운전방법을 익힐 수 있는 체험시설을 갖출 것
   3) 어린이등이 교통시설의 운영체계를 이해할 수 있도록 보도·횡단보도 등의 시설을 관계
      법령에 맞게 배치할 것
   4) 교통안전 체험시설에 설치하는 교통안전표지 등이 관계 법령에 따른 기준과 일치할 것

제 5 절　교통수단안전점검

1. 교통수단안전점검의 정의
   교통행정기관이 교통안전법 또는 관계법령에 따라 소관 교통수단에 대하여 교통안전에 관한
   위험요인을 조사·점검 및 평가하는 모든 활동
2. 교통수단안전점검의 대상
   1) 「여객자동차 운수사업법」에 따른 여객자동차운송사업자가 보유한 자동차 및 그 운영에
      관련된 사항
   2) 「화물자동차 운수사업법」에 따른 화물자동차 운송사업자가 보유한 자동차 및 그 운영에
      관련된 사항
   3) 「건설기계관리법」에 따른 건설기계사업자가 보유한 건설기계(「도로교통법」에 따른 운전면허
      를 받아야 하는 건설기계에 한정한다) 및 그 운영에 관련된 사항

4) 「철도사업법」에 따른 철도사업자 및 전용철도운영자가 보유한 철도차량 및 그 운영에 관련된 사항

5) 「도시철도법」에 따른 도시철도운영자가 보유한 철도차량 및 그 운영에 관련된 사항

6) 「항공사업법」에 따른 항공운송사업자가 보유한 항공기(「항공안전법」을 적용받는 군용항공기 등과 국가기관등 항공기는 제외한다) 및 그 운영에 관련된 사항

7) 그 밖에 <u>국토교통부령</u>으로 정하는 어린이 통학버스 및 위험물 운반자동차 등 교통수단안전점검이 필요하다고 인정되는 자동차 및 그 운영에 관련된 사항

〈국토교통부령으로 정하는 어린이 통학버스 및 위험물 운반자동차 등 교통수단안전점검이 필요하다고 인정되는 자동차〉
① 「도로교통법」 제2조 제23호에 따른 어린이통학버스
② 「고압가스 안전관리법 시행령」에 따른 고압가스를 운송하기 위하여 필요한 탱크를 설치한 화물자동차(그 화물자동차가 피견인자동차인 경우에는 연결된 견인자동차 포함)
③ 「위험물안전관리법 시행령」에 따른 지정수량 이상의 위험물을 운반하기 위하여 필요한 탱크를 설치한 화물자동차(그 화물자동차가 피견인자동차인 경우에는 연결된 견인자동차 포함)
④ 「화학물질관리법」에 따른 유해화학물질을 운반하기 위하여 필요한 탱크를 설치한 화물자동차(그 화물자동차가 피견인자동차인 경우에는 연결된 견인자동차 포함)
⑤ 쓰레기 운반전용의 화물자동차
⑥ 피견인자동차와 긴급자동차를 제외한 최대적재량 8톤 이상의 화물자동차

3. 교통수단안전점검 방법

1) 소속 공무원으로 하여금 교통수단운영자의 사업장 등에 출입하여 교통수단 또는 장부·서류나 그 밖의 물건을 검사하게 하거나 관계인에게 질문하게 할 수 있다.

2) 사업장을 출입하여 검사하려는 경우에는 출입·검사 <u>7일</u> 전까지 검사일시·검사이유 및 검사내용 등을 포함한 검사계획을 교통수단운영자에게 통지하여야 한다.

4. 교통안전도 평가방법(평가지수)

1) 교통안전도 평가지수 산출식

$$\text{교통안전도 평가지수} = \frac{(\text{교통사고 발생건수} \times 0.4) + (\text{교통사고 사상자 수} \times 0.6)}{\text{자동차등록(면허) 대수}} \times 10$$

2) 교통사고는 직전연도 1년간의 교통사고를 기준으로 다음과 같이 구분
① 사망사고: 교통사고가 주된 원인이 되어 교통사고 발생시부터 <u>30일</u> 이내에 사람이 사망한 사고
② 중상사고: 교통사고로 인하여 다친 사람이 의사의 최초 진단 결과 <u>3주</u> 이상의 치료가 필요한 상해를 입은 사고
③ 경상사고: 교통사고로 인하여 다친 사람이 의사의 최초 진단 결과 <u>5일</u> 이상 <u>3주</u> 미만의 치료가 필요한 상해를 입은 사고

3) 교통사고 발생건수 및 교통사고 사상자 수 산정 시
① 경상사고 1건 또는 경상자 1명은 '0.3'

② 중상사고 1건 또는 중상자 1명은 '0.7'

③ 사망사고 1건 또는 사망자 1명은 '1'을 각각 가중치로 적용한다.

* 교통사고 발생건수의 산정 시, 하나의 교통사고로 여러 명이 사망 또는 상해를 입은 경우에는 가장 가중치가 높은 사고를 적용

5. 교통수단안전점검의 항목

1) 교통수단의 교통안전 위험요인 조사

2) 교통안전 관계 법령의 위반 여부 확인

3) 교통안전관리규정의 준수 여부 점검

4) 국토교통부장관이 관계 교통행정기관의 장과 협의하여 정하는 사항

제 6 절 · 교통시설안전진단

1. 교통시설안전진단의 정의

육상교통·해상교통 또는 항공교통의 안전("교통안전")과 관련된 조사·측정·평가업무를 전문적으로 수행하는 교통안전진단기관이 교통시설에 대하여 교통안전에 관한 위험요인을 조사·측정 및 평가하는 모든 활동

2. 교통시설안전진단을 받아야 하는 교통시설

1) 도로   2) 철도   3) 공항   (* 항만은 제외)

3. 교통시설안전진단보고서에 포함되어야 할 내용

1) 교통시설안전진단을 받아야 하는 자의 명칭 및 소재지

2) 교통시설안전진단 대상의 종류

3) 교통시설안전진단의 실시기간과 실시자

4) 교통시설안전진단 대상의 상태 및 결함 내용

5) 교통안전진단기관의 권고사항

6) 그 밖에 교통안전관리에 필요한 사항

4. 교통시설안전진단을 받은 자에 대한 권고 또는 필요한 조치사항

1) 교통시설에 대한 공사계획 또는 사업계획 등의 시정 또는 보완

2) 교통시설의 개선·보완 및 이용제한

3) 교통시설의 관리·운영 등과 관련된 절차·방법 등의 개선·보완

4) 그 밖에 교통안전에 관한 업무의 개선

5. 교통안전진단기관에 대한 지도·감독

1) 시·도지사는 교통안전진단기관이 교통시설안전진단 업무를 적절하게 수행하고 있는지의 여부 등을 확인하기 위하여 필요한 경우 소속 공무원으로 하여금 관련서류 그 밖의 물건을 점검·검사하게 하거나 관계인에게 질문을 하게 할 수 있다.

2) 출입·검사를 하는 경우에는 검사일 <u>7일</u> 전까지 검사일시·검사이유 및 검사내용 등을 포함한 검사계획을 교통안전진단기관에 통지하여야 한다.

3) 단, 증거인멸 등으로 검사의 목적을 달성할 수 없거나 긴급한 사정이 있는 경우에는 검사일에 검사계획을 통지할 수 있다.

6. 교통안전 우수사업자 지정취소 등
   1) 취소하여야 하는 경우(절대적 취소)
      거짓이나 그 밖의 부정한 방법으로 지정을 받은 경우
   2) 취소할 수 있는 경우(재량적 취소)
      국토교통부령으로 정하는 기준 이상의 교통사고를 일으킨 경우
      〈국토교통부령으로 정한 「여객자동차 운수사업법 시행령」에서 정한 중대한 교통사고를 일으킨 경우〉
      ① 운송사업자가 보유한 자동차의 대수가 300대 미만인 경우: 1건 이상
      ② 운송사업자가 보유한 자동차의 대수가 300대 이상 600대 미만인 경우: 2건 이상
      ③ 운송사업자가 보유한 자동차의 대수가 600대 이상인 경우: 3건 이상

      * 중대한 교통사고
         ⓐ 사망자 2명 이상
         ⓑ 사망자 1명과 중상자 3명 이상
         ⓒ 중상자 6명 이상

제 7 절　교통안전관리자

1. 교통안전관리자 자격의 종류
   1) 도로교통안전관리자　　2) 철도교통안전관리자　　3) 항공교통안전관리자
   4) 항만교통안전관리자　　5) 삭도교통안전관리자
2. 교통안전관리자 시험
   1) 시험시행 공고시기·내용
      한국교통안전공단은 시험을 시행하려면 시험 시행일 90일 전까지 시험일정과 응시과목 등 시험의 시행에 필요한 사항
   2) 시험시행 공고 장소
      「신문 등의 진흥에 관한 법률」에 따라 보급지역을 전국으로 하여 등록한 일간신문 및 한국교통안전공단 인터넷 홈페이지에 공고
   3) 국토교통부장관이 시험의 일부를 면제할 수 있는 경우
      ① 「국가기술자격법」 또는 다른 법률에 따라 교통안전분야와 관련이 있는 분야의 자격을 받은 자
      ② 교통안전분야에 관하여 대통령령으로 정하는 실무경험이 있는 자로서 국토교통부령으로 정하는 교육 및 훈련 과정을 마친 자
         ⓐ 한국교통안전공단이 시행하는 교통법규·교통안전관리론 및 해당 분야별 시험과목과 관련된 교육 및 훈련을 받고 수료증을 교부받은 자

ⓑ 수료증을 교부받은 날부터 2년간 2번의 시험에 대하여 교통법규를 제외한 시험과목을 면제

③ 석사학위 이상의 학위를 취득한 자

4) 시험 부정행위자에 대한 제재

① 국토교통부장관은 부정한 방법으로 시험에 응시한 사람 또는 시험에서 부정행위를 한 사람에 대하여는 그 시험을 정지시키거나 무효로 한다.

② 시험이 정지되거나 무효로 된 사람은 그 처분이 있은 날부터 2년간 시험에 응시할 수 없다.

3. 교통안전관리자 자격의 취소

1) 취소권자: 시·도지사

2) 자격을 취소하여야 하는 경우(절대적 취소)

① 교통안전관리자의 결격사유에 해당하게 된 때

㉮ 피성년후견인 또는 피한정후견인

㉯ 금고 이상의 실형을 선고받고 그 집행이 종료(집행이 종료된 것으로 보는 경우를 포함한다)되거나 집행이 면제된 날부터 2년이 지나지 아니한 자

㉰ 금고 이상의 형의 집행유예를 선고받고 그 유예기간 중에 있는 자

㉱ 교통안전관리자 자격의 취소처분을 받은 날부터 2년이 지나지 아니한 자

단, 피성년후견인 또는 피한정후견인의 결격사유에 해당하여 자격이 취소된 경우는 제외한다.

② 거짓이나 그 밖의 부정한 방법으로 교통안전관리자 자격을 취득한 때

3) 자격을 취소하거나 1년 이내의 기간을 정하여 해당 자격의 정지를 명할 수 있는 경우(재량적 취소)

① 교통안전관리자가 직무를 행하면서 고의 또는 중대한 과실로 인하여 교통사고를 발생하게 한 때

4) 자격의 취소 또는 정지처분의 통지에 포함되어야 할 사항

① 자격의 취소 또는 정지처분의 사유

② 자격의 취소 또는 정지처분에 대하여 불복하는 경우 불복신청의 절차와 기간 등

③ 교통안전관리자 자격증명서의 반납에 관한 사항

제 8 절　교통안전담당자

1. 교통안전담당자를 지정하는 사람: 교통시설설치·관리자 및 교통수단운영자
2. 교통안전담당자로 지정할 수 있는 사람

1) 교통안전관리자 자격을 취득한 사람

2) 대통령령으로 정하는 자격을 갖춘 사람

3. 교통안전담당자의 직무
    1) 교통안전관리규정의 시행 및 그 기록의 작성·보존
    2) 교통수단의 운행·운항 또는 항행("운행등") 또는 교통시설의 운영·관리와 관련된 안전점검의 지도·감독
    3) 교통시설의 조건 및 기상조건에 따른 안전 운행등에 필요한 조치
    4) 운전자등의 운행등 중 근무상태 파악 및 교통안전 교육·훈련의 실시
    5) 교통사고 원인 조사·분석 및 기록 유지
    6) 운행기록장치 및 차로이탈경고장치 등의 점검 및 관리
        (운행기록장치 및 차로이탈경고장치의 장착은 제외×)
4. 교통안전담당자가 교통시설설치·관리자등에게 조치 요청할 내용
    1) 국토교통부령으로 정하는 교통수단의 운행등의 계획 변경
    2) 교통수단의 정비
    3) 운전자등의 승무계획 변경
    4) 교통안전 관련 시설 및 장비의 설치 또는 보완
    5) 교통안전을 해치는 행위를 한 운전자등에 대한 징계 건의
    * 단, 교통안전담당자가 교통시설설치·관리자등에게 필요한 조치를 요청할 시간적 여유가 없는 경우에는 직접 필요한 조치를 하고, 이를 교통시설설치·관리자등에게 보고해야 한다.

제 9 절　운행기록장치의 장착 및 운행기록의 활용

1. 운행기록장치를 장착 대상 차량: 아래의 사람이 운행하는 차량
    1) 「여객자동차 운수사업법」에 따른 여객자동차 운송사업자
    2) 「화물자동차 운수사업법」에 따른 화물자동차 운송사업자 및 화물자동차 운송가맹사업자
    3) 「도로교통법」에 따른 어린이통학버스 운영자(여객자동차 운송사업자의 운행기록장치를 장착한 차량은 제외)
2. 운행기록장치 장착면제 차량: 소형 화물차량 등 국토교통부령으로 정하는 차량
    1) 「화물자동차 운수사업법」에 따른 화물자동차운송사업용 자동차로서 최대 적재량 1톤 이하인 화물자동차
    2) 「자동차관리법 시행규칙」에 따른 경형·소형 특수자동차 및 구난형·특수용도형 특수자동차
    3) 「여객자동차 운수사업법」에 따른 여객자동차운송사업에 사용되는 자동차로서 2002년 6월 30일 이전에 등록된 자동차
3. 운행기록장치의 장착시기 및 보관기간
    1) 운행기록장치 장착의무자는 운행기록장치에 기록된 운행기록을 대통령령으로 정하는 기간 (6개월) 동안 보관하여야 하며, 교통행정기관이 제출을 요청하는 경우 이에 따라야 한다.

2) 단, 교통행정기관의 제출 요청과 관계없이 운행기록을 주기적으로 제출하여야 하는 자: 대통령령으로 정하는 운행기록장치 장착의무자(「여객자동차 운수사업법」에 따라 면허를 받은 노선 여객자동차운송사업자)

    * 노선 여객자동차운송사업자: 시내버스, 시외버스, 농어촌버스, 마을버스

4. 한국교통안전공단이 제출된 운행기록을 점검하고 분석하여야 할 항목

    1) 과속   2) 급감속   3) 급출발   4) 회전   5) 앞지르기   6) 진로변경

제10절 │ 차로이탈경고장치

1. 차로이탈경고장치의 장착 대상차량

    1) 길이 9미터 이상의 승합자동차

    2) 차량총중량 20톤을 초과하는 화물·특수자동차

2. 차로이탈경고장치의 장착 제외 자동차(국토교통부령)

    1) 「자동차관리법 시행규칙」에 따른 덤프형 화물자동차

    2) 피견인자동차

    3) 「자동차 및 자동차부품의 성능과 기준에 관한 규칙」에 따라 입석을 할 수 있는 자동차

    4) 그 밖에 자동차의 구조나 운행여건 등으로 설치가 곤란하거나 불필요하다고 국토교통부장관이 인정하는 자동차

제11절 │ 중대 교통사고자에 대한 교육

1. "중대 교통사고"의 정의

    차량운전자가 교통수단운영자의 차량을 운전하던 중 1건의 교통사고로 8주 이상의 치료를 요하는 의사의 진단을 받은 피해자가 발생한 사고

2. 중대 교통사고자의 교육실시 대상 사업자

    1) 여객자동차 운송사업자   2) 화물자동차 운송사업자   3) 화물자동차 운송가맹사업자

3. 교육 받아야 할 기한: 교통사고조사에 대한 결과를 통지 받은 날부터 60일 이내 교통안전 체험교육을 받아야 한다.

4. 교육내용

    1) 기본교육 8시간＋심화교육 16시간

    2) 운전자의 안전운전능력을 효과적으로 향상시킬 수 있는 교통안전 체험교육이 포함되어야 한다.

5. 교통수단운영자의 의무

    교통수단운영자는 교통사고를 일으킨 차량운전자를 고용하려는 때에는 교통안전체험교육을 받았는지 여부를 확인하여야 한다.

제 12 절   교통안전 일반

1. 교통사고 관련자료의 보관기간
   교통사고와 관련된 자료·통계 또는 정보의 보관·관리기간: 교통사고가 발생한 날부터 5년간
2. 교통문화지수의 조사 항목
   1) 운전행태   2) 교통안전   3) 보행행태(도로교통분야로 한정한다)
   4) 그 밖에 국토교통부장관이 필요하다고 인정하여 정하는 사항
3. 권한의 위임 및 업무의 위탁
   1) 국토교통부장관 또는 지정행정기관의 장 → 소속 기관의 장 또는 시·도지사에게 <u>위임 가능</u>
   2) 시·도지사(국토교통부장관 또는 지정행정기관의 장으로부터 위임받은 권한의 일부) → 시장·군수·구청장에게 <u>재위임 가능</u>(국토교통부장관 또는 지정행정기관의 장의 승인필요)
   3) 국토교통부장관, 교통행정기관, 시장·군수·구청장 → 교통안전과 관련된 전문기관·단체에 <u>위탁 가능</u>
4. 교통행정기관의 장(경찰청장)의 업무 중 도로교통공단에 위탁한 업무
   1) 교통사고 관련자료 등의 제출 요구
      ① 손해보험회사   ② 공제조합   ③ 화물자동차운수사업자 연합회
   2) 도로교통사고에 관한 교통안전정보관리체계의 구축·관리
   3) 교통안전체험연구·교육시설의 설치·운영
   4) 도로교통사고에 관한 교통문화지수의 조사·작성
5. 시·도시사가 처분시 청문을 실시하여야 하는 경우
   1) 교통안전진단기관 등록의 취소
   2) 교통안전관리자 자격의 취소

제 13 절   벌칙

1. 2년 이하의 징역 또는 2천만 원 이하의 벌금
   1) 등록을 하지 아니하고 교통시설안전진단 업무를 수행한 자
   2) 거짓이나 그 밖의 부정한 방법으로 교통시설안전진단 등록을 한 자
   3) 교통안전진단기관이 영업정지처분을 받고 그 영업정지 기간 중에 새로이 교통시설안전진단 업무를 수행한 자
   4) 교통수단안전점검, 교통시설안전진단, 교통사고원인조사, 교통사고관련자료등의 보관·관리, 운행기록 관련 업무 종사자가 직무상 알게 된 비밀을 타인에게 누설하거나 직무상 목적 외에 이를 사용한 자
2. 1천만 원 이하의 과태료
   1) 교통시설안전진단을 받지 아니하거나 교통시설안전진단보고서를 거짓으로 제출한 자

2) 운행기록장치를 장착하지 아니한 자

3) 운행기록장치에 기록된 운행기록을 임의로 조작한 자

4) 차로이탈경고장치를 장착하지 아니한 자

3. 500만 원 이하의 과태료

1) 교통안전관리규정을 제출하지 아니하거나 이를 준수하지 아니하는 자 또는 변경명령에 따르지 아니하는 자

2) 교통수단안전점검을 거부·방해 또는 기피한 자

3) 교통사고 관련자료 등을 보관·관리하지 아니한 자

4) 교통사고관련자료등을 제공하지 아니한 자

5) 교통안전담당자를 지정하지 아니한 자

6) 운행기록을 보관하지 아니하거나 교통행정기관에 제출하지 아니한 자

7) 중대한 사고를 일으킨 운전자가 교육을 받지 아니한 자

8) 중대한 사고를 통보하지 아니한 자

4. 과태료 부과기준

1) 과태료 부과기준은 「교통안전법」, 「철도안전법」, 「철도산업발전기본법」 모두 대통령령으로 정하고 있다.

2) 과태료 부과 일반기준

① 하나의 위반행위가 둘 이상의 과태료 부과기준에 해당하는 경우에는 그 중 금액이 큰 과태료 부과기준을 적용한다.

② 위반행위의 횟수에 따른 과태료의 가중된 부과기준은 최근 1년간 같은 위반행위로 과태료 부과처분을 받은 경우에 적용한다. 이 경우 기간의 계산은 위반행위에 대하여 과태료 부과처분을 받은 날과 그 처분 후 다시 같은 위반행위를 하여 적발된 날을 기준으로 한다.

③ 부과권자는 다음에 해당하는 경우에는 개별기준에 따른 과태료 금액의 2분의 1의 범위에서 그 금액을 줄일 수 있다. 다만, 과태료를 체납하고 있는 위반행위자의 경우에는 그렇지 않다.

㉮ 위반행위자가 「질서위반행위규제법 시행령」에 해당하는 경우
(기초생활수급자 포함)

㉯ 위반행위가 사소한 부주의나 오류로 인한 것으로 인정되는 경우

㉰ 위반행위자의 법 위반상태를 시정하거나 해소하기 위한 노력이 인정되는 경우

④ 부과권자는 다음에 해당하는 경우에는 개별기준에 따른 과태료 금액의 2분의 1의 범위에서 그 금액을 늘릴 수 있다. 다만, 과태료 금액의 상한을 넘을 수 없다.

㉮ 위반의 내용 및 정도가 중대하여 사회에 미치는 피해가 크다고 인정되는 경우

㉯ 최근 1년간 같은 위반행위로 3회를 초과하여 과태료 부과처분을 받은 경우

제6장 [교통안전법] 기출예상문제

01 다음 중 "교통수단"을 규정하는 법이 아닌 것은?

① 궤도운송법
② 항공안전법
③ 철도산업발전 기본법
④ 항만운송사업법

> **해설** 교통안전법 제2조(정의)
> 1. "교통수단"이라 함은 사람이 이동하거나 화물을 운송하는데 이용되는 것으로서 다음에 해당하는 운송수단을 말한다.
>   1) 육상교통용으로 사용되는 모든 운송수단(차량)
>   ⓐ 「도로교통법」에 의한 차마 또는 노면전차
>   ⓑ 「철도산업발전 기본법」에 의한 철도차량(도시철도를 포함한다)
>   ⓒ 「궤도운송법」에 따른 궤도에 의하여 교통용으로 사용되는 용구
>   2) 「해사안전기본법」에 의한 선박 등 수상 또는 수중의 항행에 사용되는 모든 운송수단(선박)
>   3) 「항공안전법」에 의한 항공기 등 항공교통에 사용되는 모든 운송수단(항공기)

02 다음 중 "교통수단"이 아닌 것은?

① 차마
② 전동휠체어
③ 항공기
④ 선박

> **해설** 교통안전법 제2조(정의)

03 교통안전법에서 말하는"교통수단"이 될 수 없는 것은?

① 「해사안전기본법」에 의한 선박
② 「해상교통안전법」에 의한 항만
③ 「도로교통법」에 의한 차마
④ 「항공안전법」에 의한 항공기

> **해설** 교통안전법 제2조(정의)

정답 1 ④ 2 ② 3 ②

04 사람 또는 화물의 이동·운송과 관련된 활동을 수행하기 위하여 개별적으로 또는 서로 유기적으로 연계되어 있는 교통수단 및 교통시설의 (   )·(   )·(   ) 또는 이와 관련된 산업 및 제도 등을 교통체계라고 한다. (   ) 들어갈 말은?

① 이용, 관리, 운영체계　　　　　　　② 운영, 관리, 지원체계
③ 관리, 조정, 운영체계　　　　　　　④ 이용, 조정, 지원체계

> **해설**　교통안전법 제2조(정의)
> 3. "교통체계"라 함은 사람 또는 화물의 이동·운송과 관련된 활동을 수행하기 위하여 개별적으로 또는 서로 유기적으로 연계되어 있는 교통수단 및 교통시설의 이용·관리·운영체계 또는 이와 관련된 산업 및 제도 등을 말한다.

05 교통수단·교통시설 또는 교통체계를 운행·운항·설치·관리 또는 운영 등을 하는 자를 교통안전법에서 무엇이라고 하는가?

① 교통사업자　　　② 교통행정기관　　　③ 지정행정기관　　　④ 교통수단운영자

> **해설**　교통안전법 제2조(정의)
> 4. "교통사업자"라 함은 교통수단·교통시설 또는 교통체계를 운행·운항·설치·관리 또는 운영 등을 하는 자로서 다음에 해당하는 자를 말한다.
>   1) 여객자동차운수사업자, 화물자동차운수사업자, 철도사업자, 항공운송사업자, 해운업자 등 교통수단을 이용하여 운송 관련 사업을 영위하는 자("교통수단운영자")
>   2) 교통시설을 설치·관리 또는 운영하는 자("교통시설설치·관리자")
>   3) 교통수단운영자 및 교통시설설치·관리자 외에 교통수단 제조사업자, 교통관련 교육·연구·조사기관 등 교통수단·교통시설 또는 교통체계와 관련된 영리적·비영리적 활동을 수행하는 자

06 다음 중 "교통사업자"에 해당하지 않는 자는?

① 교통수단 제조사업자　　　　　　　② 교통행정기관
③ 교통시설설치·관리자　　　　　　　④ 교통수단운영자

> **해설**　교통안전법 제2조(정의)

07 "지정행정기관"의 정의로 틀린 것은?

① 기획재정부　　　② 법무부　　　③ 행정안전부　　　④ 중소벤처기업부

해설 교통안전법 제2조(정의), 교통안전법시행령 제2조(지정행정기관)

5. "지정행정기관"이라 함은 교통수단·교통시설 또는 교통체계의 운행·운항·설치 또는 운영 등에 관하여 지도·감독을 행하거나 관련 법령·제도를 관장하는 「정부조직법」에 의한 중앙행정기관으로서 <u>대통령령으로 정하는 행정기관</u>을 말한다.

* 대통령령으로 정하는 중앙행정기관

1) 기획재정부	2) 교육부	3) 법무부	4) 행정안전부
5) 문화체육관광부	6) 농림축산식품부	7) 산업통상자원부	8) 보건복지부
9) 환경부	10) 고용노동	11) 여성가족부	12) 국토교통부
13) 해양수산부	14) 경찰청		

15) 국무총리가 교통안전정책상 특히 필요하다고 인정하여 지정하는 중앙행정기관

08 교통사업자에 대한 지도·감독을 하는 "교통행정기관"이 아닌 사람은?

① 광역시장　　　　② 도지사　　　　③ 특별자치도지사　　④ 지방 경찰청장

해설 교통안전법 제2조(정의)

6. "교통행정기관"이라 함은 법령에 의하여 교통수단·교통시설 또는 교통체계의 운행·운항·설치 또는 운영 등에 관하여 교통사업자에 대한 지도·감독을 행하는 지정행정기관의 장, 특별시장·광역시장·도지사·특별자치도지사("시·도지사") 또는 시장·군수·구청장(자치구의 구청장을 말한다)을 말한다.

09 다음 중 "교통행정기관"의 정의로 틀린 것은?

① 시·도지사　　　　　　　　　② 지정행정기관의 장
③ 지방 경찰청장　　　　　　　④ 자치구 구청장

해설 교통안전법 제2조(정의)

* "지정행정기간"과 "교통행정기관"을 명확히 구분하여야 한다.

10 교통수단 제조사업자의 의무로 옳은 것은?

① 해당 교통시설을 설치 또는 관리하는 경우 교통안전표지 그 밖의 교통안전시설을 확충·정비하는 등 교통안전을 확보하기 위한 필요한 조치를 강구하여야 한다.
② 법령에서 정하는 바에 따라 그가 제조하는 교통수단의 구조·설비 및 장치의 안전성이 향상되도록 노력하여야 한다.
③ 법령에서 정하는 바에 따라 그가 운영하는 교통수단의 안전한 운행·항행·운항 등을 확보하기 위하여 필요한 노력을 하여야 한다.
④ 도로를 통행할 때 법령을 준수하여야 하고, 육상교통에 위험과 피해를 주지 아니하도록 노력하여야 한다.

정답 8 ④　9 ③　10 ②

해설 교통안전법 제4조(교통시설설치·관리자의 의무)
교통시설설치·관리자는 해당 교통시설을 설치 또는 관리하는 경우 교통안전표지 그 밖의 교통안전시설을 확충·정비하는 등 교통안전을 확보하기 위한 필요한 조치를 강구하여야 한다.

제5조(교통수단 제조사업자의 의무)
　교통수단 제조사업자는 법령에서 정하는 바에 따라 그가 제조하는 교통수단의 구조·설비 및 장치의 안전성이 향상되도록 노력하여야 한다.

제6조(교통수단운영자의 의무)
　교통수단운영자는 법령에서 정하는 바에 따라 그가 운영하는 교통수단의 안전한 운행·항행·운항 등을 확보하기 위하여 필요한 노력을 하여야 한다.

제7조(차량 운전자 등의 의무)
　차량을 운전하는 자 등은 법령에서 정하는 바에 따라 해당 차량이 안전운행에 지장이 없는지를 점검하고 보행자와 자전거이용자에게 위험과 피해를 주지 아니하도록 안전하게 운전하여야 한다.

제8조(보행자의 의무)
　보행자는 도로를 통행할 때 법령을 준수하여야 하고, 육상교통에 위험과 피해를 주지 아니하도록 노력하여야 한다.

* ①번 문항: 교통시설설치·관리자의 의무
　③번 문항: 교통수단운영자의 의무
　④번 문항: 보행자의 의무

11 교통안전법에서 정부가 매년 국회에 정기국회 개회 전까지 제출해야 하는 것이 아닌 것은?

① 교통사고 상황
② 국가교통안전기본계획
③ 국가교통안전시행계획의 추진 상황 등에 관한 보고서
④ 지역교통안전시행계획

해설 교통안전법 제10조(국회에 대한 보고)
정부는 매년 국회에 정기국회 개회 전까지 교통사고 상황, 국가교통안전기본계획 및 국가교통안전시행계획의 추진 상황 등에 관한 보고서를 제출하여야 한다.

12 국가교통안전기본계획 내용에 포함될 내용으로 틀린 것은?

① 교통안전에 관한 중·장기 종합정책방향　② 교통수단·교통시설별 교통사고 감소목표
③ 교통사고의 발생현황과 원인의 분석　　④ 교통안전의 경영지침에 관한 사항

해설 교통안전법 제15조(국가교통안전기본계획)
① 국토교통부장관은 국가의 전반적인 교통안전수준의 향상을 도모하기 위하여 교통안전에 관한 기본계획("국가교통안전기본계획")을 5년 단위로 수립하여야 한다.
② 국가교통안전기본계획에는 다음 사항이 포함되어야 한다.
　1. 교통안전에 관한 중·장기 종합정책방향

정답　11 ④　12 ④

2. 육상교통·해상교통·항공교통 등 부문별 교통사고의 발생현황과 원인의 분석
3. 교통수단·교통시설별 교통사고 감소목표
4. 교통안전지식의 보급 및 교통문화 향상목표
5. 교통안전정책의 추진성과에 대한 분석·평가
6. 교통안전정책의 목표달성을 위한 부문별 추진전략
6의2. 고령자, 어린이 등 「교통약자의 이동편의 증진법」에 따른 교통약자의 교통사고 예방에 관한 사항
7. 부문별·기관별·연차별 세부 추진계획 및 투자계획
8. 교통안전표지·교통관제시설·항행안전시설 등 교통안전시설의 정비·확충에 관한 계획
9. 교통안전 전문인력의 양성
10. 교통안전과 관련된 투자사업계획 및 우선순위
11. 지정행정기관별 교통안전대책에 대한 연계와 집행력 보완방안
12. 그 밖에 교통안전수준의 향상을 위한 교통안전시책에 관한 사항
* "교통안전의 경영지침에 관한 사항"은 교통안전관리규정에 포함되는 내용이며, "교통수단·교통시설별 소요예산의 확보방법"은 국가교통안전기본계획의 내용이 아님.

13 다음 중 국가교통안전기본계획의 수립 의무자는?

① 철도운영자   ② 철도시설관리자   ③ 국토교통부장관   ④ 한국교통안전공단

해설 교통안전법 제15조(국가교통안전기본계획)

14 다음 중 국가교통안전기본계획의 수립 주기는?

① 3년 단위   ② 5년 단위   ③ 10년 단위   ④ 1년 단위

해설 교통안전법 제15조(국가교통안전기본계획)

15 다음 중 국가교통안전기본계획을 확정하기 위한 심의기구는?

① 국무회의   ② 국가교통위원회
③ 교통행정기관   ④ 도로정책심의위원회

해설 교통안전법 제15조(국가교통안전기본계획)
1. 국토교통부장관은 국가교통안전기본계획의 수립을 위하여 지정행정기관별로 추진할 교통안전에 관한 주요 계획 또는 시책에 관한 사항이 포함된 지침을 작성하여 지정행정기관의 장에게 통보하여야 한다.
2. 지정행정기관의 장은 통보받은 지침에 따라 소관별 교통안전에 관한 계획안을 국토교통부장관에게 제출하여야 한다.
3. 국토교통부장관은 제출받은 소관별 교통안전에 관한 계획안을 종합·조정하여 국가교통안전기본계획안을 작성한 후 국가교통위원회의 심의를 거쳐 이를 확정한다.

정답 13 ③   14 ②   15 ②

16 다음 중 국가교통위원회의 위원장은 누구인가?

① 행정자치부장관　　　　　　② 국무총리
③ 한국교통안전공단 이사장　　④ 국토교통부장관

> **해설**　국가통합교통체계효율화법 제107조(국가교통위원회의 구성 등)
> 1. 국가교통위원회는 위원장 1명과 부위원장 1명을 포함한 30명 이내의 위원으로 구성한다.
> 2. 국가교통위원회의 위원장은 국토교통부장관이 되고, 부위원장은 국토교통부 제2차관이 된다.
> 3. 국가교통위원회의 위원은 다음의 사람이 되며, 위촉직 위원의 임기는 2년으로 한다.
>   1) 당연직 위원: 대통령령으로 정하는 관계 행정기관의 차관(차관급 공무원을 포함한다)
>   2) 위촉직 위원: 교통 관련 분야에 관한 전문지식 및 경험이 풍부한 사람 중에서 위원장이 위촉하는 사람

17 국가교통안전기본계획 수립절차의 예외인 경미한 사항의 변경으로 맞는 것은?

① 사업규모의 100분의 10 이내　　② 사업규모의 100분의 20 이내
③ 사업규모의 100분의 30 이내　　④ 사업규모의 100분의 40 이내

> **해설**　교통안전법시행령 제11조(경미한 사항의 변경)
> 국가교통안전기본계획의 변경 중 "대통령령이 정하는 경미한 사항을 변경하는 경우"는 다음에 해당하는 경우를 말한다.
> 1. 국가교통안전기본계획 또는 국가교통안전시행계획에서 정한 부문별 사업규모를 100분의 10 이내의 범위에서 변경하는 경우
> 2. 국가교통안전기본계획 또는 국가교통안전시행계획에서 정한 시행기한의 범위에서 단위 사업의 시행시기를 변경하는 경우
> 3. 계산 착오, 오기, 누락, 그 밖에 국가교통안전기본계획 또는 국가교통안전시행계획의 기본방향에 영향을 미치지 아니하는 사항으로서 그 변경 근거가 분명한 사항을 변경하는 경우

18 지역교통안전기본계획은 언제까지 확정하여야 하는지?

① 계획연도 시작 전년도 10월 말까지　　② 계획연도 시작 전년도 11월 말까지
③ 계획연도 시작 전년도 12월 말까지　　④ 계획연도 시작 전년도 12월 20일까지

> **해설**　교통안전법시행령 제13조(지역교통안전기본계획의 수립)
> 1. 시·도지사 및 시장·군수·구청장("시·도지사등")은 각각 계획연도 시작 전년도 <u>10월 말까지</u> 시·도교통안전기본계획 또는 시·군·구교통안전기본계획("지역교통안전기본계획")을 확정하여야 한다.
> 2. 시·도지사등은 지역교통안전기본계획을 확정한 때에는 확정한 날부터 <u>20일 이내</u>에 시·도지사는 국토교통부장관에게 이를 제출하고, 시장·군수·구청장은 시·도지사에게 이를 제출하여야 한다.
> * 지역교통안전기본계획 = 시·도교통안전기본계획 or 시·군·구교통안전기본계획

정답　16 ④　17 ①　18 ①

19 다음 중 국가교통안전 시행계획의 수립 의무자는?

① 지정행정기관의 장 ② 시·도지사
③ 국토교통부장관 ④ 한국교통안전공단

> **해설** 교통안전법 제16조(국가교통안전시행계획)
> ① 지정행정기관의 장은 국가교통안전기본계획을 집행하기 위하여 매년 소관별 교통안전시행계획안을 수립하여 이를 국토교통부장관에게 제출하여야 한다.

20 다음 중 시도지사가 수립하는 지역교통안전 시행계획은 언제까지 수립하여야 하는지?

① 계획연도 시작 전년도 10월 말까지 ② 계획연도 시작 전년도 11월 말까지
③ 계획연도 시작 전년도 12월 말까지 ④ 계획연도 시작 전년도 12월 20일까지

> **해설** 교통안전법시행령 제14조(지역교통안전시행계획의 수립 등)
> 1 시·도지사등은 각각 다음 연도의 시·도교통안전시행계획 또는 시·군·구교통안전시행계획("지역교통안전시행계획")을 12월 말까지 수립하여야 한다.
> 2. 시장·군수·구청장은 시·군·구교통안전시행계획과 전년도의 시·군·구교통안전시행계획 추진실적을 매년 1월 말까지 시·도지사에게 제출한다.
> 3. 시·도지사는 이를 종합·정리하여 그 결과를 시·도교통안전시행계획 및 전년도의 시·도교통안전시행계획 추진실적과 함께 매년 2월 말까지 국토교통부장관에게 제출하여야 한다.
> * 지역교통안전시행계획＝시·도교통안전시행계획 or 시·군·구교통안전시행계획

21 교통안전법에서 지역교통안전시행계획을 언제까지 국토교통부장관에게 제출하는지?

① 매년 2월 말까지 ② 매년 12월 말까지
③ 매년 1월 말까지 ④ 매년 6월 말까지

> **해설** 교통안전법시행령 제14조(지역교통안전시행계획의 수립 등)
> 1. 시·도지사등은 각각 다음 연도의 시·도교통안전시행계획 또는 시·군·구교통안전시행계획("지역교통안전시행계획")을 12월 말까지 수립하여야 한다.
> 2. 시장·군수·구청장은 시·군·구교통안전시행계획과 전년도의 시·군·구교통안전시행계획 추진실적을 매년 1월 말까지 시·도지사에게 제출한다.
> 3. 시·도지사는 이를 종합·정리하여 그 결과를 시·도교통안전시행계획 및 전년도의 시·도교통안전시행계획 추진실적과 함께 매년 2월 말까지 국토교통부장관에게 제출하여야 한다.

정답 19 ① 20 ③ 21 ①

22 교통안전법에서 시·도지사가 전년도의 시·도교통안전시행계획 추진실적을 언제까지 국토교통부장관에게 제출하는지?

① 매년 2월 말까지　　　　　　　② 매년 12월 말까지
③ 매년 1월 말까지　　　　　　　④ 매년 6월 말까지

해설　교통안전법시행령 제14조(지역교통안전시행계획의 수립 등)
* 다음 연도의 시·도교통안전시행계획 및 전년도의 시·도교통안전시행계획 추진실적과 함께 매년 2월 말까지 국토교통부장관에게 제출한다.

23 다음 중 교통안전관리규정에 포함되어야 하는 내용 중 적절하지 않은 것은?

① 교통안전의 경영지침에 관한 사항
② 교통안전 관리원들의 임금에 대한 사항
③ 교통업무에 종사하는 자의 관리에 관한 사항
④ 안전관리대책의 수립 및 추진에 관한 사항

해설　교통안전법 제21조(교통시설설치·관리자등의 교통안전관리규정), 교통안전법시행령 제18조
① 대통령령으로 정하는 교통시설설치·관리자 및 교통수단운영자("교통시설설치·관리자등")는 그가 설치·관리하거나 운영하는 교통시설 또는 교통수단과 관련된 교통안전을 확보하기 위하여 다음 사항을 포함한 규정("교통안전관리규정")을 정하여 관할교통행정기관에 제출하여야 한다. 이를 변경한 때에도 또한 같다.
　　1. 교통안전의 경영지침에 관한 사항
　　2. 교통안전목표 수립에 관한 사항
　　3. 교통안전 관련 조직에 관한 사항
　　4. 교통안전담당자 지정에 관한 사항
　　5. 안전관리대책의 수립 및 추진에 관한 사항
　　6. 그 밖에 교통안전에 관한 중요 사항으로서 대통령령으로 정하는 사항
　　　　* 대통령령으로 정하는 교통안전에 관한 중요 사항(교통안전법시행령 제18조)
　　　　　1) 교통안전과 관련된 자료·통계 및 정보의 보관·관리에 관한 사항
　　　　　2) 교통시설의 안전성 평가에 관한 사항
　　　　　3) 사업장에 있는 교통안전 관련 시설 및 장비에 관한 사항
　　　　　4) 교통수단의 관리에 관한 사항
　　　　　5) 교통업무에 종사하는 자의 관리에 관한 사항
　　　　　6) 교통안전의 교육·훈련에 관한 사항
　　　　　7) 교통사고 원인의 조사·보고 및 처리에 관한 사항

정답　22 ①　23 ②

24 교통안전관리규정에 포함할 사항으로 대통령령으로 정하는 사항이 아닌 것은?

① 교통안전의 교육·훈련에 관한 사항
② 교통안전 관련 조직에 관한 사항
③ 교통사고 원인의 조사·보고 및 처리에 관한 사항
④ 교통시설의 안전성 평가에 관한 사항

> **해설** 교통안전법시행령 제18조(교통안전관리규정에 포함할 사항)

25 교통안전법에서 교통안전관리규정을 정하여 관할 교통행정기관에 제출할 시기로 틀린 것은?

① 자동차대여사업의 등록을 한 자로서 200대 이상의 자동차를 보유한 자: 6개월 이내
② 여객자동차운송사업자등으로서 100대 이상 200대 미만의 자동차를 보유한 자: 9개월 이내
③ 「궤도운송법」에 따라 궤도사업의 허가를 받은 자: 1년 이내
④ 여객자동차운송사업자등으로서 100대 미만의 자동차를 보유한 자: 1년 이내

> **해설** 교통안법법시행령 제17조(교통안전관리규정의 제출시기), 교통안전법시행규칙 제4조(교통안전관리규정의 제출시기)
>
> ① 교통시설설치·관리자등이 교통안전관리규정을 제출하여야 하는 시기는 다음의 구분에 따른다.
> 1. 교통시설설치·관리자: 6개월 이내
> 2. 교통수단운영자: 1년의 범위에서 국토교통부령으로 정하는 기간 이내
>   1) 「여객자동차 운수사업법」에 따라 여객자동차운송사업의 면허를 받거나 등록을 한 자, 여객자동차운수사업의 관리를 위탁받은 자 또는 자동차대여사업의 등록을 한 자("여객자동차운송사업자등")로서 200대 이상의 자동차를 보유한 자: 6개월 이내
>   2) 여객자동차운송사업자등으로서 100대 이상 200대 미만의 자동차를 보유한 자 및 「궤도운송법」에 따라 궤도사업의 허가를 받은 자 및 전용궤도의 승인을 받은 자: 9개월 이내
>   3) 여객자동차운송사업자등으로서 100대 미만의 자동차를 보유한 자, 「화물자동차 운수사업법」에 따라 일반화물자동차운송사업의 허가를 받은 자: 1년 이내
> ② 교통시설설치·관리자등은 교통안전관리규정을 변경한 경우에는 변경한 날부터 3개월 이내에 변경된 교통안전관리규정을 관할 교통행정기관에 제출하여야 한다.

26 다음 중 교통안전관리규정 준수 여부의 확인·평가의 실시 주기는?

① 매 5년이 지난날의 전후 100일 이내 ② 매 5년이 지난날의 전후 50일 이내
③ 매 3년이 지난날의 전후 100일 이내 ④ 매 3년이 지난날의 전후 50일 이내

> **해설** 교통안전법시행규칙 제5조(교통안전관리규정 준수 여부의 확인·평가)
>
> ① 교통안전관리규정 준수 여부의 확인·평가는 교통안전관리규정을 제출한 날을 기준으로 매 5년이 지난날의 전후 100일 이내에 실시한다.

정답 24 ② 25 ③ 26 ①

27 교통안전관리규정에 대한 검토결과가 교통안전의 확보에 중대한 문제가 있지는 않지만 부분적으로 보완이 필요하다고 인정되는 경우의 검토결과 구분은?

① 적합   ② 조건부 적합   ③ 부적합   ④ 보류

해설 교통안전법시행령 제19조(교통안전관리규정의 검토 등)
1. 교통행정기관은 교통시설설치·관리자등이 제출한 교통안전관리규정이 교통안전관리규정에 포함되어야 할 사항을 포함하여 적정하게 작성되었는지를 검토하여야 한다.
2. 교통안전관리규정에 대한 검토 결과는 다음과 같이 구분한다.
    1) 적합: 교통안전에 필요한 조치가 구체적이고 명료하게 규정되어 있어 교통시설 또는 교통수단의 안전성이 충분히 확보되어 있다고 인정되는 경우
    2) 조건부 적합: 교통안전의 확보에 중대한 문제가 있지는 아니하지만 부분적으로 보완이 필요하다고 인정되는 경우
    3) 부적합: 교통안전의 확보에 중대한 문제가 있거나 교통안전관리규정 자체에 근본적인 결함이 있다고 인정되는 경우

28 교통안전법에서 국가의 교통안전에 관한 기본시책으로 거리가 먼 것은?

① 교통시설의 정비   ② 교통수단의 안전성 향상
③ 교통안전에 관한 정보의 수집·전파   ④ 교통시설안전진단

해설 교통안전법 제4장 교통안전에 관한 기본시책
제22조(교통시설의 정비 등)   제23조(교통안전지식의 보급 등)
제24조(교통수단의 안전운행 등의 확보)   제25조(교통안전에 관한 정보의 수집·전파)
제26조(교통수단의 안전성 향상)   제27조(교통질서의 유지)
제28조(위험물의 안전운송)   제29조(긴급 시의 구조체제의 정비 등)
제30조(손해배상의 적정화)   제31조(과학기술의 진흥 등)
제32조(교통안전에 관한 시책 강구 상의 배려)

29 어린이, 노인 및 장애인의 교통안전 체험시설의 설치 기준 및 방법으로 틀린 것은?

① 교통수단안전점검의 대상 어린이등이 자전거를 운전할 때 안전한 운전방법을 익힐 수 있는 체험시설을 갖출 것
② 교통안전 체험시설에 설치하는 교통안전표지 등이 관계 법령에 따른 기준과 일치할 것
③ 어린이등이 교통사고 예방법을 습득할 수 있도록 교통의 위험상황을 재현할 수 있는 영상장치 등 시설·장비를 갖출 것
④ 어린이등이 교통시설의 운영체계를 이해할 수 있도록 보도·횡단보도 등의 시설을 적절한 모형으로 축소하여 배치할 것

정답 27 ② 28 ④ 29 ④

> **해설** 교통안전법시행령 제19조의2(교통안전 체험시설의 설치 기준 등)
>
> ① 국가 및 시·도지사등은 어린이, 노인 및 장애인("어린이등")의 교통안전 체험을 위한 교육시설("교통안전 체험시설")을 설치할 때에는 다음의 설치 기준 및 방법에 따른다.
>
> 1. 어린이등이 교통사고 예방법을 습득할 수 있도록 교통의 위험상황을 재현할 수 있는 영상장치 등 시설·장비를 갖출 것
> 2. 어린이등이 자전거를 운전할 때 안전한 운전방법을 익힐 수 있는 체험시설을 갖출 것
> 3. 어린이등이 교통시설의 운영체계를 이해할 수 있도록 보도·횡단보도 등의 시설을 관계 법령에 맞게 배치할 것
> 4. 교통안전 체험시설에 설치하는 교통안전표지 등이 관계 법령에 따른 기준과 일치할 것

30 교통행정기관이 교통안전법 또는 관계법령에 따라 소관 교통수단에 대하여 교통안전에 관한 위험요인을 조사·점검 및 평가하는 모든 활동을 무엇이라고 하는지?

① 교통수단안전점검
② 교통시설안전진단
③ 교통수단안전도평가
④ 교통시설위험평가

> **해설** 교통안전법 제2조(정의)
>
> 8. "교통수단안전점검"이란 교통행정기관이 교통안전법 또는 관계법령에 따라 소관 교통수단에 대하여 교통안전에 관한 위험요인을 조사·점검 및 평가하는 모든 활동을 말한다.

31 교통안전법에서 교통수단안전점검의 대상 중 틀린 것은?

① 도로교통법에 따른 어린이통학버스
② 항공운송사업자가 보유한 항공기
③ 해운업자가 운항하는 선박
④ 여객자동차운송사업자가 보유한 자동차

> **해설** 교통안전법시행령 제20조(교통수단안전점검의 대상 등)
>
> ① 교통수단안전점검의 대상은 다음과 같다.
>
> 1. 「여객자동차 운수사업법」에 따른 여객자동차운송사업자가 보유한 자동차 및 그 운영에 관련된 사항
> 2. 「화물자동차 운수사업법」에 따른 화물자동차 운송사업자가 보유한 자동차 및 그 운영에 관련된 사항
> 3. 「건설기계관리법」에 따른 건설기계사업자가 보유한 건설기계(「도로교통법」에 따른 운전면허를 받아야 하는 건설기계에 한정한다) 및 그 운영에 관련된 사항
> 4. 「철도사업법」에 따른 철도사업자 및 전용철도운영자가 보유한 철도차량 및 그 운영에 관련된 사항
> 5. 「도시철도법」에 따른 도시철도운영자가 보유한 철도차량 및 그 운영에 관련된 사항
> 6. 「항공사업법」에 따른 항공운송사업자가 보유한 항공기(「항공안전법」을 적용받는 군용항공기 등과 국가기관등항공기는 제외한다) 및 그 운영에 관련된 사항
> 7. 그 밖에 국토교통부령으로 정하는 어린이 통학버스 및 위험물 운반자동차 등 교통수단안전점검이 필요하다고 인정되는 자동차 및 그 운영에 관련된 사항
>
> * "국토교통부령으로 정하는 어린이 통학버스 및 위험물 운반자동차 등 교통수단안전점검이 필요하다고 인정되는 자동차"
>   1) 어린이통학버스

정답 30 ① 31 ③

2) 「고압가스 안전관리법 시행령」에 따른 고압가스를 운송하기 위하여 필요한 탱크를 설치한 화물자동차(그 화물자동차가 피견인자동차인 경우에는 연결된 견인자동차를 포함한다)

3) 「위험물안전관리법 시행령」에 따른 지정수량 이상의 위험물을 운반하기 위하여 필요한 탱크를 설치한 화물자동차(그 화물자동차가 피견인자동차인 경우에는 연결된 견인자동차를 포함한다)

4) 「화학물질관리법」에 따른 유해화학물질을 운반하기 위하여 필요한 탱크를 설치한 화물자동차(그 화물자동차가 피견인자동차인 경우에는 연결된 견인자동차를 포함한다)

5) 쓰레기 운반전용의 화물자동차

6) 피견인자동차와 긴급자동차를 제외한 최대적재량 8톤 이상의 화물자동차

32 교통수단안전점검을 효율적으로 실시하기 위하여 소속공무원이 사업장을 출입하여 검사하려는 경우에 검사계획을 교통수단운영자에게 통지하여야 하는 시기는?

① 출입·검사 7일 전까지
② 출입·검사 14일 전까지
③ 출입·검사 15일 전까지
④ 출입·검사 20일 전까지

해설 교통안전법 제33조(교통수단안전점검)

1. 교통행정기관은 교통수단안전점검을 효율적으로 실시하기 위하여 관련 교통수단운영자로 하여금 필요한 보고를 하게 하거나 관련 자료를 제출하게 할 수 있다.

2. 필요한 경우 소속 공무원으로 하여금 교통수단운영자의 사업장 등에 출입하여 교통수단 또는 장부·서류나 그 밖의 물건을 검사하게 하거나 관계인에게 질문하게 할 수 있다.

3. 사업장을 출입하여 검사하려는 경우에는 출입·검사 7일 전까지 검사일시·검사이유 및 검사내용 등을 포함한 검사계획을 교통수단운영자에게 통지하여야 한다.

4. 단, 증거인멸 등으로 검사의 목적을 달성할 수 없다고 판단되는 경우에는 검사일에 검사계획을 통지할 수 있다.

33 교통사고에서 사망사고는 교통사고 발생시부터 몇일 이내에 사람이 사망한 사고인가?

① 30일 이내
② 60일 이내
③ 90일 이내
④ 120일 이내

해설 교통안전법시행령 제20조(교통수단안전점검의 대상 등)

③ "대통령령으로 정하는 기준 이상의 교통사고"란 다음에 해당하는 교통사고를 말한다.

   1. 1건의 사고로 사망자가 1명 이상 발생한 교통사고

   2. 1건의 사고로 중상자가 3명 이상 발생한 교통사고

   3. 자동차를 20대 이상 보유한 자의 별표 3의2에 따른 교통안전도 평가지수가 국토교통부령으로 정하는 기준을 초과하여 발생한 교통사고

[별표 3의2]

   1. 교통사고는 직전연도 1년간의 교통사고를 기준으로 하며, 다음과 같이 구분한다.

      1) 사망사고: 교통사고가 주된 원인이 되어 교통사고 발생시부터 30일 이내에 사람이 사망한 사고

      2) 중상사고: 교통사고로 인하여 다친 사람이 의사의 최초 진단 결과 3주 이상의 치료가 필요한 상해를 입은 사고

정답 32 ① 33 ①

3) 경상사고: 교통사고로 인하여 다친 사람이 의사의 최초 진단 결과 5일 이상 3주 미만의 치료가 필요한 상해를 입은 사고
2. 교통사고 발생건수 및 교통사고 사상자 수 산정 시
   1) 경상사고 1건 또는 경상자 1명은 '0.3'
   2) 중상사고 1건 또는 중상자 1명은 '0.7'
   3) 사망사고 1건 또는 사망자 1명은 '1'을 각각 가중치로 적용한다.
   * 교통사고 발생건수의 산정 시, 하나의 교통사고로 여러 명이 사망 또는 상해를 입은 경우에는 가장 가중치가 높은 사고를 적용한다.

34 다음 중 교통안전도 평가지수 산정식으로 맞는 것은?

① {(발생건수×0.3)+(교통사고사상자수×0.6)}/자동차등록면허대수×10
② {(발생건수×0.4)+(교통사고사상자수×0.6)}/자동차등록면허대수×10
③ {(발생건수×0.5)+(교통사고사상자수×0.7)}/자동차등록면허대수×10
④ {(발생건수×0.3)+(교통사고사상자수×0.7)}/자동차등록면허대수×10

해설 교통안전도 평가지수 산출식

$$교통안전도\ 평가지수 = \frac{(교통사고\ 발생건수×0.4)+(교통사고\ 사상자\ 수×0.6)}{자동차등록(면허)\ 대수}×10$$

35 교통안전도 평가지수에서 교통사고건수의 가중치는?

① 0.5　　　　② 0.4　　　　③ 0.3　　　　④ 0.2

해설 교통안전법시행령 제20조(교통수단안전점검의 대상 등)

36 교통안전도 평가지수에서 중상자나 중상사고에 대한 가중치는?

① 0.3　　　　② 0.7　　　　③ 0.5　　　　④ 1.0

해설 교통안전법시행령 제20조(교통수단안전점검의 대상 등)

37 교통안전도 평가지수에서 산정시 적용방법으로 틀린 것은?

① 사망사고는 교통사고가 주된 원인이 되어 교통사고 발생시부터 30일 이내에 사람이 사망한 사고를 말한다.
② 교통사고는 직전연도 1년간의 교통사고를 기준으로 한다.
③ 사망사고 1건 또는 사망자 1명은 교통사고 발생건수 및 교통사고 사상자 수 산정 시 가중치를 '1'로 한다.
④ 중상사고는 교통사고로 인하여 다친 사람이 의사의 최초 진단 결과 2주 이상의 치료가 필요한 상해를 입은 사고를 말한다.

해설 교통안전법시행령 제20조, 교통안전도 평가지수

38 교통안전법에서 교통수단안전점검의 항목이 아닌 것은?

① 교통안전관리규정의 준수 여부 점검
② 교통수단의 교통안전 위험요인 조사
③ 교통수단 운행의 경제성검토
④ 교통안전 관계 법령의 위반 여부 확인

해설 교통안전법시행령 제20조(교통수단안전점검의 대상 등)
④ 교통수단안전점검의 항목은 다음과 같다.
  1. 교통수단의 교통안전 위험요인 조사   2. 교통안전 관계 법령의 위반 여부 확인
  3. 교통안전관리규정의 준수 여부 점검
  4. 그 밖에 국토교통부장관이 관계 교통행정기관의 장과 협의하여 정하는 사항

39 교통시설안전진단을 받아야 하는 교통시설이 아닌 것은?

① 도로   ② 항만   ③ 공항   ④ 철도

해설 교통안전법 제34조(교통시설안전진단)
① 대통령령으로 정하는 일정 규모 이상의 도로·철도·공항의 교통시설을 설치하려는 자("교통시설설치자")는 해당 교통시설의 설치 전에 교통안전진단기관에 의뢰하여 교통시설안전진단을 받아야 한다.

40 다음 중 교통시설안전진단보고서에 포함될 사항이 아닌 것은?

① 교통시설안전진단을 받아야 하는 자의 명칭 및 소재지
② 교통시설안전진단의 실시기간과 실시자
③ 교통안전진단기관의 권고사항
④ 교통시설안전진단의 결과에 따른 조치내용

정답 37 ④ 38 ③ 39 ② 40 ④

교통안전법시행령 제26조(교통시설안전진단보고서)
교통시설안전진단보고서에는 다음 사항이 포함되어야 한다.
1. 교통시설안전진단을 받아야 하는 자의 명칭 및 소재지
2. 교통시설안전진단 대상의 종류
3. 교통시설안전진단의 실시기간과 실시자
4. 교통시설안전진단 대상의 상태 및 결함 내용
5. 교통안전진단기관의 권고사항
6. 그 밖에 교통안전관리에 필요한 사항

41 교통시설안전진단 실시결과에 대한 권고등의 조치 내용이 아닌 것은?

① 교통시설에 대한 공사계획 또는 사업계획 등의 시정 또는 보완
② 교통시설의 개선·보완 및 이용제한
③ 교통시설의 관리·운영 등과 관련된 절차·방법 등의 개선·보완
④ 교통시설의 사용중지 개선 명령

교통안전법 제37조(교통시설안전진단 결과의 처리)
① 교통행정기관은 교통시설안전진단을 받은 자가 제출한 교통시설안전진단보고서를 검토한 후 교통안전의 확보를 위하여 필요하다고 인정되는 경우에는 해당 교통시설안전진단을 받은 자에 대하여 다음 사항을 권고하거나 관계법령에 따른 필요한 조치를 할 수 있다. 이 경우 교통행정기관은 교통시설안전진단을 받은 자가 권고사항을 이행하기 위하여 필요한 자료 제공 및 기술지원을 할 수 있다.
1. 교통시설에 대한 공사계획 또는 사업계획 등의 시정 또는 보완
2. 교통시설의 개선·보완 및 이용제한
3. 교통시설의 관리·운영 등과 관련된 절차·방법 등의 개선·보완
4. 그 밖에 교통안전에 관한 업무의 개선

42 교통안전진단기관에 대한 지도, 감독에 있어서 출입·검사를 하는 경우 검사계획을 통지해야 하는 시기는?

① 검사일 7일 전까지
② 검사일 14일 전까지
③ 검사일 21일 전까지
④ 검사일 30일 전까지

교통안전법 제47조(교통안전진단기관에 대한 지도·감독)
1. 시·도지사는 교통안전진단기관이 교통시설안전진단 업무를 적절하게 수행하고 있는지의 여부 등을 확인하기 위하여 교통안전진단기관으로 하여금 필요한 보고를 하게 하거나 관련 자료를 제출하게 할 수 있으며, 필요한 경우 소속 공무원으로 하여금 관련서류 그 밖의 물건을 점검·검사하게 하거나 관계인에게 질문을 하게 할 수 있다.
2. 출입·검사를 하는 경우에는 검사일 7일 전까지 검사일시·검사이유 및 검사내용 등을 포함한 검사계획을 교통안전진단기관에 통지하여야 한다.
3. 단, 증거인멸 등으로 검사의 목적을 달성할 수 없거나 긴급한 사정이 있는 경우에는 검사일에 검사계획을 통지할 수 있다.

정답 41 ④ 42 ①

43 교통안전법에서 교통안전 우수사업자 지정을 취소할 수 있는 경우가 아닌 것은?

① 운송사업자가 보유한 자동차의 대수가 300대 미만인 경우: 중대한 교통사고 1건 이상 일으킨 경우
② 거짓이나 그 밖의 부정한 방법으로 지정을 받은 경우
③ 운송사업자가 보유한 자동차의 대수가 600대 이상인 경우: 중대한 교통사고 3건 이상 일으킨 경우
④ 운송사업자가 보유한 자동차의 대수가 300대 이상 600대 미만인 경우: 중대한 교통사고 2건 이상 일으킨 경우

해설 교통안전법 제35조의2(교통안전 우수사업자 지정 등)
③ 국토교통부장관은 지정을 받은 자가 다음에 해당하는 경우에는 지정을 취소할 수 있다. 다만, 제1호에 해당하는 경우에는 지정을 취소하여야 한다.
　1. 거짓이나 그 밖의 부정한 방법으로 지정을 받은 경우
　2. 국토교통부령으로 정하는 기준 이상의 교통사고를 일으킨 경우
* 국토교통부령: 「여객자동차 운수사업법 시행령」에서 정한 중대한 교통사고를 일으킨 경우
　1) 운송사업자가 보유한 자동차의 대수가 300대 미만인 경우: 1건 이상
　2) 운송사업자가 보유한 자동차의 대수가 300대 이상 600대 미만인 경우: 2건 이상
　3) 운송사업자가 보유한 자동차의 대수가 600대 이상인 경우: 3건 이상
* 중대한 교통사고
　① 사망자 2명 이상　　② 사망자 1명과 중상자 3명 이상　　③ 중상자 6명 이상
* ②번은 반드시 지정을 취소하여야 하는 경우이다.

44 교통사고조사와 관련 자료·통계·정보의 보관기간은?

① 1년　　　　② 2년　　　　③ 5년　　　　④ 4년

해설 교통안전법시행령 제38조(교통사고관련자료등의 보관·관리)
1. 교통사고와 관련된 자료·통계 또는 정보("교통사고관련자료등")를 보관·관리하는 자는 교통사고가 발생한 날부터 5년간 이를 보관·관리하여야 한다.
2. 교통사고관련자료등을 보관·관리하는 자는 교통사고관련자료등의 멸실 또는 손상에 대비하여 그 입력된 자료와 프로그램을 다른 기억매체에 따로 입력시켜 격리된 장소에 안전하게 보관·관리하여야 한다.

정답 43 ② 　44 ③

45 교통안전법에서 기간이 5년이 아닌 것은?

① 국가교통안전기본계획 수립주기　　② 시·도 교통안전기본계획 수립주기
③ 시·군·구 교통안전기본계획 수립주기　　④ 교통안전 교육훈련 기본계획 수립주기

해설　교통안전법 제15조(국가교통안전기본계획)
① 국토교통부장관은 국가의 전반적인 교통안전수준의 향상을 도모하기 위하여 교통안전에 관한 기본계획("국가교통안전기본계획")을 5년 단위로 수립하여야 한다.
교통안전법 제17조(지역교통안전기본계획)
　1. 시·도지사는 국가교통안전기본계획에 따라 시·도의 교통안전에 관한 기본계획("시·도교통안전기본계획")을 5년 단위로 수립하여야 한다.
　2. 시장·군수·구청장은 시·도교통안전기본계획에 따라 시·군·구의 교통안전에 관한 기본계획("시·군·구교통안전기본계획")을 5년 단위로 수립하여야 한다.
교통안전법시행규칙 제5조(교통안전관리규정 준수 여부의 확인·평가)
① 교통안전관리규정 준수 여부의 확인·평가는 교통안전관리규정을 제출한 날을 기준으로 매 5년이 지난 날의 전후 100일 이내에 실시한다.

46 교통안전관리자 자격의 종류가 아닌 것은?

① 도로교통안전관리자　　② 항공교통안전관리자
③ 해양교통안전관리자　　④ 삭도교통안전관리자

해설　교통안전법시행령 제41조의2(교통안전관리자 자격의 종류)
1. 도로교통안전관리자　　2. 철도교통안전관리자　　3. 항공교통안전관리자
4. 항만교통안전관리자　　5. 삭도교통안전관리자

47 교통안전관리자 시험 시행일의 공고시기 및 공고방법이 맞게 짝지어진 것은?

① 시험 시행일 90일 전까지 – 일간신문 및 한국교통안전공단 인터넷 홈페이지
② 시험 시행일 90일 전까지 – 일간신문 및 국토교통부 인터넷 홈페이지
③ 시험 시행일 60일 전까지 – 일간신문 및 한국교통안전공단 인터넷 홈페이지
④ 시험 시행일 60일 전까지 – 주간신문 및 국토교통부 인터넷 홈페이지

해설　교통안전법시행규칙 제18조(시험실시계획의 수립 등)
① 한국교통안전공단은 교통안전관리자 시험을 매년 실시하여야 하며, 시험을 실시하기 전에 교통안전관리자의 수급상황을 파악하여 시험의 실시에 관한 계획을 국토교통부장관에게 제출하여야 한다.
② 한국교통안전공단은 시험을 시행하려면 시험 시행일 90일 전까지 시험일정과 응시과목 등 시험의 시행에 필요한 사항을 「신문 등의 진흥에 관한 법률」에 따라 보급지역을 전국으로 하여 등록한 일간신문("일간신문") 및 한국교통안전공단 인터넷 홈페이지에 공고하여야 한다.

정답　45 ④　46 ③　47 ①

48 시·도지사가 교통안전관리자의 자격을 취소하거나 1년 이내의 기간을 정하여 자격의 정지를 명할 수 있는 것은?

① 운행기록 등을 보관하지 아니한 때
② 결격사유의 어느 하나에 해당하게 된 때
③ 거짓 그 밖의 부정한 방법으로 교통안전관리자 자격을 취득한 때
④ 교통안전관리자가 직무를 행함에 있어서 고의 또는 중대한 과실로 인하여 교통사고를 발생하게 한 때

해설 교통안전법 제54조(교통안전관리자 자격의 취소 등)
1. 취소권자: 시·도지사
2. 자격을 취소하여야 하는 경우(절대적 취소)
   1) 교통안전관리자의 결격사유에 해당하게 된 때 <교통안전법 제53조 제③항>
      ⓐ 피성년후견인 또는 피한정후견인
      ⓑ 금고 이상의 실형을 선고받고 그 집행이 종료(집행이 종료된 것으로 보는 경우를 포함한다)되거나 집행이 면제된 날부터 2년이 지나지 아니한 자
      ⓒ 금고 이상의 형의 집행유예를 선고받고 그 유예기간 중에 있는 자
      ⓓ 교통안전관리자 자격의 취소처분을 받은 날부터 2년이 지나지 아니한 자
      단, 피성년후견인 또는 피한정후견인의 결격사유에 해당하여 자격이 취소된 경우는 제외한다.
   2) 거짓이나 그 밖의 부정한 방법으로 교통안전관리자 자격을 취득한 때
3. 자격을 취소하거나 1년 이내의 기간을 정하여 해당 자격의 정지를 명할 수 있는 경우
   1) 교통안전관리자가 직무를 행하면서 고의 또는 중대한 과실로 인하여 교통사고를 발생하게 한 때

49 다음 중 교통안전관리자의 결격사유에 해당하지 않는 것은?

① 피성년후견인 또는 피한정후견인
② 금고 이상의 형의 집행유예 선고를 받고 그 유예기간 중에 있거나 유예기간 경과 후 2년이 되지 아니한 자
③ 금고 이상의 실형을 선고받고 그 집행이 종료되거나 집행이 면제된 날부터 2년이 지나지 아니한 자
④ 교통안전관리자 자격의 취소처분을 받은 날부터 2년이 지나지 아니한 자

해설 교통안전법 제53조(교통안전관리자 자격의 취득 등) 제③항

50 다음 중 교통안전관리자의 자격취소 또는 정지처분을 할 수 있는 기관은?

① 건설교통부장관   ② 국토교통부장관   ③ 국무총리   ④ 시·도지사

해설 교통안전법 제54조(교통안전관리자 자격의 취소 등)

정답 48 ④   49 ②   50 ④

51 교통안전법상 일정한 교육과정을 수료한 자의 교통안전관리자 시험면제과목에 해당하지 않는 것은?

① 교통법규　　　　　　　　　　　　② 교통안전관리론
③ 철도공학　　　　　　　　　　　　④ 열차운전(선택과목)

> **해설**　교통안전법 제53조(교통안전관리자 자격의 취득 등), 교통안전법시행규칙 제24조(시험의 일부 면제를 위한 교육 및 훈련 과정)
>
> 1. 국토교통부장관이 시험의 일부를 면제할 수 있는 경우
>   1) 「국가기술자격법」 또는 다른 법률에 따라 교통안전분야와 관련이 있는 분야의 자격을 받은 자
>   2) 교통안전분야에 관하여 대통령령으로 정하는 실무경험이 있는 자로서 국토교통부령으로 정하는 교육 및 훈련 과정을 마친 자
>   ⓐ 한국교통안전공단이 시행하는 교통법규·교통안전관리론 및 해당 분야별 시험과목과 관련된 교육 및 훈련을 받고 수료증을 교부받은 자
>   ⓑ 수료증을 교부받은 날부터 2년간 2번의 시험에 대하여 교통법규를 제외한 시험과목을 면제
>   3) 석사학위 이상의 학위를 취득한 자

52 교통안전관리자 시험에서 부정행위를 한 사람의 응시제한 기간은?

① 6개월　　　　　② 1년　　　　　③ 2년　　　　　④ 5년

> **해설**　교통안전법 제53조의2(부정행위자에 대한 제재)
>
> 1. 국토교통부장관은 부정한 방법으로 시험에 응시한 사람 또는 시험에서 부정행위를 한 사람에 대하여는 그 시험을 정지시키거나 무효로 한다.
> 2. 시험이 정지되거나 무효로 된 사람은 그 처분이 있은 날부터 2년간 시험에 응시할 수 없다.

53 시·도지사가 교통안전관리자 자격의 취소 또는 정지처분을 한 때에 교통안전관리자에게 통지할 사항이 아닌 것은?

① 자격의 회복방법에 대한 절차
② 자격의 취소 또는 정지처분의 사유
③ 자격의 취소 또는 정지처분에 대하여 불복하는 경우 불복신청의 절차와 기간 등
④ 교통안전관리자 자격증명서의 반납에 관한 사항

> **해설**　교통안전법 제54조(교통안전관리자 자격의 취소 등), 교통안전법시행규칙 제28조(자격의 취소 등)
>
> 1. 시·도지사는 자격의 취소 또는 정지처분을 한 때에는 국토교통부령으로 정하는 바에 따라 해당 교통안전관리자에게 이를 통지하여야 한다.
> 2. 교통안전관리자 자격의 취소 또는 정지처분의 통지에 포함되어야 할 사항
>   1) 자격의 취소 또는 정지처분의 사유

정답　51 ①　52 ③　53 ①

2) 자격의 취소 또는 정지처분에 대하여 불복하는 경우 불복신청의 절차와 기간 등
3) 교통안전관리자 자격증명서의 반납에 관한 사항

54 교통안전관리자에게 명할 수 있는 자격정지의 최대기간은?

① 6월 　　　　　② 1년 　　　　　③ 1년 6월 　　　　　④ 2년

> **해설**　교통안전법 제54조(교통안전관리자 자격의 취소 등)

55 다음 중 교통안전법상 교통안전담당자를 지정하는 지정자에 해당하지 않는 자는?

① 교통시설설치자　　② 교통시설관리자　　③ 교통수단운영자　　④ 교통시설생산자

> **해설**　교통안전법 제54조의2(교통안전담당자의 지정 등)
> ① 대통령령으로 정하는 교통시설설치·관리자 및 교통수단운영자는 다음에 해당하는 사람을 교통안전담당자로 지정하여 직무를 수행하게 하여야 한다.
> 　1. 교통안전관리자 자격을 취득한 사람　　　　　2. 대통령령으로 정하는 자격을 갖춘 사람

56 교통안전담당자의 직무가 아닌 것은?

① 교통시설의 조건 및 기상조건에 따른 안전 운행등에 필요한 조치
② 운전자등의 운행등 중 근무상태 파악 및 교통안전 교육·훈련의 실시
③ 교통안전관리규정의 시행 및 그 기록의 작성·보존
④ 교통표지판 시설물 배치에 관한 수립

> **해설**　교통안전법시행령 제44조의2(교통안전담당자의 직무)
> ① 교통안전담당자의 직무는 다음과 같다.
> 　1. 교통안전관리규정의 시행 및 그 기록의 작성·보존
> 　2. 교통수단의 운행·운항 또는 항행("운행등") 또는 교통시설의 운영·관리와 관련된 안전점검의 지도·감독
> 　3. 교통시설의 조건 및 기상조건에 따른 안전 운행등에 필요한 조치
> 　4. 운전자등의 운행등 중 근무상태 파악 및 교통안전 교육·훈련의 실시
> 　5. 교통사고 원인 조사·분석 및 기록 유지
> 　6. 운행기록장치 및 차로이탈경고장치 등의 점검 및 관리
> 　　(운행기록장치 및 차로이탈경고장치의 장착은 교통안전담당자의 직무가 아니다)

정답　54 ②　55 ④　56 ④

57 교통안전담당자의 직무로 틀린 것은?

① 교통사고 원인 조사·분석 및 기록 유지
② 운행기록장치 및 차로이탈경고장치 등의 점검 및 관리
③ 교통안전검검 실시
④ 교통수단의 운행·운항 또는 항행 또는 교통시설의 운영·관리와 관련된 안전점검의 지도·감독

> **해설** 교통안전법시행령 제44조의2(교통안전담당자의 직무)

58 교통안전담당자는 교통안전을 위해 필요하다고 인정하는 경우에는 필요한 조치를 교통시설설치·관리자등에게 요청해야 한다. 이러한 조치에 해당되지 않는 것은?

① 교통사고 원인 조사·분석 및 기록 유지
② 교통수단의 정비
③ 차량운전자 등의 승무계획 변경
④ 교통안전 관련 시설 및 장비의 설치 또는 보완

> **해설** 교통안전법시행령 제44조의2(교통안전담당자의 직무)
> 1. 교통안전담당자는 교통안전을 위해 필요하다고 인정하는 경우에는 다음 사항을 교통시설설치·관리자등에게 요청해야 한다.
>   1) 국토교통부령으로 정하는 교통수단의 운행등의 계획 변경
>   2) 교통수단의 정비
>   3) 운전자등의 승무계획 변경
>   4) 교통안전 관련 시설 및 장비의 설치 또는 보완
>   5) 교통안전을 해치는 행위를 한 운전자등에 대한 징계 건의
> 2. 단, 교통안전담당자가 교통시설설치·관리자등에게 필요한 조치를 요청할 시간적 여유가 없는 경우에는 직접 필요한 조치를 하고, 이를 교통시설설치·관리자등에게 보고해야 한다.

59 교통안전담당자가 교통시설설치·관리자등에게 요청할 시간적 여유가 없는 경우에는 직접 필요한 조치를 하고 보고해야 하는 것이 아닌 것은?

① 교통수단의 정비
② 차로이탈경고장치 등의 점검 및 관리
③ 운전자등의 승무계획 변경
④ 교통안전 관련 시설 및 장비의 설치 또는 보완

> **해설** 교통안전법시행령 제44조의2(교통안전담당자의 직무)

정답 57 ③　58 ①　59 ②

60 교통안전법에서 운행기록장치 장착 대상이 아닌 것은?

① 여객자동차 운송사업자   ② 여객자동차 대여사업자
③ 화물자동차 운송사업자   ④ 화물자동차 운송가맹사업자

해설 교통안전법 제55조(운행기록장치의 장착 및 운행기록의 활용 등)
1. 운행기록장치를 장착 대상 차량: 아래의 사람이 운행하는 차량
   1) 「여객자동차 운수사업법」에 따른 여객자동차 운송사업자
   2) 「화물자동차 운수사업법」에 따른 화물자동차 운송사업자 및 화물자동차 운송가맹사업자
   3) 「도로교통법」에 따른 어린이통학버스 운영자(여객자동차 운송사업자의 운행기록장치를 장착한 차량은 제외)
2. 운행기록장치 장착면제 차량: 소형 화물차량 등 국토교통부령으로 정하는 차량
   1) 「화물자동차 운수사업법」에 따른 화물자동차운송사업용 자동차로서 최대 적재량 1톤 이하인 화물자동차
   2) 「자동차관리법 시행규칙」에 따른 경형·소형 특수자동차 및 구난형·특수용도형 특수자동차
   3) 「여객자동차 운수사업법」에 따른 여객자동차운송사업에 사용되는 자동차로서 2002년 6월 30일 이전에 등록된 자동차

61 교통행정기관의 제출 요청이 없더라도 주기적으로 운행기록을 제출해야 하는 업종은?

① 수요응답형 여객자동차운송사업   ② 전세버스운송사업자
③ 노선 여객자동차운송사업자(시외버스)   ④ 구역 여객자동차운송사업자

해설 교통안전법 제55조(운행기록장치의 장착 및 운행기록의 활용 등), 교통안전법시행령 제45조(운행기록장치의 장착시기 및 보관기간)
1. 운행기록장치 장착의무자는 운행기록장치에 기록된 운행기록을 대통령령으로 정하는 기간(6개월) 동안 보관하여야 하며, 교통행정기관이 제출을 요청하는 경우 이에 따라야 한다.
2. 단, 교통행정기관의 제출 요청과 관계없이 운행기록을 주기적으로 제출하여야 하는 자: 대통령령으로 정하는 운행기록장치 장착의무자(「여객자동차 운수사업법」에 따라 면허를 받은 노선 여객자동차운송사업자)
   * 노선 여객자동차운송사업자: 시내버스, 시외버스, 농어촌버스, 마을버스

62 운행기록장치 장착의무자가 제출한 운행기록을 점검하고 분석하여야 하는 항목이 아닌 것은?

① 과속   ② 주차   ③ 회전   ④ 급출발

해설 교통안전법시행규칙 제30조(운행기록의 보관 및 제출방법 등)
④ 한국교통안전공단은 운행기록장치 장착의무자가 제출한 운행기록을 점검하고 다음의 항목을 분석하여야 한다.
   1. 과속   2. 급감속   3. 급출발   4. 회전   5. 앞지르기   6. 진로변경

정답 60 ② 61 ③ 62 ②

63 다음 중 차로이탈경고장치를 의무적으로 장착해야 하는 대상 차량은?

① 피견인자동차   ② 덤프형 화물자동차   ③ 시외버스   ④ 시내버스

> **해설** 교통안전법 제55조의2(차로이탈경고장치의 장착)
> 1. 차로이탈경고장치 장착 대상차량(국토교통부령)
>   1) 길이 9미터 이상의 승합자동차
>   2) 차량총중량 20톤을 초과하는 화물·특수자동차
> 2. 차로이탈경고장치의 장착 제외 자동차(국토교통부령)
>   1) 「자동차관리법 시행규칙」에 따른 덤프형 화물자동차
>   2) 피견인자동차
>   3) 「자동차 및 자동차부품의 성능과 기준에 관한 규칙」에 따라 입석을 할 수 있는 자동차
>   4) 그 밖에 자동차의 구조나 운행여건 등으로 설치가 곤란하거나 불필요하다고 국토교통부장관이 인정하는 자동차

64 교통안전법에서 정부가 장착비용을 지원하는 첨단안전장치에 해당하는 것은?

① 차로이탈경고장치   ② 운행기록장치   ③ 내비게이션   ④ CCTV

> **해설** 차로이탈경고장치 장착비용은 정부에서 일부 지원한다.

65 중대 교통사고자에 대한 교육실시에 대한 설명으로 옳지 않은 것은?

① 중대 교통사고란 차량운전자가 교통수단운영자의 차량을 운전하던 중 1건의 교통사고로 8주 이상의 치료를 요하는 의사의 진단을 받은 피해자가 발생한 사고를 말한다.
② 중대 교통사고가 발생하였을 때에는 교통사고조사에 대한 결과를 통지 받은 날부터 90일 이내에 교통안전 체험교육을 받아야 한다.
③ 교육의 내용에는 운전자의 안전운전능력을 효과적으로 향상시킬 수 있는 교통안전 체험교육이 포함되어야 한다.
④ 교통수단운영자는 중대 교통사고를 일으킨 차량운전자를 고용하려는 때에는 교통안전 체험교육을 받았는지 여부를 확인하여야 한다.

> **해설** 교통안전법 제56조의2(중대 교통사고자에 대한 교육실시), 교통안전법시행규칙 제31조의2(중대 교통사고의 기준 및 교육실시)
> 1. 중대 교통사고자에 대한 교육실시 대상 사업자
>   1) 여객자동차 운송사업자, 2) 화물자동차 운송사업자, 3) 화물자동차 운송가맹사업자
> 2. "중대 교통사고"의 의미
>   차량운전자가 교통수단운영자의 차량을 운전하던 중 1건의 교통사고로 8주 이상의 치료를 요하는 의사의 진단을 받은 피해자가 발생한 사고

정답   **63** ③   **64** ①   **65** ②

3. 교육 받아야 할 기한: 교통사고조사에 대한 결과를 통지 받은 날부터 60일 이내
4. 교육내용
   1) 교통안전체험 연구·교육시설의 교육과정 중 기본교육 8시간＋심화교육 16시간
   2) 운전자의 안전운전능력을 효과적으로 향상시킬 수 있는 교통안전 체험교육이 포함되어야 한다.
5. 교통수단운영자의 의무
   교통수단운영자는 교통사고를 일으킨 차량운전자를 고용하려는 때에는 교통안전체험교육을 받았는지 여부를 확인하여야 한다.

66 다음 중 교통문화지수의 조사 항목이 아닌 것은?

① 운전형태　　　　　　　　　② 운행기록장치 상태
③ 교통안전　　　　　　　　　④ 보행상태

> **해설**　교통안전법시행령 제47조(교통문화지수의 조사 항목 등)
> ① 교통문화지수의 조사 항목은 다음과 같다.
>   1. 운전행태
>   2. 교통안전
>   3. 보행행태(도로교통분야로 한정한다)
>   4. 그 밖에 국토교통부장관이 필요하다고 인정하여 정하는 사항

67 교통안전법에서 시·도지사가 국토교통부장관 또는 지정행정기관의 장으로부터 위임받은 권한의 일부를 국토교통부장관 또는 지정행정기관의 장의 승인을 얻어 누구에게 재위임할 수 있는가?

① 교통사업자　　　　② 지방행정기관　　　③ 시장·군수·구청장　④ 교통행정기관

> **해설**　교통안전법 제59조(권한의 위임 및 업무의 위탁)
> 1. 국토교통부장관 또는 지정행정기관의 장은 이 법에 따른 권한의 일부를 대통령령으로 정하는 바에 따라 소속 기관의 장 또는 시·도지사에게 위임할 수 있다.
> 2. 시·도지사는 국토교통부장관 또는 지정행정기관의 장으로부터 위임받은 권한의 일부를 국토교통부장관 또는 지정행정기관의 장의 승인을 얻어 시장·군수·구청장에게 재위임할 수 있다.

68 교통행정기관의 장의 업무 중 경찰청장의 업무를 도로교통공단에 위탁하는 업무가 아닌 것은?

① 손해보험회사에 교통사고관련자료등의 제출 요구
② 교통안전체험연구·교육시설의 설치·운영
③ 도로교통사고에 관한 교통문화지수의 개발 및 결과의 공표
④ 도로교통사고에 관한 교통안전정보관리체계의 구축·관리

정답　66 ②　67 ③　68 ③

교통안전법시행령 제48조(업무의 위탁)

③ 교통행정기관의 장의 업무 중 다음에 관한 경찰청장의 업무는 도로교통공단에 위탁한다.
1. 교통사고관련자료등의 제출 요구
   1) 손해보험회사   2) 공제조합   3) 화물자동차운수사업자 연합회
2. 도로교통사고에 관한 교통안전정보관리체계의 구축·관리
3. 교통안전체험연구·교육시설의 설치·운영
4. 도로교통사고에 관한 교통문화지수의 조사·작성

69 교통안전법에서 시·도지사가 처분을 하고자 할 경우에 청문을 실시하여야 하는 것이다. 모두 고른 것은?

> ㄱ. 교통안전진단기관 등록의 취소
> ㄴ. 교통안전관리자 자격의 취소
> ㄷ. 교통안전 시범도시의 지정의 취소

① ㄱ   ② ㄱ, ㄴ   ③ ㄴ, ㄷ   ④ ㄱ, ㄴ, ㄷ

교통안전법 제61조(청문)

시·도지사는 다음에 해당하는 처분을 하고자 하는 경우에는 청문을 실시하여야 한다.
1. 교통안전진단기관 등록의 취소
2. 교통안전관리자 자격의 취소

70 2년 이하의 징역 또는 2천만 원 이하의 벌금에 처하는 경우가 아닌 것은?

① 등록을 하지 아니하고 교통시설안전진단 업무를 수행한 자
② 운행기록장치에 기록된 운행기록을 임의로 조작한 자
③ 거짓이나 그 밖의 부정한 방법으로 교통시설안전진단 등록을 한 자
④ 교통수단안전점검 관련 업무 종사자가 직무상 알게 된 비밀을 타인에게 누설하거나 직무상 목적 외에 이를 사용한 자

교통안전법 제63조(벌칙)

다음에 해당하는 자는 2년 이하의 징역 또는 2천만 원 이하의 벌금에 처한다.
1. 등록을 하지 아니하고 교통시설안전진단 업무를 수행한 자
2. 거짓이나 그 밖의 부정한 방법으로 교통시설안전진단 등록을 한 자
3. 교통안전진단기관이 영업정지처분을 받고 그 영업정지 기간 중에 새로이 교통시설안전진단 업무를 수행한 자
4. 교통수단안전점검, 교통시설안전진단, 교통사고원인조사, 교통사고관련자료등의 보관·관리, 운행기록 관련 업무 종사자가 직무상 알게 된 비밀을 타인에게 누설하거나 직무상 목적 외에 이를 사용한 자

69 ②   70 ②

71 교통안전법에서 교통사고 관련자료 등을 보관·관리하지 아니한 자의 벌칙은?

① 1천만 원 이하의 과태료
② 500만 원 이하의 과태료
③ 300만 원 이하의 과태료
④ 100만 원 이하의 과태료

해설 교통안전법 제65조(과태료)

1. 1천만 원 이하의 과태료
   1) 교통시설안전진단을 받지 아니하거나 교통시설안전진단보고서를 거짓으로 제출한 자
   2) 운행기록장치를 장착하지 아니한 자
   3) 운행기록장치에 기록된 운행기록을 임의로 조작한 자
   4) 차로이탈경고장치를 장착하지 아니한 자
2. 500만 원 이하의 과태료
   1) 교통안전관리규정을 제출하지 아니하거나 이를 준수하지 아니하는 자 또는 변경명령에 따르지 아니하는 자
   2) 교통수단안전점검을 거부·방해 또는 기피한 자
   3) 교토안전진단기관이 등록사항이 변경된 때 신고를 하지 아니하거나 거짓으로 신고한 자
   4) 신고를 하지 아니하고 교통시설안전진단 업무를 휴업·재개업 또는 폐업하거나 거짓으로 신고한 자
   5) 교통사고 관련자료 등을 보관·관리하지 아니한 자
   6) 교통사고관련자료등을 제공하지 아니한 자
   7) 교통안전담당자를 지정하지 아니한 자
   8) 운행기록을 보관하지 아니하거나 교통행정기관에 제출하지 아니한 자
   9) 중대한 사고를 일으킨 운전자가 교육을 받지 아니한 자
   10) 중대한 사고를 통보하지 아니한 자

72 교통안전법에서 교통안전관리규정을 제출하지 아니하거나 이를 준수하지 아니하는 자의 벌칙은?

① 1천만 원 이하의 과태료
② 500만 원 이하의 과태료
③ 300만 원 이하의 과태료
④ 100만 원 이하의 과태료

해설 교통안전법 제65조(과태료)

73 교통안전법에서 과태료 부과기준은 무엇으로 정하고 있는지?

① 국토교통부령
② 국무총리령
③ 대통령령
④ 철도운영자 고시

해설 교통안전법시행령 제64조(과태료 부과기준): 대통령령
과태료 부과기준은 별표 6과 같다.
* 「철도안전법」과 「철도산업발전기본법」에서도 과태료는 대통령령으로 정하고 있다.

정답 71 ② 72 ② 73 ③

74 교통안전법에서 과태료 부과기준으로 옳은 것은?

① 가중된 부과기준은 최근 1년간 다른 위반행위로 과태료 부과처분을 받은 경우에 적용한다.
② 어떠한 이유든 가중부과는 할 수 없다.
③ 국민기초생활 보장법에 따른 수급자는 과태료 금액의 2분의 1의 범위내에서 그 금액을 줄일 수 있다.
④ 최근 1년간 같은 위반행위로 2회를 초과하여 과태료를 부과받는 경우 2분의 1 범위내에서 그 금액을 늘릴 수 있다.

해설 교통안전법시행령 제49조 [별표 9] 과태료의 부과기준

1. 하나의 위반행위가 둘 이상의 과태료 부과기준에 해당하는 경우에는 그 중 금액이 큰 과태료 부과기준을 적용한다.
2. 위반행위의 횟수에 따른 과태료의 가중된 부과기준은 최근 1년간 같은 위반행위로 과태료 부과처분을 받은 경우에 적용한다. 이 경우 기간의 계산은 위반행위에 대하여 과태료 부과처분을 받은 날과 그 처분 후 다시 같은 위반행위를 하여 적발된 날을 기준으로 한다.
3. 부과권자는 다음에 해당하는 경우에는 개별기준에 따른 과태료 금액의 2분의 1의 범위에서 그 금액을 줄일 수 있다. 다만, 과태료를 체납하고 있는 위반행위자의 경우에는 그렇지 않다.
   1) 위반행위자가 「질서위반행위규제법 시행령」에 해당하는 경우 (기초생활수급자 포함)
   2) 위반행위가 사소한 부주의나 오류로 인한 것으로 인정되는 경우
   3) 위반행위자의 법 위반상태를 시정하거나 해소하기 위한 노력이 인정되는 경우
4. 부과권자는 다음에 해당하는 경우에는 개별기준에 따른 과태료 금액의 2분의 1의 범위에서 그 금액을 늘릴 수 있다. 다만, 과태료 금액의 상한을 넘을 수 없다.
   1) 위반의 내용 및 정도가 중대하여 사회에 미치는 피해가 크다고 인정되는 경우
   2) 최근 1년간 같은 위반행위로 3회를 초과하여 과태료 부과처분을 받은 경우

정답 74 ③

제 7 장   철도산업발전기본법

제1절 **목적·용어의 정의**

1. 철도산업발전기본법의 제정목적
   1) 철도산업의 경쟁력 제고
   2) 철도산업 발전기반 조성
   3) 철도산업의 효율성 및 공익성의 향상
   4) 국민경제의 발전에 이바지
2. 철도
   여객 또는 화물을 운송하는 데 필요한 철도시설과 철도차량 및 이와 관련된 운영·지원체계가 유기적으로 구성된 운송체계
3. 철도시설(부지 포함)
   1) 철도의 선로(선로에 부대되는 시설 포함), 역시설(물류시설·환승시설 및 편의시설 등을 포함) 및 철도운영을 위한 건축물·건축설비
   2) 선로 및 철도차량을 보수·정비하기 위한 선로보수기지, 차량정비기지 및 차량유치시설
   3) 철도의 전철전력설비, 정보통신설비, 신호 및 열차제어설비
   4) 철도노선간 또는 다른 교통수단과의 연계운영에 필요한 시설
   5) 철도기술의 개발·시험 및 연구를 위한 시설
   6) 철도경영연수 및 철도전문인력의 교육훈련을 위한 시설
   7) 그 밖에 철도의 건설·유지보수 및 운영을 위한 시설로서 대통령령으로 정하는 시설
4. 철도운영
   1) 철도 여객 및 화물 운송
   2) 철도차량의 정비 및 열차의 운행관리
   3) 철도시설·철도차량 및 철도부지 등을 활용한 부대사업개발 및 서비스
5. 철도차량: 선로를 운행할 목적으로 제작된 ① 동력차 ② 객차 ③ 화차 ④ 특수차
6. 선로: 철도차량을 운행하기 위한 궤도와 이를 받치는 노반 또는 공작물로 구성된 시설

제 2 절　철도산업 발전기반의 조성

1. 철도산업발전기본계획
   1) 수립자: 국토교통부장관
   2) 수립주기: <u>5년</u> 단위
   3) 수립(변경) 절차
      ① 관련이 있는 행정기관의 장과 협의 → 철도산업위원회의 심의
      ② <u>대통령령</u>으로 정하는 경미한 변경은 수립절차 생략 가능

      〈대통령령으로 정하는 경미한 변경〉
      　㉮ 철도시설투자사업 규모의 100분의 1의 범위 안에서의 변경
      　㉯ 철도시설투자사업 총투자비용의 100분의 1의 범위 안에서의 변경
      　㉰ 철도시설투자사업 기간의 2년의 기간 내에서의 변경

      ③ 국토교통부장관은 기본계획을 수립 또는 변경한 때에는 이를 관보에 고시하여야 한다.
      ④ 시행계획·추진실적 제출시기
      　㉮ 관계행정기관의 장은 당해 연도의 시행계획을 전년도 <u>11월</u> 말까지 국토교통부장관에게 제출하여야 한다.
      　㉯ 관계행정기관의 장은 전년도 시행계획의 추진실적을 매년 <u>2월</u> 말까지 국토교통부장관에게 제출하여야 한다.
   4) 철도산업발전기본계획에 포함되어야 할 사항
      ① 철도산업 육성시책의 기본방향에 관한 사항
      ② 철도산업의 여건 및 동향전망에 관한 사항
      ③ 철도시설의 투자·건설·유지보수 및 이를 위한 재원확보에 관한 사항
      ④ 각종 철도간의 연계수송 및 사업조정에 관한 사항
      ⑤ 철도운영체계의 개선에 관한 사항
      ⑥ 철도산업 전문인력의 양성에 관한 사항
      ⑦ 철도기술의 개발 및 활용에 관한 사항
      ⑧ 그 밖에 철도산업의 육성 및 발전에 관한 사항으로서 <u>대통령령</u>으로 정하는 사항

      〈대통령령으로 정하는 철도산업의 육성 및 발전에 관한 사항〉
      　㉮ 철도수송분담의 목표
      　㉯ 철도안전 및 철도서비스에 관한 사항
      　㉰ 다른 교통수단과의 연계수송에 관한 사항
      　㉱ 철도산업의 국제협력 및 해외시장 진출에 관한 사항
      　㉲ 철도산업시책의 추진체계
      　㉳ 그 밖에 철도산업의 육성 및 발전에 관한 사항으로서 국토교통부장관이 필요하다고 인정하는 사항

2. 철도산업위원회
   1) 목적
   철도산업에 관한 기본계획 및 중요정책 등을 심의·조정하기 위하여 국토교통부에 철도산업위원회를 둔다.
   2) 철도산업위원회의 심의·조정사항
      ① 철도산업의 육성·발전에 관한 중요정책 사항
      ② 철도산업구조개혁에 관한 중요정책 사항
      ③ 철도시설의 건설 및 관리 등 철도시설에 관한 중요정책 사항
      ④ 철도안전과 철도운영에 관한 중요정책 사항
      ⑤ 철도시설관리자와 철도운영자간 상호협력 및 조정에 관한 사항
      ⑥ 이 법 또는 다른 법률에서 위원회의 심의를 거치도록 한 사항
      ⑦ 그 밖에 철도산업에 관한 중요한 사항으로서 위원장이 회의에 부치는 사항
   3) 철도산업위원회 구성
      ① 위원회는 위원장을 포함한 25인 이내의 위원으로 구성한다.
         ㉮ 철도산업위원회의 위원장: 국토교통부장관
         ㉯ 위원회의 위원
            ⓐ 기획재정부차관·교육부차관·과학기술정보통신부차관·행정안전부차관·산업통상자원부차관·고용노동부차관·국토교통부차관·해양수산부차관 및 공정거래위원회부위원장
            ⓑ 국가철도공단의 이사장
            ⓒ 한국철도공사의 사장
            ⓓ 철도산업에 관한 전문성과 경험이 풍부한 자중에서 위원회의 위원장이 위촉하는 자(위촉하는 위원의 임기는 2년으로 하되, 연임할 수 있다)
         ㉰ 위원회의 위원장은 위원회의 회의를 소집하고, 그 의장이 된다.
         ㉱ 위원회의 회의는 재적위원 과반수의 출석과 출석위원 과반수의 찬성으로 의결한다.
      ② 위원회에 상정할 안건을 미리 검토하고 위원회가 위임한 안건을 심의하기 위하여 위원회에 분과위원회를 둔다.
      ③ 이 법에서 규정한 사항 외에 위원회 및 분과위원회의 구성·기능 및 운영에 관하여 필요한 사항은 대통령령으로 정한다.
   4) 실무위원회의 구성
      1) 철도산업위원회의 심의·조정사항과 위원회에서 위임한 사항의 실무적인 검토를 위하여 위원회에 실무위원회를 둔다.
      2) 실무위원회는 위원장을 포함한 20인 이내의 위원으로 구성한다.
      3) 실무위원회의 위원장은 국토교통부장관이 국토교통부의 3급 공무원 또는 고위공무원단에 속하는 일반직공무원 중에서 지명한다.

3. 철도산업정보화기본계획에 포함되어야 할 사항
   1) 철도산업정보화의 여건 및 전망
   2) 철도산업정보화의 목표 및 단계별 추진계획
   3) 철도산업정보화에 필요한 비용
   4) 철도산업정보의 수집 및 조사계획
   5) 철도산업정보의 유통 및 이용활성화에 관한 사항
   6) 철도산업정보화와 관련된 기술개발의 지원에 관한 사항
   7) 그 밖에 국토교통부장관이 필요하다고 인정하는 사항
4. 철도협회의 설립
   1) 철도협회는 철도 분야에 관한 다음의 업무를 한다.
      ① 정책 및 기술개발의 지원
      ② 정보의 관리 및 공동활용 지원
      ③ 전문인력의 양성 지원
      ④ 해외철도 진출을 위한 현지조사 및 지원
      ⑤ 조사 · 연구 및 간행물의 발간
      ⑥ 국가 또는 지방자치단체 위탁사업
      ⑦ 그 밖에 정관으로 정하는 업무
   2) 철도협회의 정관은 국토교통부장관의 인가를 받아야 하며, 정관의 기재사항과 협회의 운영 등에 필요한 사항은 대통령령으로 정한다.
   3) 철도협회에 관하여 이 법에 규정한 것 외에는 「민법」 중 사단법인에 관한 규정을 준용한다.
5. 철도서비스의 품질평가방법
   1) 철도운영자는 그가 제공하는 철도서비스의 품질을 개선하기 위하여 노력하여야 한다.
   2) 국토교통부장관은 철도서비스의 품질을 개선하고 이용자의 편익을 높이기 위하여 철도서비스의 품질을 평가하여 시책에 반영하여야 한다.
   3) 철도서비스 품질평가의 절차 및 활용 등에 관하여 필요한 사항은 국토교통부령을 정한다.
      ① 국토교통부장관은 철도서비스의 품질평가를 2년마다 실시한다.
      ② 단, 필요한 경우에는 품질평가일 2주 전까지 철도운영자에게 품질평가계획을 통보한 후 수시품질평가를 실시할 수 있다.
      ③ 국토교통부장관은 객관적인 품질평가를 위하여 적정 철도서비스의 수준, 평가항목 및 평가지표를 정하여야 한다.
      ④ 국토교통부장관은 품질평가의 결과를 확정하기 전에 철도산업위원회의 심의를 거쳐야 한다.

1. 철도산업구조개혁기본계획의 수립
   1) 수립자: 국토교통부장관
   2) 철도산업구조개혁기본계획에 포함되어야 할 사항
      ① 철도산업구조개혁의 목표 및 기본방향에 관한 사항
      ② 철도산업구조개혁의 추진방안에 관한 사항
      ③ 철도의 소유 및 경영구조의 개혁에 관한 사항
      ④ 철도산업구조개혁에 따른 대내외 여건조성에 관한 사항
      ⑤ 철도산업구조개혁에 따른 자산·부채·인력 등에 관한 사항
      ⑥ 철도산업구조개혁에 따른 철도관련 기관·단체 등의 정비에 관한 사항
      ⑦ 그 밖에 철도산업구조개혁을 위하여 필요한 사항으로서 대통령령으로 정하는 사항
2. 업무절차서의 교환
   1) 철도시설관리자와 철도운영자는 철도시설관리와 철도운영에 있어 상호협력이 필요한 분야에 대하여 업무절차서를 작성하여 정기적으로 이를 교환하고, 이를 변경한 때에는 즉시 통보하여야 한다.
   2) 철도시설관리자와 철도운영자는 상호협력이 필요한 분야에 대하여 정기적으로 합동점검을 하여야 한다.
3. 선로배분지침의 수립
   1) 국토교통부장관은 철도시설관리자와 철도운영자가 안전하고 효율적으로 선로를 사용할 수 있도록 하기 위하여 선로용량의 배분에 관한 지침("선로배분지침")을 수립·고시하여야 한다.
   2) 선로배분지침에 포함되어야 할 사항
      ① 여객열차와 화물열차에 대한 선로용량의 배분
      ② 지역간 열차와 지역내 열차에 대한 선로용량의 배분
      ③ 선로의 유지보수·개량 및 건설을 위한 작업시간
      ④ 철도차량의 안전운행에 관한 사항
      ⑤ 그 밖에 선로의 효율적 활용을 위하여 필요한 사항
4. 관리청
   1) 철도의 관리청은 국토교통부장관으로 한다.
   2) 국토교통부장관이 국가철도공단으로 하여금 대행하게 하는 경우 그 대행 업무
      ① 국가가 추진하는 철도시설 건설사업의 집행
      ② 국가 소유의 철도시설에 대한 사용료 징수 등 관리업무의 집행
      ③ 철도시설의 안전유지, 철도시설과 이를 이용하는 철도차량간의 종합적인 성능검증·안전상태점검 등 철도시설의 안전을 위하여 국토교통부장관이 정하는 업무
      ④ 그 밖에 국토교통부장관이 철도시설의 효율적인 관리를 위하여 필요하다고 인정한 업무

5. 철도운영·철도시설
   1) 철도운영
      ① 철도산업의 구조개혁을 추진하는 경우 철도운영 관련 사업은 시장경제원리에 따라 국가외의 자가 영위하는 것을 원칙으로 한다.
      ② 국토교통부장관은 철도운영에 대한 다음의 시책을 수립·시행한다.
         ㉮ 철도운영부문의 경쟁력 강화
         ㉯ 철도운영서비스의 개선
         ㉰ 열차운영의 안전진단 등 예방조치 및 사고조사 등 철도운영의 안전확보
         ㉱ 공정한 경쟁여건의 조성
         ㉲ 그 밖에 철도이용자 보호와 열차운행원칙 등 철도운영에 필요한 사항
      ③ 국가는 철도운영 관련 사업을 효율적으로 경영하기 위하여 철도청 및 고속철도건설공단의 관련 조직을 전환하여 특별법에 의하여 한국철도공사("철도공사")를 설립한다.
   2) 철도시설
      철도산업의 구조개혁을 추진하는 경우 철도시설은 국가가 소유하는 것을 원칙으로 한다.
6. 철도자산의 처리
   1) 국가는「국유재산법」에도 불구하고 철도자산처리계획에 의하여 철도공사에 운영자산을 현물출자한다.
   2) 철도공사는 현물출자 받은 운영자산과 관련된 권리와 의무를 포괄하여 승계한다.
   3) 국토교통부장관은 철도자산처리계획에 의하여 철도청장으로부터 다음의 철도자산을 이관받으며, 그 관리업무를 국가철도공단, 철도공사, 관련 기관 및 단체 또는 대통령령으로 정하는 민간법인에 위탁하거나 그 자산을 사용·수익하게 할 수 있다.
      ① 철도청의 시설자산(건설중인 시설자산은 제외한다)
      ② 철도청의 기타자산
   4) 국가철도공단은 철도자산처리계획에 의하여 다음의 철도자산과 그에 관한 권리와 의무를 포괄하여 승계한다.
      ① 철도청이 건설중인 시설자산(철도자산이 완공된 때에는 국가에 귀속된다)
      ② 고속철도건설공단이 건설중인 시설자산 및 운영자산(철도자산이 완공된 때에는 국가에 귀속된다)
      ③ 고속철도건설공단의 기타자산

제 4 절 　철도시설관리권

1. 철도시설관리권의 성질
   1) 국토교통부장관은 철도시설을 관리하고 그 철도시설을 사용하거나 이용하는 자로부터 사용료를 징수할 수 있는 권리("철도시설관리권")를 설정할 수 있다.

2) 철도시설관리권은 이를 물권으로 보며, 이 법에 특별한 규정이 있는 경우를 제외하고는 민법 중 부동산에 관한 규정을 준용한다.

3) 저당권이 설정된 철도시설관리권은 그 저당권자의 동의가 없으면 처분할 수 없다.

4) 철도시설관리권 또는 철도시설관리권을 목적으로 하는 저당권의 설정·변경·소멸 및 처분의 제한은 국토교통부에 비치하는 철도시설관리권등록부에 등록함으로써 그 효력이 발생한다.

2. 철도시설의 사용계약

1) 철도시설의 사용계약에 포함되어야 할 사항

① 사용기간·대상시설·사용조건 및 사용료

② 대상시설의 제3자에 대한 사용승낙의 범위·조건

③ 상호책임 및 계약위반시 조치사항

④ 분쟁 발생시 조정절차

⑤ 비상사태 발생시 조치

⑥ 계약의 갱신에 관한 사항

⑦ 계약내용에 대한 비밀누설금지에 관한 사항

2) 철도시설에 대한 사용계약은 당해 선로등을 여객 또는 화물운송을 목적으로 사용하고자 하는 경우에 한한다.

* 사용기간은 <u>5년</u>을 초과할 수 없다.

3) 선로등에 대한 사용조건에 포함되어야 할 사항.

(단, 선로배분지침에 위반되는 내용이어서는 아니 된다)

① 투입되는 철도차량의 종류 및 길이

② 철도차량의 일일운행횟수·운행개시시각·운행종료시각 및 운행간격

③ 출발역·정차역 및 종착역

④ 철도운영의 안전에 관한 사항

⑤ 철도여객 또는 화물운송서비스의 수준

제 5 절　공익적 기능의 유지

1. 공익서비스비용 보상

1) 철도운영자는 매년 <u>3월</u> 말까지 국가가 다음 연도에 부담하여야 하는 공익서비스비용("국가부담비용")의 추정액, 당해 공익서비스의 내용 그 밖의 필요한 사항을 기재한 국가부담비용추정서를 국토교통부장관에게 제출하여야 한다.

2) 철도운영자는 국가부담비용의 지급을 신청하고자 하는 때에는 국토교통부장관이 지정하는 기간 내에 국가부담비용지급신청서에 관련 서류를 첨부하여 국토교통부장관에게 제출하여야 한다.

3) 국토교통부장관은 국가부담비용지급신청서를 제출받은 때에는 이를 검토하여 매 반기마다 반기 초에 국가부담비용을 지급하여야 한다.

4) 국가부담비용을 지급받은 철도운영자는 당해 반기가 끝난 후 30일 이내에 국가부담비용정산서에 관련 서류를 첨부하여 국토교통부장관에게 제출하여야 한다.

2. 원인제공자가 부담하는 공익서비스비용의 범위

1) 철도운영자가 다른 법령에 의하거나 국가정책 또는 공공목적을 위하여 철도운임·요금을 감면할 경우 그 감면액

2) 철도운영자가 경영개선을 위한 적절한 조치를 취하였음에도 불구하고 철도이용수요가 적어 수지균형의 확보가 극히 곤란하여 벽지의 노선 또는 역의 철도서비스를 제한 또는 중지하여야 되는 경우로서 공익목적을 위하여 기초적인 철도서비스를 계속함으로써 발생되는 경영손실

3) 철도운영자가 국가의 특수목적사업을 수행함으로써 발생되는 비용

3. 특정노선 폐지 등과 관련된 철도서비스의 제한 또는 중지

1) 제한 또는 중지하는 자: 철도시설관리자와 철도운영자

2) 특정노선 및 역의 폐지와 관련 철도서비스의 제한 또는 중지는 국토교통부장관의 승인을 얻어야 한다.

3) 철도서비스의 제한 또는 중지할 수 있는 경우

① 승인신청자가 철도서비스를 제공하고 있는 노선 또는 역에 대하여 철도의 경영개선을 위한 적절한 조치를 취하였음에도 불구하고 수지균형의 확보가 극히 곤란하여 경영상 어려움이 발생한 경우

② 보상계약체결에도 불구하고 공익서비스비용에 대한 적정한 보상이 이루어지지 아니한 경우

③ 원인제공자가 공익서비스비용을 부담하지 아니한 경우

④ 원인제공자가 철도산업위원회의 보상계약체결에 관한 조정에 따르지 아니한 경우

4. 비상사태시 처분

1) 처분방법: 국토교통부장관이 철도시설관리자·철도운영자 철도이용자에게 조정·명령 등 필요한 조치

2) 처분사유

① 천재·지변·전시·사변, 철도교통의 심각한 장애 그 밖에 이에 준하는 사태의 발생으로 인하여

② 철도서비스에 중대한 차질이 발생하거나 발생할 우려가 있다고 인정하는 경우

3) 조정·명령 등 필요한 조치사항

① 지역별·노선별·수송대상별 수송 우선순위 부여 등 수송통제

② 철도시설·철도차량 또는 설비의 가동 및 조업

③ 대체수송수단 및 수송로의 확보

④ 임시열차의 편성 및 운행

⑤ 철도서비스 인력의 투입

⑥ 철도이용의 제한 또는 금지

⑦ 그 밖에 철도서비스의 수급안정을 위하여 <u>대통령령</u>으로 정하는 사항

〈대통령령이 정하는 철도서비스의 수급안정을 위한 사항〉

㉮ 철도시설의 임시사용

㉯ 철도시설의 사용제한 및 접근 통제

㉰ 철도시설의 긴급복구 및 복구지원

㉱ 철도역 및 철도차량에 대한 수색 등

제6절 벌칙

1. 3년 이하의 징역 또는 5천만 원 이하의 벌금

   국토교통부장관의 승인을 얻지 아니하고 특정 노선 및 역을 폐지하거나 철도서비스를 제한 또는 중지한 자

2. 2년 이하의 징역 또는 3천만 원 이하의 벌금

   1) 거짓이나 그 밖의 부정한 방법으로 관리청의 철도시설 사용 허가를 받은 자

   2) 관리청의 철도시설 사용 허가를 받지 아니하고 철도시설을 사용한 자

   3) 비상사태시 조정·명령 등의 조치를 위반한 자(철도이용의 제한 또는 금지는 제외)

3. 과태료

   1) 국토교통부장관이 과태료를 부과하는 때에는 서면으로 납부할 것을 과태료처분대상자에 게 통지하여야 한다.

   2) 국토교통부장관은 과태료를 부과하고자 하는 때에는 <u>10일</u> 이상의 기간을 정하여 과태료 처분대상자에게 구술 또는 서면에 의한 의견진술의 기회를 주어야 한다. 이 경우 지정된 기일까지 의견진술이 없는 때에는 의견이 없는 것으로 본다.

   3) 국토교통부장관은 과태료의 금액은 위반행위의 동기·정도·횟수 등을 참작하여야 한다.

제 7 장

[철도산업발전기본법]
기출예상문제

01 다음 중 철도산업발전기본법의 제정 목적이 아닌 것은?

① 철도산업의 경쟁력 제고　　　　② 철도산업 발전기반 조성
③ 철도산업의 공익성 및 기업성의 향상　④ 국민경제의 발전에 이바지

> **해설**　철도산업법 제1조(목적)
> 이 법은 철도산업의 경쟁력을 높이고 발전기반을 조성함으로써 철도산업의 효율성 및 공익성의 향상과 국민경제의 발전에 이바지함을 목적으로 한다.

02 철도산업발전기본법에서 "철도" 정의로 맞는 것은?

① 여객 또는 화물을 운송하는 데 필요한 철도장비와 철도차량 및 이와 관련된 경영체계가 유기적으로 구성된 운송체계
② 여객 또는 화물을 운송하는 데 필요한 철도시설과 역시설 및 이와 관련된 운영·지원체계가 유기적으로 구성된 운송체계
③ 여객 또는 화물을 운송하는 데 필요한 철도시설과 철도차량 및 이와 관련된 운영·지원체계가 유기적으로 구성된 운송체계
④ 여객 또는 화물을 운송하는 데 필요한 철도시설과 철도선로 및 이와 관련된 운영·지원체계가 유기적으로 구성된 운송체계

> **해설**　철도산업법 제3조(정의)
> 이 법에서 사용하는 용어의 정의는 다음과 같다.
> 1. "철도"라 함은 여객 또는 화물을 운송하는 데 필요한 철도시설과 철도차량 및 이와 관련된 운영·지원체계가 유기적으로 구성된 운송체계를 말한다.

정답　1 ③　2 ③

03 철도산업발전기본법에서 "철도시설"에 포함되지 않는 것은?

① 철도기술의 개발·시험 및 연구를 위한 시설
② 철도경영연수 및 철도전문인력의 교육훈련을 위한 시설
③ 철도노선간 또는 다른 교통수단과의 연계운영에 필요한 시설
④ 철도차량을 제작하는 시설

해설 철도산업법 제3조(정의)

이 법에서 사용하는 용어의 정의는 다음과 같다.
2. "철도시설"이라 함은 다음에 해당하는 시설(부지를 포함한다)을 말한다.
  1) 철도의 선로(선로에 부대되는 시설을 포함한다), 역시설(물류시설·환승시설 및 편의시설 등을 포함한다) 및 철도운영을 위한 건축물·건축설비
  2) 선로 및 철도차량을 보수·정비하기 위한 선로보수기지, 차량정비기지 및 차량유치시설
  3) 철도의 전철전력설비, 정보통신설비, 신호 및 열차제어설비
  4) 철도노선간 또는 다른 교통수단과의 연계운영에 필요한 시설
  5) 철도기술의 개발·시험 및 연구를 위한 시설
  6) 철도경영연수 및 철도전문인력의 교육훈련을 위한 시설
  7) 그 밖에 철도의 건설·유지보수 및 운영을 위한 시설로서 대통령령으로 정하는 시설

04 철도산업발전기본법에서 "철도시설"의 정의에 해당되지 않는 것은?

① 철도시설·철도차량 및 철도부지 등을 활용한 부대사업개발 및 서비스
② 역시설 및 철도운영을 위한 건축물·건축설비
③ 철도차량을 정비하기 위한 차량정비기지 및 차량유치시설
④ 철도기술의 개발·시험 및 연구를 위한 시설

해설 철도산업법 제3조(정의)

05 철도산업발전기본법에서 "철도운영"의 정의에 포함되지 않는 것은?

① 철도시설·철도차량 및 철도부지 등을 활용한 부대사업개발 및 서비스
② 철도경영연수 및 철도전문인력의 교육훈련
③ 철도 여객 및 화물 운송
④ 철도차량의 정비 및 열차의 운행관리

해설 철도산업법 제3조(정의)

3. "철도운영"이라 함은 철도와 관련된 다음에 해당하는 것을 말한다.
  1) 철도 여객 및 화물 운송
  2) 철도차량의 정비 및 열차의 운행관리
  3) 철도시설·철도차량 및 철도부지 등을 활용한 부대사업개발 및 서비스

정답 3 ④ 4 ① 5 ②

06 철도산업발전기본법에서 정의한 "철도차량"인 것을 모두 고르시오?

가. 특수차	나. 동력차	다. 객차	라. 화차

① 가, 나, 다　　　　② 나, 다, 라　　　　③ 가, 다, 라　　　　④ 가, 나, 다, 라

해설 철도산업법 제3조(정의)
4. "철도차량"이라 함은 선로를 운행할 목적으로 제작된 동력차·객차·화차 및 특수차를 말한다.

07 철도산업발전기본법에서 "선로"의 정의에 포함되지 않는 것은?

① 전차선　　　　② 궤도　　　　③ 공작물로 구성된 시설　　　　④ 노반

해설 철도산업법 제3조(정의)
5. "선로"라 함은 철도차량을 운행하기 위한 궤도와 이를 받치는 노반 또는 공작물로 구성된 시설을 말한다.

08 철도산업발전기본계획을 수립하여 시행하는 자와 수립주기가 바르게 짝지어진 것은?

① 한국교통안전공단 - 5년 단위　　　　② 철도시설관리자 - 3년 단위
③ 국토교통부장관 - 5년 단위　　　　④ 철도운영자 - 3년 단위

해설 철도산업법 제5조(철도산업발전기본계획의 수립 등)
1. 국토교통부장관은 철도산업의 육성과 발전을 촉진하기 위하여 5년 단위로 철도산업발전기본계획("기본계획")을 수립하여 시행하여야 한다.
2. 기본계획은 「국가통합교통체계효율화법」에 따른 국가기간교통망계획, 중기 교통시설투자계획 및 「국토교통과학기술 육성법」에 따른 국토교통과학기술 연구개발 종합계획과 조화를 이루도록 하여야 한다.
3. 국토교통부장관은 기본계획을 수립하고자 하는 때에는 미리 기본계획과 관련이 있는 행정기관의 장과 협의한 후 철도산업위원회의 심의를 거쳐야 한다. 수립된 기본계획을 변경(대통령령으로 정하는 경미한 변경은 제외한다)하고자 하는 때에도 또한 같다.
4. 국토교통부장관은 기본계획을 수립 또는 변경한 때에는 이를 관보에 고시하여야 한다.

09 철도산업발전기본계획에 포함되어야 할 내용중 대통령령으로 정하는 사항이 아닌 것은?

① 철도수송분담의 목표
② 철도운영체계의 개선에 관한 사항
③ 다른 교통수단과의 연계수송에 관한 사항
④ 철도산업의 국제협력 및 해외시장 진출에 관한 사항

정답 6 ④ 7 ① 8 ③ 9 ②

철도산업법 제5조(철도산업발전기본계획의 수립 등)

② 철도산업발전기본계획에는 다음 사항이 포함되어야 한다.

   1. 철도산업 육성시책의 기본방향에 관한 사항
   2. 철도산업의 여건 및 동향전망에 관한 사항
   3. 철도시설의 투자·건설·유지보수 및 이를 위한 재원확보에 관한 사항
   4. 각종 철도간의 연계수송 및 사업조정에 관한 사항
   5. 철도운영체계의 개선에 관한 사항
   6. 철도산업 전문인력의 양성에 관한 사항
   7. 철도기술의 개발 및 활용에 관한 사항
   8. 그 밖에 철도산업의 육성 및 발전에 관한 사항으로서 대통령령으로 정하는 사항

     * 대통령령으로 정하는 철도산업의 육성 및 발전에 관한 사항(철도산업법시행령 제3조)
       1) 철도수송분담의 목표
       2) 철도안전 및 철도서비스에 관한 사항
       3) 다른 교통수단과의 연계수송에 관한 사항
       4) 철도산업의 국제협력 및 해외시장 진출에 관한 사항
       5) 철도산업시책의 추진체계
       6) 그 밖에 철도산업의 육성 및 발전에 관한 사항으로서 국토교통부장관이 필요하다고 인정하는 사항

10 철도산업발전기본계획의 변경절차를 생략할 수 있는 경미한 변경으로 틀린 것은?

① 철도시설투자사업 규모의 100분의 1의 범위 안에서의 변경
② 철도운영체계의 개선에 관한 사항의 변경
③ 철도시설투자사업 기간의 2년의 기간 내에서의 변경
④ 철도시설투자사업 총투자비용의 100분의 1의 범위 안에서의 변경

철도산업법시행령 제4조(철도산업발전기본계획의 경미한 변경)

"대통령령이 정하는 경미한 변경"이라 함은 다음의 변경을 말한다.

   1. 철도시설투자사업 규모의 100분의 1의 범위 안에서의 변경
   2. 철도시설투자사업 총투자비용의 100분의 1의 범위 안에서의 변경
   3. 철도시설투자사업 기간의 2년의 기간 내에서의 변경

정답 10 ②

11 철도산업발전시행계획의 수립절차에 관한 설명으로 맞는 것은?

① 관계행정기관의 장은 당해 연도의 시행계획을 전년도 11월 말까지 철도운영자에게 제출하여야 한다.
② 관계행정기관의 장은 전년도 시행계획의 추진실적을 매년 1월 말까지 국토교통부장관에게 제출하여야 한다.
③ 관계행정기관의 장은 전년도 시행계획의 추진실적을 매년 2월 말까지 철도운영자에게 제출하여야 한다.
④ 관계행정기관의 장은 당해 연도의 시행계획을 전년도 11월 말까지 국토교통부장관에게 제출하여야 한다.

> **해설** 철도산업법시행령 제5조(철도산업발전시행계획의 수립절차 등)
> 1. 관계행정기관의 장은 당해 연도의 시행계획을 전년도 11월 말까지 국토교통부장관에게 제출하여야 한다.
> 2. 관계행정기관의 장은 전년도 시행계획의 추진실적을 매년 2월 말까지 국토교통부장관에게 제출하여야 한다.

12 철도산업발전기본법 중 철도산업위원회의 심의·조정사항으로 틀린 것은?

① 철도산업구조개혁에 관한 중요정책 사항
② 철도안전과 철도운영에 관한 중요정책 사항
③ 철도시설관리자와 철도운영자 간 상호협력 및 조정에 관한 사항
④ 철도차량 철도용품의 표준규격의 제정

> **해설** 철도산업법 제6조(철도산업위원회)
> 1. 철도산업에 관한 기본계획 및 중요정책 등을 심의·조정하기 위하여 국토교통부에 철도산업위원회를 둔다.
> 2. 위원회는 다음 사항을 심의·조정한다.
>   1) 철도산업의 육성·발전에 관한 중요정책 사항
>   2) 철도산업구조개혁에 관한 중요정책 사항
>   3) 철도시설의 건설 및 관리 등 철도시설에 관한 중요정책 사항
>   4) 철도안전과 철도운영에 관한 중요정책 사항
>   5) 철도시설관리자와 철도운영자간 상호협력 및 조정에 관한 사항
>   6) 이 법 또는 다른 법률에서 위원회의 심의를 거치도록 한 사항
>   7) 그 밖에 철도산업에 관한 중요한 사항으로서 위원장이 회의에 부치는 사항

정답 11 ④ 12 ④

13 철도산업발전기본법에서 철도산업위원회에 대한 내용으로 틀린 것은?

① 국토교통부에 철도산업위원회를 둔다.

② 위원회 및 분과위원회의 구성 기능 및 운영에 관하여 필요한 사항은 국토교통부령으로 정한다.

③ 철도산업구조개혁에 관한 중요정책사항을 심의·조정한다.

④ 위원회는 위원장을 포함한 25인 이내의 위원으로 구성한다.

> **해설** 철도산업법 제6조(철도산업위원회)
> 1. 위원회는 위원장을 포함한 25인 이내의 위원으로 구성한다.
> 2. 위원회에 상정할 안건을 미리 검토하고 위원회가 위임한 안건을 심의하기 위하여 위원회에 분과위원회를 둔다.
> 3. 이 법에서 규정한 사항 외에 위원회 및 분과위원회의 구성·기능 및 운영에 관하여 필요한 사항은 대통령령으로 정한다.

14 다음 중 철도산업위원회에 관한 설명으로 틀린 것은?

① 위원회는 위원장을 포함한 25인 이내의 위원으로 구성한다.

② 위원의 임기는 3년으로 하되, 연임할 수 있다.

③ 위원으로 국가철도공단이사장과 한국철도공사사장이 포함한다.

④ 위원회의 위원장은 위원회의 회의를 소집하고, 그 의장이 된다.

> **해설** 철도산업법시행령 제6조(철도산업위원회의 구성), 제8조(회의)
> 1. 철도산업위원회의 위원장은 국토교통부장관이 된다.
> 2. 위원회의 위원은 다음의 자가 된다.
>   1) 기획재정부차관·교육부차관·과학기술정보통신부차관·행정안전부차관·산업통상자원부차관·고용노동부차관·국토교통부차관·해양수산부차관 및 공정거래위원회부위원장
>   2) 국가철도공단의 이사장
>   3) 한국철도공사의 사장
>   4) 철도산업에 관한 전문성과 경험이 풍부한 자중에서 위원회의 위원장이 위촉하는 자
>   (위촉하는 위원의 임기는 2년으로 하되, 연임할 수 있다)
> 3. 위원회의 위원장은 위원회의 회의를 소집하고, 그 의장이 된다.
> 4. 위원회의 회의는 재적위원 과반수의 출석과 출석위원 과반수의 찬성으로 의결한다.
> 5. 위원회는 회의록을 작성·비치하여야 한다.

15 다음 중 철도산업위원회의 위원장은 누가 되는가?

① 한국철도공사 사장 ② 국가철도공단 이사장

③ 국토교통부장관 ④ 한국교통안전공단 이사장

> **해설** 철도산업법시행령 제6조(철도산업위원회의 구성)

정답 13 ② 14 ② 15 ③

16 철도산업위원회의 위원구성과 운영에 관한 설명으로 맞는 것은?

① 철도산업위원회의 위원에 공정거래위원회위원장이 포함된다.
② 기획재정부장관, 국가철도공단 이사장, 한국철도공사 사장 등이 위원회의 구성원이 된다.
③ 실무위원회는 위원장을 포함한 25인 이내의 위원으로 구성한다.
④ 철도산업위원회는 위원장을 포함한 25인 이내의 위원으로 구성한다.

> **해설** 철도산업법시행령 제6조(철도산업위원회의 구성), 제10조(실무위원회의 구성 등)
> 1. 위원회의 심의·조정사항과 위원회에서 위임한 사항의 실무적인 검토를 위하여 위원회에 실무위원회를 둔다.
> 2. 실무위원회는 위원장을 포함한 20인 이내의 위원으로 구성한다.
> 3. 실무위원회의 위원장은 국토교통부장관이 국토교통부의 3급 공무원 또는 고위공무원단에 속하는 일반 직공무원중에서 지명한다.

17 철도산업정보화기본계획에 포함되어야 할 내용으로 틀린 것은?

① 철도산업정보화의 목표 및 단계별 추진계획 ② 철도산업정보화에 필요한 비용
③ 철도산업정보화의 대내외 여건조성에 관한 사항 ④ 철도산업정보화의 여건 및 전망

> **해설** 철도산업법시행령 제15조(철도산업정보화기본계획의 내용 등)
> ① 철도산업정보화기본계획에는 다음 사항이 포함되어야 한다.
>   1. 철도산업정보화의 여건 및 전망
>   2. 철도산업정보화의 목표 및 단계별 추진계획
>   3. 철도산업정보화에 필요한 비용
>   4. 철도산업정보의 수집 및 조사계획
>   5. 철도산업정보의 유통 및 이용활성화에 관한 사항
>   6. 철도산업정보화와 관련된 기술개발의 지원에 관한 사항
>   7. 그 밖에 국토교통부장관이 필요하다고 인정하는 사항

18 철도시설관리자와 철도운영자가 철도시설관리와 철도운영에 있어 상호협력이 필요한 분야에 대하여 작성하여 정기적으로 교환하는 것은?

① 선로배분지침 ② 철도산업정보화 계획
③ 철도산업구조개혁 계획 ④ 업무절차서

> **해설** 철도산업법시행령 제23조(업무절차서의 교환 등)
> 1. 철도시설관리자와 철도운영자는 철도시설관리와 철도운영에 있어 상호협력이 필요한 분야에 대하여 업무절차서를 작성하여 정기적으로 이를 교환하고, 이를 변경한 때에는 즉시 통보하여야 한다.
> 2. 철도시설관리자와 철도운영자는 상호협력이 필요한 분야에 대하여 정기적으로 합동점검을 하여야 한다.

정답 16 ④ 17 ③ 18 ④

19 철도산업발전기본법에서 선로배분지침에 포함되어야 할 사항으로 틀린 것은?

① 여객열차와 화물열차에 대한 선로용량의 배분
② 지역간 열차와 지역내 열차에 대한 선로용량의 배분
③ 철도차량의 안전운행에 관한 사항
④ 선로의 유지보수·개량 및 건설을 위한 작업계획

해설 철도산업법시행령 제24조(선로배분지침의 수립 등)

1. 국토교통부장관은 철도시설관리자와 철도운영자가 안전하고 효율적으로 선로를 사용할 수 있도록 하기 위하여 선로용량의 배분에 관한 지침("선로배분지침")을 수립·고시하여야 한다.
2. 선로배분지침에는 다음 사항이 포함되어야 한다.
   1) 여객열차와 화물열차에 대한 선로용량의 배분
   2) 지역간 열차와 지역내 열차에 대한 선로용량의 배분
   3) 선로의 유지보수·개량 및 건설을 위한 작업시간
   4) 철도차량의 안전운행에 관한 사항
   5) 그 밖에 선로의 효율적 활용을 위하여 필요한 사항

20 철도협회 정관의 기재사항과 협회의 운영 등에 필요한 무엇으로 정하는가?

① 국토교통부령　　② 국무총리령　　③ 대통령령　　④ 법률

해설 철도산업법 제13조의2(철도협회의 설립)

1. 철도협회는 철도 분야에 관한 다음의 업무를 한다.
   1) 정책 및 기술개발의 지원
   2) 정보의 관리 및 공동활용 지원
   3) 전문인력의 양성 지원
   4) 해외철도 진출을 위한 현지조사 및 지원
   5) 조사·연구 및 간행물의 발간
   6) 국가 또는 지방자치단체 위탁사업
   7) 그 밖에 정관으로 정하는 업무
2. 철도협회의 정관은 국토교통부장관의 인가를 받아야 하며, 정관의 기재사항과 협회의 운영 등에 필요한 사항은 대통령령으로 정한다.
3. 철도협회에 관하여 이 법에 규정한 것 외에는 「민법」 중 사단법인에 관한 규정을 준용한다.

정답 19 ④　20 ③

21 철도서비스의 품질개선 및 품질평가에 관한 설명으로 틀린 것은?

① 국토교통부장관은 품질평가의 결과를 확정하기 전에 품질평가위원회의 심의를 거쳐야 한다.

② 국토교통부장관은 철도서비스의 품질평가를 2년마다 실시한다.

③ 국토교통부장관은 필요한 경우에는 품질평가일 2주 전까지 철도운영자에게 품질평가계획을 통보한 후 수시품질평가를 실시할 수 있다.

④ 철도운영자는 그가 제공하는 철도서비스의 품질을 개선하기 위하여 노력하여야 한다.

> **해설** 철도산업법 제15조(철도서비스의 품질개선 등), 철도안전법시행규칙 제3조(철도서비스의 품질평가방법 등)
> 1. 철도운영자는 그가 제공하는 철도서비스의 품질을 개선하기 위하여 노력하여야 한다.
> 2. 국토교통부장관은 철도서비스의 품질을 개선하고 이용자의 편익을 높이기 위하여 철도서비스의 품질을 평가하여 시책에 반영하여야 한다.
> 3. 철도서비스 품질평가의 절차 및 활용 등에 관하여 필요한 사항: 국토교통부령
>   1) 국토교통부장관은 철도서비스의 품질평가를 2년마다 실시한다.
>   2) 단, 필요한 경우에는 품질평가일 2주 전까지 철도운영자에게 품질평가계획을 통보한 후 수시품질평가를 실시할 수 있다.
>   3) 국토교통부장관은 객관적인 품질평가를 위하여 적정 철도서비스의 수준, 평가항목 및 평가지표를 정하여야 한다.
>   4) 국토교통부장관은 품질평가의 결과를 확정하기 전에 철도산업위원회의 심의를 거쳐야 한다.

22 철도산업구조개혁기본계획에 포함되어야 하는 내용이 아닌 것은?

① 철도산업구조개혁의 목표 및 기본방향에 관한 사항

② 철도산업 육성시책의 기본방향에 관한 사항

③ 철도산업구조개혁의 추진방안에 관한 사항

④ 철도산업구조개혁에 따른 자산·부채·인력 등에 관한 사항

> **해설** 철도산업법 제18조(철도산업구조개혁기본계획의 수립 등)
> 1. 국토교통부장관은 철도산업의 구조개혁을 효율적으로 추진하기 위하여 철도산업구조개혁기본계획을 수립하여야 한다.
> 2. 구조개혁계획에는 다음 사항이 포함되어야 한다.
>   1) 철도산업구조개혁의 목표 및 기본방향에 관한 사항
>   2) 철도산업구조개혁의 추진방안에 관한 사항
>   3) 철도의 소유 및 경영구조의 개혁에 관한 사항
>   4) 철도산업구조개혁에 따른 대내외 여건조성에 관한 사항
>   5) 철도산업구조개혁에 따른 자산·부채·인력 등에 관한 사항
>   6) 철도산업구조개혁에 따른 철도관련 기관·단체 등의 정비에 관한 사항
>   7) 그 밖에 철도산업구조개혁을 위하여 필요한 사항으로서 대통령령으로 정하는 사항

정답 21 ① 22 ②

23 철도의 관리청은?

① 철도운영자　　② 철도시설관리자　③ 국토교통부장관　④ 한국교통안전공단

철도산업법 제19조(관리청)
① 철도의 관리청은 국토교통부장관으로 한다.

24 철도산업발전기본법에서 철도운영에 관한 설명으로 틀린 것은?

① 철도운영 관련 사업은 시장경제원리에 따라 국가가 소유하는 것을 원칙으로 한다.
② 국가는 철도운영 관련 사업을 효율적으로 경영하기 위하여 특별법에 의하여 한국철도공사를 설립한다.
③ 국토교통부장관은 철도운영부문의 경쟁력 강화 시책을 수립·시행하여야 한다.
④ 국토교통부장관은 공정한 경쟁여건의 조성에 대한 시책을 수립·시행하여야 한다.

철도산업법 제21조(철도운영), 제20조(철도시설)
1. 철도운영
　1) 철도산업의 구조개혁을 추진하는 경우 철도운영 관련 사업은 시장경제원리에 따라 국가외의 자가 영위하는 것을 원칙으로 한다.
　2) 국토교통부장관은 철도운영에 대한 다음의 시책을 수립·시행한다.
　　ⓐ 철도운영부문의 경쟁력 강화
　　ⓑ 철도운영서비스의 개선
　　ⓒ 열차운영의 안전진단 등 예방조치 및 사고조사 등 철도운영의 안전확보
　　ⓒ 공정한 경쟁여건의 조성
　　ⓓ 그 밖에 철도이용자 보호와 열차운행원칙 등 철도운영에 필요한 사항
　3) 국가는 철도운영 관련 사업을 효율적으로 경영하기 위하여 철도청 및 고속철도건설공단의 관련 조직을 전환하여 특별법에 의하여 한국철도공사("철도공사")를 설립한다.
2. 철도시설
　철도산업의 구조개혁을 추진하는 경우 철도시설은 국가가 소유하는 것을 원칙으로 한다.

25 국가철도공단이 권리와 의무를 포괄승계 하는 것이 아닌 것은?

① 고속철도건설공단의 기타자산
② 건설이 완공된 시설자산
③ 철도청이 건설중인 시설자산
④ 고속철도건설공단이 건설중인 시설자산 및 운영자산

철도산업법 제23조(철도자산의 처리)
1. 국가는「국유재산법」에도 불구하고 철도자산처리계획에 의하여 철도공사에 운영자산을 현물출자한다.

정답　23 ③　24 ①　25 ②

2. 철도공사는 현물출자 받은 운영자산과 관련된 권리와 의무를 포괄하여 승계한다.
3. 국토교통부장관은 철도자산처리계획에 의하여 철도청장으로부터 다음의 철도자산을 이관받으며, 그 관리업무를 국가철도공단, 철도공사, 관련 기관 및 단체 또는 대통령령으로 정하는 민간법인에 위탁하거나 그 자산을 사용·수익하게 할 수 있다.
   1) 철도청의 시설자산(건설중인 시설자산은 제외한다)
   2) 철도청의 기타자산
4. 국가철도공단은 철도자산처리계획에 의하여 다음의 철도자산과 그에 관한 권리와 의무를 포괄하여 승계한다.
   1) 철도청이 건설중인 시설자산(철도자산이 완공된 때에는 국가에 귀속된다)
   2) 고속철도건설공단이 건설중인 시설자산 및 운영자산(철도자산이 완공된 때에는 국가에 귀속된다)
   3) 고속철도건설공단의 기타자산

26 철도산업발전기본법에서 철도시설관리권에 관한 설명으로 틀린 것은?

① 철도시설관리권은 이를 채권으로 보며, 민법 중 부동산에 관한 규정을 준용한다.
② 저당권이 설정된 철도시설관리권은 그 저당권자의 동의가 없으면 처분할 수 없다.
③ 철도시설관리권을 목적으로 하는 저당권의 설정·변경·소멸 및 처분의 제한은 국토교통부에 비치하는 철도시설관리권등록부에 등록함으로써 그 효력이 발생한다.
④ 철도시설관리권의 설정을 받은 자는 대통령령으로 정하는 바에 따라 국토교통부장관에게 등록하여야 한다.

해설 철도산업법 제26조~제29조(철도시설관리권)
1. 국토교통부장관은 철도시설을 관리하고 그 철도시설을 사용하거나 이용하는 자로부터 사용료를 징수할 수 있는 권리("철도시설관리권")를 설정할 수 있다.
2. 철도시설관리권은 이를 물권으로 보며, 이 법에 특별한 규정이 있는 경우를 제외하고는 민법 중 부동산에 관한 규정을 준용한다.
3. 저당권이 설정된 철도시설관리권은 그 저당권자의 동의가 없으면 처분할 수 없다.
4. 철도시설관리권 또는 철도시설관리권을 목적으로 하는 저당권의 설정·변경·소멸 및 처분의 제한은 국토교통부에 비치하는 철도시설관리권등록부에 등록함으로써 그 효력이 발생한다.

27 철도산업발전기본법에서 선로 등 사용계약에 있어서 사용조건에 포함될 사항이 아닌 것은?

① 투입되는 철도차량의 종류 및 길이
② 철도차량의 일일운행횟수·운행개시시각·운행종료시각 및 운행간격
③ 비상사태 발생시 조치
④ 철도여객 또는 화물운송서비스의 수준

해설 철도산업법시행령 제35조(철도시설의 사용계약)
1. 철도시설의 사용계약에는 다음 사항이 포함되어야 한다.

정답 26 ① 27 ③

1) 사용기간·대상시설·사용조건 및 사용료   2) 대상시설의 제3자에 대한 사용승낙의 범위·조건

3) 상호책임 및 계약위반시 조치사항   4) 분쟁 발생시 조정절차

5) 비상사태 발생시 조치   6) 계약의 갱신에 관한 사항

7) 계약내용에 대한 비밀누설금지에 관한 사항

2. 철도시설("선로등")에 대한 사용계약("선로등사용계약")은 당해 선로등을 여객 또는 화물운송을 목적으로 사용하고자 하는 경우에 한한다.

* 이 경우 그 사용기간은 5년을 초과할 수 없다.

3. 선로등에 대한 사용조건에는 다음 사항이 포함되어야 한다. 단, 선로배분지침에 위반되는 내용이어서는 아니 된다.

1) 투입되는 철도차량의 종류 및 길이

2) 철도차량의 일일운행횟수·운행개시시각·운행종료시각 및 운행간격

3) 출발역·정차역 및 종착역

4) 철도운영의 안전에 관한 사항

5) 철도여객 또는 화물운송서비스의 수준

28 공익서비스비용(국가부담비용)에 관한 설명으로 틀린 것은?

① 철도운영자는 매년 3월 말까지 국가부담비용의 추정액, 당해 공익서비스의 내용 그 밖의 필요한 사항을 기재한 국가부담비용추정서를 국토교통부장관에게 제출하여야 한다.

② 국토교통부장관은 국가부담비용지급신청서를 제출받은 때에는 이를 검토하여 매 반기마다 반기 초에 국가부담비용을 지급하여야 한다.

③ 국가부담비용을 지급받은 철도운영자는 당해 반기가 끝난 후 30일 이내에 국가부담비용정산서를 국토교통부장관에게 제출하여야 한다.

④ 철도운영자는 매년 6월 말까지 국가부담비용지급신청서를 국토교통부장관에게 제출하여야 한다.

해설 철도산업법시행령 제40조~제42조(공익서비스비용 보상 등)

1. 철도운영자는 매년 3월 말까지 국가가 다음 연도에 부담하여야 하는 공익서비스비용("국가부담비용")의 추정액, 당해 공익서비스의 내용 그 밖의 필요한 사항을 기재한 국가부담비용추정서를 국토교통부장관에게 제출하여야 한다.

2. 철도운영자는 국가부담비용의 지급을 신청하고자 하는 때에는 국토교통부장관이 지정하는 기간내에 국가부담비용지급신청서에 관련 서류를 첨부하여 국토교통부장관에게 제출하여야 한다

3. 국토교통부장관은 국가부담비용지급신청서를 제출받은 때에는 이를 검토하여 매 반기마다 반기 초에 국가부담비용을 지급하여야 한다.

4. 국가부담비용을 지급받은 철도운영자는 당해 반기가 끝난 후 30일 이내에 국가부담비용정산서에 관련 서류를 첨부하여 국토교통부장관에게 제출하여야 한다.

정답 28 ④

29 철도산업발전기본법에서 공익서비스비용의 범위가 아닌 것은?

① 철도운영자가 영업을 목적으로 철도운임·요금을 감면할 경우 그 감면액
② 철도운영자가 다른 법령에 의하거나 국가정책 또는 공공목적을 위하여 철도운임·요금을 감면할 경우 그 감면액
③ 철도운영자가 경영개선을 위한 적절한 조치를 취하였음에도 불구하고 철도이용수요가 적어 수지균형의 확보가 극히 곤란하여 역의 철도서비스를 제한 또는 중지하여야 되는 경우로서 공익목적을 위하여 기초적인 철도서비스를 계속함으로써 발생되는 경영손실
④ 철도운영자가 국가의 특수목적사업을 수행함으로써 발생되는 비용

해설 철도산업법 제32조(공익서비스비용의 부담)
② 원인제공자가 부담하는 공익서비스비용의 범위는 다음과 같다.
　1) 철도운영자가 다른 법령에 의하거나 국가정책 또는 공공목적을 위하여 철도운임·요금을 감면할 경우 그 감면액
　2) 철도운영자가 경영개선을 위한 적절한 조치를 취하였음에도 불구하고 철도이용수요가 적어 수지균형의 확보가 극히 곤란하여 벽지의 노선 또는 역의 철도서비스를 제한 또는 중지하여야 되는 경우로서 공익목적을 위하여 기초적인 철도서비스를 계속함으로써 발생되는 경영손실
　3) 철도운영자가 국가의 특수목적사업을 수행함으로써 발생되는 비용

30 철도산업발전기본법에서 특정노선 폐지조건이 아닌 것은?

① 보상계약체결에도 불구하고 공익서비스비용에 대한 적정한 보상이 이루어지지 아니한 경우
② 보상계약체결에 관하여 원인제공자와 철도운영자의 협의가 성립되지 않아 철도산업위원회의 조정에 따르지 아니한 경우
③ 승인신청자가 경영개선을 적절한 조치로 수지균형의 확보가 가능한 경우
④ 원인제공자가 공익서비스비용을 부담하지 아니한 경우

해설 철도산업법 제33조, 제34조(특정노선 폐지 등의 승인)
1. 철도시설관리자와 철도운영자("승인신청자")는 다음에 해당하는 경우에 국토교통부장관의 승인을 얻어 특정노선 및 역의 폐지와 관련 철도서비스의 제한 또는 중지 등 필요한 조치를 취할 수 있다.
　1) 승인신청자가 철도서비스를 제공하고 있는 노선 또는 역에 대하여 철도의 경영개선을 위한 적절한 조치를 취하였음에도 불구하고 수지균형의 확보가 극히 곤란하여 경영상 어려움이 발생한 경우
　2) 보상계약체결에도 불구하고 공익서비스비용에 대한 적정한 보상이 이루어지지 아니한 경우
　3) 원인제공자가 공익서비스비용을 부담하지 아니한 경우
　4) 원인제공자가 철도산업위원회의 보상계약체결에 관한 조정에 따르지 아니한 경우

정답　29 ①　30 ③

31 철도산업발전기본법에서 비상사태시 국토교통부장관이 조정·명령 그 밖의 필요한 조치를 취할 수 있는 것을 모두 고르시오.

> ㄱ. 지역별·노선별·수송대상별 수송 우선순위 부여 등 수송통제
> ㄴ. 철도시설·철도차량 또는 설비의 가동 및 조업
> ㄷ. 대체수송수단 및 수송로의 확보
> ㄹ. 임시열차의 편성 및 운행
> ㅁ. 철도서비스 인력의 투입
> ㅂ. 철도이용의 제한 또는 금지

① ㄱ, ㄴ, ㄷ, ㄹ
② ㄱ, ㄴ, ㄷ, ㄹ, ㅂ
③ ㄴ, ㄷ, ㄹ, ㅁ, ㅂ
④ 모두

해설 철도산업법 제36조(비상사태시 처분), 철도산업법시행령 제49조(비상사태시 처분)

1. 국토교통부장관은 천재·지변·전시·사변, 철도교통의 심각한 장애 그 밖에 이에 준하는 사태의 발생으로 인하여 철도서비스에 중대한 차질이 발생하거나 발생할 우려가 있다고 인정하는 경우에는 필요한 범위안에서 철도시설관리자·철도운영자 또는 철도이용자에게 다음 사항에 관한 조정·명령 그 밖의 필요한 조치를 할 수 있다.
   1) 지역별·노선별·수송대상별 수송 우선순위 부여 등 수송통제
   2) 철도시설·철도차량 또는 설비의 가동 및 조업
   3) 대체수송수단 및 수송로의 확보
   4) 임시열차의 편성 및 운행
   5) 철도서비스 인력의 투입
   6) 철도이용의 제한 또는 금지
   7) 그 밖에 철도서비스의 수급안정을 위하여 <u>대통령령</u>으로 정하는 사항
      * 대통령령이 정하는 철도서비스의 수급안정을 위한 사항
      ⓐ 철도시설의 임시사용　　　　　ⓑ 철도시설의 사용제한 및 접근 통제
      ⓒ 철도시설의 긴급복구 및 복구지원　　ⓓ 철도역 및 철도차량에 대한 수색 등

32 철도산업발전기본법에서 비상사태시 대통령령으로 정한 처분내용에 해당되지 않는 것은?

① 철도시설의 사용제한 및 접근 통제
② 철도시설의 임시사용
③ 철도시설의 긴급복구 및 복구지원
④ 철도운영의 임시 제한

해설 철도산업법시행령 제49조(비상사태시 처분)

정답　31 ④　32 ④

33 철도산업발전기본법에서 대통령령으로 정한 것이 아닌 것은?

① 철도서비스의 품질평가 방법 ② 선로등의 사용료
③ 선로배분지침의 수립 ④ 철도산업위원회의 구성

철도산업법시행규칙 제3조(철도서비스의 품질평가 방법 등)

34 철도산업발전기본법에서 국토교통부장관이 과태료를 부과하고자 하는 때에 몇일 이상의 기간을 정하여 과태료처분대상자에게 구술 또는 서면에 의한 의견진술의 기회를 주어야 하는가?

① 3일 이상 ② 7일 이상 ③ 10일 이상 ④ 14일 이상

철도산업법시행령 제51조(과태료)
2. 국토교통부장관은 과태료를 부과하고자 하는 때에는 10일 이상의 기간을 정하여 과태료처분대상자에게 구술 또는 서면에 의한 의견진술의 기회를 주어야 한다. 이 경우 지정된 기일까지 의견진술이 없는 때에는 의견이 없는 것으로 본다.

35 철도산업발전기본법에서 국토교통부장관이 승인을 얻지 아니하고 특정 노선 및 역을 폐지하거나 철도서비스를 제한 또는 중지한 자에 대한 벌칙은?

① 1년 이하의 징역 또는 3천만 원 이하의 벌금
② 1년 이하의 징역 또는 5천만 원 이하의 벌금
③ 3년 이하의 징역 또는 3천만 원 이하의 벌금
④ 3년 이하의 징역 또는 5천만 원 이하의 벌금

철도산업법 제31조(철도시설 사용료), 제40조(벌칙)
1. 국토교통부장관의 승인을 얻지 아니하고 특정 노선 및 역을 폐지하거나 철도서비스를 제한 또는 중지한 자는 3년 이하의 징역 또는 5천만 원 이하의 벌금에 처한다.
2. 다음에 해당하는 자는 2년 이하의 징역 또는 3천만 원 이하의 벌금에 처한다.
   1) 거짓이나 그 밖의 부정한 방법으로 관리청의 철도시설 사용 허가를 받은 자
   2) 관리청의 철도시설 사용 허가를 받지 아니하고 철도시설을 사용한 자
   3) 비상사태시 조정·명령 등의 조치를 위반한 자(철도이용의 제한 또는 금지는 제외)

정답 33 ① 34 ③ 35 ④

철도교통안전관리자
10일 완성

철도공기업 채용시 가산점 부여 확대_필수자격
핵심정리와 기출예상문제를 한 권으로 해결~!

제 **2** 편

교통안전관리론

제1장 교통안전의 일반이론

제1절 교통개요

1. 교통의 특징
    1) 현대교통의 특징: ① 편리성   ② 신속성   ③ 경제성   ④ 공급성   ⑤ 대량성
    2) 교통의 구성요소: ① 운전자   ② 운반구(교통수단)   ③ 교통환경(통로)   ④ 이용자
    3) 교통기관의 3대 구성요소: ① 통로   ② 운반구   ③ 동력
2. 교통의 발달
    1) 칼벤츠는 2사이클의 가솔린 자동차를 만들었다.
    2) 우리나라 최초의 철도는 1899년의 노량진 – 제물포 간의 경인선 철도이다.
    3) 세계 최초 내연기관 가솔린 자동차는 1886년 벤츠가 제작한 3륜 특허차이다.
    4) 대한민국 최초의 자동차는 1903년에 고종 황제가 구입한 포드 승용차였다.

제2절 교통수단과 교통시설

1. 교통수단
    1) 정의: 사람이 이동하거나 화물을 운송하는 데 이용되는 것으로서 다음에 해당하는 운송수단
    2) 교통수단의 범위
        ① 차량: 차마, 노면전차, 철도차량, 궤도용구 등 육상교통용으로 사용되는 모든 운송수단
        ② 선박: 선박 등 수상 또는 수중의 항행에 사용되는 모든 운송수단
        ③ 항공기: 항공기 등 항공교통에 사용되는 모든 운송수단
2. 교통시설
    1) 도로·철도·궤도·항만·어항·수로·공항·비행장·교통안전표지·교통관제시설·항행안전시설 등의 시설 또는 공작물
    2) 교통안전시설
        ① 교통안전법에서 "교통시설"이라 함은 도로·철도·궤도·항만·어항·수로·공항·비행장 등 교통수단의 운행·운항 또는 항행에 필요한 시설과 그 시설에 부속되어 사람의 이동 또는 교통수단의 원활하고 안전한 운행·운항 또는 항행을 보조하는 교통안전표지·교통관제시설·항행안전시설 등의 시설 또는 공작물을 말한다.
        ② 교통기관의 통로에 해당하는 것을 교통안전시설로 간주한다.

제 3 절 　정지거리(시간)

1. 정지거리(시간) = 공주거리(시간) + 제동거리(시간)
2. 공주거리(시간): 운전자가 위험을 인식하고 판단하여 브레이크 페달을 밟아서 브레이크가 작동되기 전까지 달려 나가는 거리(시간)
3. 제동거리(시간): 브레이크가 작동을 시작해서 정지할 때까지의 거리(시간)
4. 안전거리(시간): 정지거리보다 조금 긴 거리로 앞차가 갑자기 정지하더라도 충돌을 피할 수 있는 거리(시간)

   * 안전거리 산출
     ⓐ 60km/h 이하는 주행속도에서 15를 뺀 거리
     ⓑ 60km/h 초과 시는 주행속도와 동일한 거리

제 4 절 　교통안전계획

1. 교통운행계획
   과학적이고 합리적인 교통운행계획을 위해서는 P(계획) → D(실시) → C(통제) → A(조정)의 순환이 적절하게 이루어져야 한다.
2. 교통안전계획의 특징
   1) 미래성
      ① 미래에 해야 할 내용이므로 불확실성을 갖는다.
      ② 불확실성에 대처하기 위해서 정확한 정보의 수집과 분석을 통한 계획이 필요하다.
   2) 목적성
      계획은 목적이 확실하여야 하며, 교통안전계획은 전체 계획의 목적에 부합하여야 한다.
   3) 경제성
      계획은 추진활동을 효율적으로 집약시키는 것이므로 모든 계획의 비용을 최소화하는 기능을 발휘하여야 한다.
   4) 통제성: 계획대로 활동이 추진되기 위해서는 통제·조정이 필요하다.
3. 교통안전계획에 포함되어야 할 주요내용
   1) 교통종사원에 대한 교육·훈련계획
   2) 점검·정비계획
   3) 노선 및 항로의 점검계획 등
4. 교통안전계획 수립 시 유의사항
   1) 관련 부서의 책임자들과 충분히 협의한다.
   2) 추진항목은 상황변동에 대비해서 복수안을 마련한다.

3) 각 시행항목은 계획의 목표에 부합되는지 검토한다.

4) 계획안대로 시행 가능할 것인지 검토한다.

5) 시행일정은 적절하며, 업무와 중복되는 내용은 없는지 검토한다.

6) 낭비를 방지한다(물자, 자금).

7) 장래조건을 예측한다.

8) 과거의 상황과 현재의 상태를 확실하게 파악한다.

9) 필요한 자료 또는 정보를 수집, 분석, 검토한다.

10) 승무원(운전자, 안내원)의 의견을 청취한다.

5. 전술계획

1) 가장 하위의 경영목표로서 단기간 동안 중간 또는 하위관리층에서 일상적으로 추진되어야 할 실천방안이다.

2) 방침, 절차, 규칙 등과 같이 반복적인 성격을 갖는 문제나 상황에 대응하기 위한 지속적 성격의 계획과 예산, 프로그램, 일정계획 등과 같이 비교적 짧은 기간 내에 특정의 목표를 달성하기 위한 일시적 성격의 계획으로 구분할 수 있다.

제 5 절 교통안전관리

1. 교통안전관리의 목적

1) 국민복지증진을 위한 교통안전의 확보

2) 교통안전관리의 궁극적 가치: 복지사회의 실현

① 교통의 효율화　　　　　　　　② 주택보급의 확대

③ 생산성의 향상　　　　　　　　④ 여가시설의 충실화

2. 교통안전관리의 특성

1) 교통안전을 확보하기 위하여 계획, 조직, 통제 등의 제 기능을 통해서 기업의 자원을 교통안전활동에 배분, 조정, 통합하는 과정을 말한다.

2) 교통안전관리를 통하여 교통사고를 예방하면 국민의 생명과 재산이 보호됨으로써 공공복리에 기여하게 된다.

3) 교통안전관리의 3대 기능: ① 계획기능　　② 개선기능　　③ 단속기능

3. 교통안전관리 단계

1) 준비단계

안전관리의 준비, 전문 도서의 활용, 회의 및 세미나 참석, 각종 안전기구의 활동에 참석하는 것 등이 포함된다.

2) 조사단계

조사는 사고기록을 철저히 기록함으로써 시작되고, 작업장·사고현장 등을 방문하여 안전지시, 일상적인 감독상태 등을 점검한다.

3) 계획단계

안전관리자는 대안을 분석하여 올바른 행동계획을 수립해야 한다. 계획수립에는 운전습관, 감독, 근무환경 등이 필요하다.

4) 설득단계

안전관리자는 최고경영진에게 가장 효과적인 안전관리방안을 제시한다.

5) 교육훈련단계

경영진으로부터 새로운 제도에 대한 승인을 얻고 종업원들을 교육·훈련한다.

6) 확인단계

안전제도가 시행된 후에는 정기적인 확인이 필요하다. 확인은 단순하거나 심층적일 수도 있다.

4. 교통안전관리자의 직무: 교통안전관리계획의 수립

1) 교통안전에 관한 계획의 수립으로부터 출발한다.

2) 교통안전계획은 운수업체의 교통안전업무를 업체 스스로가 추진한다는 기본전제하에 교통안전관리업무를 체계화·조직화하고 추진일정을 부여하여 문서화한 것이다.

3) 따라서 단순히 일상업무의 나열이 아닌 전체 업무 속에서 교통안전업무가 유기적으로 관련을 갖도록 의도적으로 계획되어야 한다.

5. 교통안전담당자

1) 교통안전담당자의 지정

교통시설설치·관리자 및 교통수단운영자는 다음에 해당하는 사람을 교통안전담당자로 지정하여 직무를 수행하게 하여야 한다.

① 교통안전관리자 자격을 취득한 사람

② 대통령령으로 정하는 자격을 갖춘 사람

㉮ 「산업안전보건법」에 따른 안전관리자

㉯ 「자격기본법」에 따른 민간자격으로서 국토교통부장관이 교통사고 원인의 조사·분석과 관련된 것으로 인정하는 자격을 갖춘 사람

2) 교통안전담당자의 직무

① 교통안전관리규정의 시행 및 그 기록의 작성·보존

② 교통수단의 운행·운항 또는 항행 또는 교통시설의 운영·관리와 관련된 안전점검의 지도·감독

③ 교통시설의 조건 및 기상조건에 따른 안전 운행 등에 필요한 조치

④ 운전자등의 운행 등 중 근무상태 파악 및 교통안전 교육·훈련의 실시

⑤ 교통사고 원인 조사·분석 및 기록 유지

⑥ 운행기록장치 및 차로이탈경고장치 등의 점검 및 관리

6. 교통안전관리규정

1) 교통안전관리규정 제정자: 교통시설설치·관리자 및 교통수단운영자가 제정

2) 교통안전관리규정을 정하면 관할교통행정기관에 제출하여야 한다.

3) 교통안전관리규정에 포함되어야 할 사항
   ① 교통안전의 경영지침에 관한 사항
   ② 교통안전목표 수립에 관한 사항
   ③ 교통안전 관련 조직에 관한 사항
   ④ 제54조의2에 따른 교통안전담당자 지정에 관한 사항
   ⑤ 안전관리대책의 수립 및 추진에 관한 사항
   ⑥ 그 밖에 교통안전에 관한 중요 사항으로서 <u>대통령령</u>으로 정하는 사항

   〈대통령령으로 정하는 교통안전에 관한 중요 사항〉
      ㉮ 교통안전과 관련된 자료·통계 및 정보의 보관·관리에 관한 사항
      ㉯ 교통시설의 안전성 평가에 관한 사항
      ㉰ 사업장에 있는 교통안전 관련 시설 및 장비에 관한 사항
      ㉱ 교통수단의 관리에 관한 사항
      ㉲ 교통업무에 종사하는 자의 관리에 관한 사항
      ㉳ 교통안전의 교육·훈련에 관한 사항
      ㉴ 교통사고 원인의 조사·보고 및 처리에 관한 사항
      ㉵ 그 밖에 교통안전관리를 위하여 국토교통부장관이 따로 정하는 사항

제 6 절 　교통안전도 평가

1. 국가 간 교통안전도를 평가하기 위한 자료
   1) 차량주행거리 1억km당 교통사고 발생건수
   2) 차량주행거리 10억km당 교통사고 사망자수
   3) 차량주행거리 1백만km당 부상자수
   4) 인구 10만 명당 사망자수
   5) 자동차 1만 대당 사망자수
2. 사고율을 나타내는 지표
   1) 교차로 진입 백만 차량대수 사고율(MEV Million Entering Vehicles)
   2) 1억 주행차량대－km/당 사고율(HMVK Hundred Millon Vehicle Kilometers / ton－km)
   3) 등록차량 10,000대당 사고율
   4) 인구 10만 명당 사고율
   5) 시간, 일, 요일, 월 및 연간 발생된 사고건수, 사상자, 부상자 및 치사율에 의한 사고율

1. 합리적인 의사결정 과정
   1) 문제의 인식 → 정보의 수집·분석 → 대안의 탐색 및 평가 → 대안선택 → 실행 → 평가
   2) 합리적인 의사결정 과정은 보통 "문제파악 또는 목표설정 → 관련 정보 수집·분석 → 문제 해결이나 목표달성을 위한 기준설정 → 선택 가능한 대안탐색과 각 대안의 결과예측 → 각 대안의 비교, 분석, 평가 → 최적의 대안선택 → 문제해결 및 평가"의 단계를 거친다.

2. 의사결정의 계층별 유형
   1) 최고경영층(사장, CEO)
      조직 전체와 관련된 총괄적이고 종합적인 의사결정 및 경영전략과 관련한 의사결정
   2) 중간관리층(부장, 과장)
      최고경영층에서 설정한 조직 전체의 목표와 방향을 성공적으로 수행하기 위하여 각 부서에서 어떠한 역할과 활동을 해야 하는지에 대한 의사결정
   3) 현장관리층(팀장, 대리)
      현장에서 작업을 하거나 업무를 수행하는 데에서 생기는 여러 문제점들을 해결하는 것과 관련된 의사결정

3. 집단의사결정
   1) 집단이 당면한 문제에 대하여 개인이 아닌 집단에 의하여 이루어지는 의사결정을 말한다.
   2) 집단의사결정에 의하면 개인적 의사결정에 비하여 문제분석을 보다 광범위한 관점에서 할 수 있고, 보다 많은 지식·사실·대안을 활용할 수 있다.
   3) 집단구성원 사이의 의사전달을 용이하게 하며, 참여를 통해 구성원의 만족과 결정에 대한 지지를 확보할 수 있다.
   4) 집단의사결정에는 많은 사람이 참여하므로 결정과정이 느리고, 타협을 통해 의사결정이 이루어지므로 가장 적절한 방안을 채택하기가 어렵다.
   5) 의사결정 과정에 집단사고의 영향을 받을 경우 올바른 판단을 할 수가 없게 된다.
   6) 집단의 특성과 결정의 합리성에 따라 달라질 수 있겠으나 지금까지 제시된 집단의사결정의 대표적인 모형으로는 계층적 관료제에 적합한 조직모형과 회사모형, 대학조직이나 연구기관에 적합한 쓰레기통 모형, 그리고 앨리슨 모형(Allison 模型) 등을 들 수 있다.

4. 의사소통
   조직 전체의 효율을 높이기 위해 분업화와 부문화가 이루어지면 세분된 작업활동 간에 조정이 필요하다. 그리고 효과적인 조정이 되기 위해서는 의사소통(Communication)이 전제가 되어야 한다.

5. 조정과 통제
   1) 조정
      ① 주어진 직무 수행을 위해 다양하게 발생할 수 있는 의견 충돌, 갈등이나 여러 가지 잘못된 문제점을 상위권자가 하위에 있는 사람을 통해 바로 잡도록 하는 일

② 업무와 연관되어 나타날 수 있는 의견 충돌, 잘못된 관행·절차, 집단의 의견과 갈등 현상들을 해결하는 것

2) 통제

① 계획에서 수립된 바람직한 방향으로 일이 진행되고 있는지에 대해 차이를 살펴보고 이를 수정 또는 피드백 하는 일

② 계획과 실행 간의 차이를 비교함으로써 보다 효율적이고 효과적인 방향으로 일이 진행되어 나가도록 조절해 주는 것

③ 통제의 성질

㉮ 의의: 관리가 원래의 기준에 따라 진행되고 있는가를 확인하고 나타난 성과 등과 비교하여 그 결과에 따라 일정한 조치를 취하는 것을 말한다.

㉯ 통제의 특성

ⓐ 목표나 계획 등과의 밀접불가분성

계획이 없으면 통제도 불가능하고 따라서 통제에 의한 목표달성도도 측정할 수 없다. 그러므로 통제는 계획이나 목표와 밀접한 관련을 가지게 된다.

ⓑ 통제의 정도에 대한 적절성

과도한 통제는 불만을 야기시켜 능률을 저하시키고, 통제가 없는 경우 혼란이 초래되므로 적절한 정도의 통제의 강도가 요구된다.

ⓒ 책임의 확보수단: 통제는 책임을 확보하는 수단이 된다.

ⓓ 계속적 과정

통제는 기본목표를 달성할 때까지 계속적으로 진행되는 과정이며 결코 일시적인 것이 아니다.

ⓔ 정보제공 기능

과거나 현재의 성과에 대한 정보가 제공됨으로써 장래의 목표설정이나 의사결정에 좋은 영향을 준다.

제8절 피아제(J. Piaget)의 인지발달 단계

1. 감각운동기(0~2세)
   1) 직접적인 신체감각과 경험을 통한 환경의 이해
   2) 지능과 인식은 유아의 반사적이고 급격히 발달하는 감각 및 운동능력의 결과
   3) 대상영속성 획득
   4) 자신과 외부대상을 구별하지 못함
2. 전조작기(2~7세)
   1) 언어습득을 통한 상징적 표현력 습득, 개념적 사고 시작
   2) 자아중심적, 직관적 사고, 물활론, 상징적 기능, 중심화(집중성), 비가역적 사고

3. 구체적 조작기(7~12세)
   1) 경험에 기초한 사고
   2) 비논리적 사고에서 논리적 사고로 전환
   3) 다양한 변수를 고려해 상황과 사건을 파악(탈중심화)
   4) 다른 사람의 관점에서 사물을 이해하고 공감(조망수용능력)
   5) 관점의 초점은 생각이 아니라 사물
   6) 보존개념 획득, 분류화 가능, 서열화 가능, 가역적 사고, 조합기술
4. 형식적 조작기(12세~성장기)
   1) 자신의 지각이나 경험보다 논리적 원리의 지배를 받음
   2) 사물이 존재하는 방식과 기능하는 방식에 대해 추상적 사고
   3) 추상적 사고가 가능하므로 경험하지 못한 사건에 대한 가설적이고 추상적인 합리화를 통하여 과학적 사고가 가능
   4) 가설, 연역적 추론, 체계적·조합적 사고

제 9 절 │ 인사평가

1. 직무명세서
   1) 직무분석 결과 직무를 수행하는 데 필요한 기능, 능력, 자격 등 직무수행요건(인적요건)에 초점을 두어 작성한 것을은 직무명세서라고 한다.
   2) 직무명세서는 직무 그 자체의 내용파악에 초점을 둔 것이 아니고 직무를 수행하는 사람의 인적요건에 초점을 맞춘 것이다.
   3) 작업자의 교육수준, 육체적·정신적 특성, 지적 능력, 전문적 능력, 경력, 기능 등이 포함된다.
2. 인사평가 과정의 오류내용

구 분		오류 내용
평가자 오류	심리적 요인	① 상동적 태도, ② 현혹효과, ③ 논리적 오류, ④ 대비 오류, ⑤ 근접 오류
	통계분포 요인	① 관대화 경향, ② 가혹화 경향, ③ 중심화 경향
피평가자 오류	편견, 투사, 성취동기 수준, 지각방어	
제도적 오류	직무분석의 부족, 연공서열의 의식, 평가결과의 미공개, 인간관계의 유지, 평가기법의 신뢰성	

3. 인적평가 오류의 원인
   1) 현혹효과(후광효과, Halo Effect)
      ① 한 분야에 있어서 어떤 사람에 대한 호의적인 태도가 다른 분야에 있어서의 그 사람에 대한 평가에 영향을 주는 것을 말한다.

② 예컨대, 판단력이 좋은 것으로 인식되어 있으면 책임감 및 능력도 좋은 것으로 판단하는 것을 말한다.

2) 상동적 태도(Stereotyping)

① 타인에 대한 평가가 그가 속한 사회적 집단에 대한 지각을 기초로 해서 이루어지는 것을 말한다.

② 예컨대, 어느 지역출신 또는 어느 학교출신이기 때문에 어떠할 것이라고 판단하는 것을 말한다.

3) 상관적 편견(Correlational bias)

평가자가 관련성이 없는 평가항목들 간에 높은 상관성을 인지하거나 또는 이들을 구분할 수 없어서 유사·동일하게 인지할 때 발생한다.

4) 투사(주관의 객관화, Projection)

① 자기 자신의 특성이나 관점을 다른 사람에게 전가시키는 것을 투사 또는 주관의 객관화라 한다.

② 이러한 투사는 인사고과의 결과에 대한 왜곡현상을 유발하여 오류가 발생한다.

5) 관대화 경향(Leniency errors)

피고과자를 실제보다 과대 혹은 과소평가하는 것으로서 집단의 평가결과가 한쪽으로 치우치는 경향이다.

6) 연공오류(Seniority errors)

① 피평가자의 학력이나 근속연수, 연령 등 연공에 좌우되어서 발생하는 오류를 의미한다.

② 이러한 연공오류는 특히 우리나라의 근무평정에 있어서 많이 발생하는 오류 중 하나이다.

7) 중심화 경향(Central tendency errors)

① "피평가자들을 모두 중간점수로 평가하려는 경향"을 말한다.

② 이 오류는 평가자가 잘 알지 못하는 평가차원을 평가하는 경우, 중간점수를 부여함으로써 평가행위를 안전하게 하려는 의도에 의해 이루어지는 오류라고 할 수 있다.

8) 근접오류(Proximity errors)

인사평가표상에서 근접하고 있는 평가요소의 평가결과 혹은 특정 평가시간 내에서의 평가요소 간의 평가결과가 유사하게 되는 경향을 말한다.

9) 논리적 오류(Logical errors)

① 논리적 오류는 평가자의 평소 논리적인 사고에 얽매여 임의적으로 평가해 버리는 경우를 말한다.

② 각 평가요소 간에 논리적인 상관관계가 있는 경우, 비교적 높게 평가된 평가요소가 있으면 다른 요소도 높게 평가하는 경향을 말한다.

4. 바이오리듬(Biological Rhythm)

1) 생물체의 생명 활동에 생기는 여러 종류의 주기적인 변동. 체온·호르몬 분비·대사 등 생체의 중요한 기능에서 볼 수 있고, 사람의 지성의 작용이나 감정 변화의 주기성에 대해 말하기도 한다.

2) 인간의 생체 주기 또는 생체 리듬을 말한다.

1. 경영문제의 접근방법: 쿤츠(H. D. Koontz)의 정글이론
   1) 경험적(사례) 접근법
   2) 인간상호간 접근법
   3) 집단행동 접근법
   4) 협동사회시스템 접근법
   5) 사회기술시스템 접근법
   6) 의사결정이론
   7) 수리적·경영과학적 접근법
   8) 시스템적 접근법
   9) 컨틴전시·상황적 접근법
   10) 관리역할적 접근법
   11) 운영적 관리법

2. 시스템(System)
   1) 하나의 목적을 가지고 이를 성취하기 위해 여러 구성인자가 유기적으로 연결되어 상호작용하는 결합체를 말한다.
   2) 시스템을 하나의 실체로 볼 때 그 속성으로 전체성, 목적성, 구조성, 기능성 등 네 가지가 있다.
   3) 시스템 어프로치 3대 영역
      ① 시스템 어프로치란 시스템 개념(System Concept)을 이용하여 전체의 입장에서 상호연관성을 추구하여 주어진 문제의 해결을 기도하는 시스템 사고방식이다.
      ② 시스템적 어프로치(System Approach)는 크게
        ⓐ 시스템철학(System philosophy), ⓑ 시스템분석(System Analysis), ⓒ 시스템경영(System Management) 세 가지로 구분할 수 있다.

제 **1** 장

[교통안전의 일반이론]
기출예상문제

01 다음 중 "교통수단"에 포함되지 않는 것은?

① 항만   ② 차량   ③ 선박   ④ 항공기

해설 교통수단, 교통시설(교통안전법 제2조)

1. 교통수단
   1) 정의: 사람이 이동하거나 화물을 운송하는 데 이용되는 것으로서 다음에 해당하는 운송수단
   2) 교통수단의 범위
      ⓐ 차량: 차마, 노면전차, 철도차량, 궤도용구 등 육상교통용으로 사용되는 모든 운송수단
      ⓑ 선박: 선박 등 수상 또는 수중의 항행에 사용되는 모든 운송수단
      ⓒ 항공기: 항공기 등 항공교통에 사용되는 모든 운송수단
2. 교통시설
   도로·철도·궤도·항만·어항·수로·공항·비행장·교통안전표지·교통관제시설·항행안전시설 등의 시설 또는 공작물

02 다음 중 "교통안전시설"이 아닌 것은?

① 비행장   ② 어항   ③ 어업무선국   ④ 항공보안시설

해설 교통안전시설(교통안전법 제2조 – 교통시설)

1. 교통안전법에서 "교통시설"이라 함은 도로·철도·궤도·항만·어항·수로·공항·비행장 등 교통수단의 운행·운항 또는 항행에 필요한 시설과 그 시설에 부속되어 사람의 이동 또는 교통수단의 원활하고 안전한 운행·운항 또는 항행을 보조하는 교통안전표지·교통관제시설·항행안전시설 등의 시설 또는 공작물을 말한다.
2. 교통기관의 통로에 해당하는 것을 교통안전시설로 간주한다.

03 다음 중 "교통안전시설"로 맞는 것은?

① 철도차량   ② 항공기   ③ 선박   ④ 항만

해설 교통안전시설

정답 1 ① 2 ③ 3 ④

04 다음 중 "교통안전시설"로 틀린 것은?

① 육로 　　　　　② 철도 　　　　　③ 항만 　　　　　④ 비행장

> **해설** 교통안전시설

05 다음 중 "바이오리듬"은 무엇을 의미하는 것인가?

① 리듬에 관한 물리적 이론 　　　　　② 리듬과 율동에 관한 것
③ 사람의 신체적 주기 　　　　　④ 사람의 생체적 주기

> **해설** 바이오리듬(biological rhythm)
> 1. 생물체의 생명 활동에 생기는 여러 종류의 주기적인 변동. 체온·호르몬 분비·대사 등 생체의 중요한 기능에서 볼 수 있고, 사람의 지성의 작용이나 감정 변화의 주기성에 대해 말하기도 한다.
> 2. 인간의 생체 주기 또는 생체 리듬을 말한다.

06 다음 중 서비스기능의 측면에서 현대 교통의 특징이 아닌 것은?

① 편의성 　　　　　② 경제성 　　　　　③ 보편성 　　　　　④ 신속성

> **해설** 현대교통의 특징
> 편리성, 신속성, 경제성, 공급성, 대량성 등

07 교통을 이루고 있는 요소들을 "교통의 장(場)"이라고 한다면 그 구성요소가 아닌 것은?

① 조종자 　　　　　② 이용자 　　　　　③ 사용자 　　　　　④ 운반구

> **해설** 교통의 구성요소
> 교통의 구성요소에는 운전자, 운반구(교통수단), 교통환경(통로), 이용자 등이 있다.

08 다음 중 교통기관(교통수단)의 3대 요소가 아닌 것은?

① 통로 　　　　　② 운반구 　　　　　③ 동력 　　　　　④ 운전자

> **해설** 교통기관의 3대 구성요소
> 1. 통로　　2. 운반구　　3. 동력

정답 4 ① 5 ④ 6 ③ 7 ③ 8 ④

09 목적을 가진 구성요소가 유기적으로 상호작용하는 집합체를 의미하는 시스템의 속성과 거리가 먼 것은?

① 실용성　　　　② 구조성　　　　③ 전체성　　　　④ 기능성

> **해설**　시스템(system)
> 1. 하나의 목적을 가지고 이를 성취하기 위해 여러 구성인자가 유기적으로 연결되어 상호작용하는 결합체를 말한다.
> 2. 시스템을 하나의 실체로 볼 때 그 속성으로 전체성, 목적성, 구조성, 기능성 등 네 가지가 있다.

10 존슨(Johnson R. A)이 설명한 시스템 어프로치의 3대 영역이 아닌 것은?

① 시스템 철학　　② 시스템 분석　　③ 시스템 관리　　④ 시스템 설계

> **해설**　시스템 어프로치 3대 영역
> 1. 시스템 어프로치란 시스템 개념(System Concept)을 이용하여 전체의 입장에서 상호연관성을 추구하여 주어진 문제의 해결을 기도하는 시스템 사고방식이다.
> 2. 시스템적 어프로치(System Approach)는 크게 ① 시스템철학(System philosophy), ② 시스템분석(System Analysis), ③ 시스템경영(System Management) 세 가지로 구분할 수 있다.

11 다음 설명 중 옳지 않은 것은?

① 칼벤츠는 2사이클의 가솔린 자동차를 만들었다.
② 우리나라 최초의 철도는 1899년의 노량진~제물포 간의 경인선 철도이다.
③ 오늘날 자동차의 시조는 헨리 포드이다.
④ 대한민국 최초의 자동차는 1903년에 고종 황제가 구입한 포드 승용차였다.

> **해설**　세계 최초 내연기관 가솔린 자동차는 1886년 벤츠가 제작한 3륜 특허차이다.

12 다음 중 교통안전계획의 특징이 아닌 것은?

① 공공성　　　　② 목적성　　　　③ 경제성　　　　④ 통제성

> **해설**　교통안전계획의 특징
> 1. 미래성
>   1) 미래에 해야 할 내용이므로 불확실성을 갖는다.
>   2) 불확실성에 대처하기 위해서 정확한 정보의 수집과 분석을 통한 계획이 필요하다.
> 2. 목적성: 계획은 목적이 확실하여야 하며, 교통안전계획은 전체 계획의 목적에 부합하여야 한다.

정답　9 ①　10 ④　11 ③　12 ①

3. 경제성: 계획은 추진활동을 효율적으로 집약시키는 것이므로 모든 계획의 비용을 최소화하는 기능을 발휘하여야 한다.
4. 통제성: 계획대로 활동이 추진되기 위해서는 통제·조정이 필요하다.

13 다음 중 교통운용계획(운행계획)의 시행절차를 순서대로 바르게 나열한 것은?

① 통제 → 실시 → 계획 → 조정　　② 조정 → 실시 → 통제 → 계획

③ 계획 → 실시 → 통제 → 조정　　④ 실시 → 통제 → 조정 → 계획

해설 교통운행계획

과학적이고 합리적인 교통운행계획을 위해서는 P → D → C → A, 즉 계획 → 실시 → 통제 → 조정의 순환이 적절하게 이루어져야 한다.

14 기존의 계획과 비교해 보고 일치하지 않는 부분이 있으면 그에 따른 조치를 취하는 단계는?

① 실시　　　　② 계획　　　　③ 조정　　　　④ 통제

해설 조정과 통제

1. 조정
   1) 주어진 직무 수행을 위해 다양하게 발생할 수 있는 의견 충돌, 갈등이나 여러 가지 잘못된 문제점을 상위권자가 하위에 있는 사람을 통해 바로 잡도록 하는 일
   2) 업무와 연관되어 나타날 수 있는 의견 충돌, 잘못된 관행·절차, 집단의 의견과 갈등 현상들을 해결하는 것
2. 통제
   1) 계획에서 수립된 바람직한 방향으로 일이 진행되고 있는지에 대해 차이를 살펴보고 이를 수정 또는 피드백 하는 일
   2) 계획과 실행 간의 차이를 비교함으로써 보다 효율적이고 효과적인 방향으로 일이 진행되어 나가도록 조절해 주는 것

15 관리기능에 따른 직무수행방법 중 통제의 특성에 관한 설명으로 적절하지 않은 것은?

① 목표 및 계획과 밀접한 관계가 있다.　　② 일시적인 과정이다.

③ 과도한 통제는 무력감과 불만을 일으킨다.　　④ 책임을 확보하는 수단이다.

해설 통제의 성질

1. 의의: 관리가 원래의 기준에 따라 진행되고 있는가를 확인하고 나타난 성과 등과 비교하여 그 결과에 따라 일정한 조치를 취하는 것을 말한다.
2. 통제의 특성
   1) 목표나 계획 등과의 밀접불가분성: 계획이 없으면 통제도 불가능하고 따라서 통제에 의한 목표달성도도 측정할 수 없다. 그러므로 통제는 계획이나 목표와 밀접한 관련을 가지게 된다.

정답 13 ③　14 ④　15 ②

2) 통제의 정도에 대한 적절성: 과도한 통제는 불만을 야기시켜 능률을 저하시키고, 통제가 없는 경우 혼란이 초래되므로 적절한 정도의 통제의 강도가 요구된다.

3) 책임의 확보수단: 통제는 책임을 확보하는 수단이 된다.

4) 계속적 과정: 통제는 기본목표를 달성할 때까지 계속적으로 진행되는 과정이며 결코 일시적인 것이 아니다.

5) 정보제공 기능: 과거나 현재의 성과에 대한 정보가 제공됨으로써 장래의 목표설정이나 의사결정에 좋은 영향을 준다.

16 직무를 수행하는 데 필요한 기능, 능력, 자격 등 직무수행요건(인적요건)에 초점을 두어 작성한 직무분석의 결과물은?

① 직무표준서　　　② 직무평가서　　　③ 직무기술서　　　④ 직무명세서

해설　직무명세서

1. 직무분석 결과 직무를 수행하는 데 필요한 기능, 능력, 자격 등 직무수행요건(인적요건)에 초점을 두어 작성한 것을 직무명세서라고 한다.

2. 직무명세서는 직무 그 자체의 내용파악에 초점을 둔 것이 아니고 직무를 수행하는 사람의 인적요건에 초점을 맞춘 것이다.

3. 작업자의 교육수준, 육체적·정신적 특성, 지적 능력, 전문적 능력, 경력, 기능 등이 포함된다.

17 다음 중 합리적인 의사결정을 위한 과정을 바르게 나열한 것은?

① 문제의 인식－대안의 탐색 및 평가－정보의 수집·분석－대안 선택－실행－결과평가
② 문제의 인식－대안의 탐색 및 평가－대안 선택－정보의 수집·분석－실행－결과평가
③ 문제의 인식－정보의 수집·분석－대안의 탐색 및 평가－대안 선택－실행－결과평가
④ 문제의 인식－대안 선택－대안의 탐색 및 평가－정보의 수집·분석－실행－결과평가

해설　합리적인 의사결정과정

1. 문제의 인식 → 정보의 수집·분석 → 대안의 탐색 및 평가 → 대안선택 → 실행 → 평가

2. 합리적인 의사결정 과정은 보통 "문제파악 또는 목표설정 → 관련 정보 수집·분석 → 문제해결이나 목표달성을 위한 기준설정 → 선택 가능한 대안탐색과 각 대안의 결과예측 → 각 대안의 비교, 분석, 평가 → 최적의 대안선택 → 문제해결 및 평가"의 단계를 거친다.

18 다음 중 의사결정과 의사소통에 대한 설명으로 잘못된 것은?

① 의사소통은 공식적 의사소통과 비공식적 의사소통으로 분류할 수 있다.
② 현장에서 작업을 하거나 업무를 수행하는 데에서 생기는 여러 문제점들을 해결하는 것과 관련된 의사결정을 하는 계층은 최고경영층이다.
③ 둘 다 구성원 간의 커뮤니케이션이 필요하다고 할 것이다.
④ 둘 다 조직관리와 관련이 있다.

해설 의사결정의 계층별 유형
1. 최고경영층(사장, CEO)
   조직 전체와 관련된 총괄적이고 종합적인 의사결정 및 경영전략과 관련한 의사결정
2. 중간관리층(부장, 과장)
   최고경영층에서 설정한 조직 전체의 목표와 방향을 성공적으로 수행하기 위하여 각 부서에서 어떠한 역할과 활동을 해야 하는지에 대한 의사결정
3. 현장관리층(팀장, 대리)
   현장에서 작업을 하거나 업무를 수행하는 데에서 생기는 여러 문제점들을 해결하는 것과 관련된 의사결정

19 다음 중 집단의사결정 및 의사소통에 대한 설명으로 틀린 것은?

① 제안에 대한 자유로운 비판이 가능한 개방적인 분위기를 조성하는 리더십이 필요하다.
② 의사결정기능을 종업원에게 분산시키는 것이 반드시 필요하다.
③ 의사결정이 누구에 의해 이루어지느냐에 따라서 개인의사결정과 집단의사결정으로 나뉜다.
④ 일단 결정이 내려지더라도 리더는 재차 회의를 소집하여 다시 점검, 논의하는 시간을 갖도록 한다.

해설 집단의사결정
1. 집단이 당면한 문제에 대하여 개인이 아닌 집단에 의하여 이루어지는 의사결정을 말한다.
2. 집단의사결정에 의하면 개인적 의사결정에 비하여 문제분석을 보다 광범위한 관점에서 할 수 있고, 보다 많은 지식·사실·대안을 활용할 수 있다.
3. 집단구성원 사이의 의사전달을 용이하게 하며, 참여를 통해 구성원의 만족과 결정에 대한 지지를 확보할 수 있다.
4. 집단의사결정에는 많은 사람이 참여하므로 결정과정이 느리고, 타협을 통해 의사결정이 이루어지므로 가장 적절한 방안을 채택하기가 어렵다.
5. 의사결정 과정에 집단사고의 영향을 받을 경우 올바른 판단을 할 수가 없게 된다.
6. 집단의 특성과 결정의 합리성에 따라 달라질 수 있겠으나 지금까지 제시된 집단의사결정의 대표적인 모형으로는 계층적 관료제에 적합한 조직모형과 회사모형, 대학조직이나 연구기관에 적합한 쓰레기통 모형, 그리고 앨리슨 모형(Allison 模型) 등을 들 수 있다.
   * 집단의사결정은 리더나 관계전문가를 통해서도 이루어질 수 있는바 의사결정기능을 종업원에게 분산시키는 것이 반드시 필요한 것은 아니다.

20 다음 중 효과적인 조정이 되기 위한 가장 기본적인 요건은?

① 의사소통　　　　② 계획수립　　　　③ 의사결정　　　　④ 통제방법

> **해설**　의사소통
> 조직 전체의 효율을 높이기 위해 분업화와 부문화가 이루어지면 세분된 작업활동 간에 조정이 필요하다.
> 그리고 효과적인 조정이 되기 위해서는 의사소통(communication)이 전제가 되어야 한다.

21 다음 중 교통안전관리의 목적이 아닌 것은?

① 교통안전의 확보　　　　　　　　② 교통수단운영자의 이익증대
③ 수송효율의 향상　　　　　　　　④ 주택보급의 확대

> **해설**　교통안전관리의 목적
> 1. 국민복지증진을 위한 교통안전의 확보
> 2. 교통안전관리의 궁극적 가치: 복지사회의 실현
>   1) 교통의 효율화　　　　　　　　2) 주택보급의 확대
>   3) 생산성의 향상　　　　　　　　4) 여가시설의 충실화

22 다음 중 교통안전관리의 목표로 볼 수 없는 것은?

① 교통의 효율화　　　　　　　　　② 여가시설의 충실화
③ 주택보급의 확대　　　　　　　　④ 교통수송량 증가

> **해설**　교통안전관리의 목적

23 교통안전관리의 목적에 해당하는 것은?

① 수송효율의 향상　　② 교통단속의 강화　　③ 교통시설의 확충　　④ 교통법규의 준수

> **해설**　교통안전관리의 목적

24 다음 중 교통안전관리의 특성에 해당하지 않는 것은?

① 교통안전관리회사의 홍보　　　　② 교통안전의 확보
③ 국민의 생명과 재산보호　　　　　④ 교통사고의 예방

> **해설**　교통안전관리의 특성
> 1. 교통안전을 확보하기 위하여 계획, 조직, 통제 등의 제 기능을 통해서 기업의 자원을 교통안전활동에 배분, 조정, 통합하는 과정을 말한다.
> 2. 교통안전관리를 통하여 교통사고를 예방하면 국민의 생명과 재산이 보호됨으로써 공공복리에 기여하게 된다.

25 다음 중 교통안전관리의 특성이 아닌 것은?

① 도로점유율 증가　　　　　　　　② 교통안전의 확보
③ 국민의 생명과 재산보호　　　　　④ 생산성의 향상

> **해설**　교통안전관리의 특성

26 다음 중 교통안전관리의 특징으로 옳지 않은 것은?

① 노무·인사 관리부문과의 관계성이 깊다.
② 교통안전에 대한 투자는 회사의 발전에 긴요하다.
③ 사내에서 교통안전관리자의 위상이 높아져야 한다.
④ 사내에서 교통안전관리자의 집단이 형성된다.

> **해설**　교통안전관리의 특징

27 다음 중 교통안전관리의 3대 기능에 포함되지 않는 것은?

① 단속기능　　　② 계획기능　　　③ 시행기능　　　④ 개선기능

> **해설**　교통안전관리의 3대 기능
> 1. 계획기능　　2. 개선기능　　3. 단속기능

정답　24 ①　25 ①　26 ④　27 ③

28 다음 중 교통안전관리에 대한 설명으로 옳지 않은 것은?

① 교통안전조직은 신속한 교통사고의 대처를 위해 교통안전에 참여하는 일부기관만이 포함되어야 하며 참여기관은 교통안전이라는 목적보다는 조직의 존속성에 더 집중해야 한다.

② 교통안전이란 교통수단의 운행과정에서 안전운행에 위협을 주는 내적 및 외적 요소를 사전에 제거하여 교통사고를 미연에 방지하는 행위를 말한다.

③ 자동화된 안전관리체계란 관리활동에서의 Feed Back System(피드백시스템: 자동환류체계)이며 사고에 즉응하여 자동적으로 반응하는 체계를 말한다.

④ 운전적성이란 자동차운전을 안전하고 능숙하게 하는 능력을 말한다.

> **해설** 교통안전조직
>
> 교통안전에 참여하는 모든 기관이 포함되어야 하며 참여기관은 교통안전이라는 목적을 실현하기 위하여 유기적으로 결합되고 조직화되어야 한다.

29 다음 중 교통안전관리의 단계가 순서대로 옳게 나열된 것은?

① 준비 → 계획 → 조사 → 설득 → 교육훈련 → 확인
② 준비 → 조사 → 계획 → 설득 → 교육훈련 → 확인
③ 준비 → 계획 → 조사 → 교육훈련 → 설득 → 확인
④ 준비 → 조사 → 계획 → 교육훈련 → 설득 → 확인

> **해설** 교통안전관리 단계
>
> 1. 준비단계: 안전관리의 준비, 전문 도서의 활용, 회의 및 세미나 참석, 각종 안전기구의 활동에 참석하는 것 등이 포함된다.
> 2. 조사단계: 조사는 사고기록을 철저히 기록함으로써 시작되고, 작업장·사고현장 등을 방문하여 안전지시, 일상적인 감독상태 등을 점검한다.
> 3. 계획단계: 안전관리자는 대안을 분석하여 올바른 행동계획을 수립해야 한다. 계획수립에는 운전습관, 감독, 근무환경 등이 필요하다.
> 4. 설득단계: 안전관리자는 최고경영진에게 가장 효과적인 안전관리방안을 제시한다.
> 5. 교육훈련단계: 경영진으로부터 새로운 제도에 대한 승인을 얻고 종업원들을 교육·훈련한다.
> 6. 확인단계: 안전제도가 시행된 후에는 정기적인 확인이 필요하다. 확인은 단순하거나 심층적일 수도 있다.

30 교통안전관리자가 경영진에 대해 효과적인 안전관리방안을 제시해야 하는 단계는?

① 설득단계　　　② 계획단계　　　③ 훈련단계　　　④ 조사단계

> **해설** 교통안전관리 단계

정답 28 ① 29 ② 30 ①

31 교통안전관리자가 사고기록을 철저히 기록함으로써 시작하고, 또한 작업장·사고현장 등을 방문하여 안전지시, 일상적인 감독상태 등을 점검하는 단계는?

① 설득단계　　　　② 계획단계　　　　③ 훈련단계　　　　④ 조사단계

해설 교통안전관리 단계

32 다음 중 안전관리계획의 수립 시 고려사항으로 올바른 것은?

① 승무원(운전자, 안내원)의 의견을 청취하지 않는다.
② 추진하고자 하는 대안을 단수로 생각한다.
③ 현재의 상황과 예정상태를 확실하게 파악한다.
④ 관련부서의 책임자들과 충분히 협의한다.

해설 교통안전계획 수립 시 유의사항
1. 관련 부서의 책임자들과 충분히 협의한다.
2. 추진항목은 상황변동에 대비해서 복수안을 마련한다.
3. 각 시행항목은 계획의 목표에 부합되는지 검토한다.
4. 계획안대로 시행 가능할 것인지 검토한다.
5. 시행일정은 적절하며, 업무와 중복되는 내용은 없는지 검토한다.
6. 낭비를 방지한다(물자, 자금).
7. 장래조건을 예측한다.
8. 과거의 상황과 현재의 상태를 확실하게 파악한다.
9. 필요한 자료 또는 정보를 수집, 분석, 검토한다.
10. 승무원(운전자, 안내원)의 의견을 청취한다.

33 교통안전관리의 계획수립과 관련하여 다음 중 계획단계에 해당하지 않는 것은?

① 계획의 집행　　　　　　　　② 계획의 수립
③ 교통안전에 대한 정보의 수집　　④ 계획의 추진일정 결정

해설 교통안전관리자의 직무: 교통안전관리계획의 수립
1. 교통안전에 관한 계획의 수립으로부터 출발한다.
2. 교통안전계획은 운수업체의 교통안전업무를 업체 스스로가 추진한다는 기본전제하에 교통안전관리업무를 체계화·조직화하고 추진일정을 부여하여 문서화한 것이다.
3. 따라서 단순히 일상업무의 나열이 아닌 전체 업무 속에서 교통안전업무가 유기적으로 관련을 갖도록 의도적으로 계획되어야 한다.
　* 계획의 집행은 계획의 집행단계에서 이루어지는 행위이다.

34 다음 중 교통안전계획에 포함되어야 할 주요 내용으로서 적합하지 않은 것은?

① 교통종사원에 대한 교육·훈련계획　　② 안전관리조직의 계획
③ 점검, 정비 계획　　　　　　　　　　④ 노선 및 항로의 점검 계획

> **해설**　교통안전계획에 포함되어야 할 중요내용
> 1. 교통종사원에 대한 교육·훈련계획　　2. 점검·정비계획　　3. 노선 및 항로의 점검계획 등

35 다음 중 교통안전담당자로 지정할 수 있는 사람이 아닌 것은?

① 교통안전관리자 자격을 취득한 사람
② 「자격기본법」에 따른 민간자격으로서 국토교통부장관이 교통사고 원인의 조사·분석과
　 관련된 것으로 인정하는 자격을 갖춘 사람
③ 교통수단운영자
④ 「산업안전보건법」에 따른 안전관리자

> **해설**　교통안전담당자의 지정 등(교통안전법 제54조의2)
> ① 대통령령으로 정하는 교통시설설치·관리자 및 교통수단운영자는 다음에 해당하는 사람을 교통안전담
> 당자로 지정하여 직무를 수행하게 하여야 한다.
> 　1. 교통안전관리자 자격을 취득한 사람
> 　2. 대통령령으로 정하는 자격을 갖춘 사람
> 　　1) 「산업안전보건법」에 따른 안전관리자
> 　　2) 「자격기본법」에 따른 민간자격으로서 국토교통부장관이 교통사고 원인의 조사·분석과 관련된
> 　　　것으로 인정하는 자격을 갖춘 사람

36 다음 중 교통안전담당자의 직무에 해당하지 않는 것은?

① 교통시설의 조건 및 기상조건에 따른 안전운행 등에 필요한 조치
② 교통수단 및 교통수단운영체계의 개선 권고
③ 운행기록장치 및 차로이탈경고장치 등의 점검 및 관리
④ 교통안전관리규정의 시행 및 그 기록의 작성·보존

> **해설**　교통안전담당자의 직무(교통안전법시행령 제44조의2)
> 1. 교통안전관리규정의 시행 및 그 기록의 작성·보존
> 2. 교통수단의 운행·운항 또는 항행 또는 교통시설의 운영·관리와 관련된 안전점검의 지도·감독
> 3. 교통시설의 조건 및 기상조건에 따른 안전 운행 등에 필요한 조치
> 4. 운전자등의 운행 등 중 근무상태 파악 및 교통안전 교육·훈련의 실시
> 5. 교통사고 원인 조사·분석 및 기록 유지
> 6. 운행기록장치 및 차로이탈경고장치 등의 점검 및 관리

정답　34 ②　35 ③　36 ②

37 다음 중 교통안전담당자의 직무가 아닌 것은?

① 종사원에 대한 교통안전 교육·훈련의 실시
② 선로조건에 따른 안전운행에 필요한 조치
③ 교통표지판 시설물 배치에 관한 수립
④ 교통사고 원인 조사·분석 및 사고통계의 유지

해설 교통안전담당자의 직무(교통안전법시행령 제44조의2)

38 다음 중 교통안전관리자의 직무 내용이 아닌 것은?

① 교통안전관리규정의 제정
② 차량 운행 전의 안전점검의 지도 및 감독
③ 교통사고 원인 조사·분석 및 사고통계의 유지
④ 교통안전관리에 관한 계획의 수립

해설 교통시설설치·관리자등의 교통안전관리규정(교통안전법 제21조)
* 교통안전관리규정의 제정은 교통시설설치·관리자 및 교통수단운영자가 제정한다.

39 다음 중 교통안전종사원의 업무에 해당하지 않는 것은?

① 운행기록 등의 분석　　　　② 교통사고 예방조치
③ 교통사고 취약지점의 점검　　④ 시설안전진단의 실행

해설 시설안전진단의 실행은 교통안전종사원의 업무로 볼 수 없다.

40 다음 중 교통안전관리규정에 포함될 내용이 아닌 것은?

① 교통사고 원인의 조사·보고 및 처리에 관한 사항
② 교통수단의 관리에 관한 사항
③ 보행자의 통행방법에 관한 사항
④ 교통안전의 교육·훈련에 관한 사항

해설 교통안전법 제21조(교통시설설치·관리자등의 교통안전관리규정)
① 교통안전관리규정을 제정하는 사람: 교통시설설치·관리자 및 교통수단운영자
② 대통령령으로 정하는 교통시설설치·관리자 및 교통수단운영자는 그가 설치·관리하거나 운영하는 교통시설 또는 교통수단과 관련된 교통안전을 확보하기 위하여 다음 사항을 포함한 교통안전관리규정을 정하여 관할교통행정기관에 제출하여야 한다.

정답 37 ③　38 ①　39 ④　40 ③

1) 교통안전의 경영지침에 관한 사항
2) 교통안전목표 수립에 관한 사항
3) 교통안전 관련 조직에 관한 사항
4) 제54조의2에 따른 교통안전담당자 지정에 관한 사항
5) 안전관리대책의 수립 및 추진에 관한 사항
6) 그 밖에 교통안전에 관한 중요 사항으로서 <u>대통령령으로 정하는 사항</u>
   * 대통령령으로 정하는 교통안전에 관한 중요 사항
      ⓐ 교통안전과 관련된 자료·통계 및 정보의 보관·관리에 관한 사항
      ⓑ 교통시설의 안전성 평가에 관한 사항
      ⓒ 사업장에 있는 교통안전 관련 시설 및 장비에 관한 사항
      ⓓ 교통수단의 관리에 관한 사항
      ⓔ 교통업무에 종사하는 자의 관리에 관한 사항
      ⓕ 교통안전의 교육·훈련에 관한 사항
      ⓖ 교통사고 원인의 조사·보고 및 처리에 관한 사항
      ⓗ 그 밖에 교통안전관리를 위하여 국토교통부장관이 따로 정하는 사항

41 공주거리의 설명으로 틀린 것은?

① 공주거리는 브레이크를 밟았을 때 자동차가 제동되기까지 주행하는 거리이다.
② 정지거리는 제동거리에서 공주거리를 뺀 거리이다.
③ 제동거리는 브레이크가 작동을 시작해서 정지할 때까지의 거리이다.
④ 안전거리는 정지거리보다 긴 거리로, 앞차가 갑자기 정지하더라도 충돌을 피할 수 있는 거리이다.

해설 정지거리(시간)
1. 정지거리(시간) = 공주거리(시간) + 제동거리(시간)
2. 공주거리(시간): 운전자가 위험을 인식하고 판단하여 브레이크 페달을 밟아서 브레이크가 작동되기 전까지 달려 나가는 거리(시간)
3. 제동거리(시간): 브레이크가 작동을 시작해서 정지할 때까지의 거리(시간)
4. 안전거리(시간): 정지거리보다 조금 긴 거리로 앞차가 갑자기 정지하더라도 충돌을 피할 수 있는 거리(시간)
* 안전거리 산출
   ⓐ 60km/h 이하는 주행속도에서 15를 뺀 거리
   ⓑ 60km/h 초과 시는 주행속도와 동일한 거리

42 공주거리의 계산식으로 맞는 것은?

① 제동거리 + 안전거리   ② 제동거리 − 정지거리
③ 정지거리 − 제동거리   ④ 공주거리 + 제동거리

해설 정지거리(시간)

정답 41 ② 42 ③

43 위험인지거리에 반응거리와 제동거리를 합친 거리는?

① 안전거리   ② 정지거리   ③ 제동거리   ④ 공주거리

[해설] 정지거리(시간)

44 브레이크 핸들을 목적위치에 한 때부터 브레이크력이 유효하게 적용될 때까지 걸린 시간은?

① 정지시간   ② 공주시간   ③ 제동시간   ④ 안전시간

[해설] 정지거리(시간)

45 피아제(J. Piaget)의 인지발달 단계의 설명으로 틀린 것은?

① 감각운동기: 나와 외부세계를 구별하지 못하고 직접적인 신체감각과 경험을 통하여 환경을 이해한다.
② 구체적 조작기: 다른 사람의 관점에서 사물을 이해하고 공감하며, 비논리적 사고에서 논리적 사고로 전환된다.
③ 전조작기: 언어습득을 통한 상징적인 표현력을 습득하고, 개념적인 사고가 시작된다.
④ 형식적 조작기: 추상적 사고가 가능하므로 경험한 사건에 대한 가설적이고 추상적인 합리화를 통하여 과학적 사고가 가능하다.

[해설] 피아제(J. Piaget)의 인지발달 단계
1. 감각운동기(0~2세)
   1) 직접적인 신체감각과 경험을 통한 환경의 이해
   2) 지능과 인식은 유아의 반사적이고 급격히 발달하는 감각 및 운동능력의 결과
   3) 대상영속성 획득
   4) 자신과 외부대상을 구별하지 못함
2. 전조작기(2~7세)
   1) 언어습득을 통한 상징적 표현력 습득, 개념적 사고 시작
   2) 자아중심적, 직관적 사고, 물활론, 상징적 기능, 중심화(집중성), 비가역적 사고
3. 구체적 조작기(7~12세)
   1) 경험에 기초한 사고
   2) 비논리적 사고에서 논리적 사고로 전환
   3) 다양한 변수를 고려해 상황과 사건을 파악(탈중심화)
   4) 다른 사람의 관점에서 사물을 이해하고 공감(조망수용능력)
   5) 관점의 초점은 생각이 아니라 사물
   6) 보존개념 획득, 분류화 가능, 서열화 가능, 가역적 사고, 조합기술
4. 형식적 조작기(12세~성장기)

[정답] 43 ②   44 ②   45 ④

1) 자신의 지각이나 경험보다 논리적 원리의 지배를 받음
2) 사물이 존재하는 방식과 기능하는 방식에 대해 추상적 사고
3) 추상적 사고가 가능하므로 경험하지 못한 사건에 대한 가설적이고 추상적인 합리화를 통하여 과학적 사고가 가능
4) 가설, 연역적 추론, 체계적·조합적 사고

46 경영자의 의사결정기능을 뒷받침하기 위하여 요청되는 경영기술로서 종업원에게 동기를 부여할 수 있고, 효과적인 리더십을 발휘할 수 있는 능력은?

① 개념적 기술　　② 전문적 기술　　③ 인간적 기술　　④ 전략적 기술

해설 인간적 기술
인간관계기술로 사람과의 의사소통을 하고 동기를 부여하는 기술이다.

47 전략계획에서 제시된 경역목표를 효율적으로 달성하기 위하여 실행해야 하는 구체적 계획으로 전술계획이 있다. 다음 중 전술계획에 해당하지 않는 것은?

① 이념(mind)
③ 방침(policy)
② 일정계획(schedule)
④ 절차(procedure)

해설 전술계획
1. 가장 하위의 경영목표로서 단기간 동안 중간 또는 하위관리층에서 일상적으로 추진되어야 할 실천방안이다.
2. 방침, 절차, 규칙 등과 같이 반복적인 성격을 갖는 문제나 상황에 대응하기 위한 지속적 성격의 계획과 예산, 프로그램, 일정계획 등과 같이 비교적 짧은 기간 내에 특정의 목표를 달성하기 위한 일시적 성격의 계획으로 구분할 수 있다.

48 다음 중 경영문제에 관하여 쿤츠(H.D. Koontz)의 접근방법이 아닌 것은?

① 집단행동 접근법　　② 통계적 관리법　　③ 의사결정이론　　④ 인간상호간 접근법

해설 쿤츠(H.D. Koontz)의 정글이론: 경영문제의 접근방법
1. 경험적(사례) 접근법
2. 인간상호간 접근법
3. 집단행동 접근법
4. 협동사회시스템 접근법
5. 사회기술시스템 접근법
6. 의사결정이론
7. 수리적·경영과학적 접근법
8. 시스템적 접근법
9. 컨틴전시·상황적 접근법
10. 관리역할적 접근법
11. 운영적 관리법

49 다음 중 인적평가의 오류에 관한 설명으로 옳지 않은 것은?

① 상관적 편견: 평가자가 관련성이 없는 평가항목들 간에 높은 상관성을 인지하거나 또는 이들을 구분할 수 없어서 유사·동일하게 인지할 때 발생

② 상동적 오류: 타인에 대한 평가가 그가 속한 사회적 집단에 대한 지각을 기초로 해서 이루어지는 것

③ 투사: 자기 자신의 특성이나 관점을 다른 사람에게 전가시키는 것

④ 현혹효과(후광효과): 피고과자를 실제보다 과대 혹은 과소평가하는 것으로서 집단의 평가결과가 한쪽으로 치우치는 경향

해설 인적평가의 오류

1. 현혹효과(후광효과, Halo Effect)
   1) 한 분야에 있어서 어떤 사람에 대한 호의적인 태도가 다른 분야에 있어서의 그 사람에 대한 평가에 영향을 주는 것을 말한다.
   2) 예컨대, 판단력이 좋은 것으로 인식되어 있으면 책임감 및 능력도 좋은 것으로 판단하는 것을 말한다.
2. 상동적 태도(Stereotyping)
   1) 타인에 대한 평가가 그가 속한 사회적 집단에 대한 지각을 기초로 해서 이루어지는 것을 말한다.
   2) 예컨대, 어느 지역출신 또는 어느 학교출신이기 때문에 어떠할 것이라고 판단하는 것을 말한다.
3. 상관적 편견(correlational bias)
   평가자가 관련성이 없는 평가항목들 간에 높은 상관성을 인지하거나 또는 이들을 구분할 수 없어서 유사·동일하게 인지할 때 발생한다.
4. 투사(주관의 객관화, projection)
   1) 자기 자신의 특성이나 관점을 다른 사람에게 전가시키는 것을 투사 또는 주관의 객관화라 한다.
   2) 이러한 투사는 인사고과의 결과에 대한 왜곡현상을 유발하여 오류가 발생한다.
5. 관대화 경향(Leniency errors)
   피고과자를 실제보다 과대 혹은 과소평가하는 것으로서 집단의 평가결과가 한쪽으로 치우치는 경향이다.

50 다음 중 개인의 일부 특성을 기반으로 그 개인 전체를 평가하는 지각 경향은?

① 후광효과　　　　② 스테레오타입　　　③ 최근효과　　　　④ 자존적 편견

해설 인적평가의 오류

51 인적평가 오류문제 중 정의가 잘못된 것은?

① 연공오류: 피평가자의 실제 업적이나 능력보다 높게 평가하는 경향으로 개념적으로 정의되며, 이와 반대로 실제보다 낮게 평가하는 경향
② 중심화 경향: 피평가자들을 모두 중간점수로 평가하려는 경향
③ 근접오류: 인사평가표상에서 근접하고 있는 평가요소의 평가결과 혹은 특정 평가시간 내에서의 평가요소 간의 평가결과가 유사하게 되는 경향
④ 논리적 오류: 평가자의 평소 논리적인 사고에 얽매여 임의적으로 평가해 버리는 경우

> **해설** 인적평가의 오류
> 1. 연공오류(Seniority errors)
>   1) 피평가자의 학력이나 근속연수, 연령 등 연공에 좌우되어서 발생하는 오류를 의미한다.
>   2) 이러한 연공오류는 특히 우리나라의 근무평정에 있어서 많이 발생하는 오류 중 하나이다.
> 2. 중심화 경향(Central tendency errors)
>   1) "피평가자들을 모두 중간점수로 평가하려는 경향"을 말한다.
>   2) 이 오류는 평가자가 잘 알지 못하는 평가차원을 평가하는 경우, 중간점수를 부여함으로써 평가행위를 안전하게 하려는 의도에 의해 이루어지는 오류라고 할 수 있다.
> 3. 근접오류(Proximity errors)
>   인사평가표상에서 근접하고 있는 평가요소의 평가결과 혹은 특정 평가시간 내에서의 평가요소 간의 평가결과가 유사하게 되는 경향을 말한다.
> 4. 논리적 오류(Logical errors)
>   1) 논리적 오류는 평가자의 평소 논리적인 사고에 얽매여 임의적으로 평가해 버리는 경우를 말한다.
>   2) 각 평가요소 간에 논리적인 상관관계가 있는 경우, 비교적 높게 평가된 평가요소가 있으면 다른 요소도 높게 평가하는 경향을 말한다.

52 교통사고 조사항목을 선정하기 위한 평가방법은 교통 여건, 자료의 활용도, 조사 가능성 그리고 인력, 장비, 예산 등의 행정적 여건과 인과관계의 규명가능성 등의 기술적 타당성을 종합적으로 고려하면서 현실적 가능성과 활용도에 역점을 두는 방법을 이용하여야 하는데, 이러한 방법은 다음 중 어느 방법에 속하는가?

① 회귀분석 방법   ② 유사집단 방법   ③ 델파이 방법   ④ 원단위 방법

> **해설** 델파이 기법
> 1. 설문조사를 통해 장래에 전개될 교통사고 조사항목을 미리 예측하는 기법
> 2. 예측을 위하여 한 사람의 전문가가 아니라 예측 대상분야와 관련이 있는 전문가집단이 동원되는 특징이 있다.

정답 51 ① 52 ③

53 국가 간 교통안전도를 평가하기 위한 자료로 적절하지 않은 것은?

① 인구 10만 명당 사망자수   ② 자동차 1만 대당 사망자수
③ 차량 주행거리 1억 km당 교통사고 발생건수   ④ 교통수단 전손율

> **해설** 국가 간 교통안전도를 평가하기 위한 자료
> 1. 차량주행거리 1억km당 교통사고 발생건수   2. 차량주행거리 10억km당 교통사고 사망자수
> 3. 차량주행거리 1백만km당 부상자수   4. 인구 10만 명당 사망자수
> 5. 자동차 1만 대당 사망자수

54 사고율을 나타내는 지표로 옳지 않은 것은?

① 인구 10만 명당 사고율   ② 등록차량 1만 대당 사고율
③ 교차로 진입차량 10만 대당 사고율   ④ 통행량 1억대/km당 사고율

> **해설** 사고율을 나타내는 지표
> 1. 교차로 진입 백만 차량대수 사고율(MEV Million Entering Vehicles)
> 2. 1억 주행차량대−km/당 사고율(HMVK Hundred Millon Vehicle Kilometers/ton−km)
> 3. 등록차량 10,000대당 사고율
> 4, 인구 10만 명당 사고율
> 5. 시간, 일, 요일, 월 및 연간 발생된 사고건수, 사상자, 부상자 및 치사율에 의한 사고율

정답   53 ④   54 ③

제2장 교통사고 발생 원인

제1절 시야각

1. 시야
   1) 시야의 정의: 머리를 움직이지 않고 양쪽 눈으로 볼 수 있는 좌우의 범위
      시각: 눈을 통해 빛의 자극을 받아들이는 감각작용
   2) 운전자는 운전에 필요한 정보의 약 90% 이상을 시각적으로 얻는다.
2. 시야각
   1) 양쪽 눈의 시야(정상적인 시력): 180~200°
   2) 한쪽 눈의 시야: 160°
   3) 양쪽 눈으로 색체를 식별할 수 있는 범위: 70°
3. 이동속도에 따른 시야각
   1) 정지상태(정상인의 시야): 180~200°   2) 40km/h 주행속도의 시야: 100°
   3) 70km/h 주행속도의 시야: 65°   4) 100km/h 주행속도의 시야: 40°
   * 시야각과 속도관계: 시야각은 속도에 반비례한다.
   * 제동거리는 속도의 제곱에 비례하여 증가한다.
4. 광량에 따른 시야
   1) 눈으로 들어오는 빛의 양에 따라 시력이 저하된다.
   2) 야간에는 주간에 비하여 운전자의 시야가 50% 저하되어 가시거리가 더욱 짧아진다.
   3) 전조등 불빛에 의한 전방의 유효한 가시거리
      1) 상향등: 100~150m   2) 하향등: 40~50m
   4) 운전속도가 빠를수록 가시거리는 짧아진다.
5. 변별시야
   1) 눈을 움직여 유효시야에서 변별시야의 범위로 바뀌었을 때 적응하기까지 약 0.7초 소요된다.
   2) 주시점이 2° 벗어나면 시력은 1/2로 저하되고, 10° 벗어나면 1/5로 저하된다.

1. 순응의 의미
    1) 감각기관이 자극의 정도에 따라 감수성이 변화되는 상태를 순응(Adaptation)이라고 한다.
    2) 명암순응이란 눈이 밝기에 순응해서 물건을 보려고 하는 시각반응을 말한다.
    3) 인간의 눈은 빛의 양에 따라 동공의 크기를 조절하고, 밝은 빛에서는 감도가 감소하며, 어두운 빛에서는 감도를 증가시키는 기능이 있다.
    4) 깜깜한 영화관에 들어갔을 때 눈이 어둠에 익숙해질 때까지 30분쯤 걸리는데, 밖의 밝기에는 1분쯤이면 익숙해진다. 전자를 암순응, 후자를 명순응이라고 하는데, 그것을 총합해서 명암순응이라고 한다.
2. 명순응과 암순응, 추체와 간체
    1) 명순응과 암순응
        ① 명순응
            광량의 증가로 인해 순간적으로 시력이 감퇴되는 경우로 터널에서 빠져나오는 순간에 밝은 곳으로 갑자기 나오게 되면서 적응하는 데 시간이 소요되는 현상
        ② 암순응
            광량이 적어지면 순간적으로 시력이 감퇴되는 경우로 터널에 진입할 때 갑자기 어두워져 잘 보이기까지 시간이 소요되는 현상
        ③ 암순응이 명순응보다 긴 시간이 소요되기 때문에 터널이나 지하주차장 같은 어두운 곳에 진입할 경우에는 속도를 줄이는 습관이 필요하다.
    2) 추체와 간체
        ① 특수한 환경에서는 시력의 기능이 저하된다.
            ㉮ 추체: 밝은 시간에 시력 기능을 잘 발휘한다.
            ㉯ 간체: 주로 어두운 곳에서 시력 기능을 발휘한다.
        ② 17:00~19:00(일몰 시)에는 추체와 간체가 모두 제 기능을 발휘하지 못한다.

1. 도로 주행 시 운전자의 시야를 형성하는 정보입수구역의 결정요인
    1) 차량의 속도, 운전자의 시력, 도로의 포장상태이다.
    2) 정지거리는 운전자가 정지할 상황을 인식한 순간부터 차가 완전히 멈출 때까지 자동차가 진행한 거리로 운전자의 시야형성과 관련이 없다.
2. 운전자의 동체시력
    1) 의의: 움직이는 물체를 볼 때나, 몸이 움직일 때의 시력을 말한다.

2) 동체시력은 정지시력보다 저하되므로 운전자의 시야는 속도가 빠를수록 좁아진다.

　　* 속도와 가시거리는 반비례한다.

3) 동체시력은 정지시력보다 30% 정도 낮게 측정된다.

3. 야간시력

1) 야간시력이 낮고 시야의 범위도 좁아진다.

2) 야간에는 전조등이 비추는 범위까지밖에 볼 수 없고, 시야의 범위가 좁아진다.

3) 도로교통법에 정한 마주 보고 진행하는 경우 등의 등화 조작

① 서로 마주보고 진행할 때는 전조등의 밝기를 줄이거나 하향등 또는 잠시 전조등을 끌 것

② 앞의 차 또는 노면전차의 바로 뒤를 따라갈 때에는 하향등으로 하고, 전조등 불빛의 밝기를 함부로 조작하여 앞의 차 또는 노면전차의 운전을 방해하지 아니할 것

4. 증발현상과 현혹현상 및 시각 정보의 처리

1) 증발현상과 현혹현상

① 증발현상: 야간운전 시 반대차선에서 마주 오는 차의 전조등 불빛이 교차하는 부분에서 일시적으로 보행자나 사물이 보이지 않는 현상

② 현혹현상: 교행차량의 전조등 불빛에 눈이 부셔 전방의 시야가 보이지 않는 현상

2) 시각 정보의 처리

① 시각집중(Visual Attention)

시각집중은 주변 자극에 대해 자연스럽게 인식하는 각성 상태

② 시각기억(Visual Memory)

시각기억은 보았던 것을 회상하는 능력으로 즉각적인 정보를 인출하거나 순차적 회상 능력을 통해 사물의 형태나 특성을 파악하는 능력

③ 시각구별(Visual Discrimination)

시각으로 들어온 정보의 특징을 파악하는 능력이다. 사물의 모양, 크기, 지남력(위치), 색깔 등과 같은 자극의 기본적인 특성을 인지하는 능력이다.

5. 운전자의 시력의 정보입수 범위 요인

1) 시력의 정보입수 범위 관련 요인

① 물체의 밝기　　　　　　　　　② 주위와의 대비

③ 조명정도　　　　　　　　　　　④ 운전자의 상대속도

2) 물체를 가장 명확히 볼 수 있는 범위

① 시선의 중심선으로부터 양방향 3도 이내이다.

② 중심선으로부터 약 10도까지는 비교적 양호하게 볼 수 있다.

③ 동체시력은 움직이면서 물체를 보거나 움직이는 물체를 볼 때의 시력을 말하는데 통상 정지시력의 30~40% 정도이다.

④ 시력 1.2를 갖고 있는 사람이 60km/h의 속도로 운전할 때는 0.7의 시력과 동일하고, 같은 1.2 시력이라도 100km/h로 운전할 때는 0.4의 시력과 동일하게 된다.

6. 운전시계의 착각
   1) 고속도로에서 일어나는 추돌사고는 대부분이 대형차가 일으키고 있다.
   2) 원인: 승용차와 대형차의 시계차이 때문이다.
      ① 대형차 운전자는 노면 부분이 넓게 보이고, 같은 거리라도 더 길게 느껴지기 때문에 안전거리를 좁혀서 주행하여도 위험하다고 느끼지 않는다.
      ② 안전거리를 가깝게 유지하고 주행하는 관계로 앞차가 갑자기 정지하면 추돌사고를 일으키게 된다.

제4절 교통사고 조사의 목적

1. 부상자의 구호 및 사고의 처리와 교통사고의 원인을 정확히 규명하여 이에 대한 효율적인 교통사고 예방대책을 강구하고 사고확대 방지와 교통소통의 회복을 통하여 교통사고로부터 귀중한 생명과 재산을 보호하기 위함이다.
2. 교통사고를 조사하는 근본적인 목적은 조사를 통하여 교통사고를 예방하기 위한 것이다.
3. 교통사고원인조사의 대상(교통안전법)

대상도로	대상구간
최근 3년간 다음에 해당하는 교통사고가 발생하여 해당 구간의 교통시설에 문제가 있는 것으로 의심되는 도로 1. 사망사고 3건 이상 2. 중상사고 이상의 교통사고 10건 이상	1. 교차로 또는 횡단보도 및 그 경계선으로부터 150m까지의 도로지점 2. 도시지역의 경우에는 600m, 도시지역 외의 경우에는 1,000m의 도로구간

4. 교통사업자의 교통사고 조사 목적
   1) 사고발생에 직접·간접적으로 작용했던 요인들을 찾아내어 사고와의 관계를 규명하고, 또 다른 교통사고 예방을 위한 것이다.
   2) 노선(구간) 평가에 대한 교통사고 분석 시 사용되는 구간 분할 단위
      ① 100m   ② 500m   ③ 1,000m

제5절 교통사고의 원인

1. 교통사고의 특성
   1) 특정 지점에서의 교통사고 반복
   2) 교통사고의 원인 규명 불확실성
   3) 복합적인 원인에 의한 발생
   4) 시간적·공간적 임의성

2. 교통사고의 원인

  1) 교통사고의 3가지 요인: ① 운전자 요인   ② 차량 요인   ③ 도로환경 요인

  2) 인적요인(운전자 요인): 가장 큰 비중을 차지하는 교통사고 요인

    ① 운전자의 사고원인: 인지지연, 판단착오, 부주의

    ② 안전운전 불이행 사고의 대부분이 전방주시 태만 사고

      ㉮ 전체 교통사고 약 60% 이상 차지한다.

        (도로교통 99.5%, 철도교통 36.3%, 선박교통 72.8%, 항공교통 82.3%)

      ㉯ 운전에 필요한 교통정보의 약 90% 이상을 시각적으로 얻는다.

    ③ 교통사고 원인의 조사결과에 의하면 80~90%가 인간행동의 착오와 불안전한 행동으로 발생한다.

    ④ 불안전한 자세 및 동작은 불안전한 행동에 기인하는 사고의 인적요인이지만 물체 자체의 결함은 물리적 원인에 해당한다.

  3) 차량 요인(운반구 요인)

    ① 차량의 정비불량

    ② 차량의 검사제도 및 검사상의 문제점

  4) 환경적 요인(도로환경)

    ① 자연환경 요인: 기상상태, 일광상태, 명암과 교통사고는 상관관계가 높다.

    ② 사회환경 및 제도 요인: 교통도덕 관념, 교통안전 의식(교통안전교육의 중요성 증대)

3. 교통사고의 직접적 원인과 잠재적 요인(Causes)

  1) 충돌·손상 피해 등은 사고의 직접적인 결과를 양산하지만 요인(factor)은 사고의 잠재적인 가능성이 있을 뿐 반드시 사고의 결과를 발생시키지는 않는다. 따라서 교통사고의 발생원인과 발생가능성이 있는 요인은 구분할 필요가 있다.

  2) 잠재적인 요인도 사고의 원인이 될 수 있으나 반드시 사고의 직접 원인이 되는 것은 아니다.

    * 잠재적 요인: 가정환경의 불합리, 직장 인간관계의 잘못, 경제문제, 건강 등

  3) 교통사고는 사람과 차량, 도로환경의 3요소로 구성되기 때문에 교통사고의 원인도 인간요인과 도로환경요인 그리고 차량요인이 개별적 또는 유기적으로 결합되어 발생하게 된다.

    * 직접적 요인: 운전자의 발견지연·부주의, 음주운전, 졸음운전 등 인간요인

4. 응급처치와 구급을 위한 안전처리시스템의 확립에 필수적인 사항

  1) 구급의료시설의 정비·강화   2) 구급약품비의 증액

  3) 구급대원의 양성 및 자질 향상   4) 구급업무체제의 강화

1. 피로의 종류
   1) 심리적 피로·물리적 피로
      ① 심리적 피로: 운전작업에 있어서 "인지 → 판단"의 작업은 운전자들에게 심리적 피로를 유발
      ② 물리적 피로: 자동차의 "조작"처럼 한정된 공간과 앉은 자세에서 계속적으로 손과 발만을 사용함으로서 발생하는 피로
   2) 피로가 운전에 미치는 영향
      ① 피로상태에서 운전을 하면 운전에 악영향을 미치어 사고의 원인을 제공
      ② 피로가 누적되면 상황에 대한 인지능력이 낮아져 주의력이나 판단력의 저하로 판단착오가 증가
      ③ 주행 중 핸들 및 브레이크 조작 등의 실수로 정확성이 떨어지며, 반응시간이 지연되기 쉽다.
      ④ 주행 중에 의식이 멍하거나 졸리는 현상이 발생한다.
      ⑤ 초조해지거나 사소한 일에도 신경질적인 경향으로 인해 난폭운전을 하기 쉽다.
      ⑥ 운전조작이 줄어들고, 주의력이 상실되어 사고의 유발가능성이 커진다.
2. 여유시간
   1) 서행운전: 여유시간을 4초 이상 유지할 수 있는 경우
   2) 정상운전: 여유시간이 2초 정도인 경우
   3) 과속우전: 여유시간이 1초 정도인 경우
3. 주의집중·주의분산
   1) 주의집중
      어떤 것을 선택하여 집중하고 다른 것들을 무시하는 인지과정이다. 동시에 여러 개의 가능한 대상 또는 연속된 사고 중에서 하나를 명확하고 생생한 형태로 마음속에 소유하는 것
   2) 주의분산
      한 가지 일에만 집중하는 것이 아니라 여러 가지 행동을 같이하는 경우가 많은데, 예를 들면 운전 중 휴대전화를 사용하거나 음식물을 섭취하거나 여성 운전자 중 화장을 하는 경우로서 이러한 주의를 분산시키는 행동은 교통사고의 주된 원인이 된다.

1. 직접적 원인

유 형	세 부 내 용	
불안전한 행동 (인적 요인)	• 위험 장소 접근 • 안전장치의 기능 제거 • 복장·보호구의 잘못 사용 • 기계·기구의 잘못 사용 • 운전 중인 기계장치의 손질	• 불안전한 속도 조작 • 위험물 취급 부주의 • 불안전한 상태 방치 • 불안전한 자세 및 동작
불안전한 상태 (물적 요인)	• 물체 자체의 결함 • 안전방호장치 결함 • 복장·보호구의 결함 • 물체의 배치 및 작업장소 결함	• 작업환경의 결함 • 생산공정의 결함 • 경계표시·설비의 결함

2. 간접적 원인

유 형	세 부 내 용	
기술적 원인	• 건물·기계장치 설계 불량 • 구조·재료의 부적합	• 생산공정의 부적절한 설계 • 점검·정비보전 불량
교육적 원인	• 안전의식의 부족 • 안전수칙의 오해 • 경험·훈련의 미숙	• 작업방법 교육의 불충분 • 유해위험작업 교육의 불충분
직업관리상 원인	• 안전관리조직체계 미흡 • 안전수칙 미제정 • 불충분한 작업준비	• 부적절한 인원배치 • 부적절한 작업지시

1. 하인리히의 3E 이론(교통사고의 간접원인)
   1) 3E: ① Engineering(기술·공학) ② Education(교육) ③ Enforcement(규제·관리)
   2) 교통사고 발생 간접원인 및 대책

3E	간접원인	대책
기술적 원인 (Engineering)	① 기계설비의 설계 결함 ② 위험방호 불량 ③ 근원적으로 안전시스템 미흡	설비환경의 개선 작업방법의 개선
교육적 원인 (Education)	① 작업방법, 교육 불충분 ② 안전지식 부족 ③ 안전수칙 무시	안전 교육 훈련 실시
관리적 원인 (Enforcement)	① 안전관리 조직 결함 ② 안전관리 규정 미흡 ③ 안전관리 계획 미수립	엄격한 규칙에 의해 제도적으로 시행

2. 등치성 이론
  1) 개요
    ① 교통사고 발생시 사고를 구성하는 각종 요소가 똑같은 비중을 차지한다는 것이다.
    ② 사고원인의 여러 가지 요인들 중에서 어느 한 가지 요인이라도 없으면, 사고는 발생되지 않으며 사고는 여러 사고요인이 연결되어 발생한다는 이론을 말한다.
    ③ 사고방지를 위해서는 사고의 유형에 따라 등치요인을 찾아내어야 하며, 이러한 사고요인들의 원인분석을 통해 사고를 방지하여야 한다.
    ④ 어떤 사고요인이 발생하면 그것이 또 근원이 되어 다음 요인이 발생하게 되는 것으로 여러 가지 요인이 유기적으로 관련되어 있다.
  2) 등치의 요인
    ① 다른 요인은 그대로 남아 있더라도 한 가지 요인이라도 빠지면 재해가 일어나지 않는 요인
    ② 등치 아닌 요인은 재해의 요인이 아니다.
  3) 재해발생의 형태
    ① 집중형
      ㉮ 상호 자극에 의하여 순간적으로 재해가 발생하는 유형
      ㉯ 재해가 일어난 장소에 그 시기에 일시적으로 요인이 집중
    ② 연쇄형
      ㉮ 하나의 사고요인이 또 다른 요인을 발생시키면서 재해를 발생시키는 유형
      ㉯ 단순 연쇄형과 복합 연쇄형으로 분류
    ③ 복합형: 집중형과 연쇄형이 복합적으로 구성되어 재해가 발생하는 유형
3. 인간과 환경이 행동을 규제하는 요인
  1) 인적요인(내적 요인)
    ① 소질: 지능지각(운동기능), 성격·태도
    ② 일반심리: 착오, 부주의, 무의식적 조건반사
    ③ 경력: 연령, 경험, 교육
    ④ 의욕: 지위, 대우, 후생, 흥미
    ⑤ 심신상태: 피로, 질병, 수면, 휴식, 알코올, 약물
  2) 환경요인(외적 요인)
    ① 인간관계: 가정, 직장, 사회, 경제, 문화
    ② 자연조건: 온·습도, 기압, 환기, 기상, 명암
    ③ 물리적 조건: 교통공간 배치
    ④ 시간적 조건: 근로시간, 시각, 교대제, 속도
  3) 인간행위의 가변적 요인: 생체기능, 작업능률, 생리적 요인, 심리적 요인의 저하

4. 성격별 성향
  1) 외향적 성격
    ① 주변사람들과의 교감과 협력을 통해 혼자 감당하기 어려운 업무를 처리하는 것을 선호한다.
    ② 개미나 벌처럼 한 집단 내에서 몰개성화 되더라도 공동으로 업무를 수행하는 과정에서 역량을 발휘하는 사람들이 있다.
    ③ 적극적인 외부활동과 인간관계 확대에 적극성을 보인다.
  2) 내성적 성격
    ① 외톨이처럼 따로 떨어져 독자적으로 행동하면서 더 커다란 능력을 발휘한다.
    ② 낯익은 공간과 기존의 사회적 관계 속에 안주하며 그 틀에서 벗어나기를 거부한다.

5. 미끄럼 방지 저항기준(BPN)
  1) BPN(British Pendulum Number)의 정의
    도로 포장재 표면의 마찰 특성을 측정하는 기준으로, 이 수치가 높을수록 미끄럼에 안전하다는 것을 의미한다.
  2) 저항기준
    ① 도로 경사도가 0~2% 이하인 평지: 40 BPN 이상
    ② 도로 경사도가 2~4% 이하인 완경사: 45 BPN 이상
    ③ 도로 경사도가 10%를 초과하는 급경사: 50 BPN 이상

6. 운전자의 정밀 적성검사
  1) 처치 판단검사: 주의력, 동작의 정확성, 주의력 배분, 주의의 지속성을 측정한다.
  2) 속도추정 반응검사: 초조감, 정서적 안전도, 속도감각, 공간지각능력을 측정한다.
  3) 중복작업 반응검사: 침착성, 긴장상태의 판단능력(판단속도 및 판단의 정확성)을 측정한다.
  4) 초초 반응검사: 시각과 청각, 수족의 협응에 따른 반응검출을 측정한다.

7. 레이오프(Lay Off)
  1) 기업이 경영 부진으로 조업단축·인원삭감의 필요성이 생겼을 때 노동조합과 협의하여 업적 회복 시 재고용할 것을 약속하고 종업을 일시적으로 해고하는 것을 말한다.
  2) 특정 기간 내에 회사로 복귀할 것이라는 이해를 바탕으로 직원의 고용을 줄이거나 완전히 중단하는 것을 말한다. 복귀를 전제로 했다고는 하지만 법률에 정한 최대 기간을 초과하는 경우에는 법적 해고로 전환된다.
  3) 일시해고, 임시해고, 조건부해고, 권고사직 등으로 불기기도 한다.

제2장

[교통사고 발생 원인]
기출예상문제

01 다음 중 교통사고에 대한 설명으로 틀린 것은?

① 교통사고 요인의 추상화(추측성) ② 특정 지점에서의 교통사고 반복

③ 교통사고의 원인 규명 불확실성 ④ 복합적인 원인에 의한 발생

해설 교통사고의 특성

1. 특정 지점에서의 교통사고 반복 2. 교통사고의 원인 규명 불확실성
3. 복합적인 원인에 의한 발생 4. 시간적·공간적 임의성

02 다음 중 감각기관에 외부자극이 증가되는 경우에 신체의 반응특성으로 적당한 것은?

① 도태 ② 적응 ③ 순응 ④ 반발

해설 명암순응

1. 감각기관이 자극의 정도에 따라 감수성이 변화되는 상태를 순응(adaptation)이라고 한다.
2. 명암순응이란 눈이 밝기에 순응해서 물건을 보려고 하는 시각반응을 말한다.
3. 인간의 눈은 빛의 양에 따라 동공의 크기를 조절하고, 밝은 빛에서는 감도가 감소하며, 어두운 빛에서는 감도를 증가시키는 기능이 있다.
4. 깜깜한 영화관에 들어갔을 때 눈이 어둠에 익숙해질 때까지 30분쯤 걸리는데, 밖의 밝기에는 1분쯤이면 익숙해진다. 전자를 암순응, 후자를 명순응이라고 하는데, 그것을 총합해서 명암순응이라고 한다.

03 정상적인 시야각은 180~200도인데 100km/h로 주행 시의 시야각은?

① 40도 ② 60도 ③ 80도 ④ 100도

해설 운전자의 시야

1. 시야
   1) 시야의 정의: 머리를 움직이지 않고 양쪽 눈으로 볼 수 있는 좌우의 범위
      시각: 눈을 통해 빛의 자극을 받아들이는 감각작용
   2) 운전자는 운전에 필요한 정보의 약 90% 이상을 시각적으로 얻는다.

정답 1 ① 2 ③ 3 ①

2. 시야각
   1) 양쪽 눈의 시야(정상적인 시력): 180~200°
   2) 한쪽 눈의 시야: 160°
   3) 양쪽 눈으로 색체를 식별할 수 있는 범위: 70°
3. 이동속도에 따른 시야각
   1) 정지상태(정상인의 시야): 180~200°   2) 40km/h 주행속도의 시야: 100°
   3) 70km/h 주행속도의 시야: 65°   4) 100km/h 주행속도의 시야: 40°
4. 변별시야
   1) 눈을 움직여 유효시야에서 변별시야의 범위로 바뀌었을 때 적응하기까지 약 0.7초 소요된다.
   2) 주시점이 2° 벗어나면 시력은 1/2로 저하되고, 10° 벗어나면 1/5로 저하된다.

04 다음 중 보통사람의 정지 시의 시야는?

① 좌우 각각 160도(눈 있는 쪽 100, 반대쪽 60)
② 좌우 각각 140도(눈 있는 쪽 90, 반대쪽 50)
③ 좌우 각각 170도(눈 있는 쪽 120, 반대쪽 50)
④ 좌우 각각 150도(눈 있는 쪽 100, 반대쪽 50)

해설 시야
정상인의 시야: 좌우 각각 160도(눈 있는 방향 100도 + 반대 방향 60도)

05 다음 중 동체시력을 정지시력과 비교할 때 감소되는 비율은?

① 30%   ② 40%   ③ 50%   ④ 60%

해설 운전자의 동체시력
1. 의의: 움직이는 물체를 볼 때나, 몸이 움직일 때의 시력을 말한다.
2. 동체시력은 정지시력보다 저하되므로 운전자의 시야는 속도가 빠를수록 좁아진다.
   * 속도와 가시거리는 반비례한다.
3. 동체시력은 정지시력보다 30% 정도 낮게 측정된다.

06 도로에서 운전자의 시력과 관련된 설명으로 틀린 것은?

① 야간에 전조등을 깜빡거림으로써 다른 운전자의 운전에 도움을 줄 수 있다.
② 주간에도 전조등을 켜고 운행해야 하는 경우가 있다.
③ 맞은편에서 자동차가 오거나 바로 앞에 다른 자동차가 주행하고 있을 때는 반드시 상향
   등을 켜서 다른 운전자의 시야에 도움을 주어야 한다.
④ 야간에는 전조등이 비추는 범위까지밖에 볼 수 없고, 시야의 범위가 좁아진다.

야간시력

1. 야간시력이 낮고 시야의 범위도 좁아진다.
2. 야간에는 전조등이 비추는 범위까지밖에 볼 수 없고, 시야의 범위가 좁아진다.
3. 도로교통법에 정한 마주 보고 진행하는 경우 등의 등화 조작
    1) 서로 마주보고 진행할 때는 전조등의 밝기를 줄이거나 하향등 또는 잠시 전조등을 끌 것
    2) 앞의 차 또는 노면전차의 바로 뒤를 따라갈 때에는 하향등으로 하고, 전조등 불빛의 밝기를 함부로 조작하여 앞의 차 또는 노면전차의 운전을 방해하지 아니할 것

07 다음 중 속도와 시야각의 상관관계로 맞는 것은?

① 시야각은 속도의 제곱에 반비례한다.　② 속도의 제곱에 비례한다.
③ 속도에 반비례한다.　④ 속도에 비례한다.

시야각과 속도관계: 시야각은 속도에 반비례한다.
* 제동거리는 속도의 제곱에 비례하여 증가한다.

08 다음 중 운전자의 시력에 대한 설명으로 잘못된 것은?

① 암순응은 명순응보다 적응시간이 더 빠르다.
② 속도가 빨라지면 시야가 좁아지고, 가시거리도 짧아진다.
③ 운전자는 운전에 필요한 정보의 약 90% 이상을 시각적으로 얻는다.
④ 17:00~19:00에는 추체와 간체가 모두 제 기능을 발휘하지 못한다.

명순응과 암순응, 추체와 간체

1. 명순응과 암순응
    1) 명순응
       광량의 증가로 인해 순간적으로 시력이 감퇴되는 경우로 터널에서 빠져나오는 순간에 밝은 곳으로 갑자기 나오게 되면서 적응하는 데 시간이 소요되는 현상
    2) 암순응
       광량이 적어지면 순간적으로 시력이 감퇴되는 경우로 터널에 진입할 때 갑자기 어두워져 잘 보이기까지 시간이 소요되는 현상
    3) 암순응이 명순응보다 긴 시간이 소요되기 때문에 터널이나 지하주차장 같은 어두운 곳에 진입할 경우에는 속도를 줄이는 습관이 필요하다.
2. 추체와 간체
    1) 특수한 환경에서는 시력의 기능이 저하된다.
       ⓐ 추체: 밝은 시간에 시력 기능을 잘 발휘한다.
       ⓑ 간체: 주로 어두운 곳에서 시력 기능을 발휘한다.
    2) 17:00~19:00(일몰 시)에는 추체와 간체가 모두 제 기능을 발휘하지 못한다.

정답　7 ③　8 ①

09 다음 중 운전자의 시각특성에 대한 설명으로 틀린 것은?

① 야간은 일몰 전보다 운전자의 시야가 50% 감소한다.
② 눈으로 들어오는 빛의 양에 따라 시력이 저하된다.
③ 야간에 과속하면 가시거리는 줄어든다.
④ 속도와 가시거리는 비례한다.

해설 광량에 따른 시야
1. 눈으로 들어오는 빛의 양에 따라 시력이 저하된다.
2. 야간에는 주간에 비하여 운전자의 시야가 50% 저하되어 가시거리가 더욱 짧아진다.
3. 전조등 불빛에 의한 전방의 유효한 가시거리
　　1) 상향등: 100~150m 　　　　　　　　　　　2) 하향등: 40~50m
4. 운전속도가 빠를수록 가시거리는 짧아진다.

10 다음 중 운전자의 시각특성에 대한 설명으로 틀린 것은?

① 일몰 후에는 일몰 전보다 운전자의 시야가 50% 감소한다.
② 상대방이 전조등을 켰을 때 일몰 전과 비교하여 동체시력에서의 차이는 없다.
③ 야간에 과속하면 저하된 시력으로 인해 주변 상황을 원활하게 보기 어렵다.
④ 야간 운전자의 시력과 가시거리는 물리적으로 차량의 전조등 불빛에 제한될 수밖에 없다.

해설 광량에 따른 시야

11 다음 중 운전자의 시야에 관한 설명으로 틀린 것은?

① 양쪽 눈으로 색체를 식별할 수 있는 범위는 70도이다.
② 증발현상은 교행차량의 전조등 불빛에 눈이 부셔 전방의 시야가 보이지 않는 현상이다.
③ 시야는 머리를 움직이지 않고 양쪽 눈으로 볼 수 있는 좌·우의 범위를 말한다.
④ 시각집중은 주변 자극에 대해 자연스럽게 인식하는 각성 상태를 말한다.

해설 증발현상과 현혹현상, 시각 정보의 처리
1. 증발현상과 현혹현상
　　1) 증발현상: 야간운전 시 반대차선에서 마주 오는 차의 전조등 불빛이 교차하는 부분에서 일시적으로 보행자나 사물이 보이지 않는 현상
　　2) 현혹현상: 교행차량의 전조등 불빛에 눈이 부셔 전방의 시야가 보이지 않는 현상
2. 시각 정보의 처리
　　1) 시각집중(Visual attention): 시각집중은 주변 자극에 대해 자연스럽게 인식하는 각성 상태
　　2) 시각기억(Visual memory): 시각기억은 보았던 것을 회상하는 능력으로 즉각적인 정보를 인출하거나 순차적 회상능력을 통해 사물의 형태나 특성을 파악하는 능력

정답 9 ④　10 ②　11 ②

3) 시각구별(Visual Discrimination): 시각으로 들어온 정보의 특징을 파악하는 능력이다. 사물의 모양, 크기, 지남력(위치), 색깔 등과 같은 자극의 기본적인 특성을 인지하는 능력이다.

12 다음 중 현혹현상의 설명으로 맞는 것은?

① 야간운전 시 반대차선에서 마주 오는 차의 전조등 불빛이 교차하는 부분에서 일시적으로 보행자나 사물이 보이지 않는 현상이다

② 교행차량의 전조등 불빛에 눈이 부셔 전방의 시야가 보이지 않는 현상이다.

③ 주변 자극에 대해 자연스럽게 인식하는 각성 상태

④ 시각기억은 보았던 것을 회상하는 능력으로 즉각적인 정보를 인출하거나 순차적 회상 능력을 통해 사물의 형태나 특성을 파악하는 능력

해설 증발현상과 현혹현상, 시각 정보의 처리

13 운전자의 시력 관련 정보입수범위와 직접적으로 관련되어 있는 것이 아닌 것은?

① 운전자의 성별　　　　　　② 운전자의 상대속도

③ 물체의 밝기　　　　　　　④ 주위와의 대비

해설 운전자의 시력의 정보입수 범위 관련 요인

1. 물체의 밝기　2. 주위와의 대비　3. 조명정도　4. 운전자의 상대속도

* 물체를 가장 명확히 볼 수 있는 범위

1) 시선의 중심선으로부터 양방향 3도 이내이다.

2) 중심선으로부터 약 10도까지는 비교적 양호하게 볼 수 있다.

3) 동체시력은 움직이면서 물체를 보거나 움직이는 물체를 볼 때의 시력을 말하는데 통상 정지시력의 30~40% 정도이다.

4) 시력 1.2를 갖고 있는 사람이 60Km/h의 속도로 운전할 때는 0.7의 시력과 동일하고, 같은 1.2 시력이라도 100Km/h로 운전할 때는 0.4의 시력과 동일하게 된다.

14 다음 중 시각특성과 도로를 주행하는 관계에 대한 설명으로 틀린 것은?

① 전방주시를 집중하는 것은 안전운전을 실천하는 데 있다.

② 운전에 필요한 교통정보의 약 90% 이상이 운전자의 눈을 통해 시각적으로 얻어지기 때문이다.

③ 전방주시 태만이라는 운전자 행위가 직접 또는 간접적으로 연관되어 있다.

④ 속도가 빠를수록 시야도 넓어진다.

정답　12 ②　13 ①　14 ④

교통사고의 원인

1. 교통사고의 원인
    1) 교통사고의 3가지 요인: ① 운전자 요인   ② 차량 요인   ③ 도로환경 요인
    2) 인적요인(운전자 요인): 가장 큰 비중을 차지하는 교통사고 요인
        ① 운전자의 사고원인: 인지지연, 판단착오, 부주의
        ② 안전운전 불이행 사고의 대부분이 전방주시 태만 사고
            ⓐ 전체 교통사고 약 60% 이상 차지
                (도로교통 99.5%, 철도교통 36.3%, 선박교통 72.8%, 항공교통 82.3%)
            ⓑ 운전에 필요한 교통정보의 약 90% 이상을 시각적으로 얻음
        ③ 사고원인 조사결과에 의하면 80~90%가 인간행동의 착오와 불안전한 행동으로 발생
    3) 차량 요인(운반구 요인)
        ① 차량의 정비불량
        ② 차량의 검사제도 및 검사상의 문제점
    4) 환경적 요인(도로환경)
        ① 자연환경 요인: 기상상태, 일광상태, 명암과 교통사고는 상관관계가 높다.
        ② 사회환경 및 제도 요인: 교통도덕 관념, 교통안전 의식(교통안전교육의 중요성 증대)
2. 운전시계의 착각
    1) 고속도로에서 일어나는 추돌사고는 대부분이 대형차가 일으키고 있다.
    2) 원인: 승용차와 대형차의 시계차이 때문이다.
        ① 대형차 운전자는 노면 부분이 넓게 보이고, 같은 거리라도 더 길게 느껴지기 때문에 안전거리를 좁혀서 주행하여도 위험하다고 느끼지 않는다.
        ② 안전거리를 가깝게 유지하고 주행하는 관계로 앞차가 갑자기 정지하면 추돌사고를 일으키게 된다.

15 다음 중 교통사고의 3대 요인으로 볼 수 없는 것은?

① 차량적 요인   ② 환경적 요인   ③ 문화적 요인   ④ 인적 요인

교통사고의 원인

16 다음 중 교통사고 발생요인 중 가장 많은 비중을 차지하고 있는 것은?

① 차량 요인   ② 인적 요인   ③ 환경 요인   ④ 시설 환경 요인

교통사고의 원인

17 다음 중 교통사고를 유발시키는 결정적 요소는?

① 사회적 환경   ② 운전자 소질   ③ 배치차량의 선정   ④ 운행경로의 미조

교통사고의 원인

정답 15 ③ 16 ② 17 ②

18 다음 중 교통사고에 대해 직·간접적으로 가장 큰 영향을 주는 것으로 볼 수 있는 것은?

① 교통시설   ② 교통환경
③ 교통안전에 대한 운전자의 인식   ④ 교통수단

해설   교통사고의 원인

19 교통사고를 주요 요인별로 분류할 때 이에 해당하지 않는 것은?

① 환경요인   ② 인적요인   ③ 적성요인   ④ 운반구요인

해설   교통사고의 원인

20 도로 주행 시 운전자의 시야를 형성하는 정보입수구역의 결정요인으로 틀린 것은?

① 시력   ② 속도   ③ 포장상태   ④ 정지거리

해설   도로 주행 시 운전자의 시야를 형성하는 정보입수 구역의 결정요인
1. 차량의 속도, 운전자의 시력, 도로의 포장상태이다.
2. 정지거리는 운전자가 정지할 상황을 인식한 순간부터 차가 완전히 멈출 때까지 자동차가 진행한 거리로 운전자의 시야형성과 관련이 없다.

21 교통사고 발생 시 응급처치와 구급을 위한 안전처리시스템의 확립에 필수적인 사항으로 가장 거리가 먼 것은?

① 구급의료시설의 정비·강화   ② 구급약품, 연구비의 증액
③ 구급대원의 양성 및 자질 향상   ④ 구급업무체제의 강화

해설   연구비의 증액은 안전처리 시스템 확립에 필수적인 사항이 아니다.

22 운전자의 정밀 적성검사의 기기검사에서 동작의 정확성을 측정하는 검사는?

① 속도추정 반응검사 ② 처치 판단검사   ③ 중복작업 반응검사 ④ 초초 반응검사

해설   운전자의 정밀 적성검사
1. 처치 판단검사: 주의력, 동작의 정확성, 주의력 배분, 주의의 지속성을 측정한다.
2. 속도추정 반응검사: 초조감, 정서적 안전도, 속도감각, 공간지각능력을 측정한다.
3. 중복작업 반응검사: 침착성, 긴장상태의 판단능력(판단속도 및 판단의 정확성)을 측정한다.
4. 초초 반응검사: 시각과 청각, 수족의 협응에 따른 반응검출을 측정한다.

정답   18 ③   19 ③   20 ④   21 ②   22 ②

23 기업고용에서 레이오프(lay off-system)의 의미는?

① 종사원의 일시해고 또는 조건부해고　② 종사원이 징계의 사유로 휴직하는 것

③ 종사원의 명령불복종 해고　④ 경영주의 종사원 일방적 해고

> **해설**　레이오프(lay off)

1. 기업이 경영 부진으로 조업단축·인원삭감의 필요성이 생겼을 때 노동조합과 협의하여 업적 회복 시 재고용할 것을 약속하고 종업을 일시적으로 해고하는 것을 말한다.
2. 특정 기간 내에 회사로 복귀할 것이라는 이해를 바탕으로 직원의 고용을 줄이거나 완전히 중단하는 것을 말한다. 복귀를 전제로 했다고는 하지만 법률에 정한 최대 기간을 초과하는 경우에는 법적 해고로 전환된다.
3. 일시해고, 임시해고, 조건부해고, 권고사직 등으로 불기기도 한다.

24 3E에 해당하지 않는 것은?

① Engineering(기술)　② Education(교육)

③ Effort(협력)　④ Enforcement(규제, 단속)

> **해설**　교통사고 발생 원인

1. 하인리히의 3E 이론(교통사고의 간접원인)
   1) 3E: ① Engineering(기술, 공학)　② Education(교육)　③ Enforcement(규제, 관리)
   2) 교통사고 발생 간접원인 및 대책

3E	간접원인	대책
기술적 원인 (Engineering)	1) 기계설비의 설계 결함 2) 위험방호 불량 3) 근원적으로 안전시스템 미흡	설비환경의 개선 작업방법의 개선
교육적 원인 (Education)	1) 작업방법, 교육 불충분 2) 안전지식 부족 3) 안전수칙 무시	안전 교육 훈련 실시
관리적 원인 (Enforcement)	1) 안전관리 조직 결함 2) 안전관리 규정 미흡 3) 안전관리 계획 미수립	엄격한 규칙에 의해 제도적으로 시행

정답　23 ①　24 ③

25 교통사고 발생의 원인은 안전관리 조직의 결함, 규정의 미흡, 계획의 미수립 등이며, 이에 대한 대책으로 안전관리 조직을 정비하고 안전관리 규정과 수칙을 준수하여야 한다는 것은 3E 중 무엇인가?

① Engineering(기술) ② Education(교육) ③ Effort(노력) ④ Enforcement(규제)

해설 교통사고 발생 원인

26 교통사고 발생의 원인은 안전의식 부족, 안전수칙의 오해, 경험 및 훈련부족 등이며 이에 대한 대책으로 안전교육, 작업방법에 대한 교육을 실시하는 것은 3E 중 무엇인가?

① Engineering(기술) ② Education(교육) ③ Effort(노력) ④ Enforcement(규제)

해설 교통사고 발생 원인

27 다음 중 인간행동을 규제하는 환경적 조건(외적 요인)이 아닌 것은?

① 인간관계 ② 물리적 조건 ③ 시간적 조건 ④ 심리적 조건

해설 인간과 환경이 행동을 규제하는 요인
1. 인적요인(내적 요인)
　1) 소질: 지능지각(운동기능), 성격·태도　　2) 일반심리: 착오, 부주의, 무의식적 조건반사
　3) 경력: 연령, 경험, 교육　　　　　　　　4) 의욕: 지위, 대우, 후생, 흥미
　5) 심신상태: 피로, 질병, 수면, 휴식, 알코올, 약물
2. 환경요인(외적 요인)
　1) 인간관계: 가정, 직장, 사회, 경제, 문화　2) 자연조건: 온·습도, 기압, 환기, 기상, 명암
　3) 물리적 조건: 교통공간 배치　　　　　　4) 시간적 조건: 근로시간, 시각, 교대제, 속도

28 다음 중 인간 행동에 영향을 주는 요인과 내용에 대한 연결이 옳지 못한 것은?

① 환경요인(인간관계): 가정, 직장, 사회, 경제, 문화
② 외적 요인(물리적 조건): 근로시간, 교대제, 속도
③ 내적 요인(소질): 지능지각, 성격, 태도
④ 내적 요인(심신상태): 피로, 질병, 알코올, 약물

해설 인간과 환경이 행동을 규제하는 요인

정답 25 ④　26 ②　27 ④　28 ②

29 다음 중 인간의 행동을 규제하는 내적 요인이 아닌 것은?

① 소질관계　　　② 인간관계　　　③ 경력관계　　　④ 심신상태

해설　인간과 환경이 행동을 규제하는 요인

30 인간과 환경이 행동을 규제하는 인적요인(내적 요인)으로 맞는 것은?

① 근로시간, 근무체계　　　　　② 가족, 직장 등 인간관계
③ 성격·태도, 취미　　　　　　④ 기후 등 자연환경 조건

해설　인간과 환경이 행동을 규제하는 요인

31 인간과 환경이 행동을 규제하는 인적요인(내적 요인)으로 틀린 것은?

① 자질·경력　　　② 의욕　　　③ 시간적 조건　　　④ 건강조건

해설　인간과 환경이 행동을 규제하는 요인

32 다음 중 인간행동의 규제하는 환경요인이 아닌 것은?

① 차량 구조장치　　② 보행자 통행량　　③ 기후, 명암　　④ 시각, 속도

해설　인간과 환경이 행동을 규제하는 요인

33 다음 중 인간의 행동을 규제하는 외적 환경요인이 아닌 것은?

① 자연조건　　　② 심리적 조건　　　③ 물리적 조건　　　④ 시간적 조건

해설　인간과 환경이 행동을 규제하는 요인

34 다음 중 인간행동을 규제하는 환경요인이 아닌 것은?

① 인간관계　　　② 근로시간　　　③ 교통공간　　　④ 조건반사

해설　인간과 환경이 행동을 규제하는 요인

정답　29 ②　30 ③　31 ③　32 ①　33 ②　34 ④

35 다음 중 인간행위의 가변요인이 아닌 것은?

① 생리적 긴장수준의 저하
② 생체기능의 저하
③ 작업능률의 평준화
④ 작업의욕의 저하

해설 인간행위의 가변적 요인
생체기능, 작업능률, 생리적 요인, 심리적 요인의 저하

36 외향적 성격을 지닌 자의 일처리방식으로 다음 중 옳지 않은 것은?

① 일처리에 있어서 독자적으로 행동하는 것을 선호하므로 일처리가 장기적이다.
② 주변사람들과의 교감과 협력을 통한 일처리를 한다.
③ 혼자 감당하기 어려운 업무를 처리하는 것을 선호한다.
④ 공동으로 업무를 수행하는 과정에서 역량을 발휘한다.

해설 성격별 성향
1. 외향적 성격
   1) 주변사람들과의 교감과 협력을 통해 혼자 감당하기 어려운 업무를 처리하는 것을 선호한다.
   2) 개미나 벌처럼 한 집단 내에서 몰개성화되더라도 공동으로 업무를 수행하는 과정에서 역량을 발휘하는 사람들이 있다.
   3) 적극적인 외부활동과 인간관계 확대에 적극성을 보인다.
2. 내성적 성격
   1) 외톨이처럼 따로 떨어져 독자적으로 행동하면서 더 커다란 능력을 발휘한다.
   2) 낯익은 공간과 기존의 사회적 관계 속에 안주하며 그 틀에서 벗어나기를 거부한다.

37 교통사고의 요소와 내용에 대한 설명으로 다음 중 옳지 않은 것은?

① 사회적 요소: 불안전한 자세 및 동작, 물체 자체의 결함
② 물리적 요소: 안전방호장치 결함, 복장 등의 결함
③ 기술적 요소: 구조 재료의 부적합, 장치 등의 설계 불량
④ 심리적 요소: 주의력의 부족, 안전의식의 부족

해설 인적요인과 물리적 요소
1. 불안전한 자세 및 동작은 불안전한 행동에 기인하는 사고의 인적요인이다.
2. 물체 자체의 결함은 물리적 요소에 해당한다.

정답 35 ③ 36 ① 37 ①

38 도로 경사도가 2% 이하인 평지의 미끄럼 방지 저항기준(BPN)은?

① 30 BPN ② 40 BPN ③ 45 BPN ④ 50 BPN

> **해설** 미끄럼 방지 저항기준(BPN)
>
> 1. BPN(British Pendulum Number)의 정의
>   도로 포장재 표면의 마찰 특성을 측정하는 기준으로, 이 수치가 높을수록 미끄럼에 안전하다는 것을 의미한다.
> 2. 저항기준
>   1) 도로 경사도가 0~2% 이하인 평지: 40 BPN 이상의 포장재 사용
>   2) 도로 경사도가 2~4% 이하인 완경사: 45 BPN 이상의 포장재 사용
>   3) 도로 경사도가 10%를 초과하는 급경사: 50 BPN 이상의 포장재 사용

39 재해의 직접원인으로서 교통종사자의 불안전한 행동에 해당하지 않는 것은?

① 물체의 배치 및 작업장소 결함 ② 불안전한 속도 조작
③ 위험물 취급 부주의 ④ 불안전한 자세 및 동작

> **해설** 재해의 원인
>
> 1. 직접적 원인
>
> | 유 형 | 세 부 내 용 | |
> |---|---|---|
> | 불안전한 행동
(인적 요인) | • 위험 장소 접근
• 안전장치의 기능 제거
• 복장·보호구의 잘못 사용
• 기계·기구의 잘못 사용
• 운전 중인 기계장치의 손질 | • 불안전한 속도 조작
• 위험물 취급 부주의
• 불안전한 상태 방치
• 불안전한 자세 및 동작 |
> | 불안전한 상태
(물적 요인) | • 물체 자체의 결함
• 안전방호장치 결함
• 복장·보호구의 결함
• 물체의 배치 및 작업장소 결함 | • 작업환경의 결함
• 생산공정의 결함
• 경계표시·설비의 결함 |
>
> 2. 간접적 원인
>
> | 유 형 | 세 부 내 용 | |
> |---|---|---|
> | 기술적 원인 | • 건물·기계장치 설계 불량
• 구조·재료의 부적합 | • 생산공정의 부적절한 설계
• 점검·정비보전 불량 |
> | 교육적 원인 | • 안전의식의 부족
• 안전수칙의 오해
• 경험·훈련의 미숙 | • 작업방법 교육의 불충분
• 유해위험작업 교육의 불충분 |
> | 직업관리상 원인 | • 안전관리조직체계 미흡
• 안전수칙 미제정
• 불충분한 작업준비 | • 부적절한 인원배치
• 부적절한 작업지시 |

정답 38 ② 39 ①

40 교통사고 발생원인 중 간접적 원인에 해당하는 것은?

① 음주운전　　　② 과속운전　　　③ 교육적 원인　　　④ 장비불량

해설　재해의 원인

41 다음 중 교통사고 발생 시 치사율이 가장 높은 요인은?

① 자동차요인　　　② 환경요인　　　③ 운전자요인　　　④ 도로요인

해설　운전자의 사고요인

42 다음 중 교통사고 발생의 잠재요인으로 가장 볼 수 없는 것은?

① 가정환경의 불합리　　　　　② 음주운전
③ 직장 인간관계의 잘못　　　　④ 건강

해설　교통사고의 직접 원인과 잠재적 요인(causes)
1. 충돌·손상 피해 등은 사고의 직접적인 결과를 양산하지만 요인(factor)은 사고의 잠재적인 가능성이 있을 뿐 반드시 사고의 결과를 발생시키지는 않는다. 따라서 교통사고의 발생원인과 발생가능성이 있는 요인은 구분할 필요가 있다.
2. 잠재적인 요인도 사고의 원인이 될 수 있으나 반드시 사고의 직접 원인이 되는 것은 아니다.
　* 잠재적인 요인: 가정환경의 불합리, 직장 인간관계의 잘못, 경제문제, 건강 등
3. 교통사고는 사람과 차량, 도로환경의 3요소로 구성되기 때문에 교통사고의 원인도 인간요인과 도로환경요인 그리고 차량요인이 개별적 또는 유기적으로 결합되어 발생하게 된다.
　* 직접적인 요인: 운전자의 발견지연·부주의, 음주운전, 졸음운전 등 인간요인

43 도로교통운전자들의 운전 여유시간을 기초로 운전을 서행·정상·과속운전 등으로 나눌 때 정상운전에 해당하는 여유시간은?

① 1초　　　② 3초　　　③ 2초　　　④ 4초

해설　여유시간
운전자들의 운전을 서행운전, 정상운전, 과속운전 등으로 나누어 본다면
1. 서행운전: 여유시간을 4초 이상 유지할 수 있는 경우
2. 정상운전: 여유시간이 2초 정도인 경우
3. 과속우전: 여유시간이 1초 정도인 경우

정답　40 ③　41 ③　42 ②　43 ③

44 다음 사고요인 중 운전피로에 관한 설명으로 바르지 못한 것은?

① 한정된 공간과 앉은 자세에서 계속적으로 손과 발만을 사용함으로써 발생하는 피로는 심리적 피로이다.

② 피로가 누적되면 상황에 대한 인지능력이 떨어져 주의력이나 판단력이 저하된다.

③ 피로한 상태에서 핸들을 잡으면 운전에 악영향을 미치어 사고의 원인을 제공한다.

④ 피로가 누적되면 초조해지거나 사소한 일에도 신경질적인 경향으로 인해 난폭운전을 하기 쉽다.

> **해설** 운전피로
> 1. 심리적 피로·물리적 피로
>   1) 심리적 피로: 운전작업에 있어서 "인지 → 판단"의 작업은 운전자들에게 심리적 피로를 유발.
>   2) 물리적 피로: 자동차의 "조작"처럼 한정된 공간과 앉은 자세에서 계속적으로 손과 발만을 사용함으로서 발생하는 피로.
> 2. 피로가 운전에 미치는 영향
>   1) 피로상태에서 운전을 하면 운전에 악영향을 미치어 사고의 원인을 제공.
>   2) 피로가 누적되면 상황에 대한 인지능력이 낮아져 주의력이나 판단력의 저하로 판단착오가 증가.
>   3) 주행 중 핸들 및 브레이크 조작 등의 실수로 정확성이 떨어지며, 반응시간이 지연되기 쉽다.
>   4) 주행 중에 의식이 멍하거나 졸리는 현상이 발생.
>   5) 초조해지거나 사소한 일에도 신경질적인 경향으로 인해 난폭운전을 하기 쉽다.

45 다음 사고요인 중 운전자의 피로에 따라 교통사고가 일어나는 조건이 아닌 것은?

① 단순운전으로 인한 피로 ② 장시간 운전
③ 수면부족(잠을 못잠) ④ 만성피로

> **해설** 피로와 사고
> 1. 운전 전의 작업피로가 운전에 영향을 미칠 경우
> 2. 연속운전 중에 피로가 생길 경우
> 3. 작업 이외의 원인에 의한 운전 전의 피로가 운전에 영향을 미치는 경우

46 다음 중 피로운전의 원인에 대한 설명으로 옳지 않은 것은?

① 운전 중 부정확한 자세로 장시간 운전하여 생기는 것 ② 졸음운전
③ 환기운전 ④ 수면부족

> **해설** 피로와 사고

47 다음은 과로운전에 의해 나타나는 증세에 관한 내용이다. 과로운전의 증세로서 틀린 것은?

① 운전리듬이 깨짐   ② 운전조작의 내용이 증가됨
③ 운전자의 시야가 좁아짐   ④ 주의력 상실

해설   과로한 운전 증상
운전조작이 줄어들고, 주의력이 상실되어, 사고의 유발가능성이 커진다.

48 한 가지 일에만 집중하는 것이 아니라 여러 가지 행동을 함께함으로써 집중력이 흐려지는 현상을 의미하는 것은?

① 주의 집중   ② 주의 분산   ③ 주의 배분   ④ 주의 완화

해설   주의집중·주의분산
1. 주의집중
   어떤 것을 선택하여 집중하고 다른 것들을 무시하는 인지과정이다. 동시에 여러 개의 가능한 대상 또는 연속된 사고 중에서 하나를 명확하고 생생한 형태로 마음속에 소유하는 것이다.
2. 주의분산
   한 가지 일에만 집중하는 것이 아니라 여러 가지 행동을 같이하는 경우가 많은데, 예를 들면 운전 중 휴대전화를 사용하거나 음식물을 섭취하거나 여성 운전자 중 화장을 하는 경우로서 이러한 주의를 분산시키는 행동은 교통사고의 주된 원인이 된다.

49 원거리에 집중하다 보면 근거리 사물이 잘 보이지 않게 되는 현상은?

① 주의 집중   ② 주의 분산   ③ 주의 배분   ④ 주의 완화

해설   주의집중·주의분산

50 사고의 많은 요인들 중 하나라도 없다면 연쇄반응은 없으며, 교통사고도 일어나지 않을 것이라고 하는 원리는?

① 사고의 통일성원리   ② 사고의 연쇄성원리
③ 사고의 복합성원리   ④ 사고의 등치성원리

해설   등치성 이론
1. 개요
   1) 교통사고 발생 시 사고를 구성하는 각종 요소가 똑같은 비중을 차지한다는 것이다.
   2) 등치성 이론이란 사고원인의 여러 가지 요인들 중에서 어느 한 가지 요인이라도 없으면, 사고는 발생되지 않으며 사고는 여러 사고요인이 연결되어 발생한다는 이론을 말한다.

정답   47 ②   48 ②   49 ①   50 ④

3) 사고방지를 위해서는 사고의 유형에 따라 등치요인을 찾아내어야 하며, 이러한 사고요인들의 원인 분석을 통해 사고를 방지하여야 한다.

4) 어떤 사고요인이 발생하면 그것이 또 근원이 되어 다음 요인이 발생하게 되는 것으로 여러 가지 요인이 유기적으로 관련되어 있다.

2. 등치의 요인

1) 다른 요인은 그대로 남아 있더라도 한 가지 요인이라도 빠지면 재해가 일어나지 않는 요인

2) 등치 아닌 요인은 재해의 요인이 아님

3. 재해발생의 형태

1) 집중형

ⓐ 상호 자극에 의하여 순간적으로 재해가 발생하는 유형

ⓑ 재해가 일어난 장소에 그 시기에 일시적으로 요인이 집중

2) 연쇄형

ⓐ 하나의 사고요인이 또 다른 요인을 발생시키면서 재해를 발생시키는 유형

ⓑ 단순 연쇄형과 복합 연쇄형으로 분류

3) 복합형: 집중형과 연쇄형이 복합적으로 구성되어 재해가 발생하는 유형

51 다음 중 교통사고 원인의 등치성원리는 무엇으로 설명되는가?

① 단순형 　　② 복합형 　　③ 연쇄형 　　④ 교차형

해설 등치성 이론

52 교통사고 요인이 연달아서 발생하는 연쇄적으로 사고가 일어나는 사고유형은?

① 집중형 　　② 복합형 　　③ 연쇄형 　　④ 분산형

해설 등치성 이론

53 교통사고 발생에 영향을 미치는 각 요인은 사고발생에 대하여 같은 비중을 지닌다는 원리는?

① 사고의 통일성원리 　　　　② 사고의 연쇄성원리

③ 사고의 복합성원리 　　　　④ 사고의 등치성원리

해설 등치성 이론

54 교통사고 원인의 등치성원리에 관계되는 배열형이 아닌 것은?

① 집중형 　　② 복합형 　　③ 연쇄형 　　④ 분산형

해설 등치성 이론

정답 51 ③ 52 ③ 53 ④ 54 ④

55 사고요인의 등치성원리는 어디에 중점을 둔 것인가?

① 도로환경   ② 종사원의 건강   ③ 운행조건   ④ 교통사고의 원인

해설 등치성 이론

56 다음 중 교통사고의 원인을 규명하는 궁극적인 목적으로 가장 적절한 것은?

① 2차사고 예방을 통한 생명과 재산 보호 ② 사고확대 방지
③ 사고발생원인자 처벌   ④ 부상자의 구호

해설 교통사고를 조사하는 궁극적인 목적

부상자의 구호 및 사고의 처리와 교통사고의 원인을 정확히 규명하여 이에 대한 효율적인 교통사고 예방대책을 강구하고 사고확대 방지와 교통소통의 회복을 통하여 교통사고로부터 귀중한 생명과 재산을 보호하기 위함이다.

57 교통사업자가 교통사고 조사를 하는 본질적인 목적으로 볼 수 있는 것은?

① 교통사고 발생의 책임자를 처벌하기 위해
② 경찰의 교통사고 조사에 대한 신뢰의 부족
③ 장기적으로 발생 가능한 교통사고의 예방을 위해
④ 교통사업자의 수익구조를 개선하기 위해

해설 교통사고를 조사하는 근본적인 목적은 조사를 통하여 교통사고를 예방하기 위한 것이다.

58 교통사업자가 자체적으로 교통사고를 조사하는 본질적인 이유로 옳은 것은?

① 교통안전법에 따라 교통사고 상황을 보고하도록 하고 있으므로
② 사고발생 원인을 규명하여 책임한계를 명확히 하고, 사고책임자를 처벌하기 위하여
③ 경찰의 사고조사가 세밀하지 못하므로
④ 사고발생에 직접·간접적으로 작용했던 요인들을 찾아내어 사고와의 관계를 규명하고, 또 다른 교통사고 예방을 위하여

해설 교통사업자의 교통사고 조사 목적

사고발생에 직접·간접적으로 작용했던 요인들을 찾아내어 사고와의 관계를 규명하고, 또 다른 교통사고 예방을 위한 것이다.

정답 55 ④ 56 ① 57 ③ 58 ④

59 도시지역에서 교통사고 원인 조사 도로구간은?

① 150m   ② 300m   ③ 600m   ④ 1,000m

해설 교통사고원인조사의 대상(교통안전법시행령 제37조 별표 5)

대상도로	대상구간
최근 3년간 다음에 해당하는 교통사고가 발생하여 해당 구간의 교통시설에 문제가 있는 것으로 의심되는 도로 1. 사망사고 3건 이상 2. 중상사고 이상의 교통사고 10건 이상	1. 교차로 또는 횡단보도 및 그 경계선으로부터 150m까지의 도로지점 2. 도시지역의 경우에는 600m, 도시지역 외의 경우에는 1,000m의 도로구간

60 노선(구간) 평가에 대한 교통사고 분석 시 흔히 사용되는 구간 분할 단위로서 틀린 것은?

① 1,500m   ② 1,000m   ③ 500m   ④ 100m

해설 노선(구간) 평가에 대한 교통사고 분석 시 사용되는 구간 분할 단위

100m, 500m, 1,000m

제3장 교통사고 방지 대책

제1절 사고분석

1. 사고발생 경향과 통계분석
   1) 통계적 분석: 노선별 사고분석, 차종별 사고분석, 조직별 사고분석
   2) 사례적 분석: 개별적 사고분석, 교통환경 분석, 운전자 적성분석, 차량의 안전도분석
2. 안전진단의 단계
   1) 제1단계: 예비조사   2) 제2단계: 안전진단   3) 제3단계: 종합정비
   4) 제4단계: 대책강구   5) 제5단계: 개선목표
   * 조사단계에서는 진단목적을 효율적으로 달성하기 위해 필요한 자료의 정비(교통안전관리체계 구성), 진단반의 구성이나 진단일정 등을 준비한다.

제2절 위험예측 및 안전활동 기법

1. 위험예측 4단계
   확인 → 예측 → 판단(결정) → 실행과정(IPDE)은 위험예측 및 안전운전에 필수적인 것이다.
   1) 확인(Identify): 주변의 모든 것을 빠르게 한눈에 파악하는 것
      ① 가능한 한 멀리까지, 즉 적어도 12~15초 전방까지 문제가 발생할 가능성이 있는지를 미리 확인하는 것이다.
      ② 시가지 도로에서 시속 40~60km 정도로 주행할 경우 200m 정도의 거리에 해당된다.
   2) 예측(Predict): 운전 중에 확인한 정보를 모으고, 사고가 발생할 수 있는 지점을 판단하는 것
      ① 사고를 예상하는 능력을 키우기 위해서는 지식, 경험, 그리고 꾸준한 훈련이 필요하다.
      ② 교통환경과 교통법규 등에 대한 지식은 물론이고, 비, 눈, 안개와 같은 다양한 상황에서의 운전경험이 필요하다. 가장 중요한 것은 체계적인 판단 방법을 익히는 것이다.
   3) 결정(Decision): 사고 가능성을 예측한 후에 사고를 피하기 위한 행동을 결정하는 것
      ① 잠재적 사고 가능성을 예측한 후에는 사고를 피하기 위한 행동을 결정해야 한다.
      ② 기본적인 방법은 속도, 가·감속, 차로변경, 신호 등이다.

4) 실행(Execute): 결정된 행동을 실행에 옮기는 단계
 ① 결정된 행동을 실행에 옮기는 단계에서 중요한 것은 요구되는 시간 안에 필요한 조작을 가능한 부드럽고 신속하게 해내는 것이다.
 ② 이 과정에서 기본적인 조작기술이지만 가·감속, 제동 및 핸들조작 기술을 제대로 구사하는 것이 매우 중요하다.

2. TBM(Tool Box Meeting) 위험예지활동
 1) 의의
  ① 사고의 직접원인인 불안전한 상태 및 불안전한 행동 중에서 주로 불안전한 행동을 근절시키기 위한 활동이다.
  ② 5~7인의 소집단으로 나누어 편성, 무재해를 위하여 작업장 내에서 적당한 장소를 정하여 실시하는 위험예지활동이다.
  ③ 직장에서 행하는 안전미팅을 말한다.
 2) TBM 5단계 진행요령
  ① 1단계(도입): 상호인사, 직장체조, 무재해기원, 안전연설, 목표제창
  ② 2단계(점검·정비): 작업자의 건강과 복장, 보호장구, 공구 등의 점검·정비
  ③ 3단계(작업지시): 각각의 작업 내용과 각자의 임무를 지시
  ④ 4단계(위험예측): 작업에 있어서 위험에 대한 것을 예측 및 예방, 예지훈련
  ⑤ 5단계(확인): 위험요소에 대하여 재확인, 대책 확정, 팀의 공통목표로 확인

3. 안전활동 기법
 1) 위험예지훈련 4단계
  ① 1단계: 현상파악   ② 2단계: 요인조사(본질추구)
  ③ 3단계: 대책수립   ④ 4단계: 행동목표 설정
 2) 개선의 4원칙(ECRS)
  ① Eliminate(제거): 생략과 배제의 원칙
  ② Combine(결합): 결합과 분리의 원칙
  ③ Rearrange(교환): 재편성과 재배열의 원칙
  ④ Simplify(단순화): 단순화의 원칙

제 3 절 사고예방대책

1. 사고예방대책의 기본원리 5단계
 1) 1단계: 안전관리조직
    안전활동 방침 및 계획수립, 경영층 참여, 안전관리조직 구성
 2) 2단계: 사실의 발견(현상파악)
    불안전한 요소 발견(안전점검, 사고조사, 안전회의 등)

3) 3단계: 분석평가(원인규명)

　　　　발견된 사실이나 원인분석은 사고를 발생시킨 직접적인 원인

4) 4단계: 시정방법의 선정(대책의 선정)

　　　　효과적인 개선방법 선정(기술적 개선, 교육적 개선, 제도적 개선)

5) 5단계: 시정책의 적용(목표달성, 3E 완성)

　　① 기술적 대책(Engineering): 안전설계, 설비개선, 작업기준

　　② 교육적 대책(Education): 안전교육, 교육훈련 실시

　　③ 규제적(관리) 대책(Enforcement): 안전기준 설정, 규칙 및 규정 준수 등

2. 산업재해의 기본원인 4M 및 예방대책

1) 산업재해의 기본원인 4M

　　① Man(인간): 에러를 일으키는 인간요인

　　　　㉮ 심리적 요인: 망각, 주변적 동작, 소질적 결함 등

　　　　㉯ 생리적 요인: 피로, 수면부족, 신체기능, 질병 등

　　　　㉰ 직장적 요인: 직장내 인간관계, 의사소통, 통솔력 등

　　② Machine(기계): 기계·설비의 결함, 고장 등의 물적 요인

　　　　㉮ 설계결함　　　　　　　　　㉯ 위험방호의 불량

　　　　㉰ 근원적 안전화의 부족　　　㉱ 표준화의 부족

　　　　㉲ 점검 및 정비의 부족

　　③ Media(작업정보): 작업의 정보, 방법, 환경 등의 요인

　　　　㉮ 작업정보의 부적절　　　　㉯ 작업자세, 동작의 결함

　　　　㉰ 작업방법의 부적절　　　　㉱ 작업공간의 불량

　　　　㉲ 작업환경조건의 불량

　　④ Management(관리): 관리상의 요인

　　　　㉮ 안전관리계획의 불량　　　㉯ 안전관리조직의 결함

　　　　㉰ 규정, 매뉴얼의 불비　　　　㉱ 교육, 훈련의 부족

　　　　㉲ 감독, 지도의 부족　　　　㉳ 적성배치의 불충분

　　　　㉴ 건강관리 불량

2) 산업재해의 기본원인 4M에 대한 예방대책

　　① Man(인간): 직장 및 조직 내에서 인간관계 등 인간행동의 신뢰성을 확보하도록 한다.

　　② Machine(기계): 기계의 위험방호설비, 작업 통로의 안전유지 및 Man－Machine in－terface의 인간공학적 설계를 적용한다.

　　③ Media(작업정보): 정확한 작업정보 및 방법을 전달하고, 적절한 작업공간 및 작업환경 조건을 지킨다.

　　④ Management(관리): 안전법규의 철저, 안전기준의 정비, 안전관리조직, 교육훈련, 계획, 지휘, 감독 등의 관리를 한다.

1. ZD(Zero Defects) 운동
   1) ZD 운동
      ① 무결점 운동으로 QC(품질관리)기법을 일반 관리 사무에까지 확대 적용하여 전사적으로 결점을 없애자는 것이다.
      ② TQC(Total Quality Control, 전사적 품질관리)란 고객이 요구하는 품질의 상품을 기업이 합리적, 경제적으로 전원이 힘을 합쳐 만드는 것, 또는 그 활동을 말한다.
   2) 무결점(Zero Defect) 운동으로 다음의 실행단계로 구성된다.
      ① 조성단계: 문제점 도출, 방침결정, 교육, 계획수립
      ② 출발단계: 계몽완료, 실행
      ③ 실행 및 운영단계: 실행, 확인, 분석평가, 통계유지
2. Fail−Safe
   1) 의의
      ① 시스템에 고장(Fail)이 발생할 경우 그로 인해 더 위험한 상황이 되는 것이 아니라 더 안전한(Safe) 상황이 되도록 하는 설계나 장치
      ② 자기보정장치로 불리며 차량주행 중 차량 일부에 결함 또는 고장이 발생했을 때 다른 안전장치가 작동하여 결정적인 사고나 파괴를 예방하는 장치
   2) Fail−Safe 기능의 3단계
      ① Fail Passive: 자동감지
         ⓐ 부품 고장발생 시 기계장치에 적용(정지)
         ⓑ 고장 나면 에너지 소비를 정지시킴
      ② Fail Active: 자동제어: 부품 고장발생 시 경보장치 작동과 단기간 운전 지속
      ③ Fail Operational: 차단 및 조정
                    부품고장이 정지로 이어지지 않도록 하고 다음 보수까지 기능유지
   3) Fail−Safe 예시
      ① 주행 중 풍압이 문을 여는게 아니고 닫히게 제작
      ② 항공기 비행시 엔진고장 시 다른 엔진으로 운행 가능하도록 설계
      ③ 승강기 정전 시 마그네틱 브레이크가 작동하여 운전을 정지시키는 경우
      ④ 정격속도 이상의 주행 시 조속기가 작동하여 긴급정지
      ⑤ 석유난로가 기울어지면 자동적으로 소화
      ⑥ 철도신호 고장 시 녹색신호는 반드시 적색신호로 변경

1. 교수설계 5단계: 분석(Analysis) → 설계(Design) → 개발(Development) → 실행(Implementation) → 평가(Evaluation)
2. 단계별 활동내용
   1) 분석단계: ① 요구분석　② 학습자 요구분석　③ 환경분석　④ 직무 및 과제분석
   2) 설계단계: ① 수행목표 명세화(학급목표설정)　② 평가도구 선정　③ 구조화　④ 교수전략 수립 및 매체선정
   3) 개발단계: ① 교수자료 개발·제작(시청각 매체 및 보조자료 개발)　② 교수자료 초안·시제품의 형성평가　③ 완제품 제작
   4) 실행단계: ① 교수프로그램 사용·설치　② 지원체계 강구　③ 계속 유지 및 관리활동
   5) 평가단계: 교육훈련 총괄평가(효과성·효율성 평가)

제 6 절　교육과 훈련

1. 의의
   1) 교육: 특정직무와 관련되지 않은 일반지식과 기초이론을 가르치는 것을 말하며, 교육효과는 개인으로 하여금 자신의 생활환경에 대한 적응력을 높이고 조직이나 사회생활에 숙달하게 하여 장기적인 학습능력을 키우는 데 도움을 준다.
   2) 훈련: 특정직업 또는 직무와 관련된 학문적인 지식, 육체적인 기능 등을 습득시키며 숙달시키는 것을 의미한다.
   3) 교육은 개인의 목표를 강조하는 데 반해 훈련은 조직의 목표를 강조한다.
   4) 교육훈련은 지식, 기능, 태도를 개발하는 것이고 인격수양은 포함되지 않는다.
2. 교육기법
   1) 집합교육의 형태: ① 강의　② 시범　③ 토론　④ 실습
   2) 개별교육의 형태
      ① 멘토링(Mentoring)
      현장훈련을 통한 인재육성활동으로 풍부한 경험과 전문지식을 갖고 있는 사람이 1:1로 전담하여 구성원(멘티)을 지도·코치·조언하면서 실력과 잠재력을 개발·성장시키는 활동
      ② 코칭(Coaching)
      카운슬링과 유사하지만 미래의 목표에 초점을 맞추어 구체적인 목표를 설정하고 이를 위해 행동하고 접근하는 데 있다.

③ 카운슬링(Counseling)

상담으로 도움을 필요로 하는 사람과 도움을 줄 수 있는 사람 사이에 1:1로 대화를 통하여 문제해결이나 학습이 이루어지는 과정이다. 현재의 고민과 문제에 초점을 맞추는 점이 코칭과 다르다.

3. 소집단교육

1) 의의: 10명 전후의 소집단을 대상으로 실시하는 교육

2) 소집단 교육방법

① 사례연구법: 사례연구법의 시행순서

㉮ 5분 정도의 사례제시 ㉯ 35분간 사실확정
㉰ 20분간 문제점발견 ㉱ 20분간 원인분석
㉲ 20분간 대책의 결정 ㉳ 20분간 평가

② 과제연구법: 보통 세미나방식이라고 한다. 중요한 역할을 하는 자는 보고자와 조언자이다. 그러나 조언자가 반드시 외부인일 필요는 없다.

③ 분할연기법: 소집단 구성원들에게 서로 다른 역할의 연기를 시킴으로써 하나의 문제에 대한 지식·태도를 체득시키는 방법

④ 밀봉토의법(6·6방식): 6명의 구성원이 각자 1분씩, 합계 6분간에 마치 꿀벌이 꿀을 모으듯 대화하게 하는 방법

⑤ 패널 디스커션(Panel Discussion): 몇 명의 선발된 사람들이 토론을 통해 문제를 다각도로 검토하는 방법

⑥ 그 외에 공개토론법, 발견적 토의법, 심포지엄 등이 있다.

4. 교통안전교육

1) 교통안전교육의 내용

① 자기통제(Self-Control): 교통수단의 사회적인 의미·기능, 교통참가자의 의무·책임, 각종의 사회적 제한에 대해 충분히 인식하고 자기의 욕구·감정을 통제하게 하는 것

② 준법정신: 준법정신을 갖게 하기 위해서는 교통법령에 대한 지식과 그 의미를 이해하고 적법한 교통습관을 형성케 해야 한다.

③ 안전운전태도: 안전운전에 대한 심리적 마음가짐

④ 타자적응성: 다른 교통참가자를 동반자로서 받아들여 그들과 의사소통을 하게 하거나 적절한 인간관계를 맺도록 하는 것

⑤ 안전운전기술: 안전운전에 대한 인지·판단·결정기능과 위험감수능력과 위험발견의 기능 등을 체득하게 하려는 것

⑥ 운전(조작)기능: 자동차를 완벽하게 컨트롤할 수 있는 기능과 교통위험을 회피할 수 있는 능력을 배양하게 하려는 것

2) 운전자교육의 단계

상호간 신뢰관계의 형성 → 교육의 실행 → 실행교육기법의 평가 → 교육에 대한 ROI (Return Of Investment) 분석

3) 운전교육훈련
① 교육을 받게 되면 지식과 정보가 축적된다.
② 훈련은 일정한 기능이나 행동 등을 획득하기 위해 되풀이하는 실천적 교육활동으로 운전자를 일정 수준까지 순응하게 할 수 있다
③ 지도는 운전자에게 안전운전을 가르쳐 이끄는 것이다.
④ 방어운전
소극적인 운전으로 생각하기 쉬우나 오히려 그와는 반대로 다른 운전자나 보행자가 교통법규를 지키지 않거나 위험한 행동을 하더라도 그에 적절하게 대처하여 사고를 미연에 방지할 수 있도록 하는 적극적인 운전방법

제 7 절 직무상 훈련기법

1. 직무상 훈련기법의 종류
   1) 브레인스토밍법(Brain storming technique)
   자유분방한 분위기에서 각자 아이디어를 내게 하는 기법
   2) 시그니피컨트법(Significant technique): 유사성 비교를 통해 아이디어를 찾는 기법
   3) 노모그램법(Nomogram method technique): 도해적으로 아이디어를 찾는 기법
   4) 희망열거법: 희망사항을 열거함으로써 아이디어를 찾는 기법
   5) 체크리스트법(Checklist technique): 항목별로 체크함으로써 조사해 나가는 기법
   6) 바이오닉스법(Bionics technique)
   자연계나 동·식물의 모양·활동 등을 관찰·이용해서 아이디어를 찾는 기법
   7) 고든법(Gordon technique)
   문제의 해결책을 그 문제되는 대상 자체가 아닌 그 관련 부분에서 찾는 기법
   8) 인풋·아웃풋 기법(Input-output technique)
   투입되는 것과 산출되는 것의 비교를 통해 아이디어를 찾는 방법으로 자동시스템의 설계에 효과가 있는 기법
   9) 초점법
   인풋·아웃풋 기법과 동일한 기법에 속하는 것으로 먼저 산출 쪽을 결정하고 나서 투입 쪽은 무결정으로 임의의 것을 강제적으로 결합해 가는 것
2. 브레인스토밍(Brain Storming)
   1) 개념
   ① 여러 사람이 모여 자유로운 발상으로 아이디어를 내는 아이디어 창조기법
   ② 정상적인 사고방식으로는 내기 어려운 기발하고 독창적인 아이디어를 도출하는 데 목적이 있다.
   ③ 한 사람씩 돌아가며 자신의 아이디어를 말하는데 듣는 사람은 그 아이디어를 토대로 자유롭게 발전시키는 것이 이 방법의 요체다.

④ 많은 아이디어가 발표되기 전까지 판단을 보류하고, 질보다 양을 우선시하며, 의외의 아이디어까지 수용하고, 아이디어를 자유롭게 변형하는 형식으로 진행된다.

2) 브레인스토밍의 4가지 규칙
① 절대로 남을 비판하지 말 것
② 자유로운 분위기를 조성할 것
③ 남이 내놓은 아이디어에 내 아이디어를 덧붙여 더 좋은 아이디어를 제시할 것
④ 질보다 양을 우선시할 것

제 8 절 하인리히 법칙 · 도미노이론

1. 하인리히 법칙(Heinrich's law)
1) 한 번의 큰 재해가 있기 전에 그와 관련된 작은 사고나 징후들이 먼저 일어난다는 법칙이다.
2) 큰 재해와 작은 재해, 사소한 사고의 발생비율이 1 : 29 : 300이라는 점에서 "1 : 29 : 300 법칙"으로 부르기도 한다.
3) 사소한 문제를 내버려둘 경우, 대형사고로 이어질 수 있다는 점을 밝혀낸 것으로 산업재해 예방을 위해 중요하게 여겨지는 개념이다.
4) 하인리히는 큰 재해가 우연히 발생하는 것이 아니라 반드시 그 전에 사소한 사고 등의 징후가 있다는 것을 실증적으로 밝혀냈다고 할 수 있다.

2. 하인리히의 도미노이론(재해발생 5가지 단계)
1) 1단계: 유전적, 사회적 결함
2) 2단계: 개인적 결함
3) 3단계: 불안전한 행동과 불안전한 상태
4) 4단계: 사고
5) 5단계: 재해

제 9 절 재해의 분류와 교통사고 비용

1. 시몬즈(Simonds)의 재해의 분류와 내용
1) 휴업상해: 영구 부분노동 불능, 일시 전노동 불능
2) 통원상해: 일시 부분노동 불능, 의사의 조치를 필요로 하는 통원상태
3) 무상해사고: 의료조치를 필요로 하지 않는 정도의 경미한 상해, 사고 및 무상해사고(20$ 이상의 재산손실 또는 8시간 이상의 손실사고)
4) 응급조치상해: 20$ 미만의 손실 또는 8시간 미만의 휴업손실

2. 교통사고 비용

항 목		내 용
인적 피해 비용	생산손실비용	사망자, 부상후유장애
	휴업손해	부상자의 휴업손해
	의료비용	응급실, 입원, 통원, 재활, 투약 등 의료비용, 장례비용
물적 피해비용		차량, 재물, 구조물 가치
행정비용		경찰관서의 사고처리비용, 보험처리 행정비용

* 병원의 방문비용은 개인적 지출비용이다.

제10절 전자파 보호대책

1. EMI 대책(Electro−Magnetic Interference)
   1) 전자파 간섭 또는 전자파 장애법규에 의하여 '방사 또는 전도되는 전자파가 다른 기기의 기능에 장애를 주는 것'이라 정의한다.
   2) 영향으로는 전자회로의 기능을 악화시키고 동작을 불량하게 할 수 있다.
2. EMS 대책(Electro−Magnetic Susceptibility)
   1) 전자파에 대한 내성, 즉 어떤 기기에 대해 전자파방사 또는 전자파전도에 의한 영향으로 부터 정상적으로 동작할 수 있는 능력을 말한다.
   2) 이것은 EMI와는 대응되는 영어로서 전자파로부터의 보호이다.
3. EMC 대책(Electro−Magnetic Compatibility)
   1) 전자파적합성, 양립성 '전자파를 주는 측과 받는 측의 양쪽에 적용하여 성능을 확보할 수 있는 기기의 능력'으로 법규상 정의한다.
   2) EMS와 EMI를 모두 포함하는 포괄적인 용어로서 어떤 기기가 동작 중에 발생하는 전자파 를 최소한으로 하여 타 기기에 간섭을 최소화해야 하며(EMI) 또한 외부로부터 들어오는 각종의 전자파에 대해서도 충분히 영향을 받지 않고 견딜 수 있는 능력을 갖추어야 한다 (EMS).

   ♣ ESD(Electrostatic Discharge): 정전기 방전
      1) 서로 다른 정전기 전위를 가진 물체가 가까워지거나 접촉했을 때, 갑작스러운 전하의 이동으로 인해 과전류가 흘러서 기기가 오작동을 일으키는 현상이다.
      2) 크기는 다르지만 번개로 인한 낙뢰도 ESD의 일종이다.

제11절 집단의 분류

1. 집단의 유형
   1) 공식적 집단: 명령집단, 과업집단
   2) 비공식적 집단: 이익집단, 우호집단
      ① 우호집단: 서로 유사한 성격을 갖는 사람들이 모여 형성하는 집단
      ② 이익집단: 이해관계나 목표를 같이하는 사람이 자신의 특수 이익을 실현하기 위해 결성한 집단
2. 개인이 속해 있느냐의 여부에 따른 분류
   1) 소속집단: 개인이 구성원으로 소속하여 있는 집단
   2) 준거집단: 개인의 신념, 가치판단, 행위의 기준이 되는 집단
   3) 소속집단과 준거집단의 특징
      ① 소속집단과 준거집단이 같을 경우: 집단에 대한 자긍심, 만족감, 공동체 의식
      ② 소속집단과 준거집단이 다를 경우: 내집단 불만족, 상대적 박탈감
3. 구성원의 접촉방식에 의한 분류: 쿨리(C. H. Cooley)의 분류
   1) 1차 집단: 구성원들 간의 친밀감과 지속적인 상호 작용을 중심으로 한다.
   2) 2차 집단: 특정 목적을 달성하기 위한 형식적, 수단적 상호작용을 중심으로 한다.
4. 집단활동의 타성화에 대한 대책
   1) 문제의식 활성화   2) 성과를 도표화
   3) 표어, 포스터의 모집   4) 타 집단과 상호교류

제12절 집단 간 갈등해소 방법

1. 문제 해결법
   1) 문제 해결법은 대면전략이라고 하는데, 갈등을 빚는 집단들이 얼굴을 맞대고 회의를 통해서 갈등을 감소시킨다.
   2) 회의의 목적은 갈등의 문제를 확인하고 해결하는 것이다. 갈등 집단들은 모든 관련 정보를 동원해서 해결안에 도달할 때까지 논제에 대해 공개적인 토론을 벌인다. 오해나 언어의 장벽 때문에 발생하는 갈등에 대해서는 이 방법이 효과적이다. 문제에 대한 상황 확인과 솔직한 의사표시가 이루어지기 때문이다.
   3) 그러나 집단들의 상이한 가치체계를 가지게 되는 복잡한 문제를 해결하는 데는 효과가 있는지 의문이다.
2. 협상
   1) 토론을 통한 타협으로 한쪽에서 제안을 하고 다른 한쪽에서 다른 제안을 해서 상호 양보를 통해 합의점에 도달하는 방법이다.

2) 이 과정에서 합의점이 양쪽 집단에 이상적인 것이 아니기 때문에 승자도 패자도 없다. 갈등해결에는 양쪽이 다소의 양보가 필요하다는 점에서 전통적인 역사를 가진 갈등 해결방식이다.

3. 상위목표의 도입
   1) 갈등적 집단의 목표보다 더 넓은 개념의 상위목표를 도입하는 방법이다.
   2) 상위목표는 집단들이 함께 힘을 합치지 않고서는 달성할 수 없는 매력적인 목표이다. 어느 한 집단만으로 달성될 수 없으므로 이 목표를 달성하기 위해서 집단들 간에 상호 의존적 상태가 형성되지 않으면 안 된다.
   3) 이 방법은 상당히 성공적인 집단 간 갈등의 해결방법으로 주목된다.

4. 조직구조의 개편
   1) 어떤 갈등들은 조직구조 자체의 문제 때문에도 발생한다.
   2) 이 경우에 구성원들의 태도나 사고방식의 변화 등의 행위적 변화는 일시적인 해결안밖에는 안 된다. 근원적인 갈등의 해결은 조직구조를 개편하는 길뿐이다.

5. 자원의 증대
   1) 갈등의 원인 가운데 하나인 한정된 자원을 확대하는 것도 갈등해결의 좋은 전략이 된다.
   2) 즉, 복사기를 늘린다든지 차량을 늘려서 대리점에 제품수송을 원활히 함으로써 갈등을 해소할 수 있다.
   3) 이는 효과적이기는 하지만 충분한 자원을 가지고 있는 조직이 많지 않다는 점에서 현실적인 제약이 따른다.

제 13 절   소시오메트리와 델파이기법

1. 소시오메트리 기법(Sociometry Methods)
   1) 조직구성원 상호간의 감정적 거리를 측정하여 집단의 상호관계를 파악하는 방법
   2) 모레노(J. Moreno)에 의해 개발된 개념이다. 모레노는 집단 역학을 집중적으로 연구한 학자로 집단행동을 진단·평가하고 개선하는 데 크게 기여하였다.
   3) 조직의 각 구성원들에게 누구를 좋아하는가 또는 누구와 대화하고 싶은가를 물어서 구성원들 간의 호의와 비호의의 양상이라고 할 수 있는 소시오메트리 구조를 파악한다.

2. 델파이기법(Delphi Technique)
   1) 의의: 어떤 문제의 해결과 관계된 미래 추이의 예측을 위해 전문가 패널을 구성하여 수회 이상 설문하는 정성적 분석 기법으로 전문가 합의법이라고도 한다.
      ① 설문조사를 통해 장래에 전개될 교통사고 조사항목을 미리 예측하는 기법
      ② 예측을 위하여 한 사람의 전문가가 아니라 예측 대상분야와 관련이 있는 전문가 집단이 동원되는 특징이 있다.

2) 델파이기법의 기본원칙
　　① 익명성　　　　　　　② 절차의 반복　　　　　③ 통제된 환류
　　④ 응답의 통계처리　　　⑤ 전문가 합의

제 14 절　　리더십이론(Leadership)

1. 리더십의 의의
　1) 어떤 상황에서 목표달성을 위해 어떤 개인이 다른 개인, 집단의 행위에 영향력을 행사하는 과정
　2) 조직구성원들이 집단목표를 달성하기 위해 자발적이고 열성적으로 공헌하도록 그들에게 동기를 부여하는 영향력, 기술 또는 과정이라고 할 수 있다.
2. 리더십이론 전개과정
　1) 특성이론
　　1930년대와 1940년대에 연구되어진 영역으로 리더 간에는 신체적인 특성(신장, 외모, 힘), 성격(자신감, 정서적 안정성, 지배성향), 능력(지능, 언어의 유창성, 독창성, 통찰력) 등에 있어 차이가 있다는 이론
　2) 리더십의 특성이론 → 행동이론 → 상황이론으로 전개되었고 현재는 리더십의 새로운 패러다임으로 전개되고 있다.

제**3**장

[교통사고 방지 대책]
기출예상문제

01 다음 중 교통사고 방지대책을 수립하기 위해서 필요한 과학적이며, 실증적인 분석의 하나로서 사례적 분석의 유형에 속하지 않는 것은?

① 개별적 사고분석　② 교통환경 분석　③ 조직별 사고분석　④ 운전자 적성분석

> **해설** 사고발생 경향과 통계분석
> 1. 통계적 분석: 노선별 사고분석, 차종별 사고분석, 조직별 사고분석
> 2. 사례적 분석: 개별적 사고분석, 교통환경 분석, 운전자 적성분석, 차량의 안전도분석

02 다음 중 교통사고 방지대책 수립을 위한 통계적 분석이 아닌 것은?

① 노선별 사고분석　　　　　② 차량의 안전도분석
③ 조직별 사고분석　　　　　④ 차종별 사고분석

> **해설** 사고발생 경향과 통계분석

03 사고의 기본원인을 제공하는 4M에 대한 사고방지대책을 잘못 나타낸 것은?

① 인간(Man): 능동적인 의욕, 위험예지, 리더십, 의사소통 등
② 기계(Machine): 안전설계, 위험방호, 표시장치 등
③ 매개체(Media): 작업정보, 작업환경, 건강관리 등
④ 관리(Management): 관리조직, 평가 및 훈련, 직장활동 등

> **해설** 산업재해의 기본원인 4M 및 예방대책
> 1. 산업재해의 기본원인 4M
>   1) Man(인간): 에러를 일으키는 인간요인
>   ① 심리적 요인: 망각, 주변적 동작, 소질적 결함 등
>   ② 생리적 요인: 피로, 수면부족, 신체기능, 질병 등
>   ③ 직장적 요인: 직장내 인간관계, 의사소통, 통솔력 등
>   2) Machine(기계): 기계·설비의 결함, 고장 등의 물적 요인

정답 1 ③　2 ②　3 ③

       ① 설계결함   ② 위험방호의 불량   ③ 근원적 안전화의 부족

       ④ 표준화의 부족   ⑤ 점검 및 정비의 부족

   3) Media(작업정보): 작업의 정보, 방법, 환경 등의 요인

       ① 작업정보의 부적절   ② 작업자세, 동작의 결함   ③ 작업방법의 부적절

       ④ 작업공간의 불량   ⑤ 작업환경조건의 불량

   4) Management(관리): 관리상의 요인

       ① 안전관리계획의 불량   ② 안전관리조직의 결함   ③ 규정, 매뉴얼의 불비

       ④ 교육, 훈련의 부족   ⑤ 감독, 지도의 부족   ⑥ 적성배치의 불충분

       ⑦ 건강관리 불량

2. 산업재해의 기본원인 4M에 대한 예방대책

   1) Man(인간) - 직장 및 조직 내에서 인간관계 등 인간행동의 신뢰성을 확보하도록 한다.

   2) Machine(기계) - 기계의 위험방호설비, 작업 통로의 안전유지 및 Man-Machine interface의 인간 공학적 설계를 적용한다.

   3) Media(작업정보) - 정확한 작업정보 및 방법을 전달하고, 적절한 작업공간 및 작업환경조건을 지킨다.

   4) Management(관리) - 안전법규의 철저, 안전기준의 정비, 안전관리조직, 교육훈련, 계획, 지휘, 감독 등의 관리를 한다.

04 페일 세이프(fail safe)의 설명으로 틀린 것은?

① 3단계 기능 중 Fail Operational(차단 및 조정)는 부품 고장발생 시 경보장치 작동과 단기간 운전이 지속되도록 설계

② 자기 보정장치로 불리며 차량주행 중 차량 일부에 결함 또는 고장이 발생했을 때 다른 안전장치가 작동하여 결정적인 사고나 파괴를 예방하는 장치

③ 석유난로가 기울어지면 자동적으로 소화되도록 설계된 것이 Fail-Safe를 적용한 경우이다.

④ 3단계 기능 중 Fail Passive(자동감지)는 부품이 고장 나면 에너지 소비를 정지시키도록 설계

해설 Fail-Safe

1. 의의

   자기보정장치로 불리며 차량주행 중 차량 일부에 결함 또는 고장이 발생했을 때 다른 안전장치가 작동하여 결정적인 사고나 파괴를 예방하는 장치

2. Fail-Safe 기능의 3단계

   1) Fail Passive: 자동감지

       ① 부품 고장발생 시 기계장치에 적용(정지)

       ② 고장 나면 에너지 소비를 정지시킴

   2) Fail Active: 자동제어

       ① 부품 고장발생 시 경보장치 작동과 단기간 운전 지속

   3) Fail Operational: 차단 및 조정

      - 부품고장이 정지로 이어지지 않도록 하고 다음 보수까지 기능유지

정답 4 ①

3. Fail-Safe 예시
    1) 주행 중 풍압이 문을 여는게 아니고 닫히게 제작
    2) 항공기 비행시 엔진고장 시 다른 엔진으로 운행 가능하도록 설계
    3) 승강기 정전 시 마그네틱 브레이크가 작동하여 운전을 정지시키는 경우
    4) 정격속도 이상의 주행 시 조속기가 작동하여 긴급정지
    5) 석유난로가 기울어지면 자동적으로 소화
    6) 철도신호 고장 시 녹색신호는 반드시 적색신호로 변경

05 다음 중 Fail-Safe를 적용한 예로 틀린 것은?

① 교차로 차단기 장애 시 차단기 무게로 인해 스스로 내려오게 하는 설계
② 정격속도 이상의 주행 시 조속기가 작동하여 긴급정지
③ 철도신호 고장 시 녹색신호는 반드시 적색신호로 변경
④ 주행 중 풍압이 문을 여는게 아니고 닫히게 제작

해설 Fail-Safe

06 인간 또는 장비나 기계에 과오나 동작 상태의 실수가 있어도 사고를 발생시키지 않도록 2중 또는 3중으로 안전대책을 가하는 것은?

① 하자드   ② 등치성원리   ③ 페일 세이프   ④ 연쇄반응

해설 페일 세이프(fail-safe)

07 다음 중 IPDE에 관한 설명으로 틀린 것은?

① I: Identify   ② P: Predict   ③ D: Direct   ④ E: Execute

해설 위험예측 4단계
확인, 예측, 판단, 실행 과정(IPDE)은 위험예측 및 안전운전에 필수적인 것이다.
1. 확인(Identify): 주변의 모든 것을 빠르게 한눈에 파악하는 것
    1) 가능한 한 멀리까지, 즉 적어도 12~15초 전방까지 문제가 발생할 가능성이 있는지를 미리 확인하는 것이다.
    2) 시가지 도로에서 시속 40~60km 정도로 주행할 경우 200m 정도의 거리에 해당된다.
2. 예측(Predict): 운전 중에 확인한 정보를 모으고, 사고가 발생할 수 있는 지점을 판단하는 것
    1) 사고를 예상하는 능력을 키우기 위해서는 지식, 경험, 그리고 꾸준한 훈련이 필요하다.
    2) 교통환경과 교통법규 등에 대한 지식은 물론이고, 비, 눈, 안개와 같은 다양한 상황에서의 운전경험이 필요하다. 가장 중요한 것은 체계적인 판단 방법을 익히는 것이다.
3. 결정(Decision): 사고 가능성을 예측한 후에 사고를 피하기 위한 행동을 결정하는 것

정답 5 ① 6 ③ 7 ③

1) 잠재적 사고 가능성을 예측한 후에는 사고를 피하기 위한 행동을 결정해야 한다.
2) 기본적인 방법은 속도, 가·감속, 차로변경, 신호 등이다.
4. 실행(Execute): 결정된 행동을 실행에 옮기는 단계
   1) 결정된 행동을 실행에 옮기는 단계에서 중요한 것은 요구되는 시간 안에 필요한 조작을 가능한 부드럽고 신속하게 해내는 것이다.
   2) 이 과정에서 기본적인 조작기술이지만 가·감속, 제동 및 핸들조작 기술을 제대로 구사하는 것이 매우 중요하다.

08 다음 중 정보처리방법의 하나인 IPDE의 설명으로 바르지 못한 것은?

① 확인 (Identify) – 운전 중 도로상황 파악을 위해 전방주시로 정보를 획득
② 예측 (Predict) – 사고가 날 것으로 판단되어 제동장치 조작
③ 결정 (Decision) – 도로상황에서 사고를 피하기 위한 차로변경 결정
④ 실행 (Execute) – 사고발생을 피하기 위한 핸들조작

해설 위험예측 4단계

09 다음 중 IPDE에 관한 설명으로 맞는 것은?

① 실행(Execute): 결정된 행동을 실행에 옮기는 단계
② 결정(Decision): 운전 중에 확인한 정보를 모으고, 사고가 발생할 수 있는 지점을 판단하는 것
③ 예측(Predict): 사고 가능성을 예측한 후에 사고를 피하기 위한 행동을 결정하는 것
④ 확인(Identify): 요구되는 시간 안에 필요한 조작을 가능한 부드럽게 신속하게 해내는 것

해설 위험예측 4단계

10 다음 중 Tool Box Meeting의 특징으로 옳지 않은 것은?

① 5~6인의 소집단으로 나누어 활동
② 작업장 내에서 적당한 장소를 정하여 실시하는 위험예지활동
③ 불안전한 상태 및 불안전한 행동을 근절시키기 위한 활동
④ 강제적인 것이 아니고 안전의식 고취를 위한 자발적인 활동

해설 TBM(Tool box meeting) 위험예지활동
1. 의의
   1) 사고의 직접원인인 불안전한 상태 및 불안전한 행동 중에서 주로 불안전한 행동을 근절시키기 위한 활동이다.

정답 8 ② 9 ① 10 ③

2) 5~6인의 소집단으로 나누어 편성, 무재해를 위하여 작업장 내에서 적당한 장소를 정하여 실시하는 위험예지활동이다.
3) 직장에서 행하는 안전미팅을 말한다.
2. TBM 5단계
  1) 1단계(도입): 상호인사, 직장체조, 무재해기원, 안전연설, 목표제창
  2) 2단계(점검): 작업자의 건강과 복장, 보호장구, 공구 등을 확인
  3) 3단계(작업지시): 각각의 작업 내용과 각자의 임무를 지시
  4) 4단계(위험예측): 작업에 있어서 위험에 대한 것을 예측 및 예방, 예지훈련
  5) 5단계(확인): 위험요소에 대하여 재확인, 대책 확정, 팀의 공통목표로 확인

11 다음 중 교통안전관련 현장안전회의(Tool box Meeting)의 단계로 옳은 것은?

① 운행지시－도입－점검정비－위험예지－확인
② 도입－점검정비－운행지시－위험예지－확인
③ 도입－운행지시－점검정비－위험예지－확인
④ 도입－점검정비－위험예지－운행지시－확인

해설   TBM(Tool box meeting) 위험예지활동

12 다음 중 현장안전회의(Tool box Meeting) 중 맞지 않는 것은?

① 짧은 시간을 할애한다.   ② 인원수는 5~6명이다.
③ 운행 종료 후에도 미팅을 가진다.   ④ 장시간 난상토론을 한다.

해설   TBM(Tool box meeting) 위험예지활동

13 다음 중 위험예지훈련 4라운드(단계)의 진행순서로 옳은 것은?

① 목표설정 → 현상파악 → 대책수립 → 본질추구
② 목표설정 → 현상파악 → 본질추구 → 대책수립
③ 현상파악 → 본질추구 → 대책수립 → 목표설정
④ 현상파악 → 본질추구 → 목표설정 → 대책수립

해설   위험예지훈련 4단계
① 1단계: 현상파악   ② 2단계: 요인조사(본질추구)
③ 3단계: 대책수립   ④ 4단계: 행동목표 설정

정답   11 ②   12 ④   13 ③

14 다음 중 현장안전회의에 대한 설명으로 잘못된 것은?

① 당일 운행에 관한 위험을 가상한 위험예측활동과 위험예지훈련이 이루어지는 단계이다.
② 직장에서 행하는 안전미팅을 말한다.
③ 업무 종료 후 장시간의 회의를 요구한다.
④ 위험에 대한 대책과 팀목표의 확인이 이루어지는 단계이다.

해설 　TBM(Tool box meeting) 위험예지활

15 교통안전교육의 내용 중 하나인 인간관계의 소통과 관련하여 다른 교통참가자를 동반자로서 받아들여 그들과 의사소통을 하게 하거나 적절한 인간관계를 맺도록 하는 것을 의미하는 것은?

① 안전운전기술 　　　　　　　　② 준법정신
③ 타자적응성 　　　　　　　　　④ 자기통제(self−control)

해설 　교통안전교육의 내용
1. 자기통제(self−control): 교통수단의 사회적인 의미·기능, 교통참가자의 의무·책임, 각종의 사회적 제한에 대해 충분히 인식하고 자기의 욕구·감정을 통제하게 하는 것
2. 준법정신: 준법정신을 갖게 하기 위해서는 교통법령에 대한 지식과 그 의미를 이해하고 적법한 교통습관을 형성케 해야 한다
3. 안전운전태도: 안전운전에 대한 심리적 마음가짐
4. 타자적응성: 다른 교통참가자를 동반자로서 받아들여 그들과 의사소통을 하게 하거나 적절한 인간관계를 맺도록 하는 것
5. 안전운전기술: 안전운전에 대한 인지·판단·결정기능과 위험감수능력과 위험발견의 기능 등을 체득하게 하려는 것
6. 운전(조작)기능: 자동차를 완벽하게 컨트롤할 수 있는 기능과 교통위험을 회피할 수 있는 능력을 배양하게 하려는 것

16 교통안전교육의 내용 중 하나인 교통수단의 사회적인 의미·기능, 교통참가자의 의무·책임, 각종의 사회적 제한에 대해 충분히 인식하고 자기의 욕구·감정을 통제하게 하는 것을 의미하는 것은?

① 자기통제(self−control) 　　　　② 준법정신
③ 타자적응성 　　　　　　　　　④ 안전운전태도

해설 　교통안전교육의 내용

정답 　14 ③ 　15 ③ 　16 ①

17 다음 중 운전자교육의 1단계의 내용으로 적합한 것은?

① 상호간 신뢰관계의 형성
② 교육의 실행
③ 실행교육기법의 평가
④ 교육에 대한 ROI(return of investment) 분석

해설 운전자교육의 단계

상호간 신뢰관계의 형성 → 교육의 실행 → 실행교육기법의 평가 → 교육에 대한 ROI(return of investment) 분석

18 다음 중 교통수단의 전자파 보호대책이 아닌 것은?

① EMI
② EMS
③ EMC
④ ESD

해설 전자파 보호대책

1. EMI 대책(Electro – Magnetic Interference)
   1) 전자파 간섭 또는 전자파 장애법규에 의하여 '방사 또는 전도되는 전자파가 다른 기기의 기능에 장애를 주는 것'이라 정의한다.
   2) 영향으로는 전자회로의 기능을 악화시키고 동작을 불량하게 할 수 있다.
2. EMS 대책(Electro – Magnetic Susceptibility)
   1) 전자파에 대한 내성, 즉 어떤 기기에 대해 전자파방사 또는 전자파전도에 의한 영향으로부터 정상적으로 동작할 수 있는 능력을 말한다.
   2) 이것은 EMI와는 대응되는 영어로서 전자파로부터의 보호이다.
3. EMC 대책(Electro – Magnetic Compatibility)
   1) 전자파적합성, 양립성 '전자파를 주는 측과 받는 측의 양쪽에 적용하여 성능을 확보할 수 있는 기기의 능력'으로 법규상 정의한다.
   2) EMS와 EMI를 모두 포함하는 포괄적인 용어로서 어떤 기기가 동작 중에 발생하는 전자파를 최소한으로 하여 타 기기에 간섭을 최소화해야 하며(EMI) 또한 외부로부터 들어오는 각종의 전자파에 대해서도 충분히 영향을 받지 않고 견딜 수 있는 능력을 갖추어야 한다(EMS).
♣ ESD(Electrostatic Discharge): 정전기 방전
   1) 서로 다른 정전기 전위를 가진 물체가 가까워지거나 접촉했을 때, 갑작스러운 전하의 이동으로 인해 과전류가 흘러서 기기가 오작동을 일으키는 현상이다.
   2) 크기는 다르지만 번개로 인한 낙뢰도 ESD의 일종이다.

19 다음 중 안전진단의 5단계가 순서대로 바르게 나열된 것은?

① 예비조사 – 안전진단 – 종합정비 – 대책강구 – 개선목표
② 예비조사 – 종합정비 – 안전진단 – 대책강구 – 개선목표
③ 예비조사 – 종합정비 – 안전진단 – 개선목표 – 대책강구
④ 예비조사 – 종합정비 – 개선목표 – 대책강구 – 안전진단

해설 안전진단의 단계

제1단계: 예비조사 → 제2단계: 안전진단 → 제3단계: 종합정비 → 제4단계: 대책강구 → 제5단계: 개선목표

정답 17 ① 18 ④ 19 ①

20 다음 중 안전진단의 단계 중 조사단계에 해당하는 것은?

① 개선목표 달성을 위한 대책강구　　② 단계별 안전 점검
③ 교통안전관리체계 구성　　　　　　④ 안전지시

> **해설** 안전진단의 단계
> 조사단계에서는 진단목적을 효율적으로 달성하기 위해 필요한 자료의 정비(교통안전관리체계 구성), 진단반의 구성이나 진단일정 등을 준비한다.

21 다음 중 안전진단결과보고서 내용으로 옳지 않은 것은?

① 교통시설의 개선·보완 및 이용제한
② 교통시설에 대한 사업계획 등의 시정 또는 보완
③ 교통시설의 관리·운영 등과 관련된 절차·방법 등의 개선·보완
④ 교통시설의 일시적인 사용제한

> **해설** 안전진단결과보고서의 내용(교통안전법 제37조)
> 1. 교통시설에 대한 공사계획 또는 사업계획 등의 시정 또는 보완
> 2. 교통시설의 개선·보완 및 이용제한
> 3. 교통시설의 관리·운영 등과 관련된 절차·방법 등의 개선·보완
> 4. 그 밖에 교통안전에 관한 업무의 개선

22 다음 중 ZD 운동의 실행단계가 아닌 것은?

① 조성단계　　　② 종합평가단계　　　③ 출발단계　　　④ 실행 및 운영단계

> **해설** ZD 운동
> 무결점(Zero Defect) 운동으로 다음의 실행단계로 구성된다.
> 1. 조성단계: 문제점 도출, 방침결정, 교육, 계획수립
> 2. 출발단계: 계몽완료, 실행
> 3. 실행 및 운영단계: 실행, 확인, 분석평가, 통계유지

23 소집단활동 관리기법에 있어서의 소집단활동 중 전사적인 품질관리운동을 가리키는 용어로 맞는 것은?

① QC써클 활동　　② ZD 활동　　　③ TQC 활동　　　④ 상담역 활동

> **해설** ZD(Zero Defects) 운동
> 1. 무결점 운동으로 QC(품질관리)기법을 일반 관리 사무에까지 확대 적용하여 전사적으로 결점을 없애자는 것이다.

정답　20 ③　21 ④　22 ②　23 ③

2. TQC란 전사적 품질관리를 의미하는데, 고객이 요구하는 품질의 상품을 기업이 합리적, 경제적으로 전원이 힘을 합쳐 만드는 것, 또는 그 활동을 말한다.

24 다음 중 교통안전교육의 교수설계의 3단계 과정은?

① 요구분석 및 학습자분석
② 분석설계 및 개발평가
③ 목표설정 및 교수전략선정
④ 개발된 교수프로그램 현장사용

해설 교수설계모형(ADDIE)
1. 교수설계 5단계: 분석 → 설계 → 개발 → 실행 → 평가
2. 단계별 활동내용
   1) 분석단계: ① 요구분석 ② 학습자 요구분석 ③ 환경분석 ④ 직무 및 과제분석
   2) 설계단계: ① 수행목표 명세화 ② 평가도구 선정 ③ 구조화 ④ 교수전략 수립 및 매체선정
   3) 개발단계: ① 교수자료 개발·제작 ② 교수자료 초안·시제품의 형성평가 ③ 완제품 제작
   4) 실행단계: ① 교수프로그램 사용·설치 ② 지원체계 강구 ③ 계속 유지 및 관리활동
   5) 평가단계: 교육훈련 총괄평가(효과성·효율성 평가)

25 다음 중 교통안전교육의 교수설계에서 분석단계의 내용이 아닌 것은?

① 학습목표설정
② 요구분석
③ 환경분석
④ 학습자 요구분석

해설 교수설계모형(ADDIE)
학급목표설정은 설계단계이다.

26 교통안전교육의 교수설계에서 분석단계의 내용이 아닌 것은?

① 직무분석
② 시청각 매체 및 보조자료 개발
③ 요구분석
④ 학습자 요구분석

해설 교수설계모형(ADDIE)
시청각 매체 및 보조자료 개발은 개발단계이다.

27 교통안전교육의 교수설계는 분석 → 설계 → 개발 → 실행 → 평가로 구분되는데 분석단계의 내용이 아닌 것은?

① 과제분석
② 요구분석
③ 수행목표 명세화
④ 환경분석

해설 교수설계모형(ADDIE)
수행목표 명세화는 설계단계이다.

정답 24 ② 25 ① 26 ② 27 ③

28 교통안전교육의 교수설계에서 분석단계의 내용이 아닌 것은?

① 직무분석   ② 교수프로그램 개발

③ 요구분석   ④ 학습자 요구분석

> **해설** 교수설계모형(ADDIE)
> 교수프로그램 개발은 개발단계이다.

29 다음 중 교육(education)과 훈련(training)에 대한 설명으로 옳지 않은 것은?

① 훈련은 비교적 단기적인 목표를, 교육은 장기적인 목표를 달성하고자 한다.
② 교육, 훈련 둘 다 인간의 변화와 관련한 학습이론이 적용된다는 점에서는 차이가 없다.
③ 교육은 조직의 목표를 강조하는 데 반해 훈련은 개인의 목표를 강조한다.
④ 오늘날 양자를 종합한 성격으로 개발(development)이라는 개념이 강조되고 있다.

> **해설** 교육과 훈련
> 1. 교육: 특정직무와 관련되지 않은 일반지식과 기초이론을 가르치는 것을 말하며, 교육효과는 개인으로
>   하여금 자신의 생활환경에 대한 적응력을 높이고 조직이나 사회생활에 숙달하게 하여 장기적인
>   학습능력을 키우는 데 도움을 준다.
> 2. 훈련: 특정직업 또는 직무와 관련된 학문적인 지식, 육체적인 기능 등을 습득시키며 숙달시키는 것을
>   의미한다.
> 3. 교육은 개인의 목표를 강조하는 데 반해 훈련은 조직의 목표를 강조한다.

30 다음 중 교육훈련의 전개방향이 아닌 것은?

① 인격 수양   ② 태도 개발   ③ 기능 훈련   ④ 지식 형성

> **해설** 교육훈련
> 교육훈련은 지식, 기능, 태도를 개발하는 것이고 인격수양은 포함되지 않는다.

31 다음의 ( ) 안에 들어갈 용어로 적당한 것은?

> ( )으로 지식과 정보가 쌓이고, ( )으로 일정 수준까지 순응시키며, ( )로 통솔하에 이
> 끌게 된다.

① 교육, 훈련, 지도   ② 지도, 훈련, 교육   ③ 훈련, 교육, 지도   ④ 교육, 지도, 훈련

해설 운전교육훈련

1. 교육을 받게 되면 지식과 정보가 축적되고, 훈련은 일정한 기능이나 행동 등을 획득하기 위해 되풀이 하는 실천적 교육활동으로 운전자를 일정 수준까지 순응하게 할 수 있다.
2. 지도는 운전자에게 안전운전을 가르쳐 이끄는 것이다.

32 다음 교육기법 중 집합교육의 형태로 틀린 것은?

① 강의
② 토론
③ 카운슬링(counseling)
④ 실습

해설 교육기법

1. 집합교육의 형태: 1) 강의   2) 시범   3) 토론   4) 실습
2. 개별교육의 형태
   1) 멘토링(mentoring): 현장훈련을 통한 인재육성활동으로 풍부한 경험과 전문지식을 갖고 있는 사람이 1:1로 전담하여 구성원(멘티)을 지도·코치·조언하면서 실력과 잠재력을 개발·성장시키는 활동
   2) 코칭(coaching): 카운슬링과 유사하지만 미래의 목표에 초점을 맞추어 구체적인 목표를 설정하고 이를 위해 행동하고 접근하는 데 있다.
   3) 카운슬링(counseling): 상담으로 도움을 필요로 하는 사람과 도움을 줄 수 있는 사람 사이에 1:1로 대화를 통하여 문제해결이나 학습이 이루어지는 과정이다. 현재의 고민과 문제에 초점을 맞추는 점이 코칭과 다르다.

33 다음 교육기법 중 카운슬링(counseling)에 대한 설명으로 틀린 것은?

① 상담으로 도움을 필요로 하는 사람과 도움을 줄 수 있는 사람 사이에 1:1로 대화를 통하여 문제해결이나 학습이 이루어지는 과정
② 내담자와 상담자가 대화를 통해 일상생활에서 생겨나는 고민이나 과제를 해결하는 과정
③ 미래의 목표에 초점을 맞추어 구체적인 목표를 설정하고 이를 해결하는 상담 과정
④ 현재의 고민과 문제를 과거의 행동과 심리유형을 통해 행동의 개선을 돕는 과정

해설 교육기법

34 유사성 비교라는 방법을 이용하여 관계가 있는 것을 서로 관련시키면서 아이디어를 찾아내는 방법은?

① 시그니피컨트(Significant) 방법
② 바이오닉스(Bionics) 방법
③ 브레인스토밍(Brain storming) 방법
④ 노모그램(Nomogram) 방법

정답 32 ③ 33 ③ 34 ①

직무상 훈련기법

1. 브레인스토밍법(Brain Storming Technique): 자유분방한 분위기에서 각자 아이디어를 내게 하는 기법
2. 시그니피컨트법(Significant Technique): 유사성 비교를 통해 아이디어를 찾는 기법
3. 노모그램법(Nomogram Method Technique): 도해적으로 아이디어를 찾는 기법
4. 희망열거법: 희망사항을 열거함으로써 아이디어를 찾는 기법
5. 체크리스트법(Checklist Technique): 항목별로 체크함으로써 조사해 나가는 기법
6. 바이오닉스법(Bionics Technique): 자연계나 동·식물의 모양·활동 등을 관찰·이용해서 아이디어를 찾는 기법
7. 고든법(Gordon Technique): 문제의 해결책을 그 문제되는 대상 자체가 아닌 그 관련 부분에서 찾는 기법
8. 인풋·아웃풋 기법(Input—Output Technique): 투입되는 것과 산출되는 것의 비교를 통해 아이디어를 찾는 방법으로 자동시스템의 설계에 효과가 있는 기법
9. 초점법: 인풋·아웃풋 기법과 동일한 기법에 속하는 것으로 먼저 산출 쪽을 결정하고 나서 투입 쪽은 무결정으로 임의의 것을 강제적으로 결합해 가는 것

35 다음 중 10명 정도가 모여 무작위로 의견을 제시하고 제출된 의견에 대한 상호비판을 금지하면서 의사를 결정하는 기법에 해당하는 것은?

① 델파이기법　　② 시그니피케이션　③ 브레인스토밍　　④ 체크리스트법

브레인스토밍(Brain Storming Technique)

1. 의의: 창의적인 아이디어를 생산하기 위한 집단 발상법으로 여러 구성원이 자연스럽게 아이디어 목록을 만들어가며 어떤 문제에 대한 해답을 찾아가는 활동
2. 브레인스토밍의 4가지 규칙
   1) 절대로 남을 비판하지 말 것
   2) 자유로운 분위기를 조성할 것
   3) 남이 내놓은 아이디어에 내 아이디어를 덧붙여 더 좋은 아이디어를 제시할 것
   4) 질보다 양을 우선시할 것

36 여러 사람이 모여 자유로운 발상으로 아이디어를 내는 아이디어 창조기법에 해당하는 것은?

① 시그니피컨트(Significant) 방법　　　② 바이오닉스(Bionics) 방법
③ 브레인스토밍(Brain storming) 방법　④ 노모그램(Nomogram) 방법

브레인스토밍(Brain Storming Technique)의 특징

1. 여러 사람이 모여 자유로운 발상으로 아이디어를 내는 아이디어 창조기법이다.
2. 정상적인 사고방식으로는 내기 어려운 기발하고 독창적인 아이디어를 도출하는 데 목적이 있다.
3. 한 사람씩 돌아가며 자신의 아이디어를 말하는데 듣는 사람은 그 아이디어를 토대로 자유롭게 발전시키는 것이 이 방법의 요체다.
4. 많은 아이디어가 발표되기 전까지 판단을 보류하고, 질보다 양을 우선시하며, 의외의 아이디어까지 수용하고, 아이디어를 자유롭게 변형하는 형식으로 진행된다.

37 다음 중 사고로 이어질 수 있는 위험상황에 당면했을 때 운전자가 사고의 발생을 예방하거나 방지할 수 있도록 요구되는 운전은?

① 방어운전　　　② 안전운전　　　③ 감속운전　　　④ 불안전행동운전

> **해설** 방어운전
> 소극적인 운전으로 생각하기 쉬우나 오히려 그와는 반대로 다른 운전자나 보행자가 교통법규를 지키지 않거나 위험한 행동을 하더라도 그에 적절하게 대처하여 사고를 미연에 방지할 수 있도록 하는 적극적인 운전방법

38 교통사고 방지를 위한 대책 5단계가 바르게 짝지어진 것은?

① 안전관리조직 – 분석평가 – 사실의 발견 – 시정책선정 – 개선
② 분석평가 – 사실의 발견 – 안전관리조직 – 시정책선정 – 개선
③ 분석평가 – 사실의 발견 – 시정책선정 – 안전관리조직 – 개선
④ 안전관리조직 – 사실의 발견 – 분석평가 – 시정책선정 – 개선

> **해설** 사고예방대책의 기본원리 5단계
> 1단계: 안전관리조직 – 안전활동 방침 및 계획수립, 경영층 참여, 안전관리조직 구성
> 2단계: 사실의 발견(현상파악) – 불안전한 요소 발견(안전점검, 사고조사, 안전회의 등)
> 3단계: 분석평가(원인규명) – 발견된 사실이나 원인분석은 사고를 발생시킨 직접적인 원인
> 4단계: 시정방법의 선정(대책의 선정) – 효과적인 개선방법 선정(기술적 개선, 교육적 개선, 제도적 개선)
> 5단계: 시정책의 적용(목표달성, 3E 완성)
> 　　① 기술적 대책(Engineering): 안전설계, 설비개선, 작업기준
> 　　② 교육적 대책(Education): 안전교육, 교육훈련 실시
> 　　③ 규제적(관리) 대책(Enforcement): 안전기준 설정, 규칙 및 규정 준수 등

39 사고예방대책의 기본원리 5단계 중 사실의 발견단계에 해당하는 것은?

① 작업환경 측정　　　　　　② 안정성 진단, 평가
③ 점검, 검사 및 조사 실시　　④ 안전관리 계획수립

> **해설** 사고예방대책의 기본원리 5단계

40 다음 중 산업재해 예방과 관련한 하인리히 법칙에 대한 설명으로 틀린 것은?

① 하인리히 법칙은 산업재해 예방을 포함해 각종 사고나 사회적·경제적 위기 등을 설명하기 위해 의미를 확장해 해석하는 경우도 있다.

② 하인리히는 큰 재해는 우연히 발생하는 것이 아니며, 반드시 그전에 사소한 사고 등의 징후가 있다는 것을 실증적으로 밝혔다.

③ 한 번의 큰 재해가 있기 전에 그와 관련된 작은 사고나 징후들이 사후에 일어난다는 법칙이다.

④ 큰 재해, 작은 재해, 사소한 사고의 발생비율이 1 : 29 : 300이라는 점에서 "1 : 29 : 300 법칙"으로 부르기도 한다.

해설 하인리히 법칙, 도미노이론

1. 하인리히 법칙(Heinrich's law)
   1) 한 번의 큰 재해가 있기 전에 그와 관련된 작은 사고나 징후들이 먼저 일어난다는 법칙이다.
   2) 큰 재해와 작은 재해, 사소한 사고의 발생비율이 1 : 29 : 300이라는 점에서 "1 : 29 : 300 법칙"으로 부르기도 한다.
   3) 사소한 문제를 내버려둘 경우, 대형사고로 이어질 수 있다는 점을 밝혀낸 것으로 산업재해 예방을 위해 중요하게 여겨지는 개념이다.
   4) 하인리히는 큰 재해가 우연히 발생하는 것이 아니라 반드시 그 전에 사소한 사고 등의 징후가 있다는 것을 실증적으로 밝혀냈다고 할 수 있다.
2. 하인리히의 도미노이론(재해발생 5가지 단계)
   1) 1단계: 유전적, 사회적 결함
   2) 2단계: 개인적 결함
   3) 3단계: 불안전한 행동과 불안전한 상태
   4) 4단계: 사고
   5) 5단계: 재해

41 하인리히 법칙에서 "중대한 사고 : 경미한 사고 : 재해를 수반하지 않는 사고"의 발생비율은?

① 1 : 29 : 300   ② 1 : 30 : 500   ③ 1 : 100 : 300   ④ 1 : 60 : 600

해설 하인리히 법칙(H. W. Heinrich)

42 산업재해 예방과 관련한 하인리히 법칙(1 : 29 : 300 법칙)에서 29가 의미하는 것은?

① 중대한 사고의 발생 비율   ② 큰 재해의 발생비율
③ 작은 재해의 발생비율   ④ 사소한 사고의 발생 비율

해설 하인리히 법칙(H. W. Heinrich)

정답 40 ③ 41 ① 42 ③

43 다음 중 교통사고로 인한 공적 비용이 아닌 것은?

① 병원 방문비용
② 재판비용
③ 경찰서의 사고처리비용
④ 보험청구비용

해설 교통사고 비용

항 목		내 용
인적 피해 비용	생산손실비용	사망자, 부상후유장애
	휴업손해	부상자의 휴업손해
	의료비용	응급실, 입원, 통원, 재활, 투약 등 의료비용, 장례비용
물적 피해비용		차량, 재물, 구조물 가치
행정비용		경찰관서의 사고처리비용, 보험처리 행정비용

* 병원의 방문비용은 개인적 지출비용이다.

44 다음 중 교통사고 발생 시 당사자의 직접적인 손실로 볼 수 없는 것은?

① 간호비
② 소득의 상실
③ 심리적 정신적 보상
④ 차량의 연료 손실

해설 교통사고 비용

45 교통사고로 인한 피해자나 피해자 가족이 겪는 정신적인 고통을 보상해 주는 것은?

① 고통비용, 위자료
② 보험료
③ 손해배상청구
④ 법원소송

해설 교통사고 비용

46 시몬즈 방식에 의한 보험코스트와 비보험코스트 중 비보험코스트 항목(종류)이 아닌 것은?

① 응급조치상해
② 휴업상해
③ 노후상해
④ 통원상해

해설 시몬즈의 재해의 분류와 내용
1. 휴업상해: 영구 부분노동 불능, 일시 전노동 불능
2. 통원상해: 일시 부분노동 불능, 의사의 조치를 필요로 하는 통원상태
3. 무상해사고: 의료조치를 필요로 하지 않는 정도의 경미한 상해, 사고 및 무상해사고(20$ 이상의 재산 손실 또는 8시간 이상의 손실사고)
4. 응급조치상해: 20$ 미만의 손실 또는 8시간 미만의 휴업손실

정답 43 ① 44 ④ 45 ① 46 ③

47 시몬즈 방식으로 재해코스트(비용)를 산정할 때 재해의 분류와 설명의 연결로 옳은 것은?

① 무상해사고: 20달러 미만의 재산손실이 발생한 사고
② 휴업상해: 영구 전노동 불능
③ 응급조치상해: 일시 전노동 불능
④ 통원상해: 일시 일부노동 불능

해설 시몬즈의 재해의 분류와 내용

48 다음 중 운전자의 생리과정이 올바르게 된 것은?

① 인지 – 판단 – 제거
② 인지 – 판단 – 조작
③ 판단 – 인지 – 조작
④ 조작 – 인지 – 판단

해설 운전자의 반응과정
먼저 사실을 인지하고 인지를 바탕으로 판단하여 운전을 조작하게 된다.

49 타인과의 관계에서 자신의 잠재력, 운명, 위치 등을 파악하는 기준이 되는 집단은?

① 이익집단   ② 우호집단   ③ 준거집단   ④ 소속집단

해설 집단유형
1. 집단의 유형
    1) 공식적 집단: 명령집단, 과업집단
    2) 비공식적 집단: 이익집단, 우호집단
        ① 우호집단: 서로 유사한 성격을 갖는 사람들이 모여 형성하는 집단
        ② 이익집단: 이해관계나 목표를 같이하는 사람이 자신의 특수 이익을 실현하기 위해 결성한 집단
2. 개인이 속해 있느냐의 여부에 따른 분류
    1) 소속집단: 개인이 구성원으로 소속하여 있는 집단
    2) 준거집단: 개인의 신념, 가치판단, 행위의 기준이 되는 집단
    3) 소속집단과 준거집단의 특징
        ① 소속집단과 준거집단이 같을 경우: 집단에 대한 자긍심, 만족감, 공동체 의식
        ② 소속집단과 준거집단이 다를 경우: 내집단 불만족, 상대적 박탈감
3. 구성원의 접촉방식에 의한 분류(쿨리의 분류)
    1) 1차 집단: 구성원들 간의 친밀감과 지속적인 상호 작용을 중심으로 한다.
    2) 2차 집단: 특정 목적을 달성하기 위한 형식적, 수단적 상호작용을 중심으로 한다.

정답 47 ④   48 ②   49 ③

50 다음 중 10명 이하의 소집단교육으로 적당하지 않은 것은?

① 사례연구법　　　② 카운슬링　　　③ 분할연기법　　　④ 밀봉토의법

해설 소집단교육

1. 의의: 10명 전후의 소집단을 대상으로 실시하는 교육
2. 소집단 교육방법
　　1) 사례연구법: 사례연구법의 시행순서
　　　① 5분 정도의 사례제시　　　　② 35분간 사실확정
　　　③ 20분간 문제점발견　　　　　④ 20분간 원인분석
　　　⑤ 20분간 대책의 결정　　　　⑥ 20분간 평가
　　2) 과제연구법: 보통 세미나방식이라고 한다. 중요한 역할을 하는 자는 보고자와 조언자이다. 그러나 조언자가 반드시 외부인일 필요는 없다.
　　3) 분할연기법: 소집단 구성원들에게 서로 다른 역할의 연기를 시킴으로써 하나의 문제에 대한 지식·태도를 체득시키는 방법
　　4) 밀봉토의법(6·6방식): 6명의 구성원이 각자 1분씩, 합계 6분간에 마치 꿀벌이 꿀을 모으듯 대화하게 하는 방법
　　5) 패널 디스커션(panel discussion): 몇 명의 선발된 사람들이 토론을 통해 문제를 다각도로 검토하는 방법
　　6) 그 외에 공개토론법, 발견적 토의법, 심포지엄 등이 있다.

51 다음 중 집단 간 갈등 해소방법으로 틀린 것은?

① 문제 해결법　　② 구조적 방법　　③ 통합기능　　④ 상호작용 방법

해설 집단 간 갈등해소 방법

1. 문제 해결법
　　1) 문제 해결법은 대면전략이라고 하는데, 갈등을 빚는 집단들이 얼굴을 맞대고 회의를 통해서 갈등을 감소시킨다.
　　2) 회의의 목적은 갈등의 문제를 확인하고 해결하는 것이다. 갈등 집단들은 모든 관련 정보를 동원해서 해결안에 도달할 때까지 논제에 대해 공개적인 토론을 벌인다. 오해나 언어의 장벽 때문에 발생하는 갈등에 대해서는 이 방법이 효과적이다. 문제에 대한 상황 확인과 솔직한 의사표시가 이루어지기 때문이다.
　　3) 그러나 집단들의 상이한 가치체계를 가지게 되는 복잡한 문제를 해결하는 데는 효과가 있는지 의문이다.
2. 협상
　　1) 토론을 통한 타협으로 한쪽에서 제안을 하고 다른 한쪽에서 다른 제안을 해서 상호 양보를 통해 합의점에 도달하는 방법이다.
　　2) 이 과정에서 합의점이 양쪽 집단에 이상적인 것이 아니기 때문에 승자도 패자도 없다. 갈등해결에는 양쪽이 다소의 양보가 필요하다는 점에서 전통적인 역사를 가진 갈등 해결방식이다.
3. 상위목표의 도입
　　1) 갈등적 집단의 목표보다 더 넓은 개념의 상위목표를 도입하는 방법이다.

정답 50 ② 51 ④

2) 상위목표는 집단들이 함께 힘을 합치지 않고서는 달성할 수 없는 매력적인 목표이다. 어느 한 집단만으로 달성될 수 없으므로 이 목표를 달성하기 위해서 집단들 간에 상호 의존적 상태가 형성되지 않으면 안 된다.

3) 이 방법은 상당히 성공적인 집단 간 갈등의 해결방법으로 주목된다.

4. 조직구조의 개편

1) 어떤 갈등들은 조직구조 자체의 문제 때문에도 발생한다.

2) 이 경우에 구성원들의 태도나 사고방식의 변화 등의 행위적 변화는 일시적인 해결안밖에는 안 된다. 근원적인 갈등의 해결은 조직구조를 개편하는 길뿐이다.

5. 자원의 증대

1) 갈등의 원인 가운데 하나인 한정된 자원을 확대하는 것도 갈등해결의 좋은 전략이 된다.

2) 즉, 복사기를 늘린다든지 차량을 늘려서 대리점에 제품수송을 원활히 함으로써 갈등을 해소할 수 있다.

3) 이는 효과적이기는 하지만 충분한 자원을 가지고 있는 조직이 많지 않다는 점에서 현실적인 제약이 따른다.

52 대면적 화합을 통해 갈등을 줄이고자 하는 집단 간 갈등 해소방법은?

① 상위목표의 도입
② 협상
③ 고직구조의 개편
④ 문제 해결법

해설 집단 간 갈등해소 및 예방방법

53 집단활동의 타성화에 대한 대책으로써 옳지 않은 것은?

① 문제의식 억제
② 성과를 도표화
③ 표어, 포스터의 모집
④ 타 집단과 상호교류

해설 집단활동의 타성화에 대한 대책
집단구성원의 문제의식을 억제시키는 것보다는 활성화시키는 것이 바람직하다.

54 비공식조직에서 조직원 상호간의 감정적 거리를 측정하여 집단의 상호관계를 파악하는 방법은?

① 조하리의 창
② 소시오메트리
③ 브레인스토밍
④ 그레이프바인

해설 소시오메트리(Sociometry)

1. 소집단 구성원 간의 사회관계를 수량적으로 측정하여 집단 내의 인간관계를 표현한다.

2. 모레노(J. Moreno)에 의해 개발된 개념이다. 모레노는 집단 역학을 집중적으로 연구한 학자로 집단행동을 진단·평가하고 개선하는 데 크게 기여하였다.

3. 조직의 각 구성원들에게 누구를 좋아하는가 또는 누구와 대화하고 싶은가를 물어서 구성원들 간의 호의와 비호의의 양상이라고 할 수 있는 소시오메트리 구조를 파악한다.

정답 52 ④ 53 ① 54 ②

55 문제의 해결과 관계된 미래 추이의 예측을 위해 전문가 패널을 구성하여 수회 이상 설문하는 정성적 분석 기법은?

① 델파이기법　　　　　　　　　　② 집단의사결정
③ 브레인스토밍　　　　　　　　　　④ 사고요인의 등치성

> **해설**　델파이기법
> 1. 의의: 어떤 문제의 해결과 관계된 미래 추이의 예측을 위해 전문가 패널을 구성하여 수회 이상 설문하는 정성적 분석 기법으로 전문가 합의법이라고도 한다.
> 2. 델파이기법의 기본원칙
> 　　1) 익명성　　2) 절차의 반복　　3) 통제된 환류　　4) 응답의 통계처리　　5) 전문가 합의

56 조직구성원들이 집단목표를 달성하도록 영향력을 행사하는 능력은 무엇인가?

① 리더십　　　　② 커뮤니케이션　　　　③ 매니지먼트　　　　④ 모티베이션

> **해설**　리더십의 의의
> 1. 어떤 상황에서 목표달성을 위해 어떤 개인이 다른 개인, 집단의 행위에 영향력을 행사하는 과정
> 2. 조직구성원들이 집단목표를 달성하기 위해 자발적이고 열성적으로 공헌하도록 그들에게 동기를 부여하는 영향력, 기술 또는 과정이라고 할 수 있다.

57 리더십연구의 전개과정을 순서대로 바르게 나열한 것은?

① 상황이론 → 행동이론 → 특성이론　　　　② 특성이론 → 행동이론 → 상황이론
③ 행동이론 → 특성이론 → 상황이론　　　　④ 특성이론 → 상황이론 → 유효성이론

> **해설**　리더십의 전개과정
> 1. 특성이론
> 　1930년대와 1940년대에 연구되어진 영역으로 리더 간에는 신체적인 특성(신장, 외모, 힘), 성격(자신감, 정서적 안정성, 지배성향), 능력(지능, 언어의 유창성, 독창성, 통찰력) 등에 있어 차이가 있다는 이론.
> 2. 리더십의 특성이론 → 행동이론 → 상황이론으로 전개되었고 현재는 리더십의 새로운 패러다임으로 전개되고 있다.

제4장 교통안전 관리 조직

제1절 관리(Management)

1. 전통적 관리론의 선구자 페이욜(H. Fayol)의 관리 5요소 주장
   1) 관리 5요소: ① 예측하며, ② 조직하며, ③ 명령하며, ④ 조정하며, ⑤ 통제하는 것
   2) 데이비스(R.C. Davis)의 관리의 3대 기능
      ① 조직의 목적을 달성하기 위하여 타인의 활동을 계획하며, 조직하며, 통제하는 일을 의미한다.
      ② 관리의 3대기능: ① 계획(Plan) ② 조직(Organization) ③ 통제(Control)
   3) 안전관리의 수평적 기능
      ① 관리기능 분류
         ㉮ 수직적 기능: 전반관리(계획·조직·통계) — 일반적인 관리의 의미
         ㉯ 수평적 기능: 부문관리(이사·판매·판매안전관리)
      ② 안전관리(Safety Management)는 수평적 기능에 속하므로 교통안전관리자는 안전업무에 관한한 수직적 기능의 수행과 동시에 수평적 기능으로서 타 기능과 상호 관련 하에 협조와 균형을 유지하여야 한다.
2. 모델의 단순화와 복잡화 요소
   1) 단순화
      ① 가정 제약요인을 엄격하게 한다.　　② 우연요인을 무시한다.
   2) 복잡화
      ① 상수를 변수로 처리한다.　　② 비선형관계를 이용한다.
      ③ 우연 요인을 고려한다.　　④ 변수를 첨가한다.
      ⑤ 가정 제약요인을 완화한다.
3. 맥그리거의 Y이론(McGregor)
   1) 인간들은 원래 게으르거나 신뢰할 수 없는 것이 아니라, 적절한 동기만 부여되면 기본적으로 자기통제적일 수 있으며, 작업에서도 창의적일 수 있다는 인간에 대한 가정이다.
   2) X이론은 Y이론과 대조적인 것으로, 인간은 선천적으로 게으르고 책임지지 않으며 무능력하므로 채찍을 가해서 열심히 일하도록 해야 한다는 인간관이다.

4. Z형 조직(수정된 미국식)의 특징

오우치(W. G. Ouchi) 등이 일본식 경영이론을 미국기업의 경영방식에 접목시킨 것

1) 장기고용
2) 집단의사결정
3) 개인책임
4) 느린 평가와 승진
5) 비명시적이고 비공식적인 통제
6) 적절하게 전문화된 경력경로
7) 가족을 포함한 전인격적 관심

제 2 절　조직관리

1. 의의: 조직목표를 달성하기 위해 인간과 다른 자원을 이용해서 계획, 조직, 활성화, 통제 등을 수행하는 것으로 구성되는 일련의 과정이다.

2. 경영조직 관리 이론

1) 과학적 관리론(테일러, F. W. Taylor)

생산성의 향상을 중심으로 한 능률증대에만 치중한 나머지 인간의 개성이나 잠재력을 거의 고려하지 않고 인간을 단지 기계적·합리적·비인간적인 도구로 취급하고 관리함으로써 문제를 야기시켰다.

2) 인간관계론

① 인간을 사회인 또는 자기실현인으로 간주함으로써 인간에 대한 적절한 동기부여를 시도했다. 인간관계론의 대두 이래 이 양자 간에 조화를 이룰 이론들이 연구되면서 현대적 조직관리 이론의 발전에 크게 기여하게 되었다.

② 조직 내의 계층 간 공식적인 동기부여보다 비공식적 동기부여를 강조한다.

③ 하버드대학교의 메이요(E. Mayo), 뢰슬리스버거(F. J. Roethlisberger)는 호손실험을 통해 비공식조직이 종업원의 동기부여에 큰 영향을 미친다는 것을 확인하였다.

④ 인간의 정서적·심리적 측면에 주의를 기울여 인간을 물질적인 요인뿐만 아니라 정신적인 요인에 의해서도 영향을 받는다는 사실을 발견하였다.

3) 참여적 관리론

의사결정론, 시스템 이론, 행동과학론으로 요약되는 현대적 조직관리 이론은 조직을 개방시스템으로 본다. 또한 인간을 강조하며 권한의 분권화, 긍정적 환경, 권위보다는 구성원 간의 합의, 동기부여욕구, 민주적 접근 등을 그 특징으로 한다.

4) 상황이론(Contingency Theory)

모든 상황에서 모든 조직에 유효성을 가져다주는 유일한 조직이론은 존재하지 않는다는 사고 하에서, 상황과 조직특성 간의 적합적 관계를 다루려는 이론을 말한다.

제3절 테일러의 과학적 관리의 원칙

1. 테일러 시스템(Taylor system), 또는 테일러리즘(Taylorism)으로 불리는 과학적 관리법을 창안함으로써 능률 향상에 큰 기여를 하였다.
2. 과학적 관리법의 기본정신은 노동자에게는 높은 임금을, 자본가에게는 높은 이윤을 얻게 한다는 것이며, 일류인간(the first class man)을 만드는 것을 목표로 하였다.
   * 전반적인 경영관리론의 모태가 된 것은 페이욜의 관리론이다. 테일러의 과학적 관리법은 공장의 생산관리 및 노무관리에 불과하다는 비판을 받고 있다
3. 테일러의 4가지 관리원칙
   1) 모든 직무에 대하여 과학적 방법 사용
   2) 관리를 통하여 과학적으로 사람을 선발·훈련·개발
   3) 사용자와 근로자 간의 협동(조화)
   4) 관리자와 근로자 간에 작업분화의 필요 등
4. 테일러의 과학적 관리법은 경제적 접근법이고, 사회적 접근법은 메이요(E. Mayo)의 인간관계론에서의 접근법이다.

제4절 사이몬(H. A. Simon)의 조직이론

1. 합리성(관리인 가설)
   1) 제학에서 가정하고 있는 초합리적인 경제인을 비현실적인 것으로 파악하고, 현실적인 합리성은 제한된 합리성에 불과하다고 본다.
   2) 제한된 합리성은 주관적으로 합리적이라고 생각한다는 의미에서 '주관적 합리성'이라고 부를 수 있다.
   3) 제한된 합리성밖에 달성할 수 없는 현실의 인간을 '관리인(Administrative Man)'이라고 하여 '경제인(Economic Man)'과 구분하였다.
2. 사이몬의 영향력 유형
   1) 사이몬은 버나드와 같이 구성원의 동의를 얻는 것이 조직에서 매우 중요한 일이라고 하였다.
   2) 구성원의 동의를 얻기 위해서 조직이 사용할 수 있는 영향력의 유형
      ① 조직에서 부과하는 권위   ② 종업원의 자기통제
   3) 자기통제(Self-Control)를 발전시킬 수 있는 방안
      ① 조직에 대한 충성심   ② 조직에 대한 일체감
      ③ 종업원에 대한 유효성 기준의 설득

제 5 절　매슬로우(Maslow)의 욕구 5단계

1. 개념

   하위계층의 욕구가 만족됨에 따라 전 단계는 더 이상의 동기부여의 역할을 수행하지 못하고 다음 단계의 욕구가 동기유발요인으로 작용한다는 만족－진행(Satisfaction－Progression)과정의 이론이다.

2. 매슬로우의 욕구 5단계

   1) 생리적 욕구(Physiological)

      허기를 면하고 생명을 유지하려는 욕구로서 가장 기본인 의복, 음식, 가택을 향한 욕구에서 성욕까지를 포함한다.

   2) 안전의 욕구(Safety)

      생리 욕구가 충족되고서 나타나는 욕구로서 위험, 위협, 박탈(剝奪)에서 자신을 보호하고 불안을 회피하려는 욕구이다.

   3) 애정·소속의 욕구(사회적·소속감 욕구 Love/Belonging)

      가족, 친구, 친척 등과 친교를 맺고 원하는 집단에 귀속되고 싶어하는 욕구이다.

   4) 존중의 욕구(Esteem)

      사람들과 친하게 지내고 싶은 인간의 기초가 되는 욕구이다. 자아존중, 자신감, 성취, 존중, 존경 등에 관한 욕구가 여기에 속한다.

   5) 자아실현의 욕구(Self－actualization)

      자기를 계속 발전하게 하고자 자신의 잠재력을 최대한 발휘하려는 욕구이다. 다른 욕구와 달리 욕구가 충족될수록 더욱 증대되는 경향을 보여 '성장 욕구'라고도 한다. 알고 이해하려는 인지 욕구나 심미 욕구 등이 여기에 포함된다.

제 6 절　동기부여 이론

1. 내용이론: 어떤 요인이 동기부여를 시키는 데 크게 작용하게 되는가를 연구

   1) 매슬로우의 욕구 5단계 이론

      ① 생리적 욕구　② 안전 욕구　③ 사회적 욕구　③ 존중 욕구　④ 자아실현 욕구

   2) 허즈버그(F. Herzberg)의 2요인 이론(동기위생이론)

      ① 위생요인: 직무만족－임금, 작업환경, 보상, 지위, 정책 등의 환경적인 요소

      ② 동기요인: 직무성과－인정, 존중, 성취감, 책임, 성장, 도전의식(매슬로우의 1~3단계)

   3) 알더퍼(C.P. Alderfer)의 ERG 이론

      ① E: 존재의 욕구(Existence needs)

         ㉮ 배고픔, 쉼, 갈증과 생리적·물질적·안전에 관한 욕구

　　　　　　㉯ 임금·복리·쾌적한 물리적 작업 조건에서 만족을 얻음

　　　　　　㉰ 매슬로우의 생리적 욕구·안전 욕구에 해당

　　　　② R: 관계의 욕구(Relatedness needs)

　　　　　　㉮ 타인과 의미 있고 만족스러운 인간관계에 의한 욕구

　　　　　　㉯ 가족, 친구 등의 관계에서 만족을 얻음

　　　　　　㉰ 매슬로우의 사회적·존경의 욕구에 해당

　　　　③ G: 성장의 욕구(Growth needs)

　　　　　　㉮ 개인의 성장과 발전에 대한 욕구

　　　　　　㉯ 잠재력을 극대화하고 능력을 개발함으로써 충족

　　　　　　㉰ 매슬로우의 존경의 욕구·자아실현 욕구에 해당

　　　　　　㉱ 하위욕구가 충족될수록 상위욕구에 대한 욕망이 크고 상위욕구가 충족되지 않을수록 하위욕구에 대한 욕망이 커진다는 이론으로 매슬로우의 욕구단계설에 좌절－퇴행(Frustration－Regression)의 과정을 추가하여 욕구 충족과정을 설명한다.

　　　　④ 상위욕구가 영향력을 행사하기 전에 하위욕구가 반드시 충족되어야 한다는 매슬로우의 욕구 5단계설의 가정을 배제하였다. 한 가지 이상의 욕구가 동시에 작용할 수 있다는 것이다.

　2. 과정이론(Process Theories)

　　　1) 동기부여가 어떠한 과정을 통해 발생하는가를 연구

　　　2) 종류: 기대이론, 공정성이론, 목표설이론, 강화이론 등

제7절　조직의 공정과 조화

1. 아담스(J. S. Adams)의 공정성이론

　　1) 조직구성원들은 자신이 조직을 위해 공헌한 것을 조직이 공헌에 대한 노력을 평가하여 보상을 할 때, 공헌과 보상의 비율이 공정하다고 느낄 때 사람들의 동기부여가 된다고 주장한 이론이다.

　　2) 각 개인은 타인의 투입 대 산출과 자신의 투입 대 산출 사이의 불균형을 크게 인지할수록 강하게 동기유발이 된다는 이론이다.

　　3) 공정성이론이 나오기 전에는 공정성보다 평등성에 더 주안점을 두었다.

　　4) 불공정성의 지각 → 개인 내의 긴장 → 긴장감소 쪽으로 동기유발 → 행위가 이루어진다는 것이다.

2. 페스팅거(Leon Festinger)의 인지부조화이론

　　1) 사람들은 태도, 신념, 감정, 행동 간에 일관성을 유지하려고 하며 일관되지 못하는 상황이 나타날 때 심리적으로 부조화를 경험하게 된다고 주장하였다.

　　2) 1957년 페스팅거에 의해 처음 제안되었다.

제 8 절 조직목표

1. 목표에 의한 관리(MBO, Management By Objective)
   1) 개념
      ① 기존의 상사에 의한 부하의 업적평가 대신 부하가 상사와의 협의 하에 양적으로 측정 가능한 구체적이고 단기적인 업적목표를 설정하고 스스로가 그러한 업적에서 주장한 방법이다.
      ② 목표에 의한 관리 또는 목표경영이라는 용어는 1954년 피터 드럭커(P. F Drucker)의 <경영학 연습>이라는 저서에서 언급된 것으로 오늘날에는 경영계획의 보편적 개념으로 인식되고 있다.
      ③ 드럭커는 목표경영(MBO)을 충동경영(Management by drives)이라는 개념과 비교하고 있다.
   2) MBO의 특징 4가지
      ① 작업에 대한 구체적인 목표를 설정한다.
      ② 종업원들이 목표설정에 참여한다.
      ③ 실적평가를 위한 계획기간이 명시되어 있다.
      ④ 실적에 대한 피드백 기능이 있다.
2. 바너드(C. I. Barnard)의 조직존속 3요소
   1) 저서인 <경영자의 기능>에서 조직의 존속을 위해서는 공통목적, 의사소통, 공헌의욕이 필요하다고 주장하였다.
   2) 바너드(C. I. Barnard)의 조직 목표달성도
      ① 조직에서는 반드시 일반목적이 중간목적으로 세분화되는 전문화가 이루어진다.
      ② 바너드는 기업의 '유효성'이 바로 이 전문화에 의하여 좌우된다고 말하고 있다.
      ③ 조직의 공헌자들은 권한의 유무에 대하여 의식하지 않고서도 명령을 수용하는 일정한 범위, 즉 '무관심권'이라는 범위가 있으며, 그 범위의 크기는 각 개인이 받는 유인에 대한 만족, 즉 '능률'에 따라 달라진다.

제 9 절 교통안전관리조직

1. 교통안전관리조직의 개념
   1) 교통안전에 참여하는 모든 기관이 포함되어야 하며 참여기관은 교통안전이라는 목적을 실현하기 위하여 유기적으로 결합되고 조직화되어야 한다.
   2) 교통안전법은 정부 각 부처에 분산되어 있는 교통안전업무를 종합하여 유기적이고 통일적으로 실현하기 위하여 제정된 법이며 관계기관을 통하여 교통기관에 참여하고 있는 기업체를 통제·유도하도록 하고 있다.

3) 운수업체 내에서 교통사고 방지를 위한 안전관리업무를 담당할 기구로 안전관리조직이 필요하다.
4) 안전관리조직은 일반적인 조직과 같이 라인(Line)형, 스탭(Staff)형, 라인스탭 혼합형으로 구분할 수가 있다.

2. 교통안전관리조직이 고려되어야 할 요소
1) 구성원을 능률적으로 조절할 수 있어야 할 것
2) 그 운영자에게 통제상의 정보를 제공할 수 있어야 할 것
3) 구성원 상호간을 연결할 수 있는 공식적 조직일 것
4) 환경의 변화에 끊임없이 순응할 수 있는 유기체조직일 것
5) 안전관리 목적달성의 수단일 것
6) 안전관리 목적달성에 지장이 없는 한 단순할 것
7) 인간을 목적달성을 위한 수단의 요소로 인식할 것

제 10 절　안전관리조직 형태

1. 라인형 조직(Line System Line Organization)
1) 안전관리를 위한 계획에서 시행까지의 업무지시를 명령계통을 통하여 시달하고 감독하는 것이다.
2) 강력한 추진력을 발휘할 수 있는 장점이 있다.
3) 안전에 관하여 무관심하거나 비협조적이면 유명무실하게 된다.
4) 지휘·명령계통이라는 두 가지 뜻을 포함하며, 생산활동에 직접 종사하는 사람 직위 부문 및 이와 연결되는 지휘·명령계통상에 위치하는 각급 경영자, 관리자를 말한다.
5) 전문적인 권한을 행사하는 조직이다.

2. 참모형(스탭) 조직(Staff System, Staff Organization)
1) 안전활동을 전담하는 부서를 두고 안전에 관한 계획, 조사, 검토, 독려, 보고 등의 업무를 관장하게 하는 제도이다.
2) 안전업무에 대하여 건의하고 조언하는 데 머문다.
3) 안전관리자가 안전에 대한 지식과 기술 그리고 경험이 풍부한 때는 안전업무가 비약적으로 발전되나 그렇지 못할 때는 라인형보다 못한 때가 많다.
4) 라인의 경영자, 관리자가 맡은바 경영관리활동을 효율적으로 할 수 있도록 전문적인 입장에서 돕는 기능, 직위, 사람, 부문을 말한다.

3. 라인스탭형 조직
1) 라인형과 스탭형의 장점만을 골라서 혼합한 것이다.
2) 대규모 조직에 적합하다.
3) 교통안전관리자는 업무성격으로 볼 때 라인과 참모기능을 함께 갖고 있다.

4. 사업부제 조직(Divisional Organization)
  1) 경영활동을 제품별, 지역별 또는 고객별 사업부로 분화하고, 독립성을 인정하여 권한과 책임을 위양함으로써 의사결정의 분권화가 이루어지는 조직이다.
  2) 조직은 기술혁신에 의한 제품의 다양화가 이루어짐에 따라 등장하게 되었다.
  3) 사업부제 조직은 환경변화에 신축적으로 대응할 수 있고 업무의 조정이 용이하다.
5. 공식조직과 비공식조직
  1) 공식조직(Formal Organization)의 개념
    ① 분업과 권한·책임의 계층제를 통하여 일정한 목표를 달성하려는 조직으로서 법률·규칙이나 직제에 의하여 형성된 인위적 조직
    ② 행정목적의 능률적 수행을 위해 합리적, 관료제적, 인위적 측면에 중점을 둔 법에 근거한 조직
  2) 비공식조직(Informal Organization)의 개념
    ① 구성원 상호간의 접촉이나 친근성으로 말미암아 자연발생적으로 형성되는 조직으로서 사실상 존재하는 현실적 인간 상호관계나 인간의 욕구를 기반으로 하며 구조가 명확하지 않으나 공식조직에 비하여 신축성을 가진 조직
    ② 혈연, 지연, 학연 등 인간관계를 기초로 비합리적, 감정적, 대면적 측면에 중점을 둔 자생적 조직
    ③ 비공식조직의 장단점

순기능 (장점)	역기능 (단점)
• 구성원에게 귀속감과 안정감을 주어 조직의 안정화 • 공식조직의 경직성을 완화시키고 공식지도자의 능력을 보완 • 구성원 간의 유대와 협조를 통하여 업무의 능률성 향상 • 구성원을 위한 행동기준 확립 • 풍문을 통한 의사전달의 통로기능 • 개인의 창의력과 쇄신적 활동 고취	• 공식조직에의 적대감 • 구성원에게 심리적 불안감 조성우려 • 공식발표에 앞서 정보의 사전누설 • 대면적이고 정실주의 조장우려 • 풍문 확산으로 구성원의 사기저하 및 불안감 조성우려 • 개인불만을 전체불만으로 유포우려

  3) 공식조직과 비공식조직의 비교

공식조직의 특징	비공식조직의 특징
인위적	자연발생적
외면적, 외재적	내면적, 내재적
성문화된 제도적	비성문화, 비제도적
가시적	비가시적
능률의 논리	감정의 논리
전체적 질서	부분적 질서
합리적, 관료제적, 인위적	비합리적, 감정적, 대면적

1. 조직설계의 기본변수
   1) 복잡성(Complexity)
      ① 과업의 분화정도를 나타내는 것으로 분화 또는 전문화라고도 한다.
      ② 수평적 분화(부서화), 수직적 분화(계층화), 장소적 분화로 구분
   2) 공식화(Formalization, 문서화): 조직 내의 직무가 표준화되어 있는 정도
   3) 집권화(Centralization, 분권화): 의사결정권한의 배분정도를 의미하는데, 의사결정의 권한이
                                   하위계층에 위양되어 있는 경우 분권적 조직이 된다.
   4) 전문화: 조직의 업무가 얼마나 나누어져 있는가는 전문화와 관련이 있다.
   * 조직설계의 상황변수: ⓐ 환경　　ⓑ 기술　　ⓒ 규모　　ⓓ 전략 등

2. 공식화
   1) 의의: 조직 내의 직무가 정형화·표준화·법규화된 정도
      ① 조직이 어떠한 일을, 누가, 어떻게 수행해야 하는가에 대한 공식적 규정의 정도를 말한다.
      ② 조직 내 직무에 대한 규칙 설정의 표준화 정도와 이에 대한 문서화를 의미한다.
      ③ 문서화된 규칙의 수가 많을수록, 그 규칙이 엄격히 수행될수록 공식화의 수준은 높게 측정된다.
      ④ 표준화의 정도가 클수록 자기 직무에 대한 자율성과 재량권이 줄어든다.
      ⑤ 조직 구성원들의 직무만족과 조직몰입에 긍정적, 부정적 영향을 모두 미친다.
      ⑥ 통제 중심의 관리방식이 이루어져 직무만족과 조직만족에 부정적인 영향을 미친다.
   2) 공식화의 척도·방법
      ① 직무기술서와 규정들이 세분화된 정도
      ② 감독의 정도
      ③ 종업원과 경영자들에게 주어진 자유재량권의 정도
      ④ 작업표준화의 정도
      ⑤ 법규의 존재·강요되는 정도 등이 있다.
   3) 공식화의 특징
      ① 단순·반복일수록 공식성 ↑　　　　② 조직규모가 클수록 ↑
      ③ 안정적 조직환경일수록 ↑　　　　④ 기계적 구조일 때 ↑
   4) 공식화의 장점
      ① 조정활동 촉진　　　② 예측가능성 증대　　　③ 관리비용 절감
      ④ 평가의 공정성 기초　② 업무의 표준화 향상　　⑥ 행동의 예측·통제 용이
      ⑦ 시간·노력의 절감으로 효율·신속·정확한 과업수행 가능

⑧ 공평한 과업수행

⑨ 반반응의 신뢰성을 높여 대외관계의 일관성·안정성 유지

⑩ 일상적 업무의 대폭적인 하부위임 등이 가능

⑪ 관리자의 직접적인 감독 필요성의 감소(→ 간접적 감독으로의 전환)

5) 공식화의 단점(역기능)

① 개인차이와 업무차이 존재 ② 번문욕례나 문서주의 발생

③ 비공식적 의사소통 방해 ④ 공식적 의사소통의 과중한 부담초래

⑤ 구성원의 자율성 감소(비개인화·비인간화·인간소외)

⑥ 집권화 초래 ⑦ 조직 변동이 곤란 ⑧ 탄력적 대응성 저하

* 조직화의 원칙

ⓐ 전문화의 원칙 ⓑ 명령 일원화의 원칙(명령통일의 원칙)

ⓒ 책임 및 권한의 원칙 ⓓ 공식화의 원칙

ⓔ 권한위양의 원칙 ⓕ 조정의 원칙

ⓖ 감독한계의 원칙 ⓗ 탄력성의 원칙 ⓘ 예외의 원칙

제 12 절 페이욜(Henry Payol)의 경영관리과정

1. 산업조직의 기본적인 활동 6가지

① 기술활동: 생산, 제조, 가공 ② 상업활동: 구매, 판매, 교환

③ 재무활동: 자본의 조달과 운영 ④ 보호활동: 재화와 종업원의 보호

⑤ 회계활동: 재산목록, 대차대조표, 원가, 통계 ⑥ 관리활동: 계획, 조직, 지휘, 조정, 통제

2. Payol이 최초로 주장한 경영관리순환과정 5요소

① 계획(예측, Planning): 조직의 목표와 예산계획, 장래를 예견해서 활동계획을 정하는 것

② 조직(Organizing): 목표에 따라 조직구조 설계 및 역할배분, 기업의 물적 및 인적 이중의 조직을 형성하는 것

③ 지휘(명령, Commanding): 과업수행을 위한 지시, 기업구성원으로 하여금 제 기기의 직능을 수행하는 것

④ 조정(Coordinating): 과업수행 시 발생하는 분쟁과 갈등의 해결, 모든 활동 및 노력을 연결, 통일 조화시키는 것

⑤ 통제(Controlling): 모든 활동을 미리 정해진 계획 및 주어진 명령에 따라 행해지도록 감시하는 것, 업무수행에 대한 평가와 반성을 통해 향후 업무수행 시 환류기능

3. Payol의 조직관리의 일반원칙

1) 일반조직의 14가지 관리원칙

① 분업의 원칙 ② 권한과 책임의 원칙 ③ 규율의 원칙

④ 명령통일의 원칙 ⑤ 지휘일원화의 원칙 ⑥ 개인이익이 전체이익에 종속

⑦ 종업원 보상의 원칙   ⑧ 집권화의 원칙   ⑨ 계층적 연쇄의 원칙

⑩ 질서의 원칙   ⑪ 공정성의 원칙   ⑫ 고용안정의 원칙

⑬ 창의력 개발의 원칙   ⑭ 단결의 원칙

2) 분업(Division of labor)

① 대규모 기업경영에서 필수적인 전제가 되는 것은 분업의 원칙이다.

② 구성원들로 하여금 한정된 분야에서 일하게 하여 일의 범주를 줄여주기 때문에 일의 능률을 증진시켜준다.

제**4**장

[교통안전 관리 조직]
기출예상문제

01 다음 중 H. Simon의 조직이론에서 인간행동을 분석하는 기본 가설은?

① 합리적 경제인 가설　　　　　　② 관리인 가설
③ 사회인 가설　　　　　　　　　　④ 복잡인 가설

> 해설　관리인 가설
> 1. 사이몬(H. Simon)이 제시한 의사결정자에 대한 모형을 말한다. 조직구성원은 수동적인 도구, 즉 스스로 일을 하거나 유효한 영향력을 행사하는 존재가 아니다.
> 2. 조직구성원을 조직행동의 시스템에 참가시키기 위해서는 동기부여와 유인할 필요가 있다는 것을 가정하는 이론이다.

02 사이몬이 〈관리행동〉이라는 저서에서 주장한 조직적 의사결정에 관한 내용 중 옳게 연결된 것은?

① 완전한 합리성 – 관리인　　　　② 제한된 합리성 – 경제인
③ 객관적 합리성 – 경제인　　　　④ 제한된 합리성 – 관리인

> 해설　사이몬(H. A. Simon)의 조직이론
> 1. 경제학에서 가정하고 있는 초합리적인 경제인을 비현실적인 것으로 파악하고, 현실적인 합리성은 제한된 합리성에 불과하다고 본다.
> 2. 제한된 합리성은 주관적으로 합리적이라고 생각한다는 의미에서 '주관적 합리성'이라고 부를 수 있다.
> 3. 제한된 합리성밖에 달성할 수 없는 현실의 인간을 '관리인(Administrative Man)'이라고 하여 '경제인(Economic Man)'과 구분하였다.

03 사이몬이 제시한 자기통제(Self-Control)를 발전시킬 수 있는 방안에 해당되지 않는 것은?

① 조직에 대한 충성심　　　　　　② 조직에 대한 일체감
③ 권위에 대한 복종　　　　　　　④ 종업원에 대한 유효성 기준의 설득

> 해설　사이몬의 영향력 유형
> 1. 사이몬은 버나드와 같이 구성원의 동의를 얻는 것이 조직에서 매우 중요한 일이라고 하였다.
> 2. 구성원의 동의를 얻기 위해서 조직이 사용할 수 있는 영향력의 유형

정답　1 ②　2 ④　3 ③

　　　　1) 조직에서 부과하는 권위　　　　　　2) 종업원의 자기통제
　　3. 자기통제를 발전시킬 수 있는 방안
　　　　1) 조직에 대한 충성심　　　　　　　　2) 조직에 대한 일체감
　　　　3) 종업원에 대한 유효성 기준의 설득

04 조직의 사회적 성격을 규명하고 개인의 유기적 관련성을 중시하며 조직의 인간적 측면을 강조하게 된 계기는?

① 포드 – 동시관리　　　　　　　　　② 테일러 – 과학적 관리법
③ 메이요 – 호손실험　　　　　　　　④ 페이욜 – 일반경영이론

해설 조직과 인간

1. 메이요(E. Mayo) 등의 호손실험을 계기로 등장한 인간관계론은 인간의 정서적·심리적 측면에 주의를 기울여 인간을 물질적인 요인뿐만 아니라 정신적인 요인에 의해서도 영향을 받는다는 사실을 발견하였다.
2. 인간관계론은 전통적 관리론에서 경시되어 온 비공식조직의 존재와 그 기능을 밝히고 있다.

05 시스템이론의 추상적인 내용을 구체화시켜 주는 조직연구의 접근법으로 모든 상황에서 모든 조직에 유효성을 가져다 주는 유일한 조직이론은 존재하지 않는다는 사고하에서, 상황과 조직특성 간의 적합적 관계를 다루려는 이론은?

① 수정경영이론　　　② 행동과학이론　　　③ 시스템 경영이론　　　④ 상황이론

해설 상황이론(Contingency Theory)

모든 상황에서 모든 조직에 유효성을 가져다 주는 유일한 조직이론은 존재하지 않는다는 사고하에서, 상황과 조직특성 간의 적합적 관계를 다루려는 이론을 말한다.

06 역사적 흐름에 따라 나열된 인적자원 관리법 순서로 맞는 것은?

① 인간관계 관리법 – 참여적 관리법 – 과학적 관리법
② 참여적 관리법 – 과학적 관리법 – 인간관계 관리법
③ 과학적 관리법 – 참여적 관리법 – 인간관계 관리법
④ 과학적 관리법 – 인간관계 관리법 – 참여적 관리법

해설 조직관리

1. 의의: 조직목표를 달성하기 위해 인간과 다른 자원을 이용해서 계획, 조직, 활성화, 통제 등을 수행하는 것으로 구성되는 일련의 과정이다.

정답 4 ③ 5 ④ 6 ④

2. 경영조직 관리 이론
   1) 과학적 관리론(테일러)
      생산성의 향상을 중심으로 한 능률증대에만 치중한 나머지 인간의 개성이나 잠재력을 거의 고려하지 않고 인간을 단지 기계적·합리적·비인간적인 도구로 취급하고 관리함으로써 문제를 야기시켰다.
   2) 인간관계론
      인간을 사회인 또는 자기실현인으로 간주함으로써 인간에 대한 적절한 동기부여를 시도했다. 인간관계론의 대두 이래 이 양자 간에 조화를 이룰 이론들이 연구되면서 현대적 조직관리 이론의 발전에 크게 기여하게 되었다.
   3) 참여적 관리론
      의사결정론, 시스템 이론, 행동과학론으로 요약되는 현대적 조직관리 이론은 조직을 개방 시스템으로 본다. 또한 인간을 강조하며 권한의 분권화, 긍정적 환경, 권위보다는 구성원 간의 합의, 동기부여욕구, 민주적 접근 등을 그 특징으로 한다.

07 테일러(F. W. Taylor)의 과학적 관리법에 관한 설명으로 틀린 것은?

① 전반적인 경영관리론의 모태가 되었다.
② 금전적인 동기부여만을 지나치게 강조하여 인간성을 무시하였다.
③ 표준작업량을 기준으로 고임금 – 저노무비를 적용하였다.
④ 시스템을 합리적으로 운영하기 위해서 차별적 성과급제, 직능적 직장제도, 계획부제도 등을 주장하였다.

> **해설** 테일러의 〈과학적 관리의 원칙〉
> 1. 테일러 시스템(Taylor system), 또는 테일러리즘(Taylorism)으로 불리는 과학적 관리법을 창안함으로써 능률 향상에 큰 기여를 하였다.
> 2. 과학적 관리법의 기본정신은 노동자에게는 높은 임금을, 자본가에게는 높은 이윤을 얻게 한다는 것이며, 일류인간(the first class man)을 만드는 것을 목표로 하였다.
>   * 전반적인 경영관리론의 모태가 된 것은 페이욜의 관리론이다. 테일러의 과학적 관리법은 공장의 생산관리 및 노무관리에 불과하다는 비판을 받고 있다

08 테일러(F. W. Taylor)는 과학적 관리법이 효율적으로 운영되기 위해서는 네 가지 관리원칙의 적용이 필요하다고 보았다. 다음 중 테일러의 관리원칙이 아닌 것은?

① 저가격·고임금
② 경영자와 근로자의 협동
③ 근로자의 과학적 선발
④ 진정한 과학의 개발

> **해설** 테일러의 4가지 관리원칙
> 1. 모든 직무에 대하여 과학적 방법 사용
> 2. 관리를 통하여 과학적으로 사람을 선발·훈련·개발
> 3. 사용자와 근로자 간의 협동(조화)
> 4. 관리자와 근로자 간에 작업분화의 필요 등
> * 저가격·고임금은 포드시스템의 내용이다.

정답 7 ① 8 ①

09 다음 중 테일러(F. W. Taylor)의 과학적 관리법의 내용에 해당되지 않는 것은?

① 사회적 접근
② 공정한 일일 작업량 설정
③ 시간연구 및 동작연구
④ 차별성과급제

> **해설** 테일러의 과학적 관리법
>
> 테일러의 과학적 관리법은 경제적 접근법이고, 사회적 접근법은 메이요(E. Mayo)의 인간관계론에서의 접근법이다.

10 다음 중 인간관계론의 내용과 관련이 없는 것은?

① 공식조직이 조직의 생산성을 향상시키는 것은 물론 종업원의 동기부여에 큰 영향을 미친다.
② 조직 내의 여러 계층 간 효율적인 의사소통경로를 개발해야 한다.
③ 종업원의 만족의 증가가 조직의 유효성을 가져온다.
④ 개인은 경제적 요인에 의해서뿐만 아니라 다양한 사회심리적 요인에 의하여 동기화된다.

> **해설** 인간관계론
>
> 1. 조직 내의 계층 간 공식적인 동기부여보다 비공식적 동기부여를 강조한다.
> 2. 하버드대학교의 메이요(E. Mayo), 뢰슬리스버거(F. J. Roethlisberger)는 호손실험을 통해 비공식조직이 종업원의 동기부여에 큰 영향을 미친다는 것을 확인하였다.

11 매슬로우의 욕구 5단계를 하위욕구부터 상위욕구 순으로 바르게 나열한 것은?

① 생리적 욕구－안전의 욕구－사회적 욕구－존중의 욕구－자아실현의 욕구
② 생리적 욕구－사회적 욕구－존중의 욕구－안전의 욕구－자아실현의 욕구
③ 생리적 욕구－사회적 욕구－안전의 욕구－존중의 욕구－자아실현의 욕구
④ 생리적 욕구－안전의 욕구－존중의 욕구－자아실현의 욕구－사회적 욕구

> **해설** 매슬로우의 욕구 5단계
>
> 하위계층의 욕구가 만족됨에 따라 전 단계는 더 이상의 동기부여의 역할을 수행하지 못하고 다음 단계의 욕구가 동기유발요인으로 작용한다는 만족－진행(Satisfaction－Progression)과정의 이론이다.
> 1. 생리적 욕구(Physiological)
>   허기를 면하고 생명을 유지하려는 욕구로서 가장 기본인 의복, 음식, 가택을 향한 욕구에서 성욕까지를 포함한다.
> 2. 안전의 욕구(Safety)
>   생리 욕구가 충족되고서 나타나는 욕구로서 위험, 위협, 박탈(剝奪)에서 자신을 보호하고 불안을 회피하려는 욕구이다.
> 3. 애정·소속의 욕구(사회적·소속감 욕구 Love/Belonging)
>   가족, 친구, 친척 등과 친교를 맺고 원하는 집단에 귀속되고 싶어하는 욕구이다.

정답 9 ① 10 ① 11 ①

4. 존중의 욕구(Esteem)

사람들과 친하게 지내고 싶은 인간의 기초가 되는 욕구이다. 자아존중, 자신감, 성취, 존중, 존경 등에 관한 욕구가 여기에 속한다.

5. 자아실현의 욕구(Self-Actualization)

자기를 계속 발전하게 하고자 자신의 잠재력을 최대한 발휘하려는 욕구이다. 다른 욕구와 달리 욕구가 충족될수록 더욱 증대되는 경향을 보여 '성장 욕구'라고 하기도 한다. 알고 이해하려는 인지 욕구나 심미 욕구 등이 여기에 포함된다.

12 매슬로우의 욕구 5단계 중 생리적 욕구가 충족된 후 나타나는 욕구로서 위험, 위협, 박탈에서 자신을 보호하고 불안을 회피하려는 욕구는?

① 생리적 욕구   ② 안전의 욕구   ③ 존중의 욕구   ④ 사회적 욕구

해설 매슬로우의 욕구 5단계

13 다음 중 동기부여 이론에 관한 설명으로 틀린 것은?

① 매슬로우의 욕구 5단계 이론은 욕구를 생리적 욕구, 안전 욕구, 사회적 욕구, 존재 욕구, 자아실현 욕구로 분류하였다.

② 알더퍼는 욕구를 존재의 욕구(E), 관계의 욕구(R), 성장의 욕구(G)로 분류하였다.

③ 알더퍼는 매슬로우의 욕구단계설을 발전시켜 ERG이론을 주장하였다.

④ 허즈버그의 2요인 이론은 위생요인과 동기요인을 중심으로 동기부여를 설명한 이론이다.

해설 동기부여 이론

1. 내용이론: 어떤 요인이 동기부여를 시키는 데 크게 작용하게 되는가를 연구
   1) 매슬로우의 욕구 5단계 이론
      ① 생리적 욕구 ② 안전 욕구 ③ 사회적 욕구 ③ 존중 욕구 ④ 자아실현 욕구
   2) 허즈버그의 2요인 이론(동기위생이론)
      ① 위생요인: 직무만족 – 임금, 작업환경, 보상, 지위, 정책 등의 환경적인 요소
      ② 동기요인: 직무성과 – 인정, 존중, 성취감, 책임, 성장, 도전의식(매슬로우의 1~3단계)
   3) 알더퍼의 ERG 이론
      ① E: 존재의 욕구(Existence needs)
         ⓐ 배고픔, 쉼, 갈증과 생리적·물질적·안전에 관한 욕구
         ⓑ 임금·복리·쾌적한 물리적 작업 조건에서 만족을 얻음
         ⓒ 매슬로우의 생리적 욕구·안전 욕구에 해당
      ② R: 관계의 욕구(Relatedness needs)
         ⓐ 타인과 의미 있고 만족스러운 인간관계에 의한 욕구
         ⓑ 가족, 친구 등의 관계에서 만족을 얻음
         ⓒ 매슬로우의 사회적·존경의 욕구에 해당
      ③ G: 성장의 욕구(Growth needs)

정답 12 ② 13 ①

ⓐ 개인의 성장과 발전에 대한 욕구
ⓑ 잠재력을 극대화하고 능력을 개발함으로써 충족
ⓒ 매슬로우의 존경의 욕구·자아실현 욕구에 해당
ⓓ 하위욕구가 충족될수록 상위욕구에 대한 욕망이 크고 상위욕구가 충족되지 않을수록 하위욕구에 대한 욕망이 커진다는 이론으로 매슬로우의 욕구단계설에 좌절－퇴행(frustration－regression)의 과정을 추가하여 욕구 충족과정을 설명한다.
④ 상위욕구가 영향력을 행사하기 전에 하위욕구가 반드시 충족되어야 한다는 매슬로우(Maslow)의 욕구 5단계설의 가정을 배제하였다. 한 가지 이상의 욕구가 동시에 작용할 수 있다는 것이다.

2. 과정이론(Process Theories)
   1) 동기부여가 어떠한 과정을 통해 발생하는가를 연구
   2) 종류: 기대이론, 공정성이론, 목표설이론, 강화이론 등

14 허즈버그(F. Herzberg)의 2요인 이론에서 동기요인(motivation)에 해당되는 것은?

① 감독　　　　　② 복리후생　　　　　③ 성취감　　　　　④ 작업환경

해설 동기부여 이론

15 다음 중 동기부여의 내용이론에 속하지 않는 것은?

① 애덤스의 공정성이론　　　　　② 허즈버그의 2요인이론
③ 매슬로우의 욕구단계설　　　　　④ 알더퍼의 ERG이론

해설 동기부여이론

16 다음 중 인지부조화이론을 처음으로 주장한 학자는?

① 래 윈　　　　　② 로 크　　　　　③ 브 룸　　　　　④ 페스팅거

해설 페스팅거(Leon Festinger)의 인지부조화이론
1. 사람들은 태도, 신념, 감정, 행동 간에 일관성을 유지하려고 하며 일관되지 못하는 상황이 나타날 때 심리적으로 부조화를 경험하게 된다고 주장하였다.
2. 1957년 페스팅거에 의해 처음 제안되었다.

17 다음 중 목표에 의한 관리(MBO)의 주요 특성이 아닌 것은?

① 장기적인 업무목표설정　　　　　② 상사와 부하 간의 협의를 통한 목표설정
③ 목표의 구체성　　　　　④ 실적에 대한 피드백

정답 14 ③　15 ①　16 ④　17 ①

목표에 의한 관리(MBO Management by Objective)

1. 기존의 상사에 의한 부하의 업적평가 대신 부하가 상사와의 협의하에 양적으로 측정 가능한 구체적이고 단기적인 업적목표를 설정하고 스스로가 그러한 업적에서 주장한 방법이다.
2. MBO의 특징 4가지
   1) 작업에 대한 구체적인 목표를 설정한다.   2) 종업원들이 목표설정에 참여한다.
   3) 실적평가를 위한 계획기간이 명시되어 있다.   4) 실적에 대한 피드백 기능이 있다.

18 인간성을 중시하여 기업의 구성원이 자발적으로 활동의욕과 창의를 불러일으켜 높은 성과를 얻도록 그들 스스로 목표를 설정하고 이를 달성하기 위한 관리를 목표에 의한 관리(MBO)라고 하며, (   )에 의해 주장되었다. 다음의 괄호 안에 들어갈 사람은?

① 테일러   ② 드럭커   ③ 메이요   ④ 사이몬

MBO(management by objective)

1. 목표에 의한 관리 또는 목표경영이라는 용어는 1954년 드럭커의 <경영학 연습>이라는 저서에서 언급된 것으로 오늘날에는 경영계획의 보편적 개념으로 인식되고 있다.
2. 드럭커는 목표경영(MBO)을 충동경영(management by drives)이라는 개념과 비교하고 있다.

19 바너드가 주장한 조직의 존속을 위해 필요한 3요소로 옳게 짝지어진 것은?

① 의사소통, 공통목적, 공헌의욕   ② 분업의 원칙, 의사소통, 단결의 원칙
③ 공통목적, 창의성, 분업의 원칙   ④ 공통목적, 공헌의욕, 합리성

바너드(C. Barnard)의 조직존속 3요소

1. 저서인 <경영자의 기능>에서 조직의 존속을 위해서는 공통목적, 의사소통, 공헌의욕이 필요하다고 주장하였다.

20 바너드(C. I. Barnard)는 조직의 목표달성도를 (   )이라고 하였고, 개인의 동기만족도를 (   )이라고 하였다. (   ) 안에 알맞은 말을 순서대로 짝지은 것은?

① 능률-유효성   ② 효율-생산성   ③ 유효성-능률   ④ 생산성-효율

바너드(C. I. Barnard)의 조직 목표달성도

1. 조직에서는 반드시 일반목적이 중간목적으로 세분화되는 전문화가 이루어진다.
2. 바너드는 기업의 '유효성'이 바로 이 전문화에 의하여 좌우된다고 말하고 있다.
3. 조직의 공헌자들은 권한의 유무에 대하여 의식하지 않고서도 명령을 수용하는 일정한 범위, 즉 '무관심권'이라는 범위가 있으며, 그 범위의 크기는 각 개인이 받는 유인에 대한 만족, 즉 '능률'에 따라 달라진다.

정답 18 ② 19 ① 20 ③

21 다음 중 허즈버그의 2요인 이론에 있어서 위생요인에 속하지 않은 것은?

① 임금　　　　　② 인정감　　　　　③ 작업환경　　　　　④ 대인관계

동기부여 이론

22 다음 중 ERG이론에 대한 설명 중 틀린 것은?

① 상위욕구가 행위에 영향을 미치기 전에 하위욕구가 먼저 충족되어야 한다.
② 알더퍼(Alderfer)에 의해 주장된 욕구단계이론이다.
③ Maslow의 욕구단계이론이 직면했던 문제점을 극복하고자 제시되었다.
④ 인간의 욕구를 존재욕구, 관계욕구, 성장욕구로 나누었다.

동기부여 이론

23 Maslow의 욕구단계에서 Alderfer의 ERG이론의 성장욕구(G)의 성격에 해당하는 것은?

① 자아실현욕구　　② 안전욕구　　　　③ 생리적 욕구　　　④ 소속감과 애정욕구

동기부여 이론

24 동기부여이론 중 만족-진행과정에 좌절-퇴행과정을 추가한 것은?

① 알더퍼의 ERG이론　　　　　　② 매슬로우의 욕구단계설
③ 맥그리거의 X Y이론　　　　　④ 브룸의 기대이론

알더퍼(C. P. Alderfer)의 ERG이론

25 다음 중 동기부여를 설명하는 공정성이론을 체계화한 학자는?

① 롤러(E. Lawler)　　　　　　　② 브룸(V. Vroom)
③ 포터(L. W. Porter)　　　　　　④ 아담스(J. S. Adams)

아담스(J.S.Adams)의 공정성이론
1. 조직구성원들은 자신이 조직을 위해 공헌한 것을 조직이 공헌에 대한 노력을 평가하여 보상을 할 때, 공헌과 보상의 비율이 공정하다고 느낄 때 사람들의 동기부여가 된다고 주장한 이론이다.
2. 각 개인은 타인의 투입 대 산출과 자신의 투입 대 산출 사이의 불균형을 크게 인지할수록 강하게 동기유발이 된다는 이론이다.

정답　21 ②　22 ①　23 ①　24 ①　25 ④

3. 공정성이론이 나오기 전에는 공정성보다 평등성에 더 주안점을 두었다.
4. 불공정성의 지각 → 개인 내의 긴장 → 긴장감소 쪽으로 동기유발 → 행위가 이루어진다는 것이다.

26 개인의 보상체계와 관련한 동기부여이론으로 비교(Referent)가 되는 사람과의 투입과 산출비율을 비교함으로써 동기가 유발된다는 이론은?

① 아담스의 공정성이론
② 맥클랜드의 성취동기이론
③ 로크의 목표설정이론
④ 브룸의 기대이론

> **해설** 아담스(J.S.Adams)의 공정성이론

27 성공하려는 욕망 또는 모든 종류의 과제나 직장에서의 업무를 잘 수행하려는 욕망을 무엇이라 하는가?

① 의존동기(Dependency motive)
② 성취동기(Achievement motive)
③ 유친동기(Affiliation motive)
④ 권력동기(Power motive)

> **해설** 성취동기
자신이 속한 직장에서 가치 있는 것으로 생각되는 목표를 보다 높은 수준에서 수행하거나 완성하고 싶어하는 의욕이 성취동기(Achievement motive)이다.

28 다음 중 모델 단순화 작업의 방식 중 옳은 것은?

① 상수로 변수처리한다.
② 변수를 첨가한다.
③ 비선형관계를 이용한다.
④ 우연요인을 무시한다.

> **해설** 모델의 단순화와 복잡화 요소
1. 단순화
   1) 가정 제약요인을 엄격하게 한다.   2) 우연요인을 무시한다.
2. 복잡화
   1) 상수를 변수로 처리한다.   2) 비선형관계를 이용한다.
   3) 우연 요인을 고려한다.   4) 변수를 첨가한다.
   5) 가정 제약요인을 완화한다.

정답 26 ① 27 ② 28 ④

29 다음 중 교통안전관리조직의 개념에 대한 설명으로 잘못된 것은?

① 안전관리 목적달성의 수단이다.
② 안전관리 목적달성에 지장이 없는 한 단순해야 한다.
③ 인간을 목적달성을 위한 수단의 요소로 인식한다.
④ 인간을 종합적 목적달성의 수단으로 인식한다.

> **해설** 교통안전관리조직이 고려되어야 할 요소
> 1. 구성원을 능률적으로 조절할 수 있어야 할 것
> 2. 그 운영자에게 통제상의 정보를 제공할 수 있어야 할 것
> 3. 구성원 상호간을 연결할 수 있는 공식적 조직(Formal organization) 일 것
> 4. 환경의 변화에 끊임없이 순응할 수 있는 유기체조직일 것
> 5. 안전관리 목적달성의 수단일 것
> 6. 안전관리 목적달성에 지장이 없는 한 단순할 것
> 7. 인간을 목적달성을 위한 수단의 요소로 인식할 것

30 다음 중 교통안전관리조직에 대한 설명으로 옳지 않은 것은?

① 안전관리 목적달성에 지장이 없는 한 단순해야 한다.
② 구성원 상호간을 연결할 수 있는 비공식적 조직일 것
③ 구성원을 능률적으로 조절할 수 있어야 할 것
④ 운영자에게 통제상의 정보를 제공할 수 있어야 할 것

> **해설** 교통안전관리조직이 고려되어야 할 요소

31 교통안전관리조직의 개념에 대한 설명으로 옳지 않은 것은?

① 교통안전관리조직은 단순해야 한다.
② 안전관리조직은 구성원 상호간을 연결할 수 있는 비공식적 조직(Non-Formal Organization)이어야 한다.
③ 안전관리조직은 그 운영자에게 통제상의 정보를 제공할 수 있어야 한다.
④ 환경변화에 순응할 수 있는 유기체로서의 성격을 지녀야 한다.

> **해설** 교통안전관리조직이 고려되어야 할 요소

정답 29 ④ 30 ② 31 ②

32 교통안전관리조직의 개념에 대한 설명으로 잘못된 것은?

① 안전관리 목적달성의 수단으로 생각하여야 한다.
② 교통안전에 참여하는 모든 기관이 포함되어야 한다.
③ 교통안전이라는 목적을 실현하기 위하여 유기적으로 결합되고 조직화되어야 한다.
④ 인간을 목적달성을 위한 수단의 요소로 인식하지 않아야 한다.

해설 교통안전관리조직의 개념

1. 교통안전에 참여하는 모든 기관이 포함되어야 하며 참여기관은 교통안전이라는 목적을 실현하기 위하여 유기적으로 결합되고 조직화되어야 한다.
2. 교통안전법은 정부 각 부처에 분산되어 있는 교통안전업무를 종합하여 유기적이고 통일적으로 실현하기 위하여 제정된 법이며 관계기관을 통하여 교통기관에 참여하고 있는 기업체를 통제·유도하도록 하고 있다.
3. 운수업체 내에서 교통사고 방지를 위한 안전관리업무를 담당할 기구로 안전관리조직이 필요하다.
4. 안전관리조직은 일반적인 조직과 같이 라인(Line)형, 스탭(Staff)형, 라인스탭 혼합형으로 구분할 수가 있다.

33 안전관리조직 중 라인스탭형 조직에 대한 설명 중 옳지 않은 것은?

① 대규모 조직에 적합하다.
② 라인형과 스탭형의 장점만을 골라서 혼합한 것이다.
③ 교통안전관리는 라인기능과 참모기능을 함께 갖고 있다.
④ 안전관리 전담부서에서는 건의·조언을 한다.

해설 안전관리조직 형태

1. 라인형 조직(Line System Line Organization)
   1) 안전관리를 위한 계획에서 시행까지의 업무지시를 명령계통을 통하여 시달하고 감독하는 것이다.
   2) 강력한 추진력을 발휘할 수 있는 장점이 있다.
   3) 안전에 관하여 무관심하거나 비협조적이면 유명무실하게 된다.
2. 참모형 조직(Staff System, Staff Organization)
   1) 안전활동을 전담하는 부서를 두고 안전에 관한 계획, 조사, 검토, 독려, 보고 등의 업무를 관장하게 하는 제도이다.
   2) 안전업무에 대하여 건의하고 조언하는 데 머문다.
   3) 안전관리자가 안전에 대한 지식과 기술 그리고 경험이 풍부한 때는 안전업무가 비약적으로 발전되나 그렇지 못할 때는 라인형보다 못한 때가 많다.
3. 라인스탭형 조직
   1) 라인형과 스탭형의 장점만을 골라서 혼합한 것이다.
   2) 대규모 조직에 적합하다.
   3) 교통안전관리자는 업무성격으로 볼 때 라인과 참모기능을 함께 갖고 있다.

정답 32 ④ 33 ④

34 조직형태 가운데서 대규모 조직에 적합한 안전관리 조직형태는?

① 기능형 조직   ② 참모형 조직   ③ 라인형 조직   ④ 라인스텝형 조직

해설 안전관리조직 형태

35 라인형 조직과 스탭형 조직에 대한 설명으로 옳지 않은 것은?

① 라인은 경영활동의 집행을 담당한다.
② 스탭은 전문적인 권한을 행사하는 조직이다.
③ 스탭은 라인에 지원과 조언의 전문적인 서비스를 제공하는 조직이다.
④ 라인은 조직의 목표달성을 위해 부하를 감독하고 작업결과에 대하여 책임을 지는 조직이다.

해설 라인조직과 스탭조직
1. 라인조직
   1) 지휘·명령계통이라는 두 가지 뜻을 포함하며, 생산활동에 직접 종사하는 사람 직위 부문 및 이와 연결되는 지휘·명령계통상에 위치하는 각급 경영자, 관리자를 말한다.
   2) 따라서 전문적인 권한을 행사하는 조직은 라인조직이다.
2. 스탭조직
   라인의 경영자, 관리자가 맡은바 경영관리활동을 효율적으로 할 수 있도록 전문적인 입장에서 돕는 기능, 직위, 사람, 부문을 말한다.

36 환경변화에 신축적으로 대응할 수 있고, 업무조정이 용이하며, 과업에 집중이 가능하고, 또한 책임소재가 명확한 조직유형은?

① 기능별 조직   ② 라인조직   ③ 사업부제 조직   ④ 매트릭스 조직

해설 사업부제 조직(divisional organization)
1. 경영활동을 제품별, 지역별 또는 고객별 사업부로 분화하고, 독립성을 인정하여 권한과 책임을 위양함으로써 의사결정의 분권화가 이루어지는 조직이다.
2. 조직은 기술혁신에 의한 제품의 다양화가 이루어짐에 따라 등장하게 되었다.
3. 사업부제 조직은 환경변화에 신축적으로 대응할 수 있고 업무의 조정이 용이하다.

정답 34 ④ 35 ② 36 ③

37 다음 중 공식조직에 관한 설명으로 틀린 것은?

① 인위적으로 만들어졌다.　　　　② 비가시적이다.
③ 능률의 논리에 따라 구성된다.　　④ 전체적인 질서이다.

해설 공식조직과 비공식조직의 비교
1. 공식조직(formal organization)
   1) 분업과 권한·책임의 계층제를 통하여 일정한 목표를 달성하려는 조직으로서 법률·규칙이나 직제에 의하여 형성된 인위적 조직
   2) 행정목적의 능률적 수행을 위해 합리적, 관료제적, 인위적 측면에 중점을 둔 법에 근거한 조직
2. 비공식조직(informal organization)
   1) 구성원 상호간의 접촉이나 친근성으로 말미암아 자연발생적으로 형성되는 조직으로서 사실상 존재하는 현실적 인간 상호관계나 인간의 욕구를 기반으로 하며 구조가 명확하지 않으나 공식조직에 비하여 신축성을 가진 조직
   2) 혈연, 지연, 학연 등 인간관계를 기초로 비합리적, 감정적, 대면적 측면에 중점을 둔 자생적 조직

〈공식조직과 비공식조직의 비교〉

공식조직의 특징	비공식조직의 특징
인위적	자연발생적
외면적, 외재적	내면적, 내재적
성문화된 제도적	비성문화, 비제도적
가시적	비가시적
능률의 논리	감정의 논리
전체적 질서	부분적 질서
합리적, 관료제적, 인위적	비합리적, 감정적, 대면적

〈비공식조직의 장단점〉

순기능(장점)	역기능(단점)
• 구성원에게 귀속감과 안정감을 주어 조직의 안정화 • 공식조직의 경직성을 완화시키고 공식지도자의 능력을 보완 • 구성원 간의 유대와 협조를 통하여 업무의 능률성 향상 • 구성원을 위한 행동기준 확립 • 풍문을 통한 의사전달의 통로기능 • 개인의 창의력과 쇄신적 활동 고취	• 공식조직에의 적대감 • 구성원에게 심리적 불안감 조성우려 • 공식발표에 앞서 정보의 사전누설 • 대면적이고 정실주의 조장우려 • 풍문 확산으로 구성원의 사기저하 및 불안감 조성우려 • 개인불만을 전체불만으로 유포우려

38 다음 중 공식집단의 특성이 아닌 것은?

① 인위적　　　　　　　　　　② 표준화
③ 비용의 논리에 의해 구성　　④ 비가시적

해설 공식조직과 비공식조직의 비교

정답 37 ② 38 ④

39 다음 중 공식적 집단의 특징으로 옳지 않은 것은?

① 공개적으로 형성한다. ② 합리적이다.

③ 비가시적이다. ④ 능률을 목적으로 한다.

> **해설** 공식조직과 비공식조직의 비교

40 다음 중 비공식조직에 관한 내용으로 적합하지 않은 것은?

① 목적의식이 없다. ② 공감대를 갖는 사람들끼리 형성된다.

③ 일정한 행동기준이 없다. ④ 인위적으로 조직된다.

> **해설** 공식조직과 비공식조직의 비교

41 다음 중 비공식적 조직의 특성이 아닌 것은?

① 친숙한 인간관계를 요건으로 하기 때문에 대체로 소집단의 상태를 유지한다.

② 능률이나 비용의 논리에 의해 구성 및 운영된다.

③ 혈연·지연·학연·취미·종교·이해관계 등의 기초 위에 형성된다.

④ 구성원 간의 상호작용에 의해 자연발생적으로 성립된다.

> **해설** 공식조직과 비공식조직의 비교

42 조직구조를 설계할 때 고려해야 할 주요 요인과 거리가 먼 것은?

① 단순화 ② 전문화 ③ 공식화 ④ 분권화

> **해설** 조직설계의 기본변수
>
> 1. 복잡성(Complexity)
>   1) 과업의 분화정도를 나타내는 것으로 분화 또는 전문화라고도 한다.
>   2) 수평적 분화(부서화), 수직적 분화(계층화), 장소적 분화로 구분할 수 있다.
> 2. 공식화(Formalization, 문서화): 조직 내의 직무가 표준화되어 있는 정도를 나타낸다.
> 3. 집권화(Centralization, 분권화): 의사결정권한의 배분정도를 의미하는데, 의사결정의 권한이 하위계층에 위양되어 있는 경우 분권적 조직이 된다.
> 4. 전문화: 조직의 업무가 얼마나 나누어져 있는가는 전문화와 관련이 있다.
> * 조직설계의 상황변수: ⓐ 환경 ⓑ 기술 ⓒ 규모 ⓓ 전략 등

정답 39 ③ 40 ④ 41 ② 42 ①

43 다음 중 업무나 계층이 조직 내에서 얼마나 나누어져 있는가를 뜻하는 것은?

① 전문화 ② 집권화 ③ 공식화 ④ 분권화

해설 조직설계의 기본변수

44 다음 중 공식화의 원칙으로 맞는 것은?

① 각 구성원은 전문화된 단일업무를 담당함으로써 직무활동의 능률을 높일 수 있다.
② 조직의 질서를 바르게 유지하기 위해서는 명령계통이 일원화되어야 한다.
③ 구성원의 직무나 행위를 정형화함으로써 직무활동에 대한 예측 및 조정·통제가 용이하
　게 된다.
④ 구성원 간의 권한 및 책임이 분배됨으로써 직무활동의 능률을 높일 수 있다.

해설 공식화
1. 의의
　조직 내의 직무가 정형화·표준화·법규화된 정도를 말하는 것으로, 관리자에 의한 일종의 간접적 감독이다. 공식화의 척도·방법으로는 ① 직무기술서와 규정들이 세분된 정도 ② 감독의 정도 ③ 종업원과 경영자들에게 주어진 자유재량권의 정도 ④ 작업표준화의 정도 ⑤ 법규의 존재·강요되는 정도 등이 있다.
2. 공식화의 특징
　1) 단순·반복일수록 공식성 ↑　　　　2) 조직규모가 클수록 ↑
　3) 안정적 조직환경일수록 ↑　　　　4) 기계적 구조일 때 ↑
3. 공식화의 장단점
1) 장점
　행동의 예측·통제 용이, 시간·노력의 절감으로 효율·신속·정확한 과업수행 가능, 공평한 과업수행, 반반응의 신뢰성을 높여 대외관계의 일관성·안정성 유지, 일상적 업무의 대폭적인 하부위임 등이 가능, 관리자의 직접적인 감독 필요성의 감소(→ 간접적 감독으로의 전환)
2) 단점(역기능)
　규칙 의존으로 상사-부하의 민주적·인간적 의존관계가 깨짐, 비개인화·비인간화 풍토 확립, 집권화 초래, 조직 변동이 곤란, 탄력적 대응성 저하, 인간소외, 번문욕례나 문서주의 발생
* 조직화의 원칙
　1) 전문화의 원칙　　　2) 명령 일원화의 원칙(명령통일의 원칙)
　3) 책임 및 권한의 원칙　　4) 공식화의 원칙　　5) 권한위양의 원칙　　6) 조정의 원칙
　7) 감독한계의 원칙　　8) 탄력성의 원칙　　9) 예외의 원칙

정답 43 ① 44 ③

45 구성원의 직무나 행위를 정형화함으로써 직무활동에 대한 예측 및 조정, 통제가 용이한 원칙은?

① 전문화의 원칙   ② 권한과 책임의 원칙
③ 공식화의 원칙   ④ 명령통일의 원칙

> **해설** 공식화

46 조직 내의 직무에 대한 규칙설정의 표준화 정도와 이에 대한 문서화를 의미하는 원칙은?

① 공식화의 원칙   ② 권한과 책임의 원칙
③ 전문화의 원칙   ④ 명령통일의 원칙

> **해설** 공식화의 특징
> 1. 개념: 조직 내 규칙, 절차, 지시 및 의사전달이 명문화된 정도
> 2. 공식화의 장점
>   1) 조정활동 촉진   2) 예측가능성 증대
>   3) 관리비용 절감   4) 평가의 공정성 기초
>   5) 업무의 표준화 향상
> 3. 공식화의 단점
>   1) 개인차이와 업무차이 존재   2) 문서화된 규칙은 규칙을 위한 규칙이 될 수 있음
>   3) 비공식적 의사소통 방해   4) 공식적 의사소통의 과중한 부담초래
>   5) 구성원의 자율성 감소

47 공식화가 강한 집단에서 나타나는 특징으로 틀린 것은?

① 표준화의 정도가 클수록 자기 직무에 대한 자율성과 재량권이 줄어든다.
② 조직 구성원들의 직무만족과 조직몰입에 긍정적인 측면만 나타난다.
③ 통제 중심의 관리방식이 이루어져 직무만족과 조직만족에 부정적인 영향을 미친다.
④ 조직 내 직무에 대한 규칙 설정의 표준화 정도와 이에 대한 문서화를 의미한다.

> **해설** 공식화의 특징
> 1. 조직이 어떠한 일을, 누가, 어떻게 수행해야 하는가에 대한 공식적 규정의 정도를 말한다.
> 2. 조직 내 직무에 대한 규칙 설정의 표준화 정도와 이에 대한 문서화를 의미한다.
> 3. 문서화된 규칙의 수가 많을수록, 그 규칙이 엄격히 수행될수록 공식화의 수준은 높게 측정된다.
> 4. 표준화의 정도가 클수록 자기 직무에 대한 자율성과 재량권이 줄어든다.
> 5. 조직 구성원들의 직무만족과 조직몰입에 긍정적, 부정적 영향을 모두 미친다.
> 6. 통제 중심의 관리방식이 이루어져 직무만족과 조직만족에 부정적인 영향을 미친다.

정답   45 ③   46 ①   47 ②

48 다음 중 관리에 관한 내용으로 옳지 않은 것은?

① 관리는 행하여지는 기능이다.
② 관리는 공동의 목표를 위해서 협동집단의 행동을 지시하는 과정이다.
③ 구성원집단을 위하여 명령을 하고 의사결정을 하는 과정이다.
④ 조직의 목표를 달성하기 위하여 자원을 이용하고 인간행위에 영향을 주지 않아야 한다.

해설 관리(Management)

1. 전통적 관리론의 선구자 페이욜(H. Fayol)의 관리 5요소 주장
   관리 5요소: ① 예측하며, ② 조직하며, ③ 명령하며, ④ 조정하며, ⑤ 통제하는 것
2. 데이비스(R.C. Davis)의 관리의 3대 기능
   1) 조직의 목적을 달성하기 위하여 타인의 활동을 계획하며, 조직하며, 통제하는 일을 의미한다.
   2) 관리의 3대기능: ① 계획(Plan) ② 조직(Organization) ③ 통제(Control)
3. 안전관리의 수평적 기능
   1) 관리기능 분류
      ① 수직적 기능: 전반관리(계획·조직·통계) - 일반적인 관리의 의미
      ② 수평적 기능: 부문관리(이사·판매·판매안전관리)
   2) 안전관리(Safety Management)는 수평적 기능에 속하므로 교통안전관리자는 안전업무에 관한 수직적 기능의 수행과 동시에 수평적 기능으로서 타 기능과 상호 관련하에 협조와 균형을 유지하여야 한다.

49 경영관리순환과정으로 계획 - 조직 - 지휘 - 조정 - 통제의 관리의 5요소를 최초로 제시한 사람은?

① Payol   ② Drucker   ③ Porter   ④ Smith

해설 페이욜(Henry Payol)의 경영관리과정

1. 산업조직의 기본적인 활동 6가지
   ① 기술활동: 생산, 제조, 가공   ② 상업활동: 구매, 판매, 교환
   ③ 재무활동: 자본의 조달과 운영   ④ 보호활동: 재화와 종업원의 보호
   ⑤ 회계활동: 재산목록, 대차대조표, 원가, 통계   ⑥ 관리활동: 계획, 조직, 지휘, 조정, 통제
2. Payol이 최초로 주장한 경영관리순환과정 5요소
   ① 계획(예측, Planning): 조직의 목표와 예산계획, 장래를 예견해서 활동계획을 정하는 것
   ② 조직(Organizing): 목표에 따라 조직구조 설계 및 역할배분, 기업의 물적 및 인적 이중의 조직을 형성하는 것
   ③ 지휘(명령, Commanding): 과업수행을 위한 지시, 기업구성원으로 하여금 제 기기의 직능을 수행하는 것
   ④ 조정(Coordinating): 과업수행 시 발생하는 분쟁과 갈등의 해결, 모든 활동 및 노력을 연결, 통일 조화시키는 것
   ⑤ 통제(Controlling): 모든 활동을 미리 정해진 계획 및 주어진 명령에 따라 행해지도록 감시하는 것, 업무수행에 대한 평가와 반성을 통해 향후 업무수행 시 환류기능

정답 48 ④   49 ①

50 페이욜이 경영의 관리활동으로 들고 있는 것이 아닌 것은?

① 계획   ② 조정   ③ 통제   ④ 재무

> **해설** 페이욜(H. Fayol)의 경영관리순환과정 5요소

51 Payol이 주장한 관리 5요소 중 과업수행 시 발생하는 분쟁과 갈등을 해결하는 것은?

① Controlling   ② Organizing   ③ Commanding   ④ Coordinating

> **해설** 페이욜(H. Payol)의 경영관리순환과정 5요소

52 Payol이 주장한 관리순환과정 5요소 중 기존의 계획과 비교해 보고 일치하지 않는 부분이 있으면 그에 따른 조치를 취하는 단계는?

① 실시   ② 계획   ③ 조정   ④ 통제

> **해설** 페이욜(H. Payol)의 경영관리순환과정 5요소

53 페이욜은 경영의 활동을 여섯 가지로 구분한다. 관리활동의 단계는?

① 계획, 조직, 지휘, 조정, 통제   ② 재산목록, 대차대조표, 원가, 통계
③ 생산, 제조, 가공   ④ 구매, 판매, 교환

> **해설** 페이욜(H. Payol)의 경영관리순환과정 5요소

54 페이욜이 제시한 14가지 관리일반원칙 중에서도 가장 핵심이 되는 것으로, 오늘날처럼 규모가 커진 기업경영을 위한 필수적인 전제가 되는 원칙은?

① 분업의 원칙   ② 명령통일의 법칙   ③ 계층화의 원칙   ④ 보수적정화의 원칙

> **해설** Payol의 조직관리의 일반원칙
> 1. 일반조직의 14가지 관리원칙
>
> ① 분업의 원칙   ② 권한과 책임의 원칙   ③ 규율의 원칙
> ④ 명령통일의 원칙   ⑤ 지휘일원화의 원칙   ⑥ 개인이익이 전체이익에 종속
> ⑦ 종업원 보상의 원칙   ⑧ 집권화의 원칙   ⑨ 계층적 연쇄의 원칙
> ⑩ 질서의 원칙   ⑪ 공정성의 원칙   ⑫ 고용안정의 원칙
> ⑬ 창의력 개발의 원칙   ⑭ 단결의 원칙

정답 50 ④   51 ④   52 ④   53 ①   54 ①

2. 분업(Division of Labor)
   1) 대규모 기업경영에서 필수적인 전제가 되는 것은 분업의 원칙이다.
   2) 구성원들로 하여금 한정된 분야에서 일하게 하여 일의 범주를 줄여주기 때문에 일의 능률을 증진시켜준다.

55 페이욜의 관리순환과정을 올바르게 나타낸 것은?

① 계획-조정-조직-보고-통제　　　② 계획-충원-조직-조정-통제
③ 계획-동기부여-조정-조직-통제　④ 계획-조직-명령-조정-통제

해설　페이욜(H. Payol)의 경영관리순환과정 5요소

56 관리활동에서 인적 요소를 다룰 때 인간의 자율성과 합목적성을 관리의 전제로 해야 한다고 하는 맥그리거의 이론은?

① Z이론　　　　　② X이론　　　　　③ Y이론　　　　　④ W이론

해설　맥그리거의 Y이론
1. 인간들은 원래 게으르거나 신뢰할 수 없는 것이 아니라, 적절한 동기만 부여되면 기본적으로 자기통제적일 수 있으며, 작업에서도 창의적일 수 있다는 인간에 대한 가정이다.
2. X이론은 Y이론과 대조적인 것으로, 인간은 선천적으로 게으르고 책임지지 않으며 무능력하므로 채찍을 가해서 열심히 일하도록 해야 한다는 인간관이다.

57 다음 중 Z이론의 특징이 아닌 것은?

① 빠른 평가와 승진　② 장기고용　　　　③ 개인책임　　　　④ 집단의사결정

해설　Z형 조직(수정된 미국식)의 특징
오우치(W. G. Ouchi) 등이 일본식 경영이론을 미국기업의 경영방식에 접목시킨 것이다.
1. 장기고용　　　　　　　　　　　　2. 집단의사결정
3. 개인책임　　　　　　　　　　　　4. 느린 평가와 승진
5. 비명시적이고 비공식적인 통제　　6. 적절하게 전문화된 경력경로
7. 가족을 포함한 전인격적 관심

정답　55 ④　56 ③　57 ①

제5장 교통안전 환경

제1절 | 보행자 및 운전자의 특성

1. 보행자의 심리
   1) 급히 서두르는 경향이 있다.
   2) 자동차의 통행이 적다고 해서 신호를 무시하고 횡단하는 경향이 있다.
   3) 횡단보도를 이용하기보다는 현 위치에서 횡단하고자 한다.
   4) 자동차가 모든 것을 양보해 줄 것으로 믿고 있는 경향이 있다.

2. 무사고운전자의 성격특성
   1) 신중한 운전을 한다.
   2) 모범적 일상생활을 한다.
   3) 안전운전 습관들이기에 노력한다.
   4) 충동을 억제하고 스스로 행동을 조절한다.
   5) 적극적이고 활발하다.
   6) 유쾌하고 적응력이 빠르다.
   7) 자극에 적응을 잘한다.

3. 사고다발자의 성격특성
   1) 인간관계에서 비협조적 태도를 보인다.
   2) 공격적인 성격이다.
   3) 중복작업에서 통제된 반응동작이 곤란하다.
   4) 정서적으로 충동적이며 자극에 민감하고 흥분을 잘한다.
   5) 충동을 제어하지 못하고 조기반응 경향이 있다.
   6) 주관적 판단과 자기통제력이 부족(박약)하다.
   7) 과도한 긴장으로 억압적인 경향이 강하며 막연한 불안감 갖는다.

4. 어린이의 교통사고 및 행동특성
   1) 어린이의 행동특성
      ① 자동차의 작동원리와 거리와 속도 추정능력이 부족하다.
      ② 한 가지 일에 열중하면 주위의 일이 눈이나 귀에 들어오지 않는다.
      ③ 사물을 이해하는 방법이 단순하다.

④ 감정에 따라 행동의 변화가 심하게 달라진다.

⑤ 추상적인 말을 잘 이해하지 못한다.

⑥ 주의집중능력과 상황판단능력이 약하다(상황대처능력이 낮다).

⑦ 어른에게 의지하기 쉽고 어른의 흉내를 잘 내는 경향이 있다.

⑧ 숨기를 좋아하고 신기한 것에 대한 호기심을 가진다.

⑨ 위험상황에 대한 대처능력이 부족하고 동일한 충격에도 큰 피해가 발생한다.

2) 어린이의 교통사고

① 시각능력과 청취한 정보활용능력이 취약하다.

② 교통상황에 대한 주의력이 부족하다.

③ 모방과 모험심이 강하다.

④ 정서불안 시 자제력이 약하고 감정에 따라 행동변화가 심하다.

⑤ 보행 중 교통사고를 당하여 사상당하는 비율이 2/3 이상이다.

⑥ 시간대별 어린이 사상자는 오후 4시에서 오후 6시 사이에 가장 많다.

⑦ 남자어린이가 여자어린이보다 사고율이 높다.

6. 노령자의 교통사고 및 행동특성

1) 고령자의 행동특성

① 고령자는 오랜 사회생활을 통하여 풍부한 지식과 경험을 가지고 있다.

② 행동이 신중하여 모범적 교통생활인으로서의 자질을 갖추고 있다.

③ 신체적인 면에서 운동능력이 떨어지고 시력 또는 청력 등 감지기능이 약화되어 위급 시 피난대책이 둔화되는 양상을 보인다.

④ 교통생활인으로서의 건전한 자질에도 불구하고 이러한 신체적인 취약 조건들로 인하여 어린이, 신체허약자와 함께 교통사고 피해자의 상당수를 점하고 있다.

2) 고령 운전자의 시각적 특성

① 50세를 넘기면 시각, 청각, 지각 등의 감각능력이 감소하기 시작

② 운전자가 받아들이는 정보의 약 80~90% 이상이 시각정보인데, 시각적 감도는 50대에 가장 많이 감소

③ 고령화에 따라 색 식별 기능이 저하되고 망막에 도달하는 빛의 양이 감소하여 물체식별력이 저하

④ 빠르게 움직이는 차량에 대한 정확한 인지가 저하

⑤ 눈부심 현상은 60대가 20대에 비해 약 3배 이상 증가하고 야간 눈부심 현상 회복에 더 많은 시간이 소요됨

⑥ 50세에는 수평 시야각이 170도에서 140도까지 낮아져 운전 중 주변 인지 범위가 좁아짐

3) 노령자의 교통사고

① 시야범위가 축소되고, 복잡한 결정을 하는 데 걸리는 시간이 늘어난다.

② 반응시간이 증가한다.

③ 속도와 거리 판단의 정확도가 떨어져 잘못된 판단이나 행동으로 이어질 가능성이 크다.

④ 신체적 능력저하에도 자신의 운전능력을 과대평가하는 경향이 있다.

⑤ 야간운전, 장거리 운전을 하지 않고, 고속도로 이용을 피한다.

⑥ 교차로에서 직진 중 측면에서 출현하는 장애물과의 충돌사고 비중이 높다.

7. 음주운전자의 특성

  1) 음주운전자의 특성

    ① 과활동성, 충동성, 공격성, 반사회성 등을 의미하는 행동, 통제의 부족, 우울

    ② 불안 등 부정적 정서를 경험하는 상태를 의미하는 부정적 정서성, 권위와의 갈등, 비순응성음주가 인체에 미치는 영향

  2) 음주가 인체에 미치는 영향

    ① 알코올로 인한 뇌의 기능저하 순서는 다음과 같다.

      ㉮ 판단추리 → ㉯ 물리적 반응 → ㉰ 언어, 시각장애

    ② 신체적 기능인 조작능력 면에서는

      ㉮ 주시력(측방시력, 원·근 판단력, 야간주시력)이 낮아진다.

      ㉯ 기계조작(운전행위) 기능이 시간상으로 길어지고 저하된다.

제 2 절   사고예방을 위한 접근방법

1. 기술적 접근방법

  1) 교통수단별 기술개발을 통하여 안전도 향상

  2) 안전시설·장비 등 하드웨어의 개발을 통한 안전의 확보

  3) 운반구 및 동력의 기술발전이 교통수단의 안전도 향상

  4) 교통종사원의 기술 숙련도 향상을 통한 안전운행

2. 관리적 접근방법

  1) 교통의 기술면에서 교통수단을 효율적으로 관리하고 통제할 수 있도록 적합시키는 방법론

  2) 경영관리기법을 통한 전사적 안전관리, 통계학을 이용한 사고유형 또는 원인의 분석, 품질관리기법을 원용한 통계적 관리기법, 인간형태학적 접근, 인체생리학적 접근 등

3. 제도적 접근방법

  1) 기술적 접근방법이나 관리적 접근방법을 통하여 개발된 기법의 효율성을 제고하기 위하여 제도적 장치를 마련하는 행위

  2) 법령의 제정을 통한 안전기준의 마련이나 안전수칙 또는 원칙을 정하여 준수토록 하면서 제도적으로 안전을 확보하고자 하는 것

  3) 제도적 접근방법은 기술적·관리적인 면에서 개발된 기법을 효율성 있게 제고하기 위한 행위

제 3 절 위험요소 제거 6단계

1. 조직의 구성
   안전관리업무를 수행할 수 있는 조직의 구성, 안전관리책임자의 임명, 안전계획의 수립 및
   추진 등의 단계이다.
2. 위험요소의 탐지
   안전점검 또는 진단사고, 원인의 규명, 종사원 교통활동 및 태도분석을 통하여 불안전행위와
   위험한 환경조건 등 위험요소를 발견하는 단계이다.
3. 원인분석: 발견된 위험요소를 면밀히 분석하여 원인규명을 하는 단계이다
4. 개선대안의 제시
   분석을 통하여 도출된 원인을 토대로 효과적으로 실현할 수 있는 대안을 제시하는 단계이다.
5. 대안의 채택 및 시행
   해당 기업이 실행하기에 가장 알맞은 대안을 선택하고 시행하는 단계이다.
6. 환류(Feed back): 과정상의 문제점과 미비점을 보완하여야 하는 단계이다.

제 4 절 교통사고 방지를 위해 요구되는 원칙

1. 정상적인 컨디션과 정돈된 환경유지의 원칙
   1) 마음이 산만하거나 정리정돈이 안 된 경우 운전 시 정상적인 행동을 취할 수 없다.
   2) 따라서 운전자는 항상 심신을 정돈하고, 상쾌하고 맑은 기분을 갖도록 해야 한다.
2. 운전자의 관리자에 대한 신뢰의 원칙
   관리자가 운전자로부터 신뢰를 받지 못하면 통솔력에 치명적인 손상을 가져오므로 관리자는
   권위의식보다는 희생과 봉사의 정신으로 솔선수범하는 자세를 견지해야 한다.
3. 안전한 환경조성의 원칙
   운전환경과 운전조건이 개선되어 운전자가 안심하고 운전할 수 있도록 해야 한다.
4. 무리한 행동배제의 원칙
   과속운전이나 끼어들기 등 무리한 행동은 사고발생이라는 필연적인 결과를 초래하므로 운전
   자는 이러한 행동을 배제해야 한다.
5. 사고요인의 등치성 원칙
   1) 교통사고의 경우, 우선 어떤 요인이 발생한다면 그것이 근원이 되어 다음 요인이 발생하
      게 되고, 또 그것이 다음 요인을 발생시키는 것과 같이 여러 가지 요인이 유기적으로 관
      련되어 있다.
   2) 그런데 연속된 이 요인들 중에서 어느 하나만이라도 발생하지 않았다면 연쇄반응은 일어
      나지 않았을 것이며, 따라서 교통사고는 일어나지 않았을 것이다.

3) 다시 말하면 교통사고의 발생에는 교통사고 요인을 구성하는 각종 요소가 똑같은 비중을 지닌다고 볼 수 있으며, 이러한 원리를 사고요인의 등치성 원칙이라고 한다.

6. 방어확인의 원칙
    1) 운전자는 위험한 자동차를 피하고 위험한 도로에 접근하면 일시정지하고 좌우를 확인하여 안전한지를 확인한 후 이동해야 한다.
    2) 또한 위험한 횡단보도, 커브길, 주택가 이면도로 등 시야가 불량한 지역에서 속도를 줄이고 주의환기하면서 운전하는 것은 방어확인 원칙의 적합한 사례가 된다.

제5절 교통표지

1. 교통안전표지
    1) 도로교통에 관련된 안전시설에는 도로교통법상에 규정된 신호기, 안전표지, 노면표시 등과 도로법상에 규정된 도로표지와 그 밖의 도로 부대시설인 중앙분리대, 방호책, 도로반사경 등이 있다.
    2) 도로교통법상에 규정된 신호기, 안전표지, 노면표시 등을 교통안전시설이라 한다. 교통안전시설은 도로이용자에 대하여 필요한 정보를 사전에 정확하게 전달하고, 또한 통일되고 균일한 행동이 이루어지도록 통제함으로써 교통의 소통을 증진하고, 도로상의 안전을 보장하는 것이다.
    3) 교통안전시설은 권한이 있는 자에 의해서만 설치·관리되어야 하며, 설치·관리권자가 아닌 자가 임의로 설치한 교통안전시설에 대해서는 즉시 제거하여 도로이용자의 혼란을 방지해야 하고, 또한 함부로 교통안전시설을 조작, 철거, 이전하거나 파손해서는 안 된다.

2. 안전표지 설계원칙
    1) 중요도의 부각: 전달되는 정보는 가능한 잘못 해석(이해)되거나 애매모호함을 최소화하면서 중요도가 부각되어야 한다.
    2) 조화비: 운전자는 정보를 이해하기에 앞서 포착해야 하며 포착성은 조화비가 가장 중요하다. 조화비는 표지판의 밝기와 표지판 주변의 밝기의 비율로 나타내며 조화비가 클수록 포착성이 높다.

3. 안전표지의 종류
    1) 주의표지: 도로상태가 위험하거나 도로 또는 그 부근에 위험물이 있는 경우에 필요한 안전조치를 할 수 있도록 이를 도로사용자에게 알리는 표지
    2) 규제표지: 도로교통의 안전을 위하여 각종 제한·금지 등의 규제를 하는 경우에 이를 도로사용자에게 알리는 표지
    3) 지시표지: 도로의 통행방법·통행구분 등 도로교통의 안전을 위하여 필요한 지시를 하는 경우에 도로사용자가 이에 따르도록 알리는 표지

4) 보조표지: 주의표지·규제표지 또는 지시표지의 주기능을 보충하여 도로사용자에게 알리는 표지

5) 노면표시: 도로교통의 안전을 위하여 각종 주의·규제·지시 등의 내용을 노면에 기호·문자 또는 선으로 도로사용자에게 알리는 표지

4. 도로표지의 종류

1) 경계표지: 특별시·광역시·특별자치시·도 또는 시·군·읍·면 사이의 행정구역의 경계를 나타내는 표지

2) 이정표지: 목표지까지의 거리를 나타내는 표지

3) 방향표지: 목표지까지의 방향을 나타내는 표지

4) 노선표지: 주행노선 또는 분기노선을 나타내는 표지

5) 안내표지: 도로정보 안내표지, 도로시설 안내표지, 그 밖의 안내표지

제 6 절 　동기이론

1. 맥클러랜드의 욕구이론(McClelland's theory of needs)

맥클러랜드는 동기유발에 관여하는 욕구에 크게 세 가지가 있다는 제안을 했다.

1) 성취욕구(Achievement need: nAch): 탁월해지고자 하는 욕망, 평균을 초과한 결과를 내고 싶어하는 것, 성공의 욕구

2) 권력욕구(Power need: nPow): 타인의 행동에 영향을 미쳐 변화를 일으키고 싶어하는 욕구

3) 제휴욕구(Affiliation need: nAff): 개인적 친밀함과 우정에 대한 욕구

2. 유친동기

1) 다른 사람들과 시간을 함께 보내고자 하는 동기로서 다른 사람들을 지배하고자 하는 욕구가 아니라 다른 사람들과 상호작용하는 사회적 관계 안에 있고자 하는 욕구를 말한다.

2) 유친동기가 높은 사람들이 낮은 사람에 비해 리더로 더 많이 지명된다.

제 7 절 　상담의 원리

1. 상담자의 상담기본원리

1) 통제된 정서관여의 원리: 내담자의 정서변화에 민감하게 반응하여 대응책을 마련할 태세를 갖추고 적극적으로 관여해야 한다는 원리

2) 수용의 원리: 내담자 중심으로 욕구·권리를 존중하여 수용적으로 대해야 한다는 원리

3) 개별화의 원리: 상담 받은 자의 개성과 개인차를 인정하는 범위 내에서 이뤄져야 한다는 원리

4) 자기결정의 원리: 내담자가 스스로 문제를 해결해 나갈 수 있도록 도와주어야 한다는 원리

5) 비밀보장의 원리: 내담자에 관한 비밀을 외부에 누설해서는 안 된다는 원리

6) 의도적 감정표현의 원리: 내담자가 자유롭게 감정표현을 하도록 분위기조성을 해야 한다는 원리

7) 비심판적 태도의 원리: 내담자의 잘못이나 내담자가 안고 있는 문제에 대해 비판적이어서는 안 된다는 원리

2. 상담면접의 주요기법

1) 상담면접의 시작: 신뢰감, 라포 형성(상담자와 내담자 사이의 신뢰감·친화감 형성)

2) 반영: 내담자의 메시지 속에 담겨 있는 감정 또는 정서를 되돌려 주는 기법

3) 수용: 내담자에게 주의를 기울이고 있고, 말을 받아들이고 있다는 상담자의 반응과 태도

4) 구조화: 상담과정의 본질, 제한조건 및 방향에 대하여 상담자가 정의를 내려주는 것

5) 환언: 내담자가 진술한 내용이나 의미를 반복하면서 다른 참신한 언어로 바꿔주는 것

6) 경청: 주의 깊게 귀 기울여 듣는 것

7) 요약: 대화의 내용과 감정의 요체 그리고 일반적인 줄거리를 잡아내는 것

8) 명료화: 내담자의 반응에서 나타난 감정·생각에 내포된 관계와 의미를 분명하게 말해주는 것

9) 해석: 내담자가 자신의 언행에 대해 다른 시각, 넓은 시각으로 바라보게 유도하는 것

10) 재진술: 내담자의 말을 그대로 다시 한 번 따라해 주는 것(이해하고 있다는 메시지)

11) 직면: 내담자의 말, 행동, 감정이나 태도가 모순되고 불일치할 때 이를 깨닫도록 하는 것

제8절 욕조곡선(욕조이론, Bath-tub Curve)

1. 의의

사용 중에 일반적으로 나타나는 고장률을 시간의 함수로 나타낸 곡선으로 고장률의 기간에 따른 변화 양상이 욕조형태를 닮아 붙여진 이름으로 고장패턴(수명특성곡선)이라고도 한다.

2. 시기별 고장률

1) 초기에는 부품 등에 내재하는 결함, 사용자의 미숙 등으로 고장률이 높게 나타난다.

2) 중기에는 부품의 적응 및 사용자의 숙련 등으로 고장률이 점차 감소한다.

3) 말기에는 부품의 노화 등으로 고장률이 점차 상승한다는 원리로서 그 곡선의 형태가 욕조의 형태를 띤다고 하여 욕조곡선의 원리라고 한다.

3. 초기 고장기간(DFR) or 디버깅기간: 고장률 높다

초기에는 시스템의 고장률이 높은 경우가 많다. 이유는 다음과 같다.

1) 표준 이하의 재료 사용
2) 불충분한 품질 관리
3) 표준 이하의 작업자 기술
4) 불충분한 디버깅(Debugging)
5) 부족한 제조 기술
6) 부족한 가공 및 취급 기술
7) 부적절한 포장, 운송, 설치, 시동
8) 조립상의 과오

3. 우발 고장기간(CFR): 고장률 감소

시스템의 고장률이 안정화된 시기를 말한다. 이 경우에도 Failure rate는 0이 아님을 기억하자.

1) 낮은 안전계수   2) 실제 스트레스가 예상보다 높은 경우

3) 혹사, 사용상의 과오   4) 탐지되지 않은 고장 발견

5) 시스템 내구성이 기대보다 낮은 경우

6) 예방보전(PM)에 의해서도 제어할 수 없는 고장, 천재지변

4. 마모 고장기간(IFR): 고장률 증가

소프트웨어를 제외한 대다수의 시스템은 수명을 가지고 있다. 노화에 따른 마모고장의 경우 예방보전(PM)을 통해 고장률을 감소시켜야 한다.

1) 부식 또는 산화   2) 마모 또는 피로

3) 노화 및 퇴화   4) 불충분한 정비

5) 부적절한 오버홀(Overhaul): 기계류를 완전히 분해하여 점검, 수리, 조정하는 일

6) 수축 또는 균열

제 9 절   인지반응과정(PIEV)

1. Perception(인지, 자각)

운전자가 신호등, 표지판, 또는 도로상의 어떤 물체나 상황을 눈으로 보고 감지하는 과정이다. 이 과정은 사전에 주의를 해주는 구간의 경우가 주의가 없는 구간의 경우보다 필요 시간이 짧게 걸린다.

2. Identification(해석, 식별, Interpretation)

인지를 통해 뇌로 들어온 정보를 생각하여 해석, 구분을 하는 과정이다. 이 경우 해석하는 정보의 종류 및 개수(신호등이나 표지판 등)에 따라 필요 시간을 달리 적용하게 된다.

3. Emotion(결정, 행동판단, Decision)

해석을 끝마친 뒤 운전자가 어떤 행위를 취할지 결정, 선택하는 과정이다.

4. Volition(행동, Reaction)

운전자가 결정을 한 뒤, 그 결정한 행위를 수행하는 데까지 걸리는 과정이다. 머리로 생각을 끝냈다고 하더라도 실제로 반응을 보이는 데까지는 시간이 걸리기 때문에 이 과정 또한 포함되게 된다.

제 10 절 교통단속의 투입과 효과

1. 교통단속의 투입력과 단속효과의 관계
   1) 교통환경에 있어서 교통단속을 위한 투입역량과 그 외적 효과 사이에는 단속효과를 올리는 데는 일정수준 이상의 활동량이 필요하며, 일정량의 투입을 넘으면 그 효과는 점차 감소하여 포화상태가 된다.
   2) 이러한 사실은 종래부터 단속지수에 있어서 나타나는 현상이며 안전지도, 캠페인 등에서도 일반적으로 나타나는 특징이다(단속지수: 일정기간, 일정지역에서의 사망자 수 혹은 중대사고 건수의 단속건수와의 비).

2. 할로효과(Halo Effect)
   특정지점 또는 지역에서 일정기간 동안 단속을 실시하면 그 후 단속을 중지하더라도 일정기간 동안 그 효과가 지속되고 인접지역에서도 단속효과가 나타나는 것을 말한다.

제 11 절 카츠의 인성에 작용하는 4가지 태도의 기능

1. 도구적, 적응적, 또는 공리적 기능
   사람들은 외부환경으로부터 보상을 최대화하고 처벌을 최소화시키기 위해서 어떤 태도를 취한다. ― 욕구충족에 있어 대상의 유용성, 외적 보상의 최대화 및 처벌의 최소화
2. 자기방어적 기능
   사람들은 스스로 인정하기 싫은 충동이나 외부적 위협으로부터 자아를 보호할 목적으로 어떤 태도를 취하기도 한다. ― 내적 갈등 및 외적 위험으로부터 보호
3. 가치표현적 기능
   사람들은 어떤 태도를 통해 자신의 중심적인 가치나 자신이 어떤 종류의 사람인가에 대해 긍정적인 표현을 하고자 한다. ― 자기정체성의 유지, 긍정적인 자아 이미지 고양, 자기표현 및 자기결정
4. 지식 기능
   지식에 대한 욕망을 충족시키기 위해서, 또 혼돈과 무질서의 세상에 구조나 의미를 부여하기 위해서 사람들은 어떤 태도를 갖게 된다. 많은 종교적 믿음, 문화적 규범 등이 이러한 기능을 수행한다. ― 이해, 의미 있는 인지조직화, 일관성 및 명료성에 대한 욕구

제 12 절 도로의 마찰계수

1. 노면상태별 마찰계수
   1) 일반도로: 0.8~0.9   2) 젖은 노면: 0.5~0.7   3) 빙판길: 0.2~0.3
2. 노면종류별 마찰계수

노면	건조	약간 습윤	매우 습윤	결빙
아스팔트	0.8	0.7	0.6	0.3
콘크리트	0.8	0.6	0.4	0.3
블 럭	0.7	0.4	0.3	0.2
비 포 장	0.5	0.4	0.3	0.2

제 13 절 운전환경 요소

1. 조명의 영향
   1) 우울증   2) 체중증가   3) 생산성 감소   4) 스트레스
   5) 집중력 감소   6) 피곤함   7) 질병발생
2. 색의 온도감·중량감
   1) 장파장 계통: 빨강, 주황, 노랑 등은 따뜻하게 느껴지고, 진출·팽창성이 있으며, 심리적으로 느슨함과 여유를 느낄 수 있다.
   2) 단파장 계통: 청록, 파랑, 청자 등은 차갑게 느껴지고, 후퇴·수축성이 있으며, 심리적으로 긴장감을 느낄 수 있다.
3. 운전적성
   1) 자동차운전을 안전하고 능숙하게 운전하는 능력을 운전적성이라고 한다.
   2) 운전적성을 판단하는 인간특성: 운전은 시각, 청각으로 상황을 인지하고 반응하는 것(성격과는 직접적인 연관이 없다)
4. 안전벨트의 효과
   1) 충돌 시 충격량이 감소한다.   2) 사고발생 시 사망률이 감소한다.
   3) 사고발생 시 중상률이 감소한다.   4) 안정감을 준다.
5. 운전자의 교통안전운전요건
   1) 안전운전적성   2) 태도   3) 습관   4) 지식
   5) 성격   6) 심신의 결함   7) 피로   8) 음주 등
6. 교통반응
   운전자가 정보를 수집하고 행동을 결정하며 실행 후 확인하는 과정을 의미한다.

7. 펀 ― 드라이빙(Fun Driving)

운전자 스스로 기어를 조작하여 속도를 끌어올리는 것으로 운전자가 하지 않아야 할 행동이다.

8. 안정적인 작업관리를 위해 작업강도를 낮추기 위한 방법

① 작업환경의 악화 방지   ② 보호구의 적절한 사용   ③ 충분한 휴식의 보장

9. 관리계층별 역할·기능

1) 최고관리층: 통합적 기능   2) 중간관리자: 인간적 기능   3) 하위계층: 기술적 기능

* 중간관리층의 역할

ⓐ 상하 간 및 부분 상호간의 조정기능(커뮤니케이션)

ⓑ 소관부문의 종합조정자

ⓒ 전문가로서의 직장의 리더

[교통안전 환경]
기출예상문제

01 다음 중 운전자의 교통안전운전요건에 해당하지 않는 것은?

① 운전자의 가족관계　　　　　　　② 안전운전적성
③ 태도　　　　　　　　　　　　　　④ 지식

> **해설**　운전자의 교통안전운전요건
> 1. 안전운전적성,　2. 태도,　3. 습관,　4. 지식,　5. 성격,　6. 심신의 결함,　7. 피로,　8. 음주 등
> * 운전자의 가족관계는 해당하지 않는다.

02 운전자가 정보를 수집하고 행동을 결정하며 실행 후 확인하는 과정을 의미하는 것은?

① 교통반응　　　　② 행동반응　　　　③ 상황반응　　　　④ 인지반응

> **해설**　교통반응
> 운전자가 정보를 수집하고 행동을 결정하며 실행 후 확인하는 과정을 의미한다.

03 운전자가 운수회사에 정착하기 위해 준수해야 할 원칙으로 적절하지 못한 것은?

① 무리한 행위 배제　　　　　　　　② 방어확인
③ 펀－드라이빙 환경조성　　　　　　④ 준법정신

> **해설**　펀－드라이빙
> 운전자 스스로 기어를 조작하여 속도를 끌어올리는 것으로 운전자가 하지 않아야 할 사안이다.

04 안정적인 작업관리를 위해 작업강도를 낮추기 위한 방법으로서 적절하지 못한 것은?

① 작업환경의 악화 방지　　　　　　② 보호구의 적절한 사용
③ 대인적 접촉의 감소　　　　　　　④ 충분한 휴식의 보장

> **해설**　대인적 접촉으로 작업강도를 낮출 수 있다.

정답　1 ① 　2 ① 　3 ③ 　4 ③

05 교통사고 예방을 위한 법규나 관리 규정 등을 제정하여 안전관리의 효율성을 제고하기 위한 접근방법은?

① 제도적 접근방법   ② 관리적 접근방법   ③ 기술적 접근방법   ④ 행태적 접근방법

> **해설**   사고예방을 위한 접근방법
> 1. 기술적 접근방법
>   1) 교통수단별 기술개발을 통하여 안전도 향상
>   2) 안전시설·장비 등 하드웨어의 개발을 통한 안전의 확보
>   3) 운반구 및 동력의 기술발전이 교통수단의 안전도 향상
>   4) 교통종사원의 기술 숙련도 향상을 통한 안전운행
> 2. 관리적 접근방법
>   1) 교통의 기술면에서 교통수단을 효율적으로 관리하고 통제할 수 있도록 적합시키는 방법론
>   2) 경영관리기법을 통한 전사적 안전관리, 통계학을 이용한 사고유형 또는 원인의 분석, 품질관리기법을 원용한 통계적 관리기법, 인간형태학적 접근, 인체생리학적 접근 등
> 3. 제도적 접근방법
>   1) 기술적 접근방법이나 관리적 접근방법을 통하여 개발된 기법의 효율성을 제고하기 위하여 제도적 장치를 마련하는 행위
>   2) 법령의 제정을 통한 안전기준의 마련이나 안전수칙 또는 원칙을 정하여 준수토록 하면서 제도적으로 안전을 확보하고자 하는 것
>   3) 제도적 접근방법은 기술적·관리적인 면에서 개발된 기법을 효율성 있게 제고하기 위한 행위

06 "(   )에는 경영관리기법을 통한 전사적 안전관리, 통계학을 이용한 사고유형 및 원인 분석, 품질관리기법을 원용한 통계적 관리기법, 인간형태론적 접근, 인체생리학적 접근 등 다양한 방법이 활용되고 있다."에서 (   ) 속에 들어갈 것은?

① 기술적 접근방법   ② 관리적 접근방법   ③ 제도적 접근방법   ④ 과학적 접근방법

> **해설**   사고예방을 위한 접근방법

07 교통기관의 기술개발을 통하여 안전도를 향상시키고 운반구 및 동력제작기술의 발전을 도모하는 것은?

① 기술적 접근방법   ② 관리적 접근방법   ③ 제도적 접근방법   ④ 선택적 접근방법

> **해설**   사고예방을 위한 접근방법

정답 5 ① 6 ② 7 ①

08 위험요소 제거를 위하여 거치는 단계 중 안전관리 책임자를 임명하고, 안전계획을 수립·추진하는 단계는?

① 위험요소의 분석   ② 개선대안의 제시   ③ 조직의 구성   ④ 위험요소의 탐지

해설 위험요소 제거 6단계
1. 조직의 구성: 안전관리업무를 수행할 수 있는 조직의 구성, 안전관리책임자의 임명, 안전계획의 수립 및 추진 등의 단계이다.
2. 위험요소의 탐지: 안전점검 또는 진단사고, 원인의 규명, 종사원 교통활동 및 태도분석을 통하여 불안전행위와 위험한 환경조건 등 위험요소를 발견하는 단계이다.
3. 원인분석: 발견된 위험요소를 면밀히 분석하여 원인규명을 하는 단계이다
4. 개선대안의 제시: 분석을 통하여 도출된 원인을 토대로 효과적으로 실현할 수 있는 대안을 제시하는 단계이다.
5. 대안의 채택 및 시행: 해당 기업이 실행하기에 가장 알맞은 대안을 선택하고 시행하는 단계이다.
6. 환류(Feed back): 과정상의 문제점과 미비점을 보완하여야 하는 단계이다.

09 "운전환경과 운전조건이 개선되어 운전자가 안심하고 운전할 수 있도록 해야 한다."는 것을 의미하는 것은?

① 운전자의 관리자에 대한 신뢰의 원칙   ② 안전한 환경조성의 원칙
③ 사고요인의 등치성 원칙   ④ 무리한 행동배제의 원칙

해설 교통사고 방지를 위해 요구되는 원칙
1. 정상적인 컨디션과 정돈된 환경유지의 원칙
   1) 마음이 산만하거나 정리정돈이 안 된 경우 운전 시 정상적인 행동을 취할 수 없다.
   2) 따라서 운전자는 항상 심신을 정돈하고, 상쾌하고 맑은 기분을 갖도록 해야 한다.
2. 운전자의 관리자에 대한 신뢰의 원칙
   관리자가 운전자로부터 신뢰를 받지 못하면 통솔력에 치명적인 손상을 가져오므로 관리자는 권위의식보다는 희생과 봉사의 정신으로 솔선수범하는 자세를 견지해야 한다.
3. 안전한 환경조성의 원칙
   운전환경과 운전조건이 개선되어 운전자가 안심하고 운전할 수 있도록 해야 한다.
4. 무리한 행동배제의 원칙
   과속운전이나 끼어들기 등 무리한 행동은 사고발생이라는 필연적인 결과를 초래하므로 운전자는 이러한 행동을 배제해야 한다.
5. 사고요인의 등치성 원칙
   1) 교통사고의 경우, 우선 어떤 요인이 발생한다면 그것이 근원이 되어 다음 요인이 발생하게 되고, 또 그것이 다음 요인을 발생시키는 것과 같이 여러 가지 요인이 유기적으로 관련되어 있다.
   2) 그런데 연속된 이 요인들 중에서 어느 하나만이라도 발생하지 않았다면 연쇄반응은 일어나지 않았을 것이며, 따라서 교통사고는 일어나지 않았을 것이다.
   3) 다시 말하면 교통사고의 발생에는 교통사고 요인을 구성하는 각종 요소가 똑같은 비중을 지닌다고 볼 수 있으며, 이러한 원리를 사고요인의 등치성 원칙이라고 한다.

정답 8 ③ 9 ②

6. 방어확인의 원칙
　　1) 운전자는 위험한 자동차를 피하고 위험한 도로에 접근하면 일시정지하고 좌우를 확인하여 안전한 지를 확인한 후 이동해야 한다.
　　2) 또한 위험한 횡단보도, 커브길, 주택가 이면도로 등 시야가 불량한 지역에서 속도를 줄이고 주의환기하면서 운전하는 것은 방어확인 원칙의 적합한 사례가 된다.

10 다음 중 교통안전표지가 아닌 것은?

① 노면표시　　　　② 지시표지　　　　③ 규제표지　　　　④ 알림표지

해설　도로교통법시행규칙 제8조(안전표지)

① 안전표지는 다음과 같이 구분한다. <개정 2019. 6. 14.>
　　1. 주의표지: 도로상태가 위험하거나 도로 또는 그 부근에 위험물이 있는 경우에 필요한 안전조치를 할 수 있도록 이를 도로사용자에게 알리는 표지
　　2. 규제표지: 도로교통의 안전을 위하여 각종 제한·금지 등의 규제를 하는 경우에 이를 도로사용자에게 알리는 표지
　　3. 지시표지: 도로의 통행방법·통행구분 등 도로교통의 안전을 위하여 필요한 지시를 하는 경우에 도로사용자가 이에 따르도록 알리는 표지
　　4. 보조표지: 주의표지·규제표지 또는 지시표지의 주기능을 보충하여 도로사용자에게 알리는 표지
　　5. 노면표시: 도로교통의 안전을 위하여 각종 주의·규제·지시 등의 내용을 노면에 기호·문자 또는 선으로 도로사용자에게 알리는 표지

11 다음 중 도로표지의 설명으로 맞는 것은?

① 노선표지: 행정구역의 경계를 나타내는 표지
② 이정표지: 주행노선 또는 분기노선을 나타내는 표지
③ 경계표지: 목표지까지의 거리를 나타내는 표지
④ 방향표지: 목표지까지의 방향을 나타내는 표지

해설　도로표지규칙 제3조(도로표지의 종류) – 국토교통부령

1. 경계표지: 특별시·광역시·특별자치시·도 또는 시·군·읍·면 사이의 행정구역의 경계를 나타내는 표지
2. 이정표지: 목표지까지의 거리를 나타내는 표지
3. 방향표지: 목표지까지의 방향을 나타내는 표지
4. 노선표지: 주행노선 또는 분기노선을 나타내는 표지
5. 안내표지: 도로정보 안내표지, 도로시설 안내표지, 그 밖의 안내표지

정답　10 ④　11 ④

12 다음 중 안전표지의 설계원칙으로 틀린 것은?

① 조화비는 표지판의 밝기와 표지판 주변의 밝기의 비율로 나타낸다.

② 조화비가 작을수록 포착성은 높다.

③ 전달되는 정보는 가능한 오역과 애매모호함을 최소화하여야 한다.

④ 전달되는 정보는 중요도가 부각되어야 한다.

> **해설** 안전표지 설계원칙
> 1. 중요도의 부각: 전달되는 정보는 가능한 잘못 해석(이해)되거나 애매모호함을 최소화하면서 중요도가
>   부각되어야 한다.
> 2. 조화비: 운전자는 정보를 이해하기에 앞서 포착해야 하며 포착성은 조화비가 가장 중요하다. 조화비는
>   표지판의 밝기와 표지판 주변의 밝기의 비율로 나타내며 조화비가 클수록 포착성이 높다.

13 다음 중 교통안전표지의 설치에 대한 설명으로 잘못된 것은?

① 도로교통법상에 규정된 신호기, 안전표지, 노면표시 등을 교통안전시설이라 한다.

② 표지판은 일시에 집중할 수 있도록 집중해서 설치하는 것이 좋다.

③ 도로법상에 규정된 도로표지와 그 밖의 도로 부대시설인 중앙분리대, 방호책, 도로반사
경 등이 있다.

④ 교통안전시설은 도로이용자에 대하여 필요한 정보를 사전에 정확하게 전달해야 한다.

> **해설** 교통안전표지
> 1. 도로교통에 관련된 안전시설에는 도로교통법상에 규정된 신호기, 안전표지, 노면표시 등과 도로법상에
>   규정된 도로표지와 그 밖의 도로 부대시설인 중앙분리대, 방호책, 도로반사경 등이 있다.
> 2. 도로교통법상에 규정된 신호기, 안전표지, 노면표시 등을 교통안전시설이라 한다. 교통안전시설은 도
>   로이용자에 대하여 필요한 정보를 사전에 정확하게 전달하고, 또한 통일되고 균일한 행동이 이루어지
>   도록 통제함으로써 교통의 소통을 증진하고, 도로상의 안전을 보장하는 것이다.
> 3. 교통안전시설은 권한이 있는 자에 의해서만 설치·관리되어야 하며, 설치·관리권자가 아닌 자가 임의
>   로 설치한 교통안전시설에 대해서는 즉시 제거하여 도로이용자의 혼란을 방지해야 하고, 또한 함부로
>   교통안전시설을 조작, 철거, 이전하거나 파손해서는 안 된다.

14 다음 중 중간관리자의 역할로 보기 어려운 것은?

① 상하 간 및 부분 상호간 커뮤니케이션   ② 소관부문의 종합조정자

③ 전문가로서의 직장의 리더   ④ 현장의 감독자(현장 최일선의 지도자)

> **해설** 관리계층별 역할·기능
> 1. 최고관리층: 통합적 기능   2. 중간관리자: 인간적 기능   3. 하위계층: 기술적 기능

정답 12 ② 13 ② 14 ④

* 중간관리층의 역할
   1) 상하 간 및 부분 상호간의 조정기능(커뮤니케이션)
   2) 소관부문의 종합조정자
   3) 전문가로서의 직장의 리더

15 다음 중 계층상에 있어서 가장 중요한 기능으로 틀린 것은?

① 최고경영자 – 통합적 기능　　　② 중간경영자 – 인간적 기능
③ 하위경영자 – 기술적 기능　　　④ 중간관리자 – 관리적 기능

[해설] 관리계층별 역할·기능

16 다음 중 최고관리층에게 요구되는 기능은?

① 인간적 기능　　② 통합적 기능　　③ 기술적 기능　　④ 관리적 기능

[해설] 관리계층별 역할·기능

17 성공하려는 욕망 또는 모든 종류의 과제나 직장에서의 업무를 잘 수행하려는 욕망을 무엇이라 하는가?

① 성취동기(Achievement motive)　　② 의존동기(Dependency motive)
③ 유친동기(Affiliation motive)　　　④ 권력동기(Power motive)

[해설] 맥클러랜드의 욕구이론(McClelland's Theory of Needs)
맥클러랜드는 동기유발에 관여하는 욕구에 크게 세 가지가 있다는 제안을 했다.
1. 성취욕구(Achievement Need: nAch): 탁월해지고자 하는 욕망, 평균을 초과한 결과를 내고 싶어 하는 것, 성공의 욕구
2. 권력욕구(Power Need: nPow): 타인의 행동에 영향을 미쳐 변화를 일으키고 싶어하는 욕구
3. 제휴욕구(Affiliation Need: nAff): 개인적 친밀함과 우정에 대한 욕구

18 다른 사람들과 시간을 함께 보내고자 하는 동기로서 다른 사람들을 지배하고자 하는 욕구가 아니라 다른 사람들과 상호작용하는 사회적 관계 안에 있고자 하는 동기를 의미하는 것은?

① 유인동기　　② 유친동기　　③ 성취동기　　④ 권력동기

[해설] 유친동기
1. 다른 사람들과 시간을 함께 보내고자 하는 동기로서 다른 사람들을 지배하고자 하는 욕구가 아니라 다른 사람들과 상호작용하는 사회적 관계 안에 있고자 하는 욕구를 말한다.
2. 유친동기가 높은 사람들이 낮은 사람에 비해 리더로 더 많이 지명된다.

[정답] 15 ④　16 ②　17 ①　18 ②

19 근로자의 작업 능률 등에 영향을 미치는 색채의 설명으로 틀린 것은?

① 명도가 높은 색은 크게, 명도가 낮은 색은 작게 보인다.
② 명도가 높은 색은 진출하고, 명도가 낮은 색은 후퇴한다.
③ 장파장 색은 따뜻한 느낌이고, 단파장 색은 차가운 느낌이다.
④ 배경의 명도가 낮은 경우 명도가 높은 색은 명시도가 낮다.

해설 색의 온도감·중량감
1. 장파장 계통: 빨강, 주황, 노랑 등은 따뜻하게 느껴지고, 진출·팽창성이 있으며, 심리적으로 느슨함과 여유를 느낄 수 있다.
2. 단파장 계통: 청록, 파랑, 청자 등은 차갑게 느껴지고, 후퇴·수축성이 있으며, 심리적으로 긴장감을 느낄 수 있다.

20 다음 중 보행자의 심리가 아닌 것은?

① 횡단보도를 찾아 건너려는 심리가 크다.
② 급히 서두르는 경향이 있다.
③ 자동차의 통행이 적다고 해서 신호를 무시하고 횡단하는 경향이 있다.
④ 자동차가 모든 것을 양보해 줄 것으로 믿고 있는 경향이 있다.

해설 보행자의 심리
1. 급히 서두르는 경향이 있다.
2. 자동차의 통행이 적다고 해서 신호를 무시하고 횡단하는 경향이 있다.
3. 횡단보도를 이용하기보다는 현 위치에서 횡단하고자 한다.
4. 자동차가 모든 것을 양보해 줄 것으로 믿고 있는 경향이 있다.

21 다음 중 사고다발자의 특성이 아닌 것은?

① 자극에 민감하다.　　　　　② 자기통제력이 약하다.
③ 인간관계에 협조적이다.　　④ 조기반응 경향이 있다.

해설 운전자의 특성
1. 사고다발자의 성격특성
  1) 인간관계에서 비협조적 태도를 보인다.
  2) 공격적인 성격이다.
  3) 중복작업에서 통제된 반응동작이 곤란하다.
  4) 정서적으로 충동적이며 자극에 민감하고 흥분을 잘한다.
  5) 충동을 제어하지 못하고 조기반응 경향이 있다.
  6) 주관적 판단과 자기통제력이 부족(박약)하다.
  7) 과도한 긴장으로 억압적인 경향이 강하며 막연한 불안감 갖는다.

정답　19 ④　20 ①　21 ③

2. 무사고운전자의 성격특성
   1) 신중한 운전을 한다.
   2) 모범적 일상생활을 한다.
   3) 안전운전 습관 들이기에 노력한다.
   4) 충동을 억제하고 스스로 행동을 조절한다.
   5) 적극적이고 활발하다.
   6) 유쾌하고 적응력이 빠르다.
   7) 자극에 적응을 잘한다.

22 다음 중 사고다발자의 특성으로 틀린 것은?

① 억압적 경향과 막연한 불안감
② 비협조적인 인간관계, 자제력·인내심 부족
③ 주관적 판단력과 자기통찰력 미약
④ 자극에 적응을 잘한다.

해설 운전자의 특성

23 다음 중 노인의 행동특성으로 틀린 것은?

① 자신의 운전능력을 과대평가한다.
② 풍부한 지식과 경험을 통해 조언을 할 수 있다.
③ 아날로그보다 디지털에 능숙하다.
④ 행동이 신중하여 모범적인 교통생활을 한다.

해설 노령자의 교통사고 및 행동특성

1. 노령자의 교통사고
   1) 시야범위가 축소되고, 복잡한 결정을 하는 데 걸리는 시간이 늘어난다.
   2) 반응시간이 증가한다. 민첩성이 떨어진다.
   3) 속도와 거리 판단의 정확도가 떨어져 잘못된 판단이나 행동으로 이어질 가능성이 크다.
   4) 신체적 능력저하에도 자신의 운전능력을 과대평가하는 경향이 있다.
   5) 야간운전, 장거리 운전을 하지 않고, 고속도로 이용을 피한다.
   6) 교차로에서 직진 중 측면에서 출현하는 장애물과의 충돌사고 비중이 높다.
2. 고령자의 행동특성
   1) 고령자는 오랜 사회생활을 통하여 풍부한 지식과 경험을 가지고 있다.
   2) 행동이 신중하여 모범적 교통생활인으로서의 자질을 갖추고 있다.
   3) 신체적인 면에서 운동능력이 떨어지고 시력 또는 청력 등 감지기능이 약화되어 위급 시 피난대책이 둔화되는 양상을 보인다.
   4) 교통생활인으로서의 건전한 자질에도 불구하고 이러한 신체적인 취약 조건들로 인하여 어린이, 신체허약자와 함께 교통사고 피해자의 상당수를 점하고 있다.

24 다음 중 노인의 교통특성으로 맞는 것은?

① 위험에 대한 반응시간이 빠르다.
② 노령자는 아이보다 민첩성이 좋다.
③ 속도와 거리 판단의 정확도가 떨어진다.
④ 노인은 어린이보다 반응속도가 빠르다.

해설 노령자의 교통사고 및 행동특성

정답 22 ④ 23 ③ 24 ③

25 다음 중 고령(노인)운전자의 행동특성이 아닌 것은?

① 청력약화　　　② 순발력의 저하　　③ 민첩함　　　④ 시력감퇴

해설 고령 운전자의 시각적 특성

1. 50세를 넘기면 시각, 청각, 지각 등의 감각능력이 감소하기 시작
2. 운전자가 받아들이는 정보의 약 80~90% 이상이 시각정보인데, 시각적 감도는 50대에 가장 많이 감소
3. 고령화에 따라 색 식별 기능이 저하되고 망막에 도달하는 빛의 양이 감소하여 물체식별력이 저하
4. 빠르게 움직이는 차량에 대한 정확한 인지가 저하
5. 눈부심 현상은 60대가 20대에 비해 약 3배 이상 증가하고 야간 눈부심 현상 회복에 더 많은 시간이 소요됨
6. 50세에는 수평 시야각이 170도에서 140도까지 낮아져 운전 중 주변 인지 범위가 좁아짐

26 다음 중 어린이의 행동특성으로 옳지 않은 것은?

① 신기한 것에 대한 호기심을 가진다.　　② 적응력·응용력이 부족하다.
③ 사상자는 오전 8시~9시에 가장 많다.　　④ 사물을 이해하는 방법이 단순하다.

해설 어린이의 교통사고 및 행동특성

1. 어린이의 교통사고
　1) 시각능력과 청취한 정보활용능력이 취약하다.
　2) 교통상황에 대한 주의력이 부족하다.
　3) 모방과 모험심이 강하다.
　4) 정서불안 시 자제력이 약하고 감정에 따라 행동변화가 심하다.
　5) 보행 중 교통사고를 당하여 사상당하는 비율이 2/3 이상이다.
　6) 시간대별 어린이 사상자는 <u>오후 4시에서 오후 6시</u> 사이에 가장 많다.
　7) 남자어린이가 여자어린이보다 사고율이 높다.
2. 어린이의 행동특성
　1) 자동차의 작동원리와 거리와 속도 추정능력이 부족하다.
　2) 한 가지 일에 열중하면 주위의 일이 눈이나 귀에 들어오지 않는다.
　3) 사물을 이해하는 방법이 단순하다.
　4) 감정에 따라 행동의 변화가 심하게 달라진다.
　5) 추상적인 말을 잘 이해하지 못한다.
　6) 주의집중능력과 상황판단능력이 약하다(상황대처능력이 낮다).
　7) 어른에게 의지하기 쉽고 어른의 흉내를 잘 내는 경향이 있다.
　8) 숨기를 좋아하고 신기한 것에 대한 호기심을 가진다.
　9) 위험상황에 대한 대처능력이 부족하고 동일한 충격에도 큰 피해가 발생한다.

정답 25 ③　26 ③

27 다음 중 어린이의 행동특성으로 옳지 않은 것은?

① 사상자는 오전 8시에서 9시 사이에 가장 많다.
② 감정에 따라 행동의 변화가 심하게 달라진다.
③ 교통상황에 대한 주의력이 부족하다.
④ 사물을 이해하는 방법이 단순하다.

> **해설** 어린이의 교통사고 및 행동특성

28 다음 중 일반도로에서의 마찰계수는?

① 0.8~0.9　　② 0.5~0.6　　③ 0.2~0.4　　④ 0.2 이하

> **해설** 도로의 마찰계수
> 1. 노면상태별 마찰계수
>   1) 일반도로: 0.8~0.9　　　　　　2) 젖은 노면: 0.5~0.7
>   3) 빙판길: 0.2~0.3
> 2. 노면종류별 마찰계수

노면	건조	약간 습윤	매우 습윤	결빙
아스팔트	0.8	0.7	0.6	0.3
콘크리트	0.8	0.6	0.4	0.3
블 럭	0.7	0.4	0.3	0.2
비 포 장	0.5	0.4	0.3	0.2

29 다음 중 도로 노면 중 건조한 아스팔트 포장 도로의 마찰계수는?

① 0.8　　② 0.6　　③ 0.4　　④ 0.2

> **해설** 노면종류별 마찰계수

30 다음 중 도로 노면이 결빙되었을 경우의 마찰계수는?

① 0.8~0.9　　② 0.6~0.8　　③ 0.2~0.3　　④ 0.5~0.7

> **해설** 노면종류별 마찰계수

31 다음 중 젖어 있는 아스팔트에서 타이어와 노면의 마찰계수는?

① 0.8~0.9　　　② 0.6~0.8　　　③ 0.2~0.3　　　④ 0.5~0.7

해설　노면종류별 마찰계수

32 다음 중 효율적인 상담기법이 아닌 것은?

① 반영　　　　② 구조화　　　③ 요약　　　　④ 반복

해설　상담면접의 주요기법
1. 상담면접의 시작: 신뢰감, 라포 형성(상담자와 내담자 사이의 신뢰감·친화감 형성)
2. 반영: 내담자의 메시지 속에 담겨 있는 감정 또는 정서를 되돌려 주는 기법
3. 수용: 내담자에게 주의를 기울이고 있고, 말을 받아들이고 있다는 상담자의 반응과 태도
4. 구조화: 상담과정의 본질, 제한조건 및 방향에 대하여 상담자가 정의를 내려주는 것
5. 환언: 내담자가 진술한 내용이나 의미를 반복하면서 다른 참신한 언어로 바꿔주는 것
6. 경청: 주의 깊게 귀 기울여 듣는 것
7. 요약: 대화의 내용과 감정의 요체 그리고 일반적인 줄거리를 잡아내는 것
8. 명료화: 내담자의 반응에서 나타난 감정·생각에 내포된 관계와 의미를 분명하게 말해주는 것
9. 해석: 내담자가 자신의 언행에 대해 다른 시각, 넓은 시각으로 바라보게 유도하는 것
10. 재진술: 내담자의 말을 그대로 다시 한 번 따라해 주는 것(이해하고 있다는 메시지)
11. 직면: 내담자의 말, 행동, 감정이나 태도가 모순되고 불일치할 때 이를 깨닫도록 하는 것

33 다음 중 효율적인 상담기법이 아닌 것은?

① 내담자의 발언을 자주 가로막고 성급한 결론으로 이끌어서는 안 된다.
② 내담자의 공격적인 질문에 대해서는 회피하고 상담의 주제를 바꾼다.
③ 내담자의 말을 경청하고 세밀히 관찰하여야 한다.
④ 상담자는 편견이나 선입관으로부터 탈피되어야 한다.

해설　상담면접의 주요기법

34 상담기법 중 기쁨, 즐거움, 행복, 슬픔, 분노 등과 같은 감정적·정서적 측면에 초점을 맞추는 기법은?

① 반영　　　　② 경청　　　　③ 해석　　　　④ 수용

해설　상담면접의 주요기법

정답　31 ④　32 ④　33 ②　34 ①

35 상담의 기본원리 중 통제된 정서관여의 원리로 알맞은 것은?

① 내담자 중심으로 욕구·권리를 존중하여 수용적으로 대해야 한다는 원리
② 내담자가 스스로 문제를 해결해 나갈 수 있도록 도와주어야 한다는 원리
③ 내담자의 정서변화에 민감하게 반응하여 대응책을 마련할 태세를 갖추고 적극적으로 관여해야 한다는 원리
④ 내담자가 자유롭게 감정표현을 하도록 분위기조성을 해야 한다는 원리

해설 상담자의 상담기본원리
1. 통제된 정서관여의 원리: 내담자의 정서변화에 민감하게 반응하여 대응책을 마련할 태세를 갖추고 적극적으로 관여해야 한다는 원리
2. 수용의 원리: 내담자 중심으로 욕구·권리를 존중하여 수용적으로 대해야 한다는 원리
3. 개별화의 원리: 상담 받은 자의 개성과 개인차를 인정하는 범위 내에서 이뤄져야 한다는 원리
4. 자기결정의 원리: 내담자가 스스로 문제를 해결해 나갈 수 있도록 도와주어야 한다는 원리
5. 비밀보장의 원리: 내담자에 관한 비밀을 외부에 누설해서는 안 된다는 원리
6. 의도적 감정표현의 원리: 내담자가 자유롭게 감정표현을 하도록 분위기조성을 해야 한다는 원리
7. 비심판적 태도의 원리: 내담자의 잘못이나 내담자가 안고 있는 문제에 대해 비판적이어서는 안 된다는 원리

36 다음 중 안전벨트의 기능으로 옳지 않은 것은?

① 충돌 시 충격량이 증가한다.
② 사고발생 시 사망률이 감소한다.
③ 사고발생 시 중상률이 감소한다.
④ 안정감을 준다.

해설 안전벨트 효과: ②, ③, ④

37 다음 중 어린이의 교통안전교육에 대한 설명으로 맞지 않은 것은?

① 어린이는 시청각 자료를 사용하여 표지에 대한 공부를 한다.
② 어린이는 건널목, 표지, 신호기 등을 관계법령의 규격에 맞게 설치해서 가르친다.
③ 법이나 규정대로 익힐 수 있도록 하되 알기 쉽게 설명한다.
④ 어린이가 자동차를 운전할 때 안전한 운전방법을 익힐 수 있는 체험시설을 갖춘다.

해설 어린이의 교통사고 및 행동특성

정답 35 ③ 36 ① 37 ④

38 다음이 설명하는 이론은 무엇인가?

> 초기에는 부품 등에 내재하는 결함, 사용자의 미숙 등으로 고장률이 높게 상승하지만,
> 중기에는 부품의 적응 및 사용자의 숙련 등으로 고장률이 점차 감소하다가,
> 말기에는 부품의 노화 등으로 고장률이 점차 상승한다는 원리

① 욕조이론   ② 집단의사결정   ③ 브레인스토밍   ④ 사고요인의 등치성

해설   욕조곡선(욕조이론)

1. 의의
   사용 중에 일반적으로 나타나는 고장률을 시간의 함수로 나타낸 곡선으로 고장률의 기간에 따른 변화 양상이 욕조형태를 닮아 붙여진 이름으로 고장패턴(수명특성곡선)이라고도 한다.
2. 시기별 고장률
   1) 초기에는 부품 등에 내재하는 결함, 사용자의 미숙 등으로 고장률이 높게 나타난다.
   2) 중기에는 부품의 적응 및 사용자의 숙련 등으로 고장률이 점차 감소한다.
   3) 말기에는 부품의 노화 등으로 고장률이 점차 상승한다는 원리로서 그 곡선의 형태가 욕조의 형태를 띤다고 하여 욕조곡선의 원리라고 한다.
3. 초기 고장기간(DFR) or 디버깅기간: 고장률 높다
   초기에는 시스템의 고장률이 높은 경우가 많다. 이유는 다음과 같다.
   1) 표준 이하의 재료 사용   2) 불충분한 품질 관리
   3) 표준 이하의 작업자 기술   4) 불충분한 디버깅(debugging)
   5) 부족한 제조 기술   6) 부족한 가공 및 취급 기술
   7) 부적절한 포장, 운송, 설치, 시동   8) 조립상의 과오
4. 우발 고장기간(CFR): 고장률 감소
   시스템의 고장률이 안정화된 시기를 말한다. 이 경우에도 Failure rate은 0이 아님을 기억하자.
   1) 낮은 안전계수   2) 실제 스트레스가 예상보다 높은 경우
   3) 혹사, 사용상의 과오   4) 탐지되지 않은 고장 발견
   5) 시스템 내구성이 기대보다 낮은 경우
   6) 예방보전(PM)에 의해서도 제어할 수 없는 고장, 천재지변
5. 마모 고장기간(IFR): 고장률 증가
   소프트웨어를 제외한 대다수의 시스템은 수명을 가지고 있다. 노화에 따른 마모고장의 경우 예방보전(PM)을 통해 고장률을 감소시켜야 한다.
   1) 부식 또는 산화   2) 마모 또는 피로
   3) 노화 및 퇴화   4) 불충분한 정비
   5) 부적절한 오버홀(Overhaul): "기계류를 완전히 분해하여 점검, 수리, 조정하는 일"
   6) 수축 또는 균열

정답   38 ①

39 어떤 현상이 일어날 수 있는 확률로 우발적인 변화에 기인한 고장과 부품의 마모와 결함, 노화 등의 원인에 의한 것과 관련된 이론은?

① 욕조곡선의 원리   ② 집단의사결정   ③ 브레인스토밍   ④ 사고요인의 등치성

해설 욕조곡선(욕조이론)

40 다음 중 욕조곡선의 원리에 대한 설명으로 옳은 것은?

① 체계 또는 설비 등을 사용하기 시작하여 폐기할 때까지의 고장 발생 상태를 도시한 곡선을 말한다.
② 초기에는 부품 등에 내재하는 결함, 사용자의 미숙 등으로 고장률이 낮게 나타난다.
③ 중기에는 부품의 적응 및 사용자의 숙련 등으로 고장률이 점차 증가한다.
④ 말기에는 부품의 노화 등으로 고장률이 점차 하락한다.

해설 욕조곡선의 원리

41 운전자의 정보처리과정으로 외부자극이 행동으로 진행되는 과정을 바르게 나열한 것은?

① 식별 → 순응 → 판단 → 행동
② 자각 → 식별 → 판단 → 행동
③ 자각 → 판단 → 행동 → 식별
④ 식별 → 자각 → 판단 → 행동

해설 인지반응과정(PIEV)
1. Perception(인지, 자각)
   운전자가 신호등, 표지판, 또는 도로상의 어떤 물체나 상황을 눈으로 보고 감지하는 과정이다. 이 과정은 사전에 주의를 해주는 구간의 경우가 주의가 없는 구간의 경우보다 필요 시간이 짧게 걸린다.
2. Identification(해석, 식별, Interpretation)
   인지를 통해 뇌로 들어온 정보를 생각하여 해석, 구분을 하는 과정이다. 이 경우 해석하는 정보의 종류 및 개수(신호등이나 표지판 등)에 따라 필요 시간을 달리 적용하게 된다.
3. Emotion(결정, 행동판단, Decision)
   해석을 끝마친 뒤 운전자가 어떤 행위를 취할지 결정, 선택하는 과정이다.
4. Volition(행동, Reaction)
   운전자가 결정을 한 뒤, 그 결정한 행위를 수행하는 데까지 걸리는 과정이다. 머리로 생각을 끝냈다고 하더라도 실제로 반응을 보이는 데까지는 시간이 걸리기 때문에 이 과정 또한 포함되게 된다.

정답 39 ① 40 ① 41 ②

42 교통단속을 할 때 발생하는 단속의 파급효과가 일정기간 지속되며 인접지역까지 그 효과가 영향을 미치는 것은?

① 할로효과(Halo Effect) ② 파동효과
③ 경제효과 ④ 인적효과

해설 할로효과(Halo Effect)
특정지점 또는 지역에서 일정기간 동안 단속을 실시하면 그 후 단속을 중지하더라도 일정기간 동안 그 효과가 지속되고 인접지역에서도 단속효과가 나타나는 것을 말한다.

43 교통단속의 투입력과 단속효과 간의 관계를 옳게 설명한 것은?

① 투입량이 증가하면 단속효과도 증가하지만 일정기간이 지나면 더 이상 증가하지 않는다.
② 투입량이 증가하면 단속효과도 지속적으로 증가한다.
③ 투입량과 단속효과는 비례한다.
④ 투입량이 증가하더라도 초기에는 단속효과가 적지만 일정기간이 지나면 증가한다.

해설 교통단속의 투입력과 단속효과의 관계
1. 교통환경에 있어서 교통단속을 위한 투입역량과 그 외적 효과 사이에는 단속효과를 올리는 데는 일정 수준 이상의 활동량이 필요하며, 일정량의 투입을 넘으면 그 효과는 점차 감소하여 포화상태가 된다.
2. 이러한 사실은 종래부터 단속지수에 있어서 나타나는 현상이며 안전지도, 캠페인 등에서도 일반적으로 나타나는 특징이다(단속지수: 일정기간, 일정지역에서의 사망자 수 혹은 중대사고 건수의 단속건수와의 비).

44 다음 중 운전자의 운전능력을 평가하는 것은?

① 운전태도 평가 ② 운전기술 평가 ③ 운전경력 평가 ④ 운전적성 평가

해설 운전자의 운전능력
자동차운전을 안전하고 능숙하게 운전하는 능력을 운전적성이라고 한다.

45 다음 중 운전적성을 판단하는 데 있어서 가장 관련이 없는 인간특성은?

① 성격 ② 반응 ③ 청각 ④ 시각

해설 운전적성 판단 관련 사항
운전은 시각, 청각으로 상황을 인지하고 반응하는 것으로 성격과는 직접적인 연관이 없다.

정답 42 ① 43 ① 44 ④ 45 ①

46 다음 중 음주운전 사고의 특징으로 옳지 않은 것은?

① 밤(야간)보다 낮(주간)에 사고율이 높다.
② 정지물체인 가로등, 전봇대에 충돌하는 사고가 발생한다.
③ 도로로 오인해 낭떠러지로 떨어지는 사고가 발생한다.
④ 주차된 차에 충돌하여 사고가 일어난다.

> **해설** 음주운전자의 특성
> 1. 음주운전자의 특성
>   1) 과활동성, 충동성, 공격성, 반사회성 등을 의미하는 행동, 통제의 부족, 우울
>   2) 불안 등 부정적 정서를 경험하는 상태를 의미하는 부정적 정서성, 권위와의 갈등, 비 순응성음주가
>   인체에 미치는 영향
> 2. 음주가 인체에 미치는 영향
>   1) 알코올로 인한 뇌의 기능저하 순서는 다음과 같다.
>   ⓐ 판단추리 → ⓑ 물리적 반응 → ⓒ 언어, 시각장애
>   2) 신체적 기능인 조작능력 면에서는
>   ⓐ 주시력(측방시력, 원·근 판단력, 야간주시력)이 낮아진다.
>   ⓑ 기계조작(운전행위) 기능이 시간상으로 길어지고 저하된다.

47 다음 중 음주운전자의 특성으로 볼 수 없는 것은?

① 비순응성　　　② 충동성　　　③ 공격성　　　④ 신체기능의 원활

> **해설** 음주운전자의 특성

48 다음 중 조명이 어두울 때 직장에서 끼치는 영향으로 틀린 것은?

① 심리(기분) 저하　② 우울해진다.　③ 차분한 기분　④ 사기가 떨어진다.

> **해설** 조명의 영향
> 1. 우울증　　　　2. 체중증가　　　3. 생산성 감소　　　4. 스트레스
> 5. 집중력 감소　6. 피곤함　　　　7. 질병발생

정답 46 ① 47 ④ 48 ③

49 심리학자 카츠가 말하는 "스스로를 더욱 강화시키고 자기 자신의 정체성을 가지게 하는 태도"의 기능은?

① 적응 기능　　　② 가치표현적 기능　③ 자기방어적 기능　④ 지식 기능

> **해설**　카츠의 인성에 작용하는 4가지 태도의 기능
>
> 1. 도구적, 적응적, 또는 공리적 기능
>   사람들은 외부환경으로부터 보상을 최대화하고 처벌을 최소화시키기 위해서 어떤 태도를 취한다. – 욕구충족에 있어 대상의 유용성, 외적 보상의 최대화 및 처벌의 최소화
> 2. 자기방어적 기능
>   사람들은 스스로 인정하기 싫은 충동이나 외부적 위협으로부터 자아를 보호할 목적으로 어떤 태도를 취하기도 한다. – 내적 갈등 및 외적 위험으로부터 보호
> 3. 가치표현적 기능
>   사람들은 어떤 태도를 통해 자신의 중심적인 가치나 자신이 어떤 종류의 사람인가에 대해 긍정적인 표현을 하고자 한다. – 자기정체성의 유지, 긍정적인 자아 이미지 고양, 자기표현 및 자기결정
> 4. 지식 기능
>   지식에 대한 욕망을 충족시키기 위해서, 또 혼돈과 무질서의 세상에 구조나 의미를 부여하기 위해서 사람들은 어떤 태도를 갖게 된다. 많은 종교적 믿음, 문화적 규범 등이 이러한 기능을 수행한다. – 이해, 의미 있는 인지조직화, 일관성 및 명료성에 대한 욕구

50 다음 중 '가치표현적' 기능은 어느 학자가 주장한 태도방식인가?

① Heinrich　　　② Maslow　　　③ Katz　　　④ Fayol

> **해설**　카츠의 인성에 작용하는 4가지 태도의 기능

51 다음 중 심리학자 카츠가 주장하는 인성에 작용하는 태도의 기능이 아닌 것은?

① 협동 기능　　　② 가치표현적 기능　③ 자기방어적 기능　④ 지식 기능

> **해설**　카츠의 인성에 작용하는 4가지 태도의 기능

철도교통안전관리자
10일 완성

철도공기업 채용시 가산점 부여 확대_필수자격
핵심정리와 기출예상문제를 한 권으로 해결~!

제 **3** 편

철도공학

제 1 장 철도 총론

제1절 철도의 특징

1. 철도의 장점
   1) 대량수송성   2) 안전성   3) 주행저항성   4) 신속성(고속성)
   5) 정확성(정시성)   6) 쾌적성   7) 저공해성   8) 편리성
2. 철도의 단점
   1) 소량의 사람·물건 운송에 부적합하다.
   2) 문전수송이 어려워 연계수송이 필요하다.
   3) 시간적, 공간적 제약이 커서 여행자유도가 낮다.
   4) 사생활 보호가 상대적으로 낮다.
   5) 기동성이 낮다.
   6) 초기 건설비가 비싸다.

제2절 철도관련법에서 정한 철도의 종류

1. 철도건설법, 도시철도법, 광역교통법에 따른 철도의 분류
   1) 고속철도
      열차가 주요 구간을 시속 200km 이상으로 주행하는 철도로서 국토교통부장관이 그 노선을 지정·고시하는 철도를 말한다.
   2) 광역철도
      둘 이상의 시·도에 걸쳐 운행되는 도시철도 또는 철도로서 다음 요건에 해당하는 도시철도 또는 철도를 말한다.
      ① 특별시·광역시·특별자치시 또는 도 간의 일상적인 교통수요를 대량으로 신속하게 처리하기 위한 도시철도 또는 철도이거나 이를 연결하는 도시철도 또는 철도일 것
      ② 전체 구간이 대도시권의 범위에 해당하는 지역에 포함되고, 권역별로 지점을 중심으로 반지름 40km 이내일 것

③ 표정속도(表定速度: 출발역에서 종착역까지의 거리를 중간역 정차 시간이 포함된 전 소요시간으로 나눈 속도를 말한다)가 시속 50km(도시철도를 연장하는 광역철도의 경우에는 시속 40km) 이상일 것

3) 도시철도

도시교통의 원활한 소통을 위하여 도시교통권역에서 건설·운영하는 철도·모노레일·노면전차·선형유도전동기·자기부상열차 등 궤도에 의한 교통시설 및 교통수단을 말한다.

4) 일반철도: 고속철도와 도시철도를 제외한 철도

2. 철도사업법에 따른 사업용철도노선의 유형 분류

1) 운행지역과 운행거리에 따른 사업용철도노선의 분류

① 간선철도: 특별시·광역시·특별자치시 또는 도 간의 교통수요를 처리하기 위하여 운영 중인 10km 이상의 사업용철도노선으로서 국토교통부장관이 지정한 노선

② 지선철도: 간선철도를 제외한 사업용철도노선

2) 운행속도에 따른 사업용철도노선의 분류

① 고속철도노선: 철도차량이 대부분의 구간을 300km/h 이상의 속도로 운행할 수 있도록 건설된 노선

② 준고속철도노선: 철도차량이 대부분의 구간을 200km/h 이상 300km/h 미만의 속도로 운행할 수 있도록 건설된 노선

③ 일반철도노선: 철도차량이 대부분의 구간을 200km/h 미만의 속도로 운행할 수 있도록 건설된 노선

* 차륜식 철도의 한계속도는 마찰력·점착력을 고려할 때 300~350km/h 정도이다.

제 3 절 특수철도의 종류

1. 노면철도(Tramway, Street Railway)

도로의 노면상에 레일을 부설하고, 여기에 차량을 주행시키는 일반교통수단으로 쓰이는 철도를 노면철도라 칭한다. 노면철도는 모두 전기운전에 의하는 것으로 노면전차라 불리고 있다.

2. 모노레일 철도(단궤조철도, Monorail Railway)

모노레일(monorail) 1본의 궤도거더(P.C거더 또는 강거더) 위를 고무타이어 또는 강제의 차량에 의해 주행하는 철도를 말한다. 지지방식에 의해서 과좌식 모노레일(Straddled monorail)과 현수식 모노레일(Over head suspended monorail)이 있다.

3. A.G.T(Automated Guideway Transit)

광의의 A.G.T는 무인자동운전이 가능한 고무차륜, 철제차륜 등으로 운영하는 경량전철시스템이나 일반적으로는 고무바퀴 차량이 가이드웨이에 의하여 무인으로 운영하는 시스템을 말한다.

4. 리니어 모터카(LIM: 선형유도전동기)

자기부상형 열차와 추진방식이 동일한 개념으로 자기부상열차는 차체를 띄운 상태에서 운행하지만 리니어 모터카는 차체를 띄우지 않고 일반 철제 차륜과 동일한 형태이나, 구동대차가 없고 단지 상부의 하중을 레일에 전달하는 역할만 한다.

5. HSST(저속형 자기부상열차, High Speed Surface Transport)

차륜이 없이 자기로 부상하여 리니어 모터로 추진하는 새로운 교통 System으로 종래 교통 system에 비해 우수한 성능을 갖는 경제성이 있는 유력한 도시 교통기관이다.

6. 가이드웨이 버스(Guideway-Bus)

시스템 버스 운영에 있어서 우선차로제 및 버스전용 차선보다도 한 단계 더 발전한 형태로 버스전용궤도가 설치된 형태이다. 일반적인 가이드웨이 버스는 전용궤도 주행과 일반노면 주행이 가능한 듀얼모드성 기능을 갖춘다.

7. 트롤리버스(무궤도전차 Railless car, Trolley bus)

무궤도전차는 가공복선식의 전차선에서 차량의 집전장치를 통해서 전력공급을 받아 레일을 이용하지 않고 노면 위를 주행하는 버스형의 차량에 의한 수송기관으로 트롤리버스라고도 부르며, 성능상으로 노면 전차와 버스의 중간적인 것이다.

8. 가공삭도(Aerial cableway or Aerial ropeway)

레일 대신으로 공중에 강색을 가설하고, 여기에 여객이나 화물을 운반할 수 있는 차량에 대응하는 운반기를 매달아서 운반하는 시설로 로프웨이(Ropeway)라 부른다.

9. 급기울기 철도(Steep incline railway)

레일과 철제차륜과의 사이에서 접착력에 의한 접착철도로서 주행저항이 적은 반면, 기울기에 약한 교통기관이다.

10. 궤도승용차(PRT: 무궤도열차)

3~5인이 승차할 수 있는 소형차량이 궤도(Guideway)를 통하여 목적지까지 정차하지 않고 운행하는 새로운 도시교통수단으로서 일종의 궤도승용차이다.

11. 노웨이트(Nowait Transit)

지상의 교각 위에 너비 5m, 높이 4.5m의 투명튜브를 설치하고 그 속으로 일정한 간격으로 운행하다 역사에 들어서면 속도를 줄여 승객들이 탑승할 수 있게 하는 시스템이다. 자동순환식으로 움직이기 때문에 열차를 기다릴 필요가 없어 노웨이트라는 이름이 붙여졌다.

제 4 절　모노레일의 특징 및 문제점

1. 모노레일의 특징
   1) 차량과 주행 빔이 일체형으로 되어 흔들림이 상대적으로 적고 다른 시스템에 비해 탈선의 우려가 적은 등 안전도가 높다.

2) 운전속도가 높다. 노면을 이용하는 교통수단과 입체 교차하기 때문에 교차로에서의 지체가 없다.

3) 고무타이어를 사용하는 경우는 점착계수가 커서 급기울기, 급곡선에서도 운전이 용이하다.

4) 고무타이어 및 대차에 용수철 등을 사용하여 소음, 진동이 적어 승차감이 좋고, 대기오염 등 공해가 다른 교통수단에 비해 적다.

5) 도로교통에 지장이 적다. 지주(支柱)는 될 수 있는 한 가늘게 하여 도로의 중앙 분리대에 설치할 수 있다. 지주는 폭 1.0~1.5m 정도의 원형 혹은 각주 교각으로 상부를 지탱할 수 있다.

6) 도로나 하천을 이용한 고가구조로 할 수 있어 지하철에 비해 건설비가 적게 소요되고 공사기간도 짧다.

7) 차내에서 채광, 조망이 좋아 압박감이 지하철에 비해 적다.

2. 모노레일의 문제점

1) 주행로가 한 가닥이므로 주행장치에 구동바퀴 외에 다수의 안내차륜과 때로는 안정바퀴를 필요로 하기 때문에 차량의 기구가 복잡하고 고가(高價)이다.

2) 일반철도에 비해 고속성능이 떨어지고 고무타이어는 동력비가 많다.

3) 일반철도와 궤도방식이 다르기 때문에 상호환승이 불가능하다.

4) 고무타이어의 부담하중이 철제차륜보다 작아서 수송능력이 일반철도보다 작다. 시간당 수송능력은 1만 명 정도이다.

5) 분기기는 무거운 주행형을 이동하기 때문에 구조가 복잡하며 전환에 약간의 시간을 필요로 하므로 분기기의 변경, 증설 등의 공사는 일반철도에 비해 쉽지 않다.

6) 시가지나 주택지 등의 통과는 경관 등에 문제가 될 수 있다.

7) 사고 등 긴급할 때 대피에 시간이 걸린다.

3. 모노레일 형식별 특징 비교

구분	과좌식 모노레일	현수식 모노레일
곡선	최소곡선반경에 제약이 있음(차륜과 주행로와의 관계, 승차감 등)	급곡선 통과 가능함(대차구동장치에 작동기어 사용)
기후영향	주행로 면이 노출되어 기후영향을 받아 미끄럼 방지가 필요함	주행면이 덮여 있어 기후의 영향을 덜 받으나 주행면이 강재(鋼材)로 되어 있어 기상변화를 고려해야 함
도로교통	주행로 위를 주행하므로 도로교통에 영향 없음. 차량하부를 스커트로 감싸고 있어 부품이 떨어질 수 있음	건축한계를 넘은 도로의 차량과 충돌 가능성이 있음. 차량부품이 주행별 내부에 있기 때문에 도로에 떨어지는 경우는 없음
유지보수	유지보수가 유리함	신호, 전력케이블 등이 주행별 내부에 있어 유지보수가 어려움

제 5 절 AGT(Automated Guideway Transit)

1. 개념

   고가(高架) 위 등의 전용궤도를 소형 경량의 고무차륜 또는 철제차륜의 차량이 안내로(guide way)를 따라 자동으로 주행하는 첨단도시철도시스템

2. AGT 시스템의 특징

   1) 차량의 소형화와 경량화로 교량, 터널 등의 건설비 감소 및 운영비가 저렴하다.

   2) 도로교통수단에 비해 정시성, 신속성, 환경친화성이 우수하다.

   3) 자동 무인운전으로 승무원 수를 줄일 수 있다.

   4) 지하철과 버스의 중간인 2,000~20,000인/시간·방향의 다양한 규모의 수송 능력을 가지고 있다.

   5) 새로운 운행기법의 도입과 고무차륜 운행으로 소음과 진동이 작다.

   6) 발달된 통신 및 제어기술로 차량운행제어가 용이하다.

   7) 차량의 등판능력 향상, 회전반경 감소로 지형적 제약을 극복할 수 있다.

   8) 도시미관과 조화를 이루는 차량의 외형 설계가 가능하다.

3. AGT 안내방식

   1) AGT의 구분: 차륜에 따라 철제차륜 AGT와 고무차륜 AGT로 구분

   2) 철제차륜 AGT 안내방식: 철도와 같이 레일에 의해 안내되고 궤도구조와 전력공급방식도 일반철도와 같다.

   3) 고무차륜 AGT 안내방식(안내륜의 위치에 따라 3가지로 구분)

      ① 중앙 안내방식

      궤도중심에 한 가닥의 안내레일을 설치하고 2개의 안내차륜이 안내레일의 양측 벽을 안내로로 하면서 주행하는 방식이다.

      ② 측방 안내방식

      주행로의 측면에 설치한 안내레일을 안내차륜이 따라가면서 안내되는 방식으로 궤도 면을 평탄하게 할 수 있어 건설 및 유지보수가 간단하다는 장점이 있다.

      ③ 중앙측구 안내방식: 좌우의 주행로 구조물의 내측을 안내에 이용하는 방식이다.

제 6 절 트롤리버스(무궤도전차 Railless car, Trolley bus)

1. 개념

   가공복선식의 전차선에서 차량의 집전장치를 통해서 전력을 공급받아 레일을 이용하지 않고 노면 위를 주행하는 버스형 차량

2. 버스와 비교 시 장단점
   1) 장점
      ① 운전의 안전도가 높고 동력비가 적다.　　② 공해를 줄이고 화재의 염려가 없다.
      ③ 승차기분이 좋고 운전이 용이하다.
   2) 단점
      ① 노면에서 운전의 융통성이 없다.　　② 운행노선이 제한되어 있다.
      ③ 건설비가 비싸다.

제7절　자기부상열차

1. 장점
   1) 소음과 진동이 적다.
   2) 마찰력이 없어 빠른 속도를 낼 수 있다(500km/h 이상).
   3) 등판능력과 곡선통과능력이 우수하다.
   4) 부품 소모가 적다.
   5) 오염배출이 적어 친환경적이다.
   6) 유지보수·운영비가 저렴하다.
   7) 탈선, 전복 등의 사고가 없다.
   8) 차체 경량화 및 구조물 슬림화 등이 가능하여 초기 투자비용이 저렴하다.
2. 단점
   1) 강력한 자기장이 인체에 해를 끼칠 수 있다.
   2) 화물수송에는 적합하지 않다.

제8절　철도의 건설

1. 철도의 계획과 건설, 개통계획을 수립할 때 포함되어야 하는 사항
   ① 선로시설물의 완공가능시기　　　　② 개통에 필요한 인력운영 계획
   ③ 열차 및 차량운영 계획
2. 역세권의 설정
   1) 개념
      철도의 신선 건설계획의 경우에 계획선로의 연선에 대한 경제적 영향권을 설정한다. 이 영향권을 경제권, 세력권, 또는 역세권이라고 한다.
   2) 철도계획에 있어서의 세력권은 선정된 지형도를 이용하여 도상에서 다음과 같은 사항들을 조사한다.

① 자연조건   ② 행정구역   ③ 교통조건

④ 경제조건   ⑤ 사회조건   ⑥ 인위조건

   3) 계획노선을 중심으로 한 노선세력권의 범위

     ① 보행시간 1~2시간의 4~8km 정도

     ② 자동차 등의 교통편이 다소 불량한 경우에는 10~30km 정도

     ③ 교통편이 양호한 경우에는 30~50km 정도

3. 선로의 설계속도를 정할 때 고려사항

   1) 초기 건설비, 운영비, 유지보수비용 및 차량구입비 등의 총비용 대비 효과 분석

   2) 역간 거리

   3) 해당 노선의 기능

   4) 장래 교통수요 등

4. 건축한계, 차량한계

   1) 건축한계

     ① 차량한계 내의 차량이 안전하게 운행될 수 있도록 선로 상에 설정한 일정한 공간이다.

     ② 열차 및 차량이 선로를 주행할 때 주위에 인접한 건조물 등과 접촉하는 위험성을 방지
하기 위하여 일정한 공간으로 설정한 한계를 말한다.

   2) 차량한계

     ① 차량을 제작할 때 일정한 크기 안에서 제작토록 규정한 공간으로, 건축한계보다 좁게
하여 차량과 철도시설물의 접촉을 방지하는 것이다.

     ② 차량의 길이, 너비 및 높이의 한계를 말한다.

제 9 절   선로용량

1. 선로용량의 의의

선로용량이란 당해 선구에 1일 몇 회의 열차를 운행할 수 있는가에 대한 기준으로서 1일 운
행 가능한 최대열차횟수를 표시하며, 단선구간에서는 편도열차횟수, 복선구간에서는 상하행
선 각각의 선별 열차횟수로 표시함을 원칙으로 한다.

2. 선로용량을 산정하기 위한 고려사항

   1) 선로조건   2) 차량성능   3) 운전상태 등을 고려하여야 한다.

3. 선로용량의 중요 영향인자

   1) 선로용량 한계 계산인자

     ① 열차속도(운전시분)   ② 열차 간 운전속도의 차이

     ③ 열차종별 운행순서 배치   ④ 역간거리와 구내배선

     ⑤ 열차취급시분   ⑥ 신호·폐색방식

    * 열차속도가 낮고 폐색취급이 복잡할수록 선로용량은 적어진다.

2) 현실적 선로용량 산정을 위한 영향인자

　　① 열차유효시간대　　　　② 선로보수시간　　　　③ 열차여유시분

4. 선로용량 증대방안

　1) 시설확충(교행·대피를 위한 설비보강, 폐색 및 신호취급방법 개선 등)

　2) 열차 DIA의 조정 및 증설

　3) 운전시격의 단축(차량성능 향상, 폐색방법 및 구간 조정 등)

5. 선로용량 부족의 영향

　1) 열차표정속도 저하　　　　　　　　2) 유효시간대의 열차설정 곤란

　3) 열차지연의 만성화　　　　　　　　4) 차량·승무원 운용의 효율저하

제10절　투자 우선순위 결정을 위한 경제성 분석기법

1. 내부수익률법(IRR)

　1) 연평균 기대 투자수익률을 의미하며, 현재가치의 총편익에서 총비용을 뺀 값이다.

　2) 내부수익률은 미래에 발생하는 모든 편익과 모든 비용을 현재가치로 환산하여 비교할 때, 총편익과 총비용을 일치시키는 할인율을 의미한다.

　3) 순현재가치를 0으로 만드는 할인율 또는 편익비용비를 1로 만드는 할인율을 의미한다.

2. 순현재가치(NPV)

　1) 편익과 비용을 할인율에 따라 현재가치로 환산하고 편익의 현재가치에서 비용의 현재가치를 뺀 값이다.

　2) 순현재가치가 0보다 크면 일단 그 대안(사업)은 채택 가능한 것으로 판단한다.

3. 비용편익분석(BC분석)

　1) 사업으로 발생하는 편익과 비용을 비교해서 시행여부를 평가하는 분석방식이다.

　2) 사업시행으로 수반되는 장래의 편익과 비용을 현재가치로 환산한 뒤 총편익을 총비용으로 나눈 비율이 1 이상이면 경제적 타당성이 있다고 판단한다.

4. 초년도수익률법(FYRR)

　1) 사업시행을 1년 단위로 늦추어 가면서 사업 완료 첫해에 비용과 편익비가 할인율을 넘어서는 연도를 찾아 최적 투자시기를 판단하는 방법이다.

　2) 첫 편익이 발생한 연도까지 소요된 총비용으로 첫해 발생한 편익을 나눈 값이다.

제11절　수송수요

1. 수송수요의 요인

　1) 자연요인: 인구, 생산, 소득, 소비 등의 사회적, 경제적 요인

2) 유발요인: 열차횟수, 속도, 차량수, 운임 등의 철도 서비스

3) 전가요인: 자동차, 선박, 항공기 등의 타 교통기관의 수송 서비스

2. 수송수요 예측의 방법

1) 시계열 분석법

통계량의 시간적 경과에 따른 과거의 변동을 통계적으로 재구성하여 분석하고, 이들 정보로부터 장래의 수요를 예측하는 방법

2) 요인 분석법

현상과 몇 개의 요인변수와의 관계를 분석하고, 그 관계로부터 장래의 수요를 예측하는 방법

3) 원 단위법

여러 대상지역을 여러 개의 교통구역으로 분할한 다음 각 구역의 시설과 교통 발생력을 추정하여 장래 토지 이용과 인구로서 교통 수송량을 구하는 방법

4) 중력 모델법

두 지역 상호간의 교통량이 두 지역의 수송수요 발생량 크기의 제곱에 비례하고, 양 지역 간의 거리에 반비례하는 예측 모델법

5) OD표 작성법

각 지역의 여객, 화물의 수송경로를 몇 개의 Zone으로 분할하고 각 Zone 상호간의 교통량을 출발, 도착의 양면에서 작성하는 OD(Original Destination)표를 작성하는 방법

제 12 절 | 정거장

1. 정거장의 정의

"정거장"이라 함은 여객의 승강(여객이용시설 및 편의시설을 포함한다), 화물의 적하, 열차의 조성, 열차의 교행 또는 대피를 목적으로 사용되는 장소를 말한다.

2. 정거장의 종류

1) 역(Station)

여객 또는 화물을 취급하기 위하여 시설한 장소로 여객역, 화물역, 보통역 등을 말한다.

2) 조차장(Shunting Yard)

열차의 조성과 차량의 입환을 하기 위하여 설치된 장소로 취급 열차의 종류에 따라 객차 조차장, 화물 조차장이 있다.

3) 신호장(Signal Station)

열차를 교행 또는 대피하기 위하여 시설한 장소로 역간거리가 긴 구간에 선로용량을 증가시키고자 설치한다.

* 신호소는 정거장이 아니고 상치신호기 등 열차제어시스템을 조작·취급하기 위하여 설치한 장소를 말한다.

3. 정거장 배선 시 주의사항
   1) 구내 전반에 걸쳐 투시를 좋게 한다.
   2) 구내배선은 직선을 원칙으로 한다.
   3) 구내 전체를 균형 잡힌 배선으로 한다.
   4) 정거장에서 착발하는 선이 지장이 되는 경우에는 가능한 출발 시의 경합보다는 도착 시의 경합이 적은 배선으로 한다.
   5) 본선과 인상선, 분류선과 대기선을 분리하는 배선으로 하여 선로의 용도를 단순화한다.
   6) 본선상의 분기기 수는 가능한 적게 하고 크기는 그 분기기를 통과하는 열차속도를 감안하여 결정하고 분기기의 설치는 통과열차가 직선 측을 통과하도록 배선한다.
   7) 분기기는 유지관리가 편하도록 집중 배치하며 가능한 배향분기기가 되도록 배치한다.
   8) 특수 분기기는 부득이한 경우를 제외하고는 설치하지 않아야 하며 특수 분기기의 분기 측을 고속열차가 통과하지 않도록 한다.
   9) 장래 확장을 고려하고, 사고 시 대응을 고려하여 각선 상호의 융통성을 확보하도록 배선한다.
   10) 정거장 배선순서는 유효장, 선수, 승강장수 및 폭, 길이, 출발선, 도착선, 입환선 등의 순서로 한다.
   11) 기존 정거장 배선시는 열차운행 및 영업에 지장이 없도록 단계별 시공계획을 고려하여야 한다.
   12) 배선할 때 신축이음매, 절연이음매, 중계레일 설치를 고려한다.
   13) 정차하는 열차 취급량이 적은 정거장에서는 주본선 통과형인 상대식으로 배치한다.
   14) 선로 유지보수를 위한 장비 유치선은 가능한 측선이 배치되는 모든 정거장에 배치한다.
   15) 전주, 각종 표지, 사무소 및 종사원의 안전통로 확보 등을 종합적으로 고려하여 선로간격을 확보한다.
   16) 측선은 가능한 한쪽으로 배치하여 본선 횡단을 최소화한다.
   17) 전동차 전용선과 같이 고정편성으로 운영하는 구간에는 안전울타리, 스크린도어 설치 계획을 검토한다.
4. 승강장의 건설기준
   1) 승강장의 안전설비
      ① 승객용 통로 및 승객용 계단의 폭은 3미터 이상으로 한다.
      ② 승객용 계단에는 높이 3미터마다 계단참을 설치한다.
      ③ 승객용 계단에는 손잡이를 설치한다.
      ④ 화재에 대비하여 통로에 방향유도등을 설치한다.
   2) 승강장 설치기준
      ① 승강장은 직선구간에 설치하여야 한다. 부득이한 경우 반경 600m 이상의 곡선구간에 설치할 수 있다.
      ② 일반여객 열차로 객차에 승강계단이 있는 열차가 운행되는 구간의 승강장의 높이는 레일면에서 500mm

③ 화물 적하장의 높이는 레일면에서 1,100mm

④ 전기동차 전용선 등 객차에 승강계단이 없는 열차가 운행되는 구간의 승강장(고상 승강장)의 높이는 레일면에서 1,135mm

제13절 본선과 측선

1. 본선

   열차를 출발, 도착, 통과시키는 데 상용되는 선로로 사용목적에 따라 주본선과 부본선으로 나눈다.

   1) 주본선: 열차의 착발 또는 통과열차를 운전하는 데 상용하는 중요한 선로
   2) 부본선(주본선 이외의 선로): ① 도착선 ② 출발선 ③ 통과선 ④ 대피선 ⑤ 교행선

2. 측선

1) 유치선	2) 입환선	3) 인상선	4) 화물적하선
5) 세차선	6) 검사선	7) 수선선	8) 기회선
9) 기대선	10) 안전측선	11) 피난측선	

3. 유효장

   1) 유효장이란 정거장 내의 선로에서 인접선로의 차량이나 열차 출입에 지장이 되지 않고 수용할 수 있는 당해 선로의 최대길이를 말한다.
   2) 유효장은 출발신호기로부터 신호 주시거리, 과주 여유거리, 기관차 길이, 여객열차 편성 길이 및 레일 절연이음매로부터의 제동 여유거리를 더한 길이보다 길어야 한다.
   3) 일반적으로 선로의 유효장은 차량접촉한계표 간의 거리를 말한다.
   4) 본선의 최소유효장은 선로구간을 운행하는 최대 열차길이에 따라 정해지며, 최대 열차길이는 선로의 조건, 기관차의 견인정수 등을 고려하여 결정한다.
   5) 유효장을 정하는 방법
      ① 열차를 정차시키는 선로 또는 차량을 유치하는 선로의 양끝에 있는 차량접촉한계표지 상호간의 길이를 말한다.
      ② 차량접촉한계표지 안쪽에 출발신호기(ATS지상자)가 설치되어 있는 선로의 경우에는 진행방향 앞쪽 출발신호기(ATS지상자)부터 뒤쪽 궤도회로장치까지의 길이
      ③ 궤도회로의 절연장치가 차량접촉한계표지 안쪽 또는 출발신호기의 바깥쪽에 설치되어 있을 경우에는 양쪽 궤도회로장치까지의 길이
      ④ ATP 메인발리스가 차량접촉한계표지 안쪽 또는 출발신호기의 바깥쪽에 설치되어 있을 경우에는 진행방향 앞쪽 ATP 메인발리스부터 뒤쪽 궤도회로장치까지의 길이

1. 기울기의 표시
   1) 선로의 기울기는 선로의 종방향 선형에서 높이 변화를 의미하는 것으로, 최소곡선반경보다도 수송력에 직접적인 영향을 주므로 가능한 한 수평에 가깝게 하는 것이 좋다.
   2) 기울기의 표시는 나라마다 다르나 우리나라에서는 천분율(‰)을 사용한다.

2. 기울기의 분류(Classification of grade)
   1) 최대 선로기울기(최급구배, Maximum grade)
      열차운전구간 중 가장 높이차가 심한 기울기를 말한다. 전차 전용선로의 한도는 35‰이다.
   2) 제한기울기(Ruling grade)
      기관차의 견인정수를 제한하는 기울기를 말하며, 반드시 최급기울기와 일치하는 것은 아니다.
   3) 타력기울기(Momentum grade)
      열차의 타력에 의하여 통과할 수 있는 기울기이다.
   4) 표준기울기(Standard maximum grade)
      열차운전 계획상 정거장 사이마다 조정된 기울기로, 역간 임의 지점간 거리 1㎞의 연장중 가장 급한 기울기로 조정된다.
   5) 가상기울기(Virtual grade)
      열차의 속도변화를 기울기로 환산하여 실제의 구배에 대수적으로 가산한 기울기이다.

3. 운전기술상의 구배
   1) 구배: 수평거리에 대한 수직 고저비율(‰)
   2) 상구배: 진행방향으로 올라가는 구배
   3) 하구배: 진행방향으로 내려가는 구배
   4) 표준구배: 인접 역간 또는 신호소 간 임의의 지점 간의 거리 1km 안에 있는 최급구배이다.
      1km 내에 2이상 구배가 있을 경우에는 1km 내의 평균구배
   5) 지배구배(제한구배): 열차운전에 있어서 최대의 견인력이 요구되는 구배
   6) 환산구배
      ① 구배저항과 곡선저항의 합 또는 곡선저항을 구배저항으로 환산한 값을 환산구배(Equivalent Grade)라 한다.
      ② 구배선로에 곡선선로가 있는 경우, 또는 그 반대인 경우에 곡선저항 값을 구배저항 값으로 환산하여 계산하는 것이 편리하다.

      $$* \ 환산구배(‰) = 실제구배(‰) + \frac{700}{곡선반경(m)}(‰)$$

   7) 가상구배: 구배구간을 운전하는 열차의 속도변화를 구배로 환산하여 실제구배에 대수적으로 가산한 구배
   8) 타력구배: 열차의 타행력으로 올라갈 수 있는 구배

9) 반향구배: 상하구배가 교대로 이어지는 구배

10) 평균구배: 구배저항과 구간 길이를 곱해서 구간 길이로 나눈 것

11) 등가구배: 구배와 열차장을 고려하여 견인정수 산정을 위한 계산상의 최대구배

　① 열차장이 걸리는 구간의 최대 표준구배를 산정하여

　② 구배구간에 있는 곡선의 환산구배를 가산한다.

4. 최대 선로기울기(구배)

설계속도(V) km/h	본선(‰)		전동차 전용선	정거장 내(‰)
	일반적인 경우	정거장 전후		
200＜V≤350	25	30	35	• 일반적인 경우: 2 • 차량 해결하지 않는 전동차 전용본선: 10 • 그 외: 8 • 차량 유치하지 않는 측선: 35
150＜V≤200	10	15		
120＜V≤150	12.5	15		
70＜V≤120	15	20		
V≤70	25	30		

제15절　곡선

1. 최소 곡선반경

1) 최소곡선반경을 결정할 때 고려사항

　① 궤간　　　　　② 열차속도　　　　　③ 차량의 고정축간거리

2) 최소곡선반경

설계속도(V) km/h	최소 곡선반경 (m)	
	자갈도상 궤도	콘크리트 궤도
350	6,100	5,000
200	1,900	1,700
150	1,100	1,000
120	700	600
V≤70	400	400

* 최소 곡선반경: 전기동차 전용선의 경우: 설계속도에 관계없이 250m

2. 완화곡선

1) 열차가 직선에서 원곡선으로 바로 진입하거나 원곡선에서 바로 직선으로 진입할 경우에는 열차의 주행방향이 급변하여 차량의 동요가 심하여 원활한 운전을 할 수 없으므로 직선과 원곡선 사이에 완화곡선을 삽입하여야 한다.

2) 완화곡선의 종류

　① 3차 포물선: 곡선반경이 원점으로부터 X좌표에 반비례하는 곡선(한국에 채택)

② 크로소이드 곡선: 곡선반경이 곡선의 길이에 반비례하는 곡선

③ 렘니스케이트 곡선: 곡선반경이 원점으로부터의 거리에 반비례하는 곡선

④ 나선 곡선

3) 완화곡선의 길이 결정 시 고려하여야 하는 조건

① 차량의 3점지지에 의한 탈선을 방지하기 위한 안전한도

② 캔트의 시간변화율을 고려한 승차감 한도

③ 부족캔트에 의해 열차가 받는 초과 원심력의 시간변화율을 고려한 승차감 한도

4) 완화곡선을 두어야 할 곳: 곡선으로 진입하거나 곡선에서 직진으로 진입하는 곳

설계속도(V) km/h	곡선반경 (m)	비 고
200	12,000	곡선반경 이하의 가진 곡선과 직선이 접속하는 곳에 완화곡선에 설치
150	5,000	
120	2,500	
100	1,500	
V≤70	600	

3. 종곡선(Vertical curve)

1) 차량이 선로기울기의 변경지점을 원활하게 통과하도록 종단면상에 두는 곡선을 말한다.

2) 종곡선의 설치장소: 선로의 기울기가 변화하는 개소에 설치

설계속도(V) km/h	최소 종곡선반경(m)	도심지, 시가화구간(m)	비 고
265≤V	25,000	−	기울기가 서로 다른 경우 200<V≤350: 1‰ 이상 70<V≤200: 1‰ 이상 V≤70이하: 5‰ 이상
200	14,000	10,000	
150	8,000	6,000	
120	5,000	4,000	
70	1,000	1,300	

4. 표준활하중(Standard load)

열차가 운행하는 선로의 침목과 레일을 설계할 때 적용하는 하중

선로구간의 종별	표준활하중
200 < 속도 ≤ 350(고속)	HL−25
150 < 속도 ≤ 200(일반)	LS−22
120 < 속도 ≤ 150(일반)	LS−22
70 < 속도 ≤ 120(일반)	LS−22
속도 ≤ 70(일반)	LS−22

1. 궤간
    1) 레일 두부면으로부터 아래쪽 14mm 지점에서 상대편 레일 두부의 동일 지점까지 내측 간의 최단거리를 말한다.
    2) 세계 각국 철도에서 제일 많이 사용되고 있는 궤간은 1886년 스위스의 베른(Berne) 국제회의에서 최초로 제정한 1.435m 표준궤간이다.
    3) 표준궤간(Standard guage)보다 좁은 것을 협궤, 넓은 것을 광궤라 한다.
2. 선로중심간격
    1) 병행하는 2개의 궤도중심선간의 거리(궤도 중심선 두 개의 이격거리)
    2) 정거장외의 구간에서 2개의 선로를 나란히 설치하는 경우 최소 궤도중심간격

설계속도 V (km/h)	궤도의 최소 선로중심간격 (m)
200 < V ≤ 350	4.8
150 < V ≤ 200	4.3
V ≤ 150	4.0

3. 광궤의 장점
    1) 고속도를 낼 수 있다.
    2) 수송력을 증대시킬 수 있다.
    3) 열차의 주행안전도를 증대시키고 동요(動搖)를 감소시킨다.
    4) 차량의 폭이 넓어지므로 용적이 커서 차량설비를 충실히 할 수 있고 수송효율이 향상된다.
    5) 기관차에 직경이 큰 동륜(driving wheel)을 사용할 수 있으므로 고속에 유리하고 차륜의 마모가 경감된다.
4. 협궤의 장점
    1) 차량의 폭이 좁아 차량의 시설물의 규모가 적어도 되므로 건설비, 유지비가 덜 든다.
    2) 급곡선을 채택하여도 광궤에 비하여 곡선저항이 적다. 그러므로 산악지대에서는 선로선정이 용이하다.

1. 터널의 기준
    1) 터널단면은 선로를 따라 전차선 등의 설비 등을 위하여 건축한계보다 200~300mm의 여유를 둔 터널의 한계를 기준으로 한다.
    2) 단면의 형상은 소요터널의 한계, 지질 도수의 유무 및 환경조건으로부터 시공법 등이 선정되며, 표준 단면형상은 원형·마제형·사각형 등이 있다.

2. 터널의 표준 단면형상

1) 원형

단면 지압의 외력을 맡는 것에 대한 이상적인 형상이다. 그러나 터널한계에 대해서는 하부에 쓸데없는 많은 공간을 발생시켜, 굴착량이 많아 비경제성이 된다. 특히 지압이 높은 경우에는 터널보링머신공법(T.B.M), 실드(Shield)공법에 의한 굴착공법이 채용된다.

2) 마제형(말굽형)

단면 저부의 폭을 넓게 할 수 있으며 쓸데없는 공간이 작다. 경제적인 단면으로 산악터널의 표준형상으로 채용된다.

3) 사각형

단면 도로 밑에 지하철 등 지표로부터 비교적 낮은 개착터널이나, 하천 밑 등에 침매터널에 채용된다.

제 18 절 | 선로설비

1. 건널목

1) 건널목의 개요

① 철도와 도로가 동일평면에서 교차하는 경우 교차되는 부분을 건널목이라고 한다.
② 도로와 철도선로는 교통 본래의 사명과 안전을 위해 입체교차로 해야 하지만 현실은 많은 평면교차로 되어 있다.
③ 일반적인 건널목에서는 철도의 우선 통행을 인정하고 있으며 도로교통을 차단하는 방식이 사용되고 있다.

2) 건널목의 종류

① 1종 건널목: 차단기, 경보기 및 건널목 교통안전표지를 설치하고 차단기를 주야간 계속 작동하거나 건널목 안내원이 근무하는 건널목
② 2종 건널목: 경보기와 건널목 교통안전표지만 설치하는 건널목
③ 3종 건널목: 건널목 교통안전표지만 설치하는 건널목

3) 건널목의 보안설비 설치 시 검토사항

① 열차운행 횟수   ② 도로교통량   ③ 건널목의 투시거리
④ 건널목의 폭과 길이   ⑤ 건널목의 선로수   ⑥ 건널목 전후의 지형

2. 전차대(Turn table)

1) 의의: 기관차와 기타 차량의 방향을 전환하거나 한선에서 타선으로 전환하는 설비

2) 전차대의 조건

① 전차대의 길이는 27미터 이상으로 하여야 한다.
② 진출입이 원활하여야 하며, 선로 끝단에 설치 시 대항선과 차막이 설비를 할 수 있다.
③ 전차대 구조물에는 배수계획이 포함되어야 한다.

* 전향설비 종류: 전차대, 천차대(평행이동), 델타선(Y선), 루프선(Loop track)

1. BTO(Build−Transfer−Operate) 방식
   사회간접자본시설의 준공과 동시에 당해 시설의 소유권이 국가 또는 지방자치단체에 귀속되
   며 사업시행자에게 일정기간 시설관리·운영권을 인정하는 방식
2. BOT(Build−Own−Transfer) 방식
   사회간접시설의 준공 후 일정기간 동안 사업시행자에게 당해 시설의 소유권이 인정되며, 그
   기간의 만료 시 시설소유권이 국가 또는 지방자치단체에 귀속되는 방식
3. BOO(Build−Own−Operate) 방식
   사회간접자본시설의 준공과 동시에 사업시행자에게 당해 시설의 소유권을 인정하는 방식
4. BTL(Build−Transfer−Lease) 방식
   사업시행자가 사회간접자본시설을 준공한 후 일정기간 동안 운영권을 정부에 임대하고 임대
   기간 종료 후 시설물을 국가 또는 지방자치단체에게 이전하는 방식
5. ROT(Rehabilitate−Operate−Transfer) 방식
   국가 또는 지방자치단체 소유의 시설을 정비한 사업시행자에게 일정기간 동안 시설에 대한
   운영권을 인정하는 방식
6. ROO(Rehabilitate−Own−Operate) 방식
   기존시설을 정비한 사업시행자에게 당해 시설의 소유권을 인정하는 방식

제 **1** 장

[철도 총론]
기출예상문제

01 철도의 특징이 아닌 것은?

① 대량수송성　　　② 문전수송　　　③ 저공해성　　　④ 안전성

해설　철도의 특징(장단점)

1. 철도의 장점
   1) 대량수송성　　　2) 안전성　　　3) 주행저항성　　　4) 신속성(고속성)
   5) 정확성(정시성)　6) 쾌적성　　　7) 저공해성　　　8) 편리성
2. 철도의 단점
   1) 소량의 사람·물건 운송에 부적합하다.　　　2) 문전수송이 어려워 연계수송이 필요하다.
   3) 시간적, 공간적 제약이 커서 여행자유도가 낮다.　4) 사생활 보호가 상대적으로 낮다.
   5) 기동성이 낮다.　　　6) 초기 건설비가 비싸다.

02 철도의 종류 중 법제상 구별이 아닌 것은?

① 고속철도　　　② 도시철도　　　③ 보통철도　　　④ 일반철도

해설　철도관련법에서 정한 철도의 종류

1. 철도건설법, 도시철도법, 광역교통법에 따른 철도의 분류
   1) 고속철도
      열차가 주요 구간을 시속 200킬로미터 이상으로 주행하는 철도로서 국토교통부장관이 그 노선을 지정·고시하는 철도를 말한다.
   2) 광역철도
      둘 이상의 시·도에 걸쳐 운행되는 도시철도 또는 철도로서 다음 요건에 해당하는 도시철도 또는 철도를 말한다.
      ① 특별시·광역시·특별자치시 또는 도 간의 일상적인 교통수요를 대량으로 신속하게 처리하기 위한 도시철도 또는 철도이거나 이를 연결하는 도시철도 또는 철도일 것
      ② 전체 구간이 대도시권의 범위에 해당하는 지역에 포함되고, 권역별로 지점을 중심으로 반지름 40킬로미터 이내일 것
      ③ 표정속도(表定速度: 출발역에서 종착역까지의 거리를 중간역 정차 시간이 포함된 전 소요시간으로 나눈 속도를 말한다)가 시속 50킬로미터(도시철도를 연장하는 광역철도의 경우에는 시속 40킬로미터) 이상일 것

정답　1 ②　2 ③

3) 도시철도

　도시교통의 원활한 소통을 위하여 도시교통권역에서 건설·운영하는 철도·모노레일·노면전차·선형유도전동기·자기부상열차 등 궤도에 의한 교통시설 및 교통수단을 말한다.

4) 일반철도: 고속철도와 도시철도를 제외한 철도를 말한다.

2. 철도사업법에 따른 사업용철도노선의 유형 분류

　1) 운행지역과 운행거리에 따른 사업용철도노선의 분류

　　① 간선철도: 특별시·광역시·특별자치시 또는 도 간의 교통수요를 처리하기 위하여 운영 중인 10km 이상의 사업용철도노선으로서 국토교통부장관이 지정한 노선

　　② 지선철도: 간선철도를 제외한 사업용철도노선

　2) 운행속도에 따른 사업용철도노선의 분류

　　① 고속철도노선: 철도차량이 대부분의 구간을 300km/h 이상의 속도로 운행할 수 있도록 건설된 노선

　　② 준고속철도노선: 철도차량이 대부분의 구간을 200km/h 이상 300km/h 미만의 속도로 운행할 수 있도록 건설된 노선

　　③ 일반철도노선: 철도차량이 대부분의 구간을 200km/h 미만의 속도로 운행할 수 있도록 건설된 노선

03 경부선 전 구간 개통시기로 옳은 것을 고르시오?

① 1899년　　　② 1901년　　　③ 1905년　　　④ 1903년

> **해설**　철도 선별 개통일
>
> | | | |
> |---|---|---|
> | 경인선: 1899. 9. 18. | 경부선: 1905. 1. 1. | 경의선: 1906. 4. 3. |
> | 호남선: 1914. 1. 11. | 경원선: 1914. 8. 16. | 중앙선: 1942. 4. 1. |

04 특수철도의 종류와 특징에 대한 설명으로 틀린 것은?

① HSST: 가공복선식의 전차선에서 차량의 집전장치를 통해서 전력공급을 받아 레일을 이용하지 않고 노면 위를 주행하는 버스형의 차량에 의한 수송기관

② 가공삭도: 레일 대신으로 공중에 강색을 가설하고, 여기에 여객이나 화물을 운반할 수 있는 차량에 대응하는 운반기를 매달아서 운반하는 로프웨이(Ropeway)

③ 노웨이트: 지상 교각 위에 설치된 튜브 속에 일정한 간격으로 자동순환식으로 운행하여 열차를 기다릴 필요가 없는 시스템

④ A.G.T: 무인자동운전이 가능한 고무차륜, 철제차륜 등으로 운영하는 경량전철시스템이나 일반적으로는 고무바퀴 차량이 가이드웨이에 의하여 무인으로 운영하는 시스템

> **해설**　특수철도의 종류
>
> 1. 노면철도(Tramway, Street Railway)
>
> 　도로의 노면상에 레일을 부설하고, 여기에 차량을 주행시키는 일반교통수단으로 쓰이는 철도를 노면철도라 칭한다. 노면철도는 모두 전기운전에 의하는 것으로 노면전차라 불리고 있다.

정답　3 ③　4 ①

2. 모노레일 철도(단궤조철도, Monorail Railway)

모노레일(Monorail) 1본의 궤도거더(P.C거더 또는 강거더) 위를 고무타이어 또는 강제의 차량에 의해 주행하는 철도를 말한다. 지지방식에 의해서 과좌식 모노레일(Straddled Monorail)과 현수식 모노레일 (Over Head Suspended Monorail)이 있다.

3. A.G.T(Automated Guideway Transit)

광의의 A.G.T는 무인자동운전이 가능한 고무차륜, 철제차륜 등으로 운영하는 경량전철시스템이나 일 반적으로는 고무바퀴 차량이 가이드웨이에 의하여 무인으로 운영하는 시스템을 말한다.

4. 리니어 모터카(LIM: 선형유도전동기)

자기부상형 열차와 추진방식이 동일한 개념으로 자기부상열차는 차체를 띄운 상태에서 운행하지만 리 니어 모터카는 차체를 띄우지 않고 일반 철제 차륜과 동일한 형태이나, 구동대차가 없고 단지 상부의 하중을 레일에 전달하는 역할만 한다.

5. HSST(저속형 자기부상열차, High Speed Surface Transport)

차륜이 없이 자기로 부상하여 리니어 모터로 추진하는 새로운 교통 System으로 종래 교통 System에 비해 우수한 성능을 갖는 경제성이 있는 유력한 도시 교통기관이다.

6. 가이드웨이 버스(Guideway-Bus)

시스템 버스 운영에 있어서 우선차로제 및 버스전용 차선보다도 한 단계 더 발전한 형태로 버스전용 궤도가 설치된 형태이다. 일반적인 가이드웨이 버스는 전용궤도 주행과 일반노면 주행이 가능한 듀얼 모드성 기능을 갖춘다.

7. 트롤리버스(무궤도전차 Railless Car, Trolley Bus)

무궤도전차는 가공복선식의 전차선에서 차량의 집전장치를 통해서 전력공급을 받아 레일을 이용하지 않고 노면 위를 주행하는 버스형의 차량에 의한 수송기관으로 트롤리버스라고도 부르며, 성능상으로 노면 전차와 버스의 중간적인 것이다.

8. 가공삭도(Aerial Cableway or Aerial Ropeway)

레일 대신으로 공중에 강색을 가설하고, 여기에 여객이나 화물을 운반할 수 있는 차량에 대응하는 운 반기를 매달아서 운반하는 시설로 로프웨이(Ropeway)라 부른다.

9. 급기울기 철도(Steep Incline Railway)

레일과 철제차륜과의 사이에서 접착력에 의한 접착철도로서 주행저항이 적은 반면, 기울기에 약한 교 통기관이다.

10. 궤도승용차(PRT: 무궤도열차)

3~5인이 승차할 수 있는 소형차량이 궤도(Guideway)를 통하여 목적지까지 정차하지 않고 운행하는 새로운 도시교통수단으로서 일종의 궤도승용차이다.

11. 노웨이트(Nowait Transit)

지상의 교각 위에 너비 5m, 높이 4.5m의 투명튜브를 설치하고 그 속으로 일정한 간격으로 운행하다 역사에 들어서면 속도를 줄여 승객들이 탑승할 수 있게 하는 시스템이다. 자동순환식으로 움직이기 때문에 열차를 기다릴 필요가 없어 노웨이트라는 이름이 붙여졌다.

* ①은 트롤리버스에 대한 설명이다.

05 신교통시스템으로 3~5인이 승차할 수 있는 소형차량이 궤도를 통하여 목적지까지 정차하지 않고 운행하는 새로운 도시교통수단은?

① 가이드웨이 버스   ② 노웨이트
③ 궤도승용차(PRT)   ④ A.G.T

해설 특수철도의 종류

06 모노레일의 특징이 아닌 것은?

① 운전속도가 높다.
② 차량고장 시 피난시간이 소요된다.
③ 건설비가 적게 소요되고 공사기간도 짧다.
④ 차량의 기구가 간단하고 저렴하다.

해설 모노레일의 특징 및 문제점

1. 모노레일의 특징
   1) 차량과 주행 빔이 일체형으로 되어 흔들림이 상대적으로 적고 다른 시스템에 비해 탈선의 우려가 적은 등 안전도가 높다.
   2) 운전속도가 높다. 노면을 이용하는 교통수단과 입체 교차하기 때문에 교차로에서의 지체가 없다.
   3) 고무타이어를 사용하는 경우는 점착계수가 커서 급기울기, 급곡선에서도 운전이 용이하다.
   4) 고무타이어 및 대차에 용수철 등을 사용하여 소음, 진동이 적어 승차감이 좋고, 대기오염 등 공해가 다른 교통수단에 비해 적다.
   5) 도로교통에 지장이 적다. 지주(支柱)는 될 수 있는 한 가늘게 하여 도로의 중앙 분리대에 설치할 수 있다. 지주는 폭 1.0~1.5m 정도의 원형 혹은 각주 교각으로 상부를 지탱할 수 있다.
   6) 도로나 하천을 이용한 고가구조로 할 수 있어 지하철에 비해 건설비가 적게 소요되고 공사기간도 짧다.
   7) 차내에서 채광, 조망이 좋아 압박감이 지하철에 비해 적다.
2. 모노레일의 문제점
   1) 주행로가 한 가닥이므로 주행장치에 구동바퀴 외에 다수의 안내차륜과 때로는 안정바퀴를 필요로 하기 때문에 차량의 기구가 <u>복잡하고 고가(高價)</u>이다.
   2) 일반철도에 비해 고속성능이 떨어지고 고무타이어는 동력비가 많다.
   3) 일반철도와 궤도방식이 다르기 때문에 상호환승이 불가능하다.
   4) 고무타이어의 부담하중이 철제차륜보다 작아서 수송능력이 일반철도보다 작다. 시간당 수송능력은 1만 명 정도이다
   5) 분기기는 무거운 주행형을 이동하기 때문에 <u>구조가 복잡하며 전환에 약간의 시간</u>을 필요로 하므로 분기기의 변경, 증설 등의 공사는 일반철도에 비해 쉽지 않다.
   6) 시가지나 주택지 등의 통과는 경관 등에 문제가 될 수 있다.
   7) 사고 등 긴급할 때 <u>대피에 시간이</u> 걸린다.

정답 5 ③ 6 ④

07 현수식 모노레일의 특징으로 옳지 않은 것은?

① 주행로 면이 노출되어 기후영향을 받아 미끄럼 방지가 필요하다.
② 주행면이 강재로 되어 있어 기상변화를 고려해야 한다.
③ 신호, 전력케이블 등이 주행면 내부에 있어 유지보수가 어려움
④ 급곡선의 통과가 가능하다.

해설 모노레일 형식별 특징 비교

구분	과좌식 모노레일	현수식 모노레일
곡선	최소곡선반경에 제약이 있음(차륜과 주행로와의 관계, 승차감 등)	급곡선 통과 가능함(대차구동장치에 작동기어 사용)
기후영향	주행로 면이 노출되어 기후영향을 받아 미끄럼 방지가 필요함	주행면이 덮여 있어 기후의 영향을 덜 받으나 주행면이 강재(鋼材)로 되어 있어 기상변화를 고려해야 함
도로교통	주행로 위를 주행하므로 도로교통에 영향 없음. 차량하부를 스커트로 감싸고 있어 부품이 떨어질 수 있음	건축한계를 넘은 도로의 차량과 충돌 가능성이 있음. 차량부품이 주행면 내부에 있기 때문에 도로에 떨어지는 경우는 없음
유지보수	유지보수가 유리함	신호, 전력케이블 등이 주행면 내부에 있어 유지보수가 어려움

08 AGT 시스템의 특징이 아닌 것은?

① 전기동력 사용으로 배기가스 배출이 없어 환경친화성이 우수하다.
② 고무차륜 운행으로 소음과 진동이 크다.
③ 건설비 감소 및 운영비가 저렴하다.
④ 도로교통수단에 비해 정시성, 신속성, 환경친화성이 우수하다.

해설 AGT(Automated Guideway Transit)
1. 고가(高架) 위 등의 전용궤도를 소형 경량의 고무차륜 또는 철제차륜의 차량이 안내로(guide way)를 따라 자동으로 주행하는 첨단도시철도시스템
2. AGT 시스템의 특징
   1) 차량의 소형화와 경량화로 교량, 터널 등의 건설비 감소 및 운영비가 저렴하다.
   2) 도로교통수단에 비해 정시성, 신속성, 환경친화성이 우수하다.
   3) 자동 무인운전으로 승무원 수를 줄일 수 있다.
   4) 지하철과 버스의 중간인 2,000~20,000인/시간·방향의 다양한 규모의 수송 능력을 가지고 있다.
   5) 새로운 운행기법의 도입과 고무차륜 운행으로 소음과 진동이 작다.
   6) 발달된 통신 및 제어기술로 차량운행제어가 용이하다.
   7) 차량의 등판능력 향상, 회전반경 감소로 지형적 제약을 극복할 수 있다.
   8) 도시미관과 조화를 이루는 차량의 외형 설계가 가능하다.

정답 7 ① 8 ②

09 고무차륜 AGT의 주행 안내방식이 아닌 것은?

① 중앙 안내방식　　② 측방 안내방식　　③ 상전도 흡인　　④ 중앙측구 안내방식

해설　AGT 안내방식

1. AGT의 구분: 차륜에 따라 철제차륜 AGT와 고무차륜 AGT로 구분
2. 철제차륜 AGT 안내방식: 철도와 같이 레일에 의해 안내되고 궤도구조와 전력공급방식도 일반철도와 같다.
3. 고무차륜 AGT 안내방식(안내륜의 위치에 따라 3가지로 구분)
    1) 중앙 안내방식
       궤도중심에 한 가닥의 안내레일을 설치하고 2개의 안내차륜이 안내레일의 양측 벽을 안내로로 하면서 주행하는 방식이다.
    2) 측방 안내방식
       주행로의 측면에 설치한 안내레일을 안내차륜이 따라가면서 안내되는 방식으로 궤도면을 평탄하게 할 수 있어 건설 및 유지보수가 간단하다는 장점이 있다.
    3) 중앙측구 안내방식
       좌우의 주행로 구조물의 내측을 안내에 이용하는 방식이다.

10 조가선을 이용하여 전력을 공급받고 레일 없이 다니는 버스형태의 교통수단인 트롤리버스의 특징으로 틀린 것은?

① 운전의 안전도가 높고 동력비가 적다.　　② 노면에서 운전의 융통성이 좋다.
③ 공해가 적고 화재의 염려가 없다.　　④ 운행노선이 제한되어 있다.

해설　트롤리버스

가공복선식의 전차선에서 차량의 집전장치를 통해서 전력을 공급받아 레일을 이용하지 않고 노면 위를 주행하는 버스형 차량
<버스와 비교 시 장단점>
1. 장점
    1) 운전의 안전도가 높고 동력비가 적다.　　2) 공해를 줄이고 화재의 염려가 없다.
    3) 승차기분이 좋고 운전이 용이하다.
2. 단점
    1) 노면에서 운전의 융통성이 없다.　　2) 운행노선이 제한되어 있다.
    3) 건설비가 비싸다.

11 철도계획에서 세력권의 조사내용 중 옳지 않은 것은?

① 환경조건　　　② 자연조건　　　③ 행정구역　　　④ 경제조건

정답　9 ③　10 ②　11 ①

해설 **역세권의 설정**

1. 철도의 신선 건설계획의 경우에 계획선로의 연선에 대한 경제적 영향권을 설정한다. 이 영향권을 경제권, 세력권, 또는 역세권이라고 한다.
2. 철도계획에 있어서의 세력권은 선정된 지형도를 이용하여 도상에서 다음과 같은 사항들을 조사한다.
   1) 자연조건   2) 행정구역   3) 교통조건   4) 경제조건
   5) 사회조건   6) 인위조건
3. 계획노선을 중심으로 한 노선세력권의 범위
   1) 보행시간 1~2시간의 4~8km 정도
   2) 자동차 등의 교통편이 다소 불량한 경우에는 10~30km 정도
   3) 교통편이 양호한 경우에는 30~50km 정도

12 철도의 계획과 건설, 계통계획을 수립할 때 포함되어야 하는 사항이 아닌 것은?

① 선로시설물의 완공가능시기   ② 개통에 필요한 인력운영 계획
③ 열차 및 차량운영 계획   ④ 노선 변경 등의 계획

해설 철도 건설계획에 포함되어야 하는 사항: ①, ②, ③

13 투자 우선순위 결정을 위한 경제성 분석기법으로 적합하게 설명된 것은?

① 내부수익률법(IRR)은 편익과 비용을 할인율에 따라 현재가치로 환산하고 편익의 현재가치에서 비용의 현재가치를 뺀 값이다.
② 초년도수익률법(FYRR)은 미래에 발생하는 모든 편익과 모든 비용을 현재가치로 환산하여 비교할 때, 총편익과 총비용을 일치시키는 할인율을 의미한다.
③ 순현재가치(NPV)는 사업시행을 1년 단위로 늦추어 가면서 사업 완료 첫해에 비용과 편익비가 할인율을 넘어서는 연도를 찾아 최적 투자시기를 판단하는 방법이다.
④ 비용편익분석(BC분석)은 사업시행으로 수반되는 장래의 편익과 비용을 현재가치로 환산한 뒤 총편익을 총비용으로 나눈 비율이 1 이상이면 경제적 타당성이 있다고 판단한다.

해설 투자 우선순위 결정을 위한 경제성 분석기법

1. 내부수익률법(IRR)
   1) 연평균 기대 투자수익률을 의미하며, 현재가치의 총편익에서 총비용을 뺀 값이다.
   2) 내부수익률은 미래에 발생하는 모든 편익과 모든 비용을 현재가치로 환산하여 비교할 때, 총편익과 총비용을 일치시키는 할인율을 의미한다.
   3) 순현재가치를 0으로 만드는 할인율 또는 편익비용비를 1로 만드는 할인율을 의미한다.
2. 순현재가치(NPV)
   1) 편익과 비용을 할인율에 따라 현재가치로 환산하고 편익의 현재가치에서 비용의 현재가치를 뺀 값이다.
   2) 순현재가치가 0보다 크면 일단 그 대안(사업)은 채택 가능한 것으로 판단한다.

정답 12 ④   13 ④

3. 비용편익분석(BC분석)
   1) 사업으로 발생하는 편익과 비용을 비교해서 시행여부를 평가하는 분석방식이다.
   2) 사업시행으로 수반되는 장래의 편익과 비용을 현재가치로 환산한 뒤 총편익을 총비용으로 나눈 비율이 1 이상이면 경제적 타당성이 있다고 판단한다.
4. 초년도수익률법(FYRR)
   1) 사업시행을 1년 단위로 늦추어 가면서 사업 완료 첫해에 비용과 편익비가 할인율을 넘어서는 연도를 찾아 최적 투자시기를 판단하는 방법이다.
   2) 첫 편익이 발생한 연도까지 소요된 총비용으로 첫해 발생한 편익을 나눈 값이다.

14 수송수요의 요인이 아닌 것은?

① 자연요인　　　② 유발요인　　　③ 전가요인　　　④ 사회요인

> **해설**　수송수요의 요인
> 1. 자연요인: 인구, 생산, 소득, 소비 등의 사회적, 경제적 요인
> 2. 유발요인: 열차횟수, 속도, 차량수, 운임 등의 철도 서비스
> 3. 전가요인: 자동차, 선박, 항공기 등의 타 교통기관의 수송 서비스

15 수송수요의 예측방법이 아닌 것은?

① 시계열 분석법　　② 요인 분석법　　③ 선로이용율법　　④ OD표 작성법

> **해설**　수송수요 예측의 방법
> 1. 시계열 분석법
>   통계량의 시간적 경과에 따른 과거의 변동을 통계적으로 재구성하여 분석하고, 이들 정보로부터 장래의 수요를 예측하는 방법
> 2. 요인 분석법
>   현상과 몇 개의 요인변수와의 관계를 분석하고, 그 관계로부터 장래의 수요를 예측하는 방법
> 3. 원 단위법
>   여러 대상지역을 여러 개의 교통구역으로 분할한 다음 각 구역의 시설과 교통 발생력을 추정하여 장래 토지 이용과 인구로서 교통 수송량을 구하는 방법
> 4. 중력 모델법
>   두 지역 상호간의 교통량이 두 지역의 수송수요 발생량 크기의 제곱에 비례하고, 양 지역 간의 거리에 반비례하는 예측 모델법
> 5. OD표 작성법
>   각 지역의 여객, 화물의 수송경로를 몇 개의 Zone으로 분할하고 각 Zone 상호간의 교통량을 출발, 도착의 양면에서 작성하는 OD(Original Destination)표를 작성하는 방법

정답　14 ④　15 ③

16 자기부상열차에 대한 설명 중 틀린 것은?

① 500km/h 이상 가능하다.　　　　② 유지보수비가 적다.

③ 급곡선, 급구배 운행이 좋다.　　　④ 초기 투자비용이 크다.

해설 자기부상열차의 장단점
1. 장점
   1) 소음과 진동이 적다.
   2) 마찰력이 없어 빠른 속도를 낼 수 있다(500km/h 이상)
   3) 등판능력과 곡선통과능력이 우수하다.　　4) 부품 소모가 적다.
   5) 오염배출이 적어 친환경적이다.　　　　　6) 유지보수·운영비가 저렴하다.
   7) 탈선, 전복 등의 사고가 없다.
   8) 차체 경량화 및 구조물 슬림화 등이 가능하여 초기 투자비용이 저렴하다.
2. 단점
   1) 강력한 자기장이 인체에 해를 끼칠 수 있다.　2) 화물수송에는 적합하지 않다.

17 건축한계에 관한 내용으로 맞는 것은?

① 열차가 안전하게 주행하기 위한 공간으로 건축한계 내에는 건조물을 설치하지 못한다.

② 차량의 크기를 결정하고 제한하는 범위다.

③ 레일 부위는 건축한계와 무관하고 레일 상부만 제한한다.

④ 건축한계는 기관차, 동차, 객화차 등이 각각 다르다.

해설 건축한계, 차량한계
1. 건축한계: 차량한계 내의 차량이 안전하게 운행될 수 있도록 선로 상에 설정한 일정한 공간이다.
2. 차량한계: 차량을 제작할 때 일정한 크기 안에서 제작토록 규정한 공간으로, 건축한계보다 좁게 하여 차량과 철도시설물의 접촉을 방지하는 것이다.

18 정거장에 속하지 않는 것은?

① 역　　　　　　　② 조차장　　　　　③ 신호소　　　　　④ 신호장

해설 정거장
1. 정거장의 정의
   "정거장"이라 함은 여객의 승강(여객이용시설 및 편의시설을 포함한다), 화물의 적하, 열차의 조성, 열차의 교행 또는 대피를 목적으로 사용되는 장소를 말한다.
2. 정거장의 종류
   1) 역(Station)
      여객 또는 화물을 취급하기 위하여 시설한 장소로 여객역, 화물역, 보통역 등을 말한다.

정답　16 ④　17 ①　18 ③

2) 조차장(Shunting Yard)

열차의 조성과 차량의 입환을 하기 위하여 설치된 장소로 취급 열차의 종류에 따라 객차조차장, 화물 조차장이 있다.

3) 신호장(Signal Station)

열차를 교행 또는 대피하기 위하여 시설한 장소로 역간거리가 긴 구간에 선로용량을 증가시키고자 설치한다.

* 신호소는 정거장이 아니고 상치신호기 등 열차제어시스템을 조작·취급하기 위하여 설치한 장소를 말한다.

19 정거장의 역할로 옳지 않은 것은?

① 열차제어시스템을 조작·취급   ② 화물의 적하

③ 열차의 교행   ④ 열차의 조성

해설 정거장

20 정거장의 역할로 옳지 않은 것은?

① 여객의 승강   ② 열차의 대피   ③ 신호기 취급   ④ 열차의 조성

해설 정거장

21 정거장의 구내배선을 할 때 주의사항으로 틀린 것은?

① 도로·농로를 입체화한다.   ② 투시가 좋게 하여야 한다.

③ 사고 등에 대비하여 배선한다.   ④ 직선을 원칙으로 한다.

해설 정거장 배선 시 주의사항

1. 구내 전반에 걸쳐 투시를 좋게 한다.
2. 구내배선은 직선을 원칙으로 한다.
3. 구내 전체를 균형 잡힌 배선으로 한다.
4. 정거장에서 착발하는 선이 지장이 되는 경우에는 가능한 출발 시의 경합보다는 도착 시의 경합이 적은 배선으로 한다.
5. 본선과 인상선, 분류선과 대기선을 분리하는 배선으로 하여 선로의 용도를 단순화한다.
6. 본선상의 분기기 수는 가능한 적게 하고 크기는 그 분기기를 통과하는 열차속도를 감안하여 결정하고 분기기의 설치는 통과열차가 직선 측을 통과하도록 배선한다.
7. 분기기는 유지관리가 편하도록 집중 배치하며 가능한 배향분기기가 되도록 배치한다.
8. 특수 분기기는 부득이한 경우를 제외하고는 설치하지 않아야 하며 특수 분기기의 분기 측을 고속열차가 통과하지 않도록 한다.
9. 장래 확장을 고려하고, 사고 시 대응을 고려하여 각선 상호의 융통성을 확보하도록 배선한다.

정답 19 ① 20 ③ 21 ①

10. 정거장 배선순서는 유효장, 선수, 승강장수 및 폭, 길이, 출발선, 도착선, 입환선 등의 순서로 한다.

11. 기존 정거장 배선시는 열차운행 및 영업에 지장이 없도록 단계별 시공계획을 고려하여야 한다.

12. 배선할 때 신축이음매, 절연이음매, 중계레일 설치를 고려한다.

13. 정차하는 열차 취급량이 적은 정거장에서는 주본선 통과형인 상대식으로 배치한다.

14. 선로 유지보수를 위한 장비 유치선은 가능한 측선이 배치되는 모든 정거장에 배치한다.

15. 전주, 각종 표지, 사무소 및 종사원의 안전통로 확보 등을 종합적으로 고려하여 선로간격을 확보한다.

16. 측선은 가능한 한쪽으로 배치하여 본선 횡단을 최소화한다.

17. 전동차 전용선과 같이 고정편성으로 운영하는 구간에는 안전울타리, 스크린도어 설치 계획을 검토한다.

22 승강장의 건설방법으로 틀린 것은?

① 승객용 통로 및 계단의 폭은 3m 이상으로 한다.

② 승객용 계단에는 높이 5m마다 계단참을 설치한다.

③ 화재에 대비하여 통로에 방향유도등을 설치한다.

④ 승객용 계단에는 손잡이를 설치한다.

해설 승강장의 건설기준

1. 승강장의 안전설비
   1) 승객용 통로 및 승객용 계단의 폭은 3미터 이상으로 한다.
   2) 승객용 계단에는 높이 3미터마다 계단참을 설치한다.
   3) 승객용 계단에는 손잡이를 설치한다.
   4) 화재에 대비하여 통로에 방향유도등을 설치한다.

2. 승강장 설치기준
   1) 승강장은 직선구간에 설치하여야 한다. 부득이한 경우 반경 600m 이상의 곡선구간에 설치할 수 있다.
   2) 일반여객 열차로 객차에 승강계단이 있는 열차가 운행되는 구간의 승강장의 높이는 레일면에서 500mm
   3) 화물 적하장의 높이는 레일면에서 1,100mm
   4) 전기동차 전용선 등 객차에 승강계단이 없는 열차가 운행되는 구간의 승강장(고상 승강장)의 높이는 레일면에서 1,135mm

23 본선에 해당하는 것은?

① 입환선　　　② 세차선　　　③ 대피선　　　④ 안전측선

해설 본선과 측선

1. 본선
   열차를 출발, 도착, 통과시키는 데 상용되는 선로로 사용목적에 따라 주본선과 부본선으로 나눈다.
   1) 주본선: 열차의 착발 또는 통과열차를 운전하는 데 상용하는 중요한 선로
   2) 부본선(주본선 이외의 선로): ① 도착선 ② 출발선 ③ 통과선 ④ 대피선 ⑤ 교행선

정답 22 ② 23 ③

2. 측선

  1) 유치선   2) 입환선   3) 인상선   4) 화물적하선

  5) 세차선   6) 검사선   7) 수선선   8) 기회선

  9) 기대선   10) 안전측선   11) 피난측선

24 선로의 유효장에 대한 설명으로 옳지 않은 것은?

① 인접선로 사이에 있는 차량접촉한계표지 상호간의 거리

② 제동 비상위치에서 제동이 체결되어 멈추는 거리

③ 출발신호기로부터 신호 주시거리, 과주 여유거리, 기관차 길이, 여객열차 편성 길이 등 제동 여유거리를 더한 길이보다 길어야 한다.

④ 인접선로의 열차 및 차량출입에 지장을 주지 아니하고 수용할 수 있는 당해 선로의 최대길이

해설　유효장

1. 유효장이란 정거장 내의 선로에서 인접선로의 차량이나 열차 출입에 지장이 되지 않고 수용할 수 있는 당해 선로의 최대길이를 말한다.
2. 유효장은 출발신호기로부터 신호 주시거리, 과주 여유거리, 기관차 길이, 여객열차 편성 길이 및 레일 절연이음매로부터의 제동 여유거리를 더한 길이보다 길어야 한다.
3. 일반적으로 선로의 유효장은 차량접촉한계표 간의 거리를 말한다.
4. 본선의 최소유효장은 선로구간을 운행하는 최대 열차길이에 따라 정해지며, 최대 열차길이는 선로의 조건, 기관차의 견인정수 등을 고려하여 결정한다.

25 유효장에 관한 설명으로 틀린 것은?

① 선로의 양끝에 있는 차량접촉한계표지 상호간의 길이를 말한다.

② 선로에 열차 또는 차량을 수용함에 있어서 그 선로의 수용가능 최대길이를 말한다.

③ 유효장은 열차의 길이(열차장)를 결정하는 데 중요한 역할을 한다.

④ 제동 비상위치에서 제동이 체결되어 멈추는 거리를 말한다.

해설　유효장을 정하는 방법

1. 열차를 정차시키는 선로 또는 차량을 유치하는 선로의 양끝에 있는 차량접촉한계표지 상호간의 길이를 말한다.
2. 차량접촉한계표지 안쪽에 출발신호기(ATS지상자)가 설치되어 있는 선로의 경우에는 진행방향 앞쪽 출발신호기(ATS지상자)부터 뒤쪽 궤도회로장치까지의 길이
3. 궤도회로의 절연장치가 차량접촉한계표지 안쪽 또는 출발신호기의 바깥쪽에 설치되어 있을 경우에는 양쪽 궤도회로장치까지의 길이
4. ATP 메인발리스가 차량접촉한계표지 안쪽 또는 출발신호기의 바깥쪽에 설치되어 있을 경우에는 진행 방향 앞쪽 ATP 메인발리스부터 뒤쪽 궤도회로장치까지의 길이

정답　24 ②　25 ④

26 선로용량 산정 시 고려해야 할 것으로 틀린 것은?

① 열차속도
② 역간거리와 구내배선
③ 열차 간 운전속도의 차이
④ 이용요금

해설 선로용량

1. 선로용량의 의의
   선로용량이란 당해 선구에 1일 몇 회의 열차를 운행할 수 있는가에 대한 기준으로서 1일 운행 가능한 최대열차횟수를 표시하며, 단선구간에서는 편도열차횟수, 복선구간에서는 상하행선 각각의 선별 열차횟수로 표시함을 원칙으로 한다.
2. 선로용량을 산정하기 위한 고려사항
   1) 선로조건 2) 차량성능 3) 운전상태 등을 고려하여야 한다.
3. 선로용량의 중요 영향인자
   1) 선로용량 한계 계산인자
      ① 열차속도(운전시분)
      ② 열차 간 운전속도의 차이
      ③ 열차종별 운행순서 배치
      ④ 역간거리와 구내배선
      ⑤ 열차취급시분
      ⑥ 신호·폐색방식
   2) 현실적 선로용량 산정을 위한 영향인자
      ① 열차유효시간대
      ② 선로보수시간
      ③ 열차여유시분
4. 선로용량 증대방안
   1) 시설확충(교행·대피를 위한 설비보강, 폐색 및 신호취급방법 개선 등)
   2) 열차 DIA의 조정 및 증설
   3) 운전시격의 단축(차량성능 향상, 폐색방법 및 구간 조정 등)
5. 선로용량 부족의 영향
   1) 열차표정속도 저하
   2) 유효시간대의 열차설정 곤란
   3) 열차지연의 만성화
   4) 차량·승무원 운용의 효율저하

27 선로용량 산정 시 고려하지 않아도 되는 것은?

① 열차 탑승 승객의 요구
② 역간 평균 운전시분
③ 설정 열차의 속도종별
④ 신호의 종별

해설 선로용량

28 선로용량의 증대방안으로 틀린 것은?

① 교행·대피를 위한 설비보강
② 운전시격의 연장
③ 열차 DIA의 조정 및 증설
④ 폐색 및 신호취급방법 개선

해설 선로용량

정답 26 ④ 27 ① 28 ②

29 선로용량 부족현상으로 틀린 것은?

① 열차의 표정속도 향상   ② 유효시간대의 열차설정 곤란
③ 열차지연의 만성화   ④ 차량. 승무원 운용의 효율저하

> **해설** 선로용량

30 선로용량에 대한 설명으로 옳지 않은 것은?

① 선로용량은 1일 최대 설정 가능한 열차횟수를 말한다.
② 철도의 수송능력은 선로용량으로 표시한다.
③ 선로용량은 열차속도가 낮고 폐색취급이 복잡할수록 크다.
④ 선로용량의 사정에는 한계용량, 실용용량, 경제용량이 있다.

> **해설** 선로용량
열차속도가 낮고 폐색취급이 복잡할수록 선로용량은 적어진다.

31 선로의 설계속도를 정할 때 고려할 사항으로 틀린 것은?

① 해당 노선의 기능   ② 장래 교통수요 등
③ 총수입 대비 효과 분석   ④ 역간 거리

> **해설** 선로의 설계속도를 정할 때 고려사항
> 1. 초기 건설비, 운영비, 유지보수비용 및 차량구입비 등의 총비용 대비 효과 분석
> 2. 역간 거리
> 3. 해당 노선의 기능
> 4. 장래 교통수요 등

32 보통철도에서 이론적 한계속도는 얼마 정도인가?

① 150km/h   ② 200~250km/h   ③ 300~350km/h   ④ 400~450km/h

> **해설** 차륜식 철도의 한계속도는 마찰력·점착력을 고려할 때 300~350km/h 정도이다.

33 선로의 기울기에 대한 설명으로 틀린 것은?

① 선로의 기울기는 선로의 횡방향 선형에서 높이 변화를 의미한다.
② 우리나라의 경우 최급기울기는 설계속도, 운전조건 등에 따라 제한을 두고 있다.
③ 기울기의 표시는 나라마다 다르나 우리나라에서는 천분율(%)을 사용한다.
④ 선로의 기울기는 최소곡선반경보다도 수송력에 직접적인 영향을 준다.

해설 선로의 기울기(구배 勾配, Grade)

1. 기울기의 표시
   1) 선로의 기울기는 선로의 종방향 선형에서 높이 변화를 의미하는 것으로, 최소곡선반경보다도 수송
      력에 직접적인 영향을 주므로 가능한 한 수평에 가깝게 하는 것이 좋다.
   2) 기울기의 표시는 나라마다 다르나 우리나라에서는 천분율(‰)을 사용한다.
2. 기울기의 분류(Classification of Grade)
   1) 최대 선로기울기(최급구배, Maximum Grade)
      열차운전구간 중 가장 높이차가 심한 기울기를 말한다. 전차 전용선로의 한도는 35‰이다.
   2) 제한기울기(Ruling Grade)
      기관차의 견인정수를 제한하는 기울기를 말하며, 반드시 최급기울기와 일치하는 것은 아니다.
   3) 타력기울기(Momentum Grade)
      열차의 타력에 의하여 통과할 수 있는 기울기이다.
   4) 표준기울기(Standard maximum Grade)
      열차운전 계획상 정거장 사이마다 조정된 기울기로, 역간 임의 지점간 거리 1㎞의 연장 중 가장
      급한 기울기로 조정된다.
   5) 가상기울기(Virtual Grade)
      열차의 속도변화를 기울기로 환산하여 실제의 구배에 대수적으로 가산한 기울기이다.
3. 종곡선(Vertical Curve)
   차량이 선로기울기의 변경지점을 원활하게 통과하도록 종단면상에 두는 곡선을 말한다.

34 선로의 표준기울기의 정의로 맞는 것은?

① 역간의 임의 지점 간 거리 1km 연장 중 가장 급한 기울기로 조정된다.
② 기관차의 견인정수를 제한하는 기울기를 말한다.
③ 열차의 타력에 의하여 통과할 수 있는 기울기이다.
④ 열차의 속도변화를 기울기로 환산하여 실제의 구배에 대수적으로 가산한 기울기이다.

해설 기울기(구배 勾配, Grade)

35 선로의 표준기울기(표준구배)의 정의로 맞는 것은?

① 인접 역간 임의의 지점 간의 거리 1km 안에 있는 최급구배
② 곡선저항을 구배로 환산하여 표시한 구배
③ 구배저항과 구간 길이를 곱해서 구간 길이로 나눈 것
④ 열차의 타행력으로 올라갈 수 있는 구배

해설 운전기술상의 구배
1. 구배: 수평거리에 대한 수직 고저비율(%)
2. 상구배: 진행방향으로 올라가는 구배
3. 하구배: 진행방향으로 내려가는 구배
4. 표준구배: 인접 역간 또는 신호소 간 임의의 지점 간의 거리 1km 안에 있는 최급구배이다. 1km 내에
   2이상 구배가 있을 경우에는 1km 내의 평균구배
5. 지배구배(제한구배): 열차운전에 있어서 최대의 견인력이 요구되는 구배
6. 환산구배: 곡선저항을 구배로 환산하여 표시한 구배
7. 가상구배: 구배구간을 운전하는 열차의 속도변화를 구배로 환산하여 실제구배에 대수적으로 가산한 구배
8. 타력구배: 열차의 타행력으로 올라갈 수 있는 구배
9. 반향구배: 상하구배가 교대로 이어지는 구배
10. 평균구배: 구배저항과 구간 길이를 곱해서 구간 길이로 나눈 것
11. 등가구배: 구배와 열차장을 고려하여 견인정수 산정을 위한 계산상의 최대구배
    1) 열차장이 걸리는 구간의 최대 표준구배를 산정하여
    2) 구배구간에 있는 곡선의 환산구배를 가산한다.

36 구배선을 운전하는 열차의 속도변화를 구배로 환산하여 실제의 구배에 대수적으로 가산한 구배이며 열차운전 시·분에 적용하는 것은?

① 최급구배   ② 제한구배   ③ 표준구배   ④ 가상구배

해설 운전기술상의 구배

37 곡선저항을 선로기울기(구배)로 환산한 것은?

① 곡선보정   ② 보정기울기(구배)   ③ 환산구배(기울기)   ④ 제한구배(기울기)

해설 운전기술상의 구배

38 상구배 25‰, 곡선반경 700m 구간의 환산구배는?

① 25‰   ② 26‰   ③ 27‰   ④ 28‰

> **해설** 환산구배

1. 구배저항과 곡선저항의 합 또는 곡선저항을 구배저항으로 환산한 값을 환산구배(Equivalent Grade)라 한다.
2. 구배선로에 곡선선로가 있는 경우, 또는 그 반대인 경우에 곡선저항 값을 구배저항 값으로 환산하여 계산하는 것이 편리하다.

$$환산구배(‰) = 실제구배(‰) + \frac{700}{곡선반경(m)}(‰)$$

3. (풀이) 환산구배$(‰) = 25‰ + \dfrac{700}{700(m)} = 26‰$

39 상구배 5‰, 곡선반경 700m 구간의 환산구배는?

① 5‰   ② 6‰   ③ 7‰   ④ 8‰

> **해설** 환산구배

(풀이) 환산구배$(‰) = 5‰ + \dfrac{700}{700(m)} = 6‰$

40 설계속도(V)가 "200 < V ≤ 350"일 경우 일반적인 경우 본선의 최대구배는?

① 25‰   ② 10‰   ③ 12.5‰   ④ 15‰

> **해설** 최대 선로기울기(구배)

설계속도(V) km/h	본선(‰)			정거장 내(‰)
	일반적인 경우	정거장 전후	전동차 전용선	
200 < V ≤ 350	25	30	35	• 일반적인 경우: 2 • 차량 해결하지 않는 전동차 전용본선: 10 • 그 외: 8 • 차량 유치하지 않는 측선: 35
150 < V ≤ 200	10	15		
120 < V ≤ 150	12.5	15		
70 < V ≤ 120	15	20		
V ≤ 70	25	30		

41 최소곡선반경을 결정할 때 고려사항이 아닌 것은?

① 궤간   ② 열차속도   ③ 차량의 고정축거   ④ 신호방식

정답   38 ②   39 ②   40 ①   41 ④

1. 궤간   2. 열차속도
3. 차량의 고정축간거리

42 설계속도(V)가 150km/h인 자갈도상 궤도의 최소 곡선반경은?

① 1,900m   ② 1,100m   ③ 1,000m   ④ 700m

해설 최소 곡선반경

설계속도(V) km/h	최소 곡선반경(m)	
	자갈도상 궤도	콘크리트도상 궤도
350	6,100	5,000
200	1,900	1,700
150	1,100	1,000
120	700	600
V≤70	400	400

* 전기동차 전용선의 경우: 설계속도에 관계없이 250m

43 전동차 전용선의 최소 곡선반경은?

① 200m   ② 250m   ③ 300m   ④ 350m

해설 최소 곡선반경

44 설계속도(V)가 200km/h 경우에 최소 종곡선반경은?

① 25,000m   ② 14,000m   ③ 8,000m   ④ 5,000m

해설 종곡선: 선로의 기울기가 변화하는 개소에 설치

설계속도(V) km/h	최소 종곡선반경(m)	도심지, 시가화구간(m)	비 고
265≤V	25,000	−	기울기가 서로 다른 경우 200<V≤350: 1‰ 이상 70<V≤200: 1‰ 이상 V≤70이하: 5‰ 이상
200	14,000	10,000	
150	8,000	6,000	
120	5,000	4,000	
70	1,000	1,300	

정답 42 ② 43 ② 44 ②

45 우리나라 철도에서 사용하는 완화곡선의 형상으로 옳은 것은?

① 렘니스케이트 곡선   ② 3차 포물선

③ 나선 곡선   ④ 크로소이드 곡선

> **해설** 완화곡선
> 1. 열차가 직선에서 원곡선으로 바로 진입하거나 원곡선에서 바로 직선으로 진입할 경우에는 열차의 주행방향이 급변하여 차량의 동요가 심하여 원활한 운전을 할 수 없으므로 직선과 원곡선 사이에 완화곡선을 삽입하여야 한다.
> 2. 완화곡선의 종류
>   1) 3차 포물선: 곡선반경이 원점으로부터 X좌표에 반비례하는 곡선
>   2) 크로소이드 곡선: 곡선반경이 곡선의 길이에 반비례하는 곡선
>   3) 렘니스케이트 곡선: 곡선반경이 원점으로부터의 거리에 반비례하는 곡선
>   4) 나선 곡선
>   * 우리나라 철도에는 3차 포물선 방정식을 채택하고 있다.

46 완화곡선의 길이 결정 시 조건으로 틀린 것은?

① 캔트의 시간변화율을 고려한 승차감 한도

② 차량의 3점지지에 의한 탈선을 방지하기 위한 안전한도

③ 슬랙의 시간변화율을 고려한 승차감 한도

④ 부족캔트에 의해 열차가 받는 초과 원심력의 시간변화율을 고려한 승차감 한도

> **해설** 완화곡선의 길이 결정 시 고려하여야 하는 조건
> 1. 차량의 3점지지에 의한 탈선을 방지하기 위한 안전한도
> 2. 캔트의 시간변화율을 고려한 승차감 한도
> 3. 부족캔트에 의해 열차가 받는 초과 원심력의 시간변화율을 고려한 승차감 한도

47 선로구조물 설계 시 일반철도(여객/화물 혼용)의 표준활하중은?

① HL − 25   ② LS − 22   ③ EL − 18   ④ LS − 20

> **해설** 표준활하중(standard load)

선로구간의 종별	표준활하중
200 < 속도 ≤ 350(고속)	HL − 25
150 < 속도 ≤ 200(일반)	LS − 22
120 < 속도 ≤ 150(일반)	LS − 22
70 < 속도 ≤ 120(일반)	LS − 22
속도 ≤ 70(일반)	LS − 22

정답   45 ②   46 ③   47 ②

48 설계속도(V)가 "200km/h < V < = 350km/h" 선로의 표준활하중은?

① HL − 25　　　　② LS − 22　　　　③ EL − 18　　　　④ LS − 20

해설　표준활하중(standard load)

49 우리나라 철도 터널의 단면형상으로 사용하지 않는 것은?

① 삼각형　　　　② 말굽형(마제형)　　③ 사각형　　　　④ 원형

해설　터널단면의 형상
1. 터널의 기준
   1) 터널단면은 선로를 따라 전차선 등의 설비 등을 위하여 건축한계보다 200~300mm의 여유를 둔 터널의 한계를 기준으로 한다.
   2) 단면의 형상은 소요터널의 한계, 지질 도수의 유무 및 환경조건으로부터 시공법 등이 선정되며, 표준 단면형상은 원형·마제형·사각형 등이 있다.
2. 터널의 표준 단면형상
   1) 원형
      단면 지압의 외력을 맡는 것에 대한 이상적인 형상이다. 그러나 터널한계에 대해서는 하부에 쓸데 없는 많은 공간을 발생시켜, 굴착량이 많아 비경제성이 된다. 특히 지압이 높은 경우에는 터널보링 머신공법(T.B.M), 실드(shield)공법에 의한 굴착공법이 채용된다.
   2) 마제형(말굽형)
      단면 저부의 폭을 넓게 할 수 있으며 쓸데없는 공간이 작다. 경제적인 단면으로 산악터널의 표준 형상으로 채용된다.
   3) 사각형
      단면 도로 밑에 지하철 등 지표로부터 비교적 낮은 개착터널이나, 하천 밑 등에 침매터널에 채용 된다.

50 낙석방지 시설로 틀린 것은?

① 피암교량　　　　② 낙석방지망　　　③ 낙석방지옹벽　　④ 낙석방지울타리

해설　낙석방지 시설의 종류
1. 피암터널	2. 낙석방지망	3. 낙석방지울타리	4. 낙석방지옹벽
5. 콘크리트 버팀벽	6. 콘크리트블럭공법	7. 록앵커	8. 록볼트
9. 배수공법			

* 피암터널의 설치목적
　철근콘크리트 혹은 강재에 의해 낙석이 철도에 직접 낙하하는 것을 막는 공법으로, 비탈면이 급경사로 철도와 이격할 여유가 없거나 혹은 낙석의 규모가 커서 낙석방지울타리, 낙석방지옹벽 등으로는 안전 을 기대하기 어려운 경우에 설치한다.

정답　48 ①　49 ①　50 ①

51 다음 중 피암터널에 관한 설명이 아닌 것은?

① 철근콘크리트 혹은 강재에 의해 낙석이 철도에 직접 낙하하는 것을 막는 공법이다.
② 비탈면이 급경사로 철도와 이격할 여유가 없거나 혹은 낙석의 규모가 커서 낙석방지울 타리, 낙석방지옹벽 등으로는 안전을 기대하기 어려운 경우에 설치한다.
③ 콘크리트블럭공법으로 설치한다.
④ 낙석방지 시설 중의 하나이다.

해설 낙석방지 시설의 종류

52 선로와 교차된 도로를 통행 할 수 있는 지역의 이름으로 옳은 것은?

① 노면　　　　② 교차로　　　　③ 도로　　　　④ 건널목

해설 건널목
1. 철도와 도로가 동일평면에서 교차하는 경우 교차되는 부분을 건널목이라고 한다.
2. 도로와 철도선로는 교통 본래의 사명과 안전을 위해 입체교차로 해야 하지만 현실은 많은 평면교차로 되어 있다.
3. 일반적인 건널목에서는 철도의 우선 통행을 인정하고 있으며 도로교통을 차단하는 방식이 사용되고 있다.

53 건널목의 종류가 아닌 것은?

① 특종 건널목　　② 제1종 건널목　　③ 제2종 건널목　　④ 제3종 건널목

해설 건널목의 종류
1. 1종 건널목: 차단기, 경보기 및 건널목 교통안전표지를 설치하고 차단기를 주야간 계속 작동하거나 건널목 안내원이 근무하는 건널목
2. 2종 건널목: 경보기와 건널목 교통안전표지만 설치하는 건널목
3. 3종 건널목: 건널목 교통안전표지만 설치하는 건널목

54 건널목 중 3종 건널목에 설치해야 하는 보안설비는?

① 경보기
② 건널목 교통안내표지
③ 차단기, 건널목 교통안전표지
④ 경보기, 건널목 교통안전표지

해설 건널목의 종류

정답 51 ③　52 ④　53 ①　54 ②

55 건널목 중 1종 건널목의 설명으로 맞는 것은?

① 차단기, 경보기, 건널목 교통안전표지를 설치하고 건널목 안내원이 근무하는 건널목
② 경보기, 건널목 교통안전표지를 설치한 건널목
③ 건널목 교통안전표지만 설치하는 건널목
④ 경보기, 건널목 교통안전표지를 설치하고 건널목 안내원이 근무하는 건널목

해설 건널목의 종류

56 건널목의 보안설비 설치 시 검토사항으로 옳지 않은 것은?

① 열차운행 횟수 및 도로교통량
② 건널목의 투시거리 및 건널목의 길이
③ 열차투시거리 및 열차편성량
④ 건널목의 선로수 및 전후의 지형

해설 건널목의 보안설비 설치 시 검토사항
1. 열차운행 횟수
2. 도로교통량
3. 건널목의 투시거리
4. 건널목의 폭과 길이
5. 건널목의 선로수
6. 건널목 전후의 지형

57 원형 핏트 내에 강판을 설치하고 회전축을 이용하여 차량을 180도 방향전환할 수 있는 설비는?

① 루프선
② Y선(델타선)
③ 전차대
④ 건넘선

해설 전차대(Turn table)
1. 의의 : 기관차와 기타 차량의 방향을 전환하거나 한선에서 타선으로 전환하는 설비
2. 전차대의 조건
   1) 전차대의 길이는 27미터 이상으로 하여야 한다.
   2) 진출입이 원활하여야 하며, 선로 끝단에 설치 시 대항선과 차막이 설비를 할 수 있다.
   3) 전차대 구조물에는 배수계획이 포함되어야 한다.
   * 전향설비 종류 : 전차대, 천차대, 델타선(Y선), 루프선(Loop track)

58 전차대의 최소 길이는?

① 20m
② 24m
③ 25m
④ 27m

해설 전차대 최소길이는 27m이다.

59 차막이의 종류가 아닌 것은?

① 부벽식 차막이   ② 유압식 차막이

③ 압축식 차막이   ④ 레일식 제1종 차막이

해설 차막이

1. 차막이(Buffer Stop)
   1) 의의
   선로의 종단에는 차막이를 설치한다. 차막이는 만일 열차가 정지위치를 과주하였을 때 충격을 완화시키기 위하여 적당한 완충능력이 있는 구조라야 하나 차막이인 만큼 차량을 강제로 정지시킬 강도가 있어야 한다.
   2) 차막이의 종류
   ① 레일식 제1종 차막이   ② 부벽식 차막이   ③ 유압식 차막이
   ④ 차륜막이식 차막이   ⑤ 복합식 차막이
2. 차륜막이(Scotch Block)
   차륜막이는 측선에서 유치 중인 차량이 자연으로 굴러 타 선로와 차량에 지장을 줄 염려가 있을 때 레일 상에 설치하는 반전식 차륜막이가 있고 쐐기형으로 된 차륜막이는 차륜 밑에 고여 차량의 구름을 막는다.

60 개폐식 구름막이의 설치 및 취급에 대한 설명으로 틀린 것은?

① 개폐식 구름막이는 측선으로부터 분기하는 본선의 차량접촉한계표지의 안쪽 3미터 이상의 지점에 설치한다.
② 개폐식 구름막이를 설치할 정거장·선로의 지정 및 설치는 별도로 지정한다.
③ 개폐식 구름막이는 그 선로에 차량을 유치하고 있을 때는 입환의 경우를 제외하고 반드시 닫아 두어야 한다.
④ 개폐식 구름막이는 본선으로부터 분기하는 측선의 차량접촉한계표지의 안쪽 3미터 이상의 지점에 설치한다.

해설 개폐식구름막이의 설치 및 취급

1. 개폐식 구름막이는 본선으로부터 분기하는 측선의 차량접촉한계표지의 안쪽 3미터 이상의 지점에 설치할 것
2. 개폐식 구름막이는 그 선로에 차량을 유치하고 있을 때는 입환의 경우를 제외하고 반드시 닫아 둘 것
3. 개폐식 구름막이를 설치할 정거장·선로의 지정 및 설치는 지역본부장이 지정할 것

정답 59 ③   60 ①

61 민간투자자가 건설한 후 운영권을 정부에 임대하고 임대종료 후 국가에 귀속하는 민간투자방식은?

① BTO   ② BOT   ③ BOO   ④ BTL

> **해설** 민간투자 철도건설 방식
>
> 1. BTO(Build-Transfer-Operate) 방식
>   사회간접자본시설의 준공과 동시에 당해 시설의 소유권이 국가 또는 지방자치단체에 귀속되며 사업시행자에게 일정기간 시설관리·운영권을 인정하는 방식
> 2. BOT(Build-Own-Transfer) 방식
>   사회간접시설의 준공 후 일정기간 동안 사업시행자에게 당해 시설의 소유권이 인정되며, 그 기간의 만료 시 시설소유권이 국가 또는 지방자치단체에 귀속되는 방식
> 3. BOO(Build-Own-Operate) 방식
>   사회간접자본시설의 준공과 동시에 사업시행자에게 당해 시설의 소유권을 인정하는 방식
> 4. BTL(Build-Transfer-Lease) 방식
>   사업시행자가 사회간접자본시설을 준공한 후 일정기간 동안 운영권을 정부에 임대하고 임대기간 종료 후 시설물을 국가 또는 지방자치단체에게 이전하는 방식
> 5. ROT(Rehabilitate-Operate-Transfer) 방식
>   국가 또는 지방자치단체 소유의 시설을 정비한 사업시행자에게 일정기간 동안 시설에 대한 운영권을 인정하는 방식
> 6. ROO(Rehabilitate-Own-Operate) 방식
>   기존시설을 정비한 사업시행자에게 당해 시설의 소유권을 인정하는 방식

62 철도시설의 준공과 동시에 소유권이 국가에 귀속되며 투자자에게 일정기간 시설관리·운영권을 인정하는 민간투자방식은?

① BTO   ② BOT   ③ BOO   ④ BTL

> **해설** 민간투자 철도건설 방식

제2장 철도 선로

제1절 궤도

1. 궤도의 종류
   1) 레일: ① 차량을 직접 지지한다.　　② 차량의 주행을 유도한다.
   2) 침목
      ① 레일로부터 받은 하중을 도상에 전달한다.　　② 레일의 위치를 유지한다.
   3) 도상
      ① 침목으로부터 받은 하중을 분포시켜 노반에 전달한다.
      ② 침목의 위치를 유지한다.
      ③ 탄성에 의한 충격력을 완화시킨다.

2. 궤도의 구비조건
   1) 열차의 충격하중을 견딜 수 있는 재료로 구성되어야 할 것
   2) 열차하중을 시공기면 이하의 노반에 광범위하고 균등하게 전달할 것
   3) 차량의 동요와 진동이 적고 승차기분이 좋게 주행할 수 있을 것
   4) 유지·보수가 용이하고, 구성재료의 갱환이 간편할 것
   5) 궤도틀림이 적고, 열화진행이 완만할 것
   6) 차량의 원활한 주행과 안전이 확보되고 경제적일 것

3. 궤도틀림검사
   1) 궤도틀림의 종류
      ① 궤간틀림　② 수평틀림　③ 면틀림　④ 줄틀림　⑤ 뒤틀림
   2) 궤도검측차 검사
      ① 검사종별: 궤간, 수평, 면맞춤, 줄맞춤, 평면성
      ② 검사주기: 본선궤도는 연 2회 이상 검사
   3) 인력검사
      ① 검사종별: 궤간, 수평, 면맞춤, 줄맞춤
      ② 검사주기
         ㉮ 본선구간, 본선 부대 분기기: 연 2회
         ㉯ 측선분기기: 연 1회
         ㉰ 측선궤도: 2년 1회

4) 궤간틀림
  ① 정규의 궤간, 통상은 기본치수(1,435mm), 곡선부에서는 설정 슬랙을 기본치수에 더한 것에 대한 틀림량을 말한다.
  ② 궤간을 측정하는 위치는 레일면에서 하방 14mm 지점의 최단거리로 되어 있다.
  ② 궤간의 허용치는 본선·측선은 증 10mm, 감 2mm이며, 크로싱부는 증 3mm, 감 2mm이다.
5) 궤도틀림의 기준
  ① 궤간: 양쪽레일 안쪽 간의 거리 중 가장 짧은 거리를 말하며, 레일의 윗면으로부터 14mm 아래 지점을 기준으로 한다.
  ② 수평: 레일의 직각 방향에 있어서의 좌우 레일면의 높이차
  ③ 면맞춤: 한쪽 레일의 레일길이 방향에 대한 레일면의 높이차
  ④ 줄맞춤: 궤간 측정선에 있어서의 레일길이 방향의 좌우 굴곡차
  ⑤ 뒤틀림: 궤도의 평면에 대한 뒤틀림 상태를 말하며 일정한 거리(3m)의 2점에 대한 수평틀림의 차이

제2절 레일의 기본개념

1. 레일의 역할
  1) 열차와 차량의 하중을 직접 지지한다.
  2) 평면, 종단의 선형을 유지하여 차량의 운행방향을 안내한다.
  3) 평탄한 주행면을 제공하여 주행저항을 적게 한다.
  4) 전기 및 신호 전류의 흐름을 원활하게 하여 상호기능을 하는 차량의 안전운행을 확보한다.
  5) 레일의 강성을 이용하여 하중을 넓게 침목에 전달한다.
2. 레일의 구비요건
  1) 적은 단면적으로 연직 및 수평방향의 작용력에 대하여 충분한 강도와 강성을 가질 것
  2) 두부의 마모가 적고, 마모에 대하여 충분한 여유가 있으며, 내구연수가 길 것
  3) 침목에 설치가 용이하며, 외력에 대하여 구조적 안정된 형상일 것
  4) 주행차량의 단면과 잘 조화하여 고속통과시 차량진동 및 승차감이 좋을 것
3. 레일의 종류
  1) 레일의 길이에 의한 분류

레일의 분류	한 개의 길이(m)	비고
장대레일	200m 이상	고속철도 3,000m 이상
장척레일	25m~200m 미만	–
정척레일(중척)	25m(표준)	도시철도 20m
단척레일	5m~25m 미만	도시철도 10~20m

2) 레일의 단면형상에 의한 분류
    ① 교형레일　　　② 쌍두레일　　　③ 우두레일　　　④ 평저레일
    ⑤ 홈붙이레일　　⑥ 층붙이레일　　⑦ 고T레일　　　⑧ 모자형 분기용레일
    ⑨ N. S 분기용레일　⑩ 프랑스 분기용레일
4. 레일의 재질

종류	화학성분				
50kgN, 60kg	C(탄소)	Si(규소)	Mn(망간)	P(인)	S(유황)
50kgN, 60kg	인장 강도		800MPa	연신율	10%

1) 탄소(Carbon)

함유량 1.0%까지는 증가할수록 결정이 미세해지고 항장력과 강도가 커지나 연성이 감소한다.

2) 규소(Silicon)

탄소강의 조직을 치밀하게 하고 항장력을 증가시키나, 지나치게 많으면 약해진다.

3) 망간(Manganese)

제강 시의 탈산제로 사용하므로 강재 중에 반드시 다소 함유된다. 그러나 일반적으로 그 양을 증가시킴에 따라 경도와 항장력을 증대시키나 연성이 감소된다. 유황과 인의 유해성을 제거하는 데 효과적이다. 1% 이상이면 특수강이 된다.

4) 인(Phosphorus)

인은 탄소강을 취약하게 하여 충격에 대하여 저항력을 약화시키므로 가능한 제거해야 한다.

5) 유황(Sulphur)

유황은 강재에 가장 유해로운 성분으로 적열상태에서 압연작업 중에 균열(crack)을 발생시키고 레일에 유황이 함유되면 사용 중에 충격에 의한 파손을 조장하여 강질을 불균일하게 한다.

5. 레일의 단면

1) 레일단면 제원

종별	두부폭(mm)	저부폭(mm)	높이(mm)	중량(kg/m)
50kgN	65	127	153.00	50.40
50kgPS	67.86	127	144.46	50.40
UIC60	72	150	172	60.34
KS60kg	65	145	174.5	60.80

2) 레일의 단면형상의 필수조건
    ① 두부의 형상은 차륜의 탈선이 쉽지 않아야 한다.
    ② 차륜과 마찰에 의한 마모저항력이 크고 형상의 변화가 작아야 한다.
    ③ 수직하중, 횡압, 길이 방향의 수평력에 대한 저항력이 커야 한다.
    ④ 상수, 하수의 반경이 작은 것은 파손되기 쉬우므로 피해야 한다.

⑤ 저부는 설치하기 좋게 넓어야 한다.

⑥ 상하 중간의 폭은 부식을 고려하여야 한다

6. 레일길이(Length of Rail)의 제한이유

1) 온도신축에 따른 이음매 유간의 제한   2) 레일 구조상의 제한

3) 운반 및 보수작업상의 제한

4) 레일 길이와 차량의 고유진동주기와의 관계

7. 축방향력

1) 의의: 레일의 길이 방향으로 작용하는 힘

2) 축방향력(Parallel Force, Axial Force)에 영향을 주는 것

① 레일의 온도변화에 의한 축력

② 제동 및 시동 시 하중(가·감속력의 반력이 차륜을 통해서 작용)

③ 기울기가 있는 선로에서 차량의 무게에 의한 축력

8. 장대레일

1) 장대레일의 정의: 길이가 200m 이상 되는 레일을 장대레일이라 한다.

2) 장대레일 부설 조건

① 곡선반경은 1,000m 이상   ② 기울기의 종곡선반경은 3,000m 이상

③ 레일의 무게는 50kg/m 이상   ④ PC 침목 사용

⑤ 양호한 노반으로 궤도의 침하가 일어나지 않고 레일의 밀림 현상이나 균열 등으로 국
부적 손상이 발생하지 않는 구간

* 전체 길이가 25m를 넘는 무 도상 교량이 있는 구간은 장대레일을 피한다.

제3절 레일의 점검

1. 점검의 종류 및 시기

1) 외관점검: 연 1회 이상 손상, 마모 및 부식 등의 상태와 재작연도별로 점검

2) 해체점검: 연 1회 이상 해체하여 훼손 유무 및 그 상태를 세밀히 점검

3) 초음파탐상 점검

① 레일탐상차 점검: 전 본선을 연 1회 시행

② 레일탐상기 점검: 주요 열차를 운전하는 선구의 본선은 연 1회 이상 점검

2. 점검 사항

1) 레일의 손상, 마모 및 부식의 정도

2) 돌려놓기 또는 바꿔놓기 필요의 유무

3) 불량레일에 대한 점검표시 유무

4) 가공레일의 가공상태 적부

3. 레일의 물리적 시험의 종류

   1) 인장시험　　　　　　　2) 낙중시험　　　　　　　3) 휨시험

   4) 경도시험　　　　　　　5) 파단시험　　　　　　　6) 피로시험

4. 레일의 교체기준

   1) 본선 직선구간에서의 레일의 수명(누적통과톤수 기준)

   ① 60kg 레일: 6억톤　　　　　　　　　② 50kg 레일: 5억톤

   2) 레일의 내구연한: 직선부 20~30년, 해안 12~16년, 터널내 5~10년

   3) 균열, 심한 파상마모, 레일변형, 손상 등으로 열차운전상 위험하다고 인정되는 것

제 4 절　레일의 복진

1. 복진의 발생원인

   1) 열차의 견인과 진동에 있어서 차륜과 레일 간의 마찰에 의한다.

   2) 차륜이 레일단부에 부딪쳐 레일을 전방으로 떠민다.

   3) 열차주행 시 레일에는 파상진동이 생겨 레일이 전방으로 이동되기 쉽다.

   4) 기관차 및 전동차의 구동륜이 회전하는 반작용으로 레일이 후방으로 밀리기 쉽다.

   5) 온도상승에 따라 레일이 신장되면 양단부가 양측 레일에 밀착한 후 레일의 중간부분이 약
      간 치솟아 차륜이 레일을 전방으로 떠민다.

2. 복진이 일어나는 개소

   1) 열차방향이 일정한 복선구간　　　　　2) 급한 하구배(급한 하기울기)

   3) 분기부와 곡선부　　　　　　　　　　4) 도상이 불량한 곳

   5) 열차제동회수가 많은 곳　　　　　　　6) 교량전후의 궤도탄성 변화가 심한 곳

   7) 운전속도가 큰 선로구간

3. 복진 방지대책

   1) 궤도의 복진을 방지하려면 레일과 침목 간, 침목과 도상 간의 마찰저항을 크게 하여야 한다.

   2) 레일과 침목 간의 체결력을 강화한다.

   3) 레일 앵커(Rail anchor)를 부설한다.

   4) 말뚝식, 계재식, 버팀바리식으로 침목의 이동을 방지한다.

   ① 이음매 전후의 수개의 침목을 계재로 연결하여 수개의 침목의 도상저항을 협력시킨다.

   ② 이음매침목에 상접시켜 복진방향과 반대 측에 말뚝을 박는다.

   ③ 이음매침목에서 궤간 외에 팔자형으로 2개의 지재(버팀바리)를 설치하는 것이며 실례
      는 드물고 레일 앵커 부설이 불가능한 때 사용된다.

1. 평저레일
   1) 레일의 모양은 '工'자 형태다. 이런 모양의 레일을 '평저레일'(Flat－Bottom rail)이라고 한다. 1831년 조지 스티븐슨(George Stephenson)에 의해 '工'자 형태의 평저레일이 개발됐으며 미국 펜실베이니아 철도에서 처음 사용된 후 현재 대부분 평저레일이 부설돼 있다.
   2) 평저레일은 노면 위로 올라와 있다는 단점이 있다. 이는 열차만 달리는 공간에서는 문제가 되지 않지만 열차와 차량, 보행자 등이 같이 사용하는 공간에서는 열차 외의 차량, 보행자 등의 이동을 가로막는다는 문제가 있다.
2. 홈붙이레일(Grooved Rail)
   1) 평저레일의 문제를 해결할 수 있는 방법으로 홈붙이레일(Grooved Rail)을 사용하는 것이다. 홈붙이레일은 1852년에 프랑스 발명가인 알퐁스 루바(Alphonse Loubat)에 의해 발명되었다.
   2) 홈붙이레일의 두부는 레일두부(Railhead), 홈(Groove), 가드레일(Checkrail)로 구성되어 있으며 레일 두부편측에 차륜의 윤연로가 달린 레일로 Y자 형태를 가지고 있다.
   3) 홈을 가지고 있는 홈붙이레일은 플랜지를 위한 공간이 확보돼 레일을 노면 밑으로 매립할 수 있다. 사람의 왕래는 물론 자동차 교통에도 편리하다. 이러한 특성 덕분에 홈붙이레일은 노면전차, 포장된 건널목 등에 사용된다.
   4) 현재는 홈붙이레일을 보기 어렵지만 트램(노면전차)이 건설됨에 따라 홈붙이레일을 일상에서 자주 접할 것이다.

1. 호륜레일(Guard rail)
   1) 의의
      열차주행 시 차량의 탈선을 방지하고 만일 탈선했을 경우에도 대형사고를 내지 않도록 하며, 그 외에 차륜의 윤연로의 확보와 레일의 내측 또는 외측에 일정간격으로 부설한 별개의 레일을 말한다.
   2) 호륜레일의 종류
      ① 탈선방지레일: 급곡선(반경 300m 미만)에서 횡압에 의한 탈선방지
      ② 교상가드레일: 교량 위에서 탈선할 경우 추락을 방지하기 위한 레일
      ③ 안전레일: 탈선방지레일의 부설이 곤란한 곳에 설치하는 레일
      ④ 포인트가드레일: 분기기의 탈선방지를 위한 레일
      ⑤ 건널목 호륜레일: 건널목에서 차륜의 윤연로(Flange way)를 보호하기 위한 레일
2. 중계레일
   1) 단면이 서로 다른 형태의 레일을 접속하는 데 사용하는 레일이다.

2) 양끝의 모양이 서로 다른 레일, 다른 종류의 레일을 접속하기 위해서는 중계레일의 사용 대신에 이형이음매판을 사용하는 경우도 있다.

3) 본선에 장기간에 걸쳐 사용하는 경우에는 10m 이상의 것을 사용하여야 한다.

제7절 ┃ 레일 체결장치

1. 레일 체결장치의 기능

  1) 내구성 부재의 강도　　　　　　　2) 궤간의 확보

  3) 레일 체결력　　　　　　　　　　　4) 하중의 분산과 충격의 완화

  5) 진동의 감쇠, 차단　　　　　　　　6) 전기적 절연 성능의 확보

  7) 조절성　　　　　　　　　　　　　8) 구조의 단순화 및 보수 노력 절약

2. 레일 체결장치의 종류

종별	세부종별	요지
일반체결 (단순체결)	스파이크체결(개못)	강성적으로 레일을 누름
	나사스파이크체결	강성적으로 레일을 누름
	타이플레이트체결	체결강화를 한 것
탄성체결	단순탄성체결	레일을 위에서 탄성적으로 누르는 것
	이중탄성체결	레일의 상하방향에서 탄성적으로 누르는 것
	실전탄성체결	레일의 상하좌우에서 탄성적으로 누르는 것
	다중탄성체결	탄성체결을 한 것

* 철도 침목용 볼트모양: 원형 사각형

제8절 ┃ 레일이음매

1. 레일이음매의 기능 및 구비조건

  1) 분단된 전후의 양 레일은 연속으로서 작용하므로 레일이음매 이외의 부분과 강도와 강성이 동일할 것

  2) 양 레일의 단부는 온도신축에 대해서 필요한 응력과 길이 방향으로 이동할 수 있을 것

  3) 구조가 간단하고, 이음매 재료의 제조보수작업이 용이할 것

  4) 연직하중 및 횡압력에 충분히 견딜 수 있을 것

  5) 체결과 해체가 용이하고, 제작비나 보수비가 저렴할 것

2. 레일이음매의 종류

  1) 이음매 구조상의 분류

    ① 보통이음매

② 특수이음매: 본드이음매, 절연이음매, 이형(이종)이음매, 용접이음매, 신축이음매
  * 용접이음매: 플래시버트용접, 가스용접, 테르밋용접, 전호용접

2) 이음매 배치상의 분류: 상대식 이음매, 상호식 이음매

3) 침목 위치상의 분류: 지접법, 현접법, 2정이음매법, 3정이음매법

3. 신축이음매의 구조

1) 온도변화에 따라 레일길이 방향의 이동이 원활한 입사각이 없는 포인트와 비슷하다.

2) 각국에서 쓰이고 있는 신축이음매의 구조

① 양측둔단중복형: 프랑스   ② 결선사이드레일형: 벨기에

③ 편측첨단형: 한국, 이탈리아, 일본   ④ 양측첨단형: 네델란드, 스위스

⑤ 양측둔단맞붙이기형: 스페인   ⑥ 완충레일: 미국, 독일

4. 레일이음매에서의 전류

1) 레일 간의 전기적 접속을 충분히 하기 위해서는 본드를 사용한다. 본드의 재료로서는 도전율이 가장 높은 동선을 사용한다.

2) 본드의 종류

① 신호본드   ② 레일본드   ③ 크로스본드   ④ 스파이럴본드   ⑤ 점퍼본드

3) 점퍼선: 궤도회로의 어느 한 곳으로부터 떨어진 동일 극성의 다른 레일 상호간에 접속시키는 전선을 말한다.

제 9 절 레일의 용접방식

1. 용접방식의 종류

1) 테르밋용접(Thermit Welding)

① 양 레일을 예열해서 간극에 테르밋이라고 칭하는 산화철과 알루미늄의 분말을 혼합한 용제를 점화하여 가열시킴으로써 화학반응에 의하여 용융 철분을 유리시키며 이때 발생하는 고열로 용접하는 것이다.

② 공장 내에서 미리 수백m의 장대레일을 제작하여 현장으로 수송하고 현장에서 용접하여 1,000m급의 장대레일을 부설할 때 채용된다.

2) 전기용접
레일의 이음부를 벼리기 위하여 레일에 전류를 통과시켜 저항으로 발생하는 열로 금속을 연결시키는 방법

3) 가스압접
산소, 아세틸렌 또는 프로판가스 등으로 양 레일의 단부를 가열해서 적열하여 용융시키면서 양모재를 가압하여 용접시키는 방법

4) 전호용접(Enclosed arc Welding)
양 레일단부에 용접봉에 의한 전류를 통해서 발생시킨 아크열에 의해 레일단을 적열시킨 용접봉으로 용접하는 방법

5) 플래시버트용접(Flash Butt Welding)

전기저항으로 발생되는 열에 의하여 접합단부를 가열한 후 양모제를 밀착시켜 강압하여 용접시키는 방법

2. 용접부 검사

1) 외관검사   2) 침투검사   3) 초음파탐상

4) 경도시험   5) 굴곡시험   6) 낙중시험

7) 줄맞춤 및 면맞춤검사

3. 용접이음매의 효율

1) 플래시버트용접: 97%(가장 높다)   2) 가스용접: 94%

3) 테르밋용접: 92%   4) 전호용접

제 10 절   슬랙과 캔트

1. 슬랙(Slack, Widening of gauge)

1) 차량이 곡선구간의 선로를 원활하게 통과하도록 바깥쪽 레일을 기준으로 안쪽 레일을 조정하여 궤간을 넓히는 것을 말한다.

2) 곡선 반지름 300m 이하의 곡선구간의 궤도에는 30mm 이하의 슬랙을 두어야 한다.

2. 캔트(Cant, Superelevation)

1) 차량이 곡선구간을 원활하게 운행할 수 있도록 안쪽 레일을 기준으로 바깥쪽 레일을 높게 부설하는 것을 말한다.

2) 적절한 캔트를 설정하지 않은 경우에는 승차감이 저하되고 궤도 보수량이 증가하는 등의 나쁜 영향이 발생한다.

3) 도시철도의 캔트는 160mm를 초과할 수 없다.

3. 슬랙과 캔트(Slack and Cant)의 산정식

1) 슬랙$(S) = \dfrac{2,400}{R} - S'$ 2) 캔트$(C) = 11.8 \times \dfrac{V^2}{R} - C'$

3) 슬랙과 캔트의 조정치

① 슬랙조정치: 0~15mm   ② 캔트조정치: 0~100mm

제 11 절   침목의 기본개념

1. 침목의 구비조건

1) 레일과 견고한 체결에 적당하고 열차하중을 지지할 수 있을 것

2) 강인하고 내충격성, 완충성이 있을 것

3) 저면적이 넓고, 동시에 도상다지기작업이 편리할 것

4) 도상저항(침목의 종·횡 이동)에 대한 저항이 클 것

5) 재료구입이 용이하고 가격이 저렴할 것

6) 취급이 간편하고 내구연한이 길 것

2. 침목의 종류

1) 사용 목적에 의한 분류: 1) 보통침목 2) 분기침목 3) 교량침목

2) 재질에 의한 분류

① 목침목: ㉠ 소재침목 ㉡ 주약침목

② 콘크리트 침목: ㉠ 철근콘크리트 침목 ㉡ P.S콘크리트 침목(P.C침목)

③ 철침목

④ 조합침목

3) 부설법에 의한 분류: ① 횡침목 ② 블록침목 ③ 종침목

제12절 목침목

1. 목침목의 장점

1) 레일의 체결이 용이하고 가공이 편리하다.　　2) 탄성이 풍부하며 완충성이 크다.

3) 보수와 교환작업이 용이하다.　　4) 전기절연도가 높다.

2. 목침목의 단점

1) 자연부식으로 내구연한이 비교적 짧다.

2) 하중에 의한 기계적 손상을 받기 쉽다.

3) 증기기관차의 경우 화상과 소상의 우려가 있다.

4) 충해를 받기 쉬우며 주약(약제투입)해서 사용해야 한다.

5) 갈라지기 쉽다.

3. 목침목의 방부처리 방법

1) 베셀법: 영국 고안　　2) 로오리법: 미국 고안

3) 류우핑법: 독일 고안(한국, 미국, 일본 등 사용)　　4) 블톤법

제13절 콘크리트 침목

1. 콘크리트 침목의 장점

1) 부식의 염려가 없고 내구연한이 길다.　　2) 자중이 커서 안정이 좋아 궤도틀림이 적다.

3) 기상 작용에 대한 저항력이 크다.　　4) 보수비가 적게 소요되어 경제적이다.

2. 콘크리트 침목의 단점
   1) 중량이 무거워 취급이 곤란하고 부분적 파손이 발생하기 쉽다.
   2) 레일체결이 복잡하고 균열발생의 염려가 크다.
   3) 충격력에 약하고 탄성이 부족하다.
   4) 전기절연성이 목침목보다 부족하다.
   5) 인력 보수작업 시 침목의 손상이 우려된다.
3. P.C 침목의 특징
   1) 설계하중에 대하여 균열(Crack)을 완전히 방지시킬 수 있으며, 혹시 과대하중으로 균열이 발생하였어도 P.C 강선의 탄성한계 내에서는 실사용상 지장이 없다.
   2) 철근콘크리트 침목보다 단면이 적으므로 자중이 적고 재료를 절약할 수 있다.
   3) 수입 목침목에 비하여 가격에 차이가 없다.
   4) 목침목보다 중량이 커서 궤도의 안전도가 높다.
4. P.C 침목 제작공법
   1) 프리텐션 공법(Pre-tension 공법)
      ① 긴장 아밧트멘트(Abutment)에 P.C 강선을 병렬하고 소정의 인장력을 준 상태에서 콘크리트를 넣고 양성하여 경화한 후 거푸집(mould) 외측의 강선을 절단함으로써 P.C 강선과 콘크리트와의 부착력에 의하여 침목에 압축응력을 도입시키는 것이다.
      ② 이 공법은 한국, 영국, 프랑스, 일본 등에서 사용되고 있다.
   2) 포스트텐션 공법(Post-tension 공법)
      ① P.C 강봉이 콘크리트에 부착되지 않도록 한 후에 콘크리트가 경화한 후 P.C 강봉에 인장력을 주어 콘크리트에 압축응력을 도입시키는 공법이다.
      ② 이 공법은 독일, 벨기에, 일본 등에서 사용되고 있다.

제 14 절 | 도상

1. 도상의 역할
   1) 레일 및 침목으로부터 전달되는 하중을 널리 노반에 전달할 것
   2) 침목을 탄성적으로 지지하고, 충격력을 완화해서 선로의 파괴를 경감시키고 승차 기분을 좋게 할 것
   3) 침목을 소정위치에 고정시키는 경질일 것
   4) 수평마찰력(도상저항)이 클 것
   5) 궤도틀림 정정 및 침목갱환 작업이 용이하고 재료공급이 용이하며 경제적일 것
2. 자갈도상
   1) 자갈도상 재료의 구비조건
      ① 견고한 재질로서 충격과 마모(마찰)에 저항력이 있을 것

② 단위중량이 크고, 능각(모서리각)이 풍부하며, 입자 간의 마찰력이 클 것

③ 입도가 적정하고 도상작업이 쉬울 것

④ 점토 및 불순물의 혼입률이 낮고 배수가 양호할 것

⑤ 동상과 풍화에 강하고, 잡초를 방지할 것

⑥ 재료공급이 용이하고 경제적일 것 (대량 생산이 가능하고 값이 저렴할 것)

2) 자갈 도상두께

설계속도 V(km/h)	최소 도상두께(mm)
$230 < V \leq 350$	350
$120 < V \leq 230$	300
$70 < V \leq 120$	270[1]
$V \leq 70$	250[1]

* 장대레일인 경우 300밀리미터로 한다.

3. 콘크리트 도상의 장단점

1) 장점

① 궤도의 선형유지가 좋아 선형유지용 보수작업이 거의 필요하지 않다.

② 배수가 양호하여 동상이 없고 잡초발생이 없다.

③ 도상의 진동과 차량의 동요가 적다.

④ 궤도의 세척과 청소가 용이하다.

⑤ 궤도의 횡방향 안전성이 개선되어 레일 좌굴에 대한 저항력이 커지므로 급곡선에도 레일의 장대화가 가능하다.

⑥ 궤도강도가 향상되어 에너지비용, 차량수선비, 궤도보수비 등이 감소된다.

⑦ 자갈도상에 비해 시공높이가 낮으므로 구조물의 규모를 줄일 수 있다.

⑧ 열차속도 향상에 유리하다.

⑨ 궤도주변의 청결로 인해 각종 궤도재료의 부식이 적어 수명이 연장된다.

2) 단점

① 궤도의 탄성이 적으므로 충격과 소음이 크다.

② 건설비가 크고 레일이 파상마모될 우려가 있다.

③ 레일 이음매부의 손상, 침목갱환, 도상파손 시 수선이 곤란하다.

제 15 절   낙석방지 시설

1. 낙석방지시성의 종류

1) 피암터널	2) 낙석방지망	3) 낙석방지울타리
4) 낙석방지옹벽	5) 콘크리트 버팀벽	6) 콘크리트블럭공법
7) 록앵	8) 록볼트	9) 배수공법

2. 피암터널의 설치목적

　　철근콘크리트 혹은 강재에 의해 낙석이 철도에 직접 낙하하는 것을 막는 공법으로, 비탈면이 급경사로 철도와 이격할 여유가 없거나 혹은 낙석의 규모가 커서 낙석방지울타리, 낙석방지 옹벽 등으로는 안전을 기대하기 어려운 경우에 설치한다.

제 16 절　선로설비

1. 선로제표

　　기관사 또는 작업원에게 운전상 선로조건 등 필요한 정보를 제공하는 것

1) 거리표	2) 구배표(기울기표)	3) 곡선표
4) 차량접촉한계표	5) 용지경계표	6) 수준표
7) 기적표	8) 선로작업표(임시표)	9) 속도제한표

2. 건널목설비: 건널목경표, 건설목차단기, 건널목경보장치
3. 차막이(Buffer stop)

　　1) 의의

　　　　선로의 종단에는 차막이를 설치한다. 차막이는 만일 열차가 정지위치를 과주하였을 때 충격을 완화시키기 위하여 적당한 완충능력이 있는 구조라야 하나 차막이인 만큼 차량을 강제로 정지시킬 강도가 있어야 한다.

　　2) 차막이의 종류

　　　　① 레일식 제1종 차막이　　　　　② 부벽식 차막이
　　　　③ 유압식 차막이　　　　　　　　④ 차륜막이식 차막이
　　　　⑤ 복합식 차막이

4. 차륜막이(Scotch block)

　　1) 개폐식차륜막이(반전식차륜막이)

　　　　① 측선에서 유치 중인 차량이 자연으로 굴러 타 선로와 차량에 지장을 줄 염려가 있을 때 레일상에 설치

　　　　② 개폐식 구름막이는 본선으로부터 분기하는 측선의 차량접촉한계표지의 안쪽 3미터 이상의 지점에 설치할 것

　　　　③ 개폐식 구름막이는 그 선로에 차량을 유치하고 있을 때는 입환의 경우를 제외하고 반드시 닫아 둘 것

　　　　④ 개폐식 구름막이를 설치할 정거장·선로의 지정 및 설치는 지역본부장이 지정할 것

　　2) 쐐기형으로 된 차륜막이: 차륜 밑에 고여 차량의 구름을 막기 위해 바퀴에 설치

제 2 장

[철도 선로]
기출예상문제

01 궤도의 3요소로 옳지 않은 것은?

① 레일　　　　② 침목　　　　③ 도상　　　　④ 노반

해설　궤도의 의의

궤도는 ⓐ 레일과 그 부속품, ⓑ 침목 및 ⓒ 도상으로 구성한다.
1. 레일: 1) 차량을 직접 지지한다.　　　　　　2) 차량의 주행을 유도한다.
2. 침목: 1) 레일로부터 받은 하중을 도상에 전달한다.　　2) 레일의 위치를 유지한다.
3. 도상
　1) 침목으로부터 받은 하중을 분포시켜 노반에 전달한다.　2) 침목의 위치를 유지한다.
　3) 탄성에 의한 충격력을 완화시킨다.

02 궤도의 3요소로 옳은 것은?

① 침목, 도상, 레일　② 침목, 노반, 도상　③ 도상, 노반, 레일　④ 침목, 노반, 레일

해설　궤도의 의의

03 궤도의 구비조건으로 옳지 않은 것은?

① 차량의 동요와 진동이 적고 승차기분이 좋게 주행할 수 있을 것
② 열차의 충격하중을 견딜 수 있는 재료로 구성되어야 할 것
③ 열차하중을 시공기면 이상의 노반에 광범위하고 균등하게 전달할 것
④ 궤도틀림이 적고, 열화진행이 완만할 것

해설　궤도의 구비조건

1. 열차의 충격하중을 견딜 수 있는 재료로 구성되어야 할 것.
2. 열차하중을 시공기면 이하의 노반에 광범위하고 균등하게 전달할 것.
3. 차량의 동요와 진동이 적고 승차기분이 좋게 주행할 수 있을 것.
4. 유지·보수가 용이하고, 구성재료의 갱환이 간편할 것.
5. 궤도틀림이 적고, 열화진행이 완만할 것.
6. 차량의 원활한 주행과 안전이 확보되고 경제적일 것.

정답　1 ④　2 ①　3 ③

04 궤도의 구비조건으로 틀린 것은?

① 구성재료의 교환이 어려워도 유지보수가 용이하여야 한다.
② 열차의 충격하중을 견딜 수 있는 재료로 구성되어야 한다.
③ 열차의 동요와 진동이 적고 승차감이 좋게 주행할 수 있어야 한다.
④ 궤도틀림이 적고 틀림진행이 완만하여야 한다.

해설 궤도의 구비조건

05 광궤의 장점으로 틀린 것은?

① 열차의 주행안전도를 증대시키고 동요(動搖)를 감소시킨다.
② 급곡선을 채택하여도 협궤에 비하여 곡선저항이 적다.
③ 고속에 유리하고 차륜의 마모가 경감된다.
④ 차량설비를 충실히 할 수 있고 수송효율이 향상된다.

해설 궤간의 정의 및 장단점
1. 궤간의 정의
    1) 레일 두부면으로부터 아래쪽 14mm 지점에서 상대편 레일 두부의 동일 지점까지 내측 간의 최단 거리를 말한다.
    2) 세계 각국 철도에서 제일 많이 사용되고 있는 궤간은 1886년 스위스의 베른(Berne) 국제회의에서 최초로 제정한 1.435m 표준궤간이다.
    3) 표준궤간(Standard Guage)보다 좁은 것을 협궤, 넓은 것을 광궤라 한다.
2. 광궤의 장점
    1) 고속도를 낼 수 있다.
    2) 수송력을 증대시킬 수 있다.
    3) 열차의 주행안전도를 증대시키고 동요(動搖)를 감소시킨다.
    4) 차량의 폭이 넓어지므로 용적이 커서 차량설비를 충실히 할 수 있고 수송효율이 향상된다.
    5) 기관차에 직경이 큰 동륜(Driving Wheel)을 사용할 수 있으므로 고속에 유리하고 차륜의 마모가 경감된다.
3. 협궤의 장점
    1) 차량의 폭이 좁아 차량의 시설물의 규모가 적어도 되므로 건설비, 유지비가 덜 든다.
    2) 급곡선을 채택하여도 광궤에 비하여 곡선저항이 적다. 그러므로 산악지대에서는 선로선정이 용이하다.

06 궤간의 측정기준은 레일의 윗면으로부터 몇 mm 아래 지점을 기준으로 하는가?

① 10mm   ② 12mm   ③ 14mm   ④ 16mm

해설 궤간(Gauge or Gage)의 정의와 장단점

정답 4 ① 5 ② 6 ③

07 궤간틀림에 대한 설명으로 틀린 것은?

① 정비기준은 본선·측선은 증 10mm, 감 2mm이며, 크로싱부는 증 3mm, 감 2mm이다.
② 직선부에서의 차량의 사행동 및 곡선부에서의 원심력에 의한 횡압과 마모에 의해 발생된다.
③ 좌우 레일의 간격틀림으로서 레일 두부면에서 10mm 이내의 레일내면 간의 최단거리로 표시한다.
④ 주행차량의 사행동 등으로 궤간 확대 시에는 차륜이 궤간 내로 탈선한다.

해설 궤간틀림

1. 정규의 궤간, 통상은 기본치수(1,435mm), 곡선부에서는 설정 슬랙을 기본치수에 더한 것에 대한 틀림량을 말한다.
2. 궤간을 측정하는 위치는 레일면에서 하방 14mm 지점의 최단거리로 되어 있다.
3. 궤간의 허용치는 본선·측선은 증 10mm, 감 2mm이며, 크로싱부는 증 3mm, 감 2mm이다.

08 궤도틀림검사에서 궤도검측차 검사를 시행할 수 없는 본선구간의 인력검사 횟수는?

① 연 1회 　　　② 연 2회 　　　③ 2년 1회 　　　④ 3년 1회

해설 궤도틀림검사

1. 궤도검측차 검사
   1) 검사종별: 궤간, 수평, 면맞춤, 줄맞춤, 평면성　　2) 검사주기: 본선궤도는 연 2회 이상 검사
2. 인력검사
   1) 검사종별: 궤간, 수평, 면맞춤, 줄맞춤
   2) 검사주기
      ① 본선구간, 본선 부대 분기기: 연 2회　　　② 측선분기기: 연 1회
      ③ 측선궤도: 2년 1회

09 궤도틀림의 종류에 속하지 않는 것은?

① 수직틀림 　　　② 고저틀림 　　　③ 줄틀림 　　　④ 평면성틀림

해설 궤도틀림의 종류

1. 궤간틀림　2. 수평틀림　3. 고저틀림　4. 줄틀림　5. 평면성틀림　6. 복합틀림

정답 7 ③ 8 ② 9 ①

10 레일길이 방향의 좌우 굴곡차는 무엇인가?

① 줄맞춤　　　　② 면맞춤　　　　③ 수평　　　　④ 뒤틀림

> **해설** 궤도틀림검사의 종류
>
> 1. "궤간"이란 양쪽레일 안쪽 간의 거리 중 가장 짧은 거리를 말하며, 레일의 윗면으로부터 14mm 아래 지점을 기준으로 한다.
> 2. "수평"이란 레일의 직각 방향에 있어서의 좌우 레일면의 높이차를 말한다.
> 3. "면맞춤"이란 한쪽 레일의 레일길이 방향에 대한 레일면의 높이차를 말한다.
> 4. "줄맞춤"이란 궤간 측정선에 있어서의 레일길이 방향의 좌우 굴곡차를 말한다.
> 5. "뒤틀림"이란 궤도의 평면에 대한 뒤틀림 상태를 말하며 일정한 거리(3m)의 2점에 대한 수평틀림의 차이를 말한다.

11 궤도 복진의 발생원인이 아닌 것은?

① 레일의 파상진동　　　　② 열차의 견인과 진동
③ 온도상승　　　　④ 노반분니

> **해설** 복진의 발생원인
>
> 1. 열차의 견인과 진동에 있어서 차륜과 레일 간의 마찰에 의한다.
> 2. 차륜이 레일단부에 부딪쳐 레일을 전방으로 떠민다.
> 3. 열차주행 시 레일에는 파상진동이 생겨 레일이 전방으로 이동되기 쉽다.
> 4. 기관차 및 전동차의 구동륜이 회전하는 반작용으로 레일이 후방으로 밀리기 쉽다.
> 5. 온도상승에 따라 레일이 신장되면 양단부가 양측 레일에 밀착한 후 레일의 중간부분이 약간 치솟아 차륜이 레일을 전방으로 떠민다.

12 궤도 복진의 발생원인이 아닌 것은?

① 기관차 및 전동차의 구동륜이 회전하는 반작용으로 레일이 후방으로 밀리기 쉽다.
② 열차주행 시 레일에는 파상진동이 생겨 레일이 전방으로 이동되기 쉽다.
③ 차륜이 레일단부에 부딪쳐 레일을 후방으로 떠민다.
④ 열차의 견인과 진동에 있어서 차륜과 레일 간의 마찰에 의한다.

> **해설** 복진의 발생원인

정답　10 ①　11 ④　12 ③

13 궤도 복진이 일어나는 개소가 아닌 것은?

① 도상이 불량한 곳   ② 급한 상구배

③ 급한 하기울기(하구배) ④ 운전속도가 큰 선로구간

해설 복진이 일어나는 개소

1. 열차방향이 일정한 복선구간   2. 급한 하구배(급한 하기울기)
3. 분기부와 곡선부   4. 도상이 불량한 곳
5. 열차제동회수가 많은 곳   6. 교량전후의 궤도탄성 변화가 심한 곳
7. 운전속도가 큰 선로구간

14 궤도 복진을 낮추는 방법으로 옳지 않은 것은?

① 레일버팀쇠 설치   ② 레일체결장치 강화

③ 레일 앵커 부설   ④ 침목 이동방지

해설 레일의 복진 방지대책

궤도의 복진을 방지하려면 레일과 침목 간, 침목과 도상 간의 마찰저항을 크게 하여야 한다.

1. 레일과 침목 간의 체결력을 강화한다.
2. 레일 앵커(Rail Anchor)를 부설한다.
3. 말뚝식, 계재식, 버팀바리식으로 침목의 이동을 방지한다.
 1) 이음매 전후의 수개의 침목을 계재로 연결하여 수개의 침목의 도상저항을 협력시킨다.
 2) 이음매침목에 상접시켜 복진방향과 반대측에 말뚝을 박는다.
 3) 이음매침목에서 궤간 외에 팔자형으로 2개의 지재(버틈바리)를 설치하는 것이며 실례는 드물고 레
  일 앵커 부설이 불가능한 때 사용된다.

15 레일의 복진현상을 막기 위한 설비로 옳지 않은 것은?

① 침목과 도상 간의 마찰저항을 크게 한다.
② 노반의 이동을 방지한다.
③ 레일 앵커를 부설한다.
④ 레일과 침목 간의 체결력을 강화한다.

해설 레일의 복진 방지대책

16 레일의 역할이 아닌 것은?

① 평활한 주행면을 제공한다.　　　② 차륜의 진행방향을 제공한다.
③ 궤도를 유지하는 역할을 제공한다.　④ 열차와 차량의 하중을 직접 지지한다.

> **해설** 레일의 역할
> 1. 열차와 차량의 하중을 직접 지지한다.
> 2. 평면, 종단의 선형을 유지하여 차량의 운행방향을 안내한다.
> 3. 평탄한 주행면을 제공하여 주행저항을 적게 한다.
> 4. 전기 및 신호 전류의 흐름을 원활하게 하여 상호기능을 하는 차량의 안전운행을 확보한다.
> 5. 레일의 강성을 이용하여 하중을 넓게 침목에 전달한다.

17 레일의 구비조건으로 틀린 것은 무엇인가?

① 적은 단면적으로 연직 및 수평방향의 작용력에 대하여 충분한 강도와 연성을 가질 것
② 두부의 마모가 적고, 마모에 대하여 충분한 여유가 있으며, 내구연수가 길 것
③ 침목에 설치가 용이하며, 외력에 대하여 안정된 형상일 것
④ 진동 및 소음감소에 유리할 것

> **해설** 레일의 구비요건
> 1. 적은 단면적으로 연직 및 수평방향의 작용력에 대하여 충분한 강도와 강성을 가질 것
> 2. 두부의 마모가 적고, 마모에 대하여 충분한 여유가 있으며, 내구연수가 길 것
> 3. 침목에 설치가 용이하며, 외력에 대하여 구조적 안정된 형상일 것
> 4. 주행차량의 단면과 잘 조화하여 고속통과시 차량진동 및 승차감이 좋을 것

18 레일의 구비요건으로 틀린 것은?

① 진동 및 소음감소에 유리할 것
② 침목 설치가 용이하고 외력에 대하여 안정된 형상일 것
③ 두부의 마모가 적고 마모에 대한 충분한 여유가 있을 것
④ 넓은 단면적으로 연직 및 수평방향 작용력에 충분한 강도를 가질 것

> **해설** 레일의 구비요건

19 레일길이에 의한 분류에 해당하지 않는 것은?

① 단척레일　　② 장척레일　　③ 평저레일　　④ 정척레일

정답　16 ③　17 ①　18 ④　19 ③

레일의 길이에 의한 분류

레일의 분류	한 개의 길이(m)	비고
장대레일	200m 이상	고속철도 3,000m 이상
장척레일	25m~200m 미만	–
정척레일(중척)	25m(표준)	도시철도 20m
단척레일	5m~25m 미만	도시철도 10~20m

20 정척레일의 길이는?

① 20m~200m 미만 ② 25m ③ 5m~25m 미만 ④ 30m

레일의 길이에 의한 분류

21 단척레일의 길이는?

① 20m~200m 미만 ② 25m ③ 5m~25m 미만 ④ 30m

레일의 길이에 의한 분류

22 레일의 길이가 긴 레일부터 짧은 레일 순으로 맞는 것은?

① 단척레일 – 장척레일 – 장대레일 – 정척레일
② 단척레일 – 정척레일 – 장척레일 – 장대레일
③ 장대레일 – 장척레일 – 정척레일 – 단척레일
④ 장척레일 – 장대레일 – 정척레일 – 단척레일

레일의 길이에 의한 분류

23 레일의 단면형상에 의한 분류에 속하지 않는 것은?

① 홈붙이레일 ② 장척레일 ③ 평저레일 ④ 우두레일

레일의 단면형상에 의한 분류
1. 교형레일   2. 쌍두레일   3. 우두레일   4. 평저레일
5. 홈붙이레일   6. 층붙이레일   7. 고T레일   8. 모자형 분기용레일
9. N. S 분기용레일   10. 프랑스 분기용레일

정답 20 ② 21 ③ 22 ③ 23 ②

24 국내 철도에서 가장 많이 사용하는 레일은?

① 쌍두레일   ② 보통레일   ③ 평저레일   ④ 우두레일

해설   평저레일과 홈붙이레일

1. 평저레일
   1) 레일의 모양은 '工'자 형태다. 이런 모양의 레일을 '평저레일'(Flat-Bottom Rail)이라고 한다. 1831년 조지 스티븐슨(George Stephenson)에 의해 '工'자 형태의 평저레일이 개발됐으며 미국 펜실베니아 철도에서 처음 사용된 후 현재 대부분 평저레일이 부설돼 있다.
   2) 평저레일은 노면 위로 올라와 있다는 단점이 있다. 이는 열차만 달리는 공간에서는 문제가 되지 않지만 열차와 차량, 보행자 등이 같이 사용하는 공간에서는 열차 외의 차량, 보행자 등의 이동을 가로막는다는 문제가 있다.
2. 홈붙이레일(Grooved Rail)
   1) 평저레일의 문제를 해결할 수 있는 방법으로 홈붙이레일(Grooved Rail)을 사용하는 것이다. 홈붙이레일은 1852년에 프랑스 발명가인 알퐁스 루바(Alphonse Loubat)에 의해 발명되었다.
   2) 홈붙이레일의 두부는 레일두부(Railhead), 홈(Groove), 가드레일(Checkrail)로 구성되어 있으며 레일 두부편측에 차륜의 윤연로가 달린 레일로 Y자 형태를 가지고 있다.
   3) 홈을 가지고 있는 홈붙이레일은 플랜지를 위한 공간이 확보돼 레일을 노면 밑으로 매립할 수 있다. 사람의 왕래는 물론 자동차 교통에도 편리하다. 이러한 특성 덕분에 홈붙이레일은 노면전차, 포장된 건널목 등에 사용된다.
   4) 현재는 홈붙이레일을 보기 어렵지만 트램(노면전차)이 건설됨에 따라 홈붙이레일을 일상에서 자주 접할 것이다.

25 호륜레일에 포함되지 않는 것은?

① 교상가드레일   ② 포인트가드레일   ③ 건널목 호륜레일   ④ 정척레일

해설   호륜레일(Guard Rail)

1. 의의
   열차주행 시 차량의 탈선을 방지하고 만일 탈선했을 경우에도 대형사고를 내지 않도록 하며, 그 외에 차륜의 윤연로의 확보와 레일의 내측 또는 외측에 일정간격으로 부설한 별개의 레일을 말한다.
2. 호륜레일의 종류
   1) 탈선방지레일: 급곡선(반경 300m 미만)에서 횡압에 의한 탈선방지
   2) 교상가드레일: 교량 위에서 탈선할 경우 추락을 방지하기 위한 레일
   3) 안전레일: 탈선방지레일의 부설이 곤란한 곳에 설치하는 레일
   4) 포인트가드레일: 분기기의 탈선방지를 위한 레일
   5) 건널목 호륜레일: 건널목에서 차륜의 윤연로(Flange Way)를 보호하기 위한 레일

정답   24 ③   25 ④

26 중계레일의 설명으로 틀린 것은?

① 단면이 서로 다른 형태의 레일을 접속하는 데 사용하는 레일이다.
② 양끝의 모양이 서로 다른 레일, 다른 종류의 레일을 접속하기 위해서는 중계레일의 사용 대신에 이형이음매판을 사용하는 경우도 있다.
③ 본선에 장기간에 걸쳐 사용하는 경우에는 10m 이상의 것을 사용하여야 한다.
④ 레일의 길이에는 일정한 한도가 있으므로 서로 이어주는 레일을 말한다.

해설 중계레일

1. 단면이 서로 다른 형태의 레일을 접속하는 데 사용하는 레일이다.
2. 양끝의 모양이 서로 다른 레일, 다른 종류의 레일을 접속하기 위해서는 중계레일의 사용 대신에 이형이음매판을 사용하는 경우도 있다.
3. 본선에 장기간에 걸쳐 사용하는 경우에는 10m 이상의 것을 사용하여야 한다.

27 레일의 성분 중 제강 시의 탈산제로 작용하므로 강재 중 반드시 함유되며 양을 증가시킴에 따라 항장력을 증대시키거나 연성이 감소하는 성분은?

① C(탄소)   ② Si(규소)   ③ Mn(망간)   ④ S(유황)

해설 레일의 재질

종류	화학성분				
50kgN, 60kg	C(탄소)	Si(규소)	Mn(망간)	P(인)	S(유황)
50kgN, 60kg	인장 강도		800MPa	연신율	10%

1. 탄소(Carbon)
   함유량 1.0%까지는 증가할수록 결정이 미세해지고 항장력과 강도가 커지나 연성이 감소한다.
2. 규소(Silicon)
   탄소강의 조직을 치밀하게 하고 항장력을 증가시키나, 지나치게 많으면 약해진다.
3. 망간(Manganese)
   제강 시의 탈산제로 사용하므로 강재 중에 반드시 다소 함유된다. 그러나 일반적으로 그 양을 증가시킴에 따라 경도와 항장력을 증대시키나 연성이 감소된다. 유황과 인의 유해성을 제거하는 데 효과적이다. 1% 이상이면 특수강이 된다.
4. 인(Phosphorus)
   인은 탄소강을 취약하게 하여 충격에 대하여 저항력을 약화시키므로 가능한 제거해야 한다.
5. 유황(Sulphur)
   유황은 강재에 가장 유해로운 성분으로 적열상태에서 압연작업 중에 균열(crack)을 발생시키고 레일에 유황이 함유되면 사용 중에 충격에 의한 파손을 조장하여 강질을 불균일하게 한다.

28 레일의 재질 중 저항력 약화 및 적열취성 성분으로 짝지어진 것은?

① 인, 탄소　　　② 규소, 망간　　　③ 유황, 망간　　　④ 인, 유황

해설　레일의 재질

29 레일의 재질 중 적열취성 및 탈산제로 짝지어진 것은?

① 인, 탄소　　　② 규소, 망간　　　③ 유황, 망간　　　④ 인, 유황

해설　레일의 재질

30 50 kgN 레일의 1m당 무게로 맞는 것은?

① 50.4 kg/m　　　② 51.4 kg/m　　　③ 60.8 kg/m　　　④ 61.8 kg/m

해설　레일의 단면 제원

종별	두부폭(mm)	저부폭(mm)	높이(mm)	중량(kg/m)
50 kgN	65	127	153.00	50.40
50 kgPS	67.86	127	144.46	50.40
UIC60	72	150	172	60.34
KS60 kg	65	145	174.5	60.80

31 50 kg 레일의 저부폭은?

① 145mm　　　② 150mm　　　③ 137mm　　　④ 127mm

해설　레일의 단면 제원

32 레일의 단면형상의 필수조건으로 옳지 않은 것은?

① 상하 중간의 폭은 부식을 고려하여야 한다.
② 수직하중, 횡압, 길이 방향의 수평력에 대한 저항력이 커야 한다.
③ 저부는 설치하기 좋게 좁아야 한다.
④ 두부의 형상은 차륜의 탈선이 쉽지 않아야 한다.

레일의 단면형상의 필수조건
1. 두부의 형상은 차륜의 탈선이 쉽지 않아야 한다.
2. 차륜과 마찰에 의한 마모저항력이 크고 형상의 변화가 작아야 한다.
3. 수직하중, 횡압, 길이 방향의 수평력에 대한 저항력이 커야 한다.
4. 상수, 하수의 반경이 작은 것은 파손되기 쉬우므로 피해야 한다.
5. 저부는 설치하기 좋게 넓어야 한다.
6. 상하 중간의 폭은 부식을 고려하여야 한다

33 레일길이의 제한이유로 틀린 것은?

① 운반 및 보수작업상의 제한　　　　② 레일 길이와 차량의 고유진동주기와의 관계
③ 온도신축에 따른 이음매 유간의 제한　④ 레일의 단면형상에 의한 제한

레일길이(Length of Rail)의 제한이유
1. 온도신축에 따른 이음매 유간의 제한　　2. 레일 구조상의 제한
3. 운반 및 보수작업상의 제한　　　　　　4. 레일 길이와 차량의 고유진동주기와의 관계

34 레일의 물리적 시험의 종류에 해당하지 않는 것은?

① 피로시험　　　② 침투검사　　　③ 경도시험　　　④ 낙중시험

레일의 물리적 시험의 종류
1. 인장시험　2. 낙중시험　3. 휨시험　4. 경도시험　5. 파단시험　6. 피로시험

35 축방향력에 영향을 주는 것이 아닌 것은?

① 시동 하중　　　　　　　② 레일의 온도변화에 의한 축력
③ 제동 하중　　　　　　　④ 사행동

축방향력
1. 의의: 레일의 길이 방향으로 작용하는 힘
2. 축방향력(Parallel Force, Axial Force)에 영향을 주는 것
　1) 레일의 온도변화에 의한 축력
　2) 제동 및 시동 시 하중(가·감속력의 반력이 차륜을 통해서 작용)
　3) 기울기가 있는 선로에서 차량의 무게에 의한 축력

정답　33 ④　34 ②　35 ④

36 장대레일을 부설할 수 있는 조건에 포함되지 않는 것은?

① 곡선반경은 1,000m 이상　　　② 기울기의 종곡선반경은 3,000m 이상
③ 레일의 무게는 50kg/m 이상　　④ 전체 길이가 25m를 넘는 무 도상 교량구간

해설 장대레일을 부설할 수 있는 조건
길이가 200m 이상 되는 레일을 장대레일이라 한다
1. 곡선반경은 1,000m 이상　　　　　　2. 기울기의 종곡선반경은 3,000m 이상
3. 레일의 무게는 50kg/m 이상　　　　　4. PC 침목 사용
5. 양호한 노반으로 궤도의 침하가 일어나지 않고 레일의 밀림 현상이나 균열 등으로 국부적 손상이 발
　생하지 않는 구간
* 전체 길이가 25m를 넘는 무 도상 교량이 있는 구간은 장대레일을 피한다.

37 레일 체결장치의 기능이 아닌 것은?

① 레일 체결력　　　　　　　　　② 노반의 안정성 확보
③ 내구성 부재의 강도　　　　　　④ 조절성

해설 레일 체결장치의 기능
1. 내구성 부재의 강도　　　　2. 궤간의 확보　　　　　3. 레일 체결력
4. 하중의 분산과 충격의 완화　5. 진동의 감쇠, 차단　　6. 전기적 절연 성능의 확보
7. 조절성　　　　　　　　　　8. 구조의 단순화 및 보수 노력 절약

38 레일이음매의 구비조건으로 옳지 않은 것은?

① 연직하중 및 횡압력에 충분히 견딜 수 있을 것
② 구조가 복잡하며 설치와 철거가 용이할 것
③ 레일이음매 이외의 부분과 강도와 강성이 동일할 것
④ 제작비와 보수비가 저렴할 것

해설 레일이음매의 기능 및 구비조건
1. 분단된 전후의 양 레일은 연속으로서 작용하므로 레일이음매 이외의 부분과 강도와 강성이 동일할 것.
2. 양 레일의 단부는 온도신축에 대해서 필요한 응력과 길이 방향으로 이동할 수 있을 것.
3. 구조가 간단하고, 이음매 재료의 제조보수작업이 용이할 것.
4. 연직하중 및 횡압력에 충분히 견딜 수 있을 것.
5. 체결과 해체가 용이하고, 제작비나 보수비가 저렴할 것.

정답 36 ④　37 ②　38 ②

39 레일이음매 점검하는 방법이 아닌 것은?

① 정밀점검　　　② 초음파탐상 점검　③ 해체점검　　　④ 외관점검

> **해설** 레일점검
>
> 1. 점검의 종류 및 시기
>   1) 외관점검: 연 1회 이상 손상, 마모 및 부식 등의 상태와 재작연도별로 점검
>   2) 해체점검: 연 1회 이상 해체하여 훼손 유무 및 그 상태를 세밀히 점검
>   3) 초음파탐상 점검
>   ① 레일탐상차 점검: 전 본선을 연 1회 시행
>   ② 레일탐상기 점검: 주요 열차를 운전하는 선구의 본선은 연 1회 이상 점검
> 2. 점검 사항
>   1) 레일의 손상, 마모 및 부식의 정도　　　2) 돌려놓기 또는 바꿔놓기 필요의 유무
>   3) 불량레일에 대한 점검표시 유무　　　　4) 가공레일의 가공상태 적부

40 레일이음매의 전류가 잘 흐르도록 하는 방법이 아닌 것은?

① 점퍼선　　　　② 레일본드　　　　③ 궤도계전기　　　④ 신호본드

> **해설** 레일이음매에서의 전류
>
> 레일 간의 전기적 접속을 충분히 하기 위해서는 본드를 사용한다. 본드의 재료로서는 도전율이 가장 높은 동선을 사용한다.
> 1. 신호본드　2. 레일본드　3. 크로스본드　4. 스파이럴본드　5. 점퍼본드
> * 점퍼선: 궤도회로의 어느 한 곳으로부터 떨어진 동일 극성의 다른 레일 상호간에 접속시키는 전선을 말한다.

41 레일 특수이음매의 종류가 아닌 것은?

① 본드이음매　　② 절연이음매　　　③ 이종이음매　　　④ 상대식 이음매

> **해설** 레일이음매의 종류
>
> 1. 이음매 구조상의 분류
>   1) 보통이음매
>   2) 특수이음매: 본드이음매, 절연이음매, 이형(이종)이음매, 용접이음매, 신축이음매
>   * 용접이음매: 플래시버트용접, 가스용접, 테르밋용접, 전호용접
> 2. 이음매 배치상의 분류: 상대식 이음매, 상호식 이음매
> 3. 침목 위치상의 분류: 지접법, 현접법, 2정이음매법, 3정이음매법

42 레일이음매의 종류 중 "침목 위치상의 분류"인 것을 모두 고르시오?

| ㄱ. 현접법 | ㄴ. 3정이음매법 | ㄷ. 지접법 | ㄹ. 2정이음매법 |

① ㄱ, ㄷ, ㄹ   ② ㄱ, ㄴ, ㄷ   ③ ㄴ, ㄷ, ㄹ   ④ ㄱ, ㄴ, ㄷ, ㄹ

해설 레일이음매의 종류

43 용접이음매 중 효율이 가장 높은 것은?

① 플래시버트용접   ② 테르밋용접   ③ 가스압접   ④ 엔크로즈드용접

해설 용접이음매의 효율
1. 플래시버트용접: 97%   2. 가스용접: 94%
3. 테르밋용접: 92%   4. 전호용접(Enclosed용접)

44 우리나라 장대레일(고속철도)에서 주로 사용하는 용접 방식은?

① 전기용접   ② 테르밋용접   ③ 가스압접   ④ 엔크로즈드용접

해설 테르밋용접
1. 양 레일을 예열해서 간극에 테르밋이라고 칭하는 산화철과 알루미늄의 분말을 혼합한 용제를 점화하여 가열시킴으로써 화학반응에 의하여 용융 철분을 유리시키며 이때 발생하는 고열로 용접하는 것이다.
2. 공장 내에서 미리 수백m의 장대레일을 제작하여 현장으로 수송하고 현장에서 용접하여 1,000m급의 장대레일을 부설할 때 채용된다.

45 테르밋용접 방식의 설명으로 옳은 것은?

① 레일의 이음부를 벼리기 위하여 레일에 전류를 통과시켜 저항으로 발생하는 열로 금속을 연결시키는 방법
② 산소, 아세틸렌 또는 프로판가스 등으로 양 레일의 단부를 가열해서 적열하여 용융시키면서 양모재를 가압하여 융접시키는 방법
③ 양 레일을 예열해서 간극에 테르밋이라고 칭하는 산화철과 알루미늄의 분말을 혼합한 용제를 점화하여 가열시킴으로써 화학반응에 의하여 용융 철분을 유리시키며 이때 발생하는 고열로 용접하는 방법
④ 양 레일단부에 용접봉에 의한 전류를 통해서 발생시킨 아크열에 의해 레일단을 적열시킨 용접봉으로 용접하는 방법

정답   42 ④   43 ①   44 ②   45 ③

각종 용접방식의 의미

1. 전기용접: 레일의 이음부를 벼리기 위하여 레일에 전류를 통과시켜 저항으로 발생하는 열로 금속을 연결시키는 방법
2. 가스압접: 산소, 아세틸렌 또는 프로판가스 등으로 양 레일의 단부를 가열해서 적열하여 용융시키면서 양모재를 가압하여 융접시키는 방법
3. 전호용접: 양 레일단부에 용접봉에 의한 전류를 통해서 발생시킨 아크열에 의해 레일단을 적열시킨 용접봉으로 용접하는 방법
4. 플래시버트용접: 전기저항으로 발생되는 열에 의하여 접합단부를 가열한 후 양모제를 밀착시켜 강압하여 융접시키는 방법

46 산소, 아세틸렌 또는 프로판가스 등으로 양 레일의 단부를 가열해서 적열하여 용융시키면서 양모재를 가압하여 융접시키는 용접방법은?

① 전기용접　　　② 테르밋용접　　　③ 가스압접　　　④ 엔크로즈드용접

각종 용접방식이 의미

47 국내 철도에서 사용하는 장대레일 신축이음매의 구조 형식은?

① 양측둔단중복형　　② 편측첨단형　　③ 양측첨단형　　④ 결선사이드레일형

신축이음매의 구조

1. 온도변화에 따라 레일길이 방향의 이동이 원활한 입사각이 없는 포인트와 비슷하다.
2. 각국에서 쓰이고 있는 신축이음매의 구조
   1) 양측둔단중복형: 프랑스
   2) 결선사이드레일형: 벨기에
   3) 편측첨단형: 한국, 이탈리아, 일본
   4) 양측첨단형: 네덜란드, 스위스
   5) 양측둔단맞붙이기형: 스페인
   6) 완충레일: 미국, 독일

48 장대레일 신축이음매의 종류가 아닌 것은?

① 양측둔단중복형　　② 편측첨단형　　③ 이종레일형　　④ 양측첨단형

신축이음매의 구조

49 레일 용접부 검사방법이 아닌 것은?

① 경도시험　　　② 침투검사　　　③ 인장시험　　　④ 굴곡시험

용접부 검사

1. 외관검사　　　　　　2. 침투검사　　　　　　3. 초음파탐상　　　　4. 경도시험
5. 굴곡시험　　　　　　6. 낙중시험　　　　　　7. 줄맞춤 및 면맞춤검사

50 60kg 레일의 누적통과톤수 기준으로 교체기준(레일갱환주기)은?

① 6억톤　　　　　　② 5억톤　　　　　　③ 4억톤　　　　　　④ 3억톤

레일의 교체기준

1. 본선 직선구간에서의 레일의 수명(누적통과톤수 기준)
　1) 60kg 레일: 6억톤　　　　　　　　　2) 50kg 레일: 5억톤
2. 레일의 내구연한: 직선부 20~30년, 해안 12~16년, 터널내 5~10년
3. 균열, 심한 파상마모, 레일변형, 손상 등으로 열차운전상 위험하다고 인정되는 것

51 다음 a, b의 내용이 순서대로 맞는 것은?

> 1) 캔트: (a) 레일을 기준으로 바깥쪽 레일을 높게 부설하는 것
> 2) 슬랙: (b) 레일을 기준으로 안쪽 레일을 조정하여 궤간을 넓히는 것

① 바깥쪽(외측), 안쪽(내측)　　　　　　② 안쪽(내측), 바깥쪽(외측)
③ 위쪽(상측), 아래쪽(하측)　　　　　　④ 아래쪽(하측), 위쪽(상측)

슬랙과 캔트(Slack and Cant)

1. 슬랙(Slack, Widening of Gauge)
　1) 차량이 곡선구간의 선로를 원활하게 통과하도록 바깥쪽 레일을 기준으로 안쪽 레일을 조정하여 궤간을 넓히는 것을 말한다.
　2) 철도공사에서 곡선반경 300m 이하의 곡선에는 슬랙을 붙여야 하고, 슬랙은 30mm를 초과할 수 없다.
2. 캔트(Cant, Superelevation)
　1) 차량이 곡선구간을 원활하게 운행할 수 있도록 안쪽 레일을 기준으로 바깥쪽 레일을 높게 부설하는 것을 말한다
　2) 적절한 캔트를 설정하지 않은 경우에는 승차감이 저하되고 궤도 보수량이 증가하는 등의 나쁜영향이 발생한다.
　3) 캔트는 160mm를 초과할 수 없다.

52 다음 중 슬랙과 캔트의 식으로 맞는 것은?

(R=곡선반경(m), S′=슬랙조정치, V=곡선통과 최소속도(km/h), C′=캔트조정치: 캔트부족량)

① 슬랙(S) = $\dfrac{2,400}{R}$ + S′ , 캔트(C) = 11.8 × $\dfrac{V^2}{R}$ − C′

② 슬랙(S) = $\dfrac{2,400}{R}$ − S′ , 캔트(C) = 11.8 × $\dfrac{V^2}{R}$ + C′

③ 슬랙(S) = $\dfrac{2,400}{R}$ + S′ , 캔트(C) = 11.8 × $\dfrac{V^2}{R}$ × C′

④ 슬랙(S) = $\dfrac{2,400}{R}$ − S′ , 캔트(C) = 11.8 × $\dfrac{V^2}{R}$ − C′

해설 슬랙과 캔트(slack and cant)의 산정식

1. 슬랙(S) = $\dfrac{2,400}{R}$ − S′　　　　　　　　2. 캔트(C) = 11.8 × $\dfrac{V^2}{R}$ − C′

53 슬랙과 캔트의 조정치로 맞는 것은?

① 슬랙조정치 0~15mm, 캔트조정치 0~100mm

② 슬랙조정치 0~20mm, 캔트조정치 0~150mm

③ 슬랙조정치 0~25mm, 캔트조정치 0~200mm

④ 슬랙조정치 0~30mm, 캔트조정치 0~250mm

해설 슬랙과 캔트의 조정치

1. 슬랙조정치: 0~15mm,　　　　　　　　2. 캔트조정치: 0~100mm

54 철도의 건설기준에 관한 설명으로 옳은 것끼리 짝지어진 것은?

> ㄱ. 내측레일을 기준으로 외측레일을 높게 하여 원심력과 중력과의 합력선이 궤간의 중앙부에 작용토록 하는 것을 캔트라고 한다.
> ㄴ. 차량한계 내의 차량이 안전하게 운행될 수 있도록 궤도상에 일정 공간을 확보하는 한계를 건축한계라고 한다.
> ㄷ. 열차가 운행하는 선로의 침목과 레일을 설계할 때 적용하는 하중을 표준활하중이라고 한다.
> ㄹ. 곡선부에서는 직선부보다 궤간을 확대해야 한다. 이와 같이 곡선부에서의 궤간 확대를 슬랙이라 한다.
> ㅁ. 곡선부를 주행하는 차량이 안전하고 쾌적한 주행을 위하여 직선과 곡선반경이 접속하는 곳에는 완화곡선을 두어야 한다.

① ㄱ, ㄷ, ㄹ, ㅁ　　② ㄱ, ㄴ, ㄷ　　③ ㄴ, ㄷ, ㄹ, ㅁ　　④ ㄱ, ㄴ, ㄷ, ㄹ, ㅁ

해설 ㄱ. 캔트, ㄴ. 건축한계, ㄷ. 표준활하중, ㄹ. 슬랙, ㅁ. 완화곡선

정답 52 ④　53 ①　54 ④

55 다음 중 침목의 구비조건으로 옳지 않은 것은?

① 강인하고 내충격성, 완충성이 있을 것
② 취급이 간편하고 내구연한이 길 것
③ 열차하중을 지지할 수 있을 것
④ 공기저항(침목의 종·횡 이동)에 대한 저항이 클 것

해설 침목의 구비조건
1. 레일과 견고한 체결에 적당하고 열차하중을 지지할 수 있을 것
2. 강인하고 내충격성, 완충성이 있을 것
3. 저면적이 넓고, 동시에 도상다지기작업이 편리할 것
4. 도상저항(침목의 종·횡 이동)에 대한 저항이 클 것
5. 재료구입이 용이하고 가격이 저렴할 것
6. 취급이 간편하고 내구연한이 길 것

56 침목의 종류 중 재질에 의한 분류에 포함되지 않는 것은?

① 보통침목　　　② 주약침목　　　③ 목침목　　　④ P.C침목

해설 침목의 종류
1. 사용 목적에 의한 분류: 1) 보통침목 2) 분기침목 3) 교량침목
2. 재질에 의한 분류
　1) 목침목: ① 소재침목 ② 주약침목
　2) 콘크리트 침목: ① 철근콘크리트 침목 ② P.S콘크리트 침목(P.C침목)
　3) 철침목
　4) 조합침목
3. 부설법에 의한 분류: 1) 횡침목 2) 블록침목 3) 종침목

57 침목의 종류 중 사용목적에 의한 분류로 맞지 않은 것은?

① 분기침목　　　② 교량침목　　　③ 보통침목　　　④ 조합침목

해설 침목의 종류

정답 55 ④　56 ①　57 ④

58 목침목의 장점으로 옳지 않은 것은?

① 보수와 교환작업이 용이하다.　　　　② 보수비가 적게 소요되어 경제적이다.
③ 레일의 체결이 용이하고 가공이 편리하다.　④ 탄성이 풍부하며 완충성이 크다.

> **해설** 목침목의 장단점
>
> 1. 장점
>   1) 레일의 체결이 용이하고 가공이 편리하다.　2) 탄성이 풍부하며 완충성이 크다.
>   3) 보수와 교환작업이 용이하다.　　　　　4) 전기절연도가 높다.
> 2. 단점
>   1) 자연부식으로 내구연한이 비교적 짧다.
>   2) 하중에 의한 기계적 손상을 받기 쉽다.
>   3) 증기기관차의 경우 화상과 소상의 우려가 있다.
>   4) 충해를 받기 쉬우며 주약(약제투입)해서 사용해야 한다.
>   5) 갈라지기 쉽다.

59 목침목의 방부처리 방법이 아닌 것은?

① 파단법　　　　② 로오리법　　　　③ 베셀법　　　　④ 블톤법

> **해설** 목침목의 방부처리 방법
>
> 1. 베셀법: 영국 고안　　　　　　　　　　2. 로오리법: 미국 고안
> 3. 류우핑법: 독일 고안(한국, 미국, 일본 등 사용)　4. 블톤법

60 목침목의 체결장치가 아닌 것은?

① 실전탄성체결　　　　　　　② 개못체결(스파이크체결)
③ 훅볼트체결　　　　　　　　④ 타이플레이트체결

> **해설** 레일 체결장치의 종류

종별	세부종별	요지
일반체결 (단순체결)	스파이크체결(개못)	강성적으로 레일을 누름
	나사스파이크체결	강성적으로 레일을 누름
	타이플레이트체결	체결강화를 한 것
탄성체결	단순탄성체결	레일을 위에서 탄성적으로 누르는 것
	이중탄성체결	레일의 상하방향에서 탄성적으로 누르는 것
	실전탄성체결	레일의 상하좌우에서 탄성적으로 누르는 것
	다중탄성체결	탄성체결을 한 것

정답 58 ② 59 ① 60 ③

61 철도침목용 볼트모양으로 올바른 것을 고르시오.

① 원형, 사각형   ② 혹, 사각형   ③ 육각형   ④ 팔각형

해설 철도침목용 볼트모양: 원형 사각형

62 콘크리트 침목의 특징으로 옳지 않은 것은?

① 자중이 커서 안정이 좋아 궤도틀림이 적다.
② 중량이 무거워 취급이 곤란하고 부분적 파손이 발생하기 쉽다.
③ 충격력에 약하고 탄성이 크다.
④ 전기절연성이 목침목보다 부족하다.

해설 콘크리트 침목의 장단점
1. 콘크리트 침목의 장점
  1) 부식의 염려가 없고 내구연한이 길다.   2) 자중이 커서 안정이 좋아 궤도틀림이 적다.
  3) 기상 작용에 대한 저항력이 크다.   4) 보수비가 적게 소요되어 경제적이다.
2. 콘크리트 침목의 단점
  1) 중량이 무거워 취급이 곤란하고 부분적 파손이 발생하기 쉽다.
  2) 레일체결이 복잡하고 균열발생의 염려가 크다.
  3) 충격력에 약하고 탄성이 부족하다.
  4) 전기절연성이 목침목보다 부족하다.
  5) 인력 보수작업 시 침목의 손상이 우려된다.

63 콘크리트 침목의 장점으로 옳지 않은 것은?

① 전기절연성이 목침목보다 크다.   ② 부식의 염려가 없고 내구연한이 길다.
③ 기상 작용에 대한 저항력이 크다.   ④ 보수비가 적게 소요되어 경제적이다.

해설 콘크리트 침목의 장단점

64 콘크리트 침목의 단점으로 옳지 않은 것은?

① 중량이 무거워 취급이 곤란하고 부분적 파손이 발생하기 쉽다.
② 충격력에 강하지만 탄성이 부족하다.
③ 레일체결이 복잡하고 균열발생의 염려가 크다.
④ 인력 보수작업 시 침목의 손상이 우려된다.

해설 콘크리트 침목의 장단점

정답   61 ①   62 ③   63 ①   64 ②

65 PC 침목의 특징으로 틀린 것은?

① 수입 목침목에 비해 가격에 차이가 없다.
② 목침목보다 중량이 커서 궤도의 안전도가 높다.
③ 철근콘크리트 침목보다 단면이 적으므로 자중이 적고 재료를 절약할 수 있다.
④ 과대하중으로 균열이 발생할 경우 사용상 지장을 초래한다.

해설 P.C 침목의 특징
1. 설계하중에 대하여 균열(crack)을 완전히 방지시킬 수 있으며, 혹시 과대하중으로 균열이 발생하였어도 P.C 강선의 탄성한계 내에서는 실사용상 지장이 없다.
2. 철근콘크리트 침목보다 단면이 적으므로 자중이 적고 재료를 절약할 수 있다.
3. 수입 목침목에 비하여 가격에 차이가 없다.
4. 목침목보다 중량이 커서 궤도의 안전도가 높다.

66 우리나라에서 사용하는 PC 침목 제작 시 공법은?

① 프리텐션 공법　　② 조적식 공법　　③ PC공법　　④ 압출공법

해설 PC 침목 제작공법
1. 프리텐션 공업
　1) 긴장 아밧트멘트(Abutment)에 P.C강선을 병렬하고 소정의 인장력을 준 상태에서 콘크리트를 넣고 양성하여 경화한 후 거푸집(Mould) 외측의 강선을 절단함으로써 P.C강선과 콘크리트와의 부착력에 의하여 침목에 압축응력을 도입시키는 것이다.
　2) 이 공법은 한국, 영국, 프랑스, 일본 등에서 사용되고 있다.
2. 포스트텐션 공법
　1) P.C 강봉이 콘크리트에 부착되지 않도록 한 후에 콘크리트가 경화한 후 P.C 강봉에 인장력을 주어 콘크리트에 압축응력을 도입시키는 공법이다.
　2) 이 공법은 독일, 벨기에, 일본 등에서 사용되고 있다.

67 도상의 역할로 옳지 않은 것은?

① 궤도틀림 정정 및 침목교환 작업이 쉽고 재료공급이 수월하며 경제적일 것
② 선로의 파괴를 경감시키고 승차 기분을 좋게 할 것
③ 수평마찰력(도상저항)이 작을 것
④ 침목을 소정위치에 고정시키는 경질일 것

해설 도상의 역할
1. 레일 및 침목으로부터 전달되는 하중을 널리 노반에 전달할 것
2. 침목을 탄성적으로 지지하고, 충격력을 완화해서 선로의 파괴를 경감시키고 승차 기분을 좋게 할 것

정답 65 ④　66 ①　67 ③

3. 침목을 소정위치에 고정시키는 경질일 것
4. 수평마찰력(도상저항)이 클 것
5. 궤도틀림 정정 및 침목갱환 작업이 용이하고 재료공급이 용이하며 경제적일 것

68 자갈도상 재료의 구비조건이 아닌 것은?

① 양산이 가능하고 값이 경제적일 것
② 단위중량이 가볍고, 능각이 풍부하며, 입자 간의 마찰력이 클 것
③ 점토 및 불순물의 혼입률이 낮고 배수가 양호할 것
④ 입도가 적정하고 도상 작업이 쉬울 것

해설 자갈도상 재료의 구비조건
1. 견고한 재질로서 충격과 마모(마찰)에 저항력이 있을 것
2. 단위중량이 크고, 능각(모서리각)이 풍부하며, 입자 간의 마찰력이 클 것
3. 입도가 적정하고 도상작업이 쉬울 것
4. 점토 및 불순물의 혼입률이 낮고 배수가 양호할 것
5. 동상과 풍화에 강하고, 잡초를 방지할 것
6. 재료공급이 용이하고 경제적일 것(대량 생산이 가능하고 값이 저렴할 것)

69 도상자갈의 구비조건으로 맞지 않은 것은?

① 충격과 마찰에 강할 것
② 입도가 적정하고 도상작업이 어려울 것
③ 동상과 풍화에 강하고, 잡초를 방지할 것
④ 단위중량이 크고, 능각이 풍부하며, 입자 간의 마찰력이 클 것

해설 자갈도상 재료의 구비조건

70 콘크리트 도상의 장점으로 적절하지 않는 것은?

① 도상다짐이 불필요하므로 보수노력이 경감된다.
② 도상의 진동과 차량의 동요가 적다.
③ 배수가 양호하다.
④ 궤도의 탄성이 크고, 충격과 소음이 작다.

해설 콘크리트 도상의 장단점
1. 장점
   1) 궤도의 선형유지가 좋아 선형유지용 보수작업이 거의 필요하지 않다.

정답 68 ② 69 ② 70 ④

2) 배수가 양호하여 동상이 없고 잡초발생이 없다.
3) 도상의 진동과 차량의 동요가 적다.
4) 궤도의 세척과 청소가 용이하다.
5) 궤도의 횡방향 안전성이 개선되어 레일 좌굴에 대한 저항력이 커지므로 급곡선에도 레일의 장대화가 가능하다.
6) 궤도강도가 향상되어 에너지비용, 차량수선비, 궤도보수비 등이 감소된다.
7) 자갈도상에 비해 시공높이가 낮으므로 구조물의 규모를 줄일 수 있다.
8) 열차속도 향상에 유리하다.
9) 궤도주변의 청결로 인해 각종 궤도재료의 부식이 적어 수명이 연장된다.
2. 단점
1) 궤도의 탄성이 적으므로 충격과 소음이 크다.
2) 건설비가 크고 레일이 파상 마모될 우려가 있다.
3) 레일 이음매부의 손상, 침목갱환, 도상파손 시 수선이 곤란하다.

71 콘크리트 도상의 특성 중 옳지 않은 것은?

① 탄성이 적어 차량 동요가 심하다.
② 다른 도상에 비해 침목교한이나 유지관리가 힘들다.
③ 레일의 파상마모가 우려된다.
④ 도상다짐이 불필요하므로 보수노력이 줄어든다.

해설 콘크리트 도상의 장단점

72 콘크리트 도상의 단점으로 옳지 않은 것은?

① 탄성이 적어 소음이 많다.
② 레일 이음매부의 손상 시 수선이 곤란하다.
③ 건설비가 많이 든다.
④ 배수가 어렵다.

해설 콘크리트 도상의 장단점

73 콘크리트 도상의 장단점으로 틀린 것은?

① 도상다짐이 필요 없어 보수노력이 경감된다.
② 배수가 양호하고 잡초발생이 적다.
③ 도상의 진동과 차량의 동요가 적다.
④ 침목교환이나, 도상파손 시 수선작업이 쉽다.

해설 콘크리트 도상의 장단점

정답 71 ① 72 ④ 73 ④

74 장대레일의 자갈 도상두께로 맞는 것은?

① 350mm ② 300mm ③ 270mm ④ 200mm

해설

설계속도 V(km/h)	최소 도상두께(mm)
230 < V ≤ 350	350
120 < V ≤ 230	300
70 < V ≤ 120	270[1]
V ≤ 70	250[1]

[1] 장대레일인 경우 300밀리미터로 한다.

75 선로제표에 해당하지 않는 것은?

① 건널목안내표 ② 곡선표 ③ 기울기표 ④ 거리표

해설 선로설비

1. 선로제표
   기관사 또는 작업원에게 운전상 선로조건 등 필요한 정보를 제공하는 것
   1) 거리표   2) 구배표(기울기표)   3) 곡선표
   4) 차량접촉한계표   5) 용지경계표   6) 수준표
   7) 기적표   8) 선로작업표(임시표)   9) 속도제한표
2. 건널목설비: 건널목경표, 건설목차단기, 건널목경보장치

76 선로제표로 맞는 것은?

① 거리표 ② 건널목표지 ③ 곡선예고표지 ④ 승강장표지

해설 선로설비

77 운전업무종사자(기관사) 또는 선로보수자(작업자) 등의 편의를 위해 만든 표지로 옳지 않은 것은?

① 거리표 ② 곡선표 ③ 기울기표 ④ 건널목경표

해설 선로설비

정답 74 ② 75 ① 76 ① 77 ④

제3장 철도 전기·신호

제1절 전기철도

1. 전기철도의 효과
   1) 수송능력 증강

      철도의 수송능력은 열차당 편성량수와 운전속도 등에 의해 정해지는데 일반적으로 전기기관차는 견인전동기의 출력이 커서 급한 구배에서도 높은 속도로 운전이 가능하며 정차장 간격이 짧은 도시철도 구간의 전동차는 가속도와 감속도가 크므로 고빈도 운전으로 열차회수를 높일 수 있어 대량수송이 가능하다.

   2) 에너지(Energy) 이용효율 증대

      철도운전수단별 에너지 이용효율을 비교하면 디젤기관차와 전기기관차 간의 에너지 소비율 차이는 약 25% 정도 전기기관차가 에너지 절약효과가 있다.

   3) 수송원가 절감(유지보수 비용절감)

      디젤기관차에 비해 전기기관차는 내연기관 등 설비가 적어 유지보수 비용이 40% 정도 감소되고, 차량의 내구연한도 2배가 길며 차량중량도 줄어 궤도 보수비용도 절감된다.

   4) 환경개선

      매연이 없고 소음이 적어서 공해문제가 심각한 상황에서 장점이 돋보이는 환경 친화적인 설비이다. 또한 도시철도의 지하구간의 전철화는 그 특성상 필수적이다.

   5) 지역균형 발전

      도시전철은 도시기능을 외곽 지역으로 적절히 분산 배치하여 도시전체의 균형적 발전에 기여하고, 간선전철은 인접도시 및 지역간 원활한 인적·물적 교류로 균형 있는 경제발전에 기여한다.

2. 전기철도의 분류
   1) 전원에 의한 분류

      ① 직류방식(*도시철도)　　② 교류방식(단상교류식, 삼상교류식, 주파수별, 전압별)
   2) 가선방식별 분류: ① 가공단선식　　② 가공복선식　　③ 제3궤조식
   3) 조가방식별 분류: ① 직접조가방식　② 커티너리조가방식　③ 강체조가방식
   4) 급전방식별 분류: ① 직접급전방식　② 흡상변압기급전방식　③ 단권변압기급전방식

제2절 전차선의 기본개념

1. 전차선의 구비조건
   1) 기계적 강도가 커서 자중뿐 아니라 강풍에 의한 횡방향 하중, 적설·결빙 등의 수직방향하중에 견딜 수 있을 것
   2) 전기의 전도율이 크고 내열성이 좋을 것
   3) 굴곡에 강하여 전차선의 취급을 용이하게 하기 위해 어느 정도의 굴곡에는 견뎌야 할 것
   4) 건설 및 유지비용이 적을 것
   5) 마모에 강할 것
2. 전차선의 신축장치(익스펜션조인트, Expansion Joint)
   1) 전차선 축에 놓여 있는 익스펜션조인트는 강체 바(R-bar) 구간에서 온도변화로 인하여 발생되는 신축을 상쇄시켜 주는 역할을 한다.
   2) 전차선의 열팽창과 수축을 흡수하는 장치로, 슬라이딩 판과 점퍼 케이블로 구성된다.
   3) 기계적, 전기적 저항 없이 길이를 유지시켜 준다.
3. 팬터그래프(전차선)의 이선
   1) 전차선의 이선현상
      팬터그래프와 전차선은 차량이 주행함에 따라서 계속 접촉된 상태여야 하지만 속도를 높이면 일시적으로 팬터그래프가 전차선에서 순간적으로 이탈하는 현상이 발생하는 것
   2) 이선현상 방지대책: 등고(等高), 등요(等搖), 등장력(等張力)
      ① 등고: 레일면에서 전차선의 높이가 일정하여야 하는 것
      ② 등요: 전차선의 탄성이 전 구간에서 균일하여야 하는 것
      ③ 등장력: 전차선의 장력이 항상 일정하여야 하는 것

제3절 전차선 편위

1. 전차선의 편위
   1) 전차선과 궤도중심선과의 거리를 편위라 한다.
   2) 전차선 편위의 한계는 팬터그래프의 집전 유효 폭을 약 1m로 보고 차량의 동요에 따른 팬터그래프 경사를 고려하여 좌우 최대편위를 250mm로, 표준편위를 200mm로 정하고 있다.
   3) 팬터그래프의 편마모를 방지하기 위하여 직선로 및 곡선반경 1,600m 이상의 선로에서는 전주 2개 사이를 일주기로 좌우 교대로 200mm의 편위를 두도록 하고 있다. 이것을 지그재그가선이라 한다.

2. 절연구간의 편위
   1) 절연구간(Neutral Section, 데드섹션)은 전력공급 방식이 달라 일시적으로 전력공급이 끊어지는 구간이다. 통상적인 상황에서 열차는 이 구간에 진입 전까지 계속 주행하고 있으므로 관성을 이용하여 통과할 수 있다.
   2) 편위는 전기 기관차 따위에서 팬터그래프에 있는 습동판의 편마모를 방지하기 위하여 전차선이 궤도 중심에서 좌우로 치우친 상태로 절연구간의 편위는 250mm이다.

제 4 절　교류방식과 직류방식의 비교

구분			교류(25kV)	직류(1,500V)
지상 설비	전철 설비	변전소	변전소간격 30−50km 정도로 변압기만 설치하면 되므로 지상설비비 저가	변전소간격이 5−20km, 변압기와 정류기가 필요하여 지상설비비 고가
		전차선로	고전압 저전류로 전선을 가늘게 할 수 있어 전선 지지 구조물 경량	저전압 고전류로 전선이 굵어 전선 지지 구조물 중량
		전압강하	저전류로 전압강하가 적어서 직렬콘덴서로 간단히 보상	대전류로 전압강하가 커서 변전소, 급전소의 증설이 필요
		보호설비	운전전류가 작아 사고전류 판별용이	운전전류가 커서 사고전류 선택차단 어려움
	부대 설비	통신유도장애	유도장애가 커서 BT 또는 AT방식 등 장애방지 유도대책이 필요(케이블화)	특별한 대책 필요 없음
		터널과 구름다리의 높이	고압으로 절연이격거리가 커야 하므로 터널 단면 커짐	저전압으로 교류에 비해 터널 단면, 구름다리 높이 축소 가능
차량		차량가격	전력변환장치 복잡 차량가격 고가	교류에 비해 저렴
		급전전압	차량 내의 변압기로 고전압 사용 가능	고전압 사용 불가
		집전장치	집전전류가 작아 소형경량으로 제작 가능하며 전차선과의 접촉양호	집전전류가 커서 대형으로 전차선과의 접촉이 좋지 않음
		기기보호	교류 소전류 차단과 사고전류의 선택차단이 용이	사고전류 선택차단이 곤란
		속도제어	변압기 tap절환으로 속도제어가 쉬움	속도제어가 어려움
		점착특성	점착성능 우수, 소형으로 큰 하중 견인가능	점착성능 좋지 않아 대출력 필요
		부속기기	변압기를 통해 여러 전원 확보가 용이	전원설비가 복잡해짐
공 해			유도작용에 의한 잡음으로 TV, 라디오 등 무선통신설비 장애유발	땅속의 관로 및 선로 등의 전식유발

1. 구분장치의 개념
   1) 사고 혹은 작업상의 이유로 정전시켜야 할 경우 그 영향을 사고구간 또는 작업구간에 한 정시키고 기타 구간은 급전상태를 유지하기 위하여 전차선에 절연체를 삽입하여 팬터그 래프가 전차선과 접촉할 때 열차운행에 지장이 없도록 한 장치를 섹션(Section) 혹은 구분 장치라고 한다.
   2) 전차선로 구분장치의 종별
      ① 전기적 구분장치: 에어섹션, 애자섹션, 절연구분장치, 비상용 섹션
      ② 기계적 구분장치: 에어조인트, T-Bar 조인트, R-Bar 조인트
2. 에어섹션(Air section)
   1) A, B전원이 같은 종류, 같은 상으로 팬터그래프가 양쪽 전차선을 같이 접촉하여도 무방한 경우에 설치하며 열차가 이 구간을 통과할 때 열차 내에 정전현상은 없다. 따라서 열차는 항상 역행운전이 가능하며 특별한 추가부담 없이 설치가 간단하고 경제적이다.
   2) 평행부분의 전차선의 이격거리는 300mm를 원칙으로 한다.
3. 에어조인트(Air Joint)
   1) 다른 구분장치들이 전기적 구분을 목적으로 하고 있음에 반해 전기적으로는 접촉하고 있 으면서 전차선을 기계적으로 구분하여 주는 장치이다.
   2) 전차선을 한없이 길게 가설한다면 이도(弛度), 즉 처짐을 조정할 수 없으며 취급하기도 곤 란할 뿐 아니라 자동장력 조정장치의 중추(重錘)의 동작범위가 지지점의 지상높이에 의해 한정되어 있으므로 전선의 선팽창계수와 온도변화의 범위에 의해 인류(引留) 간격이 한정 될 수밖에 없다.
   3) 따라서 중간 중간에 전차선을 약 1,600m 이하로 구분 절단하여 자동으로 장력을 조정하 는 것이 에어조인트의 설치 이유이다.
   4) 이때 인류와 다음 인류구간의 전선이 서로 교차되는 평행개소가 반드시 생기게 되며 이 평행개소를 균압선을 이용하여 전기적으로 접촉시킨 것이 에어조인트이다.
   5) 기계적으로 완전히 구분된 별개의 설비를 전기적으로 균압선을 사용하여 접속한 것을 말 한다.
4. 애자섹션
   1) 전차선로의 구분장치 중에 에어섹션과 함께 전기적 구분장치이다.
   2) 주로 본선의 상하 건넘선, 본선과 측선, 검수고, 출입고선 등을 절연 구분하는 장치로 사 고나 정전 시에 사고구간과 작업구간으로 한정하고 다른 구간에는 급전을 가능하게 하는 설비이다.
   3) 건넘선 및 측선에 설치하는 경우에는 가급적 본선으로부터 멀리 이격시켜 설치한다.

1. 급전방식
  1) 병렬급전식
     양측 변전소로부터 모두 급전하는 방식으로 급전선, 전차선을 병렬로 설치하고 레일을 귀선으로 이용한다. 한국에서는 이 방식이 표준이다.
  2) 정류포스트식
     대지로의 누설전류를 경감시키기 위해 주변전소로부터 3상 교류를 곳곳에 분산된 정류포스트에서 수전하여 직류로 변성시킨 뒤 전차선에 공급하는 방식이다. 정류포스트에는 변성용 변압기, 정류기만을 설치하고, 고속도차단기 등의 보호설비는 부하중심인 주변전소에만 설치하여 건설비용을 절감한다.
2. 전차선로의 급전설비
  1) 급전타이포스트(TP): 직류전철방식에서 전차선 전압강하를 경감하기 위해 선로 말단이나 중간에 상선과 하선을 차단기를 통해 연결하는 설비
  2) 급전구분소(SP): 변전소와 변전소 사이에 단로기와 차단기를 설치한 설비
  3) 보조급전구분소(SSP): 변전소와 급전구분소 사이에 설치되어, 점검 또는 사고 발생 시 피해범위를 최소화하기 위해 단로기, 차단기를 설치한 설비
  4) 단말보조급전구분소(ATP): 전차선로의 말단에 전압강하 보상 및 유도장해 경감을 목적으로 단권변압기(AT)를 설치한 시설
  5) 병렬급전소(PP): 급전계통에서 상선과 하선을 평소에는 전기적으로 연결하여 전압강하 보상과 회생전력 배분을 수행하는 설비

1. 가공식
  1) 가공단선식
     전차선을 궤도상부에 가설하고, 레일을 귀선으로 하는 방식으로 가선 구조가 간단하여 설비비 및 보수비가 저렴하다. 결점으로는 누설전류에 의한 전식의 피해가 크다.
  2) 가공복선식
     플러스와 마이너스 2가닥의 전차선을 궤도 상부에 가선하는 방식으로 노면전차 등에 사용되는데 가공단선식보다 전식이 적다(이점).
2. 제3궤조방식
   전차선 대신 운전용 궤도와 병행으로 급전궤도를 부설하여 집전하는 방식이며 지하철이나 터널 등에 채용되는 방식으로 절연기술의 발달과 전차선 단선사고의 우려가 없고 구조가 간단한 장점이 있어 도시고가철도 등에서 채택되고 있으나, 감전의 우려가 있는 것이 단점이다.

3. 강체식

신교통시스템이나 모노레일 등에서 고무타이어 주행차량의 경우에 사용된다.

제8절 전차선로의 조가방식별 분류

1. 직접 조가방식

조가선을 설치하지 않고 직접 전차선을 늘어뜨리는 방식으로 비용이 싸다는 장점도 있으나 조가점이 경점이 되는 단점도 가지고 있어 저속 주행하는 역구내 측선이나 노면전차선으로 사용되는 정도이다.

2. 커티너리(Catenary) 조가방식

1) 심플커티너리(Simple Catenary) 조가방식

① 전차선의 위쪽에 조가선을 설치하고 이 조가선에 행거(Hanger)나 드롭퍼(Dropper)로 전차선을 잡아매어 전차선의 처짐을 조가선이 흡수토록 함으로써 전차선은 레일상면 으로부터 고저차 없이 일정한 높이로 되도록 하는 구조이다.

② 기온의 변화 등에 대응하여 신축 가능하도록 하고 항상 일정한 장력이 유지되도록 전 차선의 끝에 활차를 매개로 하여 무거운 추를 매다는 중추식 자동 장력조절장치가 일 반적으로 사용된다.

③ 본선 및 부본선은 헤비심플커티너리방식을, 측선과 건널선은 심플커티너리방식을 사 용하고 있다.

④ 한국철도에서는 강체 조가방식을 설치한 지하구간 등을 제외하고는 모두 이 방식을 사용하고 있다.

2) 변Y심플커티너리 조가방식

3) 콤파운드커티너리 조가방식

3. 강체 조가방식

1) 커티너리 방식으로는 터널의 단면적이 커질 수밖에 없기 때문에 가선식 지하철 등에서는 강체 조가방식이 사용된다.

2) 강체 조가방식에는 T-bar 방식과 R-bar 방식이 있는데 T-bar 방식은 터널 천장에 알 루미늄 합금제의 T형재를 애자(碍子)에 의해 지지시켜 놓고 이 아랫부분에 알루미늄제 이 어(Ear)에 의해 전차선을 연결·고정한다. 알루미늄 합금제인 T형재가 급전선을 겸하면서 단선의 위험이 없고 터널의 높이를 낮게 할 수 있는 것이 최대의 장점이다.

3) 최근 건설된 과천선과 분당선에 교류 25,000V 방식으로 건설하면서 강체 조가방식 중에 서 R-bar방식을 채택하였다.

제 9 절 전차선로의 급전방식에 의한 분류

1. 직접 급전방식
    1) 전철변전소로부터 전차선으로 전력을 공급하고, 레일을 귀선으로 삼는 매우 간단한 방식이다.
    2) 회로구성이 간단하기 때문에 보수가 용이하며 경제적이지만 전기차 귀선전류가 레일에 흐르므로 레일에서 대지누설전류에 의한 통신유도장해가 크고 레일전위가 다른 방식에 비해 큰 단점이 있다.
2. 흡상변압기 급전방식(BT급전방식)
    1) 권선비가 1:1인 흡상변압기를 약 4km마다 직렬로 설치하여 귀선로(레일)에 흐르는 귀선전류를 부급전선으로 흡상시켜 통신선로의 유도장해를 경감하는 방식이다.
    2) AT방식에 비해 비경제적이기 때문에 요즘에는 사용하지 않는다.
3. 단권변압기 급전방식(AT급전방식)
    1) 급전선과 전차선 사이에 약 10km 간격으로 일부 권선을 공유하는 단권변압기를 설치하고, AT의 중성점을 레일과 연결하여 급전회로를 구성한다.
    2) BT방식보다 전압강하에 자유롭고, 경제적이며, 열차의 고빈도 운행에 따른 부하 급증에 대응하기 위해 요즘 건설되는 전기철도는 이 방식을 채택한다.

제 10 절 급전계통과 집전장치

1. 급전계통
    1) 급전계통의 구성
        전철 급전계통이란 변전소로부터 급전거리, 전압강하, 사고 시의 구분, 보수 등을 고려하여 전차선로를 적당한 구간으로 나누어 급전, 정전이 가능하도록 한 전기적인 계통구성을 말한다.
    2) 급전계통의 구성요소
        급전계통은 ① 전압강하 ② 사고 시의 구분 ③ 보호계전기의 보호범위 ④ 가선 범위 등과 관련하여 전철화 계획시 고려되어야 할 중요한 요소 중의 하나이다.
    3) 급전구분소(Sectioning Post)
        ① 역할
            ㉮ 변전소와 변전소 사이에 설치하며 변전소 간의 동상 및 이상의 전원을 구분하여 급전계통의 구분, 연장 등을 하는 설비이다.
            ㉯ 사고 시 또는 복구 시 단전구간을 축소시키고 작업을 용이하게 한다.
            ㉰ 전압강하를 경감하고 평균화한다.
            ㉱ 상시 개방상태로 운용한다.

② 주요 구성 설비
- ㉠ 단권변압기(AT구간만 해당)
- ㉡ 단로기
- ㉢ 계기용 변류기(PT)
- ㉣ 충전장치
- ㉤ 차단기
- ㉥ 계기용 변류기(CT)
- ㉦ 제어반
- ㉧ 보조 급전구분소(Sub Sectioning Post)

2. 집전장치
1) 의의: 철도차량 등에서 외부로부터 전력을 공급받기 위해 사용되는 장치
2) 종류
① 팬터그래프
② 뷔겔: 폴의 끝단에 가로대를 설치하여 전차선과의 접촉면을 점에서 선으로 바꾸어 횡변위에 대응할 수 있도록 한 것
③ 집전봉: 차체로부터 긴 장대 1~2개를 들어 올려서 가공가선에 접촉시켜 집전하는 방식
④ 제3궤조 방식
⑤ 가공가선식 방식

제 11 절 가스절연개폐장치와 고속도차단기

1. 가스절연개폐장치(GIS)의 특징
1) 종전의 옥외형 변전 설비에 비해 설치면적이 약 1/4 축소된다.
2) 모든 충전부는 접지된 탱크 내에 내장되고 SF6 가스로 절연되어 감전 및 화재의 위험이 없고 안정성이 높다.
3) 도전부, 접속부, 절연부 등의 충전부가 전부 가스로 충전된 탱크 내에 완전 밀폐되어 염해, 먼지, 분진 등에 의한 오손이나 강풍, 낙뢰 등의 외부 영향을 받지 않아 신뢰성이 높다.
4) 열화나 마모가 적어 모선이나 단로기 등의 보수가 필요 없다.
5) 가능한 각 유닛별로 완전 조립된 상태로 공급하므로 설치가 간편하고 설치기간이 단축된다.
6) 조작 중에 발생하는 소음이 적고, 라디오·TV의 방해 전파를 줄일 수 있다.

2. 고속도 차단기
1) 회로에 단락 전류 또는 역류 등의 이상 전압이 발생한 경우에 정지시간을 최대한 단축하여 고속도로 개극하고 이상 전류가 최대치에 도달하기 이전에 어느 일정치로 제한하여 차단하는 것으로, 직류 급전 회로의 사고 전류 차단에 사용하고 있다.
2) 고속도 차단기의 종류
① 정방향 고속도 차단기
정상 전류와 동일 방향의 과전류에 대해 자동 차단을 수행하는 고속도 차단기
② 역방향 고속도 차단기
정상 전류와 역방향의 전류에 대해 자동 차단을 수행하는 고속도 차단기

③ 양방향 고속도 차단기

정역 양방향의 전류에 대해 자동 차단을 수행하는 고속도 차단기

제 12 절 고조파의 발생원인 및 저감대책

고조파 발생원인	고조파 저감대책
1) 인버터, 컨버터 등의 전력변환장치 2) 전기로, 아크로 3) 송전선로의 코로나 방전 4) 변압기나 전동기의 여자돌입전류 5) 전력용 콘덴서 6) 조명기기의 안정기 등	1) 계통의 단락용량 증대 2) 공급배선의 전용선화 3) 배전선의 선간전압의 평형화 4) 계통절체 5) 교류필터 설치 6) 액티브필터 설치 7) 하이브리드파워필터 설치

제 13 절 절연 및 접지

1. 대지절연 이격거리
   1) 가공 전차 선로와 교량, 터널, 과선교 등의 건조물이 접근 또는 교차하는 경우에 전차선로가 이들에 대하여 위험을 초래하지 않도록 급전선, 전차선, 조가선 등의 가압 부분과 접지물 간의 절연거리를 규정하고 있다.
   2) 대지절연 이격거리

종별	DC 1,500V	AC 25kV
표준 이격거리	250mm 이상	300mm 이상

2. 교류 전차선로의 접지시설 설치기준
   1) 사람이 접촉되었을 때 인체 통과 전류가 15밀리암페어 이하가 되도록 한다.
   2) 일반인이 접근하기 쉬운 지역에 있는 경우 연속 정격 전위가 60볼트 이하가 되도록 한다.
   3) 일반인이 접근하기 어려운 지역에 있는 경우 연속 정격 전위가 150볼트 이하가 되도록 한다.
   4) 순간 정격 전위가 650볼트 이하가 되도록 한다.
   * 접지 단자함은 약 250m 간격으로 설치한다.

1. 개념

1) 뇌 또는 회로의 개폐 등으로 충격전압 발생 시 그 전류를 대지에 흐르게 함으로써 과전압을 제한하며, 기기나 회로 등의 절연을 보호하고, 또 속류를 단시간에 차단하여 계통의 상태를 본래대로 자복하는 보호장치
2) 교류 25kV 전차선로에서 뇌 또는 회로개폐에 의한 과전압을 제한하며 속류를 차단하는 보호장치

2. 피뢰기의 설치장소

1) 피뢰기는 흡상변압기 및 단권변압기의 1차측 및 2차측·급전용 케이블 단말에 설치한다.
2) 지상에 설치하는 피뢰기는 지표상 5m 이상 높이에 설치한다.
3) 피뢰기의 접지단자와 지중 접지도체 리드선과의 접속은 25mm²의 전력케이블을 사용하고, 지표상 2m 높이까지는 절연관으로 보호한다.
4) 피뢰기 누설전류 측정이 가능하도록 피뢰기 본체와 지지대 간 절연체 또는 절연애자를 삽입하여 시설한다.

제 15 절　신호기장치

1. 신호기의 개념

1) 신호기장치는 승무원에게 열차운전 조건을 제시하여 주는 설비로서 열차의 진행 가부를 색이나 형으로 표시하는 것이다.
2) 철도신호는 운행조건을 기관사에게 지시하는 기능을 하는 것이다.
3) 종사원의 의지를 표시하는 것은 전호이다.
4) 운전조건을 지시하는 것으로 상치신호기와 임시신호기로 분류한다.

구분	형에 의한 것	색에 의한 것	형·색에 의한 것	음에 의한 것
신호	진로표시기	색등식신호기	입환신호기 완목식신호기	폭음신호
전호	제동시험전호	이동금지전호 추진운전전호	입환전호	기적전호
표지	차막이표지	서행허용표지	입환표지 선로전환기표지	—

2. 신호기의 종류

1) 기능별 분류
   ① 주신호기: 장내신호기, 출발신호기, 폐색신호기, 유도신호기, 엄호신호기, 입환신호기
   ② 종속신호기: 원방신호기, 통과신호기, 중계신호기

③ 신호부속기: 진로표시기

2) 구조상 분류

① 완목신호기

② 색등식신호기: 단등형신호기, 다등형신호기

③ 등렬식신호기: 유도신호기, 입환신호기, 중계신호기

3) 조직상 분류: 수동신호기, 자동신호기, 반자동신호기

4) 신호현시별 분류

① 2위식 신호기: 진행, 정지 또는 주의, 진행

② 3위식 신호기

㉮ 3현시: 진행, 주의, 정지

㉯ 4현시: 진행, 감속, 주의, 정지 또는 진행, 주의, 경계, 정지

㉰ 5현시: 진행, 감속, 주의, 경계, 정지

5) 절대신호기와 허용신호기

① 절대신호기: 진행신호 외에는 절대로 신호기 내방에 진입할 수 없는 신호기

② 허용신호기: 정지신호가 현시된 경우라도 일단 정지후 제한속도로 신호기 내방에 진입할 수 있는 신호기(폐색신호기)

3. 상치신호기의 설치위치

1) 신호기는 소속선의 바로 위 또는 왼쪽에 세운다.

2) 2이상의 진입선에 대해서는 같은 종류의 신호기를 같은 지점에 세우는 경우, 각 신호기의 배열 방법은 진입선로의 배열과 같게 한다.

3) 신호기는 1진로마다 1신호기를 설치하는 것을 원칙으로 하며 특별한 경우에는 예외로 한다.

4) 같은 선에서 분기되는 2 이상의 진로에 대하여 같은 종류의 신호기는 같은 지점 또는 같은 신호기주에 설치해야 한다.

5) 신호기는 그 신호현시가 다음의 확인거리를 확보할 수 있도록 하여야 한다.

① 장내신호기·출발신호기·폐색신호기·엄호신호기: 600m 이상

② 수신호등: 400m 이상

③ 원방신호기·입환신호기·중계신호기: 200m 이상

④ 유도신호기: 100m 이상

⑤ 진로표시기: 주신호용 200m 이상(입환신호기 부설 진로표시기는 100m 이상)

4. 신호기의 의미

1) 통과신호기: <u>출발신호기</u>에 종속되어 주로 장내신호기 하위에 설치하는 신호기로서 정거장의 통과 여부를 예고하는 신호기

2) 중계신호기: 주로 자동구간의 장내, 출발, 폐색신호기에 종속하며 주신호기의 신호를 중계하기 위하여 설치하는 신호기

3) 원방신호기: <u>장내신호기</u>에 종속되며, 주체의 신호기의 현시를 예고한다.

1. 분기기의 정의
    1) 열차 또는 차량을 한 궤도에서 타 궤도로 전환시키기 위하여 궤도상에 설치한 설비를 분기장치 또는 분기기(Turnout)라 한다.
    2) 분기기는 포인트(Point, 전철기), 크로싱(Crossing or frog, 철차), 리드(Lead)의 3부분으로 구성된다.
2. 분기기의 종류
    1) 배선에 의한 분류: 편개분기기, 분개분기기, 양개분기기, 곡선분기기, 복분기기, 삼기분기기, 3선식분기기
    2) 편개분기기의 종류: 좌분기기, 우분기기
    3) 교차(Cross)에 의한 종류: 다이아몬드크로싱, 한쪽건널교차, 양쪽건널교차
    4) 교차와 분기기의 조합에 의한 분류: 건널선, 교차건널선
    5) 특수용 분기기의 종류: 승월분기기, 천이분기기, 탈선포인트 , 간트렛트 궤도
    6) 분기기 사용방향에 의한 호칭: 대향분기, 배향분기
3. 노스 가동 분기기와 일반 분기기의 비교

구분	노스 가동 분기기	일반 분기기 크로싱
통과속도	100~230(km/h)	22~55(km/h)
분기기 길이	68~193(m)	26~47(m)
구 성	고망간 크래들 및 크로싱 노스 레일	볼트에 의한 조립식 또는 망간 크로싱
포인트	탄성 포인트	관절식 또는 탄성 포인트
선 형	포인트에서 크로싱 후단까지 일정한 곡률 유지	리드부만 곡선
안전성	안전성 및 승차감이 크게 개선	선로 취약부로 열차 진동이 많음

4. 분기기의 방향
    1) 대향: 포인트에서 크로싱 방향(밀착상태가 약할 경우 탈선이 우려된다)
    2) 배향: 크로싱에서 포인트 방향(밀착상태, 다른 진로 개통에 따른 탈선우려는 없다)

1. 분기부
    1) 하나의 선로로부터 다른 선로로 분기하는 장소에 사용되며 ① 선로전환기 부분(포인트 Point·전철기), ② 리드(Lead) 부분, ③ 크로싱(철차, Crossing) 부분의 세 부분으로 구성되어 있다.
    2) 분기기는 열차의 통과 방향에 따라 대향선로전환기와 배향선로전환기로 나누는데, 대향선로전환기의 경우에는 첨단의 밀착이 불량하면 열차가 탈선할 우려가 있다.

2. 선로전환기
    1) 분기부의 방향을 변환시키는 것을 선로전환기라 한다.
    2) 선로전환기의 구분
        ① 진로를 전환시키는 <u>전환장치</u>
        ② 전환된 선로전환기를 다시 전환되지 않도록 하는 <u>쇄정장치</u>
    3) 선로전환기의 정·반위
        선로전환기가 항상 개통되는 방향을 정위라 하고 그 반대방향을 반위라 한다.
        ① 본선과 본선, 측선과 측선의 경우에는 주요한 방향이 정위
        ② 단선에 있어서 상하 본선은 열차가 진입하는 방향이 정위
        ③ 본선과 측선의 경우에는 본선의 방향이 정위
        ④ 본선 또는 측선과 안전측선의 경우에는 안전측선의 방향이 정위
        ⑤ 탈선 선로전환기는 탈선시키는 방향이 정위
3. 크로싱
    1) 교차(Cross)에 의한 종류
        ① 다이아몬드(Diamond) 크로싱
            두 선로가 평면교차 하는 개소에 사용하며 직각 또는 사각으로 교차하는 것
        ② 한쪽 건널 교차(Single slip switch)
            1개의 사각다이아몬드 크로싱의 양 궤도 간에 차량이 임의로 분기하도록 건널선을 설치한 것
    2) 구조에 의한 크로싱의 분류
        ① 고정크로싱
        ② 가동크로싱: 가동노스크로싱, 가동둔단크로싱, 가동K크로싱
        ③ 고망간크로싱

제 18 절 선로전환기의 종류

1. 구조상의 분류
    1) 보통선로전환기: 텅레일이 2본 있고 좌우의 2개의 분기기에 사용한다.
    2) 삼지선로전환기: 텅레일이 4본 있고 좌·중·우의 3개의 분기기에 사용한다.
    3) 탈선선로전환기: 크로싱이 없는 선로전환기로 차량을 탈선시키는데 사용된다.
2. 사용동력에 의한 분류
    1) 수동선로전환기: 사람의 힘에 의해 선로전환기를 전환하는 것
    2) 발조선로전환기: 사람 및 스프링의 힘에 의하여 선로전환를 전환하는 것
    3) 동력선로전환기: 전기 및 압축공기의 힘에 의하여 선로전환기를 전환하는 것으로 전공 및 전기선로전환기가 있다.

3. 전환수에 의한 분류
   1) 단동선로전환기   2) 쌍동선로전환기   3) 삼동선로전환기

제19절 고속선 안전설비

1. 지장물검지장치(ID): 선로 내에 열차의 안전운행을 지장하는 낙석, 토사, 차량 등의 물체가 침범되는 것을 감지하기 위해 설치한 장치를 말한다.
2. 차축온도검지장치(HBD): 고속선을 운행하는 열차의 차축온도를 검지하는 장치를 말한다.
3. 끌림물검지장치(DD): 고속선의 선로상 설비를 보호하기 위해 기지나 일반선에서 진입하는 열차 또는 차량 하부의 끌림 물체를 검지하는 장치를 말한다.
4. 기상검지장치(MD): 고속선에 풍향, 풍속, 강우량을 검지하는 장치를 말한다.
5. 터널경보장치: 터널 내의 유지보수 및 순회자의 안전을 위하여 열차가 일정구역에 진입 시 열차의 접근을 알려주는 경보장치를 말한다.
6. 레일온도검지장치: 혹서기에 레일온도의 상승으로 레일 장출사고를 예방하는 장치를 말한다.
7. 기타: 열차접근확인장치, 지진계측설비, 승강장비상정지버튼 등

제20절 열차운행제어장치

1. 거리구분장치
   1) 거리구분장치의 종류: 폐색장치, 열차자동정지장치, 열차자동속도제어장치
   2) ATS장치는 신호기의 제어회로, ATS지상자와 연결되어 열차의 속도를 제어한다.
2. 폐색장치(열차운행방식)
   1) 고정폐색 방식: 자동폐쇄식, 연동폐쇄식, 통표폐쇄식
      ① 시간간격법
         ㉮ 일정한 시간 간격을 두고 연속적으로 열차를 출발시키는 방법
         ㉯ 보안도가 낮기 때문에 통신두절 등 특수한 상황일 때에만 사용하는 것
      ② 공간간격법
         ㉮ 열차와 열차 사이에 항상 일정한 공간을 두고 운행하는 방법
         ㉯ 폐색구간을 정해서 운행하는 방식을 폐색식 운행이라 한다.
   2) 이동폐색 방식
      궤도회로 없이 선·후행 열차 상호간의 위치 및 속도를 무선신호 전송매체에 의하여 파악하고 차상에서 직접 열차운행 간격을 조정함으로써 열차 스스로 이동하면서 자동 운전이 이루어지는 첨단 폐색 방식이다.

3. 열차집중제어장치(CTC, Centralized Traffic Control)
   1) 의의: 중앙관제실에 있는 운전 관제사가 광범위한 지역 내의 모든 열차운행 상황을 파악한 후 열차진로를 자동으로 제어하는 방식
   2) CTC의 주요기능
      ① 열차운행계획관리　　　　　　　② 신호설비의 감시 및 제어
      ③ 열차진로의 자동제어　　　　　　④ 열차운행상황 표시
   3) CTC의 제어모드: ① 자동제어(Auto)　　② 콘솔제어(CCM)　　③ 로컬제어(Local)
   4) CTC의 효과
      ① 안전도 향상　　　　　　　　　　② 열차회수 증대로 수송력 증강
      ③ 운전업무 취급의 간소화　　　　　④ 선로설비 보수능률 향상
4. 열차운행종합제어장치(TTC)
   1) 의의
      ① 역을 통하지 않고 열차의 운행상태를 직접 파악하여 신호기, 전철기 등을 중앙으로부터 제어하는 장치이다.
      ② 열차 착발시각의 기록, 출발지령신호, 행선안내표시, 안내방송 등의 자동화를 행하기도 한다.
   2) 주요 기능
      ① 필요한 열차 다이어그램(Diagram)을 작성한다.
      ② 열차의 진로를 제어한다.
      ③ 열차의 다이어그램을 변경한다.
      ④ 열차의 안내 정보 및 역의 상태를 모니터 한다.
      ⑤ 운전 계통을 감시한다.
      ⑥ 운행 열차를 추적해서 LDP(Large Display Panel)에 표시하고 모니터 한다.
      ⑦ 각종 고장 정보를 모니터 한다.
   3) 구성
      ① 표시반
      ② 제어용 콘솔
      ③ 데이터 전송장치
         ㉮ TTC방식: 평상시에 사용
         ㉯ CTC방식: TTC방식의 사용이 힘들 때 사용
         ㉰ Local방식: 관제실이 아닌 현장에서 직접 제어하는 방식
5. 신호제어 설비
   1) 열차간격 제어설비
      ① 폐색장치: 자동폐색장치, 연동폐색장치, 통표폐색장치, 차내신호폐색장치
      ② 열차자동정지장치(ATS)　　　　　③ 열차자동제어장치(ATC)
      ④ 열차자동방호장치(ATP)　　　　　⑤ 통신기반열차제어장치(CBTC)

2) 열차진로 제어설비
    ① 신호기장치   ② 궤도회로장치   ③ 선로전환기장치
    ④ 연동장치   ⑤ 열차집중제어장치(CTC)   ⑥ 신호원격제어장치

3) 운전보안 및 정보화설비
    ① 건널목보안장치   ② 선로지장물검지장치   ③ 낙석검지장치
    ④ 분기기융설장치   ⑤ 지진경보장치   ⑥ 여객자동안내장치

6. 운전보안장치

1) 열차자동정지장치(ATS: Automatic Train Stop)

열차가 지상에 설치된 신호기의 현시 속도를 초과하면 열차를 자동으로 정지시키는 장치

2) 열차자동제어장치(ATC: Automatic Train Control)

선행열차의 위치와 선로조건에 의한 운행속도를 차상으로 전송하여 운전실 내 신호현시 창에 표시하며, 열차의 실제 운행속도가 이를 초과하면 자동으로 감속시키는 장치

3) 열차자동방호장치(ATP: Automatic Train Protection)

열차운행에 필요한 각종 정보를 지상장치를 통해 차량으로 전송하면 차상의 신호현시창에 표시하며 열차의 속도를 감시하여 일정속도 이상을 초과하면 자동으로 감속·제어하는 장치

4) 열차자동운전장치(ATO: Automatic Train Operation)

열차가 정거장을 발차하여 다음 정거장에 정차할 때까지 가속, 감속, 정거장에서의 정위 치 정차 등을 자동으로 수행하면서 ATC의 기능도 포함하고 있고, 무인운전도 가능하다.

제 21 절   **궤도회로**

1. 궤도회로의 의의(Track Circuit)

1) 레일을 전기회로의 일부로 사용하여 회로를 구성하고 그 회로를 차량의 차축에 의해 레일 간을 단락함에 따라 신호장치, 선로전환장치, 기타의 보안장치를 직접 또는 간접으로 제 어할 목적으로 설치되어 열차의 유무를 검지하기 위한 전기회로이다.

2) 열차의 궤도점유 유무를 감지하기 위하여 레일을 전기적으로 구성한 회로이다.

3) 레일을 전기회로로 이용하여 열차 위치를 검지하고 차량속도코드를 전송함으로써 지상신 호방식 및 차내신호방식에 있어 신호제어설비를 직접 또는 간접적으로 제어하는 데 목적 이 있다.

2. 궤도회로의 구성요소

1) 전원장치: 각 궤도회로마다 설치하며 직류궤도회로는 정류기·축전지·궤도송신기로, 교류 궤도회로는 궤도변압기·주파수변압기·송신기 등으로 구성된다.

2) 한류장치: 궤도회로가 단락되었을 때 전원장치에 과전류가 흐르는 것을 제한하여 기기를 보호하고 착전 전압을 조정한다.

3) 궤도절연: 인접 궤도회로와 전기적으로 절연하기 위해 설치한다.

4) 레일본드: 레일이음매 부분의 전기저항을 적게 해서 신호전류와 전차선 귀선전류가 잘 흐르도록 전선 등의 도체로 연결한다.

5) 점퍼선: 궤도회로의 어느 한쪽으로부터 떨어진 같은 극성의 궤도 상호간 또는 궤도회로 기기와 접속시키는 전선이다.

6) 궤도계전기: 궤도회로 내에서 열차 또는 차량의 유무를 최종적으로 나타내는 기기이다.

3. 궤도계전기의 역할과 성능

1) 궤도계전기의 동작에 의해 신호현시를 변경시키거나 열차 통과 중에 선로전환기를 전환할 수 없도록 쇄정하는 조건을 주는 등 중요한 역할을 한다.

2) 성능
   ① 전류의 변화에도 확실하게 여자될 것(동작이 확실할 것)
   ② 다른 전기회로의 영향을 받지 않을 것
   ③ 제어구간의 길이가 길고 소비전력이 적을 것

3) 종류
   ① 사용하는 전원에 따라 직류형과 교류형 궤도계전기로 분류한다.
   ② 직류형은 바이어스 및 무극과 유극 궤도계전기, 교류형은 1원형 및 2원형 궤도계전기로 분류한다.

4. 고전압 임펄스궤도회로의 구성요소

1) 전압안정기: 송신기에 AC전원을 안정되게 공급하기 위한 기기이다.

2) 송신기: 정류부, 송신부, 제어부로 구성된다.

3) 수신기: 수신된 비대칭 파형의 임펄스는 궤도계전기를 동작시키기 위한 적정 비율의 파형으로 나타난다.

4) 궤도계전기: 동작에 필요한 직류 전원을 공급하는 수신기에 연결되어 충분한 진폭 및 정확한 비대칭파를 가진 펄스인가를 확인하여 동작한다.

5) 임피던스본드: 전차선의 귀선전류를 흐르게 하고 인접 궤도회로에는 신호전류의 흐름을 차단한다.

제3장 [철도 전기·신호]
기출예상문제

01 전철화의 필요성이 아닌 것은?

① 수송능력 증강 　 ② 수송원가 절감 　 ③ 에너지 이용 증대 　 ④ 환경개선

해설 전기철도의 효과
1. 수송능력 증강: 철도의 수송능력은 열차당 편성량수와 운전속도 등에 의해 정해지는데 일반적으로 전기기관차는 견인전동기의 출력이 커서 급한 구배에서도 높은 속도로 운전이 가능하며 정차장 간격이 짧은 도시철도 구간의 전동차는 가속도와 감속도가 크므로 고빈도 운전으로 열차회수를 높일 수 있어 대량수송이 가능하다.
2. 에너지(Energy) 이용효율 증대: 철도운전수단별 에너지 이용효율을 비교하면 디젤기관차와 전기기관차 간의 에너지 소비율 차이는 약 25% 정도 전기기관차가 에너지 절약효과가 있다.
3. 수송원가 절감(유지보수 비용절감): 디젤기관차에 비해 전기기관차는 내연기관 등 설비가 적어 유지보수 비용이 40% 정도 감소되고, 차량의 내구연한도 2배가 길며 차량중량도 줄어 궤도 보수비용도 절감된다.
4. 환경개선: 매연이 없고 소음이 적어서 공해문제가 심각한 상황에서 장점이 돋보이는 환경 친화적인 설비이다. 또한 도시철도의 지하구간의 전철화는 그 특성상 필수적이다.

02 최근 전동열차에서 가장 많이 쓰이는 전력공급방식은?

① 직류식 　 　 ② 삼상교류방식 　 ③ 단상교류방식 　 　 ④ 제3레일방식

해설 전기철도의 분류
1. 전원에 의한 분류
   1) 직류식: 600V, 750V, 1200V, 1500V, 3000V
   2) 단상교류식: 12KV·16.7Hz, 11KV·25Hz, 20KV·50Hz, 25KV·60Hz
   3) 삼상교류식: 3KV·16 Hz, 6KV·25Hz
2. 전력공급방식에 의한 분류
   1) 가공전차선방식(Over head contact wire system)
   2) 제3레일방식(Third rail system)

정답 1 ③ 2 ①

03 다음 중 전차선의 구비조건으로 틀린 것은?

① 전기의 전도율이 작고 내열성이 좋을 것
② 마모에 강할 것
③ 횡방향하중, 수직방향하중에 견딜 수 있을 것
④ 건설 및 유지비용이 적을 것

해설 전차선의 구비조건
1. 기계적 강도가 커서 자중뿐 아니라 강풍에 의한 횡방향하중, 적설·결빙 등의 수직방향하중에 견딜 수 있을 것.
2. 전기의 전도율이 크고 내열성이 좋을 것.
3. 굴곡에 강하여 전차선의 취급을 용이하게 하기 위해 어느 정도의 굴곡에는 견디어야 할 것.
4. 건설 및 유지비용이 적을 것.
5. 마모에 강할 것.

04 다음 중 전차선의 구비조건으로 틀린 것은?

① 건설 및 유지비용이 적을 것   ② 굴곡에 약할 것
③ 도전율이 크고 내열성이 좋을 것   ④ 마모에 강할 것

해설 전차선의 구비조건

05 전차선의 구비조건으로 틀린 것은?

① 건설 및 유지비용이 적을 것   ② 마모성이 클 것
③ 어느 정도의 굴곡에는 견디어야 할 것   ④ 전기의 전도율이 크고 내열성이 좋을 것

해설 전차선의 구비조건

06 전차선과 팬터그래프의 이선현상 방지대책으로 틀린 것은?

① 등고   ② 등요   ③ 등장력   ④ 가선금구류 중량화

해설 팬터그래프(전차선)의 이선
1. 전차선의 이선현상
   팬터그래프와 전차선은 차량이 주행함에 따라서 계속 접촉된 상태여야 하지만 속도를 높이면 일시적으로 팬터그래프가 전차선에서 순간적으로 이탈하는 현상이 발생하는 것
2. 이선현상 방지대책: 등고(等高), 등요(等搖), 등장력(等張力)
   1) 등고: 레일면에서 전차선의 높이가 일정하여야 하는 것

정답 3 ① 4 ② 5 ② 6 ④

2) 등요: 전차선의 탄성이 전 구간에서 균일하여야 하는 것

3) 등장력: 전차선의 장력이 항상 일정하여야 하는 것

07 전차선의 편위가 바르게 짝지어진 것은?

① 표준 200m − 최대 250m

② 표준 250m − 최대 200m

③ 표준 150m − 최대 200m

④ 표준 300m − 최대 250m

해설 전차선의 편위

1. 전차선과 궤도중심선과의 거리를 편위라 한다.

2. 전차선 편위의 한계는 팬터그래프의 집전 유효 폭을 약 1m로 보고 차량의 동요에 따른 팬터그래프 경사를 고려하여 좌우 최대편위를 250mm로, 표준편위를 200mm로 정하고 있다.

3. 팬터그래프의 편마모를 방지하기 위하여 직선로 및 곡선반경 1,600m 이상의 선로에서는 전주 2개 사이를 일주기로 좌우 교대로 200mm의 편위를 두도록 하고 있다. 이것을 지그재그가선이라 한다.

08 전기철도에 있어 교류방식의 장점은?

① 절연 이격거리가 짧아 터널 단면이 작아진다.

② 통신유도장애가 적다.

③ 점착성능이 우수하여 소형으로 큰 하중을 견인할 수 있다.

④ 차량 가격이 저렴하다.

해설 교류방식과 직류방식의 비교

구분			교류(25kV)	직류(1,500V)
지상 설비	전철 설비	변전소	변전소간격 30−50km 정도로 변압기만 설치하면 되므로 지상설비비 저가	변전소간격이 5−20km, 변압기와 정류기가 필요하여 지상설비비 고가
		전차선로	고전압 저전류로 전선을 가늘게 할 수 있어 전선 지지 구조물 경량	저전압 고전류로 전선이 굵어 전선 지지 구조물 중량
		전압강하	저전류로 전압강하가 적어서 직렬콘덴서로 간단히 보상	대전류로 전압강하가 커서 변전소, 급전소의 증설이 필요
		보호설비	운전전류가 작아 사고전류 판별용이	운전전류가 커서 사고전류 선택차단 어려움
	부대 설비	통신유도장애	유도장애가 커서 BT 또는 AT방식 등 장애방지 유도대책이 필요(케이블화)	특별한 대책 필요 없음
		터널과 구름다리의 높이	고압으로 절연이격거리가 커야 하므로 터널 단면 커짐	저전압으로 교류에 비해 터널 단면, 구름다리 높이 축소 가능
차량		차량가격	전력변환장치 복잡 차량가격 고가	교류에 비해 저렴
		급전전압	차량 내의 변압기로 고전압 사용 가능	고전압 사용 불가

	집전장치	집전전류가 작아 소형경량으로 제작 가능하며 전차선과의 접촉양호	집전전류가 커서 대형으로 전차선과의 접촉이 좋지 않음
	기기보호	교류 소전류 차단과 사고전류의 선택차단이 용이	사고전류 선택차단이 곤란
	속도제어	변압기 tap절환으로 속도제어가 쉬움	속도제어가 어려움
	점착특성	점착성능 우수, 소형으로 큰 하중 견인가능	점착성능 좋지 않아 대출력 필요
	부속기기	변압기를 통해 여러 전원 확보가 용이	전원설비가 복잡해짐
공 해		유도작용에 의한 잡음으로 TV, 라디오 등 무선통신설비 장애유발	땅속의 관로 및 선로 등의 전식 유발

09 직류방식과 교류방식의 설명으로 틀린 것은?

① 직류는 집전전류가 커서 대형으로 전차선과의 접촉이 좋지 않다.
② 직류는 전선이 굵어 전선 지지 구조물이 중량이다.
③ 교류는 운전전류가 커서 사고전류 판별이 어렵다.
④ 교류는 고압으로 절연이격거리가 커야 하므로 터널 단면이 커진다.

해설 교류방식과 직류방식의 비교

10 직류 전기철도의 장점으로 틀린 것은?

① 터널이나 교량 등에서 절연거리를 짧게 할 수 있다.
② 전압이 낮기 때문에 전차선로나 기기의 절연이 쉽다.
③ 운전전류가 작아 사고전류 판별이 용이하다.
④ 차량가격이 교류방식에 비하여 싸다.

해설 교류방식과 직류방식의 비교

11 전차선 절연구간 편위로 맞는 것은?

① 200mm　　　　② 250mm　　　　③ 150mm　　　　④ 300mm

해설 전차선의 편위
1. 절연구간(絕緣區間, Neutral section, 데드섹션)은 전력공급 방식이 달라 일시적으로 전력공급이 끊어지는 구간이다. 통상적인 상황에서 열차는 이 구간에 진입 전까지 계속 주행하고 있으므로 관성을 이용하여 통과할 수 있다.
2. 편위는 전기 기관차 따위에서 팬터그래프에 있는 습동판의 편마모를 방지하기 위하여 전차선이 궤도 중심에서 좌우로 치우친 상태로 절연구간의 편위는 250mm이다.

정답 9 ③ 10 ③ 11 ②

12 교류 25KV 전차선로 가압부분 급전선 및 전차선과 접지물 간 절연 이격거리는?

① 1,200mm 이상   ② 500mm 이상   ③ 300mm 이상   ④ 200mm 이상

> **해설** 대지절연 이격거리
>
> 1. 가공 전차 선로와 교량, 터널, 과선교 등의 건조물이 접근 또는 교차하는 경우에 전차선로가 이들에 대하여 위험을 초래하지 않도록 급전선, 전차선, 조가선 등의 가압 부분과 접지물 간의 절연거리를 규정하고 있다.
> 2. 대지절연 이격거리

종별	DC 1,500V	AC 25kV
표준 이격거리	250mm 이상	300mm 이상

13 교류 전차선로의 접지시설 설치기준으로 틀린 것은?

① 일반인이 접근하기 어려운 지역에 있는 경우 연속 정격 전위가 100볼트 이하가 되도록 한다.
② 순간 정격 전위가 650볼트 이하가 되도록 한다.
③ 사람이 접촉되었을 때 인체 통과 전류가 15밀리암페어 이하가 되도록 한다.
④ 일반인이 접근하기 쉬운 지역에 있는 경우 연속 정격 전위가 60볼트 이하가 되도록 한다.

> **해설** 교류 전차선로의 접지시설 설치기준
>
> 1. 사람이 접촉되었을 때 인체 통과 전류가 15밀리암페어 이하가 되도록 한다.
> 2. 일반인이 접근하기 쉬운 지역에 있는 경우 연속 정격 전위가 60볼트 이하가 되도록 한다.
> 3. 일반인이 접근하기 어려운 지역에 있는 경우 연속 정격 전위가 150볼트 이하가 되도록 한다.
> 4. 순간 정격 전위가 650볼트 이하가 되도록 한다.
> * 접지 단자함은 약 250m 간격으로 설치한다.

14 전차선로 일부분에 사고가 발생하는 경우 또는 보수작업을 위하여 정전의 필요가 있을 경우 등 급전구간을 분할하여 다른 구간의 열차운전에 지장이 없도록 하기 위한 목적으로 하는 설비는 무엇인가?

① 구분장치   ② 조가방식   ③ 단로기   ④ 급전장치

> **해설** 전차선로의 구분장치
>
> 1. 사고 혹은 작업상의 이유로 정전시켜야 할 경우 그 영향을 사고구간 또는 작업구간에 한정시키고 기타 구간은 급전상태를 유지하기 위하여 전차선에 절연체를 삽입하여 팬터그래프가 전차선과 접촉할 때 열차운행에 지장이 없도록 한 장치를 섹션(Section) 혹은 구분장치라고 한다.
> 2. 전차선로 구분장치의 종별
>   1) 전기적 구분장치: 에어섹션, 애자섹션, 절연구분장치, 비상용 섹션
>   2) 기계적 구분장치: 에어조인트, T－Bar 조인트, R－Bar 조인트

정답 12 ③   13 ①   14 ①

15 전차선로의 구분장치에 해당하지 않는 것은?

① 급전장치　　　② 에어조인트　　　③ 에어섹션　　　④ 절연구분장치

해설　전차선로의 구분장치

16 집전부분 전차선에 절연물을 넣지 않고 절연하여야 할 전차선 상호 평행부분을 일정한 간격으로 유지하여 공기의 절연을 이용한 전기적 구분장치는?

① 급전장치　　　② 에어조인트　　　③ 에어섹션　　　④ 절연구간

해설　에어섹션(Air section)
1. A, B전원이 같은 종류, 같은 상으로 팬터그래프가 양쪽 전차선을 같이 접촉하여도 무방한 경우에 설치하며 열차가 이 구간을 통과할 때 열차 내에 정전현상은 없다. 따라서 열차는 항상 역행운전이 가능하며 특별한 추가부담 없이 설치가 간단하고 경제적이다.
2. 평행부분의 전차선의 이격거리는 300mm를 원칙으로 한다.

17 전차선 가선 시 무한정 가선할 수 없으므로 작업의 편리성을 위해 온도 변화 등에 의한 전차선의 신축 때문에 전차선을 일정 길이마다 인류하기 위해 설치하는 기계적인 구분장치는?

① 급전장치　　　② 에어조인트　　　③ 에어섹션　　　④ 절연구간

해설　에어조인트(Air Joint)
1. 다른 구분장치들이 전기적 구분을 목적으로 하고 있음에 반해 전기적으로는 접촉하고 있으면서 전차선을 기계적으로 구분하여 주는 장치이다.
2. 전차선을 한없이 길게 가설한다면 이도(弛度), 즉 처짐을 조정할 수 없으며 취급하기도 곤란할 뿐 아니라 자동장력 조정장치의 중추(重錘)의 동작범위가 지지점의 지상높이에 의해 한정되어 있으므로 전선의 선팽창계수와 온도변화의 범위에 의해 인류(引留) 간격이 한정될 수밖에 없다
3. 따라서 중간 중간에 전차선을 약 1,600m 이하로 구분 절단하여 자동으로 장력을 조정하는 것이 에어조인트의 설치 이유이다
4. 이때 인류와 다음 인류구간의 전선이 서로 교차되는 평행개소가 반드시 생기게 되며 이 평행개소를 균압선을 이용하여 전기적으로 접촉시킨 것이 에어조인트이다.
5. 기계적으로 완전히 구분된 별개의 설비를 전기적으로 균압선을 사용하여 접속한 것을 말한다.

정답　15 ①　16 ③　17 ②

18 애자섹션에 대한 설명으로 옳은 것은?

① 전차선로의 전기적 구분장치로 건넘선 및 측선에 설치하는 경우에는 가급적 본선으로 부터 멀리 이격시켜 설치한다.
② 다른 구분장치들이 전기적 구분을 목적으로 하고 있음에 반해 전기적으로는 접촉하고 있으면서 전차선을 기계적으로 구분하여 주는 장치이다.
③ 에어조인트, 절연구간과 함께 기계적 구분장치이다.
④ 대지로의 누설전류를 경감시키기 위해 주변전소로부터 3상 교류를 곳곳에 분산된 정류 포스트에서 수전하여 직류로 변성시킨 뒤 전차선에 공급하는 방식이다.

> **해설** 애자섹션
> 1. 전차선로의 구분장치 중에 에어섹션과 함께 전기적 구분장치이다.
> 2. 주로 본선의 상하건넘선, 본선과 측선, 검수고, 출입고선 등을 절연 구분하는 장치로 사고나 정전 시에 사고구간과 작업구간으로 한정하고 다른 구간에는 급전을 가능하게 하는 설비이다.
> 3. 건넘선 및 측선에 설치하는 경우에는 가급적 본선으로부터 멀리 이격시켜 설치한다.

19 급전구간의 레일과 대지 간의 누선전류 경감을 목적으로 설치하는 것은?

① 정류포스트   ② 변압기   ③ 급전타이포스트   ④ 에어조인트

> **해설** 급전방식
> 1. 병렬급전식
>   양측 변전소로부터 모두 급전하는 방식으로 급전선, 전차선을 병렬로 설치하고 레일을 귀선으로 이용한다. 한국에서는 이게 표준이다.
> 2. 정류포스트식
>   대지로의 누설전류를 경감시키기 위해 주변전소로부터 3상 교류를 곳곳에 분산된 정류포스트에서 수전하여 직류로 변성시킨 뒤 전차선에 공급하는 방식이다. 정류포스트에는 변성용 변압기, 정류기만을 설치하고, 고속도차단기 등의 보호설비는 부하중심인 주변전소에만 설치하여 건설비용을 절감한다.

20 직류전철방식에서 전차선 전압강하를 경감하기 위해 선로 말단이나 중간에 상선과 하선을 차단기를 통해 연결하는 설비는?

① 정류포스트   ② 변압기   ③ 급전타이포스트   ④ 에어조인트

> **해설** 전차선로의 급전설비
> 1. 급전타이포스트(TP): 직류전철방식에서 전차선 전압강하를 경감하기 위해 선로 말단이나 중간에 상선과 하선을 차단기를 통해 연결하는 설비
> 2. 급전구분소(SP): 변전소와 변전소 사이에 단로기와 차단기를 설치한 설비
> 3. 보조급전구분소(SSP): 변전소와 급전구분소 사이에 설치되어, 점검 또는 사고 발생 시 피해범위를 최소화하기 위해 단로기, 차단기를 설치한 설비

정답 18 ① 19 ① 20 ③

4. 단말보조급전구분소(ATP): 전차선로의 말단에 전압강하 보상 및 유도장해 경감을 목적으로 단권변압
   기(AT)를 설치한 시설
5. 병렬급전소(PP): 급전계통에서 상선과 하선을 평소에는 전기적으로 연결하여 전압강하 보상과 회생전
   력 배분을 수행하는 설비

21 전차선의 가선방식이 아닌 것은?

① 가공식   ② 강체가선식   ③ 흡상식   ④ 제3궤조방식

해설 전차선로의 가선방식에 의한 분류
1. 가공식
   1) 가공 단선식
      전차선을 궤도상부에 가설하고, 레일을 귀선으로 하는 방식으로 가선 구조가 간단하여 설비비 및
      보수비가 저렴하다. 결점으로는 누설전류에 의한 전식의 피해가 크다.
   2) 가공 복선식
      플러스와 마이너스 2가닥의 전차선을 궤도 상부에 가선하는 방식으로 노면전차 등에 사용되는데
      가공 단선식보다 전식이 적다(이점).
2. 제3궤조방식
   전차선 대신 운전용 궤도와 병행으로 급전궤도를 부설하여 집전하는 방식이며 지하철이나 터널 등에
   채용되는 방식으로 절연기술의 발달과 전차선 단선사고의 우려가 없고 구조가 간단한 장점이 있어 도
   시고가철도 등에서 채택되고 있으나, 감전의 우려가 있는 것이 단점이다.
3. 강체식
   신교통시스템이나 모노레일 등에서 고무타이어 주행차량의 경우에 사용된다.

22 전차선을 궤도 상부에 가선하고, 운전용 궤도를 귀선으로 하는 급전방식은?

① 가공 단선식   ② 가공 복선식   ③ 제3궤조 방식   ④ 커티너리 방식

해설 전차선로의 가선방식에 의한 분류

23 전차선 대신 운전용 궤도와 병행으로 급전궤도를 부설하여 집전하는 방식은?

① 가공 단선식   ② 가공 복선식   ③ 커티너리 방식   ④ 제3궤조 방식

해설 전차선로의 가선방식에 의한 분류

정답 21 ③   22 ①   23 ④

24 전차선로 조가방식이 아닌 것은?

① 심플커티너리 조가방식
② T−Bar 방식
③ 직접 조가방식
④ 강체 조가방식

해설 전차선을 지지하는 방법(조가방식별 분류)

1. 직접 조가방식

    조가선을 설치하지 않고 직접 전차선을 늘어뜨리는 방식으로 비용이 싸다는 장점도 있으나 조가점이 경점이 되는 단점도 가시고 있어 저속 주행하는 역구내 측선이나 노면전차선으로 사용되는 정도이다.

2. 커티너리 조가방식

    1) 심플커티너리 조가방식

        ① 전차선의 위쪽에 조가선을 설치하고 이 조가선에 행거(Hanger)나 드롭퍼(Dropper)로 전차선을 잡아매어 전차선의 처짐을 조가선이 흡수토록 함으로써 전차선은 레일상면으로부터 고저차 없이 일정한 높이로 되도록 하는 구조이다.

        ② 기온의 변화 등에 대응하여 신축 가능하도록 하고 항상 일정한 장력이 유지되도록 전차선의 끝에 활차를 매개로 하여 무거운 추를 매다는 중추식 자동 장력조절장치가 일반적으로 사용된다.

        ③ 본선 및 부본선은 헤비심플커티너리방식을, 측선과 건널선은 심플커티너리방식을 사용하고 있다.

        ④ 한국철도에서는 강체 조가방식을 설치한 지하구간 등을 제외하고는 모두 이 방식을 사용하고 있다.

    2) 변Y심플커티너리 조가방식

    3) 콤파운드커티너리 조가방식

3. 강체 조가방식

    1) 커티너리 방식으로는 터널의 단면적이 커질 수밖에 없기 때문에 가선식 지하철 등에서는 강체 조가방식이 사용된다.

    2) 강체 조가방식에는 T−bar 방식과 R−bar 방식이 있는데 T−bar 방식은 터널 천장에 알루미늄 합금제의 T형재를 애자(碍子)에 의해 지지시켜 놓고 이 아랫부분에 알루미늄제 이어(Ear)에 의해 전차선을 연결·고정한다. 알루미늄 합금제인 T형재가 급전선을 겸하면서 단선의 위험이 없고 터널의 높이를 낮게 할 수 있는 것이 최대의 장점이다.

    3) 최근 건설된 과천선과 분당선에 교류 25,000V 방식으로 건설하면서 강체 조가방식중에서 R−bar 방식을 채택하였다.

25 국내 지상구간의 전차선 방식으로 가장 기본적이고 대표적인 조가방식은?

① 심플커티너리 조가방식
② R−bar 방식
③ 직접 조가방식
④ 강체 조가방식

해설 전차선을 지지하는 방법(조가방식)

26 우리나라에서 주로 사용하는 지하구간의 전차선 조가방식은?

① 심플커티너리방식   ② 직접 조가방식   ③ 강체 조가방식   ④ T-bar 방식

> **해설** 전차선의 조가방식의 종류
> 1. 직접 조가방식: 비용이 싸다는 장점, 저속주행·노면전차 등 사용
> 2. 커티너리 조가방식: 우리나라에서 주로 사용하는 조가방식
>   1) 심플식: 심플, 헤비심플, 변Y형심플, 더블심플, 트윈심플
>   2) 콤파운드식: 콤파운드, 헤비콤파운드, 합성콤파운드
>   3) 사조식
> 3. 강체 조가방식: T-bar 방식, R-bar 방식(지하구간, 터널구간 등에서 사용)

27 전기동차 운행 도중 외부의 낙뢰(번개) 또는 써지 전류 등 전기동차에서 누설되는 전류가 전차선에서 대지로 접속하여 발생되는 귀전류를 강제적으로 부급전선에 흡상시키는 장치의 이름은?

① 단권변압기   ② 흡상변압기   ③ 정류기   ④ 피뢰기

> **해설** 전차선로의 급전방식에 의한 분류
> 1. 직접 급전방식
>   1) 전철변전소로부터 전차선으로 전력을 공급하고, 레일을 귀선으로 삼는 매우 간단한 방식이다.
>   2) 회로구성이 간단하기 때문에 보수가 용이하며 경제적이지만 전기차 귀선전류가 레일에 흐르므로 레일에서 대지누설전류에 의한 통신유도장해가 크고 레일전위가 다른 방식에 비해 큰 단점이 있다.
> 2. 흡상변압기 급전방식(BT급전방식)
>   1) 권선비가 1:1인 흡상변압기를 약 4km마다 직렬로 설치하여 귀선로(레일)에 흐르는 귀선전류를 부급전선으로 흡상시켜 통신선로의 유도장해를 경감하는 방식이다.
>   2) AT방식에 비해 비경제적이기 때문에 요즘에는 사용하지 않는다.
> 3. 단권변압기 급전방식(AT급전방식)
>   1) 급전선과 전차선 사이에 약 10km 간격으로 일부 권선을 공유하는 단권변압기를 설치하고, AT의 중성점을 레일과 연결하여 급전회로를 구성한다.
>   2) BT방식보다 전압강하에 자유롭고, 경제적이며, 열차의 고빈도 운행에 따른 부하 급증에 대응하기 위해 요즘 건설되는 전기철도는 이 방식을 채택한다.

28 급전방식에 의한 분류로 틀린 것은?

① 직접 급전방식   ② 흡상변압기 급전방식
③ 가공단선식 급전방식   ④ 단권변압기 급전방식

> **해설** 전차선로의 급전방식에 의한 분류

정답 26 ③ 27 ② 28 ③

29 뇌에 의한 이상 전압에 대하여 그 파고값을 저감시켜 전기기기를 절연 파괴에서 보호하는 장치는?

① 흡상변압기　　　② 단권변압기　　　③ 피뢰기　　　④ 정류기

해설　피뢰기

1. 뇌 또는 회로의 개폐 등으로 충격전압 발생 시 그 전류를 대지에 흐르게 함으로써 과전압을 제한하며, 기기나 회로 등의 절연을 보호하고, 또 속류를 단시간에 차단하여 계통의 상태를 본래대로 자복하는 보호장치
2. 교류 25kV 전차선로에서 뇌 또는 회로개폐에 의한 과전압을 제한하며 속류를 차단하는 보호장치
3. 피뢰기의 설치장소
　　1) 피뢰기는 흡상변압기 및 단권변압기의 1차측 및 2차측·급전용 케이블 단말에 설치한다.
　　2) 지상에 설치하는 피뢰기는 지표상 5m 이상 높이에 설치한다.
　　3) 피뢰기의 접지단자와 지중 접지도체 리드선과의 접속은 25㎟의 전력케이블을 사용하고, 지표상 2m 높이까지는 절연관으로 보호한다.
　　4) 피뢰기 누설전류 측정이 가능하도록 피뢰기 본체와 지지대 간 절연체 또는 절연애자를 삽입하여 시설한다.

30 전차선과 레일 사이를 이어 이상전압을 대지로 접지시켜 전차선을 보호하는 것은?

① 단권변압기　　　② 정류기　　　③ 흡상변압기　　　④ 피뢰기

해설　피뢰기

31 급전계통 구성 시 고려할 요소가 아닌 것은?

① 전압강하　　　　　　　　② 사고 시의 구분
③ 보호계전기의 보호범위　　④ 차량의 특성

해설　급전계통의 구성

1. 전철 급전계통이란 변전소로부터 급전거리, 전압강하, 사고 시의 구분, 보수 등을 고려하여 전차선로를 적당한 구간으로 나누어 급전, 정전이 가능하도록 한 전기적인 계통구성을 말한다.
2. 급전계통은 전압강하, 사고 시의 구분, 보호계전기의 보호범위 및 가선 범위 등과 관련하여 전철화 계획시 고려되어야 할 중요한 요소 중의 하나이다.

32 전기철도의 집전장치로 볼 수 없는 것은?

① 축전지　　　② 팬터그래프　　　③ 뷔겔　　　④ 제3궤조방식

정답　29 ③　30 ④　31 ④　32 ①

해설 집전장치

1. 의의: 철도차량 등에서 외부로부터 전력을 공급받기 위해 사용되는 장치
2. 종류
   1) 팬터그래프
   2) 뷔겔: 폴의 끝단에 가로대를 설치하여 전차선과의 접촉면을 점에서 선으로 바구어 횡변위에 대응할 수 있도록 한 것
   3) 집전봉: 차체로부터 긴 장대 1~2개를 들어올려서 가공가선에 접촉시켜 집전하는 방식
   4) 제3궤조 방식
   5) 가공가선식 방식

33 익스펜션조인트의 역할로 맞는 것은?

① 전차선의 열팽창과 수축을 흡수하는 장치
② 변전소와 변전소 사이에 단로기와 차단기를 설치한 설비
③ 곡선의 내측 레일을 궤간 외측으로 확대하는 장치
④ 전차선 상호 평행부분을 일정한 간격으로 유지하여 공기의 절연을 이용한 구분장치

해설 신축장치(Expansion Joint)

1. 전차선 축에 놓여 있는 익스펜션조인트는 강체 바(R-bar) 구간에서 온도변화로 인하여 발생되는 신축을 상쇄시켜 주는 역할을 한다.
2. 전차선의 열팽창과 수축을 흡수하는 장치로, 슬라이딩 판과 점퍼 케이블로 구성된다.
3. 기계적, 전기적 저항 없이 길이를 유지시켜 준다.

34 가스절연개폐장치(GIS)에 대한 특징으로 옳지 않은 것은?

① 설치면적이 축소된다.　　　② 설치기간이 단축된다.
③ 대형화로 넓은 공간을 차지한다.　　④ 안정성이 높다.

해설 가스절연개폐장치(GIS)의 특징

1. 종전의 옥외형 변전 설비에 비해 설치면적이 약 1/4 축소된다.
2. 모든 충전부는 접지된 탱크 내에 내장되고 SF_6 가스로 절연되어 감전 및 화재의 위험이 없고 안정성이 높다.
3. 도전부, 접속부, 절연부 등의 충전부가 전부 가스로 충전된 탱크 내에 완전 밀폐되어 염해, 먼지, 분진 등에 의한 오손이나 강풍, 낙뢰 등의 외부 영향을 받지 않아 신뢰성이 높다.
4. 열화나 마모가 적어 모선이나 단로기 등의 보수가 필요 없다.
5. 가능한 각 유닛별로 완전 조립된 상태로 공급하므로 설치가 간편하고 설치기간이 단축된다.
6. 조작 중에 발생하는 소음이 적고, 라디오·TV의 방해 전파를 줄일 수 있다.

정답 33 ① 34 ③

35 급전구분소에 관한 정의로 옳은 것은?

① 변전소와 변전소 사이에 설치하며 변전소 간의 동상 및 이상의 전원을 구분하여 급전계통의 구분, 연장 등을 하는 설비이다. 사고 시 또는 복구 시 단전구간을 축소시키고 작업을 용이하게 한다.
② 한국전력 변전소로부터 수전받아 변압기에 의해 전기차에 필요한 전압으로 변성하여 전차선로에 공급하는 역할을 한다.
③ 차량을 주행시키기 위하여 동륜을 구동시키는 전동기를 말한다.
④ 직류회로의 사고전류에는 고속도 차단기가 사용된다.

해설 급전구분소(Sectioning Post)
1. 역할
   1) 변전소와 변전소 사이에 설치하며 변전소 간의 동상 및 이상의 전원을 구분하여 급전계통의 구분, 연장 등을 하는 설비이다.
   2) 사고 시 또는 복구 시 단전구간을 축소시키고 작업을 용이하게 한다.
   3) 전압강하를 경감하고 평균화한다.
   4) 상시 개방상태로 운용한다.
2. 주요 구성 설비
   1) 단권변압기(AT구간만 해당)　　2) 차단기　　　　　　　　3) 단로기
   4) 계기용 변류기(CT)　　　　　　5) 계기용 변류기(PT)　　　6) 제어반
   7) 충전장치　　　　　　　　　　8) 보조 급전구분소(Sub Sectioning Post)

36 고속도 차단기의 종류가 아닌 것은?

① 정방향　　　　　　② 순방향　　　　　　③ 양방향　　　　　　④ 역방향

해설 고속도 차단기
1. 회로에 단락 전류 또는 역류 등의 이상 전압이 발생한 경우에 정지시간을 최대한 단축하여 고속도로 개극하고 이상 전류가 최대치에 도달하기 이전에 어느 일정치로 제한하여 차단하는 것으로, 직류 급전 회로의 사고 전류 차단에 사용하고 있다.
2. 고속도 차단기의 종류
   1) 정방향 고속도 차단기: 정상 전류와 동일 방향의 과전류에 대해 자동 차단을 수행하는 고속도 차단기
   2) 역방향 고속도 차단기: 정상 전류와 역방향의 전류에 대해 자동 차단을 수행하는 고속도 차단기
   3) 양방향 고속도 차단기: 정역 양방향의 전류에 대해 자동 차단을 수행하는 고속도 차단기

정답 35 ①　36 ②

37 고조파 대비방법으로 틀린 것은?

① 액티브필터 설치 ② 하이브리드파워필터 설치
③ 배전선의 선간전압의 평형화 ④ 고조파의 방해받는 기기 내량 감소

해설 고조파의 발생원인 및 저감대책
1. 고조파 발생원인
   1) 인버터, 컨버터 등의 전력변환장치 2) 전기로, 아크로 3) 송전선로의 코로나 방전
   4) 변압기나 전동기의 여자돌입전류 5) 전력용 콘덴서 6) 조명기기의 안정기 등
2. 고조파 저감대책
   1) 계통의 단락용량 증대 2) 공급배선의 전용선화 3) 배전선의 선간전압의 평형화
   4) 계통절체 5) 교류필터 설치 6) 액티브필터 설치
   7) 하이브리드파워필터 설치

38 운전보안장치의 특징으로 틀린 것은?

① ATC는 열차자동방호장치로 가속, 감속, 정거장에서의 정위치 정차 등을 자동으로 수행하는 장치이다.
② ATP는 열차운행에 필요한 각종 정보를 지상장치를 통해 차량으로 전송하면 차상의 신호현시창에 표시하며 열차의 속도를 감시하여 일정속도 이상을 초과하면 자동으로 감속·제어하는 장치이다.
③ ATS는 열차자동정지장치를 말한다.
④ ATO는 ATC의 기능도 포함하고 있고, 무인운전도 가능한 장치이다.

해설 운전보안장치
1. 열차자동정지장치(ATS: Automatic Train Stop)
   열차가 지상에 설치된 신호기의 현시 속도를 초과하면 열차를 자동으로 정지시키는 장치
2. 열차자동제어장치(ATC: Automatic Train Control)
   선행열차의 위치와 선로조건에 의한 운행속도를 차상으로 전송하여 운전실 내 신호현시창에 표시하며, 열차의 실제 운행속도가 이를 초과하면 자동으로 감속시키는 장치
3. 열차자동방호장치(ATP: Automatic Train Protection)
   열차운행에 필요한 각종 정보를 지상장치를 통해 차량으로 전송하면 차상의 신호현시창에 표시하며 열차의 속도를 감시하여 일정속도 이상을 초과하면 자동으로 감속·제어하는 장치
4. 열차자동운전장치(ATO: Automatic Train Operation)
   열차가 정거장을 발차하여 다음 정거장에 정차할 때까지 가속, 감속, 정거장에서의 정위치 정차 등을 자동으로 수행하면서 ATC의 기능도 포함하고 있고, 무인운전도 가능하다.

정답 37 ④ 38 ①

39 신호기장치에 대한 설명으로 틀린 것은?

① 철도신호는 운행조건을 기관사에게 지시하는 기능을 하는 것이다.
② 신호기장치는 승무원에게 열차운전 조건을 제시하여 주는 설비로서 열차의 진행 가부를 색이나 형으로 표시하는 것이다.
③ 종사원의 의지를 표시하는 것은 전호이다.
④ 운전조건을 지시하는 것으로 상치신호기와 종속신호기가 있다.

해설 신호기장치

1. 신호기장치는 승무원에게 열차운전 조건을 제시하여 주는 설비로서 열차의 진행 가부를 색이나 형으로 표시하는 것이다.
2. 철도신호는 운행조건을 기관사에게 지시하는 기능을 하는 것이다.
3. 종사원의 의지를 표시하는 것은 전호이다.
4. 운전조건을 지시하는 것으로 상치신호기와 임시신호기로 분류한다.

구분	형에 의한 것	색에 의한 것	형·색에 의한 것	음에 의한 것
신호	진로표시기	색등식신호기	입환신호기 완목식신호기	폭음신호
전호	제동시험전호	이동금지전호 추진운전전호	입환전호	기적전호
표지	차막이표지	서행허용표지	입환표지 선로전환기표지	−

40 상치신호기 중 종속신호기는?

① 엄호신호기 　　② 진로표시기 　　③ 원방신호기 　　④ 유도신호기

해설 신호기의 종류

1. 기능별 분류
   1) 주신호기: 장내신호기, 출발신호기, 폐색신호기, 유도신호기, 엄호신호기, 입환신호기
   2) 종속신호기: 원방신호기, 통과신호기, 중계신호기
   3) 신호부속기: 진로표시기
2. 구조상 분류
   1) 완목신호기
   2) 색등식신호기: 단등형신호기, 다등형신호기
   3) 등렬식신호기: 유도신호기, 입환신호기, 중계신호기
3. 조직상 분류: 수동신호기, 자동신호기, 반자동신호기
4. 신호현시별 분류
   1) 2위식 신호기: 진행, 정지 또는 주의, 진행
   2) 3위식 신호기
      ① 3현시: 진행, 주의, 정지
      ② 4현시: 진행, 감속, 주의, 정지 또는 진행, 주의, 경계, 정지
      ③ 5현시: 진행, 감속, 주의, 경계, 정지

정답 39 ④ 40 ③

5. 절대신호기와 허용신호기
   1) 절대신호기: 진행신호 외에는 절대로 신호기 내방에 진입 불가
   2) 허용신호기: 정지신호에도 일단 정지 후 제한속도로 신호기 내방에 진입 가능

41 다음 중 주신호기가 아닌 것은?

① 장내신호기　　　② 출발신호기　　　③ 폐색신호기　　　④ 통과신호기

[해설] 신호기의 종류

42 다음 중 5현시 신호의 종류가 아닌 것은?

① 경계신호　　　② 감속신호　　　③ 유도신호　　　④ 진행진호

[해설] 신호기의 종류
5현시 신호: ① 진행신호 ② 감속신호 ③ 주의신호 ④ 경계신호 ⑤ 정지신호

43 절대신호기에 해당되는 신호기가 아닌 것은?

① 장내신호기　　　② 출발신호기　　　③ 엄호신호기　　　④ 폐색신호기

[해설] 신호기의 종류

44 신호기에 대한 설명으로 틀린 것은?

① 폐색신호기는 폐색구간에 진입할 열차에 대하여 폐색구간의 진입 가부를 지시하는 신호기이다.
② 중계신호기는 장내, 폐색신호기 등에 종속하며 신호상태를 중계하는 신호기이다.
③ 통과신호기는 주로 비자동구간의 장내신호기에 종속하며 통과 여부를 예고하는 신호기이다.
④ 신호의 기능별 분류에서 진로표시기는 신호부속기로 분류된다.

[해설] 신호기의 종류
1. 통과신호기는 출발신호기에 종속되어 주로 장내신호기 하위에 설치하는 신호기로서 정거장의 통과 여부를 예고하는 신호기이다.
2. 중계신호기는 주로 자동구간의 장내, 출발, 폐색신호기에 종속하며 주신호기의 신호를 중계하기 위하여 설치하는 신호기이다.

[정답]　41 ④　42 ③　43 ④　44 ③

45 상치신호기의 설치위치로 틀린 것은?

① 1진로마다 1신호기를 설치하는 것을 원칙으로 한다.

② 출발신호기는 600m 이상의 거리에서 확인할 수 있어야 한다.

③ 소속선의 바로 위 또는 왼쪽에 세운다.

④ 유도신호기는 200m 이상의 거리에서 확인할 수 있어야 한다.

해설 상치신호기의 설치위치

1. 신호기는 소속선의 바로 위 또는 왼쪽에 세운다.
2. 2이상의 진입선에 대해서는 같은 종류의 신호기를 같은 지점에 세우는 경우, 각 신호기의 배열 방법은 진입선로의 배열과 같게 한다.
3. 신호기는 1진로마다 1신호기를 설치하는 것을 원칙으로 하며 특별한 경우에는 예외로 한다.
4. 같은 선에서 분기되는 2이상의 진로에 대하여 같은 종류의 신호기는 같은 지점 또는 같은 신호기주에 설치해야 한다.
5. 신호기는 그 신호현시가 다음의 확인거리를 확보할 수 있도록 하여야 한다.
   1) 장내신호기·출발신호기·폐색신호기·엄호신호기: 600미터 이상
   2) 수신호등: 400미터 이상
   3) 원방신호기·입환신호기·중계신호기: 200미터 이상
   4) 유도신호기: 100미터 이상
   5) 진로표시기: 주신호용 200미터 이상(입환신호기 부설 진로표시기는 100미터 이상)

46 신호기의 신호현시 확인거리로 옳은 것은?

① 장내신호기 – 500m 이상   ② 입환신호기 – 100m 이상

③ 유도신호기 – 100m 이상   ④ 원방신호기 – 100m 이상

해설 상치신호기의 설치위치

47 다음 중 노스 가동 분기기의 설명으로 맞는 것은?

① 선로 취약부로 열차 진동이 많다.

② 관절식 또는 탄성 포인트를 사용한다.

③ 볼트에 의한 조립식 또는 망간 크로싱을 사용한다.

④ 포인트에서 크로싱 후단까지 일정한 곡률을 유지한다.

정답 45 ④ 46 ③ 47 ④

노스 가동 분기기와 일반 분기기의 비교

구분	노스 가동 분기기	일반 분기기 크로싱
통과속도	100~230(km/h)	22~55(km/h)
분기기 길이	68~193(m)	26~47(m)
구 성	고망간 크래들 및 크로싱 노스 레일	볼트에 의한 조립식 또는 망간 크로싱
포인트	탄성 포인트	관절식 또는 탄성 포인트
선 형	포인트에서 크로싱 후단까지 일정한 곡률 유지	리드부만 곡선
안전성	안전성 및 승차감이 크게 개선	선로 취약부로 열차 진동이 많음

48 다음 분기기 중 배선에 의한 분류에 포함되지 않는 것은?

① 편개분기기   ② 양개분기기   ③ 천이분기기   ④ 곡선분기기

해설 분기기의 종류
1. 배선에 의한 분류: 편개분기기, 분개분기기, 양개분기기, 곡선분기기, 복분기기, 삼기분기기, 3선식분기기
2. 편개분기기의 종류: 좌분기기, 우분기기
3. 교차(cross)에 의한 종류: 다이아몬드크로싱, 한쪽건널교차, 양쪽건널교차
4. 교차와 분기기의 조합에 의한 분류: 건널선, 교차건널선
5. 특수용 분기기의 종류: 승월분기기, 천이분기기, 탈선포인트 , 간트렛트 궤도
6. 분기기 사용방향에 의한 호칭: 대향분기, 배향분기

49 다음 설명은 어떤 분기기에 대한 설명인가?

두 선로가 평면교차 하는 개소에 사용하며 직각 또는 사각으로 교차한다.

① 다이아몬드크로싱   ② 한쪽건널교차
③ 천이분기기   ④ 교차건널선

해설 분기기의 종류 중 교차(Cross)에 의한 종류
1. 다이아몬드(Diamond) 크로싱
   두 선로가 평면교차 하는 개소에 사용하며 직각 또는 사각으로 교차하는 것.
2. 한쪽 건널 교차(Single Slip Switch)
   1개의 사각다이아몬드 크로싱의 양 궤도 간에 차량이 임의로 분기하도록 건널선을 설치한 것.

정답 48 ③ 49 ①

50 다음 중 선로전환기의 정위로 옳지 않은 것은?

① 측선과 측선의 경우 주요한 방향
② 탈선 선로전환기는 탈선시키는 방향
③ 본선 또는 측선과 안전측선의 경우에는 본선의 방향
④ 단선에 있어서 상하 본선은 열차가 진입하는 방향

해설 선로전환기 장치

1. 분기부
   1) 하나의 선로로부터 다른 선로로 분기하는 장소에 사용되며 ① 선로전환기 부분(포인트 Point·전철기), ② 리드(Lead) 부분, ③ 크로싱(철차, Crossing) 부분의 세 부분으로 구성되어 있다.
   2) 분기기는 열차의 통과 방향에 따라 대향선로전환기와 배향선로전환기로 나누는데, 대향선로전환기의 경우에는 첨단의 밀착이 불량하면 열차가 탈선할 우려가 있다.
2. 선로전환기
   1) 분기부의 방향을 변환시키는 것을 선로전환기라 한다.
   2) ① 진로를 전환시키는 전환장치와, ② 전환된 선로전환기를 다시 전환되지 않도록 하는 쇄정장치로 구분된다.
   3) 선로전환기의 정·반위
      선로전환기가 항상 개통되는 방향을 정위라 하고 그 반대방향을 반위라 한다.
      ① 본선과 본선, 측선과 측선의 경우에는 주요한 방향이 정위
      ② 단선에 있어서 상하 본선은 열차가 진입하는 방향이 정위
      ③ 본선과 측선의 경우에는 본선의 방향이 정위
      ④ 본선 또는 측선과 안전측선의 경우에는 안전측선의 방향이 정위
      ⑤ 탈선 선로전환기는 탈선시키는 방향이 정위
3. 분기기의 방향
   1) 대향: 포인트에서 크로싱 방향(밀착상태가 약할 경우 탈선이 우려된다)
   2) 배향: 크로싱에서 포인트 방향(밀착상태 또는 다른 진로 개통에 따른 탈선우려는 없다)

51 분기기의 구성요소가 아닌 것은?

① 호륜레일   ② 리드   ③ 크로싱(철차)   ④ 포인트(전철기)

해설 선로전환기 장치

52 선로전환기 정위 중 틀린 것은?

① 탈선 선로전환기는 탈선시키지 않는 방향
② 본선과 측선의 경우 본선 방향
③ 본선과 본선, 측선과 측선은 주요한 방향
④ 본선 또는 측선과 안전측선은 안전측선 방향

해설 선로전환기 장치

정답 50 ③ 51 ① 52 ①

53 분기기에 대한 설명으로 틀린 것은?

① 열차가 분기기를 통과할 때 포인트에서 크로싱 방향으로 진입하는 경우를 대향이라 한다.
② 열차가 분기기를 동과할 때 크로싱에서 포인트 방향으로 진입하는 경우를 배향이라 한다.
③ 대향 선로 전환기가 배향 선로 전환기보다 안전하다.
④ 대향 선로 전환기가 배향 선로 전환기보다 위험하다.

해설 선로전환기 장치

54 분기기에 대한 설명으로 틀린 것은?

① 포인트에서 크로싱 방향으로 진입할 경우를 대향이라고 한다.
② 본선과 안전측선 상호간에는 본선의 방향을 정위라고 한다.
③ 크로싱에서 포인트 방향으로 진입할 경우를 배향이라고 한다.
④ 구조에 의한 크로싱의 분류로는 고정크로싱과 가동크로싱이 있다.

해설 구조에 의한 크로싱의 분류
1. 고정크로싱
2. 가동크로싱: 가동노스크로싱, 가동둔단크로싱, 가동K크로싱
3. 고망간크로싱

55 선로전환기의 분류 중 사용동력에 의한 분류가 아닌 것은?

① 수동선로전환기   ② 발조선로전환기
③ 동력선로전환기   ④ 삼지선로전환기

해설 선로전환기의 종류
1. 구조상의 분류
   1) 보통선로전환기: 텅레일이 2본 있고 좌우의 2개의 분기기에 사용한다.
   2) 삼지선로전환기: 텅레일이 4본 있고 좌·중·우의 3개의 분기기에 사용한다.
   3) 탈선선로전환기: 크로싱이 없는 선로전환기로 차량을 탈선시키는데 사용된다.
2. 사용동력에 의한 분류
   1) 수동선로전환기: 사람의 힘에 의해 선로전환기를 전환하는 것
   2) 발조선로전환기: 사람 및 스프링의 힘에 의하여 선로전환를 전환하는 것
   3) 동력선로전환기: 전기 및 압축공기의 힘에 의하여 선로전환기를 전환하는 것으로 전공 및 전기선로
      전환기가 있다.
3. 전환수에 의한 분류
   1) 단동선로전환기   2) 쌍동선로전환기   3) 삼동선로전환기

정답 53 ③ 54 ② 55 ④

56 선로전환기의 종류 중 구조상의 분류가 아닌 것은?

① 보통선로전환기   ② 수동선로전환기
③ 탈선선로전환기   ④ 삼지선로전환기

해설 선로전환기의 종류

57 선로전환기의 전환수에 의한 분류로 맞는 것은?

ㄱ. 수동선로전환기	ㄴ. 발조선로전환기	ㄷ. 쌍동선로전환기
ㄹ. 단동선로전환기	ㅁ. 삼동선로전환기	ㅂ. 탈선선로전환기

① ㄱ, ㄴ   ② ㄷ, ㄹ, ㅁ   ③ ㄱ, ㄴ, ㅂ   ④ ㄹ

해설 선로전환기의 종류

58 고속선의 선로 내에 열차의 안전운행을 지장하는 낙석, 토사, 차량 등의 물체가 침범되는 것을 감지하기 위해 설치한 장치는?

① 지장물검지장치   ② 끌림물검지장치
③ 차축온도검지장치   ④ 레일온도검지장치

해설 고속선 안전설비
1. 지장물검지장치(ID): 선로 내에 열차의 안전운행을 지장하는 낙석, 토사, 차량 등의 물체가 침범되는 것을 감지하기 위해 설치한 장치를 말한다.
2. 차축온도검지장치(HBD): 고속선을 운행하는 열차의 차축온도를 검지하는 장치를 말한다.
3. 끌림물검지장치(DD): 고속선의 선로상 설비를 보호하기 위해 기지나 일반선에서 진입하는 열차 또는 차량 하부의 끌림물체를 검지하는 장치를 말한다.
4. 기상검지장치(MD): 고속선에 풍향, 풍속, 강우량을 검지하는 장치를 말한다.
5. 터널경보장치: 터널 내의 유지보수 및 순회자의 안전을 위하여 열차가 일정구역에 진입 시 열차의 접근을 알려주는 경보장치를 말한다.
6. 레일온도검지장치: 혹서기에 레일온도의 상승으로 레일 장출사고를 예방하는 장치를 말한다.
7. 기타: 열차접근확인장치, 지진계측설비, 승강장비상정지버튼 등

정답 56 ② 57 ② 58 ①

59 열차 운행방식에 따른 폐색장치의 구성으로 틀린 것은?

① 수동폐색식   ② 자동폐색식   ③ 이동폐색식   ④ 연동폐색식

[해설] 폐색장치(열차운행방식)
1. 고정폐색 방식: 자동폐쇄식, 연동폐쇄식, 통표폐쇄식
   1) 시간간격법
      ① 일정한 시간 간격을 두고 연속적으로 열차를 출발시키는 방법
      ② 보안도가 낮기 때문에 통신두절 등 특수한 상황일 때에만 사용하는 것
   2) 공간간격법
      ① 열차와 열차 사이에 항상 일정한 공간을 두고 운행하는 방법
      ② 폐색구간을 정해서 운행하는 방식을 폐색식 운행이라 한다.
2. 이동폐색 방식
   궤도회로 없이 선·후행 열차 상호간의 위치 및 속도를 무선신호 전송매체에 의하여 파악하고 차상에서 직접 열차운행 간격을 조정함으로써 열차 스스로 이동하면서 자동 운전이 이루어지는 첨단 폐색 방식이다.

60 선·후행 열차 상호간의 위치 및 속도를 무선신호 전송매체에 의하여 파악하고 차상에서 직접 열차운행 간격을 조정하는 폐색방식은?

① 이동폐색방식   ② 고정폐색방식   ③ 자동폐색방식   ④ 연동폐색방식

[해설] 폐색장치(열차운행방식)

61 이동폐색방식의 특징이 아닌 것은?

① 열차운전 간격을 단축할 수 있다.
② 궤도회로 없이 선·후행 열차 상호간의 위치 및 속도를 파악하여 열차운행 간격을 조정한다.
③ 폐색구간의 길이에 의한 제한을 받지 않는다.
④ 폐색구간을 정해서 운행하는 방식이다.

[해설] 폐색장치(열차운행방식)

[정답] 59 ① 60 ① 61 ④

62 궤도회로의 설치이유(목적)는?

① 열차의 궤도점유 유무를 감지하기 위하여 레일을 전기적으로 구성한 회로이다.
② 인접 궤도회로와 전기적으로 절연하기 위해 설치한다.
③ 궤도회로가 단락되었을 때 전원장치에 과전류가 흐르는 것을 제한하는 목적으로 설치한다.
④ 같은 극성의 궤도 상호간을 접속시키는 회로이다.

해설 궤도회로의 의의(Track Circuit)
1. 레일을 전기회로의 일부로 사용하여 회로를 구성하고 그 회로를 차량의 차축에 의해 레일간을 단락함에 따라 신호장치, 선로전환장치, 기타의 보안장치를 직접 또는 간접으로 제어할 목적으로 설치되어 열차의 유무를 검지하기 위한 전기회로이다.
2. 열차의 궤도점유 유무를 감지하기 위하여 레일을 전기적으로 구성한 회로이다.
3. 레일을 전기회로로 이용하여 열차 위치를 검지하고 차량속도코드를 전송함으로써 지상신호방식 및 차내 신호방식에 있어 신호제어설비를 직접 또는 간접적으로 제어하는 데 목적이 있다.

63 궤도회로를 직접 이용하지 않는 장치는?

① CTC장치　　　② 폐색장치　　　③ 연동장치　　　④ ATS장치

해설 ATS장치는 신호기의 제어회로, ATS지상자와 연결되어 열차의 속도를 제어한다.

64 궤도회로의 구성요소가 아닌 것은?

① 전압안정기　　　② 점퍼선　　　③ 궤도계전기　　　④ 한류장치

해설 궤도회로의 구성요소
1. 전원장치: 각 궤도회로마다 설치하며 직류궤도회로는 정류기·축전지·궤도송신기로, 교류궤도회로는 궤도변압기·주파수변압기·송신기 등으로 구성된다.
2. 한류장치: 궤도회로가 단락되었을 때 전원장치에 과전류가 흐르는 것을 제한하여 기기를 보호하고 착전 전압을 조정한다.
3. 궤도절연: 인접 궤도회로와 전기적으로 절연하기 위해 설치한다.
4. 레일본드: 레일이음매 부분의 전기저항을 적게 해서 신호전류와 전차선 귀선전류가 잘 흐르도록 전선 등의 도체로 연결한다.
5. 점퍼선: 궤도회로의 어느 한쪽으로부터 떨어진 같은 극성의 궤도 상호간 또는 궤도회로 기기와 접속시키는 전선이다.
6. 궤도계전기: 궤도회로 내에서 열차 또는 차량의 유무를 최종적으로 나타내는 기기이다.

정답 62 ① 63 ④ 64 ①

65 궤도회로 한류장치의 주된 목적은?

① 축전지의 충전전류 조정
② 궤도회로 단락전류 제한
③ 궤도계전기 착전전압 조정
④ 전차선 귀선전류 통로

해설 궤도회로의 구성요소

66 궤도회로 중 레일본드의 설치 이유로 맞는 것은?

① 레일에 전류가 잘 흐르게 하기 위하여 설치한다.
② 레일의 강도를 높이기 위하여 설치한다.
③ 레일의 수량을 계산하기 위하여 설치한다.
④ 레일의 충격을 방지하기 위하여 설치한다.

해설 궤도회로의 구성요소

67 다음 중 궤도계전기에 대한 설명으로 틀린 것은?

① 여자전류가 다소 변경되더라도 확실히 여자되어야 한다.
② 동작전류가 커야 동작이 확실하며 손실이 없게 된다.
③ 제어구간의 길이는 가급적 긴 것이 바람직하다.
④ 소비전력이 적은 궤도계전기가 바람직하다.

해설 궤도계전기
1. 궤도회로 내에 열차 또는 차량의 유무를 최종적으로 나타내는 기기이다.
2. 궤도계전기의 동작에 의해 신호현시를 변경시키거나 열차 통과 중에 선로전환기를 전환할 수 없도록 쇄정하는 조건을 주는 등 중요한 역할을 한다.
3. 성능
    1) 전류의 변화에도 확실하게 여자될 것(동작이 확실할 것)
    2) 다른 전기회로의 영향을 받지 않을 것
    3) 제어구간의 길이가 길고 소비전력이 적을 것
4. 종류
    1) 사용하는 전원에 따라 직류형과 교류형 궤도계전기로 분류한다.
    2) 직류형은 바이어스 및 무극과 유극 궤도계전기, 교류형은 1원형 및 2원형 궤도계전기로 분류한다.

정답 65 ② 66 ① 67 ②

68 고전압 임펄스궤도회로의 구성요소가 아닌 것은?

① 전압안정기　　② 궤도계전기　　③ 임피던스본드　　④ 전압차단기

해설　고전압 임펄스궤도회로의 구성요소

1. 전압안정기: 송신기에 AC전원을 안정되게 공급하기 위한 기기이다.
2. 송신기: 정류부, 송신부, 제어부로 구성된다.
3. 수신기: 수신된 비대칭 파형의 임펄스는 궤도계전기를 동작시키기 위한 적정 비율의 파형으로 나타난다.
4. 궤도계전기: 동작에 필요한 직류 전원을 공급하는 수신기에 연결되어 충분한 진폭 및 정확한 비대칭 파를 가진 펄스인가를 확인하여 동작한다.
5. 임피던스본드: 전차선의 귀선전류를 흐르게 하고 인접 궤도회로에는 신호전류의 흐름을 차단한다.

정답　68 ④

제4장 철도 차량

제1절 차량의 편성

1. 철도차량의 편성
   1) 동력집중식 열차: KTX-1, KTX-산천, 디젤기관차·전기기관차 연결열차
   2) 동력분산식 열차: KTX-청룡, ITX-새마을호, ITX-마음, 전기동차
2. 동력집중방식과 동력분산방식의 특징 비교

구분	동력집중방식		동력분산방식	
가감속성	×	특히 상구배에서 속도를 내기 어렵다.	○	동력차의 수를 늘려 기동가속도를 향상시킬 수 있다.
운전성	×	기관차 고장 시 운전이 불가능하다.	○	동력차 일부가 고장 시에도 운전이 가능하다.
편성의 유연성	○	증결, 감차가 쉽다.	×	편성이 고정되어 있다.
방향전환	△	기관차의 교환 혹은 한쪽 기관차를 분리하여 다른 쪽에 연결하여야 한다.	○	양쪽에 운전실이 있어 방향전환이 필요없다.
선로의 부하	×	기관차의 하중이 크다.	○	분산되어 있어 선로의 부하가 적다.
쾌적성	○	객차의 소음·진동이 적다.	×	각 차량에 동력이 있어 소음·진동의 원인이 될 수 있다.
차량의 경제성	○	동력차의 수가 적어 값을 낮출 수 있다.	×	동력차가 많아 고가이다.
유지보수	○	유지보수가 쉽다.	×	동력차가 많아 유지보수가 어렵다.

3. 차량기호: 2가지 이상 조합으로 표기되기도 한다(Tc, M′, Mc′ 등)
   1) M(Motor): 구동차(주변환장치, 견인전동기)
   2) T(Trailer): 부수차
   3) T1(Trailer 1): 부수차로서 보조전원장치, 공기압축기, 축전지가 설치된 차량
   4) c(Cab): 운전실(제어차)
   5) Tc: 운전실을 갖춘 제어차
   6) ′(Pantograph): 집전장치(팬터그래프)가 있는 차량
4. 관절대차의 장단점
   1) 장점
      ① 진동이 적어 승차감이 좋다.

② 대차의 수량이 적어 차량이 가벼워져 에너지 소모가 절감된다.

③ 실내의 주행소음을 경감할 수 있다.

④ 무게중심이 낮아져 고속에서 더욱 안정성이 높다.

⑤ 사고발생 시 분리되거나 전복되는 것을 방지하는 역할을 한다.

⑥ 곡선구간 통과가 용이해진다.

⑦ 같은 건축한계라면 보다 넓은 폭의 차체를 이용할 수 있다.

2) 단점

① 유지보수가 번거로우며, 편성 조절이 어렵다.

② 비상상황에 열차 분리가 곤란하다.

③ 편성의 자유도가 낮아지며 보수에도 시간이 든다.

④ 차량 길이에 제한이 있는 한편, 대차의 축간거리는 어느 정도 길어야 한다.

⑤ 차축이 적기 때문에 축중이 증가하여 궤도 부담이 커진다.

⑥ 1량당 2축만으로 차량 하중을 지지함에 따라 차량 전체 길이가 짧아진다.

제2절 제동장치

1. 기초제동장치의 구비조건

1) 힘의 전달에 대하여 최대의 효율을 가질 것

2) 축중량에 대하여 차륜에 가하는 압력을 적당히 분포시켜 차륜이 활주하지 않을 범위에서 최대의 제동력을 발휘할 수 있을 것

3) 안전도는 높고 그 중량 및 형상이 작을 것

4) 제륜자 또는 차륜의 마모에 관계없이 항상 일정한 제동력을 얻을 수 있을 것

5) 보수 및 부품교환이 용이할 것

2. 제동장치의 종류

1) 동작원리에 의한 분류

① 기계적인 제동장치: 수동제동(수용제동), 공기제동, 전자제동, 전공제동

② 전기적인 제동장치: 와류제동, 발전제동, 회생제동, 레일제동, 혼합제동

2) 마찰력 발생 기구에 의한 분류: 답면제동, 디스크제동, 드럼제동, 레일제동

3) 조작방법에 의한 분류: 상용제동, 비상제동, 보안제동, 주차제동, 정차제동

3. 기계식 제동장치

1) 수용제동: 정차 중인 차량의 전동방지용으로 설치하는 것이며 원시적인 제동방법이다.

2) 공기제동: 압력공기를 사용하여 제동력을 발휘하도록 만든 제동장치로써 자동공기제동장치와 직통공기제동장치로 구분한다.

4. 전기식 제동장치

　1) 발전제동: 직류직권전동기의 특성 활용

　　① 견인전동기는 발전기와 구조가 같다. 타력 운행할 때 동력회로 결선을 전동기에서 발전기로 변경시켜 열차의 운동에너지를 전기에너지로 변환하여 저항기에서 소모시키는 과정을 통해 제동력을 얻는 것이다.

　　② 발전제동은 견인전동기가 장치된 차량에서만 사용 가능하고 열차 속도가 저속인 경우에는 운동에너지가 작아 소정의 제동효과를 얻을 수 없으므로 감속용으로만 사용해야 하는 단점이 있다.

　2) 회생제동: 발전제동 시 발생된 전력을 전차선에 반환

　　① 기본원리는 발전제동과 같으나 다른 점은 발전제동 시 발전된 전력을 저항기에서 소모시키는 대신 전차선에 반환하여 변전소로 송전함으로써 다른 동력차에서 사용 가능하도록 하는 제동장치이다.

　　② 이 제동방법을 사용하기 위해서는 전차선, 전압변환장치 및 주파수변환장치 등을 설치해야 하는 어려움이 있다.

　3) 레일제동: 레일과 차량 간 반대극성의 자력 이용

　　　　자기력을 이용한 제동방법으로 레일과 차량에 서로 반대되는 극성을 가진 기력을 발생시켜 레일이 차량을 끌어당기도록 하여 제동력을 얻는 제동장치이다.

　4) 와류제동: 궤간에 별도 와류장치 설치

　　　　레일제동과 유사한 방법이나 이것은 궤도에 별도의 와류 발생장치를 설치하여 자력선에 의한 와류를 일으켜 제동효과를 발생시키는 장치이다.

　5) 혼합제동

　　공기제동장치와 전기제동장치가 혼합하여 작용하도록 한 제동장치로 전기제동장치만으로는 열차를 정차시킬 수 없으므로 혼합제동 방식을 사용하고 있다.

5. 발전제동의 장단점

　1) 발전제동의 장점

　　① 제동장치의 이완이나 차륜의 찰상 등의 현상이 없다.

　　② 균일한 제동력을 얻을 수 있다.

　　③ 공주시간이 단축된다.

　　④ 환경오염 유발을 억제할 수 있다.

　　⑤ 연속된 내리막 선로에서 속도제어가 쉽다.

　　⑥ 큰 평균감속력을 얻을 수 있다.

　2) 발전제동의 단점

　　① 공기제동장치가 필요하다.

　　② 발전 제동에 필요한 저항기가 필요하다.

　　③ 전기회로가 복잡하다.

　　④ 높은 속도와 낮은 속도에서는 발전 제동력이 약하다.

6. 회생제동의 특징
    1) 발전제동 시 발전된 전력을 저항기에서 소모시키는 대신 전차선에 반환하여 변전소로 송전함으로써 다른 동력차에서 사용 가능하도록 하는 제동장치이다.
    2) 발전기의 단자전압은 전차선 전압에 의하여 결정된다.
    3) 고속 주행 중 제동체결 시에는 계자를 약하게 하여야 하며 제동력 부족분은 공기 제동력으로 충당한다.
    4) 속도가 저하될 때 계자를 강하게 하지 않으면 전차선 전압보다 높은 발전 전압이 유지되지 않으므로 부득이 계자를 강하게 하여야 한다.
    5) 회생제동의 문제점
        ① 견인전동기의 계자 제어범위 확대 필요   ② 제어장치가 복잡

제 3 절 | 전동기

1. 전동기용량의 결정요인
    1) 전차의 중량   2) 기동 시의 가속도   3) 역간거리
    4) 운전시분   5) 지형   6) 제동감속도
2. 직류직권전동기의 특성(구비할 조건)
    1) 기동회전력이 클 것
    2) 회전속도가 낮을 때 회전력이 클 것
    3) 속도 변화폭이 커서 속도제어가 용이할 것
    4) 회전속도가 클 때 전류가 적어서 전력소비량이 적을 것
    5) 병렬 운전할 때 부하불균형이 적을 것
    6) 운전 중 급격한 전류·전압의 변동에도 고장이 발생하지 않을 것
3. 직류직권전동기와 주전동기의 회전수 관계
    1) 직류직권전동기 회전수는 단자전압에 비례하고 자속수에 반비례한다.
    2) 일반적으로 전동기의 자속이 포화점에 달할 때까지 자속수는 공급전류에 비례한다.
    3) 주전동기 회전수는 단자전압에 비례하고 전류에 반비례한다.
4. 직류직권전동기의 회전수 제어방법
    1) 전압제어 방법
        ① 전동기의 결선방법을 직렬, 직병렬, 병렬 등으로 변경하면 견인전동기의 단자전압을 변화시킬 수 있다. 이것을 단자전압제어(직병렬제어)라 한다.
        ② 단자전압의 변동폭이 크게 되면 회전속도의 변동폭도 크게 되어 열차에 충격이 발생한다.
    2) 저항제어 방법
        ① 단자전압제어를 보완하는 방법으로서 전동기 회로에 연결된 여러 개의 저항기를 단계적으로 차감하여 견인전동기에 공급되는 전압을 제어한다.

② 전압제어만 하면 돌입전류에 의해 열차에 충격이 발생한다.

  3) 계자제어 방법(약계자제어법, 분로계자법)

    ① 견인전동기의 회전수는 자극에서 발생되는 자속수에 반비례한다.

    ② 자속을 감소시키면 회전수는 커져서 전류의 크기를 어느 정도 유지하면서 속도의 향상을 기대하는 경우 사용된다.

5. 유도전동기의 특성

  1) 교류전원을 사용할 수 있으므로 전원공급이 쉽다.

  2) 구조가 간단하고 튼튼하다.

  3) 가격이 싸고 유지보수비가 적다.

  4) 부하증감에 대한 속도변화가 적다.

  5) 취급이 간단하고 운전이 쉽다.

6. 유도전동기의 속도제어 방법

  1) 슬립주파수제어(2차저항의 가감)

    토크의 비례추이를 응용한 것으로 2차 회로에 저항을 넣어 같은 토크에 대한 슬립을 변화시키는 방법이다.

  2) 주파수제어

    가변주파수의 용량이 크므로 설비비가 많이 들기 때문에 열차, 선박 등 특수한 경우에만 사용된다.

  3) 극수변경제어: 농형전동기에 쓰이는 방법으로서 극수의 변경은 다음과 같다.

    ① 극수가 다른 2개의 권선을 같은 홈(slot)에 넣는 방법

    ② 권선의 집속을 바꾸어서 극수를 바꾸는 법

    ③ 위 ①, ②의 방법을 공통으로 사용하는 법

  4) 2차 여자제어

7. 유도전동기 회전력

  1) 유도전동기 회전수는 전원주파수에 비례하고, 자극수에 반비례한다.

  2) 회전력은 전원주파수의 제곱에 반비례한다.

  3) 회전력은 1차전압의 제곱에 비례한다.

  4) 회전력은 슬립주파수에 비례한다.

8. 3상유도전동기

  1) 최근에는 속도제어기술의 발달에 따라 3상교류 유도전동기가 사용되고 있다.

  2) 고장이 적어 보수가 거의 필요 없다.

  3) 에너지 절약에도 효율적이다.

  4) 현재의 철도차량에는 대부분이 3상교류 유도전동기를 사용하는 실정이다.

1. MCB(주회로 차단기)
   1) 주회로 전원을 On－Off 하는 일종의 개폐기이며, 과전류 발생 시 신속하고, 확실하게 사고전류를 차단하는 차단기이다.
   2) 통상적으로 공급전원이 교류일 경우 주로 진공차단기(VCB)를 사용하고, 직류일 경우 고속도 차단기(HSCB)를 사용한다.
   3) 도시철도 운행구간의 AC/DC 절연구간 통과 시 사용된다.
2. ADCg(교직절환기)
   1) 교직절환기
      ① 차량의 운행조건에 맞게 교류와 직류구간을 운행할 수 있도록 전환해 주는 장치로 옥상에 설치한다.
      ② 차량 상부에 설치된 단로기에 의해서 주회로의 절환을 수행하는 절환장치로 교류극과 직류극을 가진다.
      ③ 압축공기에 의해서 조작되고 교직절환 스위치를 교류위치로 하면 당로기 조작제어용의 전자밸브가 여자되고 압축공기가 조작실린더에 송입되어 단로기 블레이드(Blade)는 교류측으로 전환된다.
   2) 교직전환기
      교직전환기는 캠축 접촉식의 전환기이며 주회로와 제어회로의 절환을 수행한다.
3. 집전용 팬터그래프의 구비조건
   1) 집전판과 접촉점에서의 적은 유효질량을 가질 것
   2) 접촉력이 일정할 것
   3) 공기저항을 적게하고 소음이 적을 것
   4) 이선율이 적을 것
   5) 열차당 팬터그래프의 수를 줄이고 최소화할 것
   6) 충분한 집전 용량과 마모율이 작을 것

1. 고정축거의 개념
   1) 고정축거: 중심회전이 가능한 주행장치에 부착된 1군의 고정축 중 맨 앞부분의 차축과 맨 뒷부분의 차축 중심 간 수평거리를 말한다. 고정축거는 4.50m 이하이어야 한다.
   2) 대차중심 간 거리: 철도차량 1량의 앞부분 대차와 뒷부분 대차의 대차중심 간 수평거리를 말한다.

2. 고정축거 영향
　1) 고정축거가 긴 경우
　　① 차량의 주행 안정성과 승차감의 향상
　　② 곡선반경이 작은 곡선부 통과 시 슬랙 확대량이 많아 탈선 및 전복의 위험성
　　③ 개선을 위해 곡선반경 확대 시 공사비 과다＝비경제성
　2) 고정축거가 짧은 경우
　　① 곡선반경이 적은 곡선부 통과 유리
　　② 차량의 주행 안정성과 승차감에 불리
3. 차륜답면에 구배(Taper)를 두는 이유
　1) 차륜의 내측 직경을 크게 하고 외측직경을 작게 한 것을 taper라 한다.
　2) 차량이 곡선을 주행할 때 곡선의 안쪽 레일은 직경이 작은 외측차륜의 답면이, 바깥쪽 레일은 직경이 큰 내측차륜의 답면이 주행하게 된다.
　3) 양 차륜의 회전반경의 차이로 곡선을 용이하게 주행할 수 있다.
4. 전동차 출입문의 종류
　1) 포켓 슬라이딩 형식(Pocket Sliding Type)－현재 국내외 지하철 전동차에 많이 사용
　2) 외부 슬라이딩 형식(Outside Sliding Type)
　3) 플러그 슬라이딩 형식(Plug Sliding Type)－고속철도(KTX)에 사용
　4) 스윙 플러그 슬라이딩 형식(Swing Plug Sliding Type)

제 6 절　차량진동

1. 차량진동의 종류

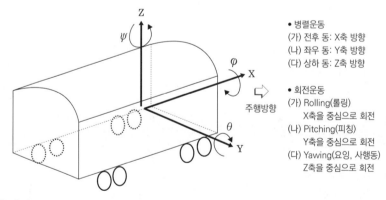

- 병렬운동
(가) 전후 동: X축 방향
(나) 좌우 동: Y축 방향
(다) 상하 동: Z축 방향

- 회전운동
(가) Rolling(롤링)
　　X축을 중심으로 회전
(나) Pitching(피칭)
　　Y축을 중심으로 회전
(다) Yawing(요잉, 사행동)
　　Z축을 중심으로 회전

　1) 진동의 종류
　　① 롤링(Rolling): 전후축 회전(좌우진동)
　　② 피칭(Pitching): 좌우축 회전(전후진동)
　　③ 사행동(Yawing): 상하축 회전(상하진동)

2) 의미 및 대책

① 롤링

㉮ 주행 중 차체의 전후 방향축 둘레의 회전운동을 말하며, 차가 좌우로 움직이는 것을 뜻한다.

㉯ 스태빌라이저, 스프링, 트레드 너비 등이 롤링을 잡아주는 기능을 맡고 있다.

② 피칭

㉮ 전후 방향에 있어서 시소와 같은 움직임을 말한다. 앞차륜의 스프링이 확장(수축)됐을 때 뒷바퀴의 스프링은 수축(확장)되는 것을 반복하는 차체의 움직임이다.

㉯ 승객에게 가장 괴롭게 느껴지는 움직임이다. 피칭 현상을 해결하려면 서스펜션을 보강하면 된다.

③ 사행동

차체의 수직축 둘레에 발생하는 운동이다. 요잉은 차의 앞뒤 부분이 좌우로 움직이는 것을 말한다. 다시 말해 코너링을 돌 때 차가 기우는 것은 롤링이며, 너무 급히 돌아 차가 스핀하는 것은 요잉이다.

2. 철도차량에 진동을 일으키는 주요원인

1) 선로구조에 의한 것(침목, 전철기, 레일이음매 등) 2) 레일체결구의 탄성에 의한 것

3) 좌우 레일 간의 유간 불일치에 의한 것 4) 레일마모(요철)에 의한 것

5) 곡선부 통과 시 원심력에 의한 것 6) 레일과 플랜지 사이의 유간에 의한 것

7) 풍압 및 공기의 흐름에 의한 것 8) 대차의 스프링 자체에 의한 것

9) 대차스프링의 탄성력 차이에서 발생하는 것 10) 차륜답면의 찰상에 의한 것

11) 차륜과 궤도의 유간에 의한 것

12) 주행 시 차량 무게중심의 편이에 의한 것

13) 차체의 탄성력에 의한 것

14) 동력이 분산되어 있는 경우 전후 동력차 간의 동력 불균형에 의한 것

15) 중련 운전 시 전후 차량 간의 조종 불균형에 의한 것

3. 진동의 원인이 되는 궤도틀림

1) 궤간틀림: 좌우 레일의 간격틀림으로, 클 경우에는 주행차량의 진동을 일으킨다.

2) 수평틀림: 좌우 레일 답면의 수준틀림으로 고저차로 표시한다. 좌우진동의 원인이 된다.

3) 면틀림: 한쪽레일의 길이방향의 높이차를 말하며, 상하진동을 유발한다.

4) 줄틀림: 한쪽레일의 길이방향의 좌우 굴곡틀림으로 사행동을 일으키는 원인이 된다.

5) 평면성틀림: 수평(수준)틀림의 변화량을 말한다.

4. 철도차량의 진동을 감소시키는 방법

1) 궤도의 유간을 정확히 하고 특히 레일연결부에 상하, 좌우의 어긋남이 없어야 한다.

2) 각 차륜 간의 부담중량을 균등히 한다.   3) 차륜답면의 테이퍼를 최소화한다.

4) 차축의 전후, 좌우 간 유동을 적게 한다.   5) 좌우 차륜의 직경을 동일하게 유지한다.

6) 차륜의 플랜지와 레일 간의 간격을 가급적 최소화한다.

7) 대차의 스프링을 공기댐퍼나 오일댐퍼로 대체한다.

8) 대차의 상판 높이를 가급적 낮게 한다.

5. 사행동

1) 의의

차륜답면이 테이퍼 형상으로 되어 있는 것은 주행의 안정성이라는 측면에서 보면 아주 좋으나 차륜의 좌우 직경차 때문에 윤축이 한쪽으로 쏠렸다가 반대쪽으로 쏠리는 현상을 일으킨다. 즉, 뱀처럼 꾸불꾸불 전진하는 사행동(Snake Motion)을 발생시킨다.

2) 사행동의 구분

① 낮은 속도에서는 차체가 심하게 흔들리는 1차 사행동(차체 사행동)이 발생한다.

② 속도가 증가되면 1차 사행동은 없어지고 대차가 심하게 진동하는 2차 사행동(대차 사행동)이 발생한다. 2차 사행동은 속도가 증가하더라도 없어지지 않는다.

③ 속도가 더욱 증가하면 운동학적 주파수(Kinematic Frequency)가 대차 횡진동 고유 진동수와 일치하면서 대차가 심하게 진동하는 3차 사행동(차축 사행동)이 발행한다.

3) 1축 사행동(차체 사행동)

① 의의: 1조의 Wheel Set의 사행동

1조의 윤축이 좌우 진동하는 것과 무게 중심 주위에 좌우의 차륜이 교대로 전후 진동하는 것을 한축 사행동이라 한다.

② 한축 사행동 파장 크기에 대한 정의

㉮ 레일 간격(궤간) 크기에 비례하고, 차륜경(차륜지름)에 비례한다.

㉯ 차륜답면 기울기(답면구배)에 반비례한다.

㉰ 움직임은 좌우진동과 좌우의 차륜이 번갈아 전후하는 진동이다.

㉱ 파장은 약 14m를 갖는다(속도가 높아지면 진동수도 높아진다).

4) 2축 사행동(대차 사행동)

① 2축을 고정한 대차에서 발생하는 사행동이다.

② 윤축의 1축의 파장에 비례한다.　　③ 고정축간의 거리(축거)에 비례한다.

④ 레일간격(궤간)에 반비례한다.　　⑤ 파장은 약 30m를 갖는다.

5) 사행동 발생의 최소화 조건

① 차륜의 지름을 크게 한다.　　② 고정축간의 거리를 크게 한다.

③ 차륜답면 기울기를 작게 한다.　　④ 축상의 전후와 좌우의 지지 강성을 크게 한다.

⑤ 대차의 선회 저항을 크게 한다.

6. 헌팅(사행동) 현상과 크리프 현상

1) 헌팅(사행동) 현상

① 헌팅(Hunting)이란 철도차량의 주행이 불안정하게 되어서 차륜의 좌우측 플랜지가 교대로 레일에 접촉하게 되는 현상을 말한다.

② 특정한 주행속도 범위에서 철도차량의 횡진동이 심하게 나타나는 현상을 의미한다.

2) 크리프 현상

  ① 차륜과 레일 간의 접촉상태에서 완전한 접촉과 미끄러짐의 중간단계에 해당되는 상대 운동의 속도를 크리프(Creep) 속도라고 한다.

  ② 횡하중이 수직하중보다 작을지라도 접촉점에서 발생하는 차륜과 레일의 Strain Rate(변형률의 시간에 대한 변화율) 차이에 의해서 차륜의 횡방향 속도가 발생되며, 이것을 크리프 속도(Creep Velocity)라 한다.

  ③ 크리프 속도를 차륜 주행속도로 나누어 준 값을 크리퍼지(Creepage)라 한다.

  ④ 횡하중의 반력이 차륜과 레일의 접촉면에 작용한다. 이 힘이 크리프를 발생시킨다고 할 수 있으며, 이를 크리프 힘(Creep Force)이라 한다.

제 7 절   RAMS(시스템의 장기간 운영에 대한 특성)

1. RAMS의 정의

  1) 장비·시스템의 신뢰성, 가용성, 유지보수성 및 안전성에 대한 설계 단계부터 폐기 시까지에 이르는 라이프 싸이클에 걸친 사전검토, 예측, 실적평가 및 개선활동을 말한다.

  2) 특히 철도 차량, 부품, 설비의 제작부터 유지보수, 개량 폐기에 이르기까지 생애주기 동안 각 지표에 대한 정보를 통합적으로 수집 분석해 철도 안전관리와 유지보수에 활용되고 있다.

2 RAMS의 관리

  1) 신뢰성(Reliability)

    주어진 조건하에서 일정 기간 동안 고장 없이 안정적으로 성능을 발휘하는 능력

  2) 가용성(Availability)

    특정시점에서 주어진 기능을 발휘할 수 있는 능력

  3) 유지보수성(Maintainability)

    고장이나 결함이 발생했을 때 규정된 조건하에서 일정 시간 내에 보수를 완료할 수 있는 능력

  4) 안전성(Safety)

    허용 가능한 안전성 목표를 달성하기 위하여 설계되고 제작되도록 관리

제**4**장 **[철도 차량]**
기출예상문제

01 다음 중 동력집중식 열차인 것은?

① 전기동차
② 디젤동차인 무궁화호
③ 디젤기관차가 견인하는 무궁화열차
④ ITX−새마을호

해설 **동력집중식 열차의 종류**
1. 동력집중식 열차: KTX−1, KTX−산천, 디젤기관차·전기기관차 연결열차
2. 동력분산식 열차: KTX−청룡, ITX−마음, ITX−새마을호, 디젤동차, 전기동차

02 다음 중 동력집중식 열차의 장점으로 틀린 것은?

① 산악지형에서 가속하기 유리하다.
② 유지보수가 쉽다.
③ 객차나 화차를 필요시마다 융통성 있게 연결·분리할 수 있다.
④ 피견인 차량인 객차·화차의 구조를 간단하게 할 수 있다.

해설 동력집중방식과 동력분산방식의 특징 비교

구분		동력집중방식		동력분산방식
가감속성	×	특히 상구배에서 속도를 내기 어렵다.	○	동력차의 수를 늘려 기동가속도를 향상시킬 수 있다.
운전성	×	기관차 고장 시 운전이 불가능하다.	○	동력차 일부가 고장 시에도 운전이 가능하다.
편성의 유연성	○	증결, 감차가 쉽다.	×	편성이 고정되어 있다.
방향전환	△	기관차의 교환 혹은 한쪽 기관차를 분리하여 다른 쪽에 연결하여야 한다.	○	양쪽에 운전실이 있어 방향전환이 필요 없다.
선로의 부하	×	기관차의 하중이 크다.	○	분산되어 있어 선로의 부하가 적다.
쾌적성	○	객차의 소음·진동이 적다.	×	각 차량에 동력이 있어 소음·진동의 원인이 될 수 있다.
차량의 경제성	○	동력차의 수가 적어 값을 낮출 수 있다.	×	동력차가 많아 고가이다.
유지보수	○	유지보수가 쉽다.	×	동력차가 많아 유지보수가 어렵다.

정답 1 ③ 2 ①

03 다음 중 동력집중식 열차와 동력분산식 열차의 비교내용으로 맞는 것은?

① 동력집중식 열차는 동력분산식 열차에 비하여 차체가 가볍고 경량이다.
② 동력집중식 열차는 동력분산식 열차에 비해 관리가 쉽고 정비하기 편리하다.
③ 동력집중식 열차는 동력분산식 열차에 비하여 표정속도 상승이 우수하다.
④ 동력집중식 열차는 동력분산식 열차에 비해 점착력이 높아 가속성능이 우수하다

해설   동력집중방식과 동력분산방식의 특징 비교

04 다음 중 동력분산식 열차의 장점으로 틀린 것은?

① 방향전환이 필요 없다.   ② 객차에 소음이 적다.
③ 선로에의 부하가 적다.   ④ 가속도가 좋다.

해설   동력집중방식과 동력분산방식의 특징 비교

05 동력분산식에 대한 설명으로 틀린 것은?

① 가속성능을 높일 수 있다.
② 축중을 분산시켜 결국 열차 전체의 견인력을 높일 수 있다.
③ 전동기 사용차량의 경우 전기브레이크를 사용하여 마찰브레이크의 제동력 부족을 보완하기 용이하다.
④ 피견인 차량의 객차나 화차의 구조를 간단하게 할 수 있다.

해설   동력집중방식과 동력분산방식의 특징 비교

06 다음 차량기호 중 동력차는?

① Tc   ② M   ③ T1   ④ T

해설   차량기호
1. M(Motor): 동력차(모터차), 구동차(견인전동기)
2. T(Trailer): 부수차
3. T1(Trailer 1): 부수차로서 보조전원장치, 배터리, 공기압축기가 설치된 차량
4. c(Cab): 운전실
5. Tc: 운전실을 갖춘 제어차
6. ′(Pantograph): 팬터그래프 있는 차량
* 2가지 이상 조합으로 표기되기도 한다(Tc, M′, Mc′ 등).

정답   3 ②   4 ②   5 ④   6 ②

07 다음 중 관절대차의 특징으로 옳지 않은 것은?

① 유지보수가 용이하다.
② 차륜의 감소로 차량이 가벼워져 에너지 절감 효과가 있다.
③ 진동이 줄어들어 승차감도 좋아지게 된다.
④ 사고발생 시 분리되거나 전복되는 것을 방지하는 역할을 한다.

해설 관절대차의 장단점
1. 장점
   1) 진동이 적어 승차감이 좋다.
   2) 대차의 수량이 적어 차량이 가벼워져 에너지 소모가 절감된다.
   3) 실내의 주행소음을 경감할 수 있다.
   4) 무게중심이 낮아져 고속에서 더욱 안정성이 높다.
   5) 사고발생 시 분리되거나 전복되는 것을 방지하는 역할을 한다.
   6) 곡선구간 통과가 용이해진다.
   7) 같은 건축한계라면 보다 넓은 폭의 차체를 이용할 수 있다.
2. 단점
   1) 유지보수가 번거로우며, 편성 조절이 어렵다.
   2) 비상상황에 열차 분리가 곤란하다.
   3) 편성의 자유도가 낮아지며 보수에도 시간이 든다.
   4) 차량 길이에 제한이 있는 한편, 대차의 축간거리는 어느 정도 길어야 한다.
   5) 차축이 적기 때문에 축중이 증가하여 궤도 부담이 커진다.
   6) 1량당 2축만으로 차량 하중을 지지함에 따라 차량 전체 길이가 짧아진다.

08 다음 중 기초제동장치의 구비조건으로 틀린 것은?

① 축중량에 대하여 차륜에 가하는 압력을 최소화할 것
② 안전도는 높고 그 중량 및 형상이 작을 것
③ 제륜자 또는 차륜의 마모에 관계없이 항상 일정한 제동력을 얻을 수 있을 것
④ 보수 및 부품교환이 용이할 것

해설 기초제동장치의 구비조건
1. 힘의 전달에 대하여 최대의 효율을 가질 것
2. 축중량에 대하여 차륜에 가하는 압력을 적당히 분포시켜 차륜이 활주하지 않을 범위에서 최대의 제동력을 발휘할 수 있을 것
3. 안전도는 높고 그 중량 및 형상이 작을 것
4. 제륜자 또는 차륜의 마모에 관계없이 항상 일정한 제동력을 얻을 수 있을 것
5. 보수 및 부품교환이 용이할 것

정답 7 ① 8 ①

09 다음 중 마찰력 발생 기구에 따른 제동장치의 종류에 해당하는 것은?

① 와류제동　　　② 발전제동　　　③ 회생제동　　　④ 레일제동

해설 제동장치의 종류
1. 동작원리에 의한 분류
　1) 기계적인 제동장치: 수동제동(수용제동), 공기제동, 전자제동, 전공제동
　2) 전기적인 제동장치: 와류제동, 발전제동, 회생제동, 레일제동, 혼합제동
2. 마찰력 발생 기구에 의한 분류: 답면제동, 디스크제동, 드럼제동, 레일제동
3. 조작방법에 의한 분류: 상용제동, 비상제동, 보안제동, 주차제동, 정차제동

10 기계식 제동장치에 해당하는 것은?

① 발전제동　　　② 회생제동　　　③ 수용제동　　　④ 레일제동

해설 제동장치의 종류 – 기계식 제동장치
1. 수용제동: 정차 중인 차량의 전동방지용으로 설치하는 것이며 원시적인 제동방법이다.
2. 공기제동: 압력공기를 사용하여 제동력을 발휘하도록 만든 제동장치로써 자동공기제동장치와 직통공기
　　　　　제동장치로 구분한다.

11 전기식 제동장치에 해당하지 않는 것은?

① 혼합제동　　　② 레일제동　　　③ 공기제동　　　④ 와류제동

해설 제동장치의 종류 – 전기식 제동장치
1. 발전제동: 직류직권전동기의 특성 활용
　1) 견인전동기는 발전기와 구조가 같다. 타력 운행할 때 동력회로 결선을 전동기에서 발전기로 변경시
　　켜 열차의 운동에너지를 전기에너지로 변환하여 저항기에서 소모시키는 과정을 통해 제동력을 얻
　　는 것이다.
　2) 발전제동은 견인전동기가 장치된 차량에서만 사용 가능하고 열차 속도가 저속인 경우에는 운동에너
　　지가 작아 소정의 제동효과를 얻을 수 없으므로 감속용으로만 사용해야 하는 단점이 있다.
2. 회생제동: 발전제동 시 발생된 전력을 전차선에 반환
　1) 기본원리는 발전제동과 같으나 다른 점은 발전제동 시 발전된 전력을 저항기에서 소모시키는 대신
　　전차선에 반환하여 변전소로 송전함으로써 다른 동력차에서 사용 가능하도록 하는 제동장치이다.
　2) 이 제동방법을 사용하기 위해서는 전차선, 전압변환장치 및 주파수변환장치 등을 설치해야 하는 어
　　려움이 있다.
3. 레일제동: 레일과 차량 간 반대극성의 자력 이용
　　　　　　자기력을 이용한 제동방법으로 레일과 차량에 서로 반대되는 극성을 가진 기력을 발생시켜
　　　　　　레일이 차량을 끌어당기도록 하여 제동력을 얻는 제동장치이다.
4. 와류제동: 궤간에 별도 와류장치 설치
　　　　　　레일제동과 유사한 방법이나 이것은 궤도에 별도의 와류 발생장치를 설치하여 자력선에 의
　　　　　　한 와류를 일으켜 제동효과를 발생시키는 장치이다.

정답　9 ④　10 ③　11 ③

5. 혼합제동

공기제동장치와 전기제동장치가 혼합하여 작용하도록 한 제동장치로 전기제동장치만으로는 열차를 정차시킬 수 없으므로 혼합제동 방식을 사용하고 있다.

12 다음이 설명하는 제동장치는?

> 레일제동과 유사한 방법이나 이것은 궤도에 별도의 와류 발생장치를 설치하여 자력선에 의한 와류를 일으켜 제동효과를 발생시키는 장치이다

① 반전제동　　　② 와류제동　　　③ 공기제동　　　④ 회생제동

해설　제동장치의 종류 – 전기식 제동장치

13 전기제동장치에 대한 설명으로 틀린 것은?

① 발전제동 시 발생된 전력을 전차선에 반환하는 제동을 회생제동이라 한다.
② 레일제동은 레일과 차량 간 반대극성의 자력을 이용하는 제동이다.
③ 와류제동은 궤도에 별도의 와류 발생장치를 설치하고 전차선, 전압변환장치 및 주파수 변환장치 등을 설치해야 한다.
④ 혼합제동은 공기제동과 전기제동이 혼합하여 작용할 수 있도록 한 제동장치이다.

해설　제동장치의 종류 – 전기식 제동장치

14 전기식 제동장치의 종류로 맞는 것은?

① 주차제동　　　② 회생제동　　　③ 보안제동　　　④ 정차제동

해설　제동장치의 종류 – 전기식 제동장치

15 철도 제동장치의 종류에 해당하지 않는 것은?

① 수용제동　　　② 공기제동　　　③ 회생제동　　　④ 자율제동

해설　제동장치의 종류

정답　12 ②　13 ③　14 ②　15 ④

16 발전제동의 장점이 아닌 것은?

① 균일한 제동력을 얻을 수 있다. ② 연속된 하구배에서 속도제어가 쉽다.
③ 공주시간이 단축된다. ④ 낮은 속도에서도 발전제동력이 강하다.

해설 발전제동의 장점
1. 제동장치의 이완이나 차륜의 찰상 등의 현상이 없다.
2. 균일한 제동력을 얻을 수 있다.
3. 공주시간이 단축된다. 4. 환경오염 유발을 억제할 수 있다.
5. 연속된 내리막 선로에서 속도제어가 쉽다. 6. 큰 평균감속력을 얻을 수 있다.

17 발전제동의 장점이 아닌 것은?

① 환경오염 유발을 억제할 수 있다. ② 연속된 하구배에서 속도제어가 쉽다.
③ 제동장치의 이완 현상이 없다. ④ 전기회로가 단순하다.

해설 발전제동의 장점

18 발전제동의 특징이 아닌 것은?

① 제륜자 제동으로 발생되는 차륜마모 및 이완현상이 없다.
② 큰 평균감속력을 얻을 수 있다.
③ 연속 하구배에서 속도제어가 용이하다.
④ 공주시간이 길어진다.

해설 발전제동의 장점

19 발전제동의 단점이 아닌 것은?

① 공기제동장치가 필요하다. ② 낮은 속도에서는 발전 제동력이 약하다.
③ 전기회로가 복잡하다. ④ 발생된 전력을 발전소로 송전한다.

해설 발전제동의 단점
1. 공기제동장치가 필요하다. 2. 발전 제동에 필요한 저항기가 필요하다.
3. 전기회로가 복잡하다. 4. 높은 속도와 낮은 속도에서는 발전 제동력이 약하다.
* 회생제동
  발전제동 시 발전된 전력을 저항기에서 소모시키는 대신 전차선에 반환하여 변전소로 송전함으로써 다른 동력차에서 사용 가능하도록 하는 동력장치

정답 16 ④ 17 ④ 18 ④ 19 ④

20 다음 중 발전제동의 단점으로 맞는 것은?

① 공주시간이 길어진다. ② 연속된 하구배에서 속도제어가 힘들다.
③ 저속도에서 제동력이 극소하다. ④ 열차 평균속도가 저하된다.

> **해설** 발전제동의 단점

21 회생제동의 특징이 아닌 것은?

① 회생제동의 장점으로 견인전동기의 계자 제어범위 확대가 필요하다.
② 발전기의 단자전압은 전차선 전압에 의하여 결정된다.
③ 제어장치가 복잡하다는 단점이 있다.
④ 발전제동 시 발전된 전력을 전차선에 반환하여 변전소로 송전함으로써 다른 동력차에
　서 사용 가능하도록 하는 제동장치이다.

> **해설** 회생제동의 특징
> 1. 발전제동 시 발전된 전력을 저항기에서 소모시키는 대신 전차선에 반환하여 변전소로 송전함으로써
>   다른 동력차에서 사용 가능하도록 하는 제동장치이다.
> 2. 발전기의 단자전압은 전차선 전압에 의하여 결정된다.
> 3. 고속 주행 중 제동체결 시에는 계자를 약하게 하여야 하며 제동력 부족분은 공기 제동력으로 충당한다.
> 4. 속도가 저하될 때 계자를 강하게 하지 않으면 전차선 전압보다 높은 발전 전압이 유지되지 않으므로
>   부득이 계자를 강하게 하여야 한다.
> 5. 회생제동의 문제점
>   1) 견인전동기의 계자 제어범위 확대 필요
>   2) 제어장치가 복잡

22 전동기용량의 결정요인으로 틀린 것은?

① 전동기의 중량　　② 제동감속도　　　③ 운전시분　　　　④ 지형

> **해설** 전동기용량의 결정요인
> 1. 전차의 중량　2. 기동 시의 가속도　3. 역간거리　4. 운전시분　5. 지형　6. 제동감속도

23 직류직권전동기의 특성으로 맞는 것은?

① 유지보수비가 적다. ② 회전력이 클 때 회전속도가 작다.
③ 부하증감에 대한 속도변화가 적다. ④ 구조가 간단하고 튼튼하다.

정답 20 ③　21 ①　22 ①　23 ②

516 제3편 · 철도공학

해설 직류직권전동기의 특성(구비할 조건)

1. 기동회전력이 클 것
2. 회전속도가 낮을 때 회전력이 클 것
3. 속도 변화폭이 커서 속도제어가 용이할 것
4. 회전속도가 클 때 전류가 적어서 전력소비량이 적을 것
5. 병렬 운전할 때 부하불균형이 적을 것
6. 운전 중 급격한 전류·전압의 변동에도 고장이 발생하지 않을 것

24 직류직권전동기의 특성으로 틀린 것은?

① 병렬 운전할 때 부하불균형이 적을 것
② 회전속도가 낮을 때 회전력이 클 것
③ 속도 변화폭이 작아서 속도제어가 용이할 것
④ 기동회전력이 클 것

해설 직류직권전동기의 특성(구비할 조건)

25 직류직권전동기의 특성 중 틀린 것은?

① 기동회전력이 클 것
② 속도 변화폭이 커서 속도제어가 용이할 것
③ 직렬 운전할 때 부하불균형이 적을 것
④ 회전속도가 낮을 때 회전력이 클 것

해설 직류직권전동기의 특성(구비할 조건)

26 직류직권전동기의 특성으로 틀린 것은?

① 회전속도가 낮을 때 회전력이 클 것
② 병렬 운전할 때 부하불균형이 적을 것
③ 기동회전력이 일정할 것
④ 운전 중 급격한 전류, 전압의 변동에도 고장이 발생하지 않을 것

해설 직류직권전동기의 특성(구비할 조건)

정답 24 ③ 25 ③ 26 ③

27 직류직권전동기의 회전수에 관한 설명으로 틀린 것은?

① 직류직권전동기 회전수는 자속수에 반비례한다.
② 전동기의 자속이 포화점에 달할 때까지 자속수는 공급전류에 비례한다.
③ 주전동기 회전수는 전류에 반비례한다.
④ 직류직권전동기 회전수는 단자전압에 반비례한다.

[해설] 직류직권전동기와 주전동기의 회전수 관계
1. 직류직권전동기 회전수는 단자전압에 비례하고 자속수에 반비례한다.
2. 일반적으로 전동기의 자속이 포화점에 달할 때까지 자속수는 공급전류에 비례한다.
3. 주전동기 회전수는 단자전압에 비례하고 전류에 반비례한다.

28 직류직권전동기의 속도(회전수) 제어방법이 아닌 것은?

① 전압제어 방법   ② 주파수제어 방법   ③ 계자제어 방법   ④ 저항제어 방법

[해설] 직류직권전동기의 회전수(속도) 제어방법
1. 전압제어 방법
   1) 전동기의 결선방법을 직렬, 직병렬, 병렬 등으로 변경하면 견인전동기의 단자전압을 변화시킬 수 있다. 이것을 단자전압제어(직병렬제어)라 한다.
   2) 단자전압의 변동폭이 크게 되면 회전속도의 변동폭도 크게 되어 열차에 충격이 발생한다.
2. 저항제어 방법
   1) 단자전압제어를 보완하는 방법으로서 전동기 회로에 연결된 여러 개의 저항기를 단계적으로 차감하여 견인전동기에 공급되는 전압을 제어한다.
   2) 전압제어만 하면 돌입전류에 의해 열차에 충격이 발생한다.
3. 계자제어 방법(약계자제어법, 분로계자법)
   1) 견인전동기의 회전수는 자극에서 발생되는 자속수에 반비례한다.
   2) 자속을 감소시키면 회전수는 커져서 전류의 크기를 어느 정도 유지하면서 속도의 향상을 기대하는 경우 사용된다.

29 유도전동기의 특징으로 옳지 않은 것을 모두 고르시오?

① 부하증감에 대한 속도변화가 크다.   ② 구조가 간단하고 튼튼하다.
③ 가격이 싸고 유지보수비가 적다.   ④ 직류전원 사용으로 전원공급이 쉽다.

[해설] 유도전동기의 특성
1. 교류전원을 사용할 수 있으므로 전원공급이 쉽다.   2. 구조가 간단하고 튼튼하다.
3. 가격이 싸고 유지보수비가 적다.   4. 부하증감에 대한 속도변화가 적다.
5. 취급이 간단하고 운전이 쉽다.

[정답] 27 ④ 28 ② 29 ① · ④

30 유도전동기의 속도제어 방법이 아닌 것은?

① 극수변경제어   ② 계자전류제어   ③ 주파수제어   ④ 슬립주파수제어

해설   유도전동기의 속도제어 방법
1. 슬립주파수제어(2차저항의 가감)
   토크의 비례추이를 응용한 것으로 2차 회로에 저항을 넣어 같은 토크에 대한 슬립을 변화시키는 방법이다.
2. 주파수제어
   가변주파수의 용량이 크므로 설비비가 많이 들기 때문에 열차, 선박 등 특수한 경우에만 사용된다.
3. 극수변경제어
   농형전동기에 쓰이는 방법으로서 극수의 변경은 다음과 같다.
   1) 극수가 다른 2개의 권선을 같은 홈(slot)에 넣는 방법
   2) 권선의 집속을 바꾸어서 극수를 바꾸는 법
   3) 1), 2)의 방법을 공통으로 사용하는 법
4. 2차 여자제어

31 유도전동기의 회전력에 대한 설명으로 틀린 것은?

① 유도전동기 회전수는 전원주파수에 비례한다.
② 유도전동기 회전수는 자극수에 비례한다.
③ 유도전동기 회전력은 슬립주파수에 비례한다.
④ 유도전동기 회전력은 전원주파수 제곱에 반비례한다.

해설   유도전동기 회전력
1. 유도전동기 회전수는 전원주파수에 비례하고, 자극수에 반비례한다.
2. 회전력은 전원주파수의 제곱에 반비례한다.
3. 회전력은 1차전압의 제곱에 비례한다.
4. 회전력은 슬립주파수에 비례한다.

32 최근 철도차량에서 가장 많이 사용되는 전동기는?

① 3상유도전동기   ② 직류전동기   ③ 직권전동기   ④ 분권전동기

해설   3상유도전동기
1. 최근에는 속도제어기술의 발달에 따라 3상교류 유도전동기가 사용되고 있다.
2. 고장이 적어 보수가 거의 필요 없다.
3. 에너지 절약에도 효율적이다.
4. 현재의 철도차량에는 대부분이 3상교류 유도전동기를 사용하는 실정이다.

정답   30 ②   31 ②   32 ①

33 집전용 팬터그래프의 특징(구비조건)으로 틀린 것은?

① 공기저항을 적게 하고 소음이 적을 것
② 접촉력이 일정하게 하기 위하여 무거울 것
③ 충분한 집전용량과 마모율이 작을 것
④ 집전판과 접촉점에서의 적은 유효질량을 가질 것

> **해설** 집전용 팬터그래프의 구비조건
> 1. 집전판과 접촉점에서의 적은 유효질량을 가질 것   2. 접촉력이 일정할 것
> 3. 공기저항을 적게 하고 소음이 적을 것   4. 이선율이 적을 것
> 5. 열차당 팬터그래프의 수를 줄이고 최소화할 것   6. 충분한 집전 용량과 마모율이 작을 것

34 다음 중 주회로 차단기(MCB)에 관한 설명으로 옳지 않은 것은?

① 주로 절연구간에서 사용한다.
② 교·직 전환 시에 주회로와 전원의 연결을 끊거나 예기치 않은 사고전류가 흐를 때 회로를 차단하여 기기를 보호하기 위한 장치이다.
③ 압력공기를 공기실린더에 보내 대형스위치를 개폐함과 동시에 차단 시 발생하는 아크를 압력공기로 불어 날려 보내 동작을 확실히 하는 구조로 되어 있다.
④ 외부에서 받은 특별고압인 교류를 제어하기 쉬운 적당한 전압으로 낮추는 기기이다.

> **해설** MCB(주회로 차단기)
> 1. 주회로 전원을 On-Off 하는 일종의 개폐기이며, 과전류 발생 시 신속하고, 확실하게 사고전류를 차단하는 차단기이다.
> 2. 통상적으로 공급전원이 교류일 경우 주로 진공차단기(VCB)를 사용하고, 직류일 경우 고속도 차단기(HSCB)를 사용한다.
> 3. 도시철도 운행구간의 AC/DC 절연구간 통과 시 사용된다.

35 다음 중 전기동차의 교직절환기(ADCg)에 대한 설명으로 옳은 것은?

① 전차선 전원에 따라 전동차의 회로를 교류 또는 직류회로로 절환하는 기기이다.
② 과전류를 신속하고 안전하게 차단할 목적으로 설치된 기기이다.
③ 주변압기 1차측에 과전류 발생 시 주차단기를 차단하여 주변압기를 보호한다.
④ 주변압기를 보호할 목적으로 설치한 기기로 주변압기 1차측 회로에 이상전류가 들어올 경우 용손되어 주변압기를 보호한다.

정답 33 ② 34 ④ 35 ①

해설 ADCg(교직절환기)

1. 교직절환기
   1) 차량의 운행조건에 맞게 교류와 직류구간을 운행할 수 있도록 전환해 주는 장치로 옥상에 설치한다.
   2) 차량 상부에 설치된 단로기에 의해서 주회로의 절환을 수행하는 절환장치로 교류극과 직류극을 가진다.
   3) 압축공기에 의해서 조작되고 교직절환 스위치를 교류위치로 하면 당로기 조작제어용의 전자밸브가 여자되고 압축공기가 조작실린더에 송입되어 단로기 블레이드(Blade)는 교류측으로 전환된다.
2. 교직전환기
   교직전환기는 캠축 접촉식의 전환기이며 주회로와 제어회로의 절환을 수행한다.
* ②는 MCB(주차단기), ③은 ACOCR(교류과전류계전기), ④는 MFS(주휴즈)에 대한 설명이다.

36 전동차 출입문의 종류가 아닌 것은?

① 스윙 플러그 슬라이딩 형식   ② 포켓 슬라이딩 형식
③ 플러그 슬라이딩 형식   ④ 내부 슬라이딩 형식

해설 전동차 출입문의 종류

1. 포켓 슬라이딩 형식(Pocket Sliding Type) - 현재 국내외 지하철 전동차에 많이 사용
2. 외부 슬라이딩 형식(Outside Sliding Type)
3. 플러그 슬라이딩 형식(Plug Sliding Type) - 고속철도(KTX)에 사용
4. 스윙 플러그 슬라이딩 형식(Swing Plug Sliding Type)

37 차량대차의 맨 앞부분의 차축과 맨 뒷부분의 차축 중심 간의 수평거리를 무엇이라고 하는가?

① 고정축거   ② 축상   ③ 윤축   ④ 차축

해설 철도차량의 고정축거와 대차중심 간 거리

1. 고정축거: 중심회전이 가능한 주행장치에 부착된 1군의 고정축 중 맨 앞부분의 차축과 맨 뒷부분의 차축 중심 간 수평거리를 말한다. 고정축거는 4.50m 이하이어야 한다.
2. 대차중심 간 거리: 철도차량 1량의 앞부분 대차와 뒷부분 대차의 대차중심 간 수평거리를 말한다.

38 차량대차의 고정축거를 제한하는 이유는?

① 차량의 곡선통과를 원활하게 하기 위해서
② 캔트부족을 위해서
③ 구배에서 가속도를 향상하기 위해서
④ 슬랙부족을 위해서

정답 36 ④   37 ①   38 ①

해설 철도차량의 고정축거 영향

1. 고정축거가 긴 경우
    1) 차량의 주행 안정성과 승차감의 향상
    2) 곡선반경이 작은 곡선부 통과 시 슬랙 확대량이 많아 탈선 및 전복의 위험성
    3) 개선을 위해 곡선반경 확대 시 공사비 과다＝비경제성
2. 고정축거가 짧은 경우
    1) 곡선반경이 적은 곡선부 통과 유리
    2) 차량의 주행 안정성과 승차감에 불리

39 차륜답면에 구배(기울기)를 두는 이유는?

① 곡선통과를 원활하게 주행하기 위하여   ② 선로구배를 쉽게 운행하기 위하여
③ 차륜답면의 마찰력을 높이기 위하여   ④ 차륜의 마모를 감소시키기 위하여

해설 차륜답면에 구배(Taper)를 두는 이유

1. 차륜의 내측 직경을 크게 하고 외측직경을 작게 한 것을 Taper라 한다.
2. 차량이 곡선을 주행할 때 곡선의 안쪽 레일은 직경이 작은 외측차륜이, 바깥쪽 레일은 직경이 큰 내측차륜이 주행하게 된다.
3. 양 차륜의 회전반경의 차이로 곡선을 용이하게 주행할 수 있다.

40 차체의 진동에 관한 설명으로 틀린 것은?

① 피칭은 전후 방향에 있어서 시소와 같은 움직임을 말한다. 차가 좌우로 움직이는 것을 뜻한다.
② 사행동은 차체의 수직축 둘레에 발생하는 운동이다. 요잉은 차의 앞뒤 부분이 좌우로 움직이는 것을 말한다.
③ 롤링은 주행 중 차체의 전후 방향축 둘레의 회전운동을 말하며, 차가 좌우로 움직이는 것을 뜻한다.
④ 사행동은 차륜의 좌우 직경차 때문에 윤축이 한쪽으로 쏠렸다가 반대쪽으로 쏠리는 현상으로 뱀처럼 꾸불꾸불 전진하는 것을 말한다.

해설 차량진동의 종류

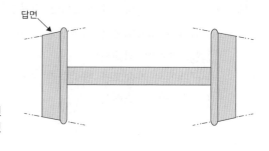

1. 진동의 종류
    1) 롤링(Rolling): 전후축 회전(좌우진동)
    2) 피칭(Pitching): 좌우축 회전(전후진동)
    3) 사행동(Yawing): 상하축 회전(상하진동)
2. 의미 및 대책
    1) 롤링
        ⓐ 주행 중 차체의 전후 방향축 둘레의 회전운동을 말하며, 차가 좌우로 움직이는 것을 뜻한다.

정답 39 ① 40 ①

ⓑ 스태빌라이저, 스프링, 트레드 너비 등이 롤링을 잡아주는 기능을 맡고 있다.

2) 피칭

   ⓐ 전후 방향에 있어서 시소와 같은 움직임을 말한다. 앞차륜의 스프링이 확장(수축)됐을 때 뒷바퀴의 스프링은 수축(확장)되는 것을 반복하는 차체의 움직임이다.

   ⓑ 승객에게 가장 괴롭게 느껴지는 움직임이다. 피칭 현상을 해결하려면 서스펜션을 보강하면 된다.

3) 사행동

차체의 수직축 둘레에 발생하는 운동이다. 요잉은 차의 앞뒤 부분이 좌우로 움직이는 것을 말한다. 다시 말해 코너링을 돌 때 차가 기우는 것은 롤링이며, 너무 급히 돌아 차가 스핀하는 것은 요잉이다.

41 차량진동의 종류가 아닌 것은?

① 롤링(Rolling)　　② 피칭(Pitching)　　③ 차량의 부상　　④ 사행동(Yawing)

해설 차량진동의 종류

42 사행동의 원인이 되는 궤도틀림에 해당되는 것은?

① 궤간틀림　　　　② 수평틀림　　　　③ 면틀림　　　　④ 줄틀림

해설 궤도틀림(Track Irregularity)
1. 궤간틀림: 좌우 레일의 간격틀림으로, 클 경우에는 주행차량의 진동을 일으킨다.
2. 수평틀림: 좌우 레일 답면의 수준틀림으로 고저차로 표시한다. 좌우진동의 원인이 된다.
3. 면틀림: 한쪽레일의 길이방향의 높이차를 말하며, 상하진동을 유발한다.
4. 줄틀림: 한쪽레일의 길이방향의 좌우 굴곡틀림으로 사행동을 일으키는 원인이 된다.
5. 평면성틀림: 수평(수준)틀림의 변화량을 말한다.

43 차량의 진동·소음의 원인으로 틀린 것은?

① 분기부 통과 시 충격　　　　　　② 전차선과 팬터그래프의 마찰
③ 차륜과 레일의 마찰　　　　　　　④ 절연이음매와 접착식 절연

해설 철도차량에 진동을 일으키는 주요원인
1. 선로구조에 의한 것(침목, 전철기, 레일이음매 등)　2. 레일체결구의 탄성에 의한 것
3. 좌우 레일 간의 유간 불일치에 의한 것　　　　　4. 레일마모(요철)에 의한 것
5. 곡선부 통과 시 원심력에 의한 것　　　　　　　6. 레일과 플랜지 사이의 유간에 의한 것
7. 풍압 및 공기의 흐름에 의한 것　　　　　　　　8. 대차의 스프링 자체에 의한 것
9. 대차스프링의 탄성력 차이에서 발생하는 것　　　10. 차륜답면의 찰상에 의한 것
11. 차륜과 궤도의 유간에 의한 것　　　　　　　　12. 주행 시 차량 무게중심의 편이에 의한 것
13. 차체의 탄성력에 의한 것
14. 동력이 분산되어 있는 경우 전후 동력차 간의 동력 불균형에 의한 것
15. 중련 운전 시 전후 차량 간의 조종 불균형에 의한 것

정답　41 ③　42 ④　43 ④

44 철도차량의 진동을 감소시키는 방법으로 옳지 않은 것은?

① 대차의 상판 높이를 높인다.
② 대차의 스프링을 공기댐퍼나 오일댐퍼로 대체한다.
③ 차륜답면의 테이퍼를 최소화한다.
④ 차륜 간의 부담중량을 균등분포한다.

해설 철도차량의 진동을 감소시키는 방법

1. 궤도의 유간을 정확히 하고 특히 레일연결부에 상하, 좌우의 어긋남이 없어야 한다.
2. 각 차륜 간의 부담중량을 균등히 한다.
3. 차륜답면의 테이퍼를 최소화한다.
4. 차축의 전후, 좌우 간 유동을 적게 한다.
5. 좌우 차륜의 직경을 동일하게 유지한다.
6. 차륜의 플랜지와 레일 간의 간격을 가급적 최소화한다.
7. 대차의 스프링을 공기댐퍼나 오일댐퍼로 대체한다.
8. 대차의 상판 높이를 가급적 낮게 한다.

45 다음 중 사행동에 관한 설명으로 맞는 것은?

① 탈선계수가 커지면 탈선할 확률이 작아진다.
② 2차 사행동은 속도가 증가하면 없어진다.
③ 1축 사행동의 파장은 궤간과 차륜경에 비례, 답면구배에 반비례한다.
④ 1차 사행동은 차축 사행동이다.

해설 사행동

1. 의의
   차륜답면이 테이퍼 형상으로 되어 있는 것은 주행의 안정성이라는 측면에서 보면 아주 좋으나 차륜의 좌우 직경차 때문에 윤축이 한쪽으로 쏠렸다가 반대쪽으로 쏠리는 현상을 일으킨다. 즉, 뱀처럼 꾸불 꾸불 전진하는 사행동(Snake motion)을 발생시킨다.
2. 사행동의 구분
   1) 낮은 속도에서는 차체가 심하게 흔들리는 1차 사행동(차체 사행동)이 발생한다.
   2) 속도가 증가되면 1차 사행동은 없어지고 대차가 심하게 진동하는 2차 사행동(대차 사행동)이 발생한다. 2차 사행동은 속도가 증가하더라도 없어지지 않는다.
   3) 속도가 더욱 증가하면 운동학적 주파수(Kinematic Frequency)가 대차 횡진동 고유 진동수와 일치하면서 대차가 심하게 진동하는 3차 사행동(차축 사행동)이 발행한다.
3. 1축 사행동(차체 사행동)
   1) 의의: 1조의 Wheel set의 사행동
      1조의 윤축이 좌우 진동하는 것과 무게 중심 주위에 좌우의 차륜이 교대로 전후 진동하는 것을 한축 사행동이라 한다.
   2) 한축 사행동 파장 크기에 대한 정의
      ① 레일 간격(궤간) 크기에 비례하고, 차륜경(차륜지름)에 비례한다.

정답 44 ① 45 ③

② 차륜답면 기울기(답면구배)에 반비례한다.

③ 움직임은 좌우진동과 좌우의 차륜이 번갈아 전후하는 진동이다.

④ 파장은 약 14m를 갖는다(속도가 높아지면 진동수도 높아진다).

4. 2축 사행동(대차 사행동)

 1) 2축을 고정한 대차에서 발생하는 사행동이다. 2) 윤축의 1축의 파장에 비례한다.

 3) 고정축간의 거리(축거)에 비례한다.   4) 레일간격(궤간)에 반비례한다.

 5) 파장은 약 30m를 갖는다.

5. 사행동 발생의 최소화 조건

 1) 차륜의 지름을 크게 한다.   2) 고정축간의 거리를 크게 한다.

 3) 차륜답면 기울기를 작게 한다.   4) 축상의 전후와 좌우의 지지 강성을 크게 한다.

 5) 대차의 선회 저항을 크게 한다.

46 다음 중 속도가 증가하더라도 없어지지 않는 사행동은?

① 1차 사행동(차체 사행동)   ② 3차 사행동(차축 사행동)

③ 2차 사행동(대차 사행동)   ④ 한축 사행동

해설   사행동

47 다음 중 사행동에 대한 설명으로 틀린 것은?

① 1축 사행동의 파장은 궤간과 답면구배에 비례하고 차륜경에는 반비례한다.

② 대차 사행동은 2축을 고정한 대차에서 발생하는 사행동이다.

③ 대차 사행동의 파장은 축거에 비례하고 궤간에 반비례한다.

④ 1축 사행동의 움직임은 좌우진동과 좌우의 차륜이 번갈아 전후하는 진동이다.

해설   사행동

48 사행동에 대한 설명으로 틀린 것은?

① 1축 사행동의 파장은 약 14m로 속도가 높아지면 진동수도 높아진다.

② 대차 사행동은 1축 사행동의 파장에 비례한다.

③ 대차 사행동은 궤간에 비례한다.

④ 2차 사행동은 속도가 증가하더라도 없어지지 않는다.

해설   사행동

정답   46 ③   47 ①   48 ③

49 진동계가 불안정해진 상태를 의미하며, 레일이 완벽한 직선일지라도 발생되고, 속도가 증하더라도 없어지지 않는 사행동은?

① 차축 헌팅   ② 차체 사행동   ③ 대차 사행동   ④ 크리프 속도

> **해설**   헌팅(사행동) 현상과 크리프 현상
>
> 1. 헌팅(사행동) 현상
>   1) 헌팅(Hunting)이란 철도차량의 주행이 불안정하게 되어서 차륜의 좌우측 플랜지가 교대로 레일에 접촉하게 되는 현상을 말한다.
>   2) 특정한 주행속도 범위에서 철도차량의 횡진동이 심하게 나타나는 현상을 의미한다.
> 2. 크리프 현상
>   1) 차륜과 레일 간의 접촉상태에서 완전한 접촉과 미끄러짐의 중간단계에 해당되는 상대운동의 속도를 크리프(Creep) 속도라고 한다.
>   2) 횡하중이 수직하중보다 작을지라도 접촉점에서 발생하는 차륜과 레일의 Strain Rate(변형률의 시간에 대한 변화율) 차이에 의해서 차륜의 횡방향 속도가 발생되며, 이것을 크리프 속도(Creep Velocity)라 한다.
>   3) 크리프 속도를 차륜 주행속도로 나누어 준 값을 크리퍼지(Creepage)라 한다.
>   4) 횡하중의 반력이 차륜과 레일의 접촉면에 작용한다. 이 힘이 크리프를 발생시킨다고 할 수 있으며, 이를 크리프 힘(Creep Force)이라 한다.

50 다음 중 열차진로 제어설비가 아닌 것은?

① 연동장치   ② 궤도회로장치
③ 선로전환기장치   ④ 승강장안전문제어장치

> **해설** • 신호제어설비
>
> 1. 열차간격 제어설비
>   1) 폐색장치: 자동폐색장치, 연동폐색장치, 통표폐색장치, 차내신호폐색장치
>   2) 열차자동정지장치(ATS)   3) 열차자동제어장치(ATC)
>   4) 열차자동방호장치(ATP)   5) 통신기반열차제어장치(CBTC)
> 2. 열차진로 제어설비
>   1) 신호기장치   2) 궤도회로장치   3) 선로전환기장치
>   4) 연동장치   5) 열차집중제어장치(CTC)   6) 신호원격제어장치
> 3. 운전보안 및 정보화설비
>   1) 건널목보안장치   2) 선로지장물검지장치   3) 낙석검지장치
>   4) 분기기융설장치   5) 지진경보장치   6) 여객자동안내장치

정답 49 ③   50 ④

51 다음 중 열차간격 제어설비에 해당하지 않는 것은?

① 연동장치 ② 폐색장치
③ 열차자동정지장치 ④ 열차자동제어장치

해설 신호제어설비

* <참고> "궤도회로장치"는 열차간격 제어설비와 열차진로 제어설비에 모두 포함된다.

52 다음 중 CTC(열차집중제어장치)에 관한 설명으로 틀린 것은?

① CTC의 제어모드는 자동제어(Auto), 콘솔제어(CCM), 로컬제어(Local)가 있다
② CTC의 주요기능으로 열차운행계획관리, 신호설비의 감시 및 제어, 열차진로의 자동제어, 열차운행상황 표시 등이 있다
③ CTC는 안전도 향상, 열차회수 증대로 수송력 증강, 관제업무의 체계화, 선로설비 보수능률 향상 등의 효과가 있다
④ 중앙관제실에 있는 운전 관제사가 광범위한 지역 내의 모든 열차운행 상황을 파악한 후 열차진로를 자동으로 제어하는 방식을 말한다

해설 열차집중제어장치(CTC, Centralized Traffic Control)

1. 의의: 중앙관제실에 있는 운전 관제사가 광범위한 지역 내의 모든 열차운행 상황을 파악한 후 열차진로를 자동으로 제어하는 방식
2. CTC의 주요기능
   ① 열차운행계획관리 ② 신호설비의 감시 및 제어
   ③ 열차진로의 자동제어 ④ 열차운행상황 표시
3. CTC의 제어모드: ① 자동제어(Auto) ② 콘솔제어(CCM) ③ 로컬제어(Local)
4. CTC의 효과
   ① 안전도 향상 ② 열차회수 증대로 수송력 증강
   ③ 운전업무 취급의 간소화 ④ 선로설비 보수능률 향상

53 다음 중 CTC(열차집중제어장치)의 역할이 아닌 것은?

① 열차속도제어 ② 열차운행계획관리
③ 열차진로의 자동제어 ④ 신호설비의 감시 및 제어

해설 열차집중제어장치(CTC, Centralized Traffic Control)

정답 51 ① 52 ③ 53 ①

54 열차운행종합제어장치(TTC)의 특징으로 올바르지 않은 것은?

① 열차진로를 제어한다.　　　　② 열차의 정속도를 제어한다.
③ 운전 계통을 감시한다.　　　　④ 필요한 열차 Diagram을 작성한다.

해설 열차운행종합제어장치(TTC, Total Traffic Control)
1. 의의
   1) 역을 통하지 않고 열차의 운행상태를 직접 파악하여 신호기, 전철기 등을 중앙으로부터 제어하는 장치이다.
   2) 열차 착발시각의 기록, 출발지령신호, 행선안내표시, 안내방송 등의 자동화를 행하기도 한다
2. 주요 기능
   1) 필요한 열차 다이어그램(Diagram)을 작성한다.
   2) 열차의 진로를 제어한다.
   3) 열차의 다이어그램을 변경한다.
   4) 열차의 안내 정보 및 역의 상태를 모니터 한다.
   5) 운전 계통을 감시한다.
   6) 운행 열차를 추적해서 LDP(Large Display Panel)에 표시하고 모니터 한다.
   7) 각종 고장 정보를 모니터 한다.
3. 구성
   1) 표시반
   2) 제어용 콘솔
   3) 데이터 전송장치
      ① TTC방식: 평상시에 사용
      ② CTC방식: TTC방식의 사용이 힘들 때 사용
      ③ Local방식: 관제실이 아닌 현장에서 직접 제어하는 방식

55 다음 중 RAMS의 설명으로 틀린 것은?

① Reliability는 주어진 조건하에서 일정 기간 동안 고장 없이 안정적으로 성능을 발휘하는 능력이 유지되도록 하는 것이다.
② Availability는 특정시점에서 주어진 기능을 발휘할 수 있는 능력이다.
③ Managementability는 고장이나 결함이 발생했을 때 규정된 조건하에서 일정 시간 내에 보수를 완료할 수 있는 능력이다.
④ 안전성(Safety)은 허용 가능한 안전성 목표를 달성하기 위하여 설계되고 제작되도록 관리하는 것이다.

해설 RAMS
1. RAMS의 정의
   1) 장비·시스템의 신뢰성, 가용성, 유지보수성 및 안전성에 대한 설계 단계부터 폐기 시까지에 이르는 라이프 싸이클에 걸친 사전검토, 예측, 실적평가 및 개선활동을 말한다.

정답 54 ② 55 ③

2) 특히 철도 차량, 부품, 설비의 제작부터 유지보수, 개량 폐기에 이르기까지 생애주기 동안 각 지표에 대한 정보를 통합적으로 수집 분석해 철도 안전관리와 유지보수에 활용되고 있다.

2. RAMS의 관리
1) 신뢰성(Reliability)
주어진 조건하에서 일정 기간 동안 고장 없이 안정적으로 성능을 발휘하는 능력
2) 가용성(Availability)
특정시점에서 주어진 기능을 발휘할 수 있는 능력
3) 유지보수성(Maintainability)
고장이나 결함이 발생했을 때 규정된 조건하에서 일정 시간 내에 보수를 완료할 수 있는 능력
4) 안전성(Safety)
허용 가능한 안전성 목표를 달성하기 위하여 설계되고 제작되도록 관리

철도교통안전관리자
10일 완성

철도공기업 채용시 가산점 부여 확대_필수자격
핵심정리와 기출예상문제를 한 권으로 해결~!

제 **4** 편

열차운전

제1장 철도차량운전규칙

제1절 총칙·철도종사자

1. 용어의 정의
   1) 정거장: ① 여객의 승강(여객 이용시설 및 편의시설을 포함한다), ② 화물의 적하(積下), ③ 열차의 조성(組成, 철도차량을 연결하거나 분리하는 작업을 말한다), ④ 열차의 교행(交行) 또는 대피를 목적으로 사용되는 장소
   2) 본선: 열차의 운전에 상용하는 선로
   3) 측선: 본선이 아닌 선로
   6) 차량: 열차의 구성부분이 되는 1량의 철도차량
   7) 전차선로: 전차선 및 이를 지지하는 공작물
   8) 완급차: 관통제동기용 제동통·압력계·차장변 및 수제동기를 장치한 차량으로서 열차승무원이 집무할 수 있는 차실이 설비된 객차 또는 화차
   9) 철도신호: 철도신호 규정에 의한 신호·전호 및 표지
   10) 진행지시신호: 진행신호·감속신호·주의신호·경계신호·유도신호 및 차내신호(정지신호를 제외한다) 등 차량의 진행을 지시하는 신호
   11) 폐색: 일정 구간에 동시에 2 이상의 열차를 운전시키지 아니하기 위하여 그 구간을 하나의 열차의 운전에만 점용시키는 것
   12) 구내운전: 정거장 내 또는 차량기지 내에서 입환신호에 의하여 열차 또는 차량을 운전하는 것
   13) 입환: 사람의 힘에 의하거나 동력차를 사용하여 차량을 이동·연결 또는 분리하는 작업
   14) 조차장: 차량의 입환 또는 열차의 조성을 위하여 사용되는 장소
   15) 신호소: 상치신호기 등 열차제어시스템을 조작·취급하기 위하여 설치한 장소
   16) 동력차: 기관차, 전동차, 동차 등 동력발생장치에 의하여 선로를 이동하는 것을 목적으로 제조한 철도차량
   17) 위험물: 「철도안전법」에 정한 운송취급주의 위험물
   18) 무인운전: 사람이 열차 안에서 직접 운전하지 아니하고 관제실에서의 원격조종에 따라 열차가 자동으로 운행되는 방식
   19) 운전취급담당자: 철도 신호기·선로전환기 또는 조작판을 취급하는 사람

2. 철도종사자
   1) 교육과 훈련
      ① 철도운영자등의 의무

      「철도안전법」 등 관계 법령에 따라 필요한 교육을 실시해야 하고, 해당 철도종사자 등이 업무 수행에 필요한 지식과 기능을 보유한 것을 확인한 후 업무를 수행하도록 해야 한다.

      ② 교육과 훈련을 받아야 할 철도종사자
         ㉮ 철도안전법에 따른 철도차량의 운전업무에 종사하는 사람(운전업무종사자)
         ㉯ 철도차량운전업무를 보조하는 사람(운전업무보조자)
         ㉰ 철도안전법에 따라 철도차량의 운행을 집중 제어·통제·감시하는 업무에 종사하는 사람(관제업무종사자)
         ㉱ 철도안전법에 따른 여객에게 승무 서비스를 제공하는 사람(여객승무원)
         ㉲ 운전취급담당자
         ㉳ 철도차량을 연결·분리하는 업무를 수행하는 사람
         ㉴ 원격제어가 가능한 장치로 입환 작업을 수행하는 사람
   2) 열차에 탑승하여야 하는 철도종사자
      ① 열차에 탑승시켜야 할 철도종사자: 운전업무종사자, 여객승무원
      ② 단, 해당 선로의 상태, 열차에 연결되는 차량의 종류, 철도차량의 구조 및 장치의 수준 등을 고려하여 열차운행의 안전에 지장이 없다고 인정되는 경우에는 운전업무종사자 외의 다른 철도종사자를 탑승시키지 않거나 인원을 조정할 수 있다.
      ③ 무인운전의 경우에는 운전업무종사자를 탑승시키지 않을 수 있다.

제2절   열차의 운전

1. 동력차의 연결위치
   1) 연결원칙: 열차의 운전에 사용하는 동력차는 열차의 맨 앞에 연결하여야 한다.
   2) 동력차를 맨 앞에 연결하지 않을 수 있는 경우
      ① 기관차를 2 이상 연결한 경우로서 열차의 맨 앞에 위치한 기관차에서 열차를 제어하는 경우
      ② 보조기관차를 사용하는 경우
      ③ 선로 또는 열차에 고장이 있는 경우
      ④ 구원열차·제설열차·공사열차 또는 시험운전열차를 운전하는 경우
      ⑤ 정거장과 그 정거장 외의 본선 도중에서 분기하는 측선과의 사이를 운전하는 경우
      ⑥ 그 밖에 특별한 사유가 있는 경우

2. 여객열차의 연결제한
   1) 여객열차에는 화차를 연결할 수 없다.
      단, 회송의 경우와 그 밖에 특별한 사유가 있는 경우에는 화차를 연결할 수 있다.
   2) 화차를 연결하는 경우 연결위치: 화차를 객차의 중간에 연결하여서는 아니 된다.
   3) 여객열차에 연결할 수 없는 차량
      ① 파손차량
      ② 동력을 사용하지 아니하는 기관차
      ③ 2차량 이상에 무게를 부담시킨 화물을 적재한 화차
3. 열차의 운전위치
   1) 운전위치: 열차는 운전방향 맨 앞 차량의 운전실에서 운전하여야 한다.
   2) 운전방향 맨 앞 차량의 운전실 외에서 열차를 운전할 수 있는 경우
      ① 철도종사자가 차량의 맨 앞에서 전호를 하는 경우로서 그 전호에 의하여 열차를 운전
         하는 경우
      ② 선로·전차선로 또는 차량에 고장이 있는 경우
      ③ 공사열차·구원열차 또는 제설열차를 운전하는 경우
      ④ 정거장과 그 정거장 외의 본선 도중에서 분기하는 측선과의 사이를 운전하는 경우
      ⑤ 철도시설 또는 철도차량을 시험하기 위하여 운전하는 경우
      ⑥ 사전에 정한 특정한 구간을 운전하는 경우
      ⑦ 무인운전을 하는 경우
      ⑧ 그 밖에 부득이한 경우로서 운전방향 맨 앞 차량의 운전실에서 운전하지 아니하여도
         열차의 안전한 운전에 지장이 없는 경우
4. 열차의 운전방향 지정
   1) 철도운영자등은 상행선·하행선 등으로 노선이 구분되는 선로의 경우에는 열차의 운행방
      향을 미리 지정하여야 한다.
   2) 지정된 선로의 반대선로로 열차를 운행할 수 있는 경우
      ① 철도운영자등과 상호 협의된 방법에 따라 열차를 운행하는 경우
      ② 정거장내의 선로를 운전하는 경우
      ③ 공사열차·구원열차 또는 제설열차를 운전하는 경우
      ④ 정거장과 그 정거장 외의 본선 도중에서 분기하는 측선과의 사이를 운전하는 경우
      ⑤ 입환운전을 하는 경우
      ⑥ 선로 또는 열차의 시험을 위하여 운전하는 경우
      ⑦ 퇴행운전을 하는 경우
      ⑧ 양방향 신호설비가 설치된 구간에서 열차를 운전하는 경우
      ⑨ 철도사고 또는 운행장애("철도사고등")의 수습 또는 선로보수공사 등으로 인하여 부득
         이하게 지정된 선로방향을 운행할 수 없는 경우

5. 열차의 정거장외 정차금지
   1) 열차는 정거장외에서는 정차하여서는 아니 된다.
   2) 정거장외에 정차할 수 있는 경우
      ① 경사도가 1000분의 30 이상인 급경사 구간에 진입하기 전의 경우
      ② 정지신호의 현시가 있는 경우
      ③ 철도사고등이 발생하거나 철도사고등의 발생 우려가 있는 경우
      ④ 그 밖에 철도안전을 위하여 부득이 정차하여야 하는 경우
6. 열차의 퇴행 운전
   1) 열차는 퇴행하여서는 아니 된다.
   2) 퇴행할 수 있는 경우
      ① 선로·전차선로 또는 차량에 고장이 있는 경우
      ② 공사열차·구원열차 또는 제설열차가 작업상 퇴행할 필요가 있는 경우
      ③ 뒤의 보조기관차를 활용하여 퇴행하는 경우
      ④ 철도사고등의 발생 등 특별한 사유가 있는 경우
7. 열차의 동시 진출·입 금지
   1) 2 이상의 열차를 동시에 정거장에 진입시키거나 진출시킬 수 없는 경우
      ① 열차 상호간 그 진로에 지장을 줄 염려가 있는 경우
   2) 2 이상의 열차를 동시 진입시키거나 진출시킬 수 있는 경우
      ① 안전측선·탈선선로전환기·탈선기가 설치되어 있는 경우
      ② 열차를 유도하여 서행으로 진입시키는 경우
      ③ 단행기관차로 운행하는 열차를 진입시키는 경우
      ④ 다른 방향에서 진입하는 열차들이 출발신호기 또는 정차위치로부터 200m(동차·전동차
         의 경우에는 150m) 이상의 여유거리가 있는 경우
      ⑤ 동일방향에서 진입하는 열차들이 각 정차위치에서 100m 이상의 여유거리가 있는 경우
8. 화재발생시의 운전
   1) 열차에 화재가 발생한 경우의 조치
      ① 조속히 소화의 조치를 하고
      ② 여객을 대피시키거나 화재가 발생한 차량을 다른 차량에서 격리시키는 등의 필요한
         조치를 하여야 한다.
   2) 열차에 화재가 발생한 장소가 교량 또는 터널 안인 경우에는 우선 철도차량을 교량 또는
      터널 밖으로 운전하는 것을 원칙으로 한다.
   3) 지하구간인 경우에는 가장 가까운 역 또는 지하구간 밖으로 운전하는 것을 원칙으로 한다.
9. 운전방법 등에 의한 속도제한
   철도운영자등이 열차 또는 차량의 운전제한속도를 따로 정하여 시행할 수 있는 경우
   1) 서행신호 현시구간을 운전하는 경우
   2) 추진운전을 하는 경우(총괄제어법에 따라 열차의 맨 앞에서 제어하는 경우는 제외)

3) 열차를 퇴행운전을 하는 경우

4) 쇄정되지 않은 선로전환기를 대향으로 운전하는 경우

5) 입환운전을 하는 경우

6) 전령법에 의하여 열차를 운전하는 경우

7) 수신호 현시구간을 운전하는 경우

8) 지령운전을 하는 경우

9) 무인운전 구간에서 운전업무종사자가 탑승하여 운전하는 경우

10) 그 밖에 철도안전을 위하여 필요하다고 인정되는 경우

10. 열차 또는 차량의 정지

1) 열차 또는 차량은 정지신호가 현시된 경우에는 그 현시지점을 넘어서 진행할 수 없다.

2) 정지신호가 현시된 경우에 그 현시지점을 넘어서 진행할 수 있는 경우

① 수신호에 의하여 정지신호의 현시가 있는 경우

② 신호기 고장 등으로 인하여 정지가 불가능한 거리에서 정지신호의 현시가 있는 경우

3) 자동폐색신호기의 정지신호에 의하여 일단 정지한 열차 또는 차량은

① 정지신호 현시중이라도 운전속도의 제한 등 안전조치에 따라 서행하여 그 현시지점을 넘어서 진행할 수 있다.

4) 서행허용표지를 추가하여 부설한 자동폐색신호기가 정지신호를 현시하는 때에는

① 정지신호 현시중이라도 정지하지 아니하고 운전속도의 제한 등 안전조치에 따라 서행하여 그 현시지점을 넘어서 진행할 수 있다.

제 3 절 열차간의 안전확보

1. 열차 간의 안전확보 방법

1) 폐색에 의한 방법

2) 열차 간의 간격을 확보하는 장치(이하 "열차제어장치"라 한다)에 의한 방법

3) 시계운전에 의한 방법

2. 폐색에 의한 열차 운행

1) 폐색에 의한 방법으로 열차를 운행하는 경우에는 본선을 폐색구간으로 분할하여야 한다. 다만, 정거장 내의 본선은 이를 폐색구간으로 하지 아니할 수 있다.

2) 하나의 폐색구간에는 둘 이상의 열차를 동시에 운행할 수 없다.

3) 하나의 폐색구간에는 둘 이상의 열차를 동시에 운행할 수 있는 경우

① 다음의 경우에 따라 열차를 진입시키려는 경우

㉮ 자동폐색신호기의 정지신호에 의하여 일단 정지한 열차 또는 차량은 정지신호 현시중이라도 운전속도의 제한 등 안전조치에 따라 서행하여 그 현시지점을 넘어서 진행할 수 있다.

⑭ 서행허용표지를 추가하여 부설한 자동폐색신호기가 정지신호를 현시하는 때에는 정지신호 현시중이라도 정지하지 아니하고 운전속도의 제한 등 안전조치에 따라 서행하여 그 현시지점을 넘어서 진행할 수 있다.

② 고장열차가 있는 폐색구간에 구원열차를 운전하는 경우

③ 선로가 불통된 구간에 공사열차를 운전하는 경우

④ 폐색구간에서 뒤의 보조기관차를 열차로부터 떼었을 경우

⑤ 열차가 정차되어 있는 폐색구간으로 다른 열차를 유도하는 경우

⑥ 폐색에 의한 방법으로 운전을 하고 있는 열차를 열차제어장치로 운전하거나 시계운전이 가능한 노선에서 열차를 서행하여 운전하는 경우

⑦ 그 밖에 특별한 사유가 있는 경우

* 철도차량운전규칙과 도시철도운전규칙의 내용이 서로 다르니 유의해야 한다.

3. 폐색방식의 구분

   1) 상용폐색방식: 자동폐색식·연동폐색식·차내신호폐색식·통표폐색식

   2) 대용폐색방식: 통신식·지도통신식·지도식·지령식

4. 시계운전에 의한 열차의 운전

   1) 복선운전을 하는 경우: 격시법, 전령법

   2) 단선운전을 하는 경우: 지도격시법, 전령법

5. 자동폐색장치의 기능

   자동폐색식을 시행하는 폐색구간의 폐색신호기·장내신호기 및 출발신호기가 갖추어야 할 기능

   1) 폐색구간에 열차 또는 차량이 있을 때에는 자동으로 정지신호를 현시할 것

   2) 폐색구간에 있는 선로전환기가 정당한 방향으로 개통되지 아니한 때 또는 분기선 및 교차점에 있는 차량이 폐색구간에 지장을 줄 때에는 자동으로 정지신호를 현시할 것

   3) 폐색장치에 고장이 있을 때에는 자동으로 정지신호를 현시할 것

   4) 단선구간에 있어서는 하나의 방향에 대하여 진행을 지시하는 신호를 현시한 때에는 그 반대방향의 신호기는 자동으로 정지신호를 현시할 것

6. 연동폐색장치의 구비조건 및 취급

   1) 연동폐색장치의 구비조건

      연동폐색식을 시행하는 폐색구간 양끝의 정거장 또는 신호소에 설치해야 하는 연동폐색기가 갖추어야 할 기능

      ① 신호기와 연동하여 자동으로 다음의 표시를 할 수 있을 것

         ㉮ 폐색구간에 열차 있음   ㉯ 폐색구간에 열차 없음

      ② 열차가 폐색구간에 있을 때에는 그 구간의 신호기에 진행을 지시하는 신호를 현시할 수 없을 것

      ③ 폐색구간에 진입한 열차가 그 구간을 통과한 후가 아니면 "폐색구간에 열차 있음"의 표시를 변경할 수 없을 것

      ④ 단선구간에 있어서 하나의 방향에 대하여 폐색이 이루어지면 그 반대방향의 신호기는 자동으로 정지신호를 현시할 것

2) 열차를 연동폐색구간에 진입시킬 경우의 취급

① 열차를 폐색구간에 진입시키려는 경우에는 "폐색구간에 열차 없음"의 표시를 확인하고 전방의 정거장 또는 신호소의 승인을 받아야 한다.

② 정거장 또는 신호소의 승인은 "폐색구간에 열차 있음"의 표시로 해야 한다.

③ 폐색구간에 열차 또는 차량이 있을 때에는 승인을 할 수 없다.

7. 통표폐색장치의 기능

1) 통표폐색장치의 기능

① 통표폐색식을 시행하는 폐색구간 양끝의 정거장 또는 신호소에는 다음의 기능을 갖춘 통표폐색장치를 설치해야 한다.

㉮ 통표는 폐색구간 양끝의 정거장 또는 신호소에서 협동하여 취급하지 아니하면 이를 꺼낼 수 없을 것

㉯ 폐색구간 양끝에 있는 통표폐색기에 넣은 통표는 1개에 한하여 꺼낼 수 있으며, 꺼낸 통표를 통표폐색기에 넣은 후가 아니면 다른 통표를 꺼내지 못하는 것일 것

㉰ 인접 폐색구간의 통표는 넣을 수 없는 것일 것

② 통표폐색기에는 그 구간 전용의 통표만을 넣어야 한다.

③ 인접폐색구간의 통표는 그 모양을 달리하여야 한다.

④ 열차는 당해 구간의 통표를 휴대하지 아니하면 그 구간을 운전할 수 없다. 다만, 특별한 사유가 있는 경우에는 그러하지 아니하다.

2) 열차를 통표폐색구간에 진입시킬 경우의 취급

① 열차를 통표폐색구간에 진입시키려는 경우에는 폐색구간에 열차가 없는 것을 확인하고 운행하려는 방향의 정거장 또는 신호소 운전취급담당자의 승인을 받아야 한다.

② 열차의 운전에 사용하는 통표는 통표폐색기에 넣은 후가 아니면 이를 다른 열차의 운전에 사용할 수 없다. 다만, 고장열차가 있는 폐색구간에 구원열차를 운전하는 경우 등 특별한 사유가 있는 경우에는 그러하지 아니하다.

8. 지도통신식

1) 지도통신식을 시행하는 구간에는 폐색구간 양끝의 정거장 또는 신호소의 통신설비를 사용하여 서로 협의한 후 시행한다.

2) 지도통신식을 시행하는 경우 폐색구간 양끝의 정거장 또는 신호소가 서로 협의한 후 지도표를 발행하여야 한다.

3) 지도표는 1폐색구간에 1매로 한다.

4) 지도표와 지도권의 사용구별

① 지도통신식을 시행하는 구간에서 동일방향의 폐색구간으로 진입시키고자 하는 열차가 하나뿐인 경우에는 지도표를 교부한다.

② 연속하여 2 이상의 열차를 동일방향의 폐색구간으로 진입시키고자 하는 경우에는 최후의 열차에 대하여는 지도표를 교부한다.

③ 위의 1), 2)외의 나머지 열차에 대하여는 지도권을 교부한다.

5) 지도표·지도권의 기입사항

　① 지도표에는 그 구간 양끝의 정거장명·발행일자 및 사용열차번호를 기입하여야 한다.

　② 지도권에는 사용구간·사용열차·발행일자 및 지도표 번호를 기입하여야 한다.

　* 기입사항의 항목이 철도차량운전규칙과 도시철도운전규칙이 다르니 유의해야 한다.

6) 지도권은 지도표를 가지고 있는 정거장 또는 신호소에서 서로 협의를 한 후 발행하여야 한다.

9. 지도식

1) 지도식의 시행

지도식은 철도사고등의 수습 또는 선로보수공사 등으로 현장과 가장 가까운 정거장 또는 신호소간을 1폐색구간으로 하여 열차를 운전하는 경우에 후속열차를 운전할 필요가 없을 때에 한하여 시행한다.

2) 지도표의 발행

　① 지도식을 시행하는 구간에는 지도표를 발행하여야 한다.

　② 지도표는 1폐색구간에 1매로 하며, 열차는 당해구간의 지도표를 휴대하지 아니하면 그 구간을 운전할 수 없다.

10. 지령식

1) 지령식은 폐색 구간이 다음 요건을 모두 갖춘 경우 관제업무종사자의 승인에 따라 시행한다.

　① 관제업무종사자가 열차 운행을 감시할 수 있을 것

　② 운전용 통신장치 기능이 정상일 것

2) 관제업무종사자가 지령식을 시행하는 경우에 준수해야 할 사항

　① 지령식을 시행할 폐색구간의 경계를 정할 것

　② 지령식을 시행할 폐색구간에 열차나 철도차량이 없음을 확인할 것

　③ 지령식을 시행하는 폐색구간에 진입하는 열차의 기관사에게 승인번호, 시행구간, 운전속도 등 주의사항을 통보할 것

11. 시계운전에 의한 열차의 운전

1) 복선운전을 하는 경우: ㉮ 격시법　　　　　㉯ 전령법

2) 단선운전을 하는 경우: ㉮ 지도격시법　　　㉯ 전령법

　* 시계운전에 의한 방법은 신호기 또는 통신장치의 고장 등으로 상용폐색방식 및 대용폐색방식 외의 방법으로 열차를 운전할 필요가 있을 경우에 한하여 시행하여야 한다.

12. 전령법

1) 전령법의 시행방법

　① 열차 또는 차량이 정차되어 있는 폐색구간에 다른 열차를 진입시킬 때에는 전령법에 의하여 운전하여야 한다.

　② 전령법은 그 폐색구간 양끝에 있는 정거장 또는 신호소의 운전취급담당자가 협의하여 이를 시행해야 한다. 다만, 다음에 해당하는 경우에는 협의하지 않고 시행할 수 있다.

　㉮ 선로고장 등으로 지도식을 시행하는 폐색구간에 전령법을 시행하는 경우

㉯ 전화불통으로 협의를 할 수 없는 경우

　　③ 전화불통으로 협의를 할 수 없는 경우에는 당해 열차 또는 차량이 정차되어 있는 곳을 넘어서 열차 또는 차량을 운전할 수 없다.

　2) 전령자

　　① 전령법을 시행하는 구간에는 전령자를 선정하여야 한다.

　　② 전령자는 1폐색구간 1인에 한한다.

　　③ 전령법을 시행하는 구간에서는 당해구간의 전령자가 동승하지 아니하고는 열차를 운전할 수 없다.

　　* 철도차량운전규칙에서는 완장의 색상규정이 없으며, 도시철도운전규칙에서는 백색완장을 착용해야 한다.

제 4 절　철도신호

1. 철도신호의 정의

　1) 신호는 모양·색 또는 소리 등으로 열차나 차량에 대하여 운행의 조건을 지시하는 것으로 할 것

　2) 전호는 모양·색 또는 소리 등으로 관계직원 상호간에 의사를 표시하는 것으로 할 것

　3) 표지는 모양 또는 색 등으로 물체의 위치·방향·조건 등을 표시하는 것으로 할 것

2. 주간 또는 야간의 신호

　1) 주간 또는 야간의 신호 등

　　① 주간과 야간의 현시방식을 달리하는 신호·전호 및 표지의 경우

　　　㉮ 일출 후부터 일몰 전까지는 주간 방식으로 한다.

　　　㉯ 일몰 후부터 다음 날 일출 전까지는 야간 방식으로 한다.

　　② 다만, 일출 후부터 일몰 전까지의 경우에도 주간 방식에 따른 신호·전호 또는 표지를 확인하기 곤란한 경우에는 야간 방식에 따른다.

　2) 지하구간 및 터널 안의 신호

　　① 지하구간 및 터널 안의 신호·전호 및 표지는 야간의 방식에 의하여야 한다.

　　② 다만, 길이가 짧아 빛이 통하는 지하구간 또는 조명시설이 설치된 터널 안 또는 지하 정거장 구내의 경우에는 그러하지 아니하다.

　3) 제한신호의 추정

　　① 신호를 현시할 소정의 장소에 신호의 현시가 없거나 그 현시가 정확하지 아니할 때에는 정지신호의 현시가 있는 것으로 본다.

　　② 상치신호기 또는 임시신호기와 수신호가 각각 다른 신호를 현시한 때에는 그 운전을 최대로 제한하는 신호의 현시에 의하여야 한다. 다만, 사전에 통보가 있을 때에는 통보된 신호에 의한다.

3. 상치신호기의 종류
  1) 주신호기
    ① 장내신호기: 정거장에 진입하려는 열차에 대하여 신호를 현시하는 것
    ② 출발신호기: 정거장을 진출하려는 열차에 대하여 신호를 현시하는 것
    ③ 폐색신호기: 폐색구간에 진입하려는 열차에 대하여 신호를 현시하는 것
    ④ 엄호신호기: 특히 방호를 요하는 지점을 통과하려는 열차에 대하여 신호를 현시하는 것
    ⑤ 유도신호기: 장내신호기에 정지신호의 현시가 있는 경우 유도를 받을 열차에 대하여 신호를 현시하는 것
    ⑥ 입환신호기: 입환차량 또는 차내신호폐색식을 시행하는 구간의 열차에 대하여 신호를 현시하는 것
  2) 종속신호기
    ① 원방신호기: 장내신호기·출발신호기·폐색신호기 및 엄호신호기에 종속하여 열차에 주신호기가 현시하는 신호의 예고신호를 현시하는 것
    ② 통과신호기: 출발신호기에 종속하여 정거장에 진입하는 열차에 신호기가 현시하는 신호를 예고하며, 정거장을 통과할 수 있는지에 대한 신호를 현시하는 것
    ③ 중계신호기: 장내신호기·출발신호기·폐색신호기 및 엄호신호기에 종속하여 열차에 주신호기가 현시하는 신호의 중계신호를 현시하는 것
  3) 신호부속기
    ① 진로표시기: 장내신호기·출발신호기·진로개통표시기 및 입환신호기에 부속하여 열차 또는 차량에 대하여 그 진로를 표시하는 것
    ② 진로예고기: 장내신호기·출발신호기에 종속하여 다음 장내신호기 또는 출발신호기에 현시하는 진로를 열차에 대하여 예고하는 것
    ③ 진로개통표시기: 차내신호를 사용하는 열차가 운행하는 본선의 분기부에 설치하여 진로의 개통 상태를 표시하는 것
4. 차내신호
  1) 정지신호: 열차운행에 지장이 있는 구간으로 운행하는 열차에 대하여 정지하도록 하는 것
  2) 15신호: 정지신호에 의하여 정지한 열차에 대한 신호로서 1시간에 15킬로미터 이하의 속도로 운전하게 하는 것
  3) 야드신호: 입환차량에 대한 신호로서 1시간에 25킬로미터 이하의 속도로 운전하게 하는 것
  4) 진행신호: 열차를 지정된 속도 이하로 운전하게 하는 것

〈철도차량운전규칙과 도시철도운전규칙의 상시신호기 종류 비교〉

구분	철도차량운전규칙〈상치신호기〉	도시철도운전규칙〈상설신호기〉
주신호기	장내신호기, 출발신호기, 폐색신호기, 엄호신호기, 유도신호기, 입환신호기	차내신호기, 장내신호기, 출발신호기, 폐색신호기, 입환신호기
종속신호기	원방신호기, 통과신호기, 중계신호기	원방신호기, 중계신호기
신호부속기	진로표시기, 진로예고기, 진로개통표시기	진로표시기, 진로개통표시기
차내신호	차내신호	－

* 철도차량운전규칙과 도시철도운전규칙의 다른 점을 명확히 구분해야 한다.

5. 신호현시방식
  1) 장내신호기·출발신호기·폐색신호기 및 엄호신호기

종류	신호현시방식					
	5현시	4현시	3현시	2현시		
					완목식	
	색등식	색등식	색등식	색등식	주간	야간
정지신호	적색등	적색등	적색등	적색등	완·수평	적색등
경계신호	상위: 등황색등 하위: 등황색등	－	－	－	－	－
주의신호	등황색등	등황색등	등황색등	－	－	－
감속신호	상위: 등황색등 하위: 녹색등	상위: 등황색등 하위: 녹색등	－	－	－	－
진행신호	녹색등	녹색등	녹색등	녹색등	완·좌하향 45도	녹색등

  2) 중계신호기

종류	등열식		색등식
주신호기가 정지신호를 할 경우	정지중계	백생등열(3등) 수평	적색등
주신호기가 진행을 지시하는 신호를 할 경우	제한중계	백생등열(3등) 좌하향 45도	주신호기가 진행을 지시하는 색등
	진행중계	백생등열(3등) 수직	

  3) 차내신호: 주야간 점등(야간) 방식

종류	신호현시방식
정지신호	적색사각형등 점등
15신호	적색원형등 점등("15"지시)
야드신호	노란색 직사각형등과 적색원형등(25등신호) 점등
진행진호	적색원형등(해당신호등) 점등

6. 신호현시의 기본원칙
  1) 장내신호기: 정지신호
  2) 출발신호기: 정지신호
  3) 폐색신호기(자동폐색신호기를 제외한다): 정지신호
  4) 엄호신호기: 정지신호

5) 유도신호기: 신호를 현시하지 아니한다.　　　　6) 입환신호기: 정지신호

7) 원방신호기: 주의신호

8) 자동폐색신호기 및 반자동폐색신호기: 진행을 지시하는 신호

　다만, 단선구간의 경우에는 정지신호를 현시함을 기본으로 한다.

9) 차내신호: 진행신호

7. 신호현시의 순위 및 복위

1) 신호현시의 순위

원방신호기는 그 주된 신호기가 진행신호를 현시하거나, 3위식 신호기는 그 신호기의 배면쪽 제1의 신호기에 주의 또는 진행신호를 현시하기 전에 이에 앞서 진행신호를 현시할 수 없다.

2) 신호의 복위

열차가 상치신호기의 설치지점을 통과한 때에는 그 지점을 통과한 때마다 유도신호기는 신호를 현시하지 아니하며 원방신호기는 주의신호를, 그 밖의 신호기는 정지신호를 현시하여야 한다.

8. 임시신호기

1) 사용시기

선로의 상태가 일시 정상운전을 할 수 없는 상태인 경우에는 그 구역의 바깥쪽에 임시신호기를 설치하여야 한다.

2) 임시신호기의 종류

① 서행신호기: 서행운전할 필요가 있는 구간에 진입하려는 열차 또는 차량에 대하여 당해구간을 서행할 것을 지시하는 것

② 서행예고신호기: 서행신호기를 향하여 진행하려는 열차에 대하여 그 전방에 서행신호의 현시 있음을 예고하는 것

③ 서행해제신호기: 서행구역을 진출하려는 열차에 대하여 서행을 해제할 것을 지시하는 것

④ 서행발리스(Balise): 서행운전할 필요가 있는 구간의 전방에 설치하는 송·수신용 안테나로 지상 정보를 열차로 보내 자동으로 열차의 감속을 유도하는 것

3) 임시신호기의 신호현시방식

종류	신호현시방식	
	주간	야간
서행신호	백색테두리를 한 등황색 원판	등황색등 또는 반사재
서행예고신호	흑색삼각형 3개를 그린 백색삼각형	흑색삼각형 3개를 그린 백색등 또는 반사재
서행해제신호	백색테두리를 한 녹색원판	녹색등 또는 반사재

* 서행신호기 및 서행예고신호기에는 서행속도를 표시하여야 한다.

9. 수신호의 현시방법

1) 현시 시기: 신호기를 설치하지 아니하거나 이를 사용하지 못하는 경우에 사용한다.

2) 수신호 현시방법

① 정지신호

  ㉮ 주간: 적색기. 다만, 적색기가 없을 때에는 양팔을 높이 들거나 또는 녹색기 외의 것을 급히 흔든다.

  ㉯ 야간: 적색등. 다만, 적색등이 없을 때에는 녹색등 외의 것을 급히 흔든다.

② 서행신호

  ㉮ 주간: 적색기와 녹색기를 모아쥐고 머리 위에 높이 교차한다.

  ㉯ 야간: 깜박이는 녹색등

③ 진행신호

  ㉮ 주간: 녹색기. 다만, 녹색기가 없을 때는 한 팔을 높이 든다.

  ㉯ 야간: 녹색등

10. 입환전호 방법

 1) 입환전호 목적: 입환작업자(기관사 포함)는 서로 맨눈으로 확인할 수 있도록 입환전호를 해야 한다.

 2) 입환전호 방법

  ① 오너라전호

   ㉮ 주간: 녹색기를 좌우로 흔든다.

    단, 부득이한 경우에는 한 팔을 좌우로 움직임으로써 이를 대신할 수 있다.

   ㉯ 야간: 녹색등을 좌우로 흔든다.

  ② 가거라전호

   ㉮ 주간: 녹색기를 위·아래로 흔든다.

    단, 부득이 한 경우에는 한 팔을 위·아래로 움직임으로써 이를 대신할 수 있다.

   ㉯ 야간: 녹색등을 위·아래로 흔든다.

  ③ 정지전호

   ㉮ 주간: 적색기. 다만, 부득이한 경우에는 두 팔을 높이 들어 이를 대신할 수 있다.

   ㉯ 야간: 적색등

11. 작업전호

 1) 방법: 전호의 방식을 정하여 그 전호에 따라 작업을 하여야 한다.

 2) 작업전호 사용시기

  ① 여객 또는 화물의 취급을 위하여 정지위치를 지시할 때

  ② 퇴행 또는 추진운전 시 열차의 맨 앞 차량에 승무한 직원이 철도차량운전자에 대하여 운전상 필요한 연락을 할 때

  ③ 검사·수선연결 또는 해방을 하는 경우에 당해 차량의 이동을 금지시킬 때

  ④ 신호기 취급직원 또는 입환전호를 하는 직원과 선로전환기취급 직원 간에 선로전환기의 취급에 관한 연락을 할 때

  ⑤ 열차의 관통제동기의 시험을 할 때

제 1 장

[철도차량운전규칙]
기출예상문제

01 철도차량운전규칙에서 정한 용어의 정의 중 옳게 설명된 것은?

① 선로란 궤도 및 이를 지지하는 인공구조물을 말하며, 열차의 운전에 상용되는 본선과 그 외의 측선으로 구분된다.

② 차량이라 함은 열차의 구성부분이 되는 1량의 철도차량을 말한다.

③ 열차란 본선에서 운전할 목적으로 편성되어 열차번호를 부여받은 차량을 말한다.

④ 상설신호기는 일정한 장소에서 색등 또는 등열에 의하여 열차등의 운전조건을 지시하는 신호기를 말한다.

> **해설** **차량규칙 제2조(정의)** 이 규칙에서 사용하는 용어의 정의는 다음과 같다.
>
> 1. "정거장"이라 함은 여객의 승강(여객 이용시설 및 편의시설을 포함한다), 화물의 적하(積下), 열차의 조성(組成, 철도차량을 연결하거나 분리하는 작업을 말한다), 열차의 교행(交行) 또는 대피를 목적으로 사용되는 장소를 말한다.
> 2. "본선"이라 함은 열차의 운전에 상용하는 선로를 말한다.
> 6. "차량"이라 함은 열차의 구성부분이 되는 1량의 철도차량을 말한다.
> 7. "전차선로"라 함은 전차선 및 이를 지지하는 공작물을 말한다.
> 8. "완급차(緩急車)"라 함은 관통제동기용 제동통·압력계·차장변(車掌弁) 및 수(手)제동기를 장치한 차량으로서 열차승무원이 집무할 수 있는 차실이 설비된 객차 또는 화차를 말한다.
> 10. "진행지시신호"라 함은 진행신호·감속신호·주의신호·경계신호·유도신호 및 차내신호(정지신호를 제외한다) 등 차량의 진행을 지시하는 신호를 말한다.
> 11. "폐색"이라 함은 일정 구간에 동시에 2 이상의 열차를 운전시키지 아니하기 위하여 그 구간을 하나의 열차의 운전에만 점용시키는 것을 말한다.
> 12. "구내운전"이라 함은 정거장내 또는 차량기지 내에서 입환신호에 의하여 열차 또는 차량을 운전하는 것을 말한다.
> 13. "입환(入換)"이라 함은 사람의 힘에 의하거나 동력차를 사용하여 차량을 이동·연결 또는 분리하는 작업을 말한다.
> 14. "조차장(操車場)"이라 함은 차량의 입환 또는 열차의 조성을 위하여 사용되는 장소를 말한다.
> 15. "신호소"라 함은 상치신호기 등 열차제어시스템을 조작·취급하기 위하여 설치한 장소를 말한다.
> 16. "동력차"라 함은 기관차(機關車), 전동차(電動車), 동차(動車) 등 동력발생장치에 의하여 선로를 이동하는 것을 목적으로 제조한 철도차량을 말한다.
> * ①, ③, ④는 도시철도운전규칙에서 용어의 정의이다.

정답 1 ②

02 철도차량운전규칙에서 정한 용어의 정의가 아닌 것은?

① 입환이라 함은 사람의 힘에 의하거나 동력차를 사용하여 차량을 이동·연결 또는 분리하는 작업을 말한다.
② 정거장이라 함은 여객의 승강, 화물의 적하, 열차의 조성, 열차의 교행 또는 대피를 목적으로 사용되는 장소를 말한다.
③ 시계운전이란 사람의 맨눈에 의존하여 운전하는 것을 말한다.
④ 철도신호라 함은 신호·전호 및 표지를 말한다.

[해설] 차량규칙 제2조(정의)

03 다음 설명은 철도차량운전규칙의 정거장의 정의에 포함되지 않는 것은?

① 열차의 교행 장소 ② 열차의 조성 장소 ③ 화물의 적하 장소 ④ 신호기취급 장소

[해설] 차량규칙 제2조(정의)

04 다음 설명은 철도차량운전규칙의 용어 중 무엇을 의미하는지?

상치신호기 등 열차제어시스템을 조작·취급하기 위하여 설치한 장소를 말한다.

① 정거장   ② 조차장   ③ 신호장   ④ 신호소

[해설] 차량규칙 제2조(정의)

05 철도차량운전규칙에서 완급차의 설비가 아닌 것은?

① 관통제동기용 제동통   ② 열차승무원이 집무할 수 있는 차실이 설비
③ 차장변   ④ 측등

[해설] 차량규칙 제2조(정의)

[정답]   2 ③   3 ④   4 ④   5 ④

06 철도차량운전규칙에서 완급차의 정의로 맞는 것은?

① 열차의 구성부분이 되는 1량의 철도차량을 말한다.
② 관통제동기용 제동통·압력계·차장변 및 수제동기를 장치한 차량으로서 열차승무원이 집무할 수 있는 차실이 설비된 객차 또는 화차를 말한다.
③ 선로에서 운전하는 열차 외의 전동차·궤도시험차·전기시험차 등을 말한다.
④ 본선에서 운전할 목적으로 편성되어 열차번호를 부여받은 차량을 말한다.

해설 차량규칙 제2조(정의)

07 철도차량운전규칙에서 철도운영자등이 철도안전법 등 관계법령에 따라 필요한 교육을 실시해야 하는 철도종사자가 아닌 것은?

① 운전취급담당자
② 운전업무보조자
③ 여객역무원
④ 철도차량을 연결·분리하는 업무를 수행하는 사람

해설 차량규칙 제6조(교육 및 훈련 등)
① 철도운영자등은 다음에 해당하는 사람에게 「철도안전법」 등 관계 법령에 따라 필요한 교육을 실시해야 하고, 해당 철도종사자 등이 업무 수행에 필요한 지식과 기능을 보유한 것을 확인한 후 업무를 수행하도록 해야 한다.
1. 철도안전법에 따른 철도차량의 운전업무에 종사하는 사람(운전업무종사자)
2. 철도차량운전업무를 보조하는 사람(운전업무보조자)
3. 철도안전법에 따라 철도차량의 운행을 집중 제어·통제·감시하는 업무에 종사하는 사람(관제업무종사자)
4. 철도안전법에 따른 여객에게 승무 서비스를 제공하는 사람(여객승무원)
5. 운전취급담당자
6. 철도차량을 연결·분리하는 업무를 수행하는 사람
7. 원격제어가 가능한 장치로 입환 작업을 수행하는 사람

08 철도차량운전규칙에서 열차에 탑승하여야 하는 철도종사자에 관한 설명으로 틀린 것은?

① 열차운행의 안전에 지장이 없다고 인정되는 경우에는 운전업무종사자 외의 다른 철도종사자를 탑승시키지 않을 수 있다.
② 무인운전의 경우에는 운전업무종사자를 탑승시키지 않을 수 있다.
③ 열차에는 운전업무종사자와 여객역무원을 탑승시켜야 한다.
④ 열차운행의 안전에 지장이 없다고 인정되는 경우에는 운전업무종사자 외의 다른 철도종사자의 탑승인원을 조정할 수 있다.

정답 6 ② 7 ③ 8 ③

1. 열차에는 운전업무종사자와 여객승무원을 탑승시켜야 한다.
2. 단, 해당 선로의 상태, 열차에 연결되는 차량의 종류, 철도차량의 구조 및 장치의 수준 등을 고려하여 열차운행의 안전에 지장이 없다고 인정되는 경우에는 운전업무종사자 외의 다른 철도종사자를 탑승시키지 않거나 인원을 조정할 수 있다.
3. 무인운전의 경우에는 운전업무종사자를 탑승시키지 않을 수 있다.

09 철도차량운전규칙에서 동력차를 맨 앞에 연결하지 않아도 되는 경우로 틀린 것은?

① 구원열차·제설열차·공사열차 또는 시험운전열차를 운전하는 경우
② 선로 또는 열차에 고장이 있는 경우
③ 정거장과 그 정거장 내의 본선 도중에서 분기하는 측선과의 사이를 운전하는 경우
④ 보조기관차를 사용하는 경우

열차의 운전에 사용하는 동력차는 열차의 맨 앞에 연결하여야 한다. 다만, 다음에 해당하는 경우에는 그러하지 아니하다.
1. 기관차를 2 이상 연결한 경우로서 열차의 맨 앞에 위치한 기관차에서 열차를 제어하는 경우
2. 보조기관차를 사용하는 경우
3. 선로 또는 열차에 고장이 있는 경우
4. 구원열차·제설열차·공사열차 또는 시험운전열차를 운전하는 경우
5. 정거장과 그 정거장 외의 본선 도중에서 분기하는 측선과의 사이를 운전하는 경우
6. 그 밖에 특별한 사유가 있는 경우

10 철도차량운전규칙에서 여객열차의 연결제한의 설명으로 틀린 것은?

① 여객열차에 화차를 연결하는 경우에는 화차를 객차의 중간에 연결하여서는 아니 된다.
② 2차량 이상에 무게를 부담시킨 화물을 적재한 화차는 여객열차에 연결하여서는 아니 된다.
③ 동력을 사용하는 기관차는 여객열차에 연결하여서는 아니 된다.
④ 여객열차에는 화차를 연결할 수 없다. 다만, 회송의 경우와 그 밖에 특별한 사유가 있는 경우에는 그러하지 아니하다.

1. 여객열차에는 화차를 연결할 수 없다. 다만, 회송의 경우와 그 밖에 특별한 사유가 있는 경우에는 그러하지 아니하다.
2. 화차를 연결하는 경우에는 화차를 객차의 중간에 연결하여서는 아니 된다.
3. 파손차량, 동력을 사용하지 아니하는 기관차 또는 2차량 이상에 무게를 부담시킨 화물을 적재한 화차는 이를 여객열차에 연결하여서는 아니 된다.

정답 9 ③ 10 ③

11 철도차량운전규칙에서 운전방향 맨앞 차량의 운전실 외에서 운전할 수 있는 경우가 아닌 것은?

① 철도시설 또는 철도차량을 시험하기 위하여 운전하는 경우
② 공사열차·구원열차 또는 제설열차를 운전하는 경우
③ 정거장과 그 정거장 외의 측선 도중에서 분기하는 본선과의 사이를 운전하는 경우
④ 무인운전을 하는 경우

[해설] 차량규칙 제13조(열차의 운전위치)
1. 열차는 운전방향 맨 앞 차량의 운전실에서 운전하여야 한다.
2. 다음의 경우에는 운전방향 맨 앞 차량의 운전실 외에서도 열차를 운전할 수 있다.
   1) 철도종사자가 차량의 맨 앞에서 전호를 하는 경우로서 그 전호에 의하여 열차를 운전하는 경우
   2) 선로·전차선로 또는 차량에 고장이 있는 경우
   3) 공사열차·구원열차 또는 제설열차를 운전하는 경우
   4) 정거장과 그 정거장 외의 본선 도중에서 분기하는 측선과의 사이를 운전하는 경우
   5) 철도시설 또는 철도차량을 시험하기 위하여 운전하는 경우
   6) 사전에 정한 특정한 구간을 운전하는 경우
   7) 무인운전을 하는 경우
   8) 그 밖에 부득이한 경우로서 운전방향 맨 앞 차량의 운전실에서 운전하지 아니하여도 열차의 안전한 운전에 지장이 없는 경우

12 철도차량운전규칙에서 지정된 선로의 반대선로로 운행할 수 있는 경우로 틀린 것은?

① 양방향 신호설비가 설치된 구간에서 열차를 운전하는 경우
② 공사열차·구원열차 또는 회송열차를 운전하는 경우
③ 정거장내의 선로를 운전하는 경우
④ 선로 또는 열차의 시험을 위하여 운전하는 경우

[해설] 차량규칙 제20조(열차의 운전방향 지정 등)
1. 철도운영자등은 상행선·하행선 등으로 노선이 구분되는 선로의 경우에는 열차의 운행방향을 미리 지정하여야 한다.
2. 다음의 경우에는 지정된 선로의 반대선로로 열차를 운행할 수 있다.
   1) 철도운영자등과 상호 협의된 방법에 따라 열차를 운행하는 경우
   2) 정거장내의 선로를 운전하는 경우
   3) 공사열차·구원열차 또는 제설열차를 운전하는 경우
   4) 정거장과 그 정거장 외의 본선 도중에서 분기하는 측선과의 사이를 운전하는 경우
   5) 입환운전을 하는 경우
   6) 선로 또는 열차의 시험을 위하여 운전하는 경우
   7) 퇴행운전을 하는 경우
   8) 양방향 신호설비가 설치된 구간에서 열차를 운전하는 경우
   9) 철도사고 또는 운행장애("철도사고등")의 수습 또는 선로보수공사 등으로 인하여 부득이하게 지정된 선로방향을 운행할 수 없는 경우
3. 철도운영자등은 반대선로로 운전하는 열차가 있는 경우 후속 열차에 대한 운행통제 등 필요한 안전조치를 하여야 한다.

정답 11 ③ 12 ②

13 철도차량운전규칙에서 열차가 정거정외에서 정차 가능한 경우가 아닌 것은?

① 주의신호의 현시가 있는 경우
② 철도안전을 위하여 부득이 정차하여야 하는 경우
③ 철도사고등이 발생하거나 철도사고등의 발생 우려가 있는 경우
④ 경사도가 1000분의 30 이상인 급경사 구간에 진입하기 전의 경우

> **해설** 차량규칙 제22조(열차의 정거장외 정차금지)
> 열차는 정거장외에서는 정차하여서는 아니 된다. 다만, 다음의 경우에는 그러하지 아니하다.
> 1. 경사도가 1000분의 30 이상인 급경사 구간에 진입하기 전의 경우
> 2. 정지신호의 현시가 있는 경우
> 3. 철도사고등이 발생하거나 철도사고등의 발생 우려가 있는 경우
> 4. 그 밖에 철도안전을 위하여 부득이 정차하여야 하는 경우

14 철도차량운전규칙에서 열차가 정거정외에서 정차금지의 예외로 틀린 것은?

① 경사도가 1000분의 30 이상인 급경사 구간에 진입하기 전의 경우
② 분기기 제한속도를 초과한 경우
③ 철도사고등이 발생하거나 철도사고등의 발생 우려가 있는 경우
④ 그 밖에 철도안전을 위하여 부득이 정차하여야 하는 경우

> **해설** 차량규칙 제22조(열차의 정거장외 정차금지)

15 철도차량운전규칙에서 열차가 퇴행운전을 할 수 있는 경우가 아닌 것은?

① 뒤의 보조기관차를 활용하여 퇴행하는 경우
② 공사열차·회송열차 또는 제설열차가 작업상 퇴행할 필요가 있는 경우
③ 철도사고등의 발생 등 특별한 사유가 있는 경우
④ 선로·전차선로 또는 차량에 고장이 있는 경우

> **해설** 차량규칙 제26조(열차의 퇴행 운전)
> 1. 열차는 퇴행하여서는 아니 된다. 다만, 다음에 해당하는 경우에는 그러하지 아니하다.
>   1) 선로·전차선로 또는 차량에 고장이 있는 경우
>   2) 공사열차·구원열차 또는 제설열차가 작업상 퇴행할 필요가 있는 경우
>   3) 뒤의 보조기관차를 활용하여 퇴행하는 경우
>   4) 철도사고등의 발생 등 특별한 사유가 있는 경우
> 2. 퇴행하는 경우에는 다른 열차 또는 차량의 운전에 지장이 없도록 조치를 취하여야 한다.

정답 13 ① 14 ② 15 ②

16 철도차량운전규칙에서 열차가 퇴행운전을 할 수 있는 경우가 아닌 것은?

① 앞의 보조기관차를 활용하여 퇴행하는 경우
② 공사열차·구원열차 또는 제설열차가 작업상 퇴행할 필요가 있는 경우
③ 철도사고 등의 발생 등 특별한 사유가 있는 경우
④ 선로·전차선로 또는 차량에 고장이 있는 경우

해설 차량규칙 제26조(열차의 퇴행 운전)

17 철도차량운전규칙에서 열차가 퇴행운전을 할 수 있는 경우는?

① 하나의 열차를 분할하여 운전하는 경우
② 시험운전열차가 퇴행할 필요가 있는 경우
③ 회송열차가 퇴행할 필요가 있는 경우
④ 선로·전차선로 또는 차량에 고장이 있는 경우

해설 차량규칙 제26조(열차의 퇴행 운전)

18 철도차량운전규칙에서 동시에 2 이상 열차를 동시에 정거장에 진입·진출시킬 수 있는 경우가 아닌 것은?

① 열차를 주의신호에 의하여 진입시키는 경우
② 다른 방향에서 진입하는 전동열차들이 정차위치로부터 150미터 이상의 여유거리가 있는 경우
③ 안전측선·탈선선로전환기·탈선기가 설치되어 있는 경우
④ 동일방향에서 진입하는 열차들이 각 정차위치에서 100미터 이상의 여유거리가 있는 경우

해설 차량규칙 제28조(열차의 동시 진출·입 금지)
1. 2 이상의 열차가 정거장에 진입하거나 정거장으로부터 진출하는 경우로서 열차 상호간 그 진로에 지장을 줄 염려가 있는 경우에는 2 이상의 열차를 동시에 정거장에 진입시키거나 진출시킬 수 없다.
2. 단, 2 이상의 열차를 동시 진입시키거나 진출시킬 수 있는 경우
   1) 안전측선·탈선선로전환기·탈선기가 설치되어 있는 경우
   2) 열차를 유도하여 서행으로 진입시키는 경우
   3) 단행기관차로 운행하는 열차를 진입시키는 경우
   4) 다른 방향에서 진입하는 열차들이 출발신호기 또는 정차위치로부터 200m(동차·전동차의 경우에는 150m) 이상의 여유거리가 있는 경우
   5) 동일방향에서 진입하는 열차들이 각 정차위치에서 100m 이상의 여유거리가 있는 경우

정답 16 ① 17 ④ 18 ①

19 철도차량운전규칙에서 화재 발생시 운전에 관한 설명으로 틀린 것은?

① 화재가 발생한 차량을 다른 차량에서 격리시키는 등의 필요한 조치를 하여야 한다.

② 장소가 교량 또는 터널 안인 경우에는 우선 철도차량을 교량 또는 터널 밖으로 운전하는 것을 원칙으로 한다.

③ 장소가 지하구간인 경우에는 속히 열차를 정차시켜야 한다.

④ 조속히 소화의 조치를 하고 여객을 대피시켜야 한다.

> **해설** 차량규칙 제32조(화재발생시의 운전)
> 1. 열차에 화재가 발생한 경우에는 조속히 소화의 조치를 하고 여객을 대피시키거나 화재가 발생한 차량을 다른 차량에서 격리시키는 등의 필요한 조치를 하여야 한다.
> 2. 열차에 화재가 발생한 장소가 교량 또는 터널 안인 경우에는 우선 철도차량을 교량 또는 터널 밖으로 운전하는 것을 원칙으로 한다.
> 3. 지하구간인 경우에는 가장 가까운 역 또는 지하구간 밖으로 운전하는 것을 원칙으로 한다.

20 철도차량운전규칙에서 열차의 운전제한속도를 따로 정하여 시행해야 할 경우가 아닌 것은?

① 쇄정되지 않은 선로전환기를 대향으로 운전하는 경우

② 총괄제어법에 따라 열차의 맨 앞에서 제어하는 경우

③ 수신호 현시구간을 운전하는 경우

④ 전령법에 의하여 열차를 운전하는 경우

> **해설** 차량규칙 제35조(운전방법 등에 의한 속도제한)
> 철도운영자등이 열차 또는 차량의 운전제한속도를 따로 정하여 시행할 수 있는 경우
> 1. 서행신호 현시구간을 운전하는 경우
> 2. 추진운전을 하는 경우(총괄제어법에 따라 열차의 맨 앞에서 제어하는 경우를 제외한다)
> 3. 열차를 퇴행운전을 하는 경우
> 4. 쇄정되지 않은 선로전환기를 대향으로 운전하는 경우
> 5. 입환운전을 하는 경우
> 6. 전령법에 의하여 열차를 운전하는 경우
> 7. 수신호 현시구간을 운전하는 경우
> 8. 지령운전을 하는 경우
> 9. 무인운전 구간에서 운전업무종사자가 탑승하여 운전하는 경우
> 10. 그 밖에 철도안전을 위하여 필요하다고 인정되는 경우

21 철도차량운전규칙에서 열차가 정지신호가 현시된 경우에도 그 현시지점을 넘어서 진행할 수 있는 경우가 아닌 것은?

① 자동폐색신호기의 정지신호에 의하여 일단 정지후 그 현시지점을 넘어서 진행할 경우
② 서행허용표지를 추가하여 부설한 자동폐색신호기에 정지신호가 현시된 때에 그 현시지점을 넘어서 진행할 경우
③ 신호기 고장 등으로 인하여 정지가 불가능한 거리에서 정지신호의 현시가 있는 경우
④ 수신호, 폭음신호 및 화염신호에 의하여 정지신호의 현시가 있는 경우

> **해설** 차량규칙 제36조(열차 또는 차량의 정지)
> 1. 열차 또는 차량은 정지신호가 현시된 경우에는 그 현시지점을 넘어서 진행할 수 없다.
>   다만, 다음의 경우에는 그러하지 아니하다.
>   1) 수신호에 의하여 정지신호의 현시가 있는 경우
>   2) 신호기 고장 등으로 인하여 정지가 불가능한 거리에서 정지신호의 현시가 있는 경우
> 2. 자동폐색신호기의 정지신호에 의하여 일단 정지한 열차 또는 차량은 정지신호 현시중이라도 운전속도의 제한 등 안전조치에 따라 서행하여 그 현시지점을 넘어서 진행할 수 있다.
> 3. 서행허용표지를 추가하여 부설한 자동폐색신호기가 정지신호를 현시하는 때에는 정지신호 현시중이라도 정지하지 아니하고 운전속도의 제한 등 안전조치에 따라 서행하여 그 현시지점을 넘어서 진행할 수 있다.

22 철도차량운전규칙에서 열차간의 안전을 확보할 수 있도록 하는 방법은?

ㄱ. 폐색에 의한 방법　　　ㄴ. 열차제어장치에 의한 방법　　　ㄷ. 시계운전에 의한 방법

① ㄴ, ㄷ　　　　② ㄱ, ㄴ, ㄷ　　　　③ ㄱ, ㄷ　　　　④ ㄱ, ㄴ

> **해설** 차량규칙 제46조(열차 간의 안전확보)
> 1. 열차는 열차 간의 안전을 확보할 수 있도록 다음 중 하나의 방법으로 운전해야 한다.
>   1) 폐색에 의한 방법
>   2) 열차 간의 간격을 확보하는 장치(이하 "열차제어장치"라 한다)에 의한 방법
>   3) 시계운전에 의한 방법
> 2. 단, 정거장 내에서 철도신호의 현시·표시 또는 그 정거장의 운전을 관리하는 사람의 지시에 따라 운전하는 경우에는 그렇지 않다.

정답　21 ④　22 ②

23 철도차량운전규칙에서 하나의 폐색구간에 둘 이상의 열차를 동시에 운행할 수 있는 경우가 아닌 것은?

① 자동폐색신호기의 정지신호에 의하여 일단 정지한 열차가 그 현시지점을 넘어서 진행할 경우
② 폐색구간에서 뒤의 보조기관차를 열차로부터 떼었을 경우
③ 다른 열차의 차선바꾸기 지시에 따라 차선을 바꾸기 위하여 운전하는 경우
④ 서행허용표지를 추가하여 부설한 자동폐색신호기가 정지신호를 현시하는 때에 그 현시지점을 넘어서 진행할 경우

> **해설** 차량규칙 제49조(폐색에 의한 열차 운행)
>
> 1. 폐색에 의한 방법으로 열차를 운행하는 경우에는 본선을 폐색구간으로 분할하여야 한다.
>   다만, 정거장내의 본선은 이를 폐색구간으로 하지 아니할 수 있다.
> 2. 하나의 폐색구간에는 둘 이상의 열차를 동시에 운행할 수 없다.
>   다만, 다음의 경우에는 그렇지 않다.
>   1) 다음의 경우에 따라 열차를 진입시키려는 경우
>   ⓐ 자동폐색신호기의 정지신호에 의하여 일단 정지한 열차 또는 차량은 정지신호 현시중이라도 운전속도의 제한 등 안전조치에 따라 서행하여 그 현시지점을 넘어서 진행할 수 있다.
>   ⓑ 서행허용표지를 추가하여 부설한 자동폐색신호기가 정지신호를 현시하는 때에는 정지신호 현시중이라도 정지하지 아니하고 운전속도의 제한 등 안전조치에 따라 서행하여 그 현시지점을 넘어서 진행할 수 있다.
>   2) 고장열차가 있는 폐색구간에 구원열차를 운전하는 경우
>   3) 선로가 불통된 구간에 공사열차를 운전하는 경우
>   4) 폐색구간에서 뒤의 보조기관차를 열차로부터 떼었을 경우
>   5) 열차가 정차되어 있는 폐색구간으로 다른 열차를 유도하는 경우
>   6) 폐색에 의한 방법으로 운전을 하고 있는 열차를 열차제어장치로 운전하거나 시계운전이 가능한 노선에서 열차를 서행하여 운전하는 경우
>   7) 그 밖에 특별한 사유가 있는 경우
>   * 철도차량운전규칙과 도시철도운전규칙의 내용이 다르니 유의하여야 한다.

24 철도차량운전규칙에서 하나의 폐색구간에 둘 이상의 열차를 동시에 운행할 수 없는 경우는?

① 고장열차가 있는 폐색구간에 구원열차를 운전하는 경우
② 선로가 불통된 구간에 공사열차를 운전하는 경우
③ 열차가 정차되어 있는 폐색구간으로 다른 열차를 유도하는 경우
④ 철도시설 또는 철도차량을 시험하기 위하여 운전하는 경우

> **해설** 차량규칙 제49조(폐색에 의한 열차 운행)

정답 23 ③ 24 ④

25 철도차량운전규칙에서 대용폐색방식에 해당하지 않는 것은?

① 지도통신식 ② 격시법 ③ 지령식 ④ 지도식

> **해설** 차량규칙 제50조, 제72조
>
> 제50조(폐색방식의 구분)
>   1. 상용(常用)폐색방식: 자동폐색식·연동폐색식·차내신호폐색식·통표폐색식
>   2. 대용(代用)폐색방식: 통신식·지도통신식·지도식·지령식
>
> 제72조(시계운전에 의한 열차의 운전)
>   시계운전에 의한 열차운전은 다음 중 하나의 방법으로 시행해야 한다. 다만, 협의용 단행기관차의 운행 등 철도운영자등이 특별히 따로 정한 경우에는 그렇지 않다.
>   1. 복선운전을 하는 경우: 격시법, 전령법
>   2. 단선운전을 하는 경우: 지도격시법, 전령법

26 철도차량운전규칙에서 대용폐색방식이 아닌 것은?

① 통표폐색식 ② 지령식 ③ 지도식 ④ 지도통신식

> **해설** 차량규칙 제50조(폐색방식의 구분)

27 철도차량운전규칙에서 폐색방식의 구분에 속하지 않는 것은?

① 전령법 ② 지도식 ③ 지령식 ④ 통신식

> **해설** 차량규칙 제50조(폐색방식의 구분)

28 철도차량운전규칙에서 상용폐색방식이 아닌 것은?

① 연동폐색식 ② 지도식 ③ 차내신호폐색식 ④ 통표폐색식

> **해설** 차량규칙 제50조(폐색방식의 구분)

29 철도차량운전규칙에서 자동폐색장치가 갖추어야 할 기능이 아닌 것은?

① 폐색구간에 있는 선로전환기가 정당한 방향으로 개통되지 아니한 때에는 자동으로 정지신호를 현시할 것
② 단선구간에 있어서는 하나의 방향에 대하여 진행을 지시하는 신호를 현시한 때에는 그 반대방향의 신호기는 자동으로 정지신호를 현시할 것
③ 폐색장치에 고장이 있을 때에는 자동으로 신호를 현시하지 않을 것
④ 폐색구간에 열차 또는 차량이 있을 때에는 자동으로 정지신호를 현시할 것

정답 25 ② 26 ① 27 ① 28 ② 29 ③

차량규칙 제51조(자동폐색장치의 기능)

자동폐색식을 시행하는 폐색구간의 폐색신호기·장내신호기 및 출발신호기는 다음의 기능을 갖추어야 한다.
1. 폐색구간에 열차 또는 차량이 있을 때에는 자동으로 정지신호를 현시할 것
2. 폐색구간에 있는 선로전환기가 정당한 방향으로 개통되지 아니한 때 또는 분기선 및 교차점에 있는 차량이 폐색구간에 지장을 줄 때에는 자동으로 정지신호를 현시할 것
3. 폐색장치에 고장이 있을 때에는 자동으로 정지신호를 현시할 것
4. 단선구간에 있어서는 하나의 방향에 대하여 진행을 지시하는 신호를 현시한 때에는 그 반대방향의 신호기는 자동으로 정지신호를 현시할 것

30 연동폐색장치의 구비조건 및 취급에 대한 설명으로 틀린 것은?

① 열차가 폐색구간에 있을 때에는 그 구간의 신호기에 진행을 지시하는 신호를 현시할 수 없을 것

② 폐색구간에 진입한 열차가 그 구간을 통과한 후가 아니면 "폐색구간에 열차 있음"의 표시를 변경할 수 없을 것

③ 열차를 폐색구간에 진입시키려는 경우에는 "폐색구간에 열차 없음"의 표시를 확인하고 전방의 정거장 또는 신호소의 승인을 받아야 한다.

④ 단선구간에 있어서 하나의 방향에 대하여 폐색이 이루어지면 그 반대방향의 신호기는 자동으로 진행신호를 현시할 것

차량규칙 제52조, 제53조(연동폐색장치의 구비조건 및 취급)

1. 연동폐색장치의 구비조건
   연동폐색식을 시행하는 폐색구간 양끝의 정거장 또는 신호소에는 다음 기능을 갖춘 연동폐색기를 설치해야 한다.
   1) 신호기와 연동하여 자동으로 다음 각 목의 표시를 할 수 있을 것
      ⓐ 폐색구간에 열차 있음
      ⓑ 폐색구간에 열차 없음
   2) 열차가 폐색구간에 있을 때에는 그 구간의 신호기에 진행을 지시하는 신호를 현시할 수 없을 것
   3) 폐색구간에 진입한 열차가 그 구간을 통과한 후가 아니면 "폐색구간에 열차 있음"의 표시를 변경할 수 없을 것
   4) 단선구간에 있어서 하나의 방향에 대하여 폐색이 이루어지면 그 반대방향의 신호기는 자동으로 정지신호를 현시할 것
2. 열차를 연동폐색구간에 진입시킬 경우의 취급
   1) 열차를 폐색구간에 진입시키려는 경우에는 "폐색구간에 열차 없음"의 표시를 확인하고 전방의 정거장 또는 신호소의 승인을 받아야 한다.
   2) 정거장 또는 신호소의 승인은 "폐색구간에 열차 있음"의 표시로 해야 한다.
   3) 폐색구간에 열차 또는 차량이 있을 때에는 승인을 할 수 없다.

정답 30 ④

31 철도차량운전규칙에서 통표폐색식에 관한 설명으로 틀린 것은?

① 통표폐색기에는 인접 폐색구간의 통표는 넣을 수 없어야 한다.
② 인접폐색구간의 통표는 그 모양이 같아야 한다.
③ 통표폐색기에는 그 구간 전용의 통표만을 넣어야 한다.
④ 열차의 운전에 사용하는 통표는 통표폐색기에 넣은 후가 아니면 이를 다른 열차의 운전에 사용할 수 없다.

해설 차량규칙 제55조, 제56조(통표폐색장치의 기능 등)
1. 통표폐색장치의 기능 등
   1) 통표폐색식을 시행하는 폐색구간 양끝의 정거장 또는 신호소에는 다음의 기능을 갖춘 통표폐색장치를 설치해야 한다.
      ⓐ 통표는 폐색구간 양끝의 정거장 또는 신호소에서 협동하여 취급하지 아니하면 이를 꺼낼 수 없을 것
      ⓑ 폐색구간 양끝에 있는 통표폐색기에 넣은 통표는 1개에 한하여 꺼낼 수 있으며, 꺼낸 통표를 통표폐색기에 넣은 후가 아니면 다른 통표를 꺼내지 못하는 것일 것
      ⓒ 인접 폐색구간의 통표는 넣을 수 없는 것일 것
   2) 통표폐색기에는 그 구간 전용의 통표만을 넣어야 한다.
   3) 인접폐색구간의 통표는 그 모양을 달리하여야 한다.
   4) 열차는 당해 구간의 통표를 휴대하지 아니하면 그 구간을 운전할 수 없다. 다만, 특별한 사유가 있는 경우에는 그러하지 아니하다.
2. 열차를 통표폐색구간에 진입시킬 경우의 취급
   1) 열차를 통표폐색구간에 진입시키려는 경우에는 폐색구간에 열차가 없는 것을 확인하고 운행하려는 방향의 정거장 또는 신호소 운전취급담당자의 승인을 받아야 한다.
   2) 열차의 운전에 사용하는 통표는 통표폐색기에 넣은 후가 아니면 이를 다른 열차의 운전에 사용할 수 없다. 다만, 고장열차가 있는 폐색구간에 구원열차를 운전하는 경우 등 특별한 사유가 있는 경우에는 그러하지 아니하다.

32 철도차량운전규칙에서 지도통신식에 대한 설명으로 맞는 것은?

① 폐색구간 양끝의 정거장 또는 신호소의 통신설비를 사용하여 서로 협의한 후 시행한다.
② 상용폐색방식이다.
③ 폐색구간 한쪽의 정거장 또는 신호소가 지도표를 발행하여야 한다.
④ 지도권은 1폐색구간에 1매로 한다.

해설 차량규칙 제59조(지도통신식의 시행)
1. 지도통신식을 시행하는 구간에는 폐색구간 양끝의 정거장 또는 신호소의 통신설비를 사용하여 서로 협의한 후 시행한다.
2. 지도통신식을 시행하는 경우 폐색구간 양끝의 정거장 또는 신호소가 서로 협의한 후 지도표를 발행하여야 한다.
3. 지도표는 1폐색구간에 1매로 한다.

정답 31 ② 32 ①

33 지도통신식 시행구간에서 지도표와 지도권의 사용구별에 대하여 틀린 것은?

① 동일방향의 폐색구간으로 진입시키고자 하는 열차가 연속하여 2 이상의 열차를 동일방향의 폐색구간으로 진입시키고자 하는 경우에는 최후의 열차에 대하여 지도표를 교부한다.

② 동일방향의 폐색구간으로 진입시키고자 하는 열차가 하나뿐인 경우에는 지도표를 교부한다.

③ 지도표는 지도권을 가지고 있는 정거장 또는 신호소에서 서로 협의를 한 후 발행하여야 한다.

④ 동일방향의 폐색구간으로 진입시키고자 하는 열차가 연속하여 2 이상의 열차를 동일방향의 폐색구간으로 진입시키고자 하는 경우에는 최후의 열차를 제외한 열차에 대하여는 지도권을 교부한다.

> **해설** 차량규칙 제60조(지도표와 지도권의 사용구별)
> 1. 지도통신식을 시행하는 구간에서 동일방향의 폐색구간으로 진입시키고자 하는 열차가 하나뿐인 경우에는 지도표를 교부하고, 연속하여 2 이상의 열차를 동일방향의 폐색구간으로 진입시키고자 하는 경우에는 최후의 열차에 대하여는 지도표를, 나머지 열차에 대하여는 지도권을 교부한다.
> 2. 지도권은 지도표를 가지고 있는 정거장 또는 신호소에서 서로 협의를 한 후 발행하여야 한다.

34 철도차량운전규칙에서 지도권의 기입사항이 아닌 것은?

① 사용구간　　　② 사용열차　　　③ 발행시각　　　④ 지도표 번호

> **해설** 차량규칙 제62조(지도표·지도권의 기입사항)
> 1. 지도표에는 그 구간 양끝의 정거장명·발행일자 및 사용열차번호를 기입하여야 한다.
> 2. 지도권에는 사용구간·사용열차·발행일자 및 지도표 번호를 기입하여야 한다.
> * 기입사항의 항목이 철도차량운전규칙과 도시철도운전규칙이 다르니 유의하여야 한다.
> 〈도시규칙 제57조(지도통신식)〉
> 지도표와 지도권에는 폐색구간 양쪽의 역 이름 또는 소(所) 이름, 관제사 명령번호, 열차번호 및 발행일과 시각을 적어야 한다.

35 철도차량운전규칙에서 지도표의 기입사항이 아닌 것은?

① 폐색번호　　　② 양끝의 정거장명　　③ 발행일자　　　④ 사용열차번호

> **해설** 차량규칙 제62조(지도표·지도권의 기입사항)

정답 33 ③　34 ③　35 ①

36 철도차량운전규칙에서 지도식의 시행에 관한 설명으로 틀린 것은?

① 지도표는 1폐색구간에 1매로 한다.
② 지도식은 복선구간에서 시행하는 상용폐색방식이다.
③ 열차는 당해구간의 지도표를 휴대하지 아니하면 그 구간을 운전할 수 없다.
④ 지도식을 시행하는 구간에서는 지도표를 발행하여야 한다.

해설 차량규칙 제63조(지도식의 시행), 제64조(지도표의 발행)
1. 지도식의 시행
   지도식은 철도사고등의 수습 또는 선로보수공사 등으로 현장과 가장 가까운 정거장 또는 신호소간을 1폐색구간으로 하여 열차를 운전하는 경우에 후속열차를 운전할 필요가 없을 때에 한하여 시행한다.
2. 지도표의 발행
   1) 지도식을 시행하는 구간에는 지도표를 발행하여야 한다.
   2) 지도표는 1폐색구간에 1매로 하며, 열차는 당해구간의 지도표를 휴대하지 아니하면 그 구간을 운전할 수 없다.

37 철도차량운전규칙에서 다음이 설명하는 폐색방식은 무엇인가?

> 철도사고등의 수습 또는 선로보수공사 등으로 현장과 가장 가까운 정거장 또는 신호소간을 1폐색구간으로 하여 열차를 운전하는 경우에 후속열차를 운전할 필요가 없을 때에 한하여 시행한다.

① 지도식　　　　② 지도격시법　　　　③ 지령식　　　　④ 전령법

해설 차량규칙 제63조(지도식의 시행)

38 철도차량운전규칙에서 지령식을 시행하는 경우 관제업무종사자의 준수사항이 아닌 것은?

① 지령식을 시행하는 폐색구간에 진입하는 역의 역장에게 승인번호, 시행구간, 운전속도 등 주의사항을 통보할 것
② 지령식을 시행할 폐색구간에 열차나 철도차량이 없음을 확인할 것
③ 지령식은 폐색 구간의 요건을 모두 갖춘 경우 관제업무종사자의 승인에 따라 시행한다
④ 지령식을 시행할 폐색구간의 경계를 정할 것

해설 차량규칙 제64조의2(지령식의 시행)
1. 지령식은 폐색 구간이 다음 요건을 모두 갖춘 경우 관제업무종사자의 승인에 따라 시행한다.
   1) 관제업무종사자가 열차 운행을 감시할 수 있을 것
   2) 운전용 통신장치 기능이 정상일 것

정답 36 ② 37 ① 38 ①

2. 관제업무종사자는 지령식을 시행하는 경우 다음 사항을 준수해야 한다.
   1) 지령식을 시행할 폐색구간의 경계를 정할 것
   2) 지령식을 시행할 폐색구간에 열차나 철도차량이 없음을 확인할 것
   3) 지령식을 시행하는 폐색구간에 진입하는 열차의 기관사에게 승인번호, 시행구간, 운전속도 등 주의
      사항을 통보할 것

39 철도차량운전규칙에서 시계운전에 의한 열차의 운전방법이 아닌 것은?

① 격시법   ② 지도격시법   ③ 지령식   ④ 전령법

해설 차량규칙 제72조(시계운전에 의한 열차의 운전)
시계운전에 의한 열차운전은 다음 중 하나의 방법으로 시행해야 한다. 다만, 협의용 단행기관차의 운행
등 철도운영자등이 특별히 따로 정한 경우에는 그렇지 않다.
1. 복선운전을 하는 경우: ⓐ 격시법   ⓑ 전령법
2. 단선운전을 하는 경우: ⓐ 지도격시법   ⓑ 전령법

40 철도차량운전규칙에서 시계운전에 의한 열차의 운전방법이 잘못 짝지어진 것은?

① 단선운전을 하는 경우 – 지도격시법
② 복선운전을 하는 경우 – 격시법
③ 단선운전을 하는 경우 – 전령법
④ 전령법은 단선운전의 경우에만 시행할 수 있다

해설 차량규칙 제72조(시계운전에 의한 열차의 운전)

41 철도차량운전규칙에서 전령법에 관한 설명으로 틀린 것은?

① 열차 또는 차량이 정차되어 있는 폐색구간에 다른 열차를 진입시킬 때 운전하는 방법이다.
② 시계운전에 의한 열차운전을 하는 방법 중에 단선운전·복선운전을 하는 경우에 시행할
   수 있다.
③ 관제사의 지시에 의하여 운전할 때에는 전령자가 탑승하지 않을 수 있다.
④ 폐색구간 양끝에 있는 정거장 또는 신호소의 운전취급담당자가 협의하여 시행해야 한다.

해설 차량규칙 제74조(전령법의 시행)
1. 열차 또는 차량이 정차되어 있는 폐색구간에 다른 열차를 진입시킬 때에는 전령법에 의하여 운전하여
   야 한다.
2. 전령법은 그 폐색구간 양끝에 있는 정거장 또는 신호소의 운전취급담당자가 협의하여 이를 시행해야
   한다. 다만, 다음에 해당하는 경우에는 협의하지 않고 시행할 수 있다.

정답 39 ③ 40 ④ 41 ③

1) 선로고장 등으로 지도식을 시행하는 폐색구간에 전령법을 시행하는 경우
2) 전화불통으로 협의를 할 수 없는 경우
3. 전화불통으로 협의를 할 수 없는 경우에는 당해 열차 또는 차량이 정차되어 있는 곳을 넘어서 열차 또는 차량을 운전할 수 없다.

42 철도차량운전규칙에서 전령자에 관한 설명으로 틀린 것은?

① 전령법을 시행하는 구간에는 전령자를 선정하여야 한다.
② 전령자는 흰바탕에 붉은 글씨로 전령자임을 표시한 완장을 착용하여야 한다.
③ 전령자는 1폐색구간 1인에 한한다.
④ 당해구간의 전령자가 동승하지 아니하고는 열차를 운전할 수 없다.

해설 차량규칙 제75조(전령자)
1. 전령법을 시행하는 구간에는 전령자를 선정하여야 한다.
2. 전령자는 1폐색구간 1인에 한한다.
3. 전령법을 시행하는 구간에서는 당해구간의 전령자가 동승하지 아니하고는 열차를 운전할 수 없다.
* 철도차량운전규칙에서는 완장의 색상규정이 삭제되었고, 도시철도운전규칙에서는 백색완장을 착용해야 한다.

43 철도차량운전규칙에서 시계운전에 관한 설명으로 틀린 것은?

① 전령법을 시행하는 구간에서는 당해구간의 전령자가 동승하지 않고는 열차를 운전할 수 없다.
② 단선운전 구간에서는 격시법을 시행하여야 한다.
③ 사람의 육안(맨눈)에 의존하여 운전하는 것을 말한다.
④ 상용폐색방식과 대용폐색방식을 사용할 수 없을 때 시행한다.

해설 차량규칙 제70조(시계운전에 의한 방법), 제72조(시계운전에 의한 열차의 운전), 제75조(전령자)
제70조(시계운전에 의한 방법) ① 시계운전에 의한 방법은 신호기 또는 통신장치의 고장 등으로 상용폐색방식 및 대용폐색방식 외의 방법으로 열차를 운전할 필요가 있을 경우에 한하여 시행하여야 한다.

44 철도신호 중 모양, 색, 소리를 사용하는 것을 모두 고르시오.

ㄱ. 신호	ㄴ. 전호	ㄷ. 표지

① ㄱ, ㄴ   ② ㄱ, ㄴ, ㄷ   ③ ㄱ, ㄷ   ④ ㄴ, ㄷ

정답 42 ②   43 ②   44 ①

차량규칙 제76조(철도신호)

1. 신호는 모양·색 또는 소리 등으로 열차나 차량에 대하여 운행의 조건을 지시하는 것으로 할 것
2. 전호는 모양·색 또는 소리 등으로 관계직원 상호간에 의사를 표시하는 것으로 할 것
3. 표지는 모양 또는 색 등으로 물체의 위치·방향·조건 등을 표시하는 것으로 할 것
* 도시철도운전규칙에서는 "형태, 색, 음"을 사용하고 있다.

45 철도차량운전규칙의 철도신호 설명 중 틀린 것은?

① 차내신호 현시방식은 주간의 방식을 따른다.
② 표지는 모양 또는 색 등으로 물체의 위치, 방향, 조건 등을 표시하는 것이다.
③ 신호는 모양·색 또는 소리 등으로 열차나 차량에 대하여 운행의 조건을 지시하는 것이다.
④ 전호는 모양·색 또는 소리 등으로 관계직원 상호간에 의사를 표시하는 것이다.

차량규칙 제76조(철도신호)

* 차내신호 현시방식은 주야간 점등(야간) 방식이다.

46 철도차량운전규칙에서 주간과 야간의 신호 현시방식 설명으로 틀린 것은?

① 일몰 후부터 다음 날 일출 전까지는 야간 방식으로 한다.
② 일출 후부터 일몰 전까지의 경우에도 야간 방식에 따른 신호·전호 또는 표지를 확인하기 곤란한 경우에는 주간 방식에 따른다.
③ 지하구간 및 터널 안의 신호·전호 및 표지는 야간의 방식에 의하여야 한다.
④ 조명시설이 설치된 터널 안의 경우에는 야간의 방식에 의하지 않는다.

차량규칙 제77조(주간 또는 야간의 신호 등), 제78조(지하구간 및 터널 안의 신호)

1. 주간 또는 야간의 신호 등
   1) 주간과 야간의 현시방식을 달리하는 신호·전호 및 표지의 경우
      ㉮ 일출 후부터 일몰 전까지는 주간 방식으로 한다.
      ㉯ 일몰 후부터 다음 날 일출 전까지는 야간 방식으로 한다.
   2) 다만, 일출 후부터 일몰 전까지의 경우에도 주간 방식에 따른 신호·전호 또는 표지를 확인하기 곤란한 경우에는 야간 방식에 따른다.
2. 지하구간 및 터널 안의 신호
   1) 지하구간 및 터널 안의 신호·전호 및 표지는 야간의 방식에 의하여야 한다.
   2) 다만, 길이가 짧아 빛이 통하는 지하구간 또는 조명시설이 설치된 터널 안 또는 지하 정거장 구내의 경우에는 그러하지 아니하다.

47 철도차량운전규칙에서 제한신호의 추정에 관한 설명으로 틀린 것은?

① 상치신호기와 수신호가 각각 다른 신호를 현시한 때에는 그 운전을 최대로 제한하는 신호의 현시에 의하여야 한다.
② 신호를 현시할 소정의 장소에 신호의 현시가 없을 때에는 정지신호의 현시가 있는 것으로 본다.
③ 임시신호기와 수신호가 각각 다른 신호를 현시한 경우에 사전에 통보가 있을 때에는 정지신호의 현시가 있는 것으로 본다.
④ 신호를 현시할 소정의 장소에 신호의 현시가 정확하지 아니할 때에는 정지신호의 현시가 있는 것으로 본다.

> **해설** 차량규칙 제79조(제한신호의 추정)
> 1. 신호를 현시할 소정의 장소에 신호의 현시가 없거나 그 현시가 정확하지 아니할 때에는 정지신호의 현시가 있는 것으로 본다.
> 2. 상치신호기 또는 임시신호기와 수신호가 각각 다른 신호를 현시한 때에는 그 운전을 최대로 제한하는 신호의 현시에 의하여야 한다. 다만, 사전에 통보가 있을 때에는 통보된 신호에 의한다.

48 철도차량운전규칙에서 상치신호기가 아닌 것은?

① 차내신호　　　② 유도신호기　　　③ 서행해제신호기　　　④ 통과신호기

> **해설** 차량규칙 제82조(상치신호기의 종류), 도시규칙 제65조(상설신호기의 종류)

구분	철도차량운전규칙	도시철도운전규칙
명칭	상치신호기	상설신호기
주신호기	장내신호기, 출발신호기, 폐색신호기, 엄호신호기, 유도신호기, 입환신호기	차내신호기, 장내신호기, 출발신호기, 폐색신호기, 입환신호기
종속신호기	원방신호기, 통과신호기, 중계신호기	원방신호기, 중계신호기
신호부속기	진로표시기, 진로예고기, 진로개통표시기	진로표시기, 진로개통표시기
차내신호	차내신호	–

* 철도차량운전규칙과 도시철도운전규칙의 다른 점을 명확히 구분해야 한다.

49 철도차량운전규칙에서 상치신호기가 아닌 것은?

① 주신호기　　　② 종속신호기　　　③ 서행발리스　　　④ 차내신호

> **해설** 차량규칙 제82조(상치신호기의 종류)

정답　47 ③　48 ③　49 ③

50 철도차량운전규칙에서 다음 설명의 신호기는?

> 특히 방호를 요하는 지점을 통과하려는 열차에 대하여 신호를 현시하는 것

① 엄호신호기　　② 유도신호기　　③ 차내신호　　④ 통과신호기

해설 차량규칙 제82조(상치신호기의 종류)
1. 주신호기
    1) 장내신호기: 정거장에 진입하려는 열차에 대하여 신호를 현시하는 것
    2) 출발신호기: 정거장을 진출하려는 열차에 대하여 신호를 현시하는 것
    3) 폐색신호기: 폐색구간에 진입하려는 열차에 대하여 신호를 현시하는 것
    4) 엄호신호기: 특히 방호를 요하는 지점을 통과하려는 열차에 대하여 신호를 현시하는 것
    5) 유도신호기: 장내신호기에 정지신호의 현시가 있는 경우 유도를 받을 열차에 대하여 신호를 현시하는 것
    6) 입환신호기: 입환차량 또는 차내신호폐색식을 시행하는 구간의 열차에 대하여 신호를 현시하는 것

51 철도차량운전규칙에서 다음 설명의 신호기는?

> 장내신호기·출발신호기·폐색신호기 및 엄호신호기에 종속하여 열차에 주신호기가 현시하는 신호의 예고신호를 현시하는 것

① 엄호신호기　　② 원방신호기　　③ 진로예고기　　④ 중계신호기

해설 차량규칙 제82조(상치신호기의 종류)
2. 종속신호기
    1) 원방신호기: 장내신호기·출발신호기·폐색신호기 및 엄호신호기에 종속하여 열차에 주신호기가 현시하는 신호의 예고신호를 현시하는 것
    2) 통과신호기: 출발신호기에 종속하여 정거장에 진입하는 열차에 신호기가 현시하는 신호를 예고하며, 정거장을 통과할 수 있는지에 대한 신호를 현시하는 것
    3) 중계신호기: 장내신호기·출발신호기·폐색신호기 및 엄호신호기에 종속하여 열차에 주신호기가 현시하는 신호의 중계신호를 현시하는 것

52 철도차량운전규칙에서 다음 설명의 신호기는?

> 장내신호기·출발신호기·폐색신호기 및 엄호신호기에 종속하여 열차에 주신호기가 현시하는 신호의 중계신호를 현시하는 것

① 엄호신호기　　② 원방신호기　　③ 진로예고기　　④ 중계신호기

해설 차량규칙 제82조(상치신호기의 종류)

정답　50 ①　51 ②　52 ④

53 철도차량운전규칙에서 종속신호기의 종류가 아닌 것은?

① 진로예고기   ② 원방신호기   ③ 중계신호기   ④ 통과신호기

해설   차량규칙 제82조(상치신호기의 종류)

54 철도차량운전규칙에서 원방신호기가 종속하는 주신호기가 아닌 것은?

① 입환신호기   ② 장내신호기   ③ 출발신호기   ④ 폐색신호기

해설   차량규칙 제82조(상치신호기의 종류)
* 원방신호기는 ① 장내신호기 ② 출발신호기 ③ 폐색신호기 ④ 엄호신호기에 종속한다. (×중계신호기)

55 철도차량운전규칙에서 통과신호기가 종속하는 주신호기는?

① 입환신호기   ② 장내신호기   ③ 출발신호기   ④ 폐색신호기

해설   차량규칙 제82조(상치신호기의 종류)

56 철도차량운전규칙에서 중계신호기가 종속하는 주신호기가 아닌 것은?

① 원방신호기   ② 장내신호기   ③ 엄호신호기   ④ 폐색신호기

해설   차량규칙 제82조(상치신호기의 종류)

57 철도차량운전규칙에서 신호부속기의 종류가 아닌 것은?

① 진로예고기   ② 진로표시기   ③ 중계신호기   ④ 진로개통표시기

해설   차량규칙 제82조(상치신호기의 종류)
3. 신호부속기
　1) 진로표시기: 장내신호기·출발신호기·진로개통표시기 및 입환신호기에 부속하여 열차 또는 차량에
　　　대하여 그 진로를 표시하는 것
　2) 진로예고기: 장내신호기·출발신호기에 종속하여 다음 장내신호기 또는 출발신호기에 현시하는 진
　　　로를 열차에 대하여 예고하는 것
　3) 진로개통표시기: 차내신호를 사용하는 열차가 운행하는 본선의 분기부에 설치하여 진로의 개통 상
　　　　태를 표시하는 것

정답   53 ①   54 ①   55 ③   56 ①   57 ③

58 철도차량운전규칙에서 다음 설명의 신호기는?

> 차내신호를 사용하는 열차가 운행하는 본선의 분기부에 설치하여 진로의 개통 상태를 표시하는 것

① 진로개통표시기　② 진로표시기　③ 원방신호기　④ 진로예고기

해설 차량규칙 제82조(상치신호기의 종류)

59 철도차량운전규칙에서 신호기의 설명으로 틀린 것은?

① 통과신호기는 장내신호기에 종속하여 정거장에 진입하는 열차에 신호기가 현시하는 신호를 예고하며, 정거장을 통과할 수 있는지에 대한 신호를 현시하는 것이다.
② 중계신호기는 장내신호기·출발신호기·폐색신호기 및 엄호신호기에 종속하여 열차에 주신호기가 현시하는 신호의 중계신호를 현시하는 것이다.
③ 진로예고기는 장내신호기·출발신호기에 종속하여 다음 장내신호기 또는 출발신호기에 현시하는 진로를 열차에 대하여 예고하는 것이다.
④ 폐색신호기는 폐색구간에 진입하려는 열차에 대하여 신호를 현시하는 것이다.

해설 차량규칙 제82조(상치신호기의 종류)

60 철도차량운전규칙에서 차내신호의 종류가 아닌 것은?

① 주의신호　② 야드신호　③ 15신호　④ 진행신호

해설 차량규칙 제83조(차내신호)
1. 정지신호: 열차운행에 지장이 있는 구간으로 운행하는 열차에 대하여 정지하도록 하는 것
2. 15신호: 정지신호에 의하여 정지한 열차에 대한 신호로서 1시간에 15킬로미터 이하의 속도로 운전하게 하는 것
3. 야드신호: 입환차량에 대한 신호로서 1시간에 25킬로미터 이하의 속도로 운전하게 하는 것
4. 진행신호: 열차를 지정된 속도 이하로 운전하게 하는 것

61 철도차량운전규칙에서 입환차량에 대하여 1시간에 25km 이하의 속도로 운전하게 하는 차내신호는?

① 차내신호　② 야드신호　③ 서행신호　④ 15신호

해설 차량규칙 제83조(차내신호)

정답　58 ①　59 ①　60 ①　61 ②

62 철도차량운전규칙에서 엄호신호기의 감속신호 현시방식은?

① 4현시는 상위 등황색등, 하위 녹색등
② 5현시는 상위 등황색등, 하위 초록색등
③ 5현시는 상위 등황색등, 하위 등황색등
④ 녹색등

해설 차량규칙 제84조(신호현시방식)

1. 장내신호기·출발신호기·폐색신호기 및 엄호신호기

종류	신호현시방식					
	5현시	4현시	3현시	2현시		
	색등식	색등식	색등식	색등식	완목식	
					주간	야간
정지신호	적색등	적색등	적색등	적색등	완·수평	적색등
경계신호	상위: 등황색등 하위: 등황색등	–	–	–	–	–
주의신호	등황색등	등황색등	등황색등	–	–	–
감속신호	상위: 등황색등 하위: 녹색등	상위: 등황색등 하위: 녹색등	–	–	–	–
진행신호	녹색등	녹색등	녹색등	녹색등	완·좌하향 45도	녹색등

63 철도차량운전규칙에서 5현시 색등식 신호현시방식 중 주의신호 현시방식으로 옳은 것은?

① 상위 등황색등, 하위 녹색등　　　② 적색등
③ 상위 등황색등, 하위 등황색등　　④ 등황색등

해설 차량규칙 제84조(신호현시방식)

64 철도차량운전규칙에서 색등식 3현시에서 현시되지 않은 것은?

① 감속신호　　　② 정지신호　　　③ 주의신호　　　④ 진행신호

해설 차량규칙 제84조(신호현시방식)

65 철도차량운전규칙에서 색등식 4현시의 신호현시방법으로 맞는 것은?

① 정지신호 – 감속신호 – 경계신호 – 진행신호
② 진행신호 – 감속신호 – 주의신호 – 정지신호
③ 감속신호 – 경계신호 – 진행신호 – 임시신호
④ 진행신호 – 출발신호 – 정지신호 – 서행신호

> **해설** 차량규칙 제84조(신호현시방식)

66 철도차량운전규칙에서 중계신호기의 현시방식에 관한 설명으로 맞는 것은?

① 폐색신호기 등에 종속하여 열차에 주신호기가 현시하는 신호의 중계신호를 현시하는 것
② 색등식 중계신호기는 주신호기가 정지신호를 할 경우 백색등열(3등) 수평으로 현시한다.
③ 등열식 중계신호기의 진행중계는 백색등열(3등) 좌하향 45도로 현시한다.
④ 등열식 중계신호기의 제한중계는 백색등열(3등) 수직으로 현시한다.

> **해설** 차량규칙 제82조(상치신호기의 종류), 제84조(신호현시방식)

5. 중계신호기

종류		등열식	색등식
주신호기가 정지신호를 할 경우	정지중계	백생등열(3등) 수평	적색등
주신호기가 진행을 지시하는 신호를 할 경우	제한중계	백생등열(3등) 좌하향 45도	주신호기가 진행을 지시하는 색등
	진행중계	백생등열(3등) 수직	

67 철도차량운전규칙에서 차내신호의 현시방식으로 틀린 것은?346)

① 야드신호: 노란색 직삼각형과 적색원형등(25등신호) 점등
② 정지신호: 적색사각형등 점등
③ 15신호: 적색원형등 점등("15"지시)
④ 진행신호: 적색원형등(해당신호등) 점등

> **해설** 차량규칙 제84조(신호현시방식)

6. 차내신호

종류	신호현시방식
정지신호	적색사각형등 점등
15신호	적색원형등 점등("15"지시)
야드신호	노란색 직사각형등과 적색원형등(25등신호) 점등
진행진호	적색원형등(해당신호등) 점등

정답 65 ② 66 ① 67 ①

68 철도차량운전규칙에서 신호현시의 기본원칙으로 맞는 것은?

① 출발신호기: 정지신호   ② 자동폐색신호기: 정지신호
③ 유도신호기: 정지신호   ④ 원방신호기: 정지신호

해설 차량규칙 제85조(신호현시의 기본원칙)
1. 별도의 작동이 없는 상태에서의 상치신호기의 기본원칙은 다음과 같다.
   1) 장내신호기   2) 출발신호기: 정지신호
   3) 폐색신호기(자동폐색신호기를 제외한다): 정지신호   4) 엄호신호기: 정지신호
   5) 유도신호기: 신호를 현시하지 아니한다.   6) 입환신호기: 정지신호
   7) 원방신호기: 주의신호
2. 자동폐색신호기 및 반자동폐색신호기는 진행을 지시하는 신호를 현시함을 기본으로 한다. 다만, 단선구간의 경우에는 정지신호를 현시함을 기본으로 한다.
3. 차내신호는 진행신호를 현시함을 기본으로 한다.

69 철도차량운전규칙에서 신호현시의 기본원칙으로 틀린 것은?

① 단선구간의 자동폐색신호기: 정지신호
② 복선구간의 반자동폐색신호기: 진행을 지시하는 신호
③ 차내신호: 정지신호
④ 엄호신호기: 정지신호

해설 차량규칙 제85조(신호현시의 기본원칙)

70 철도차량운전규칙에서 신호현시의 기본원칙으로 틀린 것은?

① 입환신호기 – 정지신호
② 원방신호기 – 정지신호
③ 차내신호기 – 진행신호
④ 폐색신호기(자동폐색신호기를 제외한다) – 정지신호

해설 차량규칙 제85조(신호현시의 기본원칙)

71 철도차량운전규칙에서 정지신호의 현시가 신호현시의 기본원칙인 것은?

① 단선구간의 반자동폐색신호기   ② 자동폐색신호기
③ 유도신호기   ④ 원방신호기

해설 차량규칙 제85조(신호현시의 기본원칙)

정답   68 ①   69 ③   70 ②   71 ①

72 철도차량운전규칙에서 신호를 현시하지 않는 것이 신호현시의 기본원칙인 것은?

① 단선구간의 반자동폐색신호기   ② 유도신호기

③ 엄호신호기   ④ 입환신호기

> **해설** 차량규칙 제85조(신호현시의 기본원칙)

73 철도차량운전규칙에서 신호기에 설명으로 틀린 것은?

① 열차가 유도신호기의 설치지점을 통과한 때에는 그 지점을 통과한 때마다 신호를 현시하지 않는다.
② 원방신호기는 그 주된 신호기가 진행신호를 현시하기 전에 진행신호를 현시할 수 있다
③ 열차가 원방신호기의 설치지점을 통과한 때에는 그 지점을 통과한 때마다 주의신호를 현시하여야 한다.
④ 3위식 신호기는 그 신호기의 배면쪽 제1의 신호기에 주의 또는 진행신호를 현시하기 전에 이에 앞서 진행신호를 현시할 수 없다.

> **해설** 차량규칙 제88,89조
> 1. 신호현시의 순위
>   원방신호기는 그 주된 신호기가 진행신호를 현시하거나, 3위식 신호기는 그 신호기의 배면쪽 제1의 신호기에 주의 또는 진행신호를 현시하기 전에 이에 앞서 진행신호를 현시할 수 없다.
> 2. 신호의 복위
>   열차가 상치신호기의 설치지점을 통과한 때에는 그 지점을 통과한 때마다 유도신호기는 신호를 현시하지 아니하며 원방신호기는 주의신호를, 그 밖의 신호기는 정지신호를 현시하여야 한다.

74 다음 중 임시신호기를 설치하는 이유는?

① 상치신호기의 고장인 경우
② 폐색방식을 변경한 경우
③ 선로의 상태가 일시 정상운전을 할 수 없는 상태인 경우
④ 선로에서 전호·표지를 설치할 수 없는 경우

> **해설** 차량규칙 제90조(임시신호기)
> 1. 차량규칙(제90조): 임시신호기
>   선로의 상태가 일시 정상운전을 할 수 없는 상태인 경우에는 그 구역의 **바깥쪽**에 임시신호기를 설치하여야 한다.
> 2. 도시규칙(제67조): 임시신호기의 설치
>   선로가 일시 정상운전을 하지 못하는 상태일 때에는 그 구역의 **앞쪽**에 임시신호기를 설치하여야 한다.

정답 72 ② 73 ② 74 ③

75 철도차량운전규칙에서 임시신호기의 종류가 아닌 것은?

① 원방신호기   ② 서행예고신호기   ③ 서행발리스   ④ 서행신호기

> **해설**   차량규칙 제91조(임시신호기의 종류)
>
> 1. 서행신호기: 서행운전할 필요가 있는 구간에 진입하려는 열차 또는 차량에 대하여 당해구간을 서행할 것을 지시하는 것
> 2. 서행예고신호기: 서행신호기를 향하여 진행하려는 열차에 대하여 그 전방에 서행신호의 현시 있음을 예고하는 것
> 3. 서행해제신호기: 서행구역을 진출하려는 열차에 대하여 서행을 해제할 것을 지시하는 것
> 4. 서행발리스(Balise): 서행운전할 필요가 있는 구간의 전방에 설치하는 송·수신용 안테나로 지상 정보를 열차로 보내 자동으로 열차의 감속을 유도하는 것

76 철도차량운전규칙에서 임시신호기의 신호현시방식으로 틀린 것은?

① 주간의 서행신호는 백색테두리를 한 등황색 원판
② 야간의 서행해제신호는 백색테두리를 한 녹색원판
③ 야간의 서행예고신호는 흑색삼각형 3개를 백색등 또는 반사재
④ 야간의 서행신호는 등황색등 또는 반사재

> **해설**   차량규칙 제92조(신호현시방식)
>
> 1. 임시신호기의 신호현시방식은 다음과 같다.

종류	신호현시방식	
	주간	야간
서행신호	백색테두리를 한 등황색 원판	등황색등 또는 반사재
서행예고신호	흑색삼각형 3개를 그린 백색삼각형	흑색삼각형 3개를 그린 백색등 또는 반사재
서행해제신호	백색테두리를 한 녹색원판	녹색등 또는 반사재

> 2. 서행신호기 및 서행예고신호기에는 서행속도를 표시하여야 한다.

77 철도차량운전규칙에서 임시신호기 중 서행속도를 표시하여야 하는 것은?

① 서행해제신호기   ② 서행발리스   ③ 서행해제예고신호기   ④ 서행예고신호기

> **해설**   차량규칙 제92조(신호현시방식)

78 철도차량운전규칙에서 임시신호기의 신호 현시방식으로 옳지 않은 것은?

① 서행신호기 및 서행예고신호기에는 서행속도를 표시하여야 한다.
② 서행신호 주간에는 백색테두리를 한 등황색 원판으로 한다.
③ 서행해제신호 야간에는 녹색테두리를 한 등황색등을 표시한다.
④ 서행해제신호 주간에는 백색테두리를 한 녹색원판으로 한다.

> **해설** 차량규칙 제92조(신호현시방식)

79 철도차량운전규칙에서 수신호의 종류가 아닌 것은?

① 진행신호　　　　② 정지신호　　　　③ 감속신호　　　　④ 서행신호

> **해설** 차량규칙 제93조(수신호의 현시방법)
> 신호기를 설치하지 아니하거나 이를 사용하지 못하는 경우에 사용하는 수신호는 다음과 같이 현시한다.
> 1. 정지신호
>   1) 주간: 적색기. 다만, 적색기가 없을 때에는 양팔을 높이 들거나 또는 녹색기외의 것을 급히 흔든다.
>   2) 야간: 적색등. 다만, 적색등이 없을 때에는 녹색등 외의 것을 급히 흔든다.
> 2. 서행신호
>   1) 주간: 적색기와 녹색기를 모아쥐고 머리 위에 높이 교차한다.
>   2) 야간: 깜박이는 녹색등
> 3. 진행신호
>   1) 주간: 녹색기. 다만, 녹색기가 없을 때는 한 팔을 높이 든다.
>   2) 야간: 녹색등

80 신호기를 설치하지 아니하거나 사용하지 못하는 경우에 사용하는 수신호의 현시방법으로 옳지 않은 것은?

① 정지신호　　　　② 서행신호　　　　③ 진행신호　　　　④ 감속신호

> **해설** 차량규칙 제93조(수신호의 현시방법)

81 철도차량운전규칙에서 "가거라"의 입환전호 방법이 아닌 것은?

① 녹색기를 위·아래로 흔든다.
② 두 팔을 높이 들어 이를 대신할 수 있다.
③ 한 팔을 위·아래로 움직임으로써 이를 대신할 수 있다.
④ 녹색등을 위·아래로 흔든다.

> **정답**　78 ③　79 ③　80 ④　81 ②

해설 차량규칙 제101조(입환전호 방법)

① 입환작업자(기관사를 포함한다)는 서로 맨눈으로 확인할 수 있도록 다음의 방법으로 입환전호를 해야 한다.

1. 오너라전호
   1) 주간: 녹색기를 좌우로 흔든다.
      다만, 부득이한 경우에는 한 팔을 좌우로 움직임으로써 이를 대신할 수 있다.
   2) 야간: 녹색등을 좌우로 흔든다.
2. 가거라전호
   1) 주간: 녹색기를 위·아래로 흔든다.
      다만, 부득이 한 경우에는 한 팔을 위·아래로 움직임으로써 이를 대신할 수 있다.
   2) 야간: 녹색등을 위·아래로 흔든다.
3. 정지전호
   1) 주간: 적색기. 다만, 부득이한 경우에는 두 팔을 높이 들어 이를 대신할 수 있다.
   2) 야간: 적색등

82 철도차량운전규칙에서 "오너라"의 입환전호 방법은?

① 적색등을 좌우로 흔든다.
② 두 팔을 높이 들어 이를 대신할 수 있다.
③ 한 팔을 위·아래로 움직임으로써 이를 대신할 수 있다.
④ 녹색등을 좌우로 흔든다.

해설 차량규칙 제101조(입환전호 방법)

83 철도차량운전규칙에서 전호의 방식을 정하여 그 전호에 따라 작업을 하여야 하는 경우가 아닌 것은?

① 검사·수선연결 또는 해방을 하는 경우에 당해 차량의 이동을 금지시킬 때
② 열차의 관통제동기의 시험을 할 때
③ 신호기를 설치하지 않거나 이를 사용하지 못하는 경우에 수신호를 할 때
④ 퇴행 또는 추진운전 시 열차의 맨 앞 차량에 승무한 직원이 철도차량운전자에 대하여 운전상 필요한 연락을 할 때

해설 차량규칙 제102조(작업전호)

다음에 해당하는 때에는 전호의 방식을 정하여 그 전호에 따라 작업을 하여야 한다.

1. 여객 또는 화물의 취급을 위하여 정지위치를 지시할 때
2. 퇴행 또는 추진운전 시 열차의 맨 앞 차량에 승무한 직원이 철도차량운전자에 대하여 운전상 필요한 연락을 할 때
3. 검사·수선연결 또는 해방을 하는 경우에 당해 차량의 이동을 금지시킬 때
4. 신호기 취급직원 또는 입환전호를 하는 직원과 선로전환기취급 직원 간에 선로전환기의 취급에 관한 연락을 할 때
5. 열차의 관통제동기의 시험을 할 때

정답 82 ④ 83 ③

제2장 도시철도운전규칙

1. 용어의 정의
   1) 정거장: 여객의 승차·하차, 열차의 편성, 차량의 입환(入換) 등을 위한 장소
   2) 선로: 궤도 및 이를 지지하는 인공구조물을 말하며, 열차의 운전에 상용되는 본선과 그 외의 측선으로 구분된다.
   3) 열차: 본선에서 운전할 목적으로 편성되어 열차번호를 부여받은 차량
   4) 차량: 선로에서 운전하는 열차 외의 전동차·궤도시험차·전기시험차 등
   5) 운전보안장치: 열차 및 차량("열차등")의 안전운전을 확보하기 위한 장치로서 폐색장치, 신호장치, 연동장치, 선로전환장치, 경보장치, 열차자동정지장치, 열차자동제어장치, 열차자동운전장치, 열차종합제어장치 등
   6) 폐색: 선로의 일정구간에 둘 이상의 열차를 동시에 운전시키지 아니하는 것
   7) 전차선로: 전차선 및 이를 지지하는 인공구조물
   8) 운전사고: 열차등의 운전으로 인하여 사상자(死傷者)가 발생하거나 도시철도시설이 파손된 것
   9) 운전장애: 열차등의 운전으로 인하여 그 열차등의 운전에 지장을 주는 것 중 운전사고에 해당하지 아니하는 것
   10) 노면전차: 도로면의 궤도를 이용하여 운행되는 열차
   11) 무인운전: 사람이 열차 안에서 직접 운전하지 아니하고 관제실에서의 원격조종에 따라 열차가 자동으로 운행되는 방식
   12) 시계운전(視界運轉): 사람의 맨눈에 의존하여 운전하는 것
2. 신설구간 등에서의 시험운전
   1) 시험운전 목적
      도시철도운영자는 선로·전차선로 또는 운전보안장치를 신설·이설 또는 개조한 경우 그 설치상태 또는 운전체계의 점검과 종사자의 업무 숙달을 위하여
   2) 시험운전 기간: 정상운전을 하기 전에 <u>60일</u> 이상 시험운전을 하여야 한다.
   3) 다만, 이미 운영하고 있는 구간을 확장·이설 또는 개조한 경우에는 관계 전문가의 안전진단을 거쳐 시험운전 기간을 줄일 수 있다.

제2절 선로 및 설비의 보전

1. 선로 및 설비의 보전
   1) 선로의 보전: 선로는 열차등이 도시철도운영자가 정하는 속도(지정속도)로 안전하게 운전할 수 있는 상태로 보전하여야 한다.
   2) 선로의 점검·정비: 선로는 <u>매일 한 번 이상</u> 순회점검 하여야 하며, 필요한 경우에는 정비하여야 한다.
   3) 전력설비의 보전: 전력설비는 열차등이 지정속도로 안전하게 운전할 수 있는 상태로 보전하여야 한다.
   4) 전차선로의 점검: 전차선로는 <u>매일 한 번 이상</u> 순회점검을 하여야 한다.
   5) 통신설비의 보전: 통신설비는 항상 통신할 수 있는 상태로 보전하여야 한다.
   6) 통신설비의 검사 및 사용: 통신설비의 각 부분은 <u>일정한 주기</u>에 따라 검사를 하고 안전운전에 지장이 없도록 정비하여야 한다.

2. 운전보안장치 등의 보전
   1) 운전보안장치의 보전: 운전보안장치는 완전한 상태로 보전하여야 한다.
   2) 운전보안장치의 검사 및 사용
      ① 운전보안장치의 각 부분은 <u>일정한 주기</u>에 따라 검사를 하고 안전운전에 지장이 없도록 정비하여야 한다.
      ② 신설·이설·개조 또는 수리한 운전보안장치는 검사하여 기능을 확인하기 전에는 사용할 수 없다.
   3) 열차의 비상제동거리: 열차의 비상제동거리는 <u>600미터</u> 이하로 하여야 한다.

제3절 열차의 운전

1. 도시철도운영자가 무인운전으로 운행하려는 경우 안전확보 준수사항
   1) 관제실에서 열차의 운행상태를 실시간으로 감시 및 조치할 수 있을 것
   2) 열차 내의 간이운전대에는 승객이 임의로 다룰 수 없도록 잠금장치가 설치되어 있을 것
   3) 간이운전대의 개방이나 운전 모드(Mode)의 변경은 관제실의 사전 승인을 받을 것
   4) 운전 모드를 변경하여 수동운전을 하려는 경우에는 관제실과의 통신에 이상이 없음을 먼저 확인할 것
   5) 승차·하차 시 승객의 안전 감시나 시스템 고장 등 긴급 상황에 대한 신속한 대처를 위하여 필요한 경우에는 열차와 정거장 등에 안전요원을 배치하거나 안전요원이 순회하도록 할 것
   6) 무인운전이 적용되는 구간과 무인운전이 적용되지 아니하는 구간의 경계 구역에서의 운전 모드 전환을 안전하게 하기 위한 규정을 마련해 놓을 것

7) 열차 운행 중 다음의 긴급상황이 발생하는 경우 승객의 안전을 확보하기 위한 조치 규정을 마련해 놓을 것
　① 열차에 고장이나 화재가 발생하는 경우
　② 선로 안에서 사람이나 장애물이 발견된 경우
　③ 그 밖에 승객의 안전에 위험한 상황이 발생하는 경우

2. 운전 진로
　1) 운전방향
　　① 열차의 운전방향을 구별하여 운전하는 한 쌍의 선로에서 열차의 운전 진로는 우측으로 한다.
　　② 다만, 좌측으로 운전하는 기존의 선로에 직통으로 연결하여 운전하는 경우에는 좌측으로 할 수 있다.
　2) 운전 진로를 달리할 수 있는 경우
　　① 선로 또는 열차에 고장이 발생하여 퇴행운전을 하는 경우
　　② 구원열차나 공사열차를 운전하는 경우
　　③ 차량을 결합·해체하거나 차선을 바꾸는 경우
　　④ 구내운전을 하는 경우
　　⑤ 시험운전을 하는 경우
　　⑥ 운전사고 등으로 인하여 일시적으로 단선운전을 하는 경우
　　⑦ 그 밖에 특별한 사유가 있는 경우

3. 폐색구간
　1) 폐색구간 분할
　　① 본선은 폐색구간으로 분할하여야 한다.
　　　단, 정거장 안의 본선은 분할하지 않을 수 있다.
　　② 폐색구간에서는 둘 이상의 열차를 동시에 운전할 수 없다.
　2) 폐색구간에서 둘 이상의 열차를 동시에 운전할 수 있는 경우
　　① 고장난 열차가 있는 폐색구간에서 구원열차를 운전하는 경우
　　② 선로 불통으로 폐색구간에서 공사열차를 운전하는 경우
　　③ 다른 열차의 차선바꾸기 지시에 따라 차선을 바꾸기 위하여 운전하는 경우
　　④ 하나의 열차를 분할하여 운전하는 경우

4. 추진운전과 퇴행운전
　1) 열차는 추진운전이나 퇴행운전을 하여서는 아니 된다.
　2) 추진운전이나 퇴행운전을 할 수 있는 경우
　　① 선로나 열차에 고장이 발생한 경우
　　② 공사열차나 구원열차를 운전하는 경우
　　③ 차량을 결합·해체하거나 차선을 바꾸는 경우
　　④ 구내운전을 하는 경우

⑤ 시설 또는 차량의 시험을 위하여 시험운전을 하는 경우

⑥ 그 밖에 특별한 사유가 있는 경우

5. 도시철도운영자가 운전속도를 제한할 수 있는 경우

1) 서행신호를 하는 경우

2) 추진운전이나 퇴행운전을 하는 경우

3) 차량을 결합·해체하거나 차선을 바꾸는 경우

4) 쇄정(鎖錠)되지 아니한 선로전환기를 향하여 진행하는 경우

5) 대용폐색방식으로 운전하는 경우

6) 자동폐색신호의 정지신호가 있는 지점을 지나서 진행하는 경우

7) 차내신호의 "0" 신호가 있은 후 진행하는 경우

8) 감속·주의·경계 등의 신호가 있는 지점을 지나서 진행하는 경우

9) 그 밖에 안전운전을 위하여 운전속도제한이 필요한 경우

제 4 절 폐색방식

1. 폐색방식의 종류

1) 상용폐색방식: 자동폐색식, 차내신호폐색식

2) 대용폐색방식

① 복선운전을 하는 경우: 지령식 또는 통신식

② 단선운전을 하는 경우: 지도통신식

3) 폐색방식에 따를 수 없을 때: 전령법, 무폐색운전

〈철도차량운전규칙과 도시철도운전규칙의 폐색방식 비교〉

구분		철도차량운전규칙	도시철도운전규칙
상용폐색방식		자동폐색식, 연동폐색식, 차내신호폐색식, 통표폐색식	자동폐색식, 차내신호폐색식
대용폐색 방식	복선운전	통신식, 지도통신식, 지도식, 지령식	지령식, 통신식
	단선운전		지도통신식
시계운전 (폐색방식×)	복선운전	격시법, 전령법	전령법, 무폐색운전
	단선운전	지도격시법, 전령법	

2. 대용폐색방식

1) 지령식

폐색장치 및 차내신호장치의 고장으로 열차의 정상적인 운전이 불가능할 때에는 관제사가 폐색구간에 열차의 진입을 지시하는 지령식에 따른다.

2) 통신식

상용폐색방식 또는 지령식에 따를 수 없을 때에는 폐색구간에 열차를 진입시키려는 역장 또는 소장이 상대 역장 또는 소장 및 관제사와 협의하여 폐색구간에 열차의 진입을 지시하는 통신식에 따른다.

3) 지도통신식

① 지도통신식에 따르는 경우에는 지도표 또는 지도권을 발급받은 열차만 해당 폐색구간을 운전할 수 있다.

② 지도표와 지도권은 폐색구간에 열차를 진입시키려는 역장 또는 소장이 상대 역장 또는 소장 및 관제사와 협의하여 발행한다.

③ 지도표와 지도권 사용구별

㉮ 역장이나 소장은 같은 방향의 폐색구간으로 진입시키려는 열차가 하나뿐인 경우에 지도표를 발급

㉯ 연속하여 둘 이상의 열차를 같은 방향의 폐색구간으로 진입시키려는 경우에는 맨 마지막 열차에 대해서 지도표를 발급

㉰ 나머지 열차에 대해서는 지도권을 발급한다.

④ 지도표와 지도권에는 폐색구간 양쪽의 역 이름 또는 소(所) 이름, 관제사 명령번호, 열차번호 및 발행일과 시각을 적어야 한다.

⑤ 열차의 기관사는 발급받은 지도표 또는 지도권을 폐색구간을 통과한 후 도착지의 역장 또는 소장에게 반납하여야 한다.

3. 전령법

1) 열차등이 있는 폐색구간에 다른 열차를 운전시킬 때에는 그 열차에 대하여 전령법을 시행한다.

2) 전령법을 시행할 경우에는 이미 폐색구간에 있는 열차등은 그 위치를 이동할 수 없다.

3) 전령자의 선정

① 전령법을 시행하는 구간에는 한 명의 전령자를 선정하여야 한다.

② 전령자는 백색 완장을 착용하여야 한다.

③ 전령법을 시행하는 구간에서는 그 구간의 전령자가 탑승하여야 열차를 운전할 수 있다. 단, 관제사가 취급하는 경우에는 전령자를 탑승시키지 아니할 수 있다.

제 5 절 신호

1. 신호의 종류

1) 신호: 형태·색·음 등으로 열차등에 대하여 운전의 조건을 지시하는 것

2) 전호: 형태·색·음 등으로 직원 상호간에 의사를 표시하는 것

3) 표지: 형태·색 등으로 물체의 위치·방향·조건을 표시하는 것

2. 상설신호기의 종류

   1) 주신호기: 차내신호기, 장내신호기, 출발신호기, 폐색신호기, 입환신호기

   2) 종속신호기: 원방신호기, 중계신호기

   3) 신호부속기: 진로표시기, 진로개통표시기

3. 임시신호기

   1) 임시신호기의 종류: 서행신호기, 서행예고신호기, 서행해제신호기 (서행발리스×)

   2) 임시신호기의 신호방식

신호의 종류 / 주간·야간별	서행신호	서행예고신호	서행해제신호
주간	백색 테두리의 황색 원판	흑색 삼각형 무늬 3개를 그린 3각형판	백색 테두리의 녹색 원판
야간	등황색등	흑색 삼각형 무늬 3개를 그린 백색등	녹색등

4. 수신호 및 입환전호

   1) 수신호의 종류: 정지신호, 진행진호, 서행신호

   2) 입환전호의 종류: 접근전호, 퇴거전호, 정지전호

   ① 접근전호

   ㉮ 주간: 녹색기를 좌우로 흔든다.

   다만, 부득이한 경우에는 한 팔을 좌우로 움직이는 것으로 대신할 수 있다.

   ㉯ 야간: 녹색등을 좌우로 흔든다.

   ② 퇴거전호

   ㉮ 주간: 녹색기를 상하로 흔든다.

   다만, 부득이한 경우에는 한 팔을 상하로 움직이는 것으로 대신할 수 있다.

   ㉯ 야간: 녹색등을 상하로 흔든다.

   ③ 정지전호

   ㉮ 주간: 적색기를 흔든다.

   다만, 부득이한 경우에는 두 팔을 높이 드는 것으로 대 신할 수 있다.

   ㉯ 야간: 적색등을 흔든다.

5. 표지 및 노면전차 신호

   1) 표지: 도시철도운영자는 열차등의 안전운전에 지장이 없도록 운전관계표지를 설치하여야
      한다.

   2) 노면전차 신호기의 설계요건

   ① 도로교통 신호기와 혼동되지 않을 것

   ② 크기와 형태가 눈으로 볼 수 있도록 뚜렷하고 분명하게 인식될 것

제 2 장 [도시철도운전규칙] 기출예상문제

01 도시철도운전규칙에서 정한 용어의 뜻이 아닌 것은?

① 전차선로란 전차선 및 이를 지지하는 공작물을 말한다.
② 정거장이란 여객의 승차·하차, 열차의 편성, 차량의 입환 등을 위한 장소를 말한다.
③ 차량이란 선로에서 운전하는 열차 외의 전동차·궤도시험차·전기시험차 등을 말한다.
④ 열차란 본선에서 운전할 목적으로 편성되어 열차번호를 부여받은 차량을 말한다.

해설 도시규칙 제3조(정의)

1. "정거장"이란 여객의 승차·하차, 열차의 편성, 차량의 입환(入換) 등을 위한 장소를 말한다.
2. "선로"란 궤도 및 이를 지지하는 인공구조물을 말하며, 열차의 운전에 상용되는 본선과 그 외의 측선으로 구분된다.
3. "열차"란 본선에서 운전할 목적으로 편성되어 열차번호를 부여받은 차량을 말한다.
4. "차량"이란 선로에서 운전하는 열차 외의 전동차·궤도시험차·전기시험차 등을 말한다.
   <철도차량운전규칙>에서 차량의 정의
   "차량"이라 함은 열차의 구성부분이 되는 1량의 철도차량을 말한다.
5. "운전보안장치"란 열차 및 차량("열차등")의 안전운전을 확보하기 위한 장치로서 폐색장치, 신호장치, 연동장치, 선로전환장치, 경보장치, 열차자동정지장치, 열차자동제어장치, 열차자동운전장치, 열차종합제어장치 등을 말한다.
6. "폐색"이란 선로의 일정구간에 둘 이상의 열차를 동시에 운전시키지 아니하는 것을 말한다.
7. "전차선로"란 전차선 및 이를 지지하는 인공구조물을 말한다.
   <철도차량운전규칙>에서 전차선로의 정의
   "전차선로"라 함은 전차선 및 이를 지지하는 공작물을 말한다.
8. "운전사고"란 열차등의 운전으로 인하여 사상자(死傷者)가 발생하거나 도시철도시설이 파손된 것을 말한다.
9. "운전장애"란 열차등의 운전으로 인하여 그 열차등의 운전에 지장을 주는 것 중 운전사고에 해당하지 아니하는 것을 말한다.
10. "노면전차"란 도로면의 궤도를 이용하여 운행되는 열차를 말한다.
11. "무인운전"이란 사람이 열차 안에서 직접 운전하지 아니하고 관제실에서의 원격조종에 따라 열차가 자동으로 운행되는 방식을 말한다.
12. "시계운전(視界運轉)"이란 사람의 맨눈에 의존하여 운전하는 것을 말한다.

정답 1 ①

02 도시철도운전규칙에서 정한 용어의 뜻이 아닌 것은?

① 폐색이란 선로의 일정구간에 한 개 이상의 열차를 동시에 운전시키지 아니하는 것을 말한다.
② 시계운전이란 사람의 맨눈에 의존하여 운전하는 것을 말한다.
③ 무인운전이란 사람이 열차 안에서 직접 운전하지 아니하고 관제실에서의 원격조종에 따라 열차가 자동으로 운행되는 방식을 말한다.
④ 노면전차란 도로면의 궤도를 이용하여 운행되는 열차를 말한다.

해설 도시철도운전규칙 제3조(정의)

03 도시철도운전규칙에서 열차에 대한 용어의 뜻으로 맞는 것은?

① 본선 외에서 운행할 목적으로 편성되어 열차번호를 부여받은 차량
② 본선에서 운전할 목적으로 편성되어 열차번호를 부여받은 차량
③ 본선에서 운행할 목적으로 편성되어 차량번호를 부여받은 차량
④ 측선에서 운행할 목적으로 편성되어 열차번호를 부여받은 차량

해설 도시철도운전규칙 제3조(정의)

04 도시철도운전규칙에서 정한 다음에 해당하는 용어는?

> 열차등의 운전으로 인하여 그 열차등의 운전에 지장을 주는 것 중 운전사고에 해당하지 아니하는 것을 말한다.

① 운전사고 ② 운전 준사고 ③ 차량고장 ④ 운전장애

해설 도시철도운전규칙 제3조(정의)

05 도시철도운전규칙에서 신설구간 등에서의 시험운전 기간은?

① 30일 ② 60일 ③ 90일 ④ 120일

해설 도시규칙 제9조(신설구간 등에서의 시험운전)
1. 도시철도운영자는 선로·전차선로 또는 운전보안장치를 신설·이설 또는 개조한 경우 그 설치상태 또는 운전체계의 점검과 종사자의 업무 숙달을 위하여 정상운전을 하기 전에 60일 이상 시험운전을 하여야 한다.
2. 다만, 이미 운영하고 있는 구간을 확장·이설 또는 개조한 경우에는 관계 전문가의 안전진단을 거쳐 시험운전 기간을 줄일 수 있다.

정답 2 ① 3 ② 4 ④ 5 ②

06 도시철도운전규칙에서 도시철도운영자가 신설구간 등에서의 시험운전에 관한 설명으로 틀린 것은?

① 이미 운영하고 있는 구간에서 신설한 경우에는 관계 전문가의 안전진단을 거쳐 시험운전 기간을 줄일 수 있다.

② 전차선로를 이설한 경우 정상운전을 하기 전에 60일 이상 시험운전을 하여야 한다.

③ 이미 운영하고 있는 구간을 확장한 경우에는 관계 전문가의 안전진단을 거쳐 시험운전 기간을 줄일 수 있다.

④ 운전보안장치를 신설한 경우 정상운전을 하기 전에 60일 이상 시험운전을 하여야 한다.

> **해설** 도시규칙 제9조(신설구간 등에서의 시험운전)

07 도시철도운전규칙에서 설비별 점검주기로 틀린 것은?

① 선로는 매일 한 번 이상 순회점검하여야 한다.

② 통신설비의 각 부분은 일정한 주기에 따라 검사를 하여야 한다.

③ 전차선로는 매일 한 번 이상 순회점검을 하여야 한다.

④ 전력설비는 각 부분은 일정한 주기에 따라 검사를 하여야 한다.

> **해설** 도시규칙 제10~20조(선로 및 설비의 보전)
> 제10조(선로의 보전) ① 선로는 열차등이 도시철도운영자가 정하는 속도(지정속도)로 안전하게 운전할 수 있는 상태로 보전하여야 한다.
> 제11조(선로의 점검·정비) ① 선로는 매일 한 번 이상 순회점검 하여야 하며, 필요한 경우에는 정비하여야 한다.
> 제13조(전력설비의 보전) 전력설비는 열차등이 지정속도로 안전하게 운전할 수 있는 상태로 보전하여야 한다.
> 제14조(전차선로의 점검) 전차선로는 매일 한 번 이상 순회점검을 하여야 한다.
> 제17조(통신설비의 보전) 통신설비는 항상 통신할 수 있는 상태로 보전하여야 한다.
> 제18조(통신설비의 검사 및 사용) ① 통신설비의 각 부분은 일정한 주기에 따라 검사를 하고 안전운전에 지장이 없도록 정비하여야 한다.
> 제20조(운전보안장치의 검사 및 사용) ① 운전보안장치의 각 부분은 일정한 주기에 따라 검사를 하고 안전운전에 지장이 없도록 정비하여야 한다.

08 도시철도운전규칙에서 설비별 점검주기 및 검사내용 비교 중 틀린 것은?

① 선로는 매일 한번 이상 순회점검을 한다.

② 운전보안장치는 매일 한번 이상 순회 점검을 한다.

③ 전차선로는 매일 한번 이상 순회 점검을 한다.

④ 통신설비의 각 부분은 일정한 주기에 따라 검사를 한다.

> **해설** 도시규칙 제10~20조(선로 및 설비의 보전)

정답 6 ① 7 ④ 8 ②

09 도시철도운전규칙에서 운전보안장치에 대한 설명으로 틀린 것은?

① 매일 한 번 이상 순회점검을 하여야 한다.
② 신설·이설·개조 또는 수리한 운전보안장치는 검사하여 기능을 확인하기 전에는 사용할 수 없다.
③ 각 부분은 일정한 주기에 따라 검사를 하고 안전운전에 지장이 없도록 정비하여야 한다.
④ 운전보안장치는 완전한 상태로 보전하여야 한다.

해설 도시규칙 제19조, 제20조(운전보안장치)
제19조(운전보안장치의 보전) 운전보안장치는 완전한 상태로 보전하여야 한다.
제20조(운전보안장치의 검사 및 사용) ① 운전보안장치의 각 부분은 일정한 주기에 따라 검사를 하고 안전운전에 지장이 없도록 정비하여야 한다.
② 신설·이설·개조 또는 수리한 운전보안장치는 검사하여 기능을 확인하기 전에는 사용할 수 없다.

10 도시철도운전규칙에서 비상제동거리는?

① 200m　　　② 400m　　　③ 600m　　　④ 500m

해설 도시규칙 제29조(열차의 비상제동거리)
열차의 비상제동거리는 600미터 이하로 하여야 한다.

11 도시철도운전규칙에서 무인운전으로 운행하려는 경우의 준수사항으로 틀린 것은?

① 열차 내의 간이운전대에는 승객이 임의로 다룰 수 없도록 잠금장치가 설치되어 있을 것
② 간이운전대의 개방이나 운전 모드(mode)의 변경은 관제실의 사후 승인을 받을 것
③ 관제실에서 열차의 운행상태를 실시간으로 감시 및 조치할 수 있을 것
④ 운전 모드를 변경하여 수동운전을 하려는 경우에는 관제실과의 통신에 이상이 없음을 먼저 확인할 것

해설 도시규칙 제32조의2(무인운전 시의 안전확보 등)
도시철도운영자가 열차를 무인운전으로 운행하려는 경우에는 다음 사항을 준수하여야 한다.
1. 관제실에서 열차의 운행상태를 실시간으로 감시 및 조치할 수 있을 것
2. 열차 내의 간이운전대에는 승객이 임의로 다룰 수 없도록 잠금장치가 설치되어 있을 것
3. 간이운전대의 개방이나 운전 모드(Mode)의 변경은 관제실의 사전 승인을 받을 것
4. 운전 모드를 변경하여 수동운전을 하려는 경우에는 관제실과의 통신에 이상이 없음을 먼저 확인할 것
5. 승차·하차 시 승객의 안전 감시나 시스템 고장 등 긴급 상황에 대한 신속한 대처를 위하여 필요한 경우에는 열차와 정거장 등에 안전요원을 배치하거나 안전요원이 순회하도록 할 것
6. 무인운전이 적용되는 구간과 무인운전이 적용되지 아니하는 구간의 경계 구역에서의 운전 모드 전환을 안전하게 하기 위한 규정을 마련해 놓을 것

정답　9 ①　10 ③　11 ②

7. 열차 운행 중 다음의 긴급상황이 발생하는 경우 승객의 안전을 확보하기 위한 조치 규정을 마련해 놓을 것
   1) 열차에 고장이나 화재가 발생하는 경우
   2) 선로 안에서 사람이나 장애물이 발견된 경우
   3) 그 밖에 승객의 안전에 위험한 상황이 발생하는 경우

12 도시철도운전규칙에서 운전 진로를 달리할 수 있는 경우가 아닌 것은?

① 운전사고 등으로 인하여 일시적으로 단선운전을 하는 경우
② 차량을 결합·해체하거나 차선을 바꾸는 경우
③ 회송열차나 단행열차를 운전을 하는 경우
④ 선로 또는 열차에 고장이 발생하여 퇴행운전을 하는 경우

해설 도시규칙 제36조(운전 진로)
1. 열차의 운전방향을 구별하여 운전하는 한 쌍의 선로에서 열차의 운전 진로는 우측으로 한다. 다만, 좌측으로 운전하는 기존의 선로에 직통으로 연결하여 운전하는 경우에는 좌측으로 할 수 있다.
2. 다음에 해당하는 경우에는 운전 진로를 달리할 수 있다.
   1) 선로 또는 열차에 고장이 발생하여 퇴행운전을 하는 경우
   2) 구원열차나 공사열차를 운전하는 경우
   3) 차량을 결합·해체하거나 차선을 바꾸는 경우
   4) 구내운전을 하는 경우
   5) 시험운전을 하는 경우
   6) 운전사고 등으로 인하여 일시적으로 단선운전을 하는 경우
   7) 그 밖에 특별한 사유가 있는 경우

13 도시철도운전규칙에서 운전 진로를 달리할 수 있는 경우가 아닌 것은?

① 구내운전을 하는 경우   ② 시험운전을 하는 경우
③ 퇴행운전을 하는 경우   ④ 공사열차를 운전하는 경우

해설 도시규칙 제36조(운전 진로)

14 도시철도운전규칙에서 폐색구간에서 둘 이상의 열차를 동시에 운전 가능한 경우는?

① 하나의 열차를 분할하여 운전하는 경우
② 폐색구간에서 뒤의 보조기관차를 열차로부터 떼었을 경우
③ 열차가 정차되어 있는 폐색구간으로 다른 열차를 유도하는 경우
④ 자동폐색신호기의 정지신호에 의하여 일단 정지후 진행하는 경우

정답 12 ③ 13 ③ 14 ①

도시규칙 제37조(폐색구간)

1. 본선은 폐색구간으로 분할하여야 한다. 다만, 정거장 안의 본선은 그러하지 아니하다.
2. 폐색구간에서는 둘 이상의 열차를 동시에 운전할 수 없다.
    다만, 다음에 해당하는 경우에는 그러하지 아니하다.
    1) 고장난 열차가 있는 폐색구간에서 구원열차를 운전하는 경우
    2) 선로 불통으로 폐색구간에서 공사열차를 운전하는 경우
    3) 다른열차의 차선바꾸기 지시에 따라 차선을 바꾸기 위하여 운전하는 경우
    4) 하나의 열차를 분할하여 운전하는 경우
* 도시철도운전규칙과 철도차량운전규칙에서 정한 내용이 다르므로 혼동이 없어야 한다.

〈차량규칙 제49조(폐색에 의한 열차 운행)〉
하나의 폐색구간에는 둘 이상의 열차를 동시에 운행할 수 없다.
다만, 다음에 해당하는 경우에는 그렇지 않다.
1) 자동폐색신호기의 정지신호, 서행허용표지 부설 자동폐색신호기의 정지신호 현시 중이라도 열차를 진입시키려는 경우
2) 고장열차가 있는 폐색구간에 구원열차를 운전하는 경우
3) 선로가 불통된 구간에 공사열차를 운전하는 경우
4) 폐색구간에서 뒤의 보조기관차를 열차로부터 떼었을 경우
5) 열차가 정차되어 있는 폐색구간으로 다른 열차를 유도하는 경우
6) 폐색에 의한 방법으로 운전을 하고 있는 열차를 열차제어장치로 운전하거나 시계운전이 가능한 노선에서 열차를 서행하여 운전하는 경우
7) 그 밖에 특별한 사유가 있는 경우

15 도시철도운전규칙에서 폐색구간에서 둘 이상의 열차를 동시에 운전할 수 있는 경우로 틀린 것은?

① 고장열차가 있는 폐색구간에 구원열차를 운전하는 경우
② 선로가 불통된 구간에 공사열차를 운전하는 경우
③ 다른열차의 차선바꾸기 지시에 따라 차선을 바꾸기 위하여 운전하는 경우
④ 시설 또는 차량의 시험을 위하여 시험운전을 하는 경우

도시규칙 제37조(폐색구간), 차량규칙 제49조(폐색에 의한 열차 운행)

16 도시철도운전규칙에서 폐색구간에서 둘 이상의 열차를 동시에 운전할 수 없는 경우는?

① 하나의 열차를 분할하여 운전하는 경우
② 다른열차의 차선바꾸기 지시에 따라 차선을 바꾸기 위하여 운전하는 경우
③ 선로 불통으로 폐색구간에서 공사열차를 운전하는 경우
④ 고장난 열차가 있는 폐색구간에서 회송열차를 운전하는 경우

도시규칙 제37조(폐색구간)

정답 15 ④ 16 ④

17 도시철도운전규칙에서 폐색구간에 둘 이상의 열차를 동시에 운전할 수 있는 경우로 옳지 않은 것은?

① 고장난 열차가 있는 폐색구간에서 구원열차를 하는 경우

② 선로 불통으로 폐색구간에서 공사열차를 운전하는 경우

③ 폐색에 의한 방법으로 운전을 하고 있는 열차를 열차제어장치로 운전하는 경우

④ 다른열차의 차선바꾸기 지시에 따라 차선을 바꾸기 위하여 운전하는 경우

> **해설** 도시규칙 제37조(폐색구간)

18 도시철도운전규칙에서 퇴행운전할 수 있는 경우가 아닌 것은?

① 하나의 열차를 분할하여 운전하는 경우

② 차량을 결합·해체하거나 차선을 바꾸는 경우

③ 시설 또는 차량의 시험을 위하여 시험운전을 하는 경우

④ 구내운전을 하는 경우

> **해설** 도시규칙 제38조(추진운전과 퇴행운전)
> ① 열차는 추진운전이나 퇴행운전을 하여서는 아니 된다.
> 　다만, 다음에 해당하는 경우에는 그러하지 아니하다.
> 　　1. 선로나 열차에 고장이 발생한 경우　　　　2. 공사열차나 구원열차를 운전하는 경우
> 　　3. 차량을 결합·해체하거나 차선을 바꾸는 경우　　4. 구내운전을 하는 경우
> 　　5. 시설 또는 차량의 시험을 위하여 시험운전을 하는 경우　6. 그 밖에 특별한 사유가 있는 경우
> 〈차량규칙 제26조(열차의 퇴행 운전)〉
> 　열차는 퇴행하여서는 아니 된다.
> 　다만, 다음에 해당하는 경우에는 그러하지 아니하다.
> 　1) 선로·전차선로 또는 차량에 고장이 있는 경우
> 　2) 공사열차·구원열차 또는 제설열차가 작업상 퇴행할 필요가 있는 경우
> 　3) 뒤의 보조기관차를 활용하여 퇴행하는 경우
> 　4) 철도사고등의 발생 등 특별한 사유가 있는 경우

19 도시철도운전규칙에서 단선운전을 하는 경우의 대용폐색방식은?

① 통표폐색식　　　② 지도통신식　　　③ 통신식　　　④ 자동폐색식

> **해설** 제55조(대용폐색방식)
> 1. 복선운전을 하는 경우: 지령식 또는 통신식
> 2. 단선운전을 하는 경우: 지도통신식

정답 17 ③　18 ①　19 ②

〈철도차량운전규칙과 도시철도운전규칙의 폐색방식 비교〉

구분		철도차량운전규칙	도시철도운전규칙
상용폐색방식		자동폐색식, 연동폐색식, 차내신호폐색식, 통표폐색식	자동폐색식, 차내신호폐색식
대용폐색방식	복선운전	통신식, 지도통신식, 지도식, 지령식	지령식, 통신식
	단선운전		지도통신식
시계운전	복선운전	격시법, 전령법	전령법, 무폐색운전
	단선운전	지도격시법, 전령법	

20 도시철도운전규칙에서 대용폐색방식이 아닌 것은?

① 지도통신식   ② 지도식   ③ 지령식   ④ 통신식

해설   제55조(대용폐색방식)

21 도시철도운전규칙에서 복선운전을 하는 경우의 대용폐색방식은?

① 통신식   ② 지도통신식   ③ 지도식   ④ 전령법

해설   제55조(대용폐색방식)

22 도시철도운전규칙에서 단선운전을 하는 경우의 대용폐색방식은?

① 통신식   ② 지도통신식   ③ 지령식   ④ 지도식

해설   제55조(대용폐색방식)

23 도시철도운전규칙에서 폐색장치 및 차내신호장치의 고장으로 열차의 정상적인 운전이 불가능할 때에 관제사가 폐색구간에 열차의 진입을 지시하는 대용폐색방식은?

① 지령식   ② 지도통신식   ③ 통신식   ④ 차내신호폐색식

해설   도시규칙 제56조(지령식 및 통신식)
1. 폐색장치 및 차내신호장치의 고장으로 열차의 정상적인 운전이 불가능할 때에는 관제사가 폐색구간에 열차의 진입을 지시하는 지령식에 따른다.
2. 상용폐색방식 또는 지령식에 따를 수 없을 때에는 폐색구간에 열차를 진입시키려는 역장 또는 소장이 상대 역장 또는 소장 및 관제사와 협의하여 폐색구간에 열차의 진입을 지시하는 통신식에 따른다.

정답   20 ②   21 ①   22 ②   23 ①

24 도시철도운전규칙에서 지도통신식에 관하여 맞는 것은?

① 복선운전을 하는 경우에 시행한다.
② 맨 마지막 열차엔 지도권을 발급한다.
③ 지도표엔 양 끝 정거장명, 발행일자 및 사용열차번호를 기입
④ 지도권엔 양 쪽 역 이름 또는 소 이름, 관제사 명령번호, 열차번호 및 발행일과 시각을 기입한다.

> **해설** 도시규칙 제57조(지도통신식)
> 1. 지도통신식에 따르는 경우에는 지도표 또는 지도권을 발급받은 열차만 해당 폐색구간을 운전할 수 있다.
> 2. 지도표와 지도권은 폐색구간에 열차를 진입시키려는 역장 또는 소장이 상대 역장 또는 소장 및 관제사와 협의하여 발행한다.
> 3. 역장이나 소장은 같은 방향의 폐색구간으로 진입시키려는 열차가 하나뿐인 경우에는 지도표를 발급하고, 연속하여 둘 이상의 열차를 같은 방향의 폐색구간으로 진입시키려는 경우에는 맨 마지막 열차에 대해서는 지도표를, 나머지 열차에 대해서는 지도권을 발급한다.
> 4. 지도표와 지도권에는 폐색구간 양쪽의 역 이름 또는 소(所) 이름, 관제사 명령번호, 열차번호 및 발행일과 시각을 적어야 한다.
> 5. 열차의 기관사는 발급받은 지도표 또는 지도권을 폐색구간을 통과한 후 도착지의 역장 또는 소장에게 반납하여야 한다.
> * 기입사항의 항목이 철도차량운전규칙과 도시철도운전규칙이 다르니 유의하여야 한다.
> 〈차량규칙 제62조(지도표·지도권의 기입사항)〉
> 1) 지도표에는 그 구간 양끝의 정거장명·발행일자 및 사용열차번호를 기입하여야 한다.
> 2) 지도권에는 사용구간·사용열차·발행일자 및 지도표 번호를 기입하여야 한다.

25 도시철도운전규칙에서 지도표와 지도권에 적어야 하는 내용이 아닌 것은?

① 폐색구간　　② 관제사 명령번호　③ 발행일　　　④ 열차번호

> **해설** 도시규칙 제57조(지도통신식)
> ④ 지도표와 지도권에는 폐색구간 양쪽의 역 이름 또는 소(所) 이름, 관제사 명령번호, 열차번호 및 발행일과 시각을 적어야 한다.
> * 도시철도운전규칙과 철도차량운전규칙의 차이점을 알아야 한다.
> 　〈차량규칙 제62조(지도표·지도권의 기입사항)〉

26 도시철도운전규칙에서 전령자에 대한 설명으로 옳지 않은 것은?

① 전령법을 시행하는 구간에는 한 명의 전령자를 선정하여야 한다.
② 열차등이 있는 폐색구간에 다른 열차를 운전시킬 때에는 그 열차에 대하여 전령법을 시행한다.
③ 전령법을 시행하는 구간에서는 그 구간의 전령자가 탑승하여야 열차를 운전할 수 있다. 다만, 관제사가 취급하는 경우에는 전령자를 탑승시키지 아니할 수 있다.
④ 전령자는 적색 완장을 착용하여야 한다.

정답 24 ④　25 ①　26 ④

도시규칙 제58∼59조(전령법의 시행)

제58조(전령법의 시행)
  1. 열차등이 있는 폐색구간에 다른 열차를 운전시킬 때에는 그 열차에 대하여 전령법을 시행한다.
  2. 전령법을 시행할 경우에는 이미 폐색구간에 있는 열차등은 그 위치를 이동할 수 없다.
제59조(전령자의 선정 등)
  1. 전령법을 시행하는 구간에는 한 명의 전령자를 선정하여야 한다.
  2. 전령자는 백색 완장을 착용하여야 한다.
  3. 전령법을 시행하는 구간에서는 그 구간의 전령자가 탑승하여야 열차를 운전할 수 있다. 다만, 관제사가 취급하는 경우에는 전령자를 탑승시키지 아니할 수 있다.

27 도시철도운전규칙에서 신호에 관한 설명으로 맞는 것은?

① 표지는 형태·색·음 등으로 열차의 위치·방향·조건을 표시하는 것
② 신호는 형태·색·음 등으로 열차등에 대하여 운전의 방향·조건을 지시하는 것
③ 표지는 형태·색 등으로 물체의 위치·방향·의사를 표시하는 것
④ 전호는 형태·색·음 등으로 직원 상호간에 의사를 표시하는 것

도시규칙 제60조(신호의 종류)
1. 신호: 형태·색·음 등으로 열차등에 대하여 운전의 조건을 지시하는 것
2. 전호: 형태·색·음 등으로 직원 상호간에 의사를 표시하는 것
3. 표지: 형태·색 등으로 물체의 위치·방향·조건을 표시하는 것

28 도시철도운전규칙에서 상설신호기에 해당하지 않는 것은?

① 차내신호기   ② 서행신호기   ③ 진로표시기   ④ 원방신호기

도시규칙 제65조(상설신호기의 종류)
1. 주신호기: 차내신호기, 장내신호기, 출발신호기, 폐색신호기, 입환신호기
2. 종속신호기: 원방신호기, 중계신호기
3. 신호부속: 진로표시기, 진로개통표시기

29 도시철도운전규칙에서 상설신호기 종류로 틀린 것?

① 장내신호기   ② 중계신호기   ③ 폐색신호기   ④ 노면전차신호기

도시규칙 제65조(상설신호기의 종류)

정답 27 ④ 28 ② 29 ④

30 도시철도운전규칙에서 신호현시방식으로 맞는 것은?

① 입환신호기의 진행신호: 등황색등 ② 장내신호기의 주의신호: 황색등
③ 차내신호기의 정지신호: 지정속도 ④ 중계신호기의 정지중계: 진행지시신호

> **해설** 도시규칙 제66조(상설신호기의 종류 및 신호 방식)
> 상설신호기는 계기·색등 또는 등열(燈列)로써 다음 각 호의 방식으로 신호하여야 한다.
> 1. 주신호기
> 　가. 차내신호기

주간·야간별 　＼　 신호의 종류	정지신호	진행신호
주간 및 야간	"0"속도를 표시	지령속도를 표시

　나. 장내신호기, 출발신호기 및 폐색신호기

방식	주간·야간별 　＼　 신호의 종류	정지신호	경계신호	주의신호	감속신호	진행신호
색등식	주간 및 야간	적색등	상하의 등황색등	등황색등	상위는 등황색등 하위는 녹색등	녹색등

　다. 입환신호기

방식	주간·야간별 　＼　 신호의 종류	정지신호	진행신호
색등식	주간 및 야간	적색등	등황색등

> 2. 종속신호기
> 　가. 원방신호기

방식	주간·야간별 　＼　 신호의 종류	주신호기가 정지신호를 할 경우	주신호기가 진행을 지시하는 신호를 할 경우
색등식	주간 및 야간	등황색등	녹색등

　나. 중계신호기

방식	주간·야간별 　＼　 신호의 종류	주신호기가 정지신호를 할 경우	주신호기가 진행을 지시하는 신호를 할 경우
색등식	주간 및 야간	적색등	주신호기가 한 진행을 지시하는 색등

31 도시철도운전규칙에서 임시신호기의 신호방식으로 틀린 것은?

① 서행신호는 주간에는 백색테두리 황색 원판
② 서행해제신호는 주간에는 녹색 테두리의 백색 원판
③ 서행예고신호는 야간에는 흑색 삼각형 무늬 3개를 그린 백색등
④ 서행해제신호는 야간에는 녹색등

정답　30 ①　31 ②

해설 도시규칙 제69조(임시신호기의 신호방식)
① 임시신호기의 형태·색 및 신호방식은 다음과 같다.

신호의 종류 주간·야간별	서행신호	서행예고신호	서행해제신호
주간	백색 테두리의 황색 원판	흑색 삼각형 무늬 3개를 그린 3각형판	백색 테두리의 녹색 원판
야간	등황색등	흑색 삼각형 무늬 3개를 그린 백색등	녹색등

32 도시철도운전규칙에서 입환전호 중 주간의 퇴거전호는?

① 녹색기를 상하로 흔든다.
② 녹색기를 좌우로 흔든다.
③ 한 팔을 좌우로 움직이는 것으로 대신할 수 있다.
④ 두 팔을 높이 드는 것으로 대신할 수 있다.

해설 도시규칙 제74조(입환전호)
1. 접근전호
   1) 주간: 녹색기를 좌우로 흔든다.
      다만, 부득이한 경우에는 한 팔을 좌우로 움직이는 것으로 대신할 수 있다.
   2) 야간: 녹색등을 좌우로 흔든다.
2. 퇴거전호
   1) 주간: 녹색기를 상하로 흔든다.
      다만, 부득이한 경우에는 한 팔을 상하로 움직이는 것으로 대신할 수 있다.
   2) 야간: 녹색등을 상하로 흔든다.
3. 정지전호
   1) 주간: 적색기를 흔든다. 다만, 부득이한 경우에는 두 팔을 높이 드는 것으로 대신할 수 있다.
   2) 야간: 적색등을 흔든다.

33 도시철도운전규칙에서 다음 (   )에 적합한 것은?

> 도시철도운영자는 열차등의 안전운전에 지장이 없도록 (   ) 설치하여야 한다

① 노면전차신호기   ② 서행신호기   ③ 운전관계표지   ④ 수신호기

해설 도시규칙 제75조(표지의 설치)
도시철도운영자는 열차등의 안전운전에 지장이 없도록 운전관계표지를 설치하여야 한다.

정답 32 ① 33 ③

제3장 운전이론(Ⅰ)

제1절 운전 기본이론

1. 열차운전의 3요소: 기관사, 궤도, 차량
   철도차량의 운전을 위해서는 통로인 선로설비, 운반구인 철도차량, 운전자 등 교통의 기본 3요소 외에 안전하고 신속한 운행을 위한 철도신호설비, 운전용장치가 필요하다.
2. 차량성능상의 경제운전
   1) 직접적인 요소
      ① 고가속도 운전
         ㉮ 동일한 구간을 동일한 운전시분으로 주행할 때 가속도를 크게 하면 역행운전시분이 감소되고 타력운전시분이 증가된다.
         ㉯ 타력운전시분이 길어지면 제동초속도가 저하되어 제동시에 열로 소모되는 에너지 손실을 감소시킬 수 있다.
      ② 고감속도 운전
         동일한 구간을 동일한 운전시분으로 주행할 때 제동 감속도를 크게 하면 제동시분이 감소되기 때문에 역행운전시분을 단축할 수 있어 경제적이다.
      ③ 약계자방식 운전
         동일한 구간을 동일한 운전시분으로 주행할 때 약계자방식 운전을 하면 가속도를 크게 할 수 있으므로 역행운전시분이 감소되고 타력운전을 증가시키는 결과가 되므로 제동초속도가 저하되어 제동 시 열로 소모되는 에너지 손실을 감소시킬 수 있다.
   2) 간접적인 요소: 차량중량을 경감시킴으로써 경제적인 운전 목적을 달성하는 방법
3. 운전기술상의 경제운전
   1) 운전기술상 경제운전의 3원칙
      ① 정시운전을 할 수 있을 것
      ② 동력비가 최소일 것
      ③ 열차에 충격 및 기기 손상이 없을 것
   2) 운전기술상 경제운전 3원칙의 기본운전취급방법
      ① 발차할 때는 스로틀(Throttle)을 1~2단으로 하여 열차 전체의 연결기가 인장된 후 스로틀을 상승시킴으로써 충격을 방지한다.
      ② 스로틀은 인장력이 급격히 변하지 않도록 취급한다.

③ 스로틀을 상승시킬 때는 발차할 때보다는 직렬시에, 직렬 때보다는 병렬시에 순차적으로 취급하되 최소한 1초 이상 간격을 유지한다.

④ 스로틀을 내릴 때는 열차저항의 변화가 적은 지점을 택하여 1초 이상 간격으로 취급한다.

⑤ 공전이 우려될 때는 사전에 살사를 시행하여 공전으로 인한 동력손실을 방지한다.

3) 운전방법이 운전시분에 미치는 영향

① 운전시분에 여유가 있을 때는 시간이 허용하는 범위 내에서 될 수 있는 한 조속히 타행운전으로 전환하는 것이 경제적이다.

② 역행 후 타행과 거의 동시에 제동을 작동시키는 운전방법은 전력량 소비가 증가하여 경제적인 운전이라는 면에서는 좋은 운전방법이라고는 할 수 없다.

4. 상구배 정차시 인출방법

1) 오르막 선로위 정차시 인출방법의 종류

① 자연인출방법   ② 압축인출방법   ③ 후퇴인출방법

2) 자연인출방법

① 기울기가 없는 평탄선상에서 출발할 때와 같이 아무런 부가 조작하지 않고 출발하는 방법이다.

② 견인중량이 많은 열차가 상구배에 정차해 있다가 출발할 때는 인출불능의 우려가 있다.

③ 자연인출방법의 순서

㉮ 제동을 완해한다.

㉯ 가감간을 서서히 상승시켜 동력 운전을 한다.

㉰ 객화차를 많이 연결하였을 경우 기동 불능의 우려가 있다.

3) 압축인출방법

① 열차후부에 제동을 체결한 상태로 기관차를 후퇴시켜 유간을 압축하여 스프링의 반발력을 인출에 이용하는 방법이다.

② 다른 인출 방법보다 인출이 쉬워 가장 많이 사용하는 인출 방법으로, 열차의 출발 저항을 이용하여 기동하는 방법이다.

③ 압축인출방법의 순서

㉮ 오르막 선로위에서 정차할 때는 자동 제동변으로 제동(상용제동)을 작동시킨다.

㉯ 자동 제동변을 사용하여 기관차와 객·화차의 제동을 완해한다.

㉰ 제동이 완해가 되기 전에 가·감 간을 상승시킨다.

㉱ 공전방지를 위해 살사장치를 작동시킨다.

㉲ 단독 제동변으로 제동 → 완해 → 제동 → 완해 취급을 하면 순간적으로 발생하는 공전을 예방하는 데 효과적이다.

4) 후퇴인출방법

① 선로의 구배(기울기)가 완만하고 편성된 열차장(열차길이)이 비교적 짧은 경우에 사용한다.

② 정차 위치에서 뒤의 방향으로 물러났다가 인출하는 방법이다(퇴행시켰다가 인출하는 방법).

1. 뉴턴(Newton)의 운동 제2법칙: 가속도의 법칙
   1) 물체의 질량과 물체에 작용하는 힘에 의하여 생기는 가속도와의 관계를 나타내는 운동방정식 또는 가속도의 법칙이라고 하며 다음과 같이 표시할 수 있다.

   $F=m \cdot \alpha$

   (F=물체에 작용하는 힘, m=물체의 질량, α=물체의 가속도)

   2) 1Newton=1kg 질량에 1m/sec²의 가속도를 주는 힘이다.

   $$F=m \cdot \alpha \rightarrow \alpha \,(가속도) = \frac{F(물체에\ 작용하는\ 힘)}{m(물체의\ 질량)}$$

2. 속도의 종류
   1) 표정속도
      ① 열차의 이동 거리를 걸린 시간으로 나눈 물리량으로, 걸린 시간에는 운전 시간과 도중 정차한 시간도 포함된다.

      ② $표정속도 = \dfrac{이동거리}{걸린시간} = \dfrac{이동거리(운전거리)}{정차시간+운전시간}\,(km/h)$

      ③ $정차시간(D) = \dfrac{운전거리(B)}{표정속도(A)} - 운전시간(C)$

      ④ 표정속도 향상 방안
      - ㉮ 운전시간 및 정차시간 단축
      - ㉯ 정차역 수 최소화
      - ㉰ 고가속도 및 고감속도 운전
      - ㉱ 최고속도 향상

   2) 평균속도
      ① 운전거리를 순수운전시분으로 나누어 구한 속도이다. 이 때 순수운전시분이란 정차시간을 제외한 값이다.

      ② $평균속도 = \dfrac{운전거리}{순수운전시간}$

   3) 최고속도: 단위시간 중 변위가 가장 큰 속도를 말한다.
   4) 가속도: 속도의 변화량(속도의 변화량을 시간으로 나눈 식으로 정의)

   $가속도(a) = \dfrac{속도의\ 변화량}{걸린시간} = \dfrac{나중속도-처음속도}{걸린시간}\,(km/h/s)$

   5) 상대속도
      ① 움직이고 있는 두 물체의 한쪽에서 바라본 다른 쪽의 속도를 상대속도라 한다.
      ② 상대속도(A)=상대방의 속도(B)-관측자의 속도(C)

3. 구심력과 원심력

1) 구심력

① 물체가 원운동을 계속하려면 원운동의 중심을 향하는 가속도가 필요하다. 이때 가속도를 갖게 하는 힘을 구심력(Centripetal Force)이라 한다.

② 구심력은 물체의 운동방향에 수직으로 작용한다.

③ 질량이 m(g)인 물체가 v의 속도(cm/s)로 반지름 r(cm)인 원주를 돌 때 구심력(dyne)은

$F = m\dfrac{v^2}{r} = mrw^2$ * w: 각속도(cm/s)

④ 물체의 속도와 질량이 크고 반지름이 작을수록 원운동에 필요한 구심력의 크기는 커진다.

2) 원심력

① 원심력이란 원운동을 하고 있는 물체에 나타나는 관성력으로 원 밖으로 나가려는 쪽으로 작용하는 가상의 힘을 말한다.

② 원심력의 크기는 구심력과 같고, 방향은 구심력과 반대이다.

4. 마찰력

1) 마찰력의 정의

물체에 외력을 가하면 물체의 접촉면을 따라서 이 힘과 반대의 방향으로 운동을 방해하려는 힘이 생기는데 이 힘을 마찰력(frictional force)이라 한다.

2) 마찰력 종류

① 정지마찰력 ② 최대정지마찰력 ③ 운동마찰력(미끄럼마찰력) ④ 회전(구름)마찰력)

3) 마찰계수의 크기: 정지마찰계수 > 미끄럼마찰계수 > 회전(구름)마찰계수

4) 마찰력의 성질

① 물체끼리의 면이 접해서 생기는 접선력이다.

② 물체의 운동방향과 반대로 작용한다.

③ 수직항력과 마찰계수에 비례한다.

④ 접촉면의 성질에 따라 다르나, 접촉면 넓이와는 관계없다.

〈물체 표면 특성에 따른 마찰계수의 크기〉

물질	정지마찰계수	운동마찰계수
철판과 철판	0.74	0.57
눈과 얼음	0.10	0.03
기름 친 금속과 금속	0.15	0.06

5. 옴의 법칙

1) 전압(V) = 전류(I) × 저항(R)   2) 전류(I) = $\dfrac{\text{전압}(V)}{\text{저항}(R)}$ 3) 저항(R) = $\dfrac{\text{전압}(V)}{\text{전류}(I)}$

제3절 동력차의 성능 및 특성

1. 치차비
   1) 정의
      ① 치차비(Gear Ratio)는 소치차 치수와 대치차 치수의 비율을 말하며, 대치차의 치수에 비례하고 소치차의 치수에 반비례한다.

      ② 치차비$(Gr) = \dfrac{\text{대치차의 치수}}{\text{소치차의 치수}} = \dfrac{\text{종동 기어수}}{\text{피니언 기어수}}$
   2) 치차비와 속도
      ① 속도는 치차비에 반비례하고, 견인력은 치차비에 비례한다.

      ② 속도$(V) = 0.1885 \times \dfrac{\text{동륜의 직경}(D : m)}{\text{치차비}(Gr)} \times \text{주전동기 1분간 회전수}(N: \text{rpm})$

      * 동륜직경은 mm를 m로 환산하여 적용, 계산결과는 소수점 2자리에서 반올림
   3) 치차비 선정 제한요소
      ① 최대 허용 회전수
         치차비가 클수록 전동기의 회전수가 증가되어야 하므로 고속운전에 제한된다.
      ② 기동 견인력
         치차비가 작을수록 견인력이 작아지며 기동 시에 견인력 부족으로 인한 인출불능 또는 가속불량을 초래한다.
      ③ 차량한계의 제한
         치차비가 클수록 대치차의 직경이 커지므로 차량한계에 제한을 받는다.
2. 견인력
   1) 견인력의 분류
      ① 작용하는 장소에 따른 분류: ㉮ 지시견인력   ㉯ 동륜주견인력   ㉰ 인장봉견인력
      ② 제한하는 인자에 따른 분류: ㉮ 점착견인력   ㉯ 특성견인력
   2) 지시견인력(Ti)
      ① 성능감속장치 내의 치차의 전달 손실, 축과 베어링의 마찰손실 등 기계 각부의 마찰로 인한 손실을 고려하지 않고 기계효율을 100%로 보았을 때 견인력이다.
      ② 견인력 중 가장 큰 값을 가지며, 실제 존재할 수 없는 견인력이다.
   3) 동륜주견인력(Td)
      ① 감속장치 내의 치차 및 축수의 전달 효율을 고려한 차륜답면에서 발휘되는 견인력이다.
      ② 지시견인력에서 기계마찰 등 시스템 내부에서 발생하는 손실을 뺀 견인력이다.

③ 동륜주견인력은 차륜지름·속도에 반비례하며, 전동기의 회전력·치차비·전동기수·전달효율·단자전압·주전동기 전류·전동기수·동력차효율에 비례한다.

$$Td = \frac{2t \times Gr \times ʒ}{D} \text{ (kg)}$$

(Td: 동륜주견인력, t: 회전력, Gr: 치차비, ʒ: 전달효율, D: 동륜직경)

* 동륜주견인력과 속도의 관계

$$Td = 0.3672 \frac{Et \times I \times m \times ʒʒ'}{V} \text{ (kg)}$$

(Et: 단자전압, I: 주전동기 전류, m: 전동기수, ʒʒ ': 동력차효율, V: 속도)

4) 인장봉견인력(유효견인력 Te)

① 동력차가 객화차를 견인하고 주행할 때 동력차 후부의 연결기에 걸리는 유효견인력이다.

② 객화차의 연결기에 걸리는 견인력으로 견인력 중 가장 작은 견인력이다.

③ 인장봉견인력은 동력차의 동륜주견인력에서 동력차의 자체의 주행저항을 뺀 견인력을 말하며, 주행저항의 크기에 따라 다르다.

$$Te = Td - W \times R \text{(kg)}$$

(Te: 인장봉견인력, Td: 동륜주견인력, W: 동력차중량, R: 동력차주행저항)

5) 점착견인력(Ta)

① 동력차의 동륜주와 레일면과의 마찰력이 점착력이다.

② 동륜주견인력이 점착견인력보다 크면 동륜은 공전하므로 공전하지 않기 위해서는 점착견인력이 동륜주견인력보다 커야 한다.

③ 점착견인력은 동륜상 중량과 점착계수와의 곱으로 산출한다.

$$Ta = \mu \times Wd \text{(kg)}$$

(Ta: 점착견인력, μ: 점착계수, Wd: 동륜상중량(ton))

㉮ 점착계수

점착계수 μ는 공전하는 순간의 점착견인력과 동력차 정지시의 동륜상 중량과의 비를 말하며 기후, 선로상태, 동력차상태, 축중이동량에 따라 변화할 수 있다.

㉯ 점착력에 영향을 미치는 인자

- 접촉면 상태
- 속도의 변화
- 축중이동
- 점착계수
- 곡선통과 등에 의한 횡방향 슬립영향

㉰ 점착력 향상방안

- 점착계수의 향상
- 동축중의 일시적 변화유도
- 축중이동(하중 쏠림) 방지
- 스로틀(주간제어기) 취급의 적정
- 활주방지장치의 도입

㉺ 조건에 따른 점착계수의 크기

레일 위 조건	일반적인 경우	모래를 뿌린 경우
건조하고 맑은 경우	0.25~0.30	0.35~0.40
습한 경우	0.18~0.20	0.22~0.25
서리가 내린 경우	0.15~0.18	0.20~0.22
기름기가 있는 경우	0.10	0.15
낙엽이 있는 경우	0.08	-

6) 특성견인력
① 동력차의 특성곡선에서 산출하여 운전계획에 적용하는 견인력, 즉 견인전동기의 운전 특성에 의하여 제한되는 견인력으로서 직렬, 직병렬, 병렬, 병렬약계자회로 운전 시 최종 위치(단)에 있어서의 견인력이다.
② 운전계획 시에는 병렬최종 위치(단)일 때의 견인력을 사용한다.

제 4 절   공전 발생

1. 공전발생 원인
   1) 공전은 동륜주인장력이 점착력보다 큰 순간에 발생하므로 동륜상 중량에 비하여 인장력이 큰 기관차가 발생하기 쉽다.
   2) 습기가 많은 터널 내 노선, 강우, 서리 등으로 인한 습윤 선로, 신선 개통한 때 레일에 산화철이 많은 선로, 또는 교환한 레일을 운전할 때 등은 비교적 공전이 쉽게 발생한다.
   3) 보조기관차를 연결했을 때 한쪽의 기관차가 공전하면 타 기관차에 미치는 하중이 일시 증대하게 되고 속도가 급격히 저하하여 동륜주인장력이 크게 되므로 공전이 쉽게 발생한다.
   4) 역학적 원인
      ① 견인력이 점착력보다 클 때 나타난다.
         점착 견인력이 동륜주(Wheel Rim)견인력보다 작을 때 발생한다.
      ② 급격한 속도 변화가 있을 때 발생한다.
      ③ 레일 위 점착계수가 작을 때(눈, 비, 서리, 습기, 기름기, 낙엽, 신설 선 등에 의해) 발생한다.
      ④ 신설선 및 교환한 레일 위를 운행할 때 발생한다.
      ⑤ 전·후 진동과 상·하 진동이 있을 때 발생한다.
      ⑥ 축중이동이 있을 때 발생한다.
2. 공전방지 운전취급
   공전은 동륜주견인력이 점착견인력보다 클 때 발생함으로 공전을 방기하기 위하여 동륜주견인력을 작게 하거나, 점착견인력을 크게 하여야 한다.

1) 점착견인력을 증대하는 방법
   ① 살사를 한다.
      점착견인력 향상을 위해 살사(모래를 흩어 뿌림)를 한다. 점착력 향상을 위해 가장 좋은 방법이지만, 긴 오르막 선로에서 살사를 하면 오히려 주행저항이 증가된다.
   ② 동력차를 최적의 상태로 보수한다.
      동력차의 보수가 나쁘면 동요(진동)가 많아지고 점착계수가 적어져 공전이 쉬우므로 기관차의 정비를 양호하게 해야 한다.
   ③ 선로보수를 최적의 상태로 보수한다.
      선로보수가 나쁘면 점착계수가 적어지므로 점착견인력 향상을 위하여 상승 기울기의 공전이 쉬운 개소, 특히 곡선부나 터널 내 등의 철저한 보수 등 보수기준 한도를 높여서 최적의 상태가 되도록 한다.
2) 동륜주 견인력을 감소시키는 방법
   비교적 공전발생이 적은 직선 선로에서는 운행 속도를 높이고, 곡선 선로 및 기울기가 심한 선로에서는 가·감간을 적절하게(1−2단으로 내림) 조절하여 동륜주견인력을 감소시켜 공전 발생을 최소화 한다.
3. 동력차가 공전을 하지 않고 가속 전진하기 위한 조건
   1) F > Td > R
   2) 동륜과 레일면의 마찰력 > 동륜주견인력 > 열차저항
   (F: 동륜과 레일면의 마찰력, Td: 동륜주견인력, R: 열차저항)

제 5 절 　 탈선계수

1. 횡압(횡압력)
   1) 곡선저항의 횡압력
      차량이 곡선을 통과할 때 차륜의 플랜지가 외측 레일을 미는 힘에 의하여 발생
   2) 곡선통과시 불평형원심력의 좌우 방향 성분
      곡선통과시 불평형원심력의 좌우 방향 성분, 즉 차량이 캔트 설정속도 이상으로 주행시는 외측으로 그 이하로 주행시는 내측으로 작용하는 힘에 의하여 발생
   3) 차량동요에 따른 횡압력
      차량 동요에 따라 차량의 사행동과 궤도의 틀림에 의하여 발생
   4) 분기기 및 신축이음매 등 특수개소를 주행할 때 발생하는 충격력
   * 횡압의 크기가 수직력의 70~80%에 이르면 차량이 탈선할 우려가 있다.
2. 윤중(수직력, Normal Force or Wheel Force)
   1) 의의: 차륜통과시 레일에 작용하는 수직력을 윤중이라 한다.

2) 윤중의 증감원인

　① 곡선부 통과시의 전향횡압에 따른 윤중의 증감

　② 곡선부 통과시의 불평형원심력에 따른 윤중의 증감(정지시 중량보다 50~60% 증가)

　③ 차량 동요 관성력의 수직성분: 정지차량의 약 20%

　④ 레일면 또는 차륜답면의 부정에 기인한 충격력

3. 탈선

1) 탈선의 분류

　① 주행탈선: ㉮ 타 오르기 탈선　㉯ 미끄러져 오르기 탈선

　② 뛰어오르기 탈선: 주로 고속선에서 횡압력과 윤중이 단시간에 충격적으로 작용할 때 발생

　③ 좌굴 탈선: 궤도의 기울기가 심한 내리막 선로에서 제동작용 시 주로 발생

2) 탈선계수

　① 탈선계수(S) 산출식 $= \dfrac{횡압(Q)}{윤중(P)}$

　　㉮ 윤중: 수직방향의 힘(차량의 하중, 상하진동 등)

　　㉯ 횡압: 좌우방향의 힘(곡선 통과중 이거나, 좌우진동 등)

　　　* 횡압이 작용하는 시간은 0.05초 이상

　　㉰ 탈선계수가 클수록 탈선 가능성이 높아진다.

　② 탈선이 발생하지 않는 조건의 탈선계수 범위: $\dfrac{횡압력(Q)}{윤중(P)} < 0.8$

〈윤중과 횡압〉

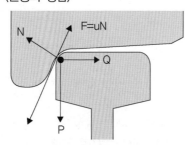

N: 플랜지 직각방향의 힘
P: 윤중
Q: 횡압(수평력)

제**3**장

[운전이론[Ⅰ]]
기출예상문제

01 열차운전의 3요소에 해당하지 않는 것은?

① 통신   ② 궤도   ③ 차량   ④ 기관사

해설 열차운전의 3요소: 기관사, 궤도, 차량
철도차량의 운전을 위해서는 통로인 선로설비, 운반구인 철도차량, 운전자 등 교통의 기본 3요소 외에 안전하고 신속한 운행을 위한 철도신호설비, 운전용장치가 필요하다.

02 경제운전에 대한 설명 중 틀린 것은?

① 가속도를 크게 하면 역행운전시분이 감소되고 타력운전시분이 증가되어 경제운전이 가능하다.
② 제동 감속도를 크게 하면 제동시분이 감소되기 때문에 역행운전시분을 단축할 수 있어 경제적이다.
③ 약계자 방식은 타력운전을 증가시키는 결과가 되므로 제동초속도가 저하되어 제동시 열로 소모되는 에너지 손실을 감소시킬 수 있다.
④ 타력운전은 하지 않는다.

해설 차량성능상 경제운전
1. 직접적인 요소
　1) 고가속도 운전
　　ⓐ 동일한 구간을 동일한 운전시분으로 주행할 때 가속도를 크게 하면 역행운전시분이 감소되고 타력운전시분이 증가된다.
　　ⓑ 타력운전시분이 길어지면 제동초속도가 저하되어 제동시에 열로 소모되는 에너지 손실을 감소시킬 수 있다.
　2) 고감속도 운전
　　동일한 구간을 동일한 운전시분으로 주행할 때 제동 감속도를 크게 하면 제동시분이 감소되기 때문에 역행운전시분을 단축할 수 있어 경제적이다.
　3) 약계자방식 운전
　　동일한 구간을 동일한 운전시분으로 주행할 때 약계자방식 운전을 하면 가속도를 크게 할 수 있으므로 역행운전시분이 감소되고 타력운전을 증가시키는 결과가 되므로 제동초속도가 저하되어 제동시 열로 소모되는 에너지 손실을 감소시킬 수 있다.

정답 1 ① 2 ④

2. 간접적인 요소

   차량중량을 경감시킴으로써 경제적인 운전 목적을 달성하는 방법이다.

03 운전기술상 경제운전의 3원칙이 아닌 것은?

① 정시운전을 할 수 있을 것

② 동력비가 최소일 것

③ 안전운전을 할 것

④ 열차에 충격이 없고 기기 손상이 없을 것

해설 운전기술상의 경제운전

1. 운전기술상 경제운전의 3원칙
   1) 정시운전을 할 수 있을 것
   2) 동력비가 최소일 것
   3) 열차에 충격 및 기기 손상이 없을 것
2. 운전기술상 경제운전 3원칙의 기본운전취급방법
   1) 발차할 때는 스로틀(Throttle)을 1 – 2단으로 하여 열차 전체의 연결기가 인장된 후 스로틀을 상승시킴으로써 충격을 방지한다.
   2) 스로틀은 인장력이 급격히 변하지 않도록 취급한다.
   3) 스로틀을 상승시킬 때는 발차할 때보다는 직렬시에, 직렬 때보다는 병렬시에 순차적으로 취급하되 최소한 1초 이상 간격을 유지한다.
   4) 스로틀을 내릴 때는 열차저항의 변화가 적은 지점을 택하여 1초 이상 간격으로 취급한다.
   5) 공전이 우려될 때는 사전에 살사를 시행하여 공전으로 인한 동력손실을 방지한다.
3. 운전방법이 운전시분에 미치는 영향
   1) 운전시분에 여유가 있을 때는 시간이 허용하는 범위 내에서 될 수 있는 한 조속히 타행운전으로 전환하는 것이 경제적이다.
   2) 역행 후 타행과 거의 동시에 제동을 작동시키는 운전방법은 전력량 소비가 증가하여 경제적인 운전이라는 면에서는 좋은 운전방법이라고는 할 수 없다.

04 운전기술상 경제운전 3원칙의 기본운전취급방법이 아닌 것은?

① 공전이 우려될 때는 사전에 살사를 시행하여 공전으로 인한 동력손실을 방지한다.

② 스로틀을 내릴 때는 열차저항의 변화가 적은 지점을 택하여 1초 이상 간격으로 취급한다.

③ 스로틀을 상승시킬 때는 발차할 때 보다는 직렬 시에, 직렬 때보다는 병렬시에 순차적으로 취급하되 최소한 1초 이상 간격을 유지한다.

④ 스로틀을 가까이한다.

해설 운전기술상의 경제운전

정답 3 ③ 4 ④

05 상구배 선로에서 정차시 인출취급법으로 맞는 것이 모두 포함된 것을 고르시오.

① 견인인출법, 압축인출법, 후퇴인출법　　② 자연인출법, 주행인출법, 후퇴인출법

③ 자연인출법, 압축인출법, 완해인출법　　④ 자연인출법, 압축인출법, 후퇴인출법

해설　상구배 정차시 인출방법

1. 오르막 선로위 정차시 인출방법의 종류
   1) 자연인출방법　　2) 압축인출방법　　3) 후퇴인출방법
2. 자연인출방법
   1) 기울기가 없는 평탄선상에서 출발할 때와 같이 아무런 부가 조작하지 않고 출발하는 방법이다.
   2) 견인중량이 많은 열차가 상구배에 정차해 있다가 출발할 때는 인출불능의 우려가 있다.
   3) 자연인출방법의 순서
      ㉮ 제동을 완해한다.
      ㉯ 가감간을 서서히 상승시켜 동력 운전을 한다.
      ㉰ 객화차를 많이 연결하였을 경우 기동 불능의 우려가 있다.
3. 압축인출방법
   1) 열차후부에 제동을 체결한 상태로 기관차를 후퇴시켜 유간을 압축하여 스프링의 반발력을 인출에 이용하는 방법이다.
   2) 다른 인출 방법보다 인출이 쉬워 가장 많이 사용하는 인출 방법으로, 열차의 출발 저항을 이용하여 기동하는 방법이다.
   3) 압축인출방법의 순서
      ㉮ 오르막 선로위에서 정차할 때는 자동 제동변으로 제동(상용제동)을 체결한다.
      ㉯ 자동 제동변을 사용하여 기관차와 객화차의 제동을 완해한다.
      ㉰ 제동이 완해가 되기 전에 가·감간을 상승시킨다.
      ㉱ 공전방지를 위해 살사장치를 작동시킨다.
      ㉲ 단독 제동변으로 제동 → 완해 → 제동 → 완해 취급을 하면 순간적으로 발생하는 공전을 예방하는 데 효과적이다.
4. 후퇴인출방법
   1) 선로의 구배(기울기)가 완만하고 편성된 열차장(열차길이)이 비교적 짧은 경우에 사용한다.
   2) 정차 위치에서 뒤의 방향으로 물러났다가 인출하는 방법이다(퇴행시켰다가 인출하는 방법).

06 상구배 선로에서 정차시 인출취급법이 아닌 것은?

① 전진인출법　　② 압축인출법　　③ 후퇴인출법　　④ 자연인출법

해설　상구배 정차시 인출방법

정답　5 ④　6 ①

07 다음에서 설명하는 상구배 선로에서 정차시 인출방법은 무엇인가?

> • 제동을 완해한 다음 가감간을 상승시켜 동력운전을 하는 방법이다.
> • 견인중량이 많은 열차가 상구배에 정차해 있다가 출발하는 경우 인출불능의 우려가 있다.
> • 평탄선로에서 출발할 때와 동일하고 견인중량이 많은 열차의 경우 인출불능 우려가 있다.

① 후퇴인출법　　　② 자연인출법　　　③ 압축인출법　　　④ 보기인출법

해설 상구배 정차시 인출방법

08 상구배 선로에서 정차시 인출취급 중 열차 출발저항을 이용하여 인출하는 방법으로 맞는 것은?

① 자연인출법　　　② 압축인출법　　　③ 구배인출법　　　④ 후퇴인출법

해설 상구배 정차시 인출방법

09 다음 중 압축인출법에서 이용하는 저항의 종류는?

① 출발저항　　　② 주행저항　　　③ 가속도저항　　　④ 곡선저항

해설 상구배 정차시 인출방법

10 운전기술상 경제운전에 대한 설명으로 다음 중 빈칸에 알맞은 단어는?

> • 비교적 공전발생이 적은 직선선로에서는 속도를 높이고 대신 공전발생이 많은 곡선선로에서는 가감간을 1-2단 정도 내려 저속 운전하면 (A)이 감소되어 공전을 방지할 수 있다.
> • 후퇴인출법은 열차를 퇴행시켰다가 인출하는 방법으로서 구배가 완만하고 (B)이 비교적 짧은 경우에 사용한다.

① A: 동륜주견인력, B: 유효장　　　② A: 동륜주견인력, B: 열차장
③ A: 인장봉견인력, B: 유효장　　　④ A: 인장봉견인력, B: 열차장

해설 공전방지 운전취급, 상구배 정차시 인출방법

정답　7 ②　8 ②　9 ①　10 ②

11 질량 100kg을 160N의 힘이 작용하였을 경우에 가속도는?

① 1.6(m/sec²)   ② 16,000(m/sec²)   ③ 0.625(m/sec²)   ④ 1.5(m/sec²)

해설 뉴턴(Newton)의 운동 제2법칙(가속도의 법칙)

• 중력가속도의 법칙
1) 물체의 질량과 물체에 작용하는 힘에 의하여 생기는 가속도와의 관계를 나타내는 운동방정식 또는 가속도의 법칙이라고 하며 다음과 같이 표시할 수 있다.

$F = m \cdot \alpha$

F＝물체에 작용하는 힘, m＝물체의 질량, α＝물체의 가속도

2) 1Newton＝1kg 질량에 1m/sec²의 가속도를 주는 힘이다.

$$F = m \cdot \alpha \rightarrow \alpha(가속도) = \frac{F(물체에 작용하는 힘)}{m(물체의 질량)}$$

3) 풀이: 가속도 $= \dfrac{160N}{100kg} = 1.6\text{m/sec}^2$

12 질량이 80kg인 물체에 160N의 힘을 가했을 때 가속도는?

① 0.5m/sec²   ② 1.0m/sec²   ③ 1.5m/sec²   ④ 2.0m/sec²

해설 뉴턴(Newton)의 운동 제2법칙(가속도의 법칙)

풀이: 가속도 $= \dfrac{160N}{80kg} = 2.0\text{m/sec}^2$

13 역간 거리가 108km이고 순수운전시분이 60분이고, 정차시분이 12분일 때 표정속도와 평균속도로 맞는 것을 고르시오.

① 표정속도 108km/h, 평균속도 90km/h   ② 표정속도 108km/h, 평균속도 135km/h
③ 표정속도 135km/h, 평균속도 108km/h   ④ 표정속도 90km/h, 평균속도 108km/h

해설 속도의 종류

1. 표정속도
   1) 열차의 이동 거리를 걸린 시간으로 나눈 물리량으로, 걸린 시간에는 운전 시간과 도중 정차한 시간도 포함된다.
   2) 표정속도 $= \dfrac{이동거리}{걸린시간} = \dfrac{이동거리}{정차시간 + 운전시간}$ (km/h)
   3) 문제풀이

$$표정속도 = \frac{운전거리}{순수운전시분 + 도중정차시분} = \frac{108}{\frac{60}{60} + \frac{12}{60}} = \frac{108}{\frac{72}{60}} = \frac{108 \times 60}{72} = 90\text{km/h}$$

정답   11 ①   12 ④   13 ④

2. 평균속도
  1) 운전거리를 순수운전시분으로 나누어 구한 속도이다. 이 때 순수운전시분이란 정차시간을 제외한 값이다.
  2) 평균속도 $=\dfrac{운전거리}{순수운전시간}$
  3) 문제풀이: 평균속도 $=\dfrac{운전거리}{순수운전시분}=\dfrac{108}{\frac{60}{60}}=108\ \text{km/h}$

3. 최고속도: 단위시간 중 변위가 가장 큰 속도를 말한다.
4. 상대속도
  1) 움직이고 있는 두 물체의 한쪽에서 바라본 다른 쪽의 속도를 상대속도라 한다.
  2) 상대속도＝상대방의 속도－관측자의 속도

14 속도의 종류에 대한 설명으로 맞는 것은?

① 단위시간 중 변위가 가장 큰 속도를 상대속도라고 한다.
② 움직이고 있는 두 물체의 한쪽에서 바라본 다른 쪽의 속도를 제한속도라고 한다.
③ 열차의 이동 거리를 걸린 시간으로 나누어 구한 속도를 상대속도라고 한다. 이 때 걸린 시간에는 운전 시간과 도중 정차한 시간도 포함된다.
④ 운전거리를 순수운전시분으로 나누어 구한 속도를 평균속도라고 한다. 이 때 순수운전시분이란 정차시간을 제외한 값이다.

> **해설** 속도의 종류
> ① "최고속도"의 설명   ② "상대속도"의 설명   ③ "표정속도"의 설명

15 A와 B역 사이의 거리는 27.5km, 운전소요시간 20분, 중간정차 5분일 때의 A~B구간 표정속도와 평균속도는?

① 표정속도 66km/h,   평균속도 82.5km/h   ② 표정속도 108km/h, 평균속도 135km/h
③ 표정속도 82.5km/h, 평균속도 66km/h   ④ 표정속도 90km/h,   평균속도 108km/h

> **해설** 속도의 종류
> 1. 표정속도 $=\dfrac{운전거리}{순수운전시분＋도중정차시분}=\dfrac{27.5}{\frac{20}{60}+\frac{5}{60}}=\dfrac{27.5}{\frac{25}{60}}=\dfrac{27.5\times60}{25}=66\text{km/h}$
>
> 2. 평균속도 $=\dfrac{운전거리}{순수운전시분}=\dfrac{27.5}{\frac{20}{60}}=82.5\text{km/h}$

정답   14 ④   15 ①

16 서울역에서 수원역 72km를 운행하였을 때 운전시분이 60분, 도중 정차시분이 12분이라면 이 전동열차의 평균속도와 표정속도를 구하시오.

① 10m/s. 50km/h　② 15m/s, 60km/h　③ 20m/s, 72km/h　④ 20m/s, 60km/h

해설　속도의 종류

1. 평균속도 $= \dfrac{\text{운전거리}}{\text{순수운전시분}} = \dfrac{72}{\frac{60}{60}} = 72\text{km/h} = \dfrac{72,000(m)}{3,600(\text{초})} = 20\text{m/s}$

2. 표정속도 $= \dfrac{\text{운전거리}}{\text{순수운전시분} + \text{도중정차시분}} = \dfrac{72}{\frac{60}{60} + \frac{12}{60}} = \dfrac{72}{\frac{72}{60}} = \dfrac{72 \times 60}{72} = 60\text{km/h}$

17 다음 중 정차시분(D)로 맞는 것은? (A=표정속도, B=운전거리, C=순수운전시분)

① $D = B \div (C + A)$　② $D = C \div (A + B)$　③ $D = C \div B - A$　④ $D = B \div A - C$

해설　속도의 종류

1. 표정속도(A) $= \dfrac{\text{운전거리}(B)}{\text{순수운전시분}(C) + \text{도중정차시분}(D)}$

2. 정차시분(D) $= \dfrac{\text{운전거리}(B)}{\text{표정속도}(A)} - \text{순수운전시분}(C)$

18 다음 중 표정속도를 높이는 방법으로 틀린 것은?

① 운전시간 및 정차시간 단축　　② 정차역 수 최소화
③ 고가속도 및 저감속도 운전　　④ 최고속도 향상

해설　표정속도 향상 방안
1. 운전시간 및 정차시간 단축　　2. 정차역 수 최소화
3. 고가속도 및 고감속도 운전　　4. 최고속도 향상

19 상대속도를 계산하는 방법은? (A: 상대속도 B: 상대방속도 C: 관측자속도)

① $A = B - C$　② $A = C - B$　③ $A = C \div B$　④ $A = C \times B$

해설　속도의 종류

정답　16 ④　17 ④　18 ③　19 ①

20 원심력과 구심력에 관한 설명으로 틀린 것은?

① 원심력의 크기는 구심력과 같다.
② 구심력은 물체의 운동방향에 수직으로 작용한다.
③ 원심력의 방향은 구심력과 반대이다.
④ 물체의 속도와 질량이 크고 반지름이 작을수록 구심력은 작아진다.

해설 구심력과 원심력

1. 구심력
   1) 물체가 원운동을 계속하려면 원운동의 중심을 향하는 가속도가 필요하다. 이때 가속도를 갖게 하는 힘을 구심력(Centripetal Force)이라 한다.
   2) 구심력은 물체의 운동방향에 수직으로 작용한다.
   3) 질량이 m(g)인 물체가 v의 속도(cm/s)로 반지름 r(cm)인 원주를 돌 때 구심력(dyne)은
   $$F = m\frac{v^2}{r} = mrw^2$$
   * w: 각속도(cm/s)
   4) 물체의 속도와 질량이 크고 반지름이 작을수록 원운동에 필요한 구심력의 크기는 커진다.
2. 원심력
   1) 원심력이란 원운동을 하고 있는 물체에 나타나는 관성력으로 원 밖으로 나가려는 쪽으로 작용하는 가상의 힘을 말한다.
   2) 원심력의 크기는 구심력과 같고, 방향은 구심력과 반대이다.

21 마찰력에 대한 설명으로 옳지 않은 것은?

① 물체끼리 면이 접해서 생기는 접선력이다.
② 물체의 운동방향과 반대로 작용하여 방해하려는 힘이다.
③ 수직항력과 두 물체 사이 마찰계수 값에 비례한다.
④ 접촉면의 넓이와 관련이 높다.

해설 마찰력

1. 물체에 외력을 가하면 물체의 접촉면을 따라서 이 힘과 반대의 방향으로 운동을 방해하려는 힘이 생기는데 이 힘을 마찰력(Frictional Force)이라 한다.
2. 마찰력 종류: 정지마찰력, 최대정지마찰력, 운동마찰력(미끄럼마찰력), 회전(구름)마찰력
3. 마찰계수의 크기: 정지마찰계수 > 미끄럼마찰계수 > 회전(구름)마찰계수
4. 마찰력의 성질
   1) 물체끼리의 면이 접해서 생기는 접선력이다.
   2) 물체의 운동방향과 반대로 작용한다.
   3) 수직항력과 마찰계수에 비례한다.
   4) 접촉면의 성질에 따라 다르나, 접촉면 넓이와는 관계없다.

정답 20 ④ 21 ④

물체 표면 특성에 따른 마찰계수의 크기

물질	정지마찰계수	운동마찰계수
철판과 철판	0.74	0.57
눈과 얼음	0.10	0.03
기름 친 금속과 금속	0.15	0.06

22 다음의 설명은 무엇의 정의인가?

> 물체에 외력을 가하면 물체의 접촉면을 따라서 이 힘과 반대의 방향으로 운동을 방해하려는 힘이 생기는데 이 힘을 말한다.

① 구심력   ② 원심력   ③ 관성력   ④ 마찰력

[해설] 마찰력

23 마찰계수의 크기 순서로 올바른 것은?

① 회전(구름)마찰계수 > 정지마찰계수 > 미끄럼마찰계수
② 미끄럼마찰계수 > 정지마찰계수 > 회전(구름)마찰계수
③ 정지마찰계수 > 미끄럼마찰계수 > 회전(구름)마찰계수
④ 회전(구름)마찰계수 > 미끄럼마찰계수 > 정지마찰계수

[해설] 마찰력

24 다음 중 마찰력에 대한 설명으로 틀린 것은?

① 마찰계수는 온도가 상승하면 작아진다.
② 마찰계수는 접촉면의 넓이와는 무관하다.
③ 마찰계수의 크기는 정지마찰계수 > 미끄럼마찰계수 > 회전마찰계수 순이다.
④ 운동마찰계수가 정지마찰계수보다 크다.

[해설] 마찰력

[정답] 22 ④   23 ③   24 ④

25 다음 중 마찰력에 관한 설명으로 대해 틀린 것은?

① 마찰력은 수직항력과 마찰계수에 비례한다.
② 마찰계수는 접촉면에 따라 다르다.
③ 마찰력은 접촉면 넓이가 커질수록 커진다..
④ 정지 마찰력 미끄럼 마찰력 회전 마찰계수 순으로 크다.

해설 마찰력

26 저항 · 전류 · 전압과의 설명으로 틀린 것은?

① 저항은 전압에 비례한다.　　　　② 저항은 전류에 반비례한다.
③ 전압은 전류와 비례한다.　　　　④ 전류는 전압과 저항에 비례한다.

해설 옴의 법칙

1. 전압(V) = 전류(I)×저항(R)　　2. 전류(I) = $\dfrac{전압(V)}{저항(R)}$　　3. 저항(R) = $\dfrac{전압(V)}{전류(I)}$

27 다음 중 치차비와 동력차 성능의 관계로 맞는 것은?

① 치차비와 속도, 견인력은 비례한다.
② 치차비와 속도는 비례, 견인력은 반비례한다.
③ 치차비는 속도와 반비례, 견인력은 비례한다.
④ 치차비와 속도, 견인력은 반비례한다.

해설 치차비

1. 정의
　1) 치차비(Gear Ratio)는 소치차 치수와 대치차 치수의 비율을 말하며, 대치차의 치수에 비례하고 소치차의 치수에 반비례한다.
　2) 치차비(Gr) = $\dfrac{대치차의 치수}{소치차의 치수}$ = $\dfrac{종동기어수}{피니언기어수}$
2. 치차비와 속도
　1) 속도는 치차비에 반비례하고, 견인력은 치차비에 비례한다.
　2) 속도(V) = 0.1885×$\dfrac{동륜의 직경(D: m)}{치차비(Gr)}$×주전동기 1분간 회전수(N: rpm)
3. 치차비 선정 제한요소
　1) 최대 허용 회전수: 치차비가 클수록 전동기의 회전수가 증가되어야 하므로 고속운전에 제한된다.
　2) 기동 견인력: 치차비가 작을수록 견인력이 작아지며 기동 시에 견인력 부족으로 인한 인출불능 또는 가속불량을 초래한다.
　3) 차량한계의 제한: 치차비가 클수록 대치차의 직경이 커지므로 차량한계에 제한을 받는다.

정답 25 ③　26 ④　27 ③

28 속도, 견인력, 치차비의 관계로 맞는 것은?

① 속도와 견인력은 치차비에 비례한다.
② 속도와 견인력은 치차비에 반비례한다.
③ 속도는 치차비에 반비례하고, 견인력 치차비에 비례한다.
④ 속도는 치차비에 비례 견인력은 치차비에 반비례한다.

해설 치차비와 속도

1. 속도는 치차비에 반비례하고, 견인력은 치차비에 비례한다.

2. 속도$(V) = 0.1885 \times \dfrac{동륜의 직경(D: m)}{치차비(Gr)} \times$ 주전동기 1분간 회전수$(N:$ rpm$)$

29 다음 중 맞는 것을 고르시오. (모두 선택)

가. 속도는 치차비에 반비례한다.
나. 치차비는 소치차의 치수에 반비례한다.
다. 견인력은 치차비에 비례한다.

① 가, 나　　　　② 나, 다　　　　③ 가, 다　　　　④ 가, 나, 다

해설 치차비와 속도

1. 속도는 치차비에 반비례하고, 견인력은 치차비에 비례한다.

2. 속도$(V) = 0.1885 \times \dfrac{동륜의 직경(D: m)}{치차비(Gr)} \times$ 주전동기 1분간 회전수$(N:$ rpm$)$

30 치차비: 2.25, 동륜직경: 870mm, 회전수: 600rpm일 때 의 속도를 구하시오.

① 232.6 km/h　　② 43.8 km/h　　③ 43.7 km/h　　④ 113.1 km/h

해설 치차비와 속도

1. 속도$(V) = 0.1885 \times \dfrac{동륜의 직경(D: m)}{치차비(Gr)} \times$ 주전동기 1분간 회전수$(N:$ rpm$)$

2. $V = 0.1885 \times \dfrac{D}{Gr} \times N = 0.1885 \times \dfrac{0.87m(870mm)}{2.25} \times 600 = 43.732 ≒ 43.7(km/h)$

* 동륜직경은 mm를 m로 환산하여 적용하고, 계산결과는 소수점 2자리에서 반올림한다.

정답　28 ③　29 ④　30 ③

31 치차비: 1.85, 동륜직경: 870mm, 회전수: 500rpm일 때의 속도를 구하시오.

① 232.6 km/h   ② 44.3 km/h   ③ 7.5 km/h   ④ 113.1 km/h

해설 치차비와 속도

1. 속도$(V) = 0.1885 \times \dfrac{동륜의 직경(D:m)}{치차비(Gr)} \times$ 주전동기 1분간 회전수(N: rpm)

2. $V = 0.1885 \times \dfrac{D}{Gr} \times N = 0.1885 \times \dfrac{0.87m}{1.85} \times 500 = 44.322 \cdots \fallingdotseq 44.3(km/h)$

32 대치차의 치수: 40, 소치차의 치수: 20, 동륜직경: 1m, 회전수: 800rpm일 때의 속도를 구하시오.

① 75.4(km/h)   ② 301.6(km/h)   ③ 7.53(km/h)   ④ 113.1(km/h)

해설 치차비와 속도

1. 속도$(V) = 0.1885 \times \dfrac{동륜의 직경(D:m)}{치차비(Gr)} \times$ 주전동기 1분간 회전수(N: rpm)

2. $V = 0.1885 \times \dfrac{D}{Gr} \times N \ (km/h) = 0.1885 \times \dfrac{1}{\frac{40}{20}} \times 800 = 75.4(km/h)$

33 다음 조건을 이용하여 동력차의 운전속도를 구한 것은?

피니온의 치수: 25	대치차의 치수: 100
동륜직경: 1000mm	전동기 1분당 회전수=800rpm

① 18.85(km/h)   ② 19.85(m/s)   ③ 36.7(m/s)   ④ 37.7(km/h)

해설 치차비와 속도

1. 속도$(V) = 0.1885 \times \dfrac{동륜의 직경(D:m)}{치차비(Gr)} \times$ 주전동기 1분간 회전수(N: rpm)

2. 속도$(V) = 0.1885 \times \dfrac{1m(1000mm)}{\frac{100}{25}} \times 800 \ rpm = 37.7km/h$

34 다음 제시된 조건으로 속도를 구하시오.

직경: 1200mm	전동기의 회전수: 800rpm
대치차의 치수: 80	피니온의 치수: 20

① 25.2km/h   ② 35.2km/h   ③ 45.2km/h   ④ 55.2km/h

해설 치차비와 속도

1. 속도$(V) = 0.1885 \times \dfrac{\text{동륜의 직경}(D:m)}{\text{치차비}(Gr)} \times \text{주전동기 1분간 회전수}(N: rpm)$

2. 속도$(V) = 0.1885 \times \dfrac{1.2m(1200mm)}{\frac{80}{20}} \times 800 \ rpm = 45.24 \fallingdotseq 45.2 \ km/h$

35 동력차의 치차비를 선정하는 제한요소와 그 설명이 틀린 것은?

① 지시견인력: 치차비가 작을수록 기계 각부의 마찰로 인한 손실이 커지므로 지시견인력이 낮아진다.
② 최대 허용 회전수: 치차비가 클수록 전동기의 회전수가 증가되어야 하므로 고속운전에 제한된다.
③ 기동 견인력: 치차비가 작을수록 견인력이 작아지며 기동 시에 견인력 부족으로 인한 인출불능 또는 가속불량을 초래한다.
④ 차량한계의 제한: 치차비가 클수록 대치차의 직경이 커지므로 차량한계에 제한을 받는다.

해설 치차비

36 견인력에 관한 설명 중 틀린 것은?

① 지시견인력은 견인력 중에 가장 큰 값이다.
② 동륜주견인력은 동력차의 지시견인력에서 기계마찰 등 내부 손실을 뺀 견인력이다.
③ 동륜주견인력이 점착견인력보다 크면 동륜은 공전함으로 공전하지 않기 위해서는 동륜주견인력이 점착견인력보다 커야 한다.
④ 인장봉 견인력은 객화차의 연결기에 걸리는 견인력으로 견인력 중 가장 작은 견인력이다.

해설 견인력

1. 견인력의 분류
   1) 작용하는 장소에 따른 분류: ㉮ 지시견인력   ㉯ 동륜주견인력   ㉰ 인장봉견인력
   2) 제한하는 인자에 따른 분류: ㉮ 점착견인력   ㉯ 특성견인력

정답 34 ③   35 ①   36 ③

2. 지시견인력(Ti)
   1) 성능감속장치 내의 치차의 전달 손실, 축과 베어링의 마찰손실 등 기계 각부의 마찰로 인한 손실을 고려하지 않고 기계효율을 100%로 보았을 때 견인력이다.
   2) 견인력 중 가장 큰 값을 가지며, 실제 존재할 수 없는 견인력이다.
3. 동륜주견인력(Td)
   1) 감속장치 내의 치차 및 축수의 전달 효율을 고려한 차륜답면에서 발휘되는 견인력이다.
   2) 지시견인력에서 기계마찰 등 시스템 내부에서 발생하는 손실을 뺀 견인력이다
   3) 동륜주견인력은 차륜지름·속도에 반비례하며, 전동기의 회전력·치차비·전동기수·전달효율·단자전압·주전동기 전류·전동기수·동력차효율에 비례한다.

$$Td = \frac{2t \times Gr \times \Im}{D} \, (kg)$$

   (Td: 동륜주견인력, t: 회전력, Gr: 치차비, $\Im$: 전달효율, D: 동륜직경)

   * 동륜주견인력과 속도의 관계

$$Td = 0.3672 \, \frac{Et \times I \times m \times \Im\Im'}{V} \, (kg)$$

   (Et: 단자전압, I: 주전동기 전류, m: 전동기수, $\Im\Im'$: 동력차효율, V: 속도)

4. 인장봉견인력(유효견인력 Te)
   1) 동력차가 객화차를 견인하고 주행할 때 동력차 후부의 연결기에 걸리는 유효견인력이다.
   2) 객화차의 연결기에 걸리는 견인력으로 견인력 중 가장 작은 견인력이다.
   3) 인장봉견인력은 동력차의 동륜주견인력에서 동력차의 자체의 주행저항을 뺀 견인력을 말하며, 주행저항의 크기에 따라 다르다.
   Te = Td − W × R (kg)
   (Te: 인장봉견인력, Td: 동륜주견인력, W: 동력차중량, R: 동력차주행저항)
5. 점착견인력(Ta)
   1) 동력차의 동륜주와 레일면과의 마찰력이 점착력이다.
   2) 동륜주견인력이 점착견인력보다 크면 동륜은 공전하므로 공전하지 않기 위해서는 점착견인력이 동륜주견인력보다 커야 한다.
   3) 점착견인력은 동륜상 중량과 점착계수와의 곱으로 산출한다.
   Ta = μ × Wd (kg)
   (Ta: 점착견인력, μ: 점착계수, Wd: 동륜상중량(ton))
   ⓐ 점착계수
     점착계수 μ는 공전하는 순간의 점착견인력과 동력차 정지시의 동륜상 중량과의 비를 말하며 기후, 선로상태, 동력차상태, 축중이동량에 따라 변화할 수 있다.
   ⓑ 점착력에 영향을 미치는 인자
     • 접촉면 상태   • 속도의 변화
     • 축중이동   • 점착계수
     • 곡선통과 등에 의한 횡방향 슬립영향
   ⓒ 점착력 향상방안
     • 점착계수의 향상   • 동축중의 일시적 변화유도
     • 축중이동(하중 쏠림) 방지   • 스로틀(주간제어기) 취급의 적정
     • 활주방지장치의 도입
   ⓓ 조건에 따른 점착계수의 크기

레일 위 조건	일반적인 경우	모래를 뿌린 경우
건조하고 맑은 경우	0.25~0.30	0.35~0.40
습한 경우	0.18~0.20	0.22~0.25
서리가 내린 경우	0.15~0.18	0.20~0.22
기름기가 있는 경우	0.10	0.15
낙엽이 있는 경우	0.08	−

6. 특성견인력
   1) 동력차의 특성곡선에서 산출하여 운전계획에 적용하는 견인력, 즉 견인전동기의 운전특성에 의하여 제한되는 견인력으로서 직렬, 직병렬, 병렬, 병렬약계자회로 운전 시 최종 위치(단)에 있어서의 견인력이다.
   2) 운전계획 시에는 병렬최종 위치(단)일 때의 견인력을 사용한다.

37 다음 중 견인력에 관한 설명으로 틀린 것은?

① 지시견인력은 전동기 구조 특성에서 가장 큰 값이다.
② 동륜주견인력은 지시견인력에서 마찰값을 뺀 값이다.
③ 견인력은 치차비에 비례한다.
④ 속도의 제곱은 치차비에 반비례한다.

해설 견인력

38 다음 중 틀린 것은?

① 견인력은 치차비에 비례한다. ② 속도는 치차비에 비례한다.
③ 견인력은 속도에 반비례한다. ④ 속도는 동륜직경에 비례한다.

해설 견인력

39 동륜주견인력에 반비례 하는 것으로 맞는 것은?

① 치차비 ② 전동기수 ③ 동륜직경 ④ 회전력

해설 견인력

40 동륜주견인력에 대한 설명으로 틀린 것을 모두 고르시오.

① 동륜직경에 비례한다. ② 전달효율에 비례한다.
③ 치차비에 비례한다. ④ 속도에 비례한다.

해설 견인력

정답 37 ④ 38 ② 39 ③ 40 ①·④

41 동륜주견인력 공식으로 맞는 것은?

① $0.1885 \times 2tGrm \times 효율 \div D$ ② $0.975 \times 120 \div f$

③ $0.3672 \times (Et \times I \div V) \times m \times 기관차효율$ ④ $0.1885 \times D \div Gr \times N$

해설 견인력

42 다음 중 아래의 주어진 조건에서 동륜주견인력 계산으로 맞는 것은?

1. 동력차 운전속도: 50km/h	2. 주전동기의 전류: 400A
3. 단자 전압: 600V	4. 전동기 수: 4개
5. 전동기 효율: 100% 치차효율: 100%	

① $0.3612 \times 17,200(kg)$ ② $0.3972 \times 17,200(kg)$

③ $0.3672 \times 19.200(kg)$ ④ $0.372 \times 19,200(kg)$

해설 동륜주견인력

$$Td = 0.3672 \frac{Et \times I \times m \times \eta\eta'}{V} (kg)$$

$$Td = 0.3672 \frac{600v \times 400A \times 4개 \times 1(100\%) \times 1(100\%)}{50km/h} = 0.3672 \times 19,200(kg)$$

43 다음 중 빈칸에 들어갈 내용이 순서대로 짝지어진 것으로 맞는 것은?

인장봉견인력은 동력차의 (   )에서 동력차 자체의 (   )저항을 뺀 견인력을 말하며 (   )저항의 크기에 따라 다르다.

① 지시견인력 – 주행 – 주행 ② 지시견인력 – 출발 – 주행

③ 동륜주견인력 – 출발 – 주행 ④ 동륜주견인력 – 주행 – 주행

해설 견인력

44 다음 중 레일의 점착계수가 가장 낮을 때는?

① 건조하고 맑은 경우 ② 낙엽이 있는 경우

③ 습한 경우 ④ 기름기가 있는 경우

해설 견인력

정답 41 ③ 42 ③ 43 ④ 44 ②

45 레일이 일반적으로 습한 경우의 점착계수는?

① 0.25~0.30　　② 0.20~0.22　　③ 0.18~0.20　　④ 0.15~0.18

해설　견인력

46 다음 중 공전방지 운전취급에 대한 설명으로 옳지 않은 것은?

① 긴 구배에서 연속적으로 살사를 하면 주행저항이 증가된다.
② 동력차 보수상태가 나쁘면 동요가 많아지고 동요가 많아지면 점착계수가 낮아지므로 공전이 발생할 가능성이 크다.
③ 선로보수가 나쁘면 점착계수가 낮아지므로 공전발생 가능성이 크다.
④ 점착견인력을 동륜주견인력보다 작게 한다.

해설　공전발생원인

1. 공전은 동륜주인장력이 점착력보다 큰 순간에 발생하므로 동륜상 중량에 비하여 인장력이 큰 기관차가 발생하기 쉽다.
2. 습기가 많은 터널 내 노선, 강우, 서리 등으로 인한 습윤 선로, 신선 개통한 때 레일에 산화철이 많은 선로, 또는 교환한 레일을 운전할 때 등은 비교적 공전이 쉽게 발생한다.
3. 보조기관차를 연결했을 때 한쪽의 기관차가 공전하면 타 기관차에 미치는 하중이 일시 증대하게 되고 속도가 급격히 저하하여 동륜주인장력이 크게 되므로 공전이 쉽게 발생한다.
4. 역학적 원인
   1) 견인력이 점착력보다 클 때 나타난다.
      점착 견인력이 동륜주(Wheel Rim)견인력보다 작을 때 발생한다.
   2) 급격한 속도 변화가 있을 때 발생한다.
   3) 레일 위 점착계수가 작을 때(눈, 비, 서리, 습기, 기름기, 낙엽, 신설 선 등에 의해) 발생한다.
   4) 신설선 및 교환한 레일 위를 운행할 때 발생한다.
   5) 전·후 진동과 상·하 진동이 있을 때 발생한다.
   6) 축중이동이 있을 때 발생한다.

47 다음 중 역행시 공전현상이 물리적으로 일어나는 원인을 모두 고르시오?

(a) 점착견인력이 동륜주견인력보다 작을시
(b) 신설선 개량으로 레일이 미끄러울시
(c) 점착계수가 작을시

① a, b　　② a, c　　③ b, c　　④ a, b, c

해설　공전발생원인

48 다음 중 공전방지 운전취급에 대한 설명으로 틀린 것은?

① 앞뒤진동, 상하진동 등과 급격한 속도변화가 있을 때 공전이 발생한다.
② 곡선선로에서 가·감간을 1~2단 정도 내려 저속운전하면 공전을 방지할 수 있다.
③ 동력차 보수상태가 나빠서 동요(진동)가 적어지면 점착계수가 낮아져 공전이 발생할 가능성이 크다.
④ 살사를 통하여 점착견인력을 크게 하면 공전을 방지할 수 있다.

해설 공전방지 운전취급

공전은 동륜주견인력이 점착견인력보다 클 때 발생함으로 공전을 방기하기 위하여 동륜주견인력을 작게 하거나, 점착견인력을 크게 하여야 한다.
1. 점착견인력을 증대하는 방법
  1) 살사를 한다.
     점착견인력 향상을 위해 살사(모래를 흩어 뿌림)를 한다. 점착력 향상을 위해 가장 좋은 방법이지만, 긴 오르막 선로에서 살사를 하면 오히려 주행저항이 증가된다.
  2) 동력차를 최적의 상태로 보수한다.
     동력차의 보수가 나쁘면 동요(진동)가 많아지고 점착계수가 적어져 공전이 쉬우므로 기관차의 정비를 양호하게 해야 한다.
  3) 선로보수를 최적의 상태로 보수한다.
     선로보수가 나쁘면 점착계수가 적어지므로 점착견인력 향상을 위하여 상승 기울기의 공전이 쉬운 개소, 특히 곡선부나 터널 내 등의 철저한 보수 등 보수기준 한도를 높여서 최적의 상태가 되도록 한다.
2. 동륜주 견인력을 감소시키는 방법
   비교적 공전발생이 적은 직선 선로에서는 운행 속도를 높이고, 곡선 선로 및 기울기가 심한 선로에서는 가·감간을 적절하게(1−2단으로 내림) 조절하여 동륜주견인력을 감소시켜 공전 발생을 최소화 한다.

49 다음 중 열차가 공전하지 않는 조건으로 틀린 것을 고르시오.

① 건조한 날에 레일에 살사를 진행하였을 때 마찰 계수의 값은 0.35−0.40이다.
② 동륜주견인력이 점착견인력보다 크다.
③ 지시견인력은 열차의 견인력 중 가장 큰 값을 가진다.
④ 동륜주견인력은 지시견인력에서 열차 기계부 마찰의 값과 손실을 뺀 값을 말한다.

해설 견인력, 공전방지 운전취급

정답 48 ③ 49 ②

50 동력차가 공전을 하지 않고 가속 전진하기 위한 기본조건으로 맞는 것은?
(F: 동륜과 레일의 마찰력, Td: 동륜주견인력, R: 저항력)

① R>Td>F 　 ② F>Td>R 　 ③ Td>F>R 　 ④ R>F>Td

해설 동력차가 공전을 하지 않고 가속 전진하기 위한 조건
1. F>Td>R
2. 동륜과 레일면의 마찰력>동륜주견인력>열차저항
   (F: 동륜과 레일면의 마찰력, Td: 동륜주견인력, R: 열차저항)

51 공전방지 운전취급에 대해 옳은 것은?

① 공전발생원인은 동륜주견인력이 점착견인력보다 크기 때문이다.
② 점착견인력을 작게 하면 운전취급이 용이하다.
③ 동륜주견인력을 크게 하면 운전취급이 용이하다.
④ 동력차를 최적의 상태로 보수하여 동륜주견인력을 증대한다.

해설 공전방지 운전취급

52 횡압에 관한 설명으로 맞는 것은?

① 차량이 곡선을 통과할 때 차륜의 플랜지가 내측 레일을 미는 힘에 의하여 발생한다.
② 분기기 및 신축이음매 등 특수개소를 주행할 때 충격력이 발생하지 않는다.
③ 횡압의 크기가 75%에 이르면 차량이 탈선할 우려가 있다.
④ 곡선통과시 캔트 설정속도 이하로 주행시는 외측으로, 그 이상으로 주행시는 내측으로 작용하는 힘에 의하여 발생한다.

해설 횡압이 발행하는 요인
1. 곡선저항의 횡압력
   차량이 곡선을 통과할 때 차륜의 플랜지가 외측 레일을 미는 힘에 의하여 발생
2. 곡선통과시 불평형원심력의 좌우 방향 성분
   곡선통과시 불평형원심력의 좌우 방향 성분, 즉 차량이 캔트 설정속도 이상으로 주행시는 외측으로 그 이하로 주행시는 내측으로 작용하는 힘에 의하여 발생
3. 차량동요에 따른 횡압력
   차량 동요에 따라 차량의 사행동과 궤도의 틀림에 의하여 발생
4. 분기기 및 신축이음매 등 특수개소를 주행할 때 발생하는 충격력
* 횡압의 크기가 수직력의 70~80%에 이르면 차량이 탈선할 우려가 있다.

53 횡압에 관한 설명으로 틀린 것은?

① 신축이음매 등 특수개소를 주행할 때 발생하는 충격력
② 곡선통과시 불평형원심력의 좌우 방향 성분
③ 차량동요에 따른 축방향력
④ 곡선저항의 횡압력

> **해설** 횡압이 발행하는 요인

54 윤중에 관한 설명으로 틀린 것은?

① 곡선부분에서 레일에 작용하는 좌우방향의 힘을 윤중이라 한다.
② 레일면 또는 차륜답면의 부정에 기인한 충격력으로 윤중의 증감이 발생한다.
③ 차륜통과시 레일에 작용하는 수직력을 윤중이라 한다.
④ 곡선통과시의 불평형원심력에 따른 윤중의 증감이 발생한다.

> **해설** 수직력(윤중, Normal Force or Wheel Force)
> 1. 의의: 차륜통과시 레일에 작용하는 수직력을 윤중이라 한다.
> 2. 윤중의 증감원인
>   1) 곡선부 통과시의 전향횡압에 따른 윤중의 증감
>   2) 곡선부 통과시의 불평형원심력에 따른 윤중의 증감(정지시 중량보다 50~60% 증가)
>   3) 차량 동요 관성력의 수직성분: 정지차량의 약 20%
>   4) 레일면 또는 차륜답면의 부정에 기인한 충격력

55 탈선의 종류 중 주행탈선에 해당하는 것은?

① 미끄러져 오르기 탈선   ② 뛰어오르기 탈선
③ 좌굴탈선   ④ 사행동탈선

> **해설** 탈선의 분류
> 1. 주행탈선: ① 타 오르기 탈선   ② 미끄러져 오르기 탈선
> 2. 뛰어오르기 탈선: 주로 고속선에서 횡압력과 윤중이 단시간에 충격적으로 작용할 때 발생
> 3. 좌굴 탈선: 궤도의 기울기가 심한 내리막 선로에서 제동작용 시 주로 발생

정답 53 ③ 54 ① 55 ①

56 탈선계수(S)를 나타내는 식은? (윤중: P, 횡압: Q)

① $S = Q \div P$ 　　② $S = P \div Q$ 　　③ $S = P \times Q$ 　　④ $S = P + Q$

해설 탈선계수

1. 탈선계수$(S) = \dfrac{횡압(Q)}{윤중(P)}$

   1) 윤중: 수직방향의 힘(차량의 하중, 상하진동 등)
   2) 횡압: 좌우방향의 힘(곡선 통과중 이거나, 좌우진동 등)
      * 횡압이 작용하는 시간은 0.05초 이상
   3) 탈선계수가 클수록 탈선 가능성이 높아진다.
2. 탈선이 발생하지 않는 조건의 탈선계수 범위: $\dfrac{횡압력(Q)}{윤중(P)} < 0.8$

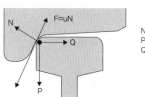

N: 플랜지 직각방향의 힘
P: 윤중
Q: 횡압(수평력)

57 다음 중 탈선계수로 맞는 것은? (P: 파장, Q: 궤간, A: 횡압 B: 윤중)

① D=Q/P 　　② D=P/Q 　　③ D=A/B 　　④ D=B/A

해설 탈선계수

58 탈선계수의 정의로 틀린 것은?

① 탈선계수의 공식은(D=탈선계수, P=윤중, Q=횡압) D=P/Q이다.
② 횡압은 좌우방향으로 작용하는 힘을 말한다.
③ 윤중은 수직방향으로 작용하는 힘을 말한다.
④ 탈선계수가 크면 클수록 탈선의 가능성이 높아진다.

해설 탈선계수

정답 56 ① 57 ③ 58 ①

제4장 운전이론(Ⅱ)

제1절 견인정수

1. 견인정수의 정의
   1) 견인정수란 정해진 운전속도로 동력차가 끌 수 있는 최대량 수를 말한다. 즉, 열차의 운전 속도 종별에 따라 각 구간을 정해진 운전시분 내에 운전할 때 동력차가 안전하게 견인할 수 있는 최대량수를 말한다.
   2) 동력차의 견인정수는 동력차가 발휘하는 견인력과 열차저항을 기초로 산출한다.
   3) 견인정수의 단위: 차중률로 표시한다.
2. 견인정수의 산출방법
   1) 실제량수법: 현차수로 정하는 방법
   2) 실제 ton수법: 객화차의 실제중량으로 정하는 방법
   3) 인장봉 하중법: 기관차의 인장봉견인력과 열차저항이 같게 하는 객화차수로 정하는 방법
   4) 수정 ton수법: 객화차의 저항이 전부 중량에 비례하는 것으로 가정하여 같은 저항을 부여 하는 방법
   5) 환산량수법: 차중률에 의한 환산량수로 정하는 방법(현재 견인정수 사용방법)
3. 견인정수를 산정할 때 고려사항
   1) 열차의 사명
      견인정수의 대소에 따라 운전속도가 달라지므로 열차의 속도를 위주로 할 때는 견인정수를 적게 하여 수송의 양적인 면을 희생하지 않으면 안 되므로 열차의 사명을 충분히 고려하여야 한다.
   2) 선로의 상태
      ① 상구배의 완급과 장단　　② 곡선 및 터널
      ③ 레일의 상태　　　　　　　④ 하구배의 제동거리
   3) 선로 유효장 및 승강장 유효장
      견인정수는 승강장 길이의 제한을 받고 그 여분의 견인력은 속도향상에 사용한다.
   4) 동력차상태
      ① 동력차의 상태 및 견인시험　　② 사용연료 및 전차선 전압
      ③ 제한구배상의 인출조건　　　　④ 전기차의 온도상승 한도

5) 기온

하절기와 동절기에는 기관차성능, 열차저항 등이 다르다. 따라서 하절기의 견인력 효율이 동절기보다 좋은 편이나, 현재는 동절기의 견인정수나 하절기의 견인정수가 동일하다.

4. 차중률

1) 의미: 열차운전상의 차량중량의 단위로 차중환산법에 의하여 환산표시

2) 차중률 1.0량 환산방법: 총중량(자중＋실적재중량, 동력차는 관성중량 부가)

① 기관차: 30톤　　② 동차 및 객차: 40톤　　③ 화차: 43.5톤

3) 차중률을 계산할 때 소수점 이하 처리방법

① 영차: 소수점 2위에서 반올림　　② 공차: 소수점 2위에서 끊어 올림

* 차중률 계산(예): 화차의 총중량(자중23톤＋적재중량50톤) 73톤일 경우의 환산량수

㉮ 영차: 73톤÷43.5톤＝1.6781... ≒ 1.7(소수점 2자리 반올림)

㉯ 공차: 23톤÷43.5톤＝0.5287... ≒ 0.6(소수점 2자리 올림)

제 2 절　열차저항

1. 열차저항의 분류

1) 출발저항(Starting Resistance)

구배가 없는 평탄한 직선선로 위에 정차중인 차량이 출발할 때 받는 열차저항

2) 주행저항(Running Resistance)

차량이 평탄한 직선선로 위를 주행할 때 발생하는 열차저항

3) 구배저항(Gradient Resistance)

① 구배가 있는 선로위를 운전할 때 지구중력에 의하여 발생하는 열차저항

② 크기는 열차의 중량과 구배(기울기)의 경사에 정비례하여 증감한다.

4) 곡선저항(Curve Resistance)

곡선을 통과할 때 발생하는 주행저항 및 구배저항 외에 곡선에 기인되어 발생하는 열차저항

5) 터널저항(Tunnel Resistance)

① 열차가 터널 속을 주행할 때 터널 내에서 일어나는 풍압변동에 의한 공기저항

② 터널저항 증가요인: 터널의 단면형상, 터널의 길이, 차량의 형상, 열차의 속도, 대향열차

6) 가속도저항(Inertia Resistance)

열차를 가속시키기 위한 힘의 반작용으로 발생하는 열차저항

2. 출발저항 발생원인

1) 차량의 차축과 축수(평축, 로울러축), 치차류 등의 사이에 형성되어 있던 유막이 정차 중에 흘러내려 희박해짐에 따라 유막결핍으로 금속과 금속의 직접 접촉으로 인한 마찰력 증가로 발생한다.

2) 일단 차량이 움직이면 유막이 다시 형성되어 3km/h 전후에서 최소치가 된다. 3km/h 이상은 주행저항으로 간주한다.

3) 기온이 높아질수록, 정차시간이 길어질수록 윤활유의 점도가 떨어지므로 유막파괴로 인하여 출발저항은 커진다.

4) 화차가 객차보다 출발저항이 작고, 실은 차는 빈차보다 출발저항이 작으며, 편성량수가 적을수록 출발저항이 크다.

3. 주행저항의 원인별 분류(주행저항으로 작용하는 요소)

1) 기계에 의한 저항

① 기계부의 마찰 및 충격

② 차륜답면과 레일면 간의 점착 저항

ⓐ 전동마찰에 의한 저항

ⓑ 사행동(Snake Motion)에 의한 저항

ⓒ 플랜지와 레일면 간의 미끄럼 마찰저항

③ 차축과 축수 간의 마찰저항

ⓐ 차축과 축수 간의 마찰저항은 마찰계수, 차축의 부담중량, 차축직경에 비례한다.

ⓑ 차축과 축수 간의 차륜직경에 반비례한다.

ⓒ 차륜회전을 방해하는 마찰력(R)

$$R = 마찰계수(\mu) \times 축당\ 부담중량(W) \times \frac{차축직경(d)}{차륜직경(D)}$$

2) 속도에 의한 저항: ㉮ 공기의 마찰   ㉯ 차량의 동요

4. 주행저항과 속도의 관계

1) 속도에 관계없는 인자

① 기계부분의 마찰저항   ② 차축과 축수 간의 마찰저항   ③ 차륜의 회전 마찰저항

2) 속도에 비례하는 인자: ① 플랜지와 레일 간의 마찰저항   ② 충격에 의한 저항

3) 속도의 제곱에 비례하는 인자: ① 공기저항   ② 동요에 의한 저항

4) 주행저항 산출식 <열차중량 W(톤), 열차속도 v(km/h), 상수 a b c>

① 전체 주행저항(RR) = $aW + bvW + cv^2 = (a + bv)W + cv^2$

② 톤당 주행저항(rr) = $a + bv + (cv^2/W)$, <N/ton>

5. 차량동요에 의한 저항의 원인

1) 차량의 전후, 상하, 좌우 동요로 인한 저항으로서 속도의 자승(제곱)에 비례한다.

2) 차량동요의 원인

① 레일이음의 상하, 좌우 불일치   ② 곡선부의 원심력 작용

③ 열차의 옆면에 작용하는 풍압   ④ 차륜답면의 경사도(테이퍼)

6. 공기에 의한 저항

1) 공기저항은 차량중량과는 관계없다.

2) 전부저항, 후부저항, 차량간의 와류저항은 속도의 자승(제곱)에 비례한다.

3) 측면·상하면 저항은 속도에 비례한다.

4) 장대편성 열차 등 견인량수가 많은 경우 ton당 공기저항이 감소한다.

5) 공차 1톤당 주행저항은 영차에 비해 크다

6) 공기저항의 크기(열차의 중간부를 1로 할 때 비교)

① 열차 전면부의 저항: 10   ② 기관차 차위의 차량: 0.8   ③ 열차후부의 차량: 2.5

7. 곡선저항(Curve Resistance)

1) 열차가 곡선선로를 주행할 때는 관성 및 원심력에 의하여 레일과 차륜 간에 마찰저항이 생기고, 내측레일과 외측레일의 길이 차이 때문에 한쪽 차륜이 활주(미끄러짐)하면서 마찰 저항이 생긴다.

2) 곡선저항의 발생원인

① 내외측 레일의 길이 차이에 의한 저항

② 관성력과 원심력에 의한 레일과 차륜 간의 마찰저항

③ 곡선운전시 회전중심으로부터 발생하는 레일과 차륜답면의 마찰저항

④ 곡선선로를 주행할 때 외측레일에는 횡압이 작용하여 발생하는 마찰저항

3) 곡선저항의 크기를 좌우하는 인자

① 곡선저항의 크기는 ㉮ 곡선반경의 대소, ㉯ 캔트량, ㉰ 슬랙량, ㉱ 운전속도, ㉲ 대차 고정축거, ㉳ 레일의 형태 및 ㉴ 마찰력 등에 의하여 제한을 받는다.

② 곡선저항 커지는 이유: ㉮ 고정축거가 클수록, ㉯ 궤간이 넓을수록, ㉰ 곡선반경이 작을수록 곡선저항이 크다.

8. 차륜답면에 구배(Taper)를 두는 이유

1) 차륜의 내측 직경을 크게 하고 외측직경을 작게 한 것을 Taper라 한다.

2) 차량이 곡선을 주행할 때 곡선의 안쪽 레일은 직경이 작은 외측차륜이, 바깥쪽 레일은 직경이 큰 내측차륜이 주행하게 된다.

3) 양 차륜의 회전반경의 차이로 곡선을 용이하게 주행할 수 있다.

제 3 절 | 제동거리(시간)

1. 제동거리(시간)

1) 운동에너지를 열에너지로 변환하는 사이에 주행한 거리가 제동거리이고, 소요된 시간이 제동시간이다.

2) 제동거리의 특징

① 열차의 중량에 비례한다.   ② 감속력에 반비례한다.

③ 제동초속도 제곱에 비례한다.   ④ 열차저항에 반비례한다.

$$* \text{제동거리 산출} = \frac{\text{제동초속도} \times \text{공주시간}}{3.6} + \frac{4.17 \times \text{열차중량} \times (\text{제동초속도})^2}{\text{감속력}(\text{제동력} + \text{열차저항})}$$

2. 공주거리(시간)

1) 제동핸들을 제동위치로 이동시킨 후 제동이 유효하게 작용하기까지의 주행거리를 말하며 소요된 시간은 공주시간이라 한다.

2) 공주시간은 제동장치의 종류, 제동취급방법, 열차의 편성, 연결량수 등에 따라 다르다.

3) 공주거리(시간)는 제동취급 후 예정제동률의 75%를 달성하는 데 소요되는 시간(거리)을 말한다.

4) 공주거리 발생원인

① 압력공기가 공기배관을 따라 이동하는 데 시간이 걸린다.

② 기초제동장치가 동작되는 데 시간이 걸린다.

③ 제륜자가 차륜에 접촉된 후 적정압력이 될 때까지 제동통압력이 상승하는 데 시간이 걸린다.

5) 공주거리 계산시 제동초속도(V) km/h를 m/s로 전환방법

① 1시간은 3,600초, 1km는 1,000m이므로 3600÷1000=3.6으로 나눈다.

② 공주거리(S) = 제동초속도(m/s) × 공주시간 = $\dfrac{\text{제동초속도}(\text{km/h}) \times \text{공주시간}}{3.6}$ (m)

$$= V/3.6 \times t = Vt/3.6$$

3. 실제동거리(시간)

제동이 유효하게 작용할 때부터 정지할 때까지의 주행거리를 말하며 소요된 시간이 실제동시간이다. 실제동거리는 속도의 자승(제곱)에 비례한다.

4. 전제동거리

공주거리 + 실제동거리를 합한 것이며 제동초속도에 영향을 많이 받는다. 열차의 제동거리는 크게 공주거리와 실제동거리로 분류할 수 있다.

5. 제동거리 산출식

1) 전제동거리 = 공주거리 + 실제동거리

2) 공주거리 = 전제동거리 − 실제동거리

3) 실제동거리 = 전제동거리 − 공주거리

1. 제동률의 의의
   1) 열차중량에 대한 제륜자압력의 비를 말하며, 중량에 대한 제동력을 산정하는데 중요한 제한요인이다.
   2) 제동률 산출식

   ① 제동배율 $= \dfrac{제동압력}{제동원력} \times 100(\%) = \dfrac{제륜자총압력}{피스톤총압력} \times 100(\%) = \dfrac{피스톤행정거리}{제륜자이동거리} \times 100(\%)$

   ② 전차제동률 $= \dfrac{총제륜자압력}{열차총중량} \times 100(\%)$

   ③ 축제동률 $= \dfrac{축당제륜자압력}{열차축당중량} \times 100(\%)$

   ④ 제동률 $= \dfrac{제륜자압력}{축중량} \times 100(\%)$

2. 제동률에 영향을 미치는 인자
   1) 제동통의 직경(설계상 일정)
   2) 기초제동장치 제동배율(설계상 일정)
   3) 제동통 압력(가변적)
   4) 기초제동장치 효율(가변적)
3. 제동률에 의한 열차편성의 조건
   1) 가능하면 여객, 화물용 견인차를 구분하여 배치
   2) 차량을 혼합편성 시 제동률의 중간치를 취하여 충격을 최소화한다.
   3) 화물열차 또는 입환을 위한 동력차는 제동률을 저하시킨다.
   * 수제동일 때는 전차제동률이 20% 이상 되도록 정한다.
4. 제동피스톤의 행정이 변화하는 이유
   1) 제륜자의 마모: 제륜자가 마모되면 차륜과의 간격이 커진다.
   2) 하중의 변화: 하중이 커지면 받침 스프링이나 축 스프링이 압축되기 때문에 제륜자의 위치가 내려가 제륜자와 차륜답면의 사이가 더 벌어져 이 때문에 행정이 길어진다.
   3) 제동통 압력의 대소: 제동통 압력이 큰 만큼 기초제동장치 각부의 저항을 이기고 움직이기 때문이다.
   4) 제동초속도: 운전 중에서도 제동 초속도가 낮을 때보다 높은 쪽이 증가한다.

제 5 절 운전선도

1. 거리기준 운전선도
   1) 거리를 횡축으로 하여 종축에 속도, 시간, 전력량 등을 표시하여 작도한 것이다.
   2) 열차위치가 명료하고 임의지점 위치에 운전속도와 소요시간을 구하는 데 편리하다.
   3) 일반적으로 가장 많이 사용된다.
   4) 곡선의 종류
       ① 속도·시간 곡선: 운전속도와 시간과의 관계를 작도한 곡선
       ② 거리·시간 곡선: 열차의 주행거리와 운행시분의 관계 곡선(열차위치 표시 곡선)
       ③ 전력량 곡선: 각 시각에 대한 전력량을 표시한 곡선
2. 사용목적에 따른 운전선도의 분류
   1) 계획운전선도
       전동차의 견인력과 열차저항의 관계에서 열차 운전속도의 결정, 운전시분의 산정, 전력소
       비량의 결정 등 주로 운전계획에 그 사용목적이 있다.
   2) 실제운전선도(기준운전선도)
       ① 기존 선구의 운전실적을 기초로 하여 운전속도와 운전시분, 전력소비량 등을 도시한
          선도로 이를 기준운전선도라고도 한다.
       ② 기관차의 표준운전법 습득을 위해 사용한다.
   3) 가속력선도
       ① 열차의 속도를 높이기 위한 동력차의 견인력과 이를 방해하는 저항과의 차이가 가속
          력으로 표시되며 가속력의 높고 낮음이 열차의 속도변화를 좌우하게 된다.
       ② 전동차의 견인력과 속도관계로 가속력 특성을 나타내는 가속력선도는 운전선도를 직
          접 작도할 때 기초자료로 사용된다.

제 6 절 열차 DIA 및 열차번호

1. 열차 DIA
   1) 열차다이아의 종류
       ① 1시간 눈금 DIA: 장기 열차계획, 시각개정 구상, 차량운용계획을 검사할 때 주로 사용
       ② 10분 눈금 DIA: 열차회수가 많은 선구에 1시간 눈금 DIA를 대신사용
       ③ 2분 눈금 DIA: 열차계획의 기본이며 시각개정작업, 임시열차 계획 등에 사용
       ④ 1분 눈금 DIA: 열차밀도가 높은 수도권의 전동열차 DIA로 사용

2) 열차 DIA 작성시 고려 사항

   ① 열차의 상호지장 방지 및 선로용량 준수   ② 수송수요 수용

   ③ 열차지연에 따른 탄력성 확보   ④ 회차설비, 착발선 등 운전설비 고려

2. 열차번호

1) 열차번호 부여 목적

구간별, 영업별 열차번호를 부여함으로써 열차 운전정리시의 혼란을 방지하고 운용의 효율을 기하고자 매일 운행하는 열차 단위별로 열차 고유번호를 부여한다.

2) 열차번호 부여기준

   ① 하루 1회 운행열차는 1개의 번호를 부여한다.

   ② 시발역에서 종착역까지 동일한 열차번호를 부여한다.

   ③ 노선별 칭호방향이 다른 구간을 걸쳐 운전하는 경우 시발역을 기준으로 부여한다.

   ④ 상행열차는 짝수, 하행열차는 홀수 번호를 부여한다.

   ⑤ 시각별로 순차적으로 부여한다.

제**4**장

[운전이론[Ⅱ]]
기출예상문제

01 견인정수의 정의로 맞는 것은?

① 견인정수의 단위는 차장률로 표시한다.
② 견인정수 산출은 동력차가 발휘하는 견인력으로만 한다.
③ 정해진 운전속도로 동력차가 끌 수 있는 최대량수를 말한다.
④ 동일한 동력차에는 급행열차나 완행열차의 차량의 수는 동일하여야 한다.

> **해설** 견인정수
> 1. 정의
>   1) 견인정수란 정해진 운전속도로 동력차가 끌 수 있는 최대량 수를 말한다. 즉, 열차의 운전속도 종별에 따라 각 구간을 정해진 운전시분 내에 운전할 때 동력차가 안전하게 견인할 수 있는 최대량수를 말한다.
>   2) 동력차의 견인정수는 동력차가 발휘하는 견인력과 열차저항을 기초로 산출한다.
> 2. 견인정수의 단위: 차중률로 표시한다.

02 견인정수의 종류로 틀린 것은?

① 실제량수법   ② 실제 ton수법   ③ 인장봉하중법   ④ 견인중량법

> **해설** 견인정수 산정방법
> 1. 실제량수법   2. 실제 ton수법   3. 인장봉 하중법   4. 수정 ton수법   5. 환산량수법

03 다음의 정의로 맞는 것은?

정해진 운전속도로 동력차가 끌 수 있는 최대량수

① 견인정수   ② 견인중량   ③ 동륜주견인력   ④ 인장봉견인력

> **해설** 견인정수 개념

정답 1 ③   2 ④   3 ①

04 견인정수 산정시 고려사항이 아닌 것은?

① 열차의 사명
② 상구배의 제동거리
③ 선로 유효장 및 승강장 유효장
④ 상구배의 완급과 장단

해설 견인정수 산정할 때 고려사항

1. 열차의 사명
   견인정수의 대소에 따라 운전속도가 달라지므로 열차의 속도를 위주로 할 때는 견인정수를 적게 하여 수송의 양적인 면을 희생하지 않으면 안 되므로 열차의 사명을 충분히 고려하여야 한다.
2. 선로의 상태
   1) 상구배의 완급과 장단
   2) 곡선 및 터널
   3) 레일의 상태
   4) 하구배의 제동거리
3. 선로 유효장 및 승강장 유효장
   견인정수는 승강장 길이의 제한을 받고 그 여분의 견인력은 속도향상에 사용한다.
4. 동력차상태
   1) 동력차의 상태 및 견인시험
   2) 사용연료 및 전차선 전압
   3) 제한구배상의 인출조건
   4) 전기차의 온도상승 한도
5. 기온
   하절기와 동절기에는 기관차성능, 열차저항 등이 다르다. 따라서 하절기의 견인력 효율이 동절기보다 좋은 편이나, 현재는 동절기의 견인정수나 하절기의 견인정수가 동일하다.

05 견인정수의 지배요인 중에서 최대 영향을 미치는 것은?

① 사정구배
② 교량
③ 전차선 저항
④ 측선의 수량

해설 견인정수 산정할 때 고려사항

06 견인정수 산정시 고려사항으로 틀린 것은?

① 터널
② 상구배의 장단
③ 상구배 제동거리
④ 침목의 상태

해설 견인정수 산정할 때 고려사항

07 견인정수 산정에 있어 고려할 사항으로 직접적인 관계가 없는 것은?

① 급 구배 운전시 견인력
② 선로의 상태
③ 사용연료 및 전차선 전압
④ 선로 및 승강장 유효장

해설 견인정수 산정할 때 고려사항

정답 4 ② 5 ① 6 ③ 7 ①

08 견인정수 산정시 고려사항 중 "동력차상태"의 요소가 아닌 것은?

① 제한구배상의 인출조건　　　　② 사용연료 및 전차선 전압
③ 동력차의 위치　　　　　　　　④ 전기차의 온도상승 한도

> **해설** 견인정수 산정할 때 고려사항

09 견인정수 산정시 고려사항이 아닌 것은?

① 곡선 및 터널　　　　　　　　② 레일의 상태
③ 화물수송량　　　　　　　　　④ 상구배의 완급과 장단

> **해설** 견인정수 산정할 때 고려사항

10 견인정수 산정 시 고려할 사항 중 "선로상태"에 관한 요소가 아닌 것은?

① 상구배의 완급과 장단　　　　② 하구배의 제동거리
③ 곡선과 교량　　　　　　　　④ 레일의 상태

> **해설** 견인정수 산정할 때 고려사항

11 동력차가 안전하게 견인할 수 있는 최대량수, 즉 견인정수 단위로 맞는 것은?

① 차장률　　　　② 차중률　　　　③ 열차장　　　　④ 정거장

> **해설** 차중률
> 1. 의미: 열차운전상의 차량중량의 단위로 차중환산법에 의하여 환산표시
> 2. 차중률 1.0량 환산방법: 총중량(자중 + 실적재중량, 동력차는 관성중량 부가)
>   1) 기관차: 30톤　　2) 동차 및 객차: 40톤　　3) 화차: 43.5톤
> 3. 차중률을 계산할 때 소수점 이하 처리방법
>   1) 영차: 소수점 2위에서 반올림　　2) 공차: 소수점 2위에서 끊어 올림
>   * 차중률 계산(예): 화차의 총중량(자중23톤＋적재중량50톤)이 73톤일 경우의 차중률
>   영차: 73톤÷43.5톤＝1.6781…≒1.7 (소수점 2자리 반올림)
>   공차: 23톤÷43.5톤＝0.5287…≒0.6 (소수점 2자리 올림)

12 열차저항 중 속도의 제곱에 비례하는 요인끼리 짝지어진 것은?

① 충격에 의한 저항−플랜지와 레일 간의 마찰저항
② 차축과 축수간의 마찰−동요에 의한 충격
③ 공기저항−동요에 의한 충격
④ 충격에 의한 저항−플랜지와 레일 간 마찰저항

해설 주행저항과 속도의 관계
1. 속도에 관계없는 인자
   1) 기계부분의 마찰저항   2) 차축과 축수간의 마찰저항   3) 차륜의 회전 마찰저항
2. 속도에 비례하는 인자: 1) 플랜지와 레일 간의 마찰저항   2) 충격에 의한 저항
3. 속도의 제곱에 비례하는 인자: 1) 공기저항   2) 동요에 의한 저항

13 속도와 관계없는 인자가 아닌 것은?

① 기계부분의 마찰저항   ② 차축과 축수 간의 마찰저항
③ 차륜의 회전 마찰저항   ④ 공기저항

해설 주행저항과 속도의 관계

14 속도와 관계없는 인자가 아닌 것은?

① 차륜의 회전 마찰저항   ② 차축과 축수 간의 마찰저항
③ 기계부분의 마찰저항   ④ 충격에 의한 저항

해설 주행저항과 속도의 관계

15 속도 제곱에 비례하는 저항으로 맞는 것은?

① 충격에 의한 저항, 공기저항
② 기계부분의 마찰저항, 차륜회전 마찰저항
③ 공기 저항, 동요에 의한 저항
④ 플랜지와 레일 간의 마찰저항, 충격에 의한 저항

해설 주행저항과 속도의 관계

정답 12 ③ 13 ④ 14 ④ 15 ③

16 주행저항의 일반식에서 속도에 비례하는 인자로 맞는 것은?

① 기계부분의 마찰저항　　　　　② 충격에 의한 저항
③ 동요에 의한 저항　　　　　　　④ 공기저항

　해설　주행저항과 속도의 관계

17 주행저항 중 속도에 비례하는 인자로 맞는 것은?

① 기계부분의 마찰저항　　　　　② 차륜의 회전 마찰저항
③ 충격에 의한 저항　　　　　　　④ 차축과 축수 간의 마찰저항

　해설　주행저항과 속도의 관계

18 열차저항에 관하여 틀린 것은?

① 주행저항은 화차가 객차보다 작다.
② 출발저항은 견인전동기의 입력 대 출력 간의 손실을 포함하지 않는다.
③ 기온이 낮을수록 출발저항은 커진다.
④ 공기저항은 차량중량과 무관하다.

　해설　열차저항
1. 열차저항의 분류
　1) 출발저항(Starting Resistance)
　　구배가 없는 평탄한 직선선로 위에 정차중인 차량이 출발할 때 받는 열차저항
　2) 주행저항(Running Resistance): 차량이 평탄한 직선선로 위를 주행할 때 발생하는 열차저항
　3) 구배저항(Gradient Resistance)
　　㉮ 구배가 있는 선로위를 운전할 때 지구중력에 의하여 발생하는 열차저항
　　㉯ 크기는 열차의 중량과 구배(기울기)의 경사에 정비례하여 증감한다.
　4) 곡선저항(Curve Resistance)
　　곡선을 통과할 때 발생하는 주행저항 및 구배저항 외에 곡선에 기인되어 발생하는 열차저항
　5) 터널저항(Tunnel Resistance)
　　㉮ 열차가 터널 속을 주행할 때 터널 내에서 일어나는 풍압변동에 의한 공기저항
　　㉯ 터널저항 증가요인: 터널의 단면형상, 터널의 길이, 차량의 형상, 열차의 속도, 대향열차
　6) 가속도저항(Inertia Resistance): 열차를 가속시키기 위한 힘의 반작용으로 발생하는 열차저항
2. 출발저항 발생원인
　1) 차량의 차축과 축수(평축, 로울러축), 치차류 등의 사이에 형성되어 있던 유막이 정차 중에 흘러내려 희박해짐에 따라 유막결핍으로 금속과 금속의 직접 접촉으로 인한 마찰력 증가로 발생한다.
　2) 일단 차량이 움직이면 유막이 다시 형성되어 3km/h 전후에서 최소치가 된다. 3km/h 이상은 주행저항으로 간주한다.

　정답　16 ②　17 ③　18 ③

3) 기온이 높아질수록, 정차시간이 길어질수록 윤활유의 점도가 떨어지므로 유막파괴로 인하여 출발 저항은 커진다.

4) 화차가 객차보다 출발저항이 작다. 화차는 연결기의 유간이 커서 그 탄력으로 인해 출발할 때 저항이 작아지기 때문이다.

3. 주행저항의 원인별 분류

1) 기계에 의한 저항

㉮ 기계부의 마찰 및 충격

㉯ 차륜과 레일 간의 마찰

ⓐ 전동마찰에 의한 저항

ⓑ 사행동(Snake Motion)에 의한 저항

ⓒ 플랜지와 레일면간의 미끄럼 마찰저항

㉰ 차축과 축수 간의 마찰

ⓐ 차축과 축수 간의 마찰저항은 마찰계수, 차축의 부담중량, 차축직경에 비례한다.

ⓑ 차축과 축수 간의 차륜직경에 반비례한다.

ⓒ 차륜회전을 방해하는 마찰력(R)

$$R = 마찰계수(\mu) \times 축당\ 부담중량(W) \times \frac{차축직경(d)}{차륜직경(D)}$$

2) 속도에 의한 저항

㉮ 공기의 마찰   ㉯ 차량의 동요

4. 차량동요에 의한 저항의 원인

1) 차량의 전후, 상하, 좌우 동요로 인한 저항으로서 속도의 자승(제곱)에 비례한다.

2) 차량동요의 원인

㉮ 레일이음의 상하, 좌우 불일치   ㉯ 곡선부의 원심력 작용

㉰ 풍압   ㉱ 차륜답면의 경사도(테이퍼)

5. 공기에 의한 저항

1) 공기저항은 차량중량과는 관계없다.

2) 전부저항, 후부저항, 차량간의 와류저항은 속도의 자승(제곱)에 비례한다.

3) 측면·상하면 저항은 속도에 비례한다

4) 장대편성 열차 등 견인량수가 많은 경우 ton당 공기저항이 감소한다.

5) 공차 1톤당 주행저항은 영차에 비해 크다

6) 공기저항의 크기(열차의 중간부를 1로 할 때 비교)

㉮ 열차 전면부의 저항: 10   ㉯ 기관차 차위의 차량: 0.8   ㉰ 열차후부의 차량: 2.5

6. 곡선저항(Curve Resistance)

1) 열차가 곡선선로를 주행할 때는 관성 및 원심력에 의하여 레일과 차륜 간에 마찰저항이 생기고, 내측레일과 외측레일의 길이 차이 때문에 한쪽 차륜이 활주(미끄러짐)하면서 마찰저항이 생긴다.

2) 곡선저항의 발생원인

㉮ 내외측 레일의 길이 차이에 의한 저항

㉯ 관성력과 원심력에 의한 레일과 차륜간의 마찰저항

㉰ 곡선운전시 회전중심으로부터 발생하는 레일과 차륜답면의 마찰저항

㉱ 곡선선로를 주행할 때 외측레일에는 횡압이 작용하여 발생하는 마찰저항

3) 곡선저항의 크기를 좌우하는 인자

㉮ 곡선저항의 크기는 곡선반경의 대소, 캔트량, 슬랙량, 운전속도, 대차 고정축거, 레일의 형태 및 마찰력 등에 의하여 제한을 받는다.

㉯ 곡선저항이 커지는 이유: ⓐ 고정축거가 클수록 ⓑ 궤간이 넓을수록 ⓒ 곡선반경이 작을수록 크다.

19 다음 중 열차저항의 설명으로 틀린 것은?

① 윤활유의 점도가 떨어질수록 출발저항이 크다.
② 고정축거가 클수록 곡선저항이 크다.
③ 차량중량이 작을수록 공기저항이 크다.
④ 급구배선이 많을수록 구배저항이 크다.

해설 열차저항

20 저항에 관하여 틀린 것을 고르시오.

① 주행저항은 객차가 화차보다 크고, 빈차가 실은 차보다 크다.
② 주행저항은 속도와 무게에 비례한다.
③ 공기저항은 차량중량과 무관하여 차량형상, 단면적, 연결량수 등에 따라 다르다.
④ 차량의 전후, 상하, 좌우 동요로 인한 저항은 속도자승에 비례한다.

해설 열차저항

21 공기저항에 설명으로 틀린 것은?

① 공기저항은 차량중량에 따라 달라진다.
② 차량과 차량 사이에는 와류에 의한 저항이 발생한다.
③ 열차의 후부에는 진공에 의한 와류현상이 발생한다.
④ 차량의 측면, 상하면에는 공기의 점성에 의한 마찰저항이 발생한다.

해설 열차저항

22 공기저항 중 속도에 비례하는 저항으로 맞는 것은?

① 전부저항   ② 후부저항   ③ 측면저항   ④ 차량간의 와류저항

해설 열차저항

23 공기저항 중 속도의 자승(제곱)에 비례하는 저항이 아닌 것은?

① 상하면저항   ② 후부저항   ③ 전부저항   ④ 차량간의 와류저항

해설 열차저항

정답 19 ③ 20 ② 21 ① 22 ③ 23 ①

24 공기저항에 영향을 미치는 인자가 아닌 것은?

① 공기와의 접촉면   ② 차량의 형상   ③ 연결량수   ④ 차량의 무게

해설   열차저항

25 다음 중 열차저항에 관한 내용으로 맞는 것은?

① 견인량수가 많은 경우 ton당 공기저항은 증가한다.
② 마찰저항은 마찰계수 부담중량에 비례하고 차축직경과 차륜직경에 반비례한다.
③ 전부와 후부 차량 간 공기저항은 속도에 비례한다.
④ 공기저항 중간부를 1이라고 할 때 전면부 10, 후부는 2.5이다.

해설   열차저항

26 다음 중 출발저항에 대하여 적합한 것은?

① 기온이 낮을수록 증가한다.   ② 정차시간이 짧을 때 증가한다.
③ 객차가 화차보다 저항이 더 크다.   ④ 5km/h 전후에서 최소치가 된다.

해설   열차저항

27 출발저항에 대한 설명으로 옳지 않은 것은?

① 출발할 때의 견인력은 움직이는 상태의 견인력보다 큰 견인력이 필요하다.
② 일단 차량이 움직이면 유막이 다시 형성되어 3km/h 전후에서 최소치가 된다. 3km/h
   이상은 주행저항으로 간주한다.
③ 정차한 열차가 출발할 때는 회전마찰부의 유막이 파괴되어 마찰저항이 증가된다.
④ 화차가 객차보다 출발저항이 크다.

해설   열차저항

28 곡선저항에 대한 설명으로 옳지 않은 것은?

① 곡선반경이 작을수록 크다.
② 궤간이 넓을수록 크다.
③ 고정축거가 작을수록 크다.
④ 캔트량, 슬랙량은 곡선저항의 크기를 좌우한다.

해설 열차저항

29 곡선저항에 대한 설명으로 맞는 것은?

① 고정축거가 클수록 작다.
② 궤간이 넓을수록 크다.
③ 곡선반경이 클수록 크다.
④ 차륜과 레일과의 마찰은 곡선저항 인자이다.

해설 열차저항

30 곡선저항의 크기를 좌우하는 인자가 아닌 것은?

① 운전속도　　　　　　　　② 대차의 고정축거
③ 레일의 형태 및 마찰력　　④ 공기의 마찰

해설 열차저항

31 곡선저항의 발생원인이 아닌 것은?

① 곡선운전시 회전중심으로부터 발생하는 레일과 차륜답면의 마찰저항
② 관성력과 원심력에 의한 레일과 차륜간의 마찰저항
③ 곡선선로를 주행할 때 외측레일에는 횡압이 작용하여 발생하는 마찰저항
④ 내외측 레일의 길이가 같아서 발생하는 저항

해설 열차저항

정답　28 ③　29 ②　30 ④　31 ④

32 제동거리의 설명으로 틀린 것은?

① 전제동거리는 공주거리와 실제동거리를 합한 것이며 제동초속도에 영향을 많이 받는다.
② 공주거리는 제동핸들을 제동위치로 이동시킨 후 제동이 유효하게 작용하기까지의 주행거리이다.
③ 실제동거리는 제동이 유효하게 작용할 때부터 정지할 때까지의 주행거리이다. 실제동거리는 속도에 비례한다.
④ 제동거리는 제동초속도의 자승(제곱)에 비례하고, 열차의 중량에 비례한다.

해설 제동거리(시간)
1. 운동에너지를 열에너지로 변환하는 사이에 주행한 거리가 제동거리이고, 소요된 시간이 제동시간이다.
2. 열차가 가진 운동에너지는 속도의 자승에 비례하고 중량에 비례하므로, 제동거리 역시 제동초속도의 자승(제곱)에 비례하고, 열차의 중량에 비례하게 된다.
3. 공주거리(시간)
　① 제동핸들을 제동위치로 이동시킨 후 제동이 유효하게 작용하기까지의 주행거리를 말하며 소요된 시간은 공주시간이라 한다.
　② 공주시간은 제동장치의 종류, 제동취급방법, 열차의 편성, 연결량수 등에 따라 다르다.
　③ 공주거리(시간)는 제동취급 후 예정제동률의 75%를 달성하는데 소요되는 소요시간(거리)을 말한다.
4. 실제동거리(시간)
　제동이 유효하게 작용할 때부터 정지할 때까지의 주행거리를 말하며 소요된 시간이 실제동시간이다. 실제동거리는 속도의 자승(제곱)에 비례한다.
5. 전제동거리
　공주거리＋실제동거리를 합한 것이며 제동초속도에 영향을 많이 받는다. 열차의 제동거리는 크게 공주거리와 실제동거리로 분류할 수 있다.

33 전제동거리의 산출방법으로 맞는 것은?

① 공주거리＋실제동거리　　　② 공주거리－실제동거리
③ 공주거리＋제동거리　　　　④ 제동거리＋실제동거리

해설 제동거리(시간)
1. 전제동거리＝공주거리＋실제동거리
2. 공주거리＝전제동거리－실제동거리
3. 실제동거리＝전제동거리－공주거리

34 실제동거리의 산출방법으로 맞는 것은?

① 전제동거리－제동거리　　　② 공주거리＋전제동거리
③ 전제동거리－공주거리　　　④ 제동거리＋전제동거리

해설 제동거리(시간)

정답 32 ③　33 ①　34 ③

35 다음 설명은 무엇을 의미하는가?

> 제동핸들을 제동위치로 이동시킨 후 제동이 작용할 때까지 주행한 거리(시간)

① 공주거리(시간)
② 실제동거리(시간)
③ 제동거리(시간)
④ 전제동거리(시간)

해설 제동거리(시간)

36 다음 설명은 무엇을 의미하는가?

> 제동이 유효하게 작용할 때부터 정지할 때까지의 주행거리를 말하며 소요된 시간이다. 속도의 자승(제곱)에 비례한다.

① 공주거리(공주시간)
② 실제동거리(실제동시간)
③ 제동거리(제동시간)
④ 전제동거리(전제동시간)

해설 제동거리(시간)

37 공주거리와 공주시간에 대한 설명으로 틀린 것은?

① 공주거리는 제동취급 후 유효제동률의 75%에 도달할 때까지 진행한 거리이다.
② 공주시간은 제동장치의 종류, 제동취급방법, 열차의 편성, 연결량수 등에 따라 다르다.
③ 제동핸들을 제동위치로 이동시켜 제동이 작용할 때까지 작용한 거리를 공주거리, 소요시간을 공주시간이라 한다.
④ 공주거리는 전제동거리에서 실제동거리를 뺀 거리이다.

해설 제동거리(시간)

38 공주시간에 대한 설명으로 틀린 것은?

① 압력공기가 공기배관을 따라 이동하는 데 걸리는 시간
② 기초제동장치가 동작되는 데 걸린 시간
③ 제륜자가 차륜에 접촉된 후 적정압력이 될 때까지 제동통압력이 상승하는 데 걸리는 시간
④ 기관사가 제동핸들을 조작하는 시간

해설 제동거리(시간)

정답 35 ① 36 ② 37 ① 38 ④

39 속도 V(km/h), 공주시간 t(sec)일 때 공주거리 S(m)는 어떻게 표현되는가?

① $S = V \cdot t(m)$　　　② $S = \dfrac{V}{3.6} \times t(m)$　　　③ $S = \dfrac{V^2}{3.6} \times t(m)$　　　④ $S = V^2 \times t(m)$

해설　공주거리 계산시 제동초속도(V) km/h를 m/s로 전환방법
1시간은 3,600초, 1km는 1,000m이므로 3600÷1000=3.6으로 나눈다.
$S = $ 제동초속도(m/s)×공주시간 $= \dfrac{\text{제동초속도}(km/h) \times \text{공주시간}}{3.6}$ (m) = V / 3.6×t = Vt / 3.6

40 제동초속도 20m/s, 공주시간 3초일 경우 공주거리는?

① 20m　　　　　② 30m　　　　　③ 50m　　　　　④ 60m

해설　공주거리 계산
1. $S = $ 제동초속도(m/s)×공주시간 $= \dfrac{\text{제동초속도}(km/h) \times \text{공주시간}}{3.6}$ (m)

2. $S = 20m/s \times 3초 = 60(m)$
* 유의: 제동초속도가 초속 m단위(m/s) 또는 시속km(km/h)에 따라 계산식 달라진다.

41 공주거리에 대한 설명으로 옳지 않은 것은?

① 실제동거리는 전제동거리에서 공주거리를 뺀 값이다.
② 유효제동률은 75%이다.
③ 중량에 영향을 많이 받는다.
④ 제동초속도에 비례한다.

해설　제동거리(시간)

42 공주시간의 설명으로 틀린 것은?

① 제동취급 후 예정제동률의 75%를 달성하는 데 소요된 시간
② 제동핸들을 제동위치로 이동시켜 제륜자가 차륜에 닿는 데 소요된 시간
③ 제동핸들을 제동위치로 이동시켜 압력이 공기통에 도달하는 데 소요된 시간
④ 기관사의 제동핸들 조작 시간

해설　제동거리(시간)

정답　39 ②　40 ④　41 ③　42 ④

43 제동거리에 관한 설명으로 틀린 것은?

① 열차중량에 비례한다. 　　　② 제동초속도 비례한다.
③ 열차저항에 반비례한다. 　　④ 감속력에 반비례한다.

> **해설** 제동거리의 특징
> 1. 열차의 중량에 비례한다. 　　2. 감속력에 반비례한다.
> 3. 제동초속도 제곱에 비례한다. 4. 열차저항에 반비례한다.
>
> * 제동거리 산출 $= \dfrac{\text{제동초속도} \times \text{공주시간}}{3.6} + \dfrac{4.17 \times \text{열차중량} \times (\text{제동초속도})^2}{\text{감속력}(\text{제동력} + \text{열차저항})}$

44 제동률에 영향을 미치는 인자가 아닌 것은?

① 기초제동장치 제동배율 　　② 기초제동장치 효율
③ 피스톤 행정 　　　　　　④ 제동통 압력

> **해설** 제동률
> 1. 제동률의 의의
>   열차중량에 대한 제륜자압력의 비를 말하며, 중량에 대한 제동력을 산정하는데 중요한 제한요인이다.
> 2. 제동률에 영향을 미치는 인자
>   1) 제동통의 직경(설계상 일정) 　　2) 기초제동장치 제동배율(설계상 일정)
>   3) 제동통 압력(가변적) 　　　　4) 기초제동장치 효율(가변적)

45 제동률에 영향을 미치는 인자를 모두 고르시오?

(a) 제통통의 지름	(b) 기초제동장치 제동배율
(c) 제동통 압력	(d) 기초제동장치 효율

① a, b 　　② b, c 　　③ a, b, c 　　④ a, b, c, d

> **해설** 제동률

46 다음 중 제동률에 의한 열차편성의 조건이 아닌 것은?

① 차량을 혼합편성 시 제동률의 중간치를 취하여 충격을 최소화한다.
② 화물열차 또는 입환을 위한 동력차는 제동률을 저하시킨다.
③ 수제동일 때는 전차제동률이 30% 이상 되도록 정한다.
④ 가능하면 여객, 화물용 견인차를 구분하여 배치한다.

정답　43 ②　44 ③　45 ④　46 ③

제동률에 의한 열차편성의 조건

1. 가능하면 여객, 화물용 견인차를 구분하여 배치
2. 차량을 혼합편성 시 제동률의 중간치를 취하여 충격을 최소화한다.
3. 화물열차 또는 입환을 위한 동력차는 제동률을 저하시킨다.
* 수제동일 때는 전차제동률이 20% 이상 되도록 정한다.

47 다음 중 틀린 것은?

① 제동배율＝제륜자압력/피스톤압력×100(%)
② 전차제동률＝총제륜자압력/열차총중량×100(%)
③ 축제동률＝축당제륜자압력/열차축당중량×100(%)
④ 제동률＝축중량/제륜자압력×100%

해설 제동률 산출식

1. 제동배율 $= \dfrac{\text{제동압력}}{\text{제동원력}} \times 100(\%) = \dfrac{\text{제륜자총압력}}{\text{피스톤총압력}} \times 100(\%) = \dfrac{\text{피스톤행정거리}}{\text{제륜자이동거리}} \times 100(\%)$

2. 전차제동률 $= \dfrac{\text{총제륜자압력}}{\text{열차총중량}} \times 100(\%)$

3. 축제동률 $= \dfrac{\text{축당제륜자압력}}{\text{열차 축당중량}} \times 100(\%)$

4. 제동률 $= \dfrac{\text{제륜자압력}}{\text{축중량}} \times 100(\%)$

48 다음 중 제동배율 공식으로 틀린 것은?

① 제동배율 $= \dfrac{\text{제동압력}}{\text{제동원력}} \times 100(\%)$ ② 제동배율 $= \dfrac{\text{제륜자총압력}}{\text{피스톤총압력}} \times 100(\%)$

③ 제동배율 $= \dfrac{\text{제륜자이동거리}}{\text{피스톤행정거리}} \times 100(\%)$ ④ 제동배율 $= \dfrac{\text{피스톤행정거리}}{\text{피스톤총압력}} \times 100(\%)$

해설 제동률 산출식

49 다음 중 제동배율에 대한 설명으로 맞는 것은?

① 제륜자 압력과 제동통 압력과의 비이다.
② 제동원력과 제륜자이동거리의 비이다.
③ 피스톤총압력과 제동자이동거리의 비이다.
④ 제륜자압력과 총중량에 대한 비이다.

해설 제동률 산출식

정답 47 ④ 48 ③ 49 ①

50 제동피스톤의 행정이 변화하는 요인이 아닌 것은?

① 제동통 압력의 대소　　　　　② 제동초속도
③ 하중의 변화　　　　　　　　④ 제동거리의 증감

해설　제동피스톤의 행정이 변화하는 이유
1. 제륜자의 마모: 제륜자가 마모되면 차륜과의 간격이 커진다.
2. 하중의 변화: 하중이 커지면 받침 스프링이나 축 스프링이 압축되기 때문에 제륜자의 위치가 내려가 제륜자와 차륜답면의 사이가 더 벌어져 이 때문에 행정이 길어진다.
3. 제동통 압력의 대소: 제동통 압력이 큰 만큼 기초제동장치 각부의 저항을 이기고 움직이기 때문이다.
4. 제동초속도: 운전 중에서도 제동 초속도가 낮을 때보다 높은 쪽이 증가한다.

51 다음 중 운전선도 중 운전속도와 소요시간을 구하는 데 일반적으로 가장 많이 사용하는 것은?

① 거리기준 운전선도　　　　　② 계획운전선도
③ 실제운전선도　　　　　　　④ 가속력선도

해설　거리기준 운전선도
1. 거리를 횡축으로 하여 종축에 속도, 시간, 전력량 등을 표시하여 작도한 것이다.
2. 열차위치가 명료하고 임의지점 위치에 운전속도와 소요시간을 구하는 데 편리하다.
3. 일반적으로 가장 많이 사용된다.
4. 곡선의 종류
　　1) 속도시간 곡선: 운전속도와 시간과의 관계를 작도한 곡선
　　2) 거리시간 곡선: 열차의 주행거리와 운행시분의 관계 곡선(열차위치 표시 곡선)
　　3) 전력량 곡선: 각 시각에 대한 전력량을 표시한 곡선

52 사용목적에 따른 운전선도의 분류에 대한 설명 중 틀린 것은?

① 계획운전선도는 열차운전속도의 결정, 운전시분의 산정, 전력소비량의 결정 등 주로 운전계획에 그 사용목적이 있다.
② 실제운전선도는 전동차의 운전의 표준운전법 습득을 위해 사용한다.
③ 가속력선도는 운전선도를 직접 작도할 때 기초자료로 사용된다.
④ 실용운전선도는 동력비가 최소로 들며, 경제적인 운전선도를 작도할 때 쓰인다.

해설　사용목적에 따른 운전선도의 분류
1. 계획운전선도
　　전동차의 견인력과 열차저항의 관계에서 열차 운전속도의 결정, 운전시분의 산정, 전력소비량의 결정 등 주로 운전계획에 그 사용목적이 있다.

정답　50 ④　51 ①　52 ④

2. 실제운전선도(기준운전선도)
   1) 기존 선구의 운전실적을 기초로 하여 운전속도와 운전시분, 전력소비량 등을 도시한 선도로 이를 기준운전선도라고도 한다.
   2) 전동차 운전의 표준운전법 습득을 위해 사용한다.
3. 가속력선도
   1) 열차의 속도를 높이기 위한 동력차의 견인력과 이를 방해하는 저항과의 차이가 가속력으로 표시되며 가속력의 높고 낮음이 열차의 속도변화를 좌우하게 된다.
   2) 전동차의 견인력과 속도관계로 가속력 특성을 나타내는 가속력선도는 운전선도를 직접 작도할 때 기초자료로 사용된다.

53 다음은 운전선도 중 무엇을 설명하는지?

> 기존 선구의 운전실적을 기초로 하여 운전속도와 운전시분, 전력소비량 등을 도시한 선도로 이를 기준운전선도라고도 하며 전동차 운전의 표준운전법 습득을 위해 사용한다.

① 실제운전선도　　② 계획운전선도　　③ 거리기준운전선도　④ 가속력선도

해설　사용목적에 따른 운전선도의 분류

54 다음 중 운전선도의 종류가 아닌 것은?

① 열차 DIA　　　② 계획운전선도　　③ 실제운전선도　　④ 가속력선도

해설　사용목적에 따른 운전선도의 분류

55 열차 다이아(DIA)의 종류가 아닌 것은?

① 10분 눈금 DIA　② 2분 눈금 DIA　③ 1분 눈금 DIA　④ 30분 눈금 DIA

해설　열차 DIA의 종류
1. 1시간 눈금 DIA: 장기 열차계획, 시각개정 구상, 차량운용계획을 검사할 때 주로 사용
2. 10분 눈금 DIA: 열차회수가 많은 선구에 1시간 눈금 DIA를 대신사용
3. 2분 눈금 DIA: 열차계획의 기본이며 시각개정작업, 임시열차 계획 등에 사용
4. 1분 눈금 DIA: 열차밀도가 높은 수도권의 전동열차 DIA로 사용

56 열차다이아(DIA) 중 열차회수가 많은 선구에 1시간 눈금 DIA를 대신하여 사용하는 DIA는?

① 10분 눈금 DIA　② 2분 눈금 DIA　③ 1분 눈금 DIA　④ 30분 눈금 DIA

해설　열차 DIA의 종류

57 열차 다이아 작성할 때 고려해야 할 사항으로 틀린 것은?

① 회차, 착발선 운전설비 고려　　　② 열차지연에 따른 탄력성 확보
③ 수송수요 예측　　　　　　　　　④ 열차의 상호지장 방지

> **해설**　열차 DIA 작성시 고려 사항
> 1. 열차의 상호지장 방지　　　　　　2. 수송수요 수용
> 3. 열차지연에 따른 탄력성 확보　　　4. 회차, 착발선 운전설비 고려

58 열차번호 부여기준에 대한 설명으로 틀린 것은?

① 열차번호는 시발역에서 종착역까지 동일한 열차번호를 부여한다.
② 노선별 칭호방향이 다른 구간을 걸쳐 운전하는 경우 종착역을 기준으로 부여한다.
③ 열차번호는 상행열차는 짝수, 하행열차는 홀수 번호를 부여한다.
④ 시각별로 순차적으로 부여한다.

> **해설**　열차번호 부여 기준
> 1. 하루 1회 운행열차는 1개의 번호 부여한다.
> 2. 열차번호는 시발역에서 종착역까지 동일한 열차번호를 부여한다.
> 3. 노선별 칭호방향이 다른 구간을 걸쳐 운전하는 경우 시발역을 기준으로 부여한다.
> 4. 열차번호는 상행열차는 짝수, 하행열차는 홀수 번호를 부여한다.
> 5. 시각별로 순차적으로 부여한다.

59 열차번호 부여기준에 대한 설명으로 틀린 것은?

① 열차번호는 시발역에서 종착역까지 동일한 열차번호를 부여한다.
② 하루 1회 운행열차는 1개의 번호를 부여한다.
③ 날짜별로 순차적으로 부여한다.
④ 노선별 칭호방향이 다른 구간인 경우 시발역을 기준으로 부여한다.

> **해설**　열차번호 부여 기준

정답　57 ③　58 ②　59 ③

인용문헌

- 황승순, 철도관련법(철도안전법), 박영사, 2025.
- 황승순 外, 철도운송산업기사, 박영사, 2025.

- 국토교통부, 도시철도시스템일반, 도서출판성진문화, 2023.
- 국토교통부, 운전이론일반, 도서출판성진문화, 2023.
- 한국교통안전공단, 교통안전담당자교육교재, 2020.
- 한국철도공사 인재개발원, 철도시스템일반, 2023.
- 한국철도공사 인재개발원, 철도시스템(운전), 2023.
- 우송대학교 우송디젯철도아카데미, 운전이론, 2000.
- 이종득, 철도공학, 노해출판사, 2009.
- 이종득, 철도공학개론, 노해출판사, 2009.
- 최길대 外, 철도공학개론, 도서출판구미서관, 2015.
- 이훈 外, 교통기사, 예문사, 2023.
- 박정수, 철도교통안전관리자, 교문사, 2021.
- 교통안전관리자교재편찬회, 철도교통안전관리자, 범론사, 2021.
- 이준원 外, 산업안전기사, 도서출판성안당, 2022.

- 법제처, 관련법령, 국가법령정보센터, law.go.kr/
- 한국철도공사, info.korail.com/kr.or.kr/
- 국가철도공단, kr.or.kr/
- 한국교통안전공단, lic.kotsa.or.kr/tsportal/
- 철도산업정보센터, kric.go.kr/
- DAUM백과, 100.daum.net/
- NAVER지식백과, terms.naver.com/
- 나무위키, namu.wiki/

철도교통 안전관리자 10일 완성 기출문제집

초판발행	2023년 5월 1일
중판발행	2023년 8월 1일
제2판발행	2024년 2월 1일
중판발행	2024년 4월 30일
중판발행	2024년 6월 30일
중판발행	2024년 8월 20일
제3판발행	2025년 2월 1일

지은이	황승순
펴낸이	안종만·안상준
편 집	박정은
기획/마케팅	정연환
디자인	BEN STORY
제 작	고철민·김원표
펴낸곳	(주)**박영사**
	서울특별시 금천구 가산디지털2로 53, 210호(가산동, 한라시그마밸리)
	등록 1959. 3. 11. 제300-1959-1호(倫)
전 화	02)733-6771
f a x	02)736-4818
e-mail	pys@pybook.co.kr
homepage	www.pybook.co.kr
ISBN	979-11-303-2199-8 13530

책의 내용에 관한 교정·제안·의견·문의
[카페] cafe.daum.net/RAIL
[메일] hss-21@hanmail.net

철도취업·자격정보

정 가   29,000원